ULTRAROTSPEKTROSKOPISCHE UNTERSUCHUNGEN AN POLYMEREN

von JOHANNES DECHANT
unter mitarbeit von
RUDI DANZ
WOLFGANG KIMMER
RUDOLF SCHMOLKE

AKADEMIE — VERLAG — BERLIN 1972

ИНФРАКРАСНАЯ СПЕКТРОСКОПИЯ ПОЛИМЕРОВ

И. ДЕХАНТ, Р. ДАНЦ,
В. КИММЕР, Р. ШМОЛЬКЕ

Перевод с немецкого
В. В. АРХАНГЕЛЬСКОГО

Под редакцией
кандидата химических наук
Э. Ф. ОЛЕЙНИКА

МОСКВА · ИЗДАТЕЛЬСТВО «ХИМИЯ» · 1976

УДК 678:543.42

Инфракрасная спектроскопия полимеров. Под ред. И. Деханта. ГДР, 1972. Пер. с нем., под ред. канд. хим. наук Э. Ф. Олейника. М., «Химия», 1976 г.

Книга является достаточно полным введением в практику ИК-спектроскопии полимеров.

В трех первых главах книги изложены общие теоретические и экспериментальные основы ИК-спектроскопии. В последующих главах описаны методы, специально разработанные для изучения полимеров, и приведены данные по их спектрам.

Книга предназначена для научных работников, инженеров заводских лабораторий, химиков-аналитиков, занимающихся исследованием полимеров. Она может быть полезна студентам химических вузов.

472 с.; 70 табл.; 134 рис.; список литературы 1920 ссылок.

$И\frac{20506\text{-}002}{050\ (01)\text{-}76}2\text{-}76$

СОДЕРЖАНИЕ

ПРЕДИСЛОВИЕ РЕДАКТОРА

Инфракрасная спектроскопия до сих пор продолжает оставаться наиболее распространенным физическим методом исследования полимеров. Сейчас трудно себе представить лабораторию, в которой занимаются исследованиями в области физики и химии макромолекул и полимерных материалов, не оснащенную современными ИК-спектрометрами. Заводские лаборатории во многих случаях используют этот метод для контроля промышленных процессов получения высокомолекулярных соединений и контроля качества полимерных продуктов.

Такое значение ИК-спектроскопии объясняется тем, что качественная интерпретация спектра (спектрохимический анализ) достаточно проста и не требует от исследователя специальной физической и математической подготовки. В основе такого анализа спектров полимеров лежит богатейший опыт, накопленный за последние 70 лет колебательной спектроскопией низкомолекулярных органических соединений. Важную роль играет доступность и надежность современных серийных ИК-спектрометров. И, наконец, экспериментальная техника спектрального исследования полимерных систем достигла к настоящему времени высокого уровня развития. Это дает возможность довольно легко получать ИК-спектры образцов полимеров в виде волокон, пленок, растворов, порошков и т. п. С другой стороны, состояние теории колебательной спектроскопии полимеров уже позволяет рассчитывать нормальные колебания линейных кристаллизующихся полимеров с той же степенью точности и надежности, какая существует в области низкомолекулярных соединений.

Все факторы обусловливают быстрое накопление научной литературы по ИК-спектрам полимерных систем. Однако, к сожалению, интерпретация спектров полимеров редко выходит за рамки приближения групповых характеристических частот.

Сегодня такое положение уже перестало удовлетворять исследователей, работающих в области производства полимеров. Еще 20—30 лет назад подавляющее большинство исследователей активно работали в основном в области синтеза новых высокомолекулярных соединений, многие из которых благодаря своим необычным физическим и химическим свойствам достаточно быстро становились объектами промышленного производства. Поэтому естественной первоочередной задачей в то время было химическое описание строения макромолекул синтезированных полимеров. Использование метода групповых характеристических частот позволило ИК-спектроскопии решать такие задачи почти исчерпывающе и достаточно быстро.

В настоящее время ситуация изменилась коренным образом, Хотя в исследовательских лабораториях химики-синтетики продолжают синтезировать тысячи новых макромолекулярных соединений, лишь единицы из них становятся объектами промышленного производства. Для подавляющего большинства полимеров, производимых в промышленном масштабе, существует установившаяся, отработанная в течение многих лет технология производства и переработки. Сегодня лишь несколько полимеров составляют основную массу всех широко используемых пластиков. К ним, в первую очередь, относятся полиэтилен, поливинилхлорид, различные каучуки, некоторые полиамиды, полипропилен, полистирол. Появлению на рынке нового полимера предшествует длительная, трудоемкая стадия создания технологического процесса его производства и переработки в изделия. Естественно, что новый полимер может успешно конкурировать с уже имеющимся лишь в том случае, если он обладает либо уникальными свойствами, либо достаточно дешев.

Удовлетворение обоих этих требований становится все более и более трудоемкой задачей. Поэтому в развитии полимерной науки и промышленности вместо тенденции синтеза новых высокомолекулярных соединений доминирующей стала тенденция модификации и улучшения свойств уже существующих промышленных полимеров. Модификация свойств полимеров достигается различными приемами, например такими, как сополимеризация, получение и переработка полимерных смесей, получение заданного молекулярно-массового распределения полимера в ходе его синтеза, различного рода физическая модификация, армирование полимерных материалов короткими и непрерывными волокнами, создание специфических надмолекулярных структур, приводящих к необычным макроскопическим характеристикам изделий из этого полимера, и т. д.

На повестку дня ставится вопрос о широком исследовании связи структуры данного полимера с его макроскопическими свойствами. Таким образом, интерес к взаимосвязи «структура — свойство», всегда существовавший в лабораториях академического направления, становится вопросом промышленной политики в области производства полимеров и материалов на их основе. Важная роль в решении этого вопроса отводится ИК-спектроскопии.

Однако перед спектральным анализом полимеров встает ряд новых трудных задач. Если в основе традиционного спектрохимического анализа полимеров лежит прием приближения характеристических частот, т. е. таких частот, положение которых слабо зависит от типа химического соединения и от изменений его структуры, то совершенно очевидно, что такой подход принципиально неудовлетворителен для решения задач сегодняшнего дня. Незначительные структурные изменения в полимере на молекулярном и надмолекулярном уровнях его организации часто приводят к заметным изменениям макроскопических свойств. Спектральное обнаружение незначительных структурных изменений в веществе требует использования таких спектральных характеристик, которые очень чутко реагировали бы на эти изменения. Таким образом, если исходить из положения полос в спектре, то следует базироваться на «нехарактеристических колебаниях» как наиболее чувствительном инструменте изучения структуры полимеров. Однако использование нехарактеристических колебаний обязательно требует углубленного теоретического подхода для интерпретации колебательного спектра полимера, то в свою очередь подразумевает специальную теоретическую подготовку исследователей. Проблема становится более сложной, и принципиальное ее решение, видимо, возможно лишь при широком использовании ЭВМ с хорошим и удобным набором стандартных программ.

Достижение такой гармонии между теорией и практикой требует времени, да и теория колебательных спектров полимеров в настоящий момент не дает еще достаточно данных для исчерпывающего решения множества реальных структурных задач. Поэтому экспериментаторы всего мира, не ожидая «милостей» от теории, активно исследуют промышленно важные полимеры, пытаясь эмпирическим путем найти столь необходимые связи «спектр — структура — свойство». На этом пути уже достигнуты заметные успехи.

Настоящая книга как раз и посвящена анализу работ такого типа. Она является своего рода путеводителем по спектральной научной литературе, который призван помочь исследователю выбрать правильный курс при спектральном исследовании полимеров.

Читатель не найдет в книге подробного описания структуры и спектров многих полимеров. Да это было бы и невозможно ввиду ограниченности объема книги. Читатель не найдет также углубленного анализа насущных теоретических проблем спектроскопии полимеров. Основная задача книги не в этом. Авторы выбрали почти все наиболее важные промышленные полимеры и систематизировали практически всю спектральную литературу по ним, сделав упор на примеры связи спектров этих полимеров с изменениями структуры.

Настоящая книга наиболее полезна инженерам и исследователям, работающим в области синтеза и исследования полимеров и не применявшим ранее или применявшим ограниченно ИК-спектроскопию в своих работах, но желающих применять ее более широко в дальнейшем. Читатель найдет в книге как исходные данные о спектрах, так и общую методологию применения ИК-спектроскопии к решению структурных проблем.

Подробно и широко рассмотрены экспериментальные методы ИК-спектроскопии полимеров, что является очень важным условием получения информации о структурных превращениях в них

Книга переведена не полностью. При подготовке ее к изданию на русском языке не были переведены некоторые незначительные по объему разделы, посвященные рассмотрению основных спектральных характеристик, теории колебаний малых молекул и спектроскопии комбинационного рассеяния, поскольку соответствующий материал полнее и лучше изложен в отечественной или уже переведенной литературе. Кроме того, материал по спектроскопии комбинационного рассеяния света, приведенный в книге, несколько устарел. Читателю, интересующемуся этим вопросом, можно рекомендовать монографию Т. Гилсона и П. Хендра. Лазерная спектроскопия КР в химии. Под ред. В. Т. Алексаняна. Пер. с англ. М., «Мир», 1973, а также обзор J. L. Koenig. «Спектроскопия комбинационного рассеяния света синтетическими полимерами». Applied Spectr. Rev., 1971, № 4(2), p. 233—306.

Книга не лишена недостатков. В ней в основном рассмотрены работы по спектрам линейных полимеров и опущены такие важные сетчатые системы, как эпоксидные смолы, ненасыщенные полиэфиры, фенолоформальдегидные и мочевиноформальдегидные системы и т. д. Не уделено внимание спектрам армированных и наполненных полимерных материалов. В книге не рассматриваются такие новые или нерешенные проблемы спектроскопии полимеров, как Фурье-интерферометрия, изменение спектров полимеров, подвергаемых механическим нагрузкам, спектроскопия в дальней ИК-области и др. Для восполнения этого пробела читателям можно рекомендовать следующую литературу:

1. Р. Белл. Введение в Фурье-спектроскопию. Под ред. Г. Н. Жижина. Пер. с англ. М., «Мир», 1975 г.
2. Jack L. Koenig. Appl. Spectr., 1975, v. 29, № 4, p. 293.
3. А. Фини и др. Применение длинноволновой ИК-спектроскопии в химии. Под ред. Е. М. Попова. Пер. с англ. М., «Мир», 1973.

Основной слабостью теоретических разделов книги является недостаточное выявление особенностей спектроскопии и структуры высокополимерных соединений по сравнению с их низкомолекулярными аналогами.

Несмотря на указанные недочеты, появление этой книги следует приветствовать. Она, с одной стороны, на некоторое время ликвидирует недостаток в литературе по спектральным методам исследования полимеров, а с другой — окажет неоценимую помощь и сэкономит много времени всем исследователям, желающим наиболее широко использовать метод ИК-спектроскопии в своих работах.

Э. Ф. Олейник

ИЗ ПРЕДИСЛОВИЯ К ИЗДАНИЮ НА НЕМЕЦКОМ ЯЗЫКЕ

Книга предназначена для научных работников, занимающихся инфракрасной спектроскопией полимеров на производстве и в научно-исследовательских институтах. Ее задача — в относительно сжатой форме ознакомить читателей с информацией, накопленной в литературе. За прошедшие годы появилось несколько работ, в которых предпочтение отдавалось какому-то одному вопросу инфракрасной спектроскопии полимеров. Это прежде всего монография Збиндена [1894] по теоретическим основам этой проблемы и книга Хуммеля [703], посвященная анализу и идентификации полимеров. В монографии Хуммеля, кроме того, содержится большое число спектров. Однако создание книги общего характера оставалось актуальной задачей.

При выборе материала и его изложении нужно было помнить о большой разнице в профессиональной подготовке тех, кому эта книга предназначена. С другой стороны, нельзя было сводить все к поверхностному изложению материала и ссылкам на литературные источники. Поэтому некоторым читателям покажется, что какой-то материал изложен слишком подробно, в то время как другой описан недостаточно полно. Авторы собрали, по возможности, литературу, появившуюся в печати до конца 1971 года.

Гл. 1—5 — введение в теорию и практику ИК-спектроскопии полимеров. В гл. 6 описаны результаты исследований отдельных полимеров. Здесь авторы столкнулись с проблемами выбора наиболее важных типов высокомолекулярных соединений и анализа спектров всех известных к настоящему моменту полимеров.

В частности, пришлось отказаться от описания тех полимеров, которые получают в лабораторных условиях, а также от большого числа сополимеров и смесей полимеров. Не рассмотрены также неорганические полимеры несмотря на их большую значимость, которая постоянно возрастает. Правда, все методические приемы, описанные в книге, можно использовать и при спектроскопическом исследовании полимеров этого класса.

Подробность описания того или иного полимера обусловлена помимо его научной и технической значимостью еще двумя причинами: во-первых, это субъективный фактор, связанный с интересами авторов, во-вторых, наличие достаточно полных, лишенных противоречий сведений по расшифровке ИК-спектра данного полимера.

Данная книга является результатом коллективного труда. Соавторы — д-р Р. Данц, д-р В. Киммер и д-р Р. Шмольке не только написали отдельные разделы, но и принимали участие в обсуждении плана книги, а также критически просмотрели весь материал и дополнили его.

Мы выражаем благодарность всем коллегам, консультировавшим нас по отдельным вопросам.

Тельтов, март 1972

Йоханес Дехант

ОБОЗНАЧЕНИЯ КОЛЕБАНИЙ

ν — валентное колебание
ν_s — симметричное валентное колебание
ν_a — антисимметричное валентное колебание
δ — деформационное (ножничное) колебание
δ_s — симметричное деформационное колебание
δ_a — антисимметричное деформационное колебание
γ_w — веерное колебание
γ_t — крутильное колебание
γ_r — маятниковое колебание
Δ — деформационное колебание скелета цепи

ПРИНЯТЫЕ СОКРАЩЕНИЯ В ТАБЛИЦАХ

о. с. — очень сильная полоса
с. — сильная полоса
ср. — полоса средней силы
сл. — слабая полоса
о. сл. — очень слабая полоса
пл. — плечо
ам. — аморфный полимер
кр. — кристаллический полимер

1. ВВЕДЕНИЕ

Стремительный рост производства полимеров и их применения за последние десятилетия вызвал резкое увеличение объема исследований, проводимых методом инфракрасной (ИК) спектроскопии. Первые крупные работы в этой области появились в 1945 г. Дальнейший прогресс ИК-спектроскопии полимеров был связан как с созданием надежных спектрометров, так и с развитием теоретических основ колебательной спектроскопии макромолекул. Всего лишь 25 лет назад было сказано следующее: [1645] «Если для молекулы аммиака в настоящее время можно провести полный теоретический анализ колебаний, из которого удается определить длину и угол связи с точностью в 1%, о полимерах, исходя из их ИК-спектров, вряд ли можно сказать больше, чем то, что они содержат те или иные химические группы». С момента этого высказывания значительные изменения претерпело то, что относится к его второй части. Полный анализ колебаний* возможен теперь для ряда линейных полимеров,** содержащих простые звенья. Качественные данные также содержат больше чем простую констатацию существования химических групп; точные измерения частот и интенсивностей позволяют сделать вывод об относительном расположении групп и их взаимодействии. В очень большом объеме ИК-спектроскопия используется в количественном анализе. Причем она всегда дает более быстрый, а зачастую и более точный ответ, чем химические методы.

Сегодня не вызывает сомнения ценность и значение ИК-спектроскопии как для фундаментальных исследований, так и для решения задач прикладного характера. Выходит большое число публикаций, посвященных полимерам, для анализа которых этот

---

* Под термином «полный анализ колебаний» следует подразумевать расчет частот и форм нормальных колебаний молекулы или кристалла. — *(Прим. ред.)*

** Современное состояние теории и вычислительной техники позволяет провести расчет нормальных колебаний практически для любой линейной регулярной макромолекулы, и такие расчеты уже проведены для большого числа полимеров. — *(Прим. ред.)*

метод либо является одним из основных, либо привлекается для подтверждения результатов.

Имеющиеся в продаже простые в управлении приборы способствуют широкому распространению спектроскопических методов и введению их в заводские лаборатории. Это приводит к тому, что многие исследователи занимаются ИК-спектроскопией, не имея при этом специальной подготовки. Раньше или позже у таких исследователей появляется желание более глубоко ознакомиться с основами и возможностями метода. Настоящая книга должна помочь в удовлетворении этого желания. Кроме того, книга облегчит работу с литературой и сориентирует читателя в большом потоке информации.

Поглощение ИК-излучения связано с колебаниями молекулы и соответственно ее групп. Взаимодействие между группами оказывает влияние на колебательные частоты. В низкомолекулярных соединениях, имеющих кристаллическую структуру, существует однозначная связь между колебательным спектром этого соединения, его структурой и силами межмолекулярного взаимодействия. В силу статистической природы полимерных объектов характер структуры макромолекул и взаимодействий между ними не имеет такой однозначности. Правда, данная макромолекула в определенных условиях имеет определенный колебательный спектр. Но этот спектр в бо́льшей мере, чем для низкомолекулярных соединений, зависит от физических воздействий, изменяющих конформацию макромолекул и надмолекулярную структуру. В колебательном спектре такие изменения находят отражение, и это дает ценную информацию о структуре полимера, что в свою очередь способствует решению ряда физико-химических проблем.

При теоретическом анализе спектра предполагается, что макромолекула имеет регулярное строение. Под этим следует понимать регулярно построенные цепные молекулы бесконечной длины или же настолько длинные, что их длина не оказывает значительного влияния на колебательный спектр. При таком подходе проблема сводится к описанию динамического поведения одного звена макромолекулы*, имеющего незначительную длину, и может быть решена с помощью методов, применяемых при спектральном анализе низкомолекулярных соединений. К сожалению, большинство полимеров значительно отличается от идеальной модели регулярной макромолекулы. Химические неоднородности в макромолекулах и распределение блоков сополимеров по длинам приводят к различным микроскопическим и различным физическим нерегулярностям. Спектр, регистрируемый экспериментально, складывается из спектров отдельных молекул, имеющих разную структуру.

---

* Таким звеном является спектрально повторяющееся звено; см. «Новое в методах исследования полимеров». Под ред. З. А. Роговина и В. П. Зубова. М., «Мир», 1968, 374 с. — (*Прим. ред.*)

Однако если удается удовлетворительно интерпретировать спектр с помощью характеристических групповых частот или получить хорошее соответствие между рассчитанным и экспериментально регистрируемым спектром, то можно сказать, что большая часть дефектных структур или присутствует в очень малой концентрации, или оказывает незначительное влияние на полосы поглощения.

Методика эксперимента имеет большое значение для получения надежных данных. Полимеры чаще, чем низкомолекулярные соединения, исследуют в твердом состоянии, поскольку нередко отсутствуют подходящие растворители, да и структура полимерных твердых тел сама по себе представляет большой интерес. Поэтому в гл. 4 много места отведено рассмотрению техники препарирования образцов и ее воздействию на структуру полимеров и информативность спектра.

При сравнении экспериментальных данных, полученных разными авторами, часто для одних и тех же полос приводятся различные значения волновых чисел. Нередко за основу берут значения, полученные в более ранних работах, хотя использование современных высокоразрешающих решеточных спектрометров позволяет получить более точные результаты. В этой книге мы приводим те значения, которые чаще всего встречаются в литературе, или самые новые, даже если измерения частот нами не проводились. Вообще говоря, если отказаться от результатов ранних работ в средней ИК-области, которые не очень надежны, то можно однозначно интерпретировать спектр.

В последнее время ИК-спектроскопия полимеров добилась больших успехов как в экспериментальном, так и в теоретическом анализе колебаний. Но до сих пор имеется ряд нерешенных проблем. Так, в начальной стадии находятся наши представления о влиянии дефектов структуры — будь то нерегулярно распределенные дефекты кристаллической решетки или регулярные складки цепей — на нормальные колебания полимерных молекул и образований из них. Имеются лишь эмпирические данные о минимальных длинах регулярных блоков, начиная с которых ИК-спектр макроцепи можно рассматривать как спектр бесконечно длинной макромолекулы. Аналогичная ситуация существует и в вопросе об определении длин блоков, начиная с которых в спектре проявляются так называемые полосы регулярности (см. разд. 3.1 и 5.1.1). Эти проблемы все еще не рассмотрены с общих позиций.

Часть информации, принципиально содержащейся в ИК-спектре, вряд ли можно использовать сегодня, так как отсутствуют точные экспериментальные и необходимые теоретические данные. Сюда относятся, например, абсолютная интегральная интенсивность полос спектра, которая связана с электронной структурой связи, и форма (контур) полос. Последняя определяется рядом факторов, которые трудно отделить друг от друга, например распределение блоков по длинам, локальные конформации и различное окружение сегментов. В этой и других областях спектроскопии полимеров можно ждать прогресса в ближайшие годы. В то же время еще не полностью исчерпаны возможности ИК-спектроскопии в изучении полимеров при их производстве и переработке. Своей книгой авторы хотят внести вклад в восполнение этого пробела.

В первом приближении осталась нерассмотренной спектроскопия комбинационного рассеяния (КР). Тем не менее в самое последнее время с успехом проводились комбинированные спектроскопические исследования с привлечением ИК-спектроскопии и КР-спектроскопии для выяснения структуры полимеров и при интерпретации спектров. Успех этот связан с созданием лазерных КР-спектрометров.

2. ОСНОВЫ ИК-СПЕКТРОСКОПИИ

Приведенный в данной главе материал должен помочь научным работникам в успешном применении ИК-спектроскопии для изучения химического строения и физической структуры полимеров. При этом не ставится задача написать полное введение в метод и дать всеобъемлющее руководство по экспериментальным методикам в этой области. Такая задача выходит за рамки книги. К тому же имеется ряд прекрасных монографий, подробно освещающих метод ИК-спектроскопии и содержащих большое число экспериментальных данных [87, 192, 275, 331, 356, 680, 966, 1146, 1570, 1660, 1828, 1837].

2.1. РАСШИФРОВКА СПЕКТРА

2.1.1. МЕТОД КАЛИБРОВОЧНЫХ КРИВЫХ

В основе всех методов количественной обработки ИК-спектров лежит закон Ламберта — Бера:

$$T = \Phi/\Phi_0 = 10^{-\varepsilon c d} \quad \text{и} \quad D = \varepsilon c d \tag{2.1}$$

где T — пропускание; Φ_0 и Φ — соответственно поток падающего и проходящего света, ε — коэффициент экстинкции; c — концентрация; d — толщина слоя образца, D — оптическая плотность.

Однако только в редких случаях этот закон можно использовать без дополнительных предположений для расчета концентрации c из измерений оптической плотности D. В простейшем случае коэффициент экстинкции ε выбранной полосы определяют при однократном измерении эталонного образца с фиксированными значениями c и d. Повышение точности достигается путем экспериментального определения связи между D и c, для чего используют ряд эталонных систем, в которых варьируется лишь концентрация анализируемого компонента. При выполнении закона Ламберта — Бера связь между D и c выражается калибровочной прямой, проходящей через начало координат и имеющей наклон εd. Условия, при которых это соотношение выполняется, следующие: 1) незначительная спектральная ширина щели; 2) отсутствие межмолекулярных взаимодействий, меняющихся с изменением концентрации, 3) наличие в спектре изолированной аналитической полосы, интенсивность которой не слишком искажена эффектами отражения и рассеяния. Если эти условия не выполняются, то получается калибровочная кривая, которая не всегда проходит через начало координат. Однако, пользуясь этой кривой, все же можно достаточно точно определять концентрации анализируемого вещества в образце.

2.1.2. МЕТОД БАЗОВОЙ ЛИНИИ

В большинстве случаев не удается отыскать вышеупомянутой изолированной аналитической полосы. Тогда вместо закона Ламберта — Бера можно записать следующее выражение:

$$D(\tilde{\nu}) = \varepsilon(\tilde{\nu})\, cd + K(\tilde{\nu}) \qquad (2.2)$$

где $\tilde{\nu}$ — волновое число; $K(\tilde{\nu})$ — поправочный коэффициент.

Коэффициент $K(\tilde{\nu})$ учитывает нескомпенсированные потери за счет отражения и рассеяния света в образце и спектрометре, а также влияние перекрывания соседних полос в спектре. Таким образом, $K(\tilde{\nu})$ является базовой линией, которая характеризовала

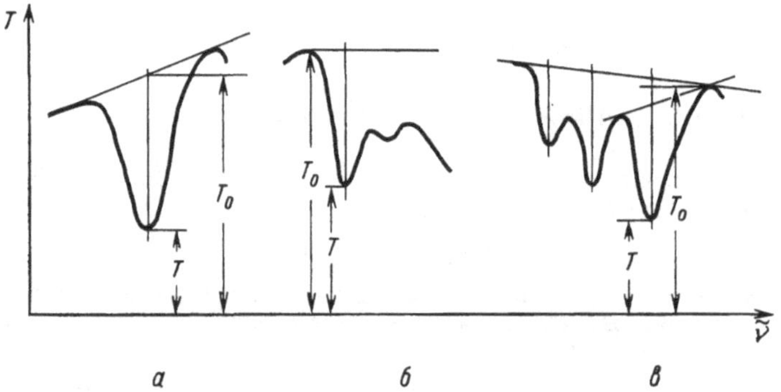

Рис. 2.1. Различные способы построения базовой линии для перекрывающихся полос.

бы спектрометр и условия измерения в том случае, если бы не существовало аналитической полосы. Нахождение $K(\tilde{\nu})$ является основной операцией при количественном анализе. При этом речь больше идет не о том. чтобы точно определить $K(\tilde{\nu})$, а о том, чтобы найти приближение, которое лучше всего воспроизводится в условиях калибровки или реальных измерений, а также при сравнении различных проб.

Если с обеих сторон аналитической полосы имеются четкие максимумы пропускания или монотонно изменяется фон, то в качестве базовой линии выбирается касательная к этим максимумам или предельное значение фона (рис. 2.1*а*). Если же имеется лишь один максимум, т. е. аналитическая полоса с одной стороны перекрывается широкой областью поглощения, то базовой может быть линия, параллельная линии 100%-ного пропускания (рис. 2.1*б*). В тех случаях, когда несколько полос располагаются рядом, а их края частично перекрываются, можно выбрать общую базовую линию для этих полос (рис. 2.1 *в*). Часто лучших результатов удается достигнуть с помощью модифицированного метода базовой линии [814]. По этому методу в качестве фона выбирается среднее значение для двух различных базовых линий.

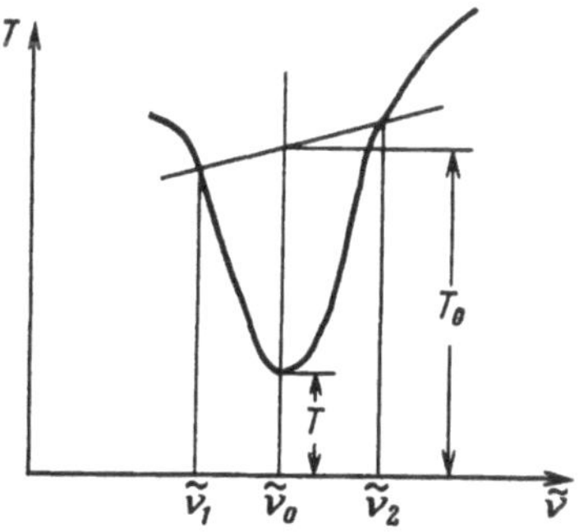

Рис. 2.2. Построение базовой линии по Пирлоту [1343].

Своеобразная модификация метода дана в работе [1343] для случаев, когда отсутствуют максимумы пропускания, через которые можно провести касательную. Согласно этого метода выбирают два волновых числа $\tilde{\nu}_1$ и $\tilde{\nu}_2$ с двух сторон от максимума аналитической полосы; при этом разности $\tilde{\nu}_1 - \tilde{\nu}_{макс}$ и $\tilde{\nu}_{макс} - \tilde{\nu}_2$ не обязательно должны быть равны (рис. 2.2). После этого проводят базовую линию, которая пересекает анализируемую кривую при волновых числах $\tilde{\nu}_1$ и $\tilde{\nu}_2$. Вопрос о том, какой из описанных здесь или сходных с методом базовой линии подходов целесообразно применять, решается для каждого конкретного случая. Часто не обращают внимание на такое важное условие, что точки, определяющие положение базовой линии, не должны смещаться при воздействии на образец, а также в присутствии дополнительных компонентов в пробе.

Метод базовой линии не применим при сильном перекрывании полос поглощения. В этих случаях применяют графическое или аналитическое разделение полос. В работах [1349, 1350] проведено графическое разделение полос колебаний ν (CCl) различных поворотных изомеров поливинилхлорида. При этом исходили из предположения, что все полосы из исследуемого комплекса полос являются симметричными и не происходит перекрывания полос по краям. При таком анализе оптическую плотность записывают в виде суммы:

$$D = \sum_{i=1}^{N} A_i + B \tag{2.3}$$

где A_i — функция, связанная с интенсивностью i-ой полосы поглощения; B — параметр, характеризующий положение базовой линии.

С помощью метода наименьших квадратов для A_i и B подбирают значения, при которых уравнение (2.3) наилучшим образом описывает экспериментальные данные. Этим методом, на основании анализа маятниковых колебаний CH_2-группы, было рассчитано распределение блоков по длинам в сополимере пропилена с этиленом [371]; форма контура i-й полосы задавалась кривой Лоренца, а для описания базовой линии использовали уравнение:

$$B = \alpha + \beta\tilde{\nu} + \gamma\tilde{\nu}^2 \tag{2.4}$$

В той же работе описано вспомогательное устройство, позволяющее представить ИК-спектр в виде цифр. Сообщается [1464] о применении ЭВМ для разделения перекрывающихся полос.

2.1.3. АНАЛИЗ МНОГОКОМПОНЕНТНЫХ СИСТЕМ

Допустим, надо количественно определить в системе два или более компонентов. Тогда для каждого компонента следует выбирать по крайней мере одну аналитическую полосу, лежащую в той области спектра, где другие компоненты или не поглощают, или имеют полосы со значительно меньшими коэффицентами экстинкции. Закон Ламберта — Бера для общего случая, когда при волновом числе $\tilde{\nu}_i$ аналитической полосы i-го компонента все другие компоненты также поглощают, записывается в виде:

$$D(\tilde{\nu}_i) = \varepsilon_1(\tilde{\nu}_i)c_1d + \ . \ . \ . + \varepsilon_i(\tilde{\nu}_i)c_id + \ . \ . \ . + \varepsilon_n(\tilde{\nu}_i)c_nd \tag{2.5}$$

где $\varepsilon_1(\tilde{\nu}_i)$ — коэффициент экстинкции компонента *1* при волновом числе $\tilde{\nu}_i$.

Условием для выполнения аддитивности оптических плотностей согласно уравнению (2.5) является отсутствие взаимодействия между компонентами системы.

Для системы, состоящей из m компонентов, ИК-спектр которой содержит n аналитических полос, получают систему из n линейных уравнений, которая дает возможность определить концентрации компонентов от c_1 до c_n. Если все коэффициенты экстинкции известны, т. е. каждый компонент исследован в чистом виде (как эталон), то можно решить систему уравнений, используя известные правила операций с матрицами. Продолжительность расчетов для двух- или трехкомпонентной системы относительно невелика. При $n>3$ целесообразно применять ЭВМ. Часто, однако, более выгодно уменьшить число компонентов системы с помощью физико-химических методов разделения, так как большое число компонентов снижает точность вычислений из-за неизбежных ошибок в измерениях. Таким образом, число компонентов, которые можно вместе определить, ограничено в первую очередь точностью вычислений, а не затратами времени на расчет. Точность измерений повышается, если число аналитических полос превышает число компонентов, а концентрации, полученные из переопределенной системы уравнений, были бы таковы, что квадрат разности оптических плотностей, измеренной и рассчитанной по уравнению (2.5), минимален [78]. Для развития этого метода было предложено [775] оборудовать спектрометр счетным устройством и минимизировать среднеквадратичные отклонения не только для отдельных полос, но и для всего спектра. Такой подход позволяет полностью расшифровать спектр многокомпонентной системы.

Решение системы уравнений значительно упрощается, если имеются изолированные аналитические полосы. Так как эти полосы не перекрываются полосами других компонентов, то любое уравнение содержит только одну неизвестную концентрацию. Если же имеет место слабое побочное поглощение, то для упрощения расчета используют итерационный метод. Для этого вначале приблизительно оценивают концентрации, причем пренебрегают перекрыванием полос, затем эти значения подставляют в уравнение (2.5), стремясь получить наиболее хорошее приближение по c_i. Подобная операция, повторенная два или три раза, приводит к результатам, хорошо соответствующим точности спектральных измерений. Для случаев, когда закон Ламберта — Бера не выполняется, применяют другой метод приближений, в котором отклонения рассчитывают по данным измерений, проведенных на эталонных образцах [356].

До сих пор мы предполагали, что коэффициенты экстинкции определяют, исследуя чистые компоненты или соответствующие модельные соединения. Однако коэффициенты экстинкции могут быть определены и при работе со смесью известного состава. В этом случае решают систему уравнений относительно ε_i (вместо c_i). Для полимеров такая замена часто невозможна, например при определении степени упорядоченности полимеров, которые нельзя получить полностью ни в аморфном, ни в кристаллическом состоянии. Точный анализ такой неразделимой смеси возможен лишь тогда, когда для любого компонента удается найти изолированную аналитическую полосу, не испытывающую влияния других компонентов. Анализ возможен также, когда число компонентов, подлежащих определению, совпадает с числом эталонных смесей.

Обозначим мольную долю i-го компонента через x_i, а суммарную концентрацию через c. Тогда для аналитической полосы i-го компонента закон Ламберта — Бера записывается в следующей форме:

$$D(\tilde{\nu}_i) = \varepsilon_i(\tilde{\nu}_i)\, x_i c d \qquad (2.6)$$

Для каждой смеси сумма мольных долей компонентов составляет $\sum_i x_i = 1$. Тогда получаем

$$\sum_i [D(\tilde{\nu}_i)/\varepsilon_i(\tilde{\nu}_i)] = cd \qquad (2.7)$$

Не зависящие друг от друга n смесей дают систему уравнений, из которой определяют $\varepsilon_i(\tilde{\nu}_i)$. Точность расчетов повышается при использовании метода наименьших квадратов.

Для бинарной системы из уравнения (2.7) следует

$$\varepsilon_1(\tilde{\nu}_1) = \frac{D(\tilde{\nu}_1, 1)\, D(\tilde{\nu}_2, 2) - D(\tilde{\nu}_1, 2)\, D(\tilde{\nu}_2, 1)}{D(\tilde{\nu}_2, 2) - D(\tilde{\nu}_2, 1)} \quad (2.8)$$

и

$$\varepsilon_2(\tilde{\nu}_2) = \frac{D(\tilde{\nu}_1, 1)\, D(\tilde{\nu}_2, 2) - D(\tilde{\nu}_1, 2)\, D(\tilde{\nu}_2, 1)}{D(\tilde{\nu}_1, 1) - D(\tilde{\nu}_1, 2)} \quad (2.9)$$

где $D(\tilde{\nu}_1, 1)$ — оптическая плотность смеси *1* при значении волнового числа ν_1 и т. д.; толщина слоя и концентрация для упрощения приняты равными 1.

Таким методом был определен изомерный состав каучукоподобных полимеров [814—816]. Неискаженные аналитические полосы получали путем соответствующей подборки базовой линии. Небольшие отклонения от закона Ламберта — Бера, вызванные этой операцией, учитывались экстраполяцией всех зависимостей к нулевой концентрации. Описанный метод применяли также и при спектроскопическом определении упорядоченности поликапроамида [1432]. Если неизвестны суммарная концентрация и толщина образца, то по уравнению (2.6) определяют мольные доли компонентов. Таким образом, достаточно вначале определить относительную величину $\varepsilon_i(\tilde{\nu}_i)$ и можно проводить анализ набухших и твердых полимеров, не зная точно значений c и d [817, 1432, 1564].

В более общем случае, когда в спектре нет неискаженных аналитических полос, точный анализ системы, состоящей из N компонентов, оказывается невозможным, так как при этом уравнение (2.6) принимает вид:

$$D(\tilde{\nu}) = \sum_{i=1}^{i=N} \varepsilon_i(\tilde{\nu}_i)\, x_i c d \quad (2.10)$$

а в уравнении (2.7) число неизвестных превышает число компонентов системы. Однако система уравнений может быть дополнена уравнениями, являющимися линейными комбинациями исходных. Метод приближенного расчета для двухкомпонентной системы дан в [906, 907]. Этим методом можно пользоваться в тех случаях, когда вклад перекрывающихся полос незначителен.

2.1.4. ТОЛЩИНА СЛОЯ ОБРАЗЦА И ВНУТРЕННИЙ СТАНДАРТ

Толщина слоя жидкости или газа может быть легко и достаточно точно измерена. Значительно труднее определить толщину твердого образца, независимо от того, пленка ли это или прессованная таблетка с бромидом калия. Микрометры используют чаще всего лишь для оценки толщины, однако из-за сжимаемости полимерных пленок эти измерения не очень надежны. Более точные результаты получают, рассчитывая толщину по данным измерений поверхности и массы образца или по поглощению β-излучения. Если образец запрессован с KBr, то произведение cd может быть рассчитано по массе образца и поверхности таблетки.

При анализе твердых образцов обычно пользуются такими методами, которые не требуют точных измерений толщины, а основаны на сравнении. В этом случае рассматривают отношение оптической плотности D выбранной аналитической полосы к оптической плотности D' полосы сравнения, соответствующей компоненту, концентрация которого известна и не меняется в условиях эксперимента. При этом неважно, относится ли полоса сравнения к исследуемому компоненту или принадлежит другому веществу, заранее введенному в образец в известной концентрации (такое вещество называют внутренним стандартом). Согласно закону Ламберта — Бера следует:

$$D/D' = \varepsilon cd/(\varepsilon' c' d) = \varepsilon c/(\varepsilon' c') \qquad (2.11)$$

Если на концентрацию внутреннего стандарта c' не влияет концентрация c анализируемого вещества, то ε, ε' и c' можно заменить некой константой k и тогда зависимость отношения оптических плотностей от концентрации c будет выражаться прямой, проходящей через начало координат. При отклонении от закона Ламберта — Бера или неправильном выборе базовой линии получается калибровочная кривая, которая все же пригодна для работы, хотя может и не проходить через начало координат. Калибровка является наиболее распространенным методом при анализе твердых полимеров. На рис. 2.3 приведена калибровочная прямая для определения состава сополимеров акрилонитрила с аллилсульфонатом; взято отношение оптических плотностей полос при 1043 и 2240 см$^{-1}$ [565].

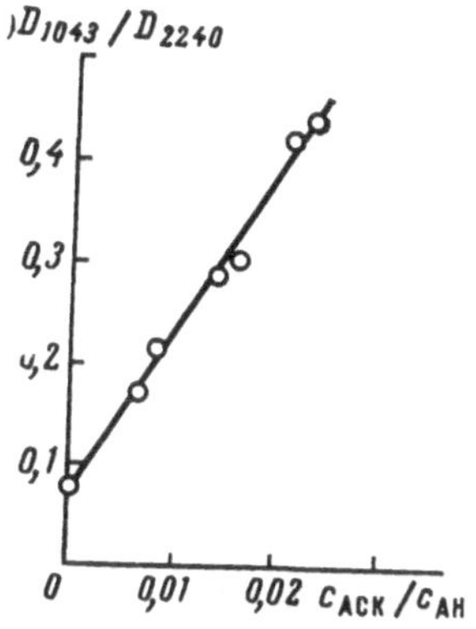

Рис. 2.3. Калибровочная прямая для определения состава сополимеров акрилонитрила с аллилсульфонатом [565].

На оси абсцисс отложены отношения концентрации аллилсульфокислоты $c_{АСК}$ и акрилонитрила $c_{АН}$.

При анализе сополимеров нужно постоянно помнить о том, что интенсивности полос могут быть функцией распределения блоков по длинам. В кристаллизующихся полимерах многие полосы нельзя использовать в качестве внутреннего стандарта, так как на них в большей или меньшей степени влияет упорядоченное состояние полимера.

Метод с использованием внутреннего стандарта описан для суспензий в парафиновом масле [77] и для таблеток с KBr [1838]. Внутренний стандарт должен отвечать следующим требованиям: а) его спектр не должен содержать много полос; б) полосы должны быть интенсивными и узкими; в) само вещество должно легко растираться в порошок (или растворяться); г) вещество должно быть устойчиво к действию температуры и давления.

Для этих целей можно рекомендовать *DL*-аланин, роданид калия, цианоферрат(III)калия, карбонат калия и нафталин [1906]. Эти вещества, правда, не отвечают всем названным выше требованиям и дают воспроизводимые спектры лишь после их тщательной очистки [338].

2.1.5. ИСТОЧНИКИ ОШИБОК

Многообразие методов, применяемых при количественном анализе ИК-спектров, не позволяет провести всестороннее обсуждение возможных ошибок. Остановимся только на некоторых основных источниках ошибок и укажем пути их устранения. Во многих спектрометрах абсолютная ошибка измерения пропускания ΔT

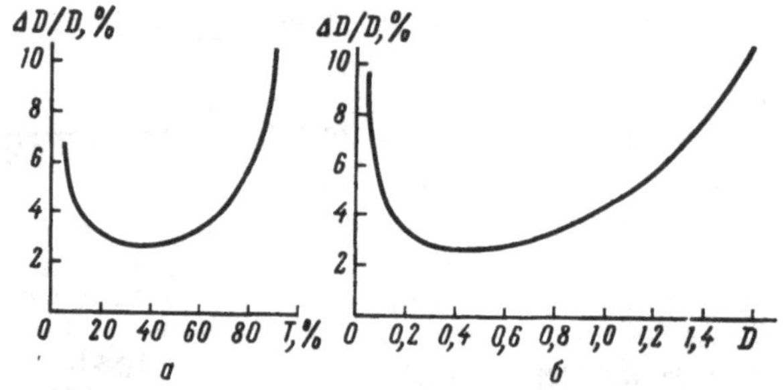

Рис. 2.4. Зависимость относительной ошибки $\Delta D/D$ (при постоянной ошибке измерения степени пропускания $\Delta T = 1\%$) от степени пропускания (*а*) и от оптической плотности (*б*).

при исследовании образцов на просвет определяется шумами приемника и качеством ослабителя пучка сравнения. Величина ΔT не зависит от T. Относительная ошибка измерения оптической плотности или концентрации рассчитывается по уравнению:

$$\Delta D/D = \Delta c/c = 0{,}434T/(T \lg T) \qquad (2.12)$$

На рис. 2.4 изображена зависимость относительной ошибки от пропускания и оптической плотности, при этом $\Delta T = 0{,}01$. Ошибка минимальна при $T = 36{,}8\%$ или соответственно при $D = 0{,}434$. Концентрацию анализируемого вещества и толщину слоя образца нужно выбирать такими, чтобы степень пропускания лежала в пределах от 20 до 60%. Вне этой области ошибка быстро растет. Более подробно о вкладе отдельных ошибок см. в [1078, 691].

Остановимся на одном из источников ошибок, заложенном в самом приборе. Это конечная ширина спектральной щели монохроматора. Недостаточная линейность в показаниях приборов компенсируется при использовании калибровочной кривой или же учитывается введением поправок. В спектре нагретого образца имеет место заметное уменьшение интенсивности полос поглощения, вызванное тепловым излучением. Такой эффект объясняется тем, что согласно закону Кирхгофа излучение в области волновых чисел, при которых происходит поглощение, должно быть сильнее, чем там, где такое поглощение отсутствует. Это особенно заметно в средней ИК-области при температурах около 200 °C и выше.

Другим значительным источником ошибок является рассеянное

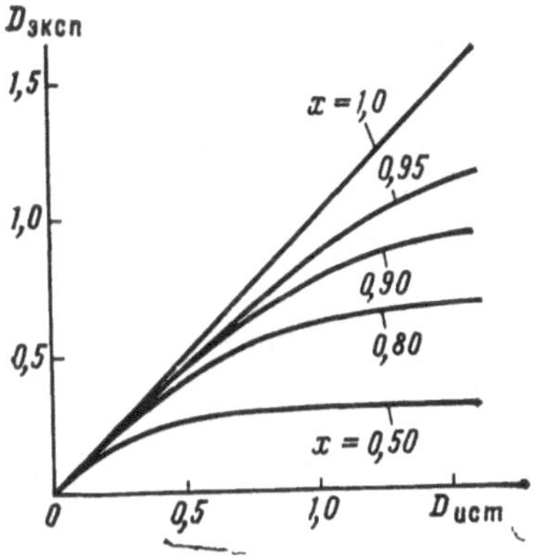

Рис. 2.5. Влияние неоднородности распределения поглощающего вещества на экспериментально определяемую оптическую плотность $D_{эксп}$ [771].

1 — x — доля излучения, прошедшая через образец без поглощения; $D_{ист}$ — истинная оптическая плотность.

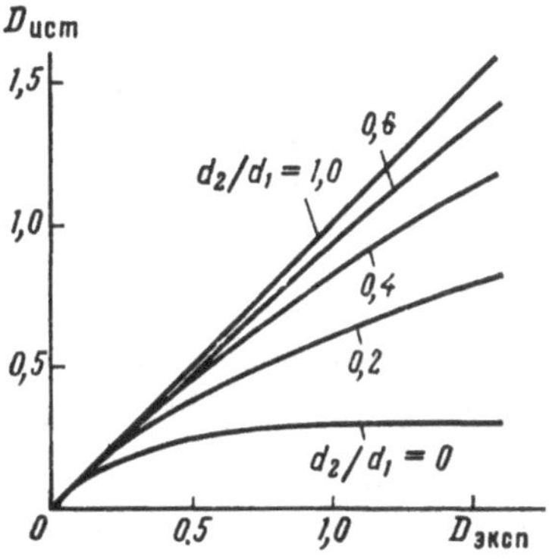

Рис. 2.6. Связь между $D_{эксп}$ и $D_{ист}$ для образца, состоящего из двух типов частиц толщиной d_1 и d_2.

излучение монохроматора, под которым понимают часть излучения, попадающего в приемник за счет рассеяния света в приборе. Если предположить, что в первом приближении количество рассеянного излучения Φ_s не зависит от образца, то для пропускания получим такое выражение:

$$T = (\Phi - \Phi_s)/(\Phi_0 - \Phi_s) \qquad (2.13)$$

Для определения Φ_s на пути луча вместо образца устанавливают фильтр, пропускающий только коротковолновое излучение. Для тех же целей можно увеличивать толщину образца до тех пор, пока все поглощение не будет приходиться на аналитическую полосу. В современных монохроматорах типа фильтр-решетка или в двойных монохроматорах доля рассеянного света значительно меньше 1%. Эта величина возрастает немного лишь в длинноволновой области. В простых призменных спектрометрах доля рассеянного света составляет часто 3%, так что в том случае, когда не используют калибровочные кривые или методы относительного анализа, нужно вносить поправку в значение степени пропускания, используя для этого уравнение (2.13). При приготовлении образца могут возникать другие источники ошибок.

Ориентированные образцы исследуют в поляризованном свете. При изучении анизотропных частиц в суспензии парафинового масла может происходить непроизвольная ориентация молекул [77]. Если поглощающее вещество распределено неравномерно по сечению образца, то оптическая плотность очень мала. В работе [771] рассчитана разность значений наблюдаемой и истинной оптических плотностей для случая, когда часть излучения не поглощается при прохождении через образец (рис. 2.5). Такое явление может возникнуть при работе с суспензиями, состоящими из крупных частиц, или при работе с пленками, содержащими пустоты. На рис. 2.6. показана связь между наблюдаемой и истинной оптическими плотностями для образца, состоящего из двух компонентов, различающихся по толщине.

Более общий случай, включающий также рассмотрение клиновидных образцов, проанализирован в [861]. Ошибки будут тем меньше, чем меньше оптическая плотность. Если аналитические полосы и полосы сравнения имеют близкие оптические плотности, то при использовании внутреннего стандарта снижаются ошибки, связанные с негомогенностью образца.

3. ТЕОРИЯ ИК-СПЕКТРОВ ПОЛИМЕРОВ

3.1. ВВЕДЕНИЕ

Полимерные молекулы имеют много колебательных степеней свободы, так как они содержат большое число атомов. Регулярная макромолекула построена так же, как и кристалл, из небольших повторяющихся элементарных звеньев путем операции трансляции. Набор оптически активных колебаний ограничивается правилами отбора и включает в себя обычно не очень большое число колебаний. Мы используем здесь термин оптически активное колебание, поскольку общие правила отбора вытекают из трансляционной симметрии регулярной макромолекулы и пригодны как для ИК-, так и КР-активных колебаний. ИК-спектр бесконечной регулярной макромолекулы, как и спектр бесконечно большого кристалла, можно свести к колебаниям элементарного звена или соответственно элементарной ячейки кристалла. Подобный прием дает хорошие результаты также для макромолекулы конечной (но достаточно большой) длины. Наблюдаемые для такой молекулы частоты близки по значениям к частотам гипотетической вытянутой цепи бесконечной длины, имеющей регулярное строение. Анализ ИК-спектра полимеров оказывается возможным лишь при введении строгих правил отбора.

Теория колебательных спектров полимеров вытекает из теории колебаний кристаллов. Существенное различие между этими теориями состоит в том, что в полимерных молекулах взаимодействие между элементарными звеньями вдоль цепи обычно значительно превосходит межмолекулярное взаимодействие. Благодаря этому можно рассматривать макромолекулы линейных полимеров как одномерные кристаллы, что является хорошим приближением.

В работе [1894] рассмотрен колебательный спектр изолированной молекулы. Этот спектр можно получить в разреженном газе или в инертных растворителях. При переходе от газа к конденсированной фазе необходимо учитывать влияние соседних молекул на потенциальную функцию системы. Различие в спектрах газа и конденсированной фазы выражается обычно, во-первых, в незначительном смещении основных частот и, во-вторых, в изменении симметрии силового поля, что вызывает изменение правил отбора и появление новых полос.

Межмолекулярные взаимодействия в жидкостях и аморфных твердых телах весьма разнообразны, что затрудняет теоретическую обработку спектров этих систем.

Для кристаллического твердого тела характерно взаимодействие между внутренними колебаниями молекул и колебаниями решетки. Это взаимодействие можно качественно оценить потенциальной функцией. Потенциальная энергия U элементарной ячейки, содержащей лишь один сорт молекул, описывается уравнением [675, 676]:

$$U = \sum_j (U_j^0 + U_j') + \sum_j \sum_k U_{jk} + U_L + U_{Lj} \tag{3.1}$$

U_j^0 — потенциальная энергия изолированной молекулы j в вакууме; U_j' описывает возмущение потенциальной энергии молекулы, которое вносит поле кристалла. Суммирование проводится по всем молекулам, находящимся в элементарной ячейке. Возмущение приводит обычно к снижению симметрии U_j^0. Величина U_{jk} включает в себя внутренние координаты молекул j и k и характеризует взаимодействие между колебаниями молекул, находящихся в кристаллографической ячейке. Учет этого члена приводит к снятию n-кратного вырождения, которое имеет место в элементарной ячейке, содержащей n молекул. U_L — потенциал решетки, который зависит от положения молекулы в элементарной ячейке; U_{Lj} характеризует внутренний потенциал молекулы j при смещении ее центра тяжести из положения равновесия. Если можно пренебречь параметрами взаимодействия U_{jk} и U_{Lj}, то проводят раздельный анализ колебаний молекул и решетки. Подобный подход сходен с разделением электронных и ядерных движений в приближении Борна — Оппенгеймера [158].

3.2. ГРУППЫ СИММЕТРИИ И ПРАВИЛА ОТБОРА ДЛЯ КРИСТАЛЛОВ И ЛИНЕЙНЫХ МАКРОМОЛЕКУЛ

Кристаллы и регулярные макромолекулярные цепи в отличие от простых молекул обладают трансляционной симметрией. Для того чтобы связать трансляции с группами симметрии, введем два понятия из теории групп: смежный класс и фактор-группу. Смежный класс — это множество, которое получается при перемножении всех элементов данной подгруппы (E, N_2, N_3 ... N_n) на любой элемент X группы:

$$X,\ XN_2,\ XN_3,\ \ldots XN_n \tag{3.2}$$

Фактор-группа F состоит из смежных классов одной подгруппы, образованных всеми элементами X:

$$\begin{aligned} F = F_1,\ F_2,\ \ldots F_l = {} & X_1,\ X_1N_2,\ X_1N_3,\ \ldots X_1N_n \\ & X_2,\ X_2N_2,\ X_2N_3,\ \ldots X_2N_n \\ & \vdots \\ & X_l,\ X_lN_2,\ X_lN_3,\ \ldots X_lN_n \end{aligned} \tag{3.3}$$

Элементы F_i, принадлежащие одной фактор-группе, сами являются группами.

Все трансляции, охватывающие бесконечную объемную кристаллическую решетку, образуют трехмерную бесконечную группу, элементы которой можно представить в виде векторов типа

$$\vec{T}_{n_1n_2n_3} = n_1\vec{t}_1 + n_2\vec{t}_2 + n_3\vec{t}_3 \qquad (3.4)$$

Вводя циклические граничные условия Борна (см., например, [159]), мы можем заменить бесконечную группу трансляций одной конечной группой. При этом требуется, чтобы трансляция $N_i\vec{t}_i$ была эквивалентна единичному элементу T_{000} группы трансляций, т. е.

$$\vec{T}_{N_1N_2N_3} = \vec{T}_{00N_3} = \vec{T}_{0N_20} = \vec{T}_{N_100} = \vec{T}_{000} \qquad (3.5)$$

Использование циклического граничного условия никак не сказывается на конечных размерах кристалла или макромолекулы. Оно ведет лишь к упрощению математического аппарата и свидетельствует о том, что в узлах решетки $(0, 0, 0)$, (N_1, N_2, N_3) и других движения имеют одну и ту же фазу.

Рассмотрим теперь элементы N_1, N_2, N_3, принадлежащие конечной группе трансляций, полученной на основе циклических граничных условий Борна. Для них имеется то же самое число неприводимых представлений, поскольку каждый элемент этой группы сам образует класс. Запишем характер j-го представления:

$$\Gamma_j = \chi_j(1,\ 0,\ 0), \ldots \chi_j(n_1,\ n_2,\ n_3), \ldots \chi_j(N_1,\ N_2,\ N_3) \qquad (3.6)$$

Уравнения (3.4) и (3.5) выполняются лишь в том случае, когда элементы представления записываются в виде:

$$\chi_j(n_1,\ n_2,\ n_3) = \exp(2\pi i\vec{\varkappa}\vec{T}) \qquad (3.7)$$

волновой вектор $\vec{\varkappa}$, который рассчитывают, используя обратные векторы решетки $\vec{b}_i (p_i = 0 \ldots N-1)$ по [1894]:

$$\vec{\varkappa} = \vec{b}_1 p_1/N_1 + \vec{b}_2 p_2/N_2 + \vec{b}_3 p_3/N_3 \qquad (3.8)$$

В табл. 3.1 представлены характеры группы трансляций. Элементы $(0, 0, 0) \ldots (N_1-1,\ N_2-1,\ N_3-1)$ для упрощения пронумерованы от 0 до $N-1$. Пусть элементарная ячейка содержит m атомов. Тогда параллелепипед, построенный из $N_1N_2N_3$ элементарных ячеек, имеет $3mN_1N_2N_3$ степеней свободы, которые равномерно делятся на $N_1N_2N_3$ представлений Γ_j. Трансляции всего параллелепипеда описываются полносимметричным представлением Γ_0, поэтому они содержат также оптически активные колебания. Из табл. 3.1 можно вывести правила отбора для обертоновых и комбинационных колебаний, характер которых опре-

Таблица 3.1. Характеры группы трансляций

Характеры	Операции симметрии					
	$T_0 = E$	T_1	...	T_i		T_{N-1}
Γ_0	1	1	...	1		1
Γ_1	1	$(2\pi i\vec{\varkappa}_1\vec{T}_1)$	...	$(2\pi i\vec{\varkappa}_1\vec{T}_i)$	...	$(2\pi i\vec{\varkappa}_1\vec{T}_{N-1})$
⋮	⋮	⋮		⋮		
Γ_j	1	$(2\pi i\vec{\varkappa}_j\vec{T}_1)$	..	$(2\pi i\vec{\varkappa}_j\vec{T}_i)$	...	$(2\pi i\vec{\varkappa}_j\vec{T}_{N-1})$
⋮	⋮	⋮		⋮		⋮
Γ_{N-1}	1	$(2\pi i\vec{\varkappa}_{N-1}\vec{T}_1)$	...	$(2\pi i\vec{\varkappa}_{N-1}\vec{T}_i)$	...	$(2\pi i\vec{\varkappa}_{N-1}\vec{T}_{N-1})$

деляется произведением комплексно сопряженных характеров основных колебаний:

$$\Gamma_{j,k} = \Gamma_j \Gamma_k^* = 1, \ . \ . \ . \ , \ \exp\left[2\pi i\left(\vec{\varkappa}_j - \vec{\varkappa}_k\right)\vec{T}\right] \ . \ . \ . \qquad (3.9)$$

Γ_{jk} равно полносимметричному представлению Γ_0 лишь тогда, когда

$$\vec{\varkappa}_j = \vec{\varkappa}_k \qquad (3.10)$$

Уравнение (3.10) является необходимым условием для оптической активности комбинационных колебаний.

Большинство кристаллических решеток имеют помимо трансляций $\vec{T}$ и другие элементы симметрии R, такие, как поворотные оси, зеркальные плоскости, центры инверсии, винтовые оси, зеркальные плоскости скольжения. Симметрия решетки описывается пространственной группой, элементы которой являются комбинациями трансляции и элементов симметрии R. Элементы пространственной группы могут быть обобщены в смежные классы, число которых равно числу дополнительных элементов симметрии

$$\begin{aligned} F_1 &= ET_0,\ ET_1, \ . \ . \ . \ ET_{N-1} \\ F_2 &= R_2T_0,\ R_2T_1, \ . \ . \ . \ R_2T_{N-1} \qquad (3.11) \\ &\vdots \\ F_H &= R_HT_0,\ R_HT_1 \ . \ . \ . \ R_HT_{N-1} \end{aligned}$$

Набор смежных классов F_1—F_H образует фактор-группу пространственной группы. Для сокращения часто называют фактор-группой сами элементы симметрии $E_1R_2 \ldots R_H$. Фактор-группы не являются точечными группами, поскольку они содержат также и такие элементы, для которых никакая точка молекулы или элементарной ячейки не остается неподвижной при применении к этой молекуле операций симметрии. Однако для любой фактор-группы можно найти изоморфную ей точечную группу, которая имеет ту же самую таблицу характеров.

Согласно одной из теорем теории групп неприводимое представление фактор-группы является также неприводимым представлением пространственной группы. Существуют неприводимые представления, полностью симметричные относительно одной трансляции, которые, как было уже показано, включают в себя оптически активные колебания группы трансляций. Точечная

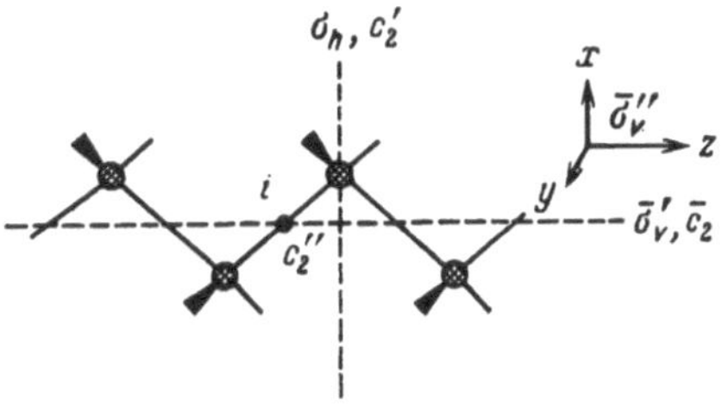

Рис. 3.1. Плоская зигзагообразная цепь полиэтилена и элементы ее симметрии.

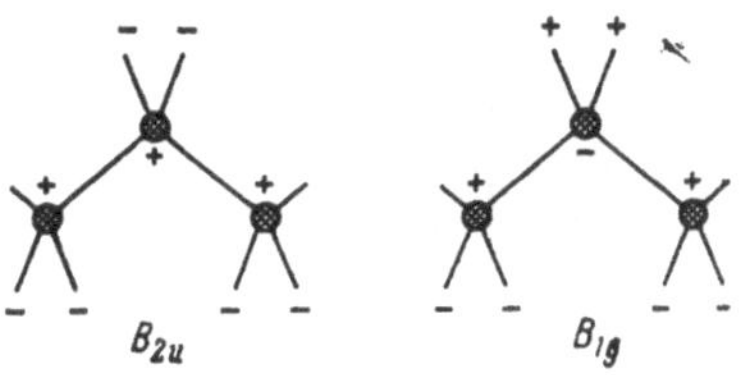

Рис. 3.2. CH_2-Маятниковые колебания цепи полиэтилена.

группа, изоморфная фактор-группе, позволяет установить, к какому из представлений относится колебание. Можно вывести уравнение, которое будет показывать, сколько колебаний содержат отдельные классы фактор-группы [1846, 1894].

Цепные молекулы могут быть охарактеризованы одномерными пространственными группами, которые Тобин [1737] назвал линейными группами. Такой подход оказывается корректным до тех пор, пока внутримолекулярные взаимодействия настолько превосходят межмолекулярные, что последними можно пренебречь. Все приведенные выше рассуждения о трехмерных группах трансляции или пространственных группах справедливы и для линейных групп. У последних, правда, будут более короткие и простые представления [1741]. Если элементарная ячейка содержит только одну молекулярную цепь, то анализы с помощью пространственных групп и с помощью линейных групп дают одни и те же оптически активные колебания.

Рассмотрим различия между этими двумя типами анализа на примере молекулы полиэтилена. Линейная группа, описывающая плоскую зигзагообразную цепочку полиэтилена (рис. 3.1), содержит следующие элементы фактор-группы: операцию идентичности E, плоскость симметрии σ_h, совпадающую с плоскостью xy, зеркальную плоскость скольжения $\bar{\sigma}_v'$, совпадающую с плоскостью yz, плоскость симметрии $\bar{\sigma}_v''$, совпадающую с плоскостью xz, поворотную ось второго порядка C_2', винтовую ось второго порядка $\bar{C}_2$, винтовую ось второго порядка C_2'', перпендикулярную плоскости xz, и центр инверсии i. Эта фактор-группа изоморфна точечной

Таблица 3.2. Характеры точечной группы, изоморфной линейной группе вытянутой цепи полиэтилена [1737]

Характеры	Элементы симметрии								Типы симметрии	Нормальные колебания	Активность
	E	σ_h	$\bar{\sigma}'_v$	$\bar{\sigma}''_v$	C_2	C'_2	C''_2	i			
Γ_1	+1	+1	+1	+1	+1	+1	+1	+1	A_g	3	
Γ_2	+1	−1	−1	−1	+1	+1	+1	−1	A_u	1	
Γ_3	+1	+1	−1	−1	+1	−1	−1	+1	B_{1g}	3	
Γ_4	+1	−1	+1	+1	+1	−1	−1	−1	B_{1u}	2	M_z
Γ_5	+1	−1	−1	+1	−1	−1	+1	+1	B_{2g}	2	
Γ_6	+1	+1	+1	−1	−1	−1	+1	−1	B_{2u}	3	M_y
Γ_7	+1	−1	+1	−1	−1	+1	−1	+1	B_{3g}	1	
Γ_8	+1	+1	−1	+1	−1	+1	−1	−1	B_{3u}	3	M_x

группе V_h, характеры которой представлены в табл. 3.2 [1737]. Мономерное звено молекулы полиэтилена содержит 6 атомов и имеет соответственно 18 степеней свободы. В предпоследней колонке таблицы дано распределение этих степеней свободы по типам колебаний. В последней колонке указаны направления моментов перехода колебаний, активных в ИК-спектре. Форма колебаний записана в координатах симметрии [920]. Они очень близки к координатам, которые можно ожидать для нормальных колебаний*.

На рис. 3.2 схематически изображены маятниковые колебания CH_2-группы в макромолекуле полиэтилена, относящиеся к типам симметрии B_{2u} (ИК-активные) или B_{1g} (ИК-неактивные).

Элементы фактор-группы кристалла полиэтилена приведены на рис. 3.3. Это — плоскость симметрии $\sigma_h(ab)$, совпадающая с плоскостью CH_2-групп, зеркальная плоскость скольжения $\bar{\sigma}_v(bc)$ с трансляциями $(b/2+c/2)$, зеркальная плоскость скольжения $\bar{\sigma}_v(ac)$ с трансляцией $a/2$, три взаимно-перпендикулярные винтовые оси второго порядка $\bar{C}_2(a)$, $\bar{C}_2(b)$, $\bar{C}_2(c)$ и центр инверсии i. Эта фактор-группа оказалась изоморфной той же точечной группе V_h. В табл. 3.3 даны ее характеры, типы симметрии, число нормальных колебаний и типы их симметрии, а также спектральная активность.

Элементарная ячейка полиэтилена содержит 12 атомов и имеет, следовательно, 36 колебательных степеней свободы, включая три трансляции и вращения решетки как целого.

На рис. 3.4 схематически изображены маятниковые колебания CH_2-групп в кристалле полиэтилена. В кристалле полиэтилена

* Это справедливо лишь для высокохарактеристических колебаний. — (*Прим. ред.*)

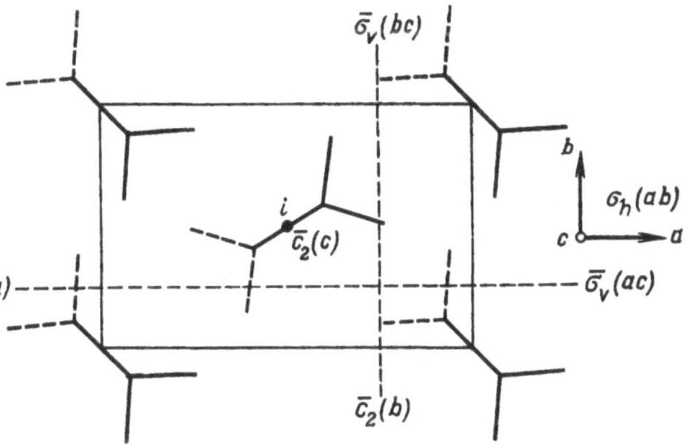

Рис. 3.3. Сечение кристаллографической ячейки полиэтилена (перпендикулярно оси цепи) и элементы симметрии фактор-группы V_h [920].

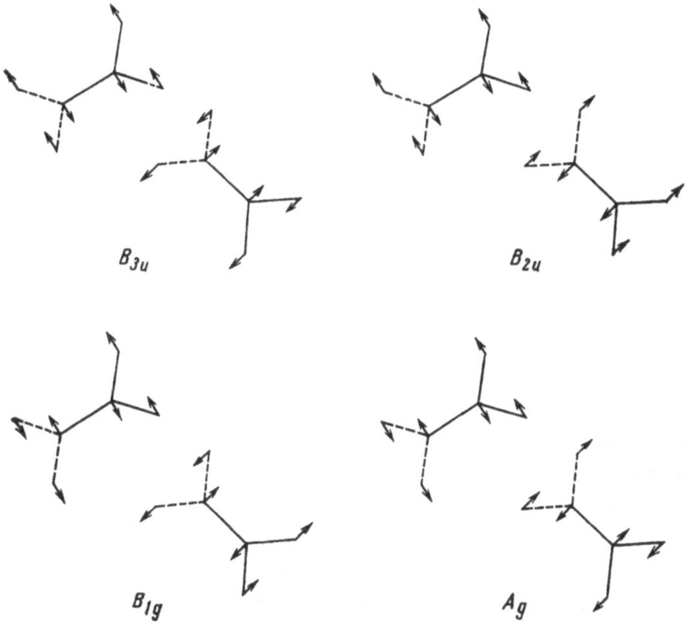

Рис. 3.4. CH_2-Маятниковые колебания цепей полиэтилена в кристалле.

вместо двух типов колебаний изолированной вытянутой цепи проявляются четыре типа колебаний $\gamma_r(CH_2)$, которые относятся к ИК-активным типам симметрии B_{2u} и B_{3u}, а также к ИК-неактивным типам симметрии A_g и B_{1g}. Любое колебание изолированной цепи расщепляется в кристалле на два колебания, которые можно рассматривать как колебания двух молекулярных цепей,

Таблица 3.3. Характеры точечной группы V_h, изоморфной пространственной группе кристалла полиэтилена [1894]

Характеры	Элементы симметрии								Типы симметрии	Нормальные колебания	Активность
	E	$\sigma_h(ab)$	$\overline{\sigma_v}(bc)$	$\overline{\sigma_v}(ac)$	$\overline{C_2}(c)$	$\overline{C_2}(a)$	$\overline{C_2}(b)$	i			
Γ_1	+1	+1	+1	+1	+1	+1	+1	+1	A_g	6	
Γ_2	+1	−1	−1	−1	+1	+1	+1	−1	A_u	3	
Γ_3	+1	+1	−1	−1	+1	−1	−1	+1	B_{1g}	6	
Γ_4	+1	−1	+1	+1	+1	−1	−1	−1	B_{1u}	3	M_c
Γ_5	+1	−1	−1	+1	−1	−1	+1	+1	B_{2g}	3	
Γ_6	+1	+1	+1	−1	−1	−1	+1	−1	B_{2u}	6	M_b
Γ_7	+1	−1	+1	−1	−1	+1	−1	+1	B_{3g}	3	
Γ_8	+1	+1	−1	+1	−1	+1	−1	−1	B_{3u}	6	M_a

проходящих через элементарную ячейку. Эти колебания происходят в фазе или противофазе. Если взаимодействие между цепями отсутствует, т. е. можно пренебречь членом U_{jk} в уравнении (3.1), то оба колебания имеют одинаковую частоту.

3.3. КОЛЕБАТЕЛЬНЫЙ СПЕКТР ЦЕПНОЙ МОЛЕКУЛЫ

Бесконечно длинная молекула имеет бесконечное число колебательных степеней свободы. В настоящем разделе дано формально математическое описание колебаний такой молекулы. Потенциальную энергию молекулы можно представить в виде суммы [1344]:

$$2U = \sum_{n\ n';\ i,k} F_{ik}^{nn'} R_i^n R_k^{n'} \quad (3.12)$$

где $F_{ik}^{nn'}$ — силовая постоянная, описывающая взаимодействие между колебаниями, происходящими в мономерных звеньях n и n'; R_i^n и $R_k^{n'}$ — соответственно координата i-го или k-го атома n-го или n'-го мономерного звена.

Величины n и n' изменяются от 1 до ∞, а i и k от 1 до $3m$ (где m — число атомов в спектральном повторяющемся звене цепи). В силу периодичности цепи величина $F_k^{nn'}$ зависит только от разности $|n-n'| = s$ так, что

$$F_{ik}^{nn'} = F_{ki}^{n'n} = F_{ik}^{s} \quad (3.13)$$

Производя соответствующие замены в уравнении (3.12), получаем

$$2U = \sum_{n;\, i,\, k} F^0_{ik} R^n_i R^n_k + \sum_{n,\, s;\, i,\, k} F^s_{ik} (R^n_i R^{n+s}_k + R^n_i + R^{n-s}_k) \qquad (3.14)$$

Аналогичное уравнение может быть записано для кинетической энергии молекулы:

$$2T = \sum_{n;\, i,\, k} G^0_{ik} P^n_i P^n_k + \sum_{n,\, s;\, i,\, k} G^s_{ik} (P^n_i P^{n+s}_k + P^n_i P^{n-s}_k) \qquad (3.15)$$

где P^n_i — обобщенные импульсы; G^s_{ik} — элементы матрицы кинетической энергии (см также [1844]).

Не останавливаясь на деталях (см. [1344, 1960]), укажем только, что уравнения движения, выведенные из (3.14) и (3.15), имеют решения:

$$R^{n+s}_i = A_i \exp[-i(\omega t + s\varphi)] \qquad (3.16)$$

где φ — разность фаз колебаний эквивалентных внутренних координат R_i в соседних элементарных звеньях.

Условием, при котором уравнение имеет решение, является равенство нулю векового детерминанта:

$$|\boldsymbol{G}(\varphi)\boldsymbol{F}(\varphi) - \omega^2(\varphi)\boldsymbol{E}| = 0 \qquad (3.17)$$

где $$\boldsymbol{G}(\varphi) = \boldsymbol{G}^0 + \sum_s (\boldsymbol{G}^s e^{is\varphi} + \widetilde{\boldsymbol{G}}^s e^{-is\varphi})$$

$$\boldsymbol{F}(\varphi) = \boldsymbol{F}^0 + \sum_s (\boldsymbol{F}^s e^{is\varphi} + \widetilde{\boldsymbol{F}}^s e^{-is\varphi})$$

$\widetilde{\boldsymbol{G}}$ и $\widetilde{\boldsymbol{F}}$ — матрицы, транспонированные к G и F; $\overline{\boldsymbol{G}^0}$ и $\overline{\boldsymbol{F}^0}$ — матрицы ранга $3m$, так что уравнение (3.17) имеет для любой разности фаз φ $3m$ решений $\omega^2 = 4\pi^2 c^2 \tilde{\nu}^2$ или, другими словами, мы получаем $3m$ функций $\tilde{\nu}_i(\varphi)$, которые называются частотными ветвями или дисперсионными кривыми. Ветви, для которых $\tilde{\nu}(0) = 0$, называются акустическими ветвями. Они соответствуют движениям жестких элементарных ячеек как целого. В случае изолированной линейной цепной молекулы имеется четыре акустические ветви, которые можно приписать одной продольной, двум поперечным и одному крутильному колебанию* жесткоцепной молекулы.

Разность фаз φ в уравнениях (3.16) и (3.17) может быть выражена через расстояние d между соседними элементарными ячейками и через волновой вектор $\vec{\varkappa}$, определяемый из уравнения (3.8):

$$\varphi = d\varkappa \text{ или } \varphi = \vec{d}\,\vec{\varkappa} \qquad (3.18)$$

---

* Имеется в виду вращение вокруг оси цепи. Вращение бесконечно длинной цепи вокруг оси, перпендикулярной оси молекулы, невозможно; любое такое вращение приведет к изгибу цепи, т. е. окажется колебанием. — *(Прим. ред.)*

Векторные обозначения можно использовать для трехмерных кристаллов. Различные решения уравнения (3.17) лежат в области между $\varphi=-\pi$ и $\varphi=+\pi$. В теории колебаний кристаллов эту область называют первой зоной Бриллюэна. Ввиду симметрии первой зоны Бриллюэна относительно $\varphi=0$ разности фаз в колебаниях соседних звеньев цепи лежат в интервале от 0 до π.

Величина φ остается постоянной для всего кристалла или цепной молекулы в том случае, когда решения записаны в виде (3.16). Таким образом, рассматриваются только те колебания, которые периодически распространяются по кристаллу или цепной молекуле.

Правила отбора $\varkappa=0$ для основных колебаний и $\Delta\varkappa=0$ для комбинационных тонов [уравнение (3.10)] можно интерпретировать следующим образом: основные колебания оптически активны, если соседние звенья колеблются в фазе, а комбинационные колебания активны, если соответствующие основные колебания распространяются через кристалл или молекулу с тем же волновым вектором.

Особый интерес представляют различия в спектральных полосах, относящихся к акустической и оптической ветвям, что соответствует переходу от чистого колебания решетки к комбинированному колебанию решетки и элементарного звена. Такой переход вызывает уширение полосы колебания молекулы, так как при комнатной температуре всегда возбуждены какие-то колебания решетки.

При расчете оптически активных колебаний в ходе анализа нормальных колебаний в силу правила отбора $\varkappa=0$ рассматривают лишь одно элементарное звено*, которое формально можно считать изолированной молекулой. Координаты такой модельной молекулы, кроме того, должны удовлетворять условию, что оба ее конца, связывающие соседние звенья, колеблются в фазе. Используя уравнения (3.14) и (3.17) и подставляя $R_i^n=R_i^{n+s}=R_j$, получим выражение, описывающее влияние соседних звеньев на силовое поле модельной молекулы при $\varphi=0$:

$$2U=\sum_{ik}(F_{ik}^0+2\sum_s F_{ik}^s)R_iR_k$$

Обычно фактор взаимодействия F_{ik}^s сильно убывает с ростом s, так что для $s>1$ членом F_{ik}^s можно пренебречь.

Общий метод расчета нормальных колебаний в рамках внутренних координат элементарного звена описан в [1169, 1170], он был опробован на некоторых простых полимерах. Увеличение числа атомов m в мономерном звене цепи ведет к увеличению времени счета, а также к ошибкам, связанным с недостаточным зна-

* Под элементарным звеном здесь подразумевается кристаллографическая повторяющаяся элементарная ячейка. — *(Прим. ред.)*

нием силовых постоянных [1901]. Проведен нормально-координатный анализ полиакрилонитрила [1861] и изотактического и синдиотактического полипропилена [1463, 1578].

Общие методы анализа нормальных колебаний спиральных молекул и правила отбора для оптически активных основных колебаний описаны в [663, 1169, 1170, 1180]. Необходимым условием того, чтобы колебание было ИК-активным, является равенство разности фаз φ нулю или θ, т. е. $\varphi=0$ или $\varphi=\theta$, если угол закручивания молекулярной спирали $\theta=2\pi p/l$ (l — число мономерных единиц, которое приходится на p полных витков спирали). Если мономерное звено состоит из m атомов, то имеется $3m-2$ колебаний типа симметрии A с разностью фаз $\varphi=0$. Это приводит к появлению полос с параллельным дихроизмом и $3m-1$ пар вырожденных колебаний E_1 с разностью фаз $\varphi=\theta$, которые поляризованы перпендикулярно оси цепи. Вырождение есть следствие равнозначности фаз $+\theta$ и $-\theta$. Колебания A и E_1, вообще говоря, имеют разные частоты из-за взаимодействия соседних звеньев, зависящего от фазы θ.

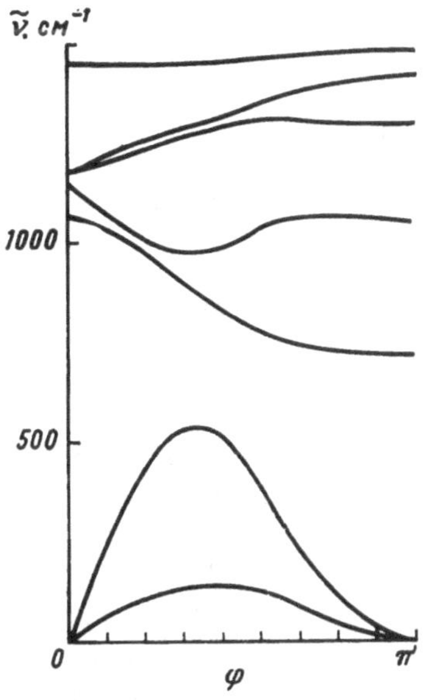

Рис. 3.5. Дисперсионные кривые для изолированной цепи полиэтилена [1344].

Расчет колебательных ветвей $\tilde{\nu}_i(\varphi)$ можно провести по методу, описанному в [1344], если только известны геометрическая структура и силовое поле полимерной молекулы. Знание силового поля, которое достаточно хорошо характеризует основные колебания низкомолекулярных модельных соединений или же оптически активные колебания цепной молекулы, не позволяет все еще правильно описать всю кривую $\tilde{\nu}_i(\varphi)$, поскольку она зависит также и от дальнодействующих сил. В работе [1344] были рассчитаны дисперсионные кривые для полиэтилена, дейтерированного полиэтилена и для двух модификаций полиоксиметилена (рис. 3.5). По наклону кривой определяется плотность распределения частот $g(\tilde{\nu})$. Эта величина характеризует многие физические свойства твердых тел.

При теоретическом анализе низкочастотной области спектра особенно важно применение трехмерной модели, так как здесь дисперсионные кривые очень чувствительны к межмолекулярному взаимодействию.

Для упрощенной модели кристалла полиэтилена [396] были рассчитаны колебания решетки, происходящие параллельно осям a и b. Экспериментальная проверка расчетов возможна, в принципе, с помощью неупругого рассеяния нейтронов (см. разд. 5.10.3). Кроме того, можно провести сравнение с частотами, наблюдаемыми для молекул конечной длины. Если пренебречь влиянием концевых групп, то эти частоты должны лежать на дисперсионной кривой. В [838, 1102, 1717] рассчитали распределение колебательных частот орторомбического кристалла полиэтилена и определили удельную теплоемкость полимера.

В работе [1904] проведен расчет дисперсионных кривых и плотности спектрального распределения частот для изолированной цепи изотактического полипропилена. Полученные результаты сопоставлены с данными неупругого рассеяния нейтронов.

3.4. ВЛИЯНИЕ КОНЕЧНОЙ ДЛИНЫ МАКРОМОЛЕКУЛЫ И ДРУГИХ ДЕФЕКТОВ СТРУКТУРЫ НА КОЛЕБАТЕЛЬНЫЕ СПЕКТРЫ

Ряд важных свойств колебательных спектров цепных молекул может быть изучен на простой модели N связанных осцилляторов. Предположим, что силовая постоянная взаимодействия осцилляторов мала в сравнении с собственной силовой постоянной осциллятора и что осциллятор, моделирующий мономерное звено, имеет только одну колебательную степень свободы. Такое модельное представление в определенной степени справедливо для характеристических частот, т. е. частот, не возмущенных колебаниями близко расположенных атомов. Предполагая, что энергия связывания пропорциональна разности фаз колебаний соседних осцилляторов, получаем для цепи с жесткими концами N дискретных круговых колебательных частот ω_s [1894]:

$$\omega_s^2 = \omega_0^2 + (\omega')^2 \sin \frac{(N+1-s)\pi}{2(N+1)} \qquad (3.19)$$

где ω — собственная частота колебаний свободного (изолированного) осциллятора; ω' — параметр взаимодействия (выраженный в $см^{-1}$); $s=1,2,3,\ldots N$.

Если записать разность фаз через волновой вектор, как это сделано в уравнении (3.17), то тогда уравнение (3.19) будет описывать функцию частотной ветви, на которой лежат дискретные частоты ω_s. Модель связанных осцилляторов позволяет, кроме того, рассчитать относительную интенсивность полос, принадлежащих одной частотной ветви. Интенсивность уменьшается с увеличением отклонения частоты от ω_0 и тем быстрее, чем больше N. Если отдельные полосы не разрешаются, то появляется асимметричная полоса, уширенная в сторону больших частот.

Разработан [557] более точный метод расчета колебательных частот и интенсивностей полос спектра для молекул конечной длины, построенных из повторяющихся элементов. Практическая применимость расчетов, проводимых на моделях, ограничена тем, что концы реальных молекул нельзя рассматривать ни как свободные, ни как закрепленные, к тому же концевые группы обычно отличаются от повторяющихся звеньев молекул. Влияние концевых групп на ИК-спектр было изучено в работе [558]. Если частоты нормальных колебаний концевых групп сильно отличаются от частот колебаний внутренних звеньев, то в результирующем спектре имеет место неискажаемое наложение обоих типов колебаний. В противном случае спектр искажается. Взаимное влияние можно оценить из возмущений спектра. Приблизительный спектр концевых групп получают с помощью модели, состоящей из концевой группы и ближайшей соседней группы. Влияние концевых групп на частоты колебаний остальной части цепи проявляется в основном для колебаний, которые сильно различаются по фазе. Эти колебания, правда, вносят небольшой вклад в полосу поглощения при больших N (число звеньев), так что при достаточно большом N влияние концевых групп на ИК-спектр центральной части макромолекулы малозаметно.

Подробное исследование соотношения частота — фаза и влияния концевых групп на ИК-спектр было проведено в первую очередь на модельных молекулах полиметиленовой цепи, при этом сравнивали спектры полимера со спектрами парафинов и жирных кислот [1299, 1462, 1575]. В работах [735, 737] изучали колебательные частоты метиленовой цепи в полимерах типа $[(CH_2)_nY]$ и на основании полученных данных интерпретировали колебания $\gamma(CH_2)$ в полиамидах.

В реальных полимерных твердых телах помимо конечных размеров молекул и кристаллитов имеют место и другие отклонения от идеальной регулярной структуры: разветвления, неполная стереорегулярность, дефекты в строении решетки, паракристаллические включения в решетку, неоднородность по молекулярной массе, регулярные и нерегулярные складки макромолекул, существование аморфных областей. Любой дефект вызывает «обрыв» регулярности вытянутой цепи, так что спектр реального твердого полимера представляет собой приближенно суперпозицию спектров цепных молекул различной длины. Поэтому по указанным выше причинам должно происходить более или менее асимметричное уширение полос поглощения. Точное теоретическое рассмотрение эффекта уширения невозможно потому, что колебания любого из дефектов, взятого за концевую группу, часто находятся в сильном взаимодействии с регулярными колебаниями цепи. Это сложным образом сказывается на форме дисперсионных кривых. Ослабление правил отбора, выведенных на основании пространственно-групповой симметрии идеальной регулярной молекулы, ведет к появлению новых полос, которые запрещены в спектре регулярной макромолекулы. Во многих случаях большое число таких полос становится заметным по слабому усилению непрерывного фона.

Более благоприятные возможности для теоретического анализа нерегулярных цепей появляются в том случае, когда один тип неупорядоченности сильно превалирует над другими. В таких условиях был проанализирован [1725] спектр полиметиленовой цепи, содержащей статистически распределенные группы CD_2.

Другой тип неупорядоченности, доступный статистическим методам анализа, это — аморфные области. Аморфное состояние часто обусловлено не дефектностью макромолекулы, а, как это видно на примере закаленных расплавов, отражает уменьшение степени кристалличности, что вызвано причинами физического характера. Вследствие возможности поворотов вокруг связей С—С макромолекула содержит набор поворотных изомеров. Поскольку существует потенциальный барьер внутреннего вращения, а также энергетические минимумы для определенных положений химических связей, все изомеры располагаются в тех местах, которые определены потенциальной функцией внутреннего вращения.

Наблюдаемый спектр в первом приближении можно рассматривать как наложение спектров различных поворотных изомеров цепной молекулы. Если пренебречь взаимодействием между соседними группами, то можно рассчитать нормальные колебания, проведя анализ нормальных колебаний на основании локальной симметрии. Однако из-за ряда упрощающих предположений такой расчет дает очень грубое представление о форме колебаний и частотах. В работе [1344] исследовали колебательный спектр плоской зигзагообразной цепи со статистическим распределением складок. Распределение частот было рассчитано для цепи полиэтилена, содержащей 100 мономерных единиц. *Транс*- и *гош*-конформации в ней были распределены статистически.

В работе [1310] изучали влияние дефектов на колебательный спектр регулярных цепных молекул. При этом предполагали, что концентрация дефектов настолько мала, что дисперсионные кривые регулярных цепей слабо искажены. Колебания дефектов укладываются на эти дисперсионные кривые в тех случаях, когда их частота превышает частоты колебаний решетки или же когда они мало взаимодействуют с колебаниями решетки. В этом случае, как следует из ИК-спектра, интенсивность собственных колебаний дефектов пропорциональна их концентрации. При более сильном взаимодействии можно ожидать, что в плоских областях дисперсионных кривых (рис. 3.5) активны колебания решетки. В спектре регулярных цепей они неактивны. Некоторые полосы, появляющиеся в спектрах полиэтилена высокого давления, могут быть отнесены к тем колебаниям решетки, которые возбуждаются дефектами. Эти полосы отсутствуют в спектрах образцов с большей степенью кристалличности. В области CCl-валентных колебаний спектра синдиотактического поливинилхлорида, подвергнутого механической обработке, обнаружены изменения, которые также можно объяснить активацией колебаний решетки.

4. ЭКСПЕРИМЕНТАЛЬНЫЕ ПРИЕМЫ ИК-СПЕКТРОСКОПИИ ПОЛИМЕРОВ

Объем информации, которую можно получить из ИК-спектра, во многом зависит от правильности приготовления образца. Плохое препарирование не позволяет получить высококачественный спектр даже с помощью самых хороших спектрометров и ведет тем самым к потере информации. Поэтому подготовительные работы всегда следует проводить очень тщательно, даже если они требуют значительно большего времени и усилий, чем сам процесс регистрации спектра.

Имеется большое число монографий, подробно описывающих аппаратуру и методы исследования газообразных и жидких образцов. Достаточно подробно в литературе освещены частные и общие проблемы препарирования. Однако ни один из предложенных методов приготовления образцов не может претендовать на полную универсальность в силу многообразия форм твердого состояния вещества. Выбор методики препарирования обусловлен в первую очередь природой анализируемого соединения, а также конкретной задачей исследования. Таков же подход и при препарировании жидких и газообразных продуктов.

Полимеры приходится исследовать в основном в твердом состоянии. Лишь у некоторых из них, имеющих низкую молекулярную массу, температура плавления ниже комнатной. Исследование же расплавов, проводимое при более высокой температуре, имеет свои трудности, так что к этой методике прибегают лишь тогда, когда объектом исследования являются температурные изменения спектра, а также структура расплава. Спектроскопия растворов полимеров возможна лишь для ограниченного круга систем. Это объясняется тем, что для многих полимеров, в отличие от низкомолекулярных соединений, не удается подобрать растворитель, который не только хорошо растворял бы полимер, но и был бы достаточно прозрачен для ИК-излучения.

Часто предметом исследования является структура твердого полимера. В таких случаях препарирование проводят как можно аккуратнее, чтобы не изменить надмолекулярную структуру образца. Твердые образцы наиболее удобно исследовать в виде пленок, толщину которых измеряют по интенсивности поглощения. Если же пленку приготовить нельзя, то образец измельчают и готовят суспензию. Применяют также специальные методы, основанные на измерении интенсивности света, отраженного от поверхности твердого образца (см. разд. 4.4).

4.1. ИЗМЕРЕНИЕ В ИММЕРСИОННЫХ СРЕДАХ

К классическим методам получения образцов твердых полимеров относится насыпание или напыление сильно измельченного порошка на подложку из NaCl. Чтобы свет источника не рассеивался, размер зерен полимера должен быть значительно меньше длины волны (лучше, если меньше $0{,}1\,\lambda$). Описана методика получения гомогенного тонкого слоя порошка путем электростатического осаждения частиц, находящихся в потоке [621]. Однако при таком препарировании очень редко удается получить удовлетворительный спектр. Если ввести порошок в твердую или жидкую среду, коэффициент преломления которой близок к коэффициенту преломления образца, то можно заметно снизить потери, связанные с рассеянием света. Спектр такого образца при удачном его приготовлении отличается от спектра жидкого образца.

4.1.1. ПРЕССОВАНИЕ С КВг

Наиболее распространенный метод препарирования твердых объектов — прессование с КВг. Для полимеров его используют наравне с методом получения пленок. Основы метода были разработаны авторами работ [1469—1471, 1623] независимо друг от друга. Еще раньше прессование с КВг применяли при исследовании белков [279], но метод тогда не был опубликован.

Мелко раздробленный образец тщательно перемешивают с порошком КВг и смесь прессуют в таблетки. Зерна КВг при высоком давлении становятся пластичными и образуют при течении прозрачную матрицу, в которой распределен порошок исследуемого полимера. Давление, необходимое для спекания частиц КВг, достигается с помощью гидравлического насоса. Бромид калия проницаем для ИК-лучей; прессованная пластинка толщиной 1 мм пропускает при 250 $см^{-1}$ еще около 30% света. Следует также отметить, что КВг очищается без больших усилий и его можно хранить в чистом виде. Указанные достоинства КВг обусловили его широкое применение в качестве вещества матрицы. Показатели преломления многих органических соединений очень близки к показателю преломления КВг.

В некоторых случаях в качестве матрицы используют другие галогениды щелочных металлов и еще ряд веществ. Однако сейчас их роль скромнее, чем КВг, и поэтому вполне справедливо остановиться на методе прессования именно с КВг. К преимуществам метода следует отнести также: незначительные количества анализируемого вещества, пригодность метода для количественных измерений, гомогенное и изотропное распределение исследуемого вещества в таблетке и возможность сохранения образцов для последующего использования.

В обзорных работах [377, 1412], посвященных возможностям метода прессования с KBr, указаны условия, соблюдение которых позволит получить хороший спектр и избавит тем самым исследователя от ошибочных выводов. Библиография метода прессования с KBr собрана в [115, 1778].

В литературе нет единого мнения относительно как самой необходимости, так и способа предварительной обработки бромида калия перед прессованием. Способ его обработки определяется примесями, имеющимися в исходном KBr. Особенно нежелательно присутствие воды (которая дает полосы поглощения при 3500 и 1630 $см^{-1}$), нитрата калия (при 1390 $см^{-1}$) и органических соединений. Помимо сушки при 105 °С [606] часто предлагают проводить более или менее длительное нагревание KBr до 400—700 °С или до его плавления [191, 1221, 1195] для полного разрушения и удаления всех примесей. Рекомендуют также проводить переосаждение под действием HBr [634]. В работе [1512] определяли количество газа, выделяющегося при нагревании KBr, и пришли к выводу, что наличие газа в зернах KBr не является причиной помутнения таблетки. В то же время имеется четкая связь между величиной мутности и содержанием воды.

В продаже имеется KBr, предназначенный специально для спектральных работ. Работа с таким препаратом позволяет снизить объем вспомогательных работ и избежать некоторых ошибок. Торговый препарат KBr для ИК-спектроскопии (E. Merck, Darmstadt) имеет размер зерна около 150 мкм, и его не следует уменьшать. Последующее дробление ведет лишь к повышению гигроскопичности зерен, не улучшая матрицу [585]. Помимо влаги необходимо удалить аммиак и пары органических соединений, которые могут поглощаться порошкообразным KBr.

Большой опыт по очистке монокристаллов, полученных оптической промышленностью, накоплен в лаборатории автора этой главы. Оптические монокристаллы, к сожалению, мало удобны для ручной обработки и при измельчении поглощают воду. Однако слабые полосы воды можно компенсировать, помещая в пучок сравнения спектрометра таблетку из KBr той же степени чистоты.

Пресс-форма для получения таблеток KBr показана на рис. 4.1. По устройству она сходна с большинством прессов, входящих в комплект спектрометра. Смесь из KBr и образца насыпают в стальное кольцо, помещают на наковальню, расположенную под бойком, и прессуют ее в таблетку. Резиновая прокладка обеспечивает обратный ход бойка при разгрузке пресс-формы. В пресс-формах некоторых конструкций отсутствует стальное кольцо. Однако в этом случае возможно помутнение пробы в результате растрескивания таблетки под давлением [455]. К тому же с образцом, заключенным в кольцо, легче манипулировать, при необходимости его можно выбить из кольца с помощью простого приспособления. Работа с прямоугольными пресс-заготовками позволяет лучше использовать сечение пучка света. Получение изотропного образца прямоугольной формы труднее.

Давление на пресс-заготовку создают с помощью гидравлического пресса. Давление, при котором KBr спекается, составляет от $4 \cdot 10^3$ до $1 \cdot 10^4$ кгс/см^2, а время нагружения — от нескольких секунд до 30 мин. Исследования изменения коэффициента пропускания в зависимости от давления показали [1195], что повышение давления свыше 6000 кгс/см^2 при времени нагружения 1 мин не дает какого-либо положительного эффекта, так что можно считать достаточным давление 7000 кгс/см^2 при 1—2-х минутном нагружении. Более важным, чем чрезмерно высокое давление, является хороший вакуум в пресс-форме. Его нужно поддерживать достаточно долгое время (1—2 мин) до начала прессования для того, чтобы воздух, содержащийся в порошке KBr, вышел через имеющиеся узкие поры таблетки. Для обеспечения вакуума мощности водоструйного насоса не всегда достаточно, к тому же высказываются сомнения относительно целесообразности его использования вместе с прессом. Имеются данные о получении удовлетворительных образцов в отсутствие вакуума [1802]. Но все же нужно учитывать возможность помутнения образца под давлением при наличии в нем воздуха. Подогревание пресса облегчает процесс спекания; это позволяет также избежать сорбции водяного пара во время прессования.

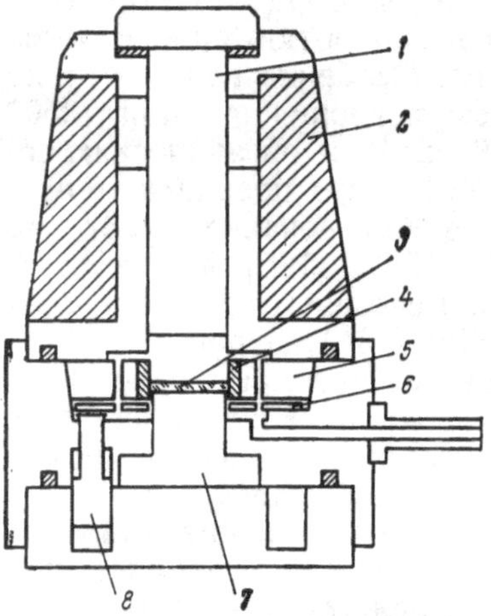

Рис. 4.1. Пресс-форма для получения таблеток из KBr:

1 — штамп; *2* — резиновый амортизатор; *3* — порошок KBr; *4* — стальное кольцо; *5* — пресс патрон с вытяжным каналом; *6* — выталкивающая пластина; *7* — наковальня, *8* — выталкивающий штырь

Концентрацию полимера в образце рассчитывают, исходя из мольной доли анализуемых групп и коэффициентов экстинкции их полос поглощения. При хорошем диспергировании образца оптимальной концентрацией для таблетки толщиной 1 мм является 0,05—0,5% (масс.). Для регистрации полного спектра полимеров, распределение которых в матрице не всегда идеально, может потребоваться концентрация $\geqslant 1\%$. Применять концентрацию, значительно превышающую 1%, не рекомендуется, так как это вызывает ухудшение спекаемости зерен и способствует помутнению образца. Если все же для работы необходимы большие концентрации, то следует увеличить толщину таблетки.

Масса образца, из которого готовят таблетку, составляет обычно около 1 мг. Для исследования образцов, масса которых исчисляется в микрограммах, например продукты хроматографического разделения или некоторые биологические объекты, разработаны специальные устройства для получения регистрации их спектра. Простой способ экономии вещества состоит в концентрировании вещества в прозрачной части таблетки. Для этого в равномерном слое порошка KBr делают углубление и его, как показано на рис. 4.2, заполняют смесью KBr и полимера [561]; еще лучше ограничить область, где находится вещество, бумажной рамкой [860]. Поверхность, которая не заполнена веществом, накрывают шаблоном. Уменьшение площади пучка компенсируют соответствующим ослаблением пучка сравнения. Работая с маленькими образцами, нужно делать микроокно. Например, в работе [1606] образец впрессовывали в отверстие диаметром 2 мм, проделанное в стальной пластине. Полимер массой около 10^{-6} г, перемешанный с 0,3 мг KBr, помещали в отверстие диаметром 0,5 мм [131]. При работе с такими маленькими количествами вещества очень трудно добиться равномерного распределения полимера в матрице и избежать потерь вещества при прессовании. Возможные пути решения этих проблем рассмотрены в [1838].

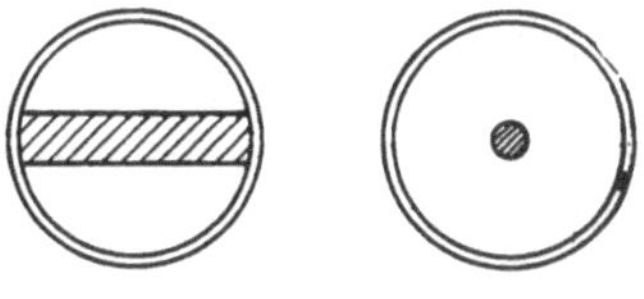

Рис. 4.2. Прессованные таблетки из KBr, применяемые для исследования малых количеств полимера [561]

Помимо KBr в качестве вещества матрицы используют и другие соединения. Их применение позволяет лучше сбалансировать показатель преломления матрицы и анализируемого соединения и расширяет область спектральных измерений. В качестве матриц пробовали использовать такие сильно преломляющие неорганические соли, как AgCl, TlCl и TlBr [1565]. Лучшие таблетки получаются с TlBr. Об исследованиях подобного типа сообщается также в [48, 49, 645]. Показатели преломления многих полимеров лежат в области 1,5—1,6 (табл. 4.1), так что наряду с KBr в качестве матрицы могут быть использованы также KCl, NaCl и KI.

В работе [606] прессовали поливинилхлорид с KCl, KBr и KI. Лучшие спектры были получены (в одинаковых условиях) на таб-

Таблица 4.1. Показатели преломления некоторых веществ, используемых в качестве матриц для ИК-спектроскопии [1565, 1570, 1837].

Вещество	Показатель преломления при 5000 см$^{-1}$	Область применения, см$^{-1}$	Вещество	Показатель преломления при 5000 см$^{-1}$	Область применения, см$^{-1}$
KCl	1,46	До 500	CsBr	1,67	До 200
NaCl	1,53	» 600	AgCl	2,0	» 500
KBr	1,55	» 330	TlBr	2,5	
KI	1,63	» 250	Полиэтилен	1,4	» 40

летках KBr. При исследовании целлюлозы в качестве матрицы использовали KCl [459], который по сравнению с KBr менее гигроскопичен и более инертен. Работа с KCl требует несколько более высоких давлений и проводится в пресс-форме, нагретой до 60 °С. Прессование с KCl применяли также при изучении целлюлозных и кератиновых волокон [1581]. Хлорид натрия оказался малопригодным из-за очень высоких давлений спекания [443]. В дальней ИК-области, приблизительно до 200 $см^{-1}$, можно работать с таблетками из KI, CsBr и CsI. Еще в более длинноволновой области можно работать с таблетками из полиэтилена [1105, 1472а, 1871].

Для получения таблеток полиэтилен прессуют при 1000 $кгс/см^2$ в форме, нагретой до 120 °С [1566]. Хорошие таблетки из линейного полиэтилена можно получать при давлениях 300 $кгс/см^2$ без нагревания [1472]. Несмотря на то, что сам полиэтилен поглощает в средней ИК-области, его применяют как матрицу при исследовании соединений, которые взаимодействуют с галогенидами. Для тех же целей использовали политетрафторэтилен [776].

В ряде случаев хорошего измельчения полимера и его гомогенного распределения в матрице можно добиться с помощью вибрационной шаровой мельницы. Здесь нет общих правил работы; в каждом конкретном случае условия приготовления определяются типом прибора и природой исследуемого полимера. Целесообразно вначале размолоть полимер* отдельно от KBr, поскольку совместный помол может привести к изменению размеров зерен товарного KBr. Раздельный помол является также и более качественным. Однако следует иметь в виду, что при измельчении в мельнице повышается опасность механических или термических повреждений полимера. Лучше измельчать вещества в агатовой ступке, хотя это требует больших затрат времени и сил. При измельчении в фарфоровой чашке получаются мутные таблетки и в их спектрах при 1100 $см^{-1}$ обнаруживается поглощение, вызванное присутствием фарфоровой пыли.

Большинство полимеров плохо поддается измельчению и при работе с ними чаще, чем для низкомолекулярных соединений, приходится прибегать к различным способам. В тех случаях, когда это возможно, нужно сразу стремиться получить образцы полимера в виде мелких зерен. Очень долгий перемол в мельнице ведет к нежелательным реакциям окисления и деструкции, что было показано на примере поливинилхлорида [606] и целлюлозы. Размельчение в мельнице некоторых полимеров, особенно содержащих пластификатор, может быть более эффективным, если использовать охлаждающую смесь с сухим льдом или жидкий азот. В простейшем случае для этой цели вибратор укрепляют на шта-

* Это далеко не всегда можно сделать успешно, так как частички полимера сильно электризуются и выталкиваются из зоны помола. Для многих эластичных полимеров требуется снижение температуры. — *(Прим. ред.)*

тиве ударником вниз так, чтобы последний погрузился в охладитель. Следует только не охлаждать пружины вибратора, иначе они быстро выйдут из строя.

При смешении образца с порошком матрицы может происходить комкование полимера под действием адгезионных сил и, как следствие этого, негомогенное распределение его в матрице. Разрушение таблетки, ее повторный перемол и прессование улучшают распределение, поскольку частицы, располагающиеся внутри оболочки из KBr, обладают меньшей склонностью к слипанию. Такой же эффект дает добавление жидкости (например, CCl_4). Очень равномерное распределение полимера в матрице получается при растирании KBr с раствором полимера в CCl_4 при нагревании всей системы лампой накаливания до полного испарения растворителя. Можно воспользоваться для смешения ультразвуком [1818].

Все описанные методы диспергирования полимера приводят к более или менее сильным изменениям надмолекулярной структуры, о чем не нужно забывать при их использовании для структурных исследований. Для решения структурных задач нужны такие методы измельчения, которые напоминали бы больше резание, чем помол или раскалывание (см. в разд. 4.3.1).

Самый лучший путь получения очень мелких и равномерно распределенных частиц исследуемого вещества в матрице — это лиофильная сушка раствора полимера и матрицы в общем растворителе. Раствор при сушке замораживается, образуя тонкий слой, в результате вращения сосуда в охлаждающей бане; твердый растворитель сублимируется в вакууме. Осадок (рыхлая пудра) очень гигроскопичен, так как его собственная поверхность велика. Этот осадок до начала прессования полезно слегка подогреть. Лиофильная сушка не только дает очень мелкодисперсную систему, но и позволяет сохранить структуру, свойственную полимеру в твердом состоянии*. А это дает возможность получить из спектра не только качественные, но, что значительно важнее, количественные данные об изменении структуры (рис. 4.3).

Опубликовано немало работ, посвященных методу прессования с галогенидами щелочных металлов, где рассматриваются также возможные источники ошибок и различные аномальные случаи [377, 956, 1412]. Хороший контакт между полимером и веществом матрицы, возникающий при измельчении и прессовании, может вызвать ионный обмен, который протекает количественно, если образуется летучий продукт (например, HBr). Протеканию химических реакций способствуют также следы влаги. При изучении зависимости содержания воды в таблетке от влажности воздуха обнаружили [1783], что вода вызывает перенос вещества

* Это не всегда справедливо, поскольку структура получающегося при лиофильной сушке твердого полимера оказывается различной при разных скоростях охлаждения системы и удаления растворителя и, как правило, не совпадает с надмолекулярной структурой полимера до растворения. — *(Прим. ред.)*

внутри образца. Для того чтобы исключить влияние следов влаги и кислорода на нестабильные соединения в ходе их спектроскопического изучения, объекты препарировали, включая и заполнение пресс-формы, в сухом боксе в атмосфере азота [1369]. Прессование проводили, поместив предварительно пресс в полиэтиленовый мешок.

В работе [1593] приведена таблица спектральных изменений углеводов, наблюдамых при их прессовании с галогенидами щелочных металлов. В основном ее данные касаются структурных изменений, которые часто протекают медленно. Полиморфизм

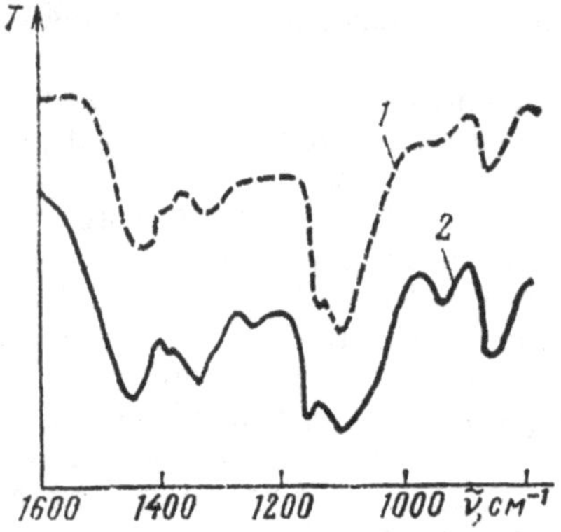

Рис. 4.3. ИК-спектры образцов поливинилового спирта при содержании полимера $c \cdot l = 2{,}5$ мг/см² (*1*) и 0,6 (*2*).
Образец запрессован в таблетку с КВr.

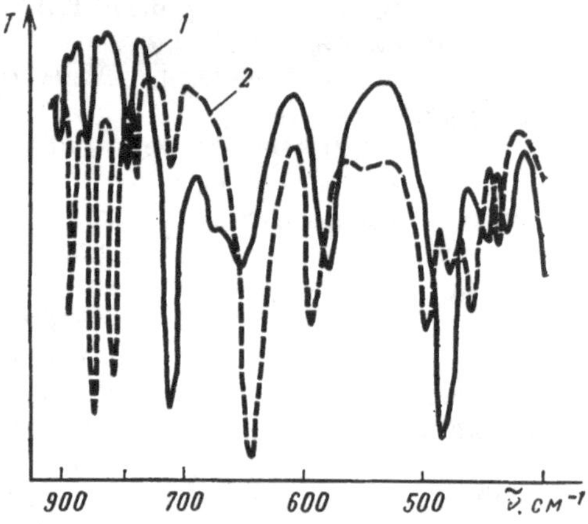

Рис. 4.4. ИК-спектры *транс*-4-аминоциклогексилуксусной кислоты:
1 — продолжительность измельчения образца 1 мин; *2* — полимер, обработанный по методу лиофильной сушки [1736].

оказывает влияние на данные ИК-спектроскопии твердых образцов. Масштабы этого влияния связаны с энергией кристаллической решетки, интенсивностью измельчения, размером частиц и стабильностью полиморфных структур [58]. Трудности и ошибки, связанные с разнообразием морфологических структур, могут возникнуть при идентификации соединений, спектры которых сравнивают с литературными данными, не зная при этом точно условий получения полимера. В качестве примера рассмотрим ИК-спектры *цис*- и *транс*-изомеров 4-аминоциклогексилуксусной кислоты. Эту кислоту применяют для получения термически стабильных полимеров.

Сравним два спектра, один из которых был получен на образце, приготовленном прессованием с КВr, а второй — взят из работы [1736], где предложен иной способ препарирования. Как видно из рис. 4.4, эти спектры различаются между собой. Лишь после длительного измельчения в вибраторе или после лиофильной сушки образцов удалось получить соответствие спектров и аналитических полос с литературными данными. В некоторых случаях удается зафиксировать в таблетке структуру, соответствующую модификации, стабильной при более высоких температурах. Такое явление связано с тем, что различные превращения и рекристаллизация протекают в матрице медленнее, чем в свободном веществе [339, 1276]. Тот факт, что в спектроскопии с этим сталкиваются не часто, нужно отнести прежде всего на счет недостаточного измельчения полимера.

На таблетках трудно проводить количественные измерения из-за влияния размера частиц. До тех пор, пока не достигнуто предельное измельчение, в прозрачном сечении пробы будут существовать области с различной эффективной толщиной слоя. Однако при достаточном сбалансировании показателей преломления полимера и матрицы удается получить хорошие спектры и для относительно грубозернистых порошков. Из сказанного следует, что не всегда можно сразу заметить наличие частиц слишком большого размера. Их можно обнаружить лишь по повышению интенсивностей полос спектра при более длительном перемалывании образца. В работах [377, 971] получена количественная связь между интенсивностью поглощения и размерами частиц, имеющих шарообразную и кубическую форму. Для использования полученных соотношений нужно знать распределение частиц по размерам.

При количественных измерениях с использованием таблеток из бромида калия перед прессованием необходимо: а) проводить лиофильную сушку; б) смесь измельчать до прекращения увеличения интенсивности полос; в) соблюдать стандартные условия приготовления таблеток. При работе с полимерами в основном пользуются последним указанием. Точное поддержание одних и тех же условий на данной стадии препарирования позволяет получить хорошо воспроизводимые результаты. Такой путь был выбран при определении степени ацетилирования целлюлозы [1592].

Средняя толщина пробы может быть рассчитана, исходя из массы образца с учетом потерь вещества; при количественном анализе полезно воспользоваться внутренним стандартом, введенным в образец [1838]. Однако полосы поглощения внутреннего стандарта сами подвержены влиянию размера частиц, так что при недостаточном измельчении внутреннего стандарта он может явиться причиной новых ошибок [338]. Значительно удобней использовать в качестве внутреннего стандарта одну из полос поглощения исследуемого образца. Тогда образец и стандарт имеют одинаковые размеры частиц. Если к тому же интенсивности аналитической полосы и внутреннего стандарта хотя бы приблизительно совпадают, то влияние размера частиц на интенсивность полос будет скомпенсировано. При недостаточном измельчении полимера полосы поглощения могут принимать форму дисперсионной кривой. Такое явление называют фильтрующим эффектом Христиансена или дисперсионным эффектом. Оно вызвано изменением показателя преломления вещества в области полосы поглощения и связанного с этим изменением потерь излучения при рассеянии. Наряду с изменением формы полос наблюдается также их смещение [377]. Дисперсионный эффект или совсем отсутствует или очень незначителен для колебаний атомов, связанных ковалентной связью [606]. Если же этот эффект все-таки проявляется, то его можно исключить путем очень сильного измельчения пробы.

4.1.2. СУСПЕНЗИОННЫЙ МЕТОД

В тех случаях, когда возможно химическое взаимодействие полимера с матрицей или же необходимо провести препарирование в отсутствие следов влаги, готовят суспензию полимера в иммерсионной жидкости. Обычные иммерсионные жидкости поглощают ИК-излучение, и поэтому в отличие от галогенидов лочных металлов они применяются для работ лишь в ограниченной области спектра. Так, в спектре парафинового масла, используемого чаще всего в качестве иммерсионной жидкости, есть полосы сильного поглощения CH_3- и CH_2-групп при 2900, 1470, 1380 и 725 $см^{-1}$. Эти полосы накладываются на полосы поглощения образца; компенсировать их можно лишь частично с помощью кюветы сравнения, поэтому при исследованиях в этих областях спектра часто используют в качестве иммерсионных сред галогенуглеводороды. На рис. 4.5 показаны спектры парафинового масла и некоторых галогенуглеводородов. Если работать с гексахлорбутадиеном, то в большинстве случаев удается достичь более быстрого и качественного смачивания образца. Четырехфтористый углерод и хлортрифторэтилен в свою очередь менее летучи.

Для получения суспензии в агатовой ступке тщательно растирают несколько миллиграммов вещества, добавив 1—2 капли иммерсионной жидкости. Полимер можно заранее мелко раздробить в вибрационной шаровой мельнице. Растирание рекомендуется проводить также между стеклянными пластинками до образования гомогенной мягкой пасты, в которой отсутствуют комки и отдельные частицы. Процессом измельчения, как и смачиванием частиц, можно в достаточной мере управлять. Для этого вводят добавки летучего растворителя или в небольших порциях NaCl [1404]. Приготовленную пасту размазывают между двумя пластинами (одна — из NaCl, другая — из KBr) с помощью легких вращательных движений. Иногда на пластину кладут прокладку. Суспензии непригодны при количественных исследованиях, так как в этом случае трудно определить концентрацию растворенных веществ и толщину образца. Суспензионный метод требует большего расхода вещества, чем прессование с KBr, хотя разработан и микрометод. При суспендировании анизотропных частиц, например кусочков волокон, палочкообразных или пластинчатых кристаллов, происходит их ориентация в ходе нанесения суспензии. Спектры таких образцов плохо воспроизводимы и в них могут отсутствовать некоторые полосы [77, 956].

Суспензии были использованы в спектроскопии целлюлозных волокон [446, 447]; предварительно измельченный образец растирали с парафиновым маслом между стеклянными пластинами. При определении концентрации карбоксильных групп окисленной целлюлозы в качестве внутреннего стандарта использовали мел-

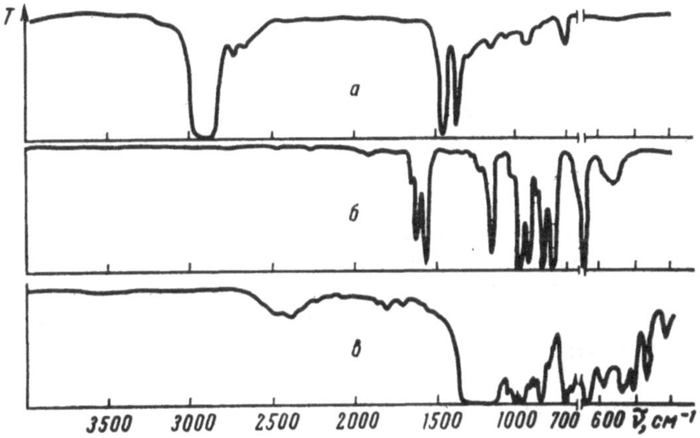

Рис. 4.5. ИК-спектры парафинового масла (*а*), гексахлорбутадиена (*б*) и четырехфтористого углерода (*в*), используемых для приготовления суспензий.
Толщина слоя 0,05 мм.

кий порошок полистирола. При изучении порошкообразного гидролизата дейтерированной целлюлозы суспензию готовили в гексахлорбутадиене. Образец вначале сушили и растирали между двумя пластинами из NaCl, затем смачивали гексахлорбутадиеном [84]. В данном случае иммерсионная жидкость позволяет не только снизить потери света, вызванные рассеянием, но и избежать гидрирования дейтерированных оксигрупп под действием влаги воздуха.

4.2. ПОЛУЧЕНИЕ ПЛЕНОК

Прозрачная пленка — идеальный образец для исследования твердых полимеров методом ИК-спектроскопии. Работа с ней не требует применения кюветных стекол или иммерсионной жидкости, следовательно, можно избежать воздействия на излучение и его побочного поглощения.

Большинство полимеров можно приготовить в виде тонких прочных пленок. Поэтому при выборе метода препарирования нужно в первую очередь иметь в виду эту возможность. Однако в процессе получения пленок возможны изменения надмолекулярной структуры, которая зачастую сама является объектом исследования. Оптимальную толщину пленки можно варьировать в широких пределах. При анализе колебаний групп, концентрация которых в полимере низка, оптимальная толщина составляет от 0,01 до нескольких мм; для полярных веществ — менее 5 мкм. При этом важны не только правильный выбор толщины, но и равномерное распределение вещества в прозрачной области пленки (иначе возможны ошибки, о которых сообщалось в разд. 2.1.5). Кроме того, пленка должна быть гомогенной, чтобы потери света в результате рассеяния были минимальны и чтобы избавиться от непроизвольного ориентирования частиц анализируемого вещества, происходящего при получении и обработке пленки. Помимо свободных пленок можно работать и с пленками, прикрепленными к подложке, прозрачной для ИК-излучения. По такой методике не только получается более прочная система (пленка на подложке), но и устраняется трудоемкая операция по отделению пленки от подложки. Подложка позволяет избавиться также от интерференции света. Ниже рассмотрены некоторые методы получения пленок. Выбор метода определяется поставленной задачей и физическими свойствами образца.

4.2.1. ПЛЕНКИ ИЗ РАСТВОРА

Самый надежный способ получения в лабораторных условиях пленки с заданными свойствами — это отливка ее из раствора. Прозрачность пленки определяется как природой полимера и растворителя, так и условиями получения. Выбор растворителя зависит от природы полимера, при этом учитывают не только растворимость полимера, но и возможность отливки из его раствора качественной пленки. Растворитель не должен быть очень летуч, так как при его испарении возникают пузыри и пленка становится негомогенной и неоднородной по толщине. С другой стороны, растворитель не должен быть и очень трудно летучим и его удаление из пленки не должно сопровождаться выделением осадков или образованием продуктов распада.

Наиболее подходящими растворителями для многих полимеров являются низкомолекулярные кетоны и хлорсодержащие соединения. Предлагается для различных целей применять свежеперегнанный *о*-дихлорбензол [616]. Поливинилхлорид дает хорошие пленки из раствора в тетрагидрофуране [215, 1034] или в циклогексаноне. В пентахлорэтане растворяли поливинилхлорид, подвергнутый дополнительному хлорированию [480]. Иногда имеет смысл, не охлаждая раствор, вылить его на подогретую пластину из NaCl. Такой прием оказался удобным при получении пленок поливинилового спирта [920]. В отдельных случаях хорошие результаты дает использование смеси растворителей, например поливинилхлорид растворяют в смеси из 50% сероуглерода и 50% ацетона [643]; полиэтилентерефталат растворяют в смеси из 60% фенола и 40% тетрахлорэтана [1874].

Подробное исследование влияния растворителя, подложки и условий выпаривания на структуру получаемой пленки проведено на поликапроамиде. Оказалось [791], что на кристаллическую структуру пленок, полученных из растворов в муравьиной кислоте, влияет концентрация кислоты и температура выпаривания. Но эти выводы не были подтверждены в работе [1432], где указывалось, что различия между отдельными пленками могут быть основаны на разной ориентации кристаллических областей относительно поверхности пленки, что в свою очередь связано с условиями получения пленки. На стеклянной, металлической или полимерной подложках получается моноклинная α-модификация поликапроамида, в то время как в плоскости (100) кристаллов NaCl и KBr — в основном гексагональная γ-модификация [363]. Доля последней возрастает с увеличением температуры выпаривания.

Необходимо, чтобы исходная концентрация раствора полимера была как можно больше: чем меньше растворителя, тем быстрее формируется пленка.* Существует, однако, ряд ограничений, не позволяющих получать концентрированный раствор. Помимо того, что полимеры ограниченно растворимы, нельзя обеспечить полную растворимость всех морфологических модификаций твердого полимера при очень больших концентрациях раствора. Нужно также следить за тем, чтобы при нагревании концентрированных вязких растворов не происходило локальных перегревов и деструкции полимера. Чем тоньше должна быть полученная пленка, тем ниже концентрация раствора.

Материалы, из которых делают подложки, делят на две группы в зависимости от того, остается ли пленка на подложке (которая должна быть прозрачной для излучения) или пленка отделяется и снимается спектр чистой пленки. К первой группе относятся прежде всего пластинки из NaCl и KCl. Они сравнительно дешевы, легко чистятся и полируются. Очень эффективна подложка из прессованного KBr. В качестве подложки пригодны кюветные окна, бывшие в употреблении. Для работы в дальней ИК-области используют, кроме того, пластинки из CsBr. В тех случаях, когда таблетка запрессована в кольцо, можно использовать сразу относительно большое количество растворителя [655]. Очень равномерная пленка получается тогда, когда таблетку, выбитую из кольца, тщательно смачивают до края, не допуская, однако, чтобы жидкость затекала под таблетку. В качестве материала подложек при работе с водными и некоторыми агрессив-

---

* Однако для получения наиболее совершенных морфологических образований, например ламелярных монокристаллов, следует использовать растворы низкой концентрации. — *(Прим. ред.)*

ными растворами применяют AgCl, CaF_2, KRS-5* и иртран** [1261, 1621]. Хлорид серебра, кроме того, устойчив к резким температурным перепадам.

Поскольку сшитые полимеры нерастворимы, то пленку готовят до сшивания, например перед вулканизацией каучука [129, 1541]. Растворы полибутадиена и полиизопрена после добавления в них соответствующих реагентов выливали на подложку из прессованного KBr. После испарения растворителя проводили вулканизацию оставшейся пленки при нагревании. При этом адгезия к подложке препятствует усадке.

Пленки, отделяемые от подложки, готовят чаще всего на стеклянной или полированной металлической поверхности. Край пленки приподнимают лезвием бритвы или скальпеля и затем ее осторожно отдирают. Для облегчения этой операции поверхность подложки смачивают водой; слой воды способствует лучшему отделению пленки за счет действия капиллярных сил. В некоторых случаях предлагают обрабатывать поверхность стекла силиконовым маслом, однако при этом ухудшается смачиваемость поверхности и пленка получается неравномерной. По той же причине не используют в качестве подложки политетрафторэтилен. Для отделения полимерной пленки от поверхности металла применяют электролитический метод [1659]. Можно покрывать подложку тонкой ровной алюминиевой фольгой; ее удаляют после высыхания раствора с помощью NaOH или амальгамированием [643]. Очень простой путь получения свободных пленок — растворение в воде подложек из галогенидов щелочных металлов [679]. Отделение пленки от подложки облегчается, если раствор полимера вылить на поверхность ртути. Оборудование, необходимое для приготовления пленок этим методом, описано в работе [643]. Раствор полимера помещают внутрь металлического кольца, положенного на ртуть. Сверху всю систему накрывают стеклянным колпаком, что позволяет проводить испарение в вакууме. Для получения свободных пленок из растворов полиамидов и полиэтилентерефталата в качестве подложки брали тонкую полиэтиленовую фольгу, пропитанную растворителем [1481].

Если нужно получить равномерную пленку большой толщины, то необходимо точно установить подложку в горизонтальное положение. Это особенно важно при отливке пленок из маловязких растворов. Большое влияние на равномерность получаемой пленки оказывают капиллярные силы, действующие вдоль ее контурной границы. Замечено, что посередине пленка часто тоньше, чем по краям. При работе с концентрированными растворами этот эффект можно снизить, если достаточно равномерно нанести раствор на подложку. С этой целью, например, в металлических бру-

---

* KRS-5 — смешанный кристалл TlBr — TlI. — *(Прим. ред.)*.

** Материалы типа «иртран» представляют собой следующие соединения: ZnS — иртран-2, ZnSe — иртран-4, CdTe — иртран-6. — *(Прим. ред.)*

сках делают углубления нужного размера или перетягивают стеклянную пластину в двух местах клейкой лентой. Если один слой ленты толще другого, то можно получать пленки переменной толщины. Для отливки подобных пленок можно также установить подложку под небольшим углом. Пленки с переменной толщиной применяют в дифференциальной спектроскопии. Если работать по описанной методике с высоковязкими жидкостями, то возникает опасность молекулярной ориентации в результате сдвига под действием силы тяжести. Поэтому необходимо проверять анизотропию таких пленок.

При качественных исследованиях больше внимания уделяют быстроте получения пленки, а не ее качеству. Например, для быстрого получения пленки [1316] раствор набирали в кончик пипетки, закрытой с одной стороны ватным тампоном, и наносили его на подложку из NaCl; подложку все время обдували горячим воздухом до тех пор, пока не получалась пленка нужной толщины. Быстрое испарение растворителя достигалось также при нанесении раствора на горячую подложку из NaCl с помощью кисточки [579]. Есть еще один путь [392], который состоит в разбрызгивании разбавленного раствора полимера из распылителя при одновременном обогревании подложки лампой инфракрасного света. При аккуратной работе такая методика позволяет получать очень равномерные по толщине пленки. До тех пор пока имеется много растворителя, температура испарения должна быть достаточно низка, чтобы не вызвать появления пузырьков. Это требование особенно нужно учитывать при выпаривании в вакууме. Вместе с тем при вакуумной сушке требуется постоянное подогревание системы, поскольку сильное охлаждение не только замедляет выпаривание, но и может вызвать конденсацию паров воды на поверхности пробы. На заключительной стадии образования пленки можно вновь поднять температуру, но она должна всегда оставаться значительно ниже как температуры разложения полимера, так и температуры кипения растворителя. Подогревание системы с помощью теплового излучателя обеспечивает равномерное ее нагревание по всей толщине слоя.

Время удаления остатка растворителя из пленки определяется в основном его диффузией. Нагревание способствует увеличению скорости диффузии растворителя, а вакуумирование — уменьшению его концентрации в пленке. При экстрагировании в аппарате Сокслета проводят вымывание растворителя, диффундирующего к поверхности. Обычная экстракция в какой-то мере осложняется обменной экстракцией, в результате которой молекулы растворителя, прочно удерживаемые полимерными молекулами, вытесняются молекулами экстрагента, взятого в избытке. Такой процесс имеет место, например, при удалении остатков диметилформамида из пленок полиакрилонитрила с помощью этанола или ацетона [1428]. Еще лучше диметилформамид экстрагировать кипящей водой. Ассоциацию его молекул на молекулах полимера можно наблюдать в ИК-спектре по смещению и дихроизму полосы карбонильной группы [1485]. Для полного удаления растворителя без использования экстрагента проводят длительное прогревание пленки при высокой температуре (рис. 4.6).

Существует еще один способ получения пленок из раствора. Он применяется, например, при препарировании целлюлозы и заключается в осаждении полимера в осадительных ваннах с последующим вымыванием растворителя. Так были получены пленки очень равномерные по толщине, причем результаты хорошо воспроизводимы [63]. В этой работе раствор вискозы выливали на наклонную стеклянную пластину; препарирование происходило во влажной атмосфере. Толщина пленки регулируется углом наклона подложки и скоростью натекания раствора; структура пленки определяется составом раствора вискозы и составом осадительной ванны [342]. В виде пленки может быть получена также и бактериальная целлюлоза (см. разд. 6.11). Омыляя пленки сложных эфиров целлюлозы, полученные обычным выпариванием раствора, удается получить пленки гидрата целлюлозы.

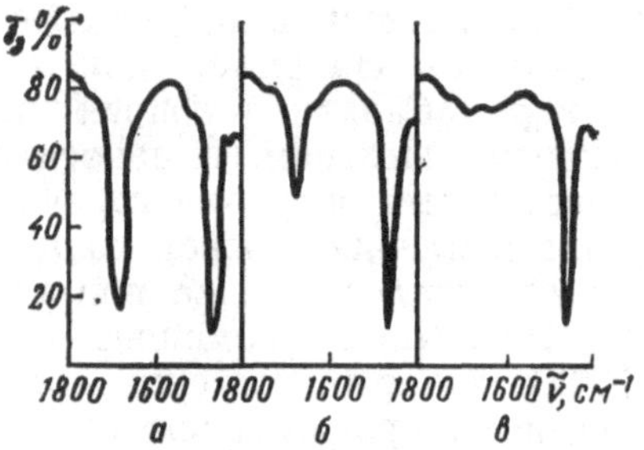

Рис. 4.6. ИК-спектры пленки полиакрилонитрила при различной ее термообработке [1484]:

а — 75 мин при 145 °C; *б* — еще 30 мин при 175 °C; *в* — еще 75 мин при 175 °C Полоса поглощения ν (C=O) 1672 см$^{-1}$ диметилформамида ослабляется.

В ряде работ по спектроскопическому исследованию биологических объектов образец заливали водным раствором агара [22, 424]. Собственное поглощение агара компенсировали с помощью пучка сравнения, проходящего через агаровую пленку, не содержащую образца.

4.2.2. ПЛЕНКИ ИЗ РАСПЛАВА

Из расплава полимера, нанесенного на подложку, получается тонкая пленка, если вязкость расплава и температура плавления полимера достаточно низки. Работая с расплавом, избавляются от влияния растворителя. Кроме того, устраняется операция механического измельчения твердого образца. Но при этом нужно учитывать возможность протекания процессов, ускоряемых под действием температуры, таких, как окисление, деструкция и последующая полимеризация. Для уменьшения влияния кислорода воздуха препарирование проводят в атмосфере инертного газа или в вакууме; иногда достаточно разместить образец между двумя инертными пластинками или листками фольги так, чтобы контакт с воздухом был по возможности минимальным. Некоторые полимеры, в частности полиэтилен и полипропилен, удается получить в виде пленок относительно легко благодаря их достаточной термостабильности и низкой температуры плавления. При работе с полиэтилентерефталатом необходимо его тщательно высушить, так как следы воды сильно катализируют деструкцию полимера [1683]. Испаряющаяся вода и газообразные продукты распада полимера вызывают образование пузырей, что делает пленки непригодными для количественного анализа.

Чтобы научиться свободно получать пленки воспроизводимой толщины, нужно обладать определенными навыками и аккуратно работать; кроме того, следует использовать стандартные методы препарирования, точно соблюдая требования к температурному режиму, давлению и количеству взятого вещества. Толщину пленки иногда можно уменьшить за счет однократного или многократного растяжения во взаимно перпендикулярных направлениях. Но так можно поступать, если анизотропия пленки, вызванная деформацией, или же возможные структурные изменения не скажутся на результатах исследования.

Плавление полимера проводят обычно на стеклянных или металлических пластинках или же берут непосредственно подложку, прозрачную для ИК-излучения. Между полимером и подложкой часто помещают фольги из алюминия, которые в большинстве случаев легко отделяются от затвердевшей пленки. Тефлон применяют редко из-за плохой его теплопроводности Для снижения адгезии пленки к металлу его поверхность лучше покрыть фторсодержащим полимером. Так, поликапроамид расплавляли в вакуумной печи, поместив его между двумя латунными пластинами, покрытыми тефлоновыми вкладышами [1285]. Толщину пленки регулировали с помощью алюминиевой рамки.

Для получения пленок кристаллических полимеров лучше вначале получить из раствора пленку нужной толщины, а затем расплавить ее на подложке. В [317] при 285 °С расплавили пленку полиэтилентерефталата, помещенную между тонкими листами алюминиевой фольги, а затем охладили ее в воде. Пленка получилась почти полностью аморфной. В [868] пленки запрессовывали в AgCl и расплавляли, после чего расплав медленно охлаждали для его кристаллизации. В другой работе расплав выливали в вакууме на подложку из прессованного KBr и затем охлаждали пленку в жидком азоте [320]. На пресс-заготовке появлялись трещины, однако это не сказывалось сильно на прозрачности пленки относительно ИК-излучения. Если подложку предварительно хорошо отжигали, то при последующих операциях она растрескивалась меньше.

В [1155, 1683] расплавленный полиэтилентерефталат выдували с помощью стеклянной трубки в тонкие пленки, наподобие пузырей; эта методика напоминает известный промышленный метод экструзии рукава с раздувом. В этом случае охлаждение происходит так быстро, что образуется пленка аморфного полимера, при этом деструкция полимера незначительна.

4.2.3. ПРЕССОВАННЫЕ ПЛЕНКИ

Пленки из термопластичных полимеров можно получить прессованием при достаточно высоком давлении. По такой методике можно работать при температуре ниже температуры плавления полимера, поэтому значительно снижается опасность термических повреждений образца. Гидравлические прессы, создающие необходимое давление, имеются почти во всех лабораториях, занимающихся ИК-спектроскопией. Описаны [214, 269, 410] несложное устройство и методика быстрого получения пленок, пригодных для качественного анализа термопластов и волокон. Две стальные полированные пластины нагревают и затем сжимают находящийся между ними образец полимера. Необходимая температура подбирается экспериментально. Нанесение силиконового масла на хорошо отполированную поверхность металла снижает адгезию полимера; понижена адгезия у полимера к поверхности алюминиевой фольги. Для снижения адгезии использовали также пленку из полиэфира, которую помещали между образцом и алюминиевой фольгой при получении пленок этилен-пропиленовых сополимеров [310]. Почти во всех случаях удается отделить кусок пленки, достаточный для записи ИК-спектра.

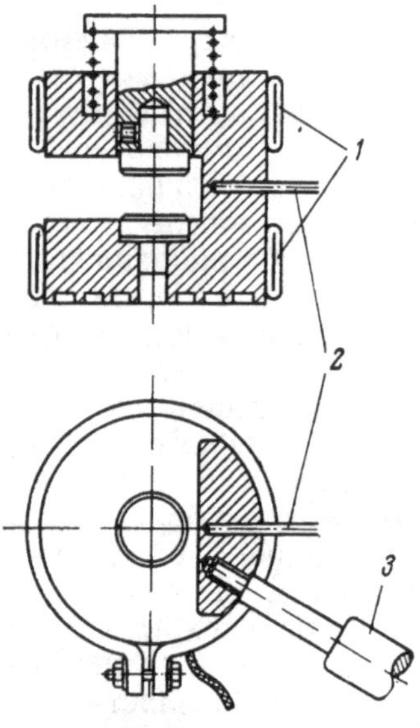

Рис 4.7. Пресс-форма для получения пленок горячим прессованием [644]:
1 — нагревательный элемент; 2 — термопара; 3 — ручка.

Описан усовершенствованный метод получения пленок прессованием [643, 644] (рис. 4.7). Если рабочую поверхность пластины заточить под углом, то можно прессовать пленки в виде клина, что облегчает подбор подходящей толщины образца. Пленки, полученные таким методом, используют в основном в дифференциальной спектроскопии. Установка снабжена электрическим нагревателем. Контроль за температурой осуществляется термоэлементом, позволяющим измерять ее вблизи поверхности прессования. Продолжительность прессования и температуру нужно снизить до минимума за счет высокого давления, чтобы избежать термических повреждений образца. Однако при очень низких температурах не удается получить тонкую прозрачную пленку. Расход полимера при прессовании составляет около 0,2 г. Образец помещают между двумя кусочками алюминиевой фольги толщиной 30 мкм и выдерживают под давлением несколько секунд. Если фольга приклеилась крепко, то ее растворяют. При прессовании давление составляет обычно (1—3) · 10^3 кгс/см^2.

Данные, представленные на рис. 4.8, позволяют определить интервалы температур, рекомендуемые для проведения прессования различных полимеров. Верхняя граница интервала отвечает условиям, при которых появляются различные повреждения.

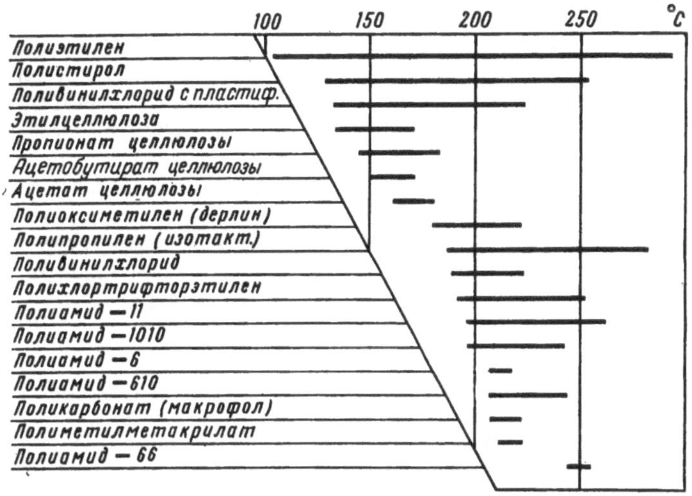

Рис. 4.8. Оптимальные температурные интервалы для получения пленок различных полимеров [643].

Оптимальная температура лежит вблизи нижней границы. Перед прессованием пробу рекомендуется сушить, так как испаряющаяся влага вызывает образование пузырьков.

4.2.4. ТОНКИЕ СРЕЗЫ

Описанные выше способы приготовления пленок имеют тот недостаток, что при препарировании может изменяться структура исследуемого полимера. Избавиться от этого недостатка позволяет метод тонких срезов*. Его применяют в тех случаях, когда невозможно расплавить или растворить полимер без его разрушения, например при исследовании сшитых смол, эластомеров.

Многие полимеры можно резать на микротоме. Однако вряд ли можно предложить достаточно универсальные условия препарирования (скорость резания, форму ножа и температуру), поскольку их выбор определяется твердостью образца. Можно,

---

* Это не совсем верно. Электронно-микроскопические исследования показали, что поверхность среза претерпевает заметные морфологические изменения. — *(Прим. ред.)*

однако, указать, что следует выбирать как можно более высокую скорость резания, так как при этом происходит минимальная деформация самого образца полимера и снимаемой пленки. Температурный режим регулируется током теплого воздуха или парами жидкого азота. Для получения продольных срезов с кератина использовали бритвенные лезвия [100], образцы предварительно заливали парафином. Подробнее о микротомировании волокон см. разд. 4.3.2. В работе [989] срезы помещали в древесный материал для снижения светорассеяния. При работе с наполненными полимерами, например с каучуком, наполненным сажей, часто применяют очень тонкие срезы, поскольку такие системы сильно рассеивают свет. Так, с набухших каучукоподобных полимеров получали срезы толщиной около 2 мкм [287]. С помощью электронной развертки шкалы удается снять удовлетворительные спектры с таких тонких пленок, поскольку с уменьшением толщины светорассеяние снижается сильнее, чем падает интенсивность полос поглощения.

На токарном станке можно снимать тонкую стружку с блоков больших размеров. Скорость резания здесь выше, чем при микротомировании. Допускается скорость резания до нескольких метров в секунду. Такой метод особенно эффективен для препарирования жестких полимеров. Чаще всего его применяют при работе с полиамидами [365, 1432, 1489]. Резец шириной 5—10 мм должен быть заточен под углом около 70°. Важно, кроме того, неподвижно закрепить образец. Нагревание образца в ходе резания сказывается на его механических свойствах и вызывает в некоторых случаях, например в поликапроамиде, изменения структуры. Поэтому образец надо охлаждать смесью сухой лед — метанол или жидким азотом; обычно достаточно охладить полимерную заготовку перед ее обработкой. Автоматическая подача резца позволяет получить стружку толщиной от 10 до 20 мкм. При ручной же подаче отделяются как толстые, так и очень тонкие кусочки. Движение резца вызывает незначительное ориентирование молекул полимера. Такой эффект имеет место как при микротомировании, так и при токарной обработке. Степень ориентации можно оценить количественно, используя поляризованный свет.

Помимо тонких срезов применяют также тонкие шлифы. Очень толстые пленки можно утоньшить ножом. Известен метод получения пленок толщиной около 10 мкм из отвержденных смол [1712]. Он заключается в механическом шлифовании образца.* На прецизионном токарном станке можно отделить от фольги пленки нужной толщины с точностью до 1—3 мкм [1397]. При этом образец закрепляют с помощью вакуумных «присосок» на диске, имеющем отверстия.

---

* Образец перед шлифованием наносят на подложку из алюминиевой фольги. — *(Прим. ред.)*

4.2.5. ОРИЕНТИРОВАННЫЕ ПЛЕНКИ

Ориентирование полимерных молекул в результате одноосного растяжения пленки облегчает отнесение полос поглощения к определенным типам симметрии колебаний. Кроме того, работая с растянутыми образцами, можно изучать процессы деформации молекул. Однако интерпретация результатов затруднена, так как в принципе нельзя отделить саму ориентацию от одновременно протекающего процесса изменения надмолекулярной структуры. Обычно параллельная укладка макроцепей несет с собой и улучшение ближнего порядка*. Характерным примером является холодная вытяжка полиамидов [340].

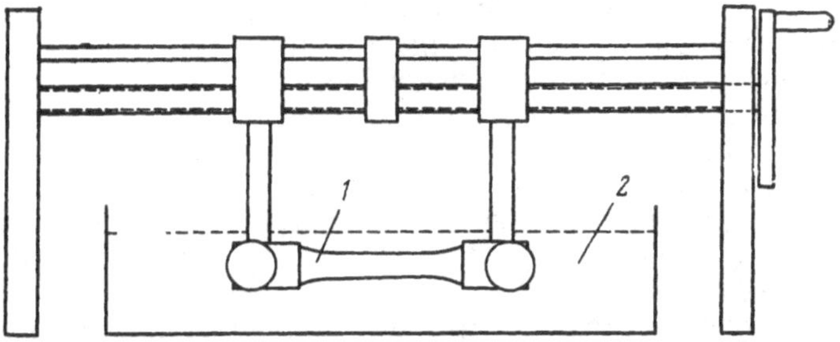

Рис. 4.9. Схема устройства для растяжения пленок:
1 — пленка полимера, 2 — термостат

Ход процесса растяжения и достигаемая при этом степень ориентации определяются в основном температурой, скоростью растяжения, содержанием пластификатора и приложенным напряжением. Равномерное растяжение всего образца возможно при температуре выше температуры размягчения полимера, которая близка к температуре стеклования и которая сильно зависит от содержания пластификатора. Влияние также могут оказывать следы растворителя, влага и остатки мономера. При холодной вытяжке часто наблюдается телескопический эффект**. Он заключается в том, что пленка сужается в слабом месте и последующее растяжение происходит в очень ограниченной области, которая постепенно охватывает весь образец. Телескопического эффекта можно отчасти избежать, если проводить растяжение пленки достаточно медленно. В таких условиях успевают «рассасаться» напряжения и локальные перегревания, возникающие в ходе деформации. Маленькие куски полимера можно быстро растянуть руками.

Для достижения равномерного растяжения при малой скорости деформации используют аппарат, схема которого дана на

* Это частое, но совсем необязательное явление. — (*Прим. ред.*)

** Эффект «шейки». — (*Прим. перев.*)

рис. 4.9. Концы пленки закрепляют в зажимных кулачках, как это принято при испытаниях материала на прочность, и пленку погружают при необходимости в термостатированную баню. Простой способ растяжения при постоянной нагрузке состоит в следующем [1428]. К пленке, зажатой в кулачки, прикрепляют груз и затем обогревают ее теплым воздухом до тех пор, пока не будет достигнута заданная степень растяжения. Если растяжение протекает неравномерно по всей длине образца, то степень растяжения можно грубо оценить по положению метки, нанесенной на пленку.

При растяжении пленок сополимеров акрилонитрила заметное упрочнение пленки достигается при максимальной степени растяжения, которая зависит от условий деформации [1482]. Если подобрать условия вытяжки так, что кратность вытяжки $s>7$, то тогда степень ориентации (определяется по дихраичному отношению $\nu(C{\equiv}N)$-полосы), достигаемая при максимальном s, имеет постоянное значение. При бо́льших s происходит лишь «проскальзывание» макроцепей друг относительно друга. При вытяжке пленок поливинилового спирта наблюдали [587], что в условиях медленной деформации ($\sim$1 см/мин) происходит непрерывная холодная вытяжка без сужения пленки, а при быстрой вытяжке образуется шейка и пленка мутнеет, что указывает на кристаллизацию. Если растягивать пленки в парах кипящей воды, то удается достигнуть четырехкратного удлинения. Водяной пар играет здесь одновременно роль пластификатора и термостатирующего агента.

Препараты с более высокой (двухосной) ориентацией могут быть получены прокаткой пленок, которые содержат плоские кристаллиты [384]. Пленку размещают между двумя слоями хлорида серебра и прокатывают вместе с подложкой, которую не нужно отделять от пленки. Правда, AgCl имеет высокий коэффициент преломления, что вызывает снижение интенсивности излучения в результате отражения [16, 383]. Многие полимеры удается ориентировать таким способом лишь при повышенной температуре. Так, образцы сложных полиэфиров, находящиеся между слоями AgCl, расплавляли и затем расплав прокатывали [332]. В работе [339] наблюдали ввинчивание кристаллитов в поверхность пленки после многократного ее растяжения во взаимно перпендикулярных направлениях.

Иногда при растяжении наблюдается инверсия дихроизма. Это интересное явление связано с морфологической структурой полимера и имеет важное значение для правильного отнесения полос. Была зафиксирована инверсия параллельного дихроизма некоторых полос в спектрах найлона-66 и полиэтилентерефталата в перпендикулярный приблизительно при двукратном удлинении [1377]. Вначале это явление рассматривали как артефакт препарирования [230]. Однако позже инверсия дихроизма четко проявилась у некоторых полос спектра пленки синдиотактического поливинилхлорида [39, 1534]. Был сделан вывод [1716], что это явление связано с ориентацией кристаллических областей. При этом вначале происходит разворот плоскостей кристаллитов в направлении деформации, затем распрямление цепей в том же направлении. В пленках, кристаллизующихся из раствора, инверсия дихроизма происходит при кратности вытяжки 2,5, в то время как в пленках, кристаллизующихся из расплава, инверсия наблюдается уже при 10—20% удлинения [931].

4.2.6. ИНТЕРФЕРЕНЦИЯ И ИЗМЕРЕНИЕ ТОЛЩИНЫ ПЛЕНКИ

При прохождении света через гладкую плоскопараллельную пленку толщиной d и показателем преломления n имеет место интерференция между проходящими многократно отраженными лучами. Максимумы интерференции наблюдаются при длинах волн $\lambda=2dn/k$, а минимумы при $\lambda=2dn/[k+1/2]$ (где $k=1, 2, 3...$). Поэтому спектр поглощения будет иметь вид интерферограммы, в которой максимумы отстоят друг от друга (по шкале волновых чисел) на величину

$$\Delta\tilde{\nu} = 1/(2nd) \tag{4.1}$$

Вблизи от полос поглощения $\Delta\tilde{\nu}$ уже не является константой из-за дисперсии. Появление интерференционных полос может привести к ошибкам в интерпретации спектров, поскольку эти полосы не всегда удается хорошо распознать. Они также служат источником ошибок при количественных исследованиях.

Неровные и конусообразные пленки не дают интерференционной картины, так как максимумы и минимумы взаимно гасятся. От интерференции также избавляются, делая шероховатой поверхность фольги или матрицы, которые используют в качестве подложек при получении пленок [1024]. Такой прием, однако, приводит к возрастанию светорассеяния. Еще одна возможность исключить интерференцию — это спрессование пленки с прозрачным материалом, показатель преломления которого близок к показателю преломления пленки. Можно также положить пленку между пластинами из такого материала, в этом случае

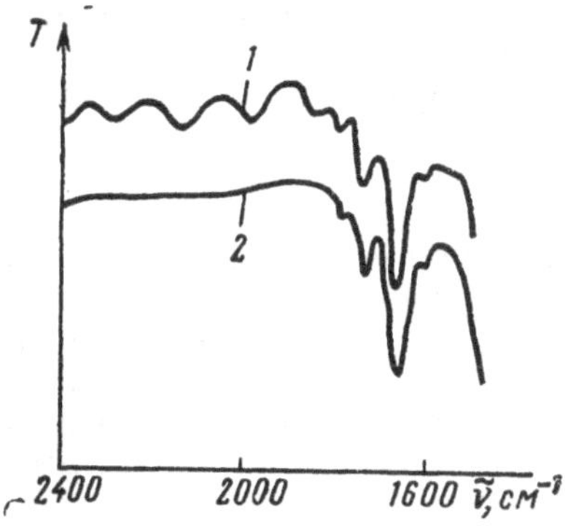

Рис. 4.10. ИК-спектры пленки целлюлозы с интерференционными полосами (*1*) и пленки (*2*), помещенной в CF_4 (между пластинками из NaCl).

расстояние между интерференционными максимумами будет мало и максимумы не проявятся в спектре [1035]. Хороший оптический контакт достигается за счет нанесения тонкого слоя парафинового масла или галогенуглеводорода (рис. 4.10).

Зная расстояние между интерференционными полосами, можно рассчитать толщину пленки по уравнению (4.1). Толщину пленки, прикрепленной на подложке, определяют с помощью просвечивающего микроскопа [1381]. Интерференционный метод дает возможность определить произведение dn, а с помощью микроскопа получают отношение d/n. Комбинируя эти два метода, можно раздельно определить d и n. К другим способам определения толщины относятся взвешивание пленки с точно известной поверхностью и поглощение β-излучения. Однако чаще толщину пленки измеряют механическими измерительными приборами, снабженными циферблатом или микрометром. Значение прикладываемого при измерении давления и размер поверхности подбирают в соответствии с твердостью и неровностью пленки.

4.3. ИССЛЕДОВАНИЕ ВОЛОКОН

Спектр необработанных натуральных и синтетических волокон трудно снять из-за сильного рассеяния ими света. Задача препарирования при исследовании волокон заключается в получении оптически гомогенной и достаточно тонкой заготовки, имеющей ровную поверхность. При этом нужно не допускать изменений структуры, которая сама по себе является объектом исследования. Опубликовано несколько обзорных работ, посвященных методам препарирования волокон [698, 1428, 1599, 1887]. Все методы можно разделить на три группы: 1) методы, при которых сохраняется только химическая структура, 2) методы, позволяющие сохранить надмолекулярную структуру, и 3) методы получения ориентированных образцов.

К первой группе относятся исследования волокон в растворе и получение пленок из раствора и расплава. Волокна при этом ведут себя так же, как и другие виды полимерных материалов. С помощью пленки или раствора получают самые хорошие спектры, поэтому нужно стремиться к работе с образцами такого типа, если это позволяет поставленная задача, выбранный для исследования полимер и время. Сказанное в первую очередь касается количественных аналитических исследований и идентификации в образце химических групп, концентрация которых мала.

По методам второй группы волокна измельчают и обломки, распределенные хаотически в матрице, заливают или запрессовывают в пленку. Трудность препарирования состоит в том, чтобы, не изменяя надмолекулярной структуры, добиться измельчения, достаточного для снижения рассеяния света. Такие методы препарирования пригодны не только для структурных исследований, но также и в тех случаях, когда не удается растворить или расплавить полимер без нарушения его химической структуры. Если не требуется спектр очень хорошего качества, то применяют иммерсионный метод. Он позволяет идентифицировать волокна и грубо оценивать состав их смесей.

Методы третьей группы применяются при спектроскопическом исследовании волокон, не претерпевающих изменений в ходе препарирования, в частности при определении ориентации молекул и кристаллитов, т. е. параметров, оказывающих влияние на физические свойства волокон. Получение ориентированных образцов — процесс трудоемкий и длительный. Особенности геометрического строения волокна не позволяют получить слой, однородный по толщине. Правда, для волокон с закономерно изменяющимся поперечным сечением можно ввести численные поправки.

Ограниченность описанных методов связана часто с тем, что диаметр отдельных волокон превышает оптимальную толщину слоя образца.

4.3.1. ИММЕРСИОННЫЙ МЕТОД

Прессование измельченных волокон с KBr — наиболее применимый метод препарирования в ИК-спектроскопии волокон. Этот метод позволяет, с одной стороны, относительно быстро проводить качественные анализы, а с другой — при достаточно тщательной работе проводить количественные анализы и структурные исследования.

Наиболее ответственная стадия препарирования — измельчение волокна. Эту операцию можно проводить различными способами. Простой, но длительный способ — разрезание волокна ножницами на кусочки длиной от 0,1 до 0,5 мм (в зависимости от свойств волокна) [429, 1428, 1592]. Частицы такого же размера можно получить, просеивая обломки волокон, измельченные в ножевой мельнице (мельница Willey) или в обычной кофейной мельнице. При таком способе измельчения расходуется большее количество вещества, чем при нарезании вручную. Однако он, во-первых, требует значительно меньше времени, во-вторых, дробление проводится в стандартных условиях. Последнее обстоятельство важно при количественных исследованиях, так как нарезанные кусочки слишком велики для того, чтобы их равномерно распределить в матрице. С пресс-заготовок можно получить хорошо разрешимые спектры, и потери от светорассеяния будут невелики, если показатели преломления матрицы и волокон различаются незначительно. Идеальным объектом исследования в этом отношении является хлопок, средний показатель преломления которого отличается от показателя KBr всего на 0,005.

Прессование с KBr использовали при качественном и количественном анализах производных целлюлозы и химически модифицированной целлюлозы, а также при изучении структуры хлопка, кристаллическая структура которого нарушена механическим или химическим путем [1292—1296]. Дробление нарезанных целлюлозных волокон в шаровой мельнице дает достаточно мелкие частицы, но при этом изменяется надмолекулярная структура полимера. В ножевой мельнице Willey измельчали ацетат целлюлозы [659, 707], причем матрицей служил KCl [659], показатель преломления которого ближе к показателю ацетата целлюлозы ($n=1{,}48$).

В работе [267] кусочки волокон, нарезанные ножницами, скатывали вручную в шарики, которые вновь разрезали. Эти операции повторяли несколько раз, после чего образец мололи в шаровой мельнице. Перед разрезанием волокна спрессовывали с KBr. Удалось получить хорошие ИК-спектры для целого ряда волокон, обработанных таким способом. В этой же работе даны практические советы, обобщающие опыт исследований различных волокон. Оказывается, что предварительное измельчение волокна сокращает время его дробления в шаровой мельнице (в сравнении с длинными волокнами), что в свою очередь уменьшает структурные изменения, хотя они все еще заметны у волокон, чувствительных к механическому воздействию. Такую методику препарирования применяли при изучении окисления кератиновых волокон [1526]. Процесс дробления шерсти можно облегчить добавлением CCl_4 [1631]. Во избежание термических повреждений волоса или шерсти в ходе измельчения в ступке пользовались охлаждающей смесью ацетон — сухой лед [1613]. Присутствие этой смеси позволяло одновременно проводить отделение слишком больших частиц за счет седиментации.

Более удачным способом препарирования, чем измельчение волокон в вибрационной шаровой мельнице, является их растирание между двумя стеклянными пластинами, отшлифованными порошком карборунда [308]. Разработан прибор [429], в котором волокна растираются между двумя кусочками обычного стекла, у одного из которых отшлифована вогнутая поверхность, а у другого — выпуклая. При таком измельчении получаются частицы меньшего размера и лучше воспроизводимость, чем при обработке вручную. Однако существует повышенная опасность термических повреждений.

Необходимость получения по возможности мелких частиц при осторожном воздействии на волокно заставляет обратиться к микротомированию. На простом ручном микротоме (рис. 4.11) удаётся нарезать кусочки толщиной 30—50 мкм, используя острые бритвенные ножи [606, 1831]. Работу проводят следующим образом. Пучок волокон протягивают через отверстие, просверленное в металлической пластине, или же зажимают в шлице, затем ровно обрезают куски с обеих сторон пластины. Далее обрезанный пучок волокон перемещают винтом микрометра и делают с него срезы лезвием бритвы. Для получения тонких срезов волокна помещают в какое-нибудь вещество. Для этого можно использовать коллодиевый раствор или парафин, если только эти заливочные материалы удаляются, не вызывая изменения в волокне. В [429] волокна погружали в воду и замораживали до

—25 °С, после чего с помощью микротома, снабженного охлаждающим столиком, делали поперечные срезы толщиной 5 мкм. После оттаивания срезы высушивали в сушильном шкафу. Такая методика позволяет добиться очень хорошего и равномерного измельчения. Метод замороженных срезов — единственный метод измельчения нитей из эластомеров. Сравнение спектров волокон, разрезанных ножницами и на микротоме, показывает, что микротомирование не вносит в волокна никаких структурных изменений. В то же время оно дает значительно более мелкие частицы, спектры которых оказываются лучшего качества.

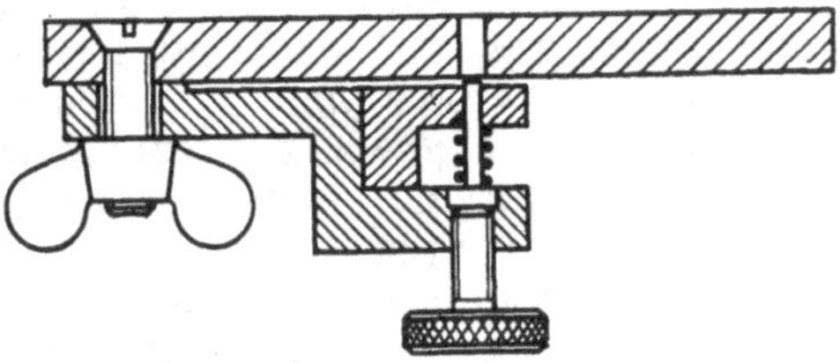

Рис. 4.11. Схема ручного микротома для получения срезов с волокон [657].

Описание других вариантов прибора и методов работы можно найти в [658].

Суспензии волокон в различных жидкостях применяют только для работы в ограниченных областях спектра (см. рис. 4.5) из-за собственного светопоглощения жидкостью. Показатели преломления парафинового масла ($n_D=1{,}48$) и четырехфтористого углерода ($n_D=1{,}31$) заметно отличаются от n_D многих волокон, поэтому по сравнению с методом прессования с KBr здесь требуется более эффективное измельчение, чтобы получить равнозначные по качеству спектры. В этом отношении к KBr достаточно близок гексахлорбутадиен ($n_D=1{,}56$). В работах [446, 447] исследовали хлопок и другие целлюлозные волокна, залитые парафиновым маслом. Суспензионный метод использовали для определения степени упорядоченности в нитях поликапроамида [360].

Иммерсионный метод широко применяется при идентификации волокон и их смесей. Методику и ИК-спектры волокон можно найти в работах [267, 698, 1295, 1388, 1389, 1585, 1730, 1831]. В [1831] смеси волокон перед идентификацией разделяли в колонне градиента плотности на отдельные компоненты.

4.3.2. МИКРОСПЕКТРОСКОПИЯ ОТДЕЛЬНЫХ ВОЛОКОН

При измерении дихроизма в поляризованном свете волокно укладывают параллельно щели спектрометра. Волокна, имеющие диаметр 10—30 мкм, не заполняют геометрического пространства щели обычных спектрометров. Более толстые волокна или щетина очень сильно поглощают в области основных колебаний. Впервые спектроскопическое изучение отдельного волокна с помощью отражательного микроскопа было проведено в 1949 г. [69]. Отражательный микроскоп можно помещать или перед монохроматором, или после него, при этом следует избегать нагревания образца. В настоящее время известно лишь несколько работ по микроспектроскопии отдельных волокон [217, 230, 231, 1377], что объясняется экспериментальными трудностями. Проведено сравнение этого метода со спектроскопией слоев волокон [1127]. Подробные практические советы по работе на ИК-микроскопе фирмы Перкин — Элмер даны в работах [497, 1511].

При работе в средней ИК-области диаметр волокна не должен быть меньше 15 мкм, так как нет смысла устанавливать ширину щели в месте расположения волокна меньше, чем изображение щели монохроматора. Размер щели монохроматора по энергетическим причинам не может быть ниже некоторого минимального значения. При использовании поляризованного света необходимо, чтобы диаметр волокон был не менее 20 мкм. Такая толщина все еще слишком велика для регистрации большинства полос основных колебаний, имеющих высокую интенсивность. В тех случаях, когда волокна имеют эллиптическое или почковидное сечение, измерения становятся возможными. Тонкие волокна от четырех до восьми штук укладывали плотно, параллельно друг к другу [1511]. Для этого их прикрепляли к клейкой фольге, имеющей прорезь, затем фольгу укрепляли на объектном столике микроскопа.

В ряде работ толщину термопластичных волокон уменьшали вальцеванием или прессованием. Однако такая методика препарирования пригодна лишь для качественных исследований, так как структура полимера и ориентация его молекул при этом изменяются. Различные ориентационные эффекты, являющиеся на самом деле артефактами, проявляются также и при неправильном получении продольных срезов. Этим был объяснен [230] наблюдаемый [1377] параллельный дихроизм NH- и CH-валентных колебаний в слегка растянутых волокнах найлона-66. Ориентирование исчезало, или по крайней мере, снижалось если волокно перед микротомированием погружали в полиметилметакрилат, пластифицированный полиэтиленгликолем, и таким способом выравнивали консистенции матрицы и волокна [826].

Описан еще один метод получения продольных срезов волокон [732]. Продольные срезы с белковых волокон толщиной до 1 мкм можно получить, используя резец с углом заточки 90° [18]. Волокна, слишком толстые для прямых исследований на просвет, можно утоньшать путем шлифования на шлифовальном камне из окиси алюминия [386]. Рассеяние света на неровностях поверхности образца снижают погружением его в иммерсионную жидкость. Например, для этого использовали четырехбромистый углерод, расплавленный в обогреваемой кювете [1127]. Он не поглощает в области от 4000 до 700 см$^{-1}$.

При проведении количественных исследований с помощью ИК-микроскопа нужно обратить внимание на ряд возможных источников ошибок. Из-за них приходится вводить численные поправки уже для плоско-параллельных проб. Значения этих поправок зависят от сходимости светового пучка, показателя преломления исследуемого вещества и интенсивностей полос. Для волокон, диаметр которых меньше или равен изображению щели в месте расположения образца, вряд ли можно рассчитать эффективную толщину слоя, если только диафрагма не настолько узка, что свет проходит только через центральную часть волокна. Для проведения количественных исследований волокно нужно поместить в иммерсионную жидкость, имеющую близкий к волокну показатель преломления, благодаря чему исключается отражение и преломление света на границе волокна. Сходимость светового пучка при этом становится настолько маленькой, что пучок можно рассматривать в первом приближении как параллельный. Тем не менее нужно еще внести поправку в значение толщины образца. Об этом речь пойдет в следующем разделе, при обсуждении прозрачности слоя параллельно уложенных волокон.

В результаты измерений дихроизма вносит ошибку компонента вектора поляризованного сходящегося светового пучка [457]. Для двуосно ориентированных образцов (вальцевание или прессование) есть три различных коэффициента экстинкции [1789]. В указанных работах приведены формулы для расчета поправок к показателю преломления, но в них не учитывается двулучепреломление вытянутых волокон. Еще одним источником ошибок является дифракция, которая имеет место при размерах образца, сравнимых с длиной волны. Указывается на существование оптимальной дисперсии, или разрешения, для любой длины волны [148]. Эта величина зависит от ширины щели и размера диафрагмы, при которых интенсивность полос является максимальной.

4.3.3. ИССЛЕДОВАНИЕ СЛОЕВ ВОЛОКОН

4.3.3.1. Получение слоя параллельно уложенных волокон

Для получения толстых образцов, которые нужны, например, при работе в области обертоновых колебаний или для регистрации слабых полос, пучок параллельно уложенных волокон плотно зажимают между двумя пластинами, прозрачными для ИК-излучения [1140]. Для снижения потерь от рассеяния света образец погружают в иммерсионную жидкость. При исследовании целлюлозы в ближней ИК-области в качестве иммерсионной жидкости брали смесь из сероуглерода и четыреххлористого углерода, которая имела показатель преломления 1,57 [81, 393]. Удаляя из образца эти жидкости путем продувки или промыванием, можно проводить исследование одного и того же образца в разных иммерсионных средах, характеризующихся различными показателями преломления. Попадания воздуха в пространство между волокнами можно избежать путем вакуумирования кюветы. В работе [460] шерстяные волокна, намотанные на рамки, сушили в эвакуированной кювете, дейтерировали с помощью D_2O и после повторной вакуумной сушки снимали спектр в гексахлорбутадиене, взятом в качестве иммерсионной среды.

Для получения спектра в области основных колебаний нужны тонкие образцы, состоящие из одного или нескольких слоев волокон. При этом необходимо получать образцы, между волокнами которых оставалось бы как можно меньше пустот. Описано [670] простое приспособление, состоящее из двух U-образных металлических рамок, которые соединены на болтах с промежуточными фольгами, толщина которых соответствует толщине волокна. Куски волокон вставляют по одному между тщательно отполированными пластинами, имеющими сглаженные края, и крепко зажимают. Эта методика была улучшена [1428]: бесконечная нить наматывается в один слой, при этом после каждого витка она прикрепляется к восковому конусу (рис. 4.12). Оптимальная толщина слоя волокон составляет 10—40 мкм в зависимости от интенсивности интересующих спектральных полос. Если волокна имеют гладкую поверхность, то можно получить удовлетворительные спектры и в отсутствие иммерсионной среды. Для волокон с шероховатой поверхностью удается заметно снизить рассеяние света путем пропитки их парафиновым маслом или гексахлорбутадиеном. Качество спектра зависит в значительной степени от параллельности уложенных волокон и отсутствия пустот между ними. Поэтому целесообразно контролировать процесс намотки с помощью стереоскопического микроскопа.

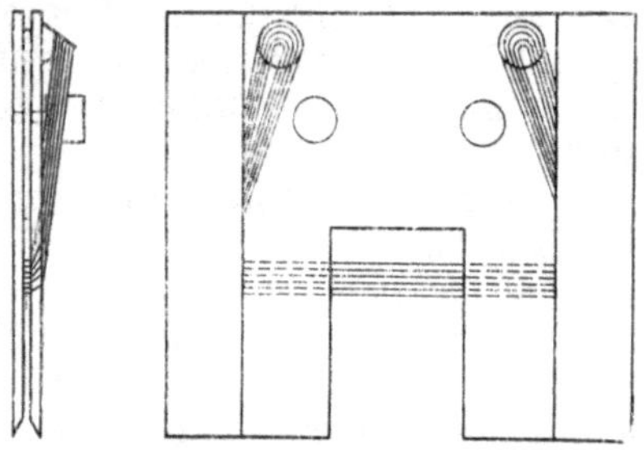

Рис. 4.12. Рамки для намотки нитей [1428].

Существует еще один метод получения параллельно уложенных волокон. Он состоит в намотке нитей непосредственно на пластинку из KBr или NaCl, которую устанавливают в кювету с иммерсионной жидкостью [1887]. Использование намоточной машины облегчает процесс послойной укладки волокон и позволяет контролировать равномерность укладки нитей. На рис. 4.13 изображен такой прибор. В нем волокна наматываются на держатель образца, который закреплен в зажиме. В качестве держателя используют металлические пластины, металлические рамки и пластинки из другого материала, прозрачного для ИК-излучения. Подача волокна на каждые полшага намотки может непрерывно варьироваться от 5 до 50 мкм с помощью фрикционной передачи. Натяжение волокна регулируется направляющим механизмом. Концы волокон закрепляют на краях держателя с помощью парафина, который наносят подогретой стеклянной палочкой. Если же необходима иммерсионная жидкость, то парафин заменяют нерастворимым клеем или пленкой.

Описано аналогичное устройство для намотки волокон на пластины из NaCl [1127, 1436]. В нем имеется направляющий штырь, который расположен параллельно боковой грани пластины. Это облегчает намотку многослойных образцов. Меняя диаметр во-

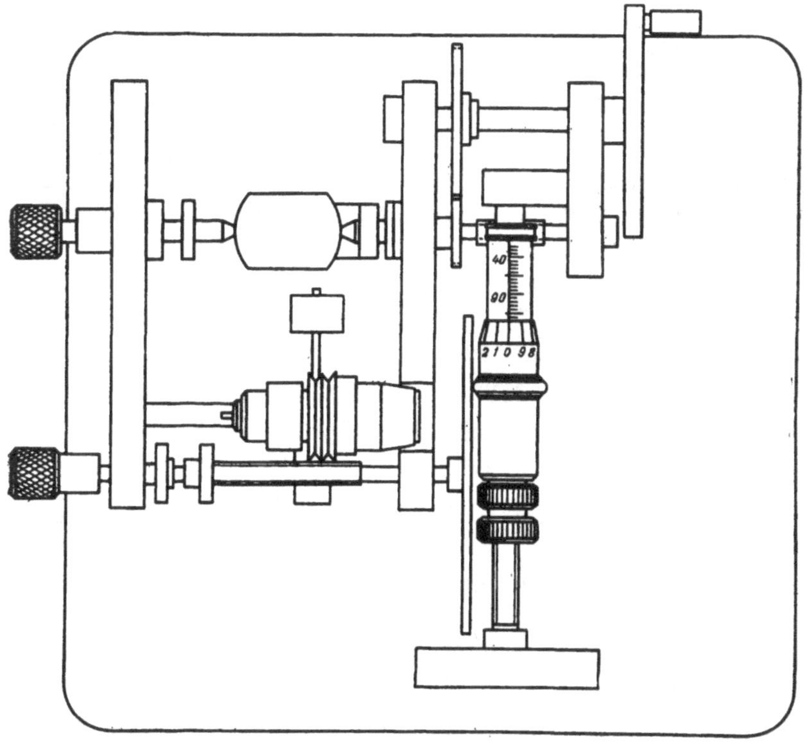

Рис. 4.13. Схема намоточной машины для получения слоя параллельно уложенных волокон.

локон и расстояние между ними, удалось определить влияние качества укладки на вид спектра. Чтобы изучать отдельные части образца, можно перемещать держатель в направлении, перпендикулярном щели спектрометра, с помощью винта микрометра. В качестве иммерсионной среды использовали гексахлорпропилен и парафиновое масло. Поглощение иммерсионной среды компенсируется с помощью кюветы сравнения. Однако не удается компенсировать сильные полосы иммерсионной среды, так как образец неоднороден по толщине.

Получение хороших слоеных препаратов — процесс трудоемкий и не всегда успешный. Но, с другой стороны, это единственная возможность для исследования волокон без нарушения их структуры. Хотя при использовании этого метода возможны ошибки, о которых будет указано ниже, спектроскопия слоев волокон дает более надежные результаты, чем микроспектроскопические исследования отдельных волокон. Еще одним преимуществом спектроскопии слоев является то, что исследуется не отдельный короткий участок, а продольный разрез волокна.

4.3.3.2. Возможные ошибки и их устранение

Рассчитано поглощение падающего света одним слоем волокон, расположенным перпендикулярно световому пучку [457]. Здесь идет речь об особом случае анизотропного распределения образца в световом пучке излучения. Этот случай обсуждался в разд. 2.1.5. Коэффициент светопропускания T волокна радиусом r и коэффициентом поглощения m (см. рис. 4.14) равен

$$T = \int^{\pi/2} 10^{-2mr \sin\theta} \sin\theta d\theta \qquad (4.2)$$

где θ — угол наклона оси волокна по отношению к вертикали.

С помощью интеграла [268]

$$I(\alpha) = \frac{4}{\pi\alpha} \int_0^{\pi/2} [1 - \exp(-\alpha \sin\theta)] \sin\theta d\theta \qquad (4.3)$$

получаем, что оптическая плотность равна

$$D = -\lg T = -\lg\left[1 - \frac{1}{4}\pi\alpha I(\alpha)\right] \qquad (4.4)$$

где $\alpha = 2mr/\lg e$.

Гипотетическая однородная пленка, соответствующая массе волокна, должна иметь толщину слоя $1/2\pi r$; расчетная оптическая плотность такой пленки составит:

$$D_{\text{расч}} = \frac{1}{2}\pi r m = \frac{1}{4}\pi\alpha \lg e \qquad (4.5)$$

На рис. 4.15 представлена разность $D_{\text{расч}}$ и D как функция оптической плотности, определенной экспериментально. Ошибка эксперимента составляет 1—6% при правильном выборе интенсивностей полос в спектре. Ее нужно учитывать прежде всего при сравнении полос различной интенсивности. Подобный случай часто имеет место при исследовании дихроизма. Такую же поправку нужно вводить при исследовании отдельного волокна, если оно полностью закрывает щель спектрометра. Поскольку ширина диафрагмы обычно меньше диаметра волокна и закрывает его края, ошибки, вызванные цилиндрической формой образца, меньше, чем показано на рис. 4.15. Были рассчитаны [1599] поправки для оптических плотностей N идеально упакованных слоев волокон, отстоящих друг от друга на расстоянии, равном половине диаметра волокна. В табл. 4.2 приведены поправочные коэффициенты для случая, когда теоретически рассчитанная оптическая плотность $D_{расч}=1,0$. Если N — четное число, то поправка не зависит от N и приближается к значению, получаемому при больших нечетных числах N. Данные, приведенные в таблице, нужно рассматривать как верхнюю границу значений, поскольку с умень-

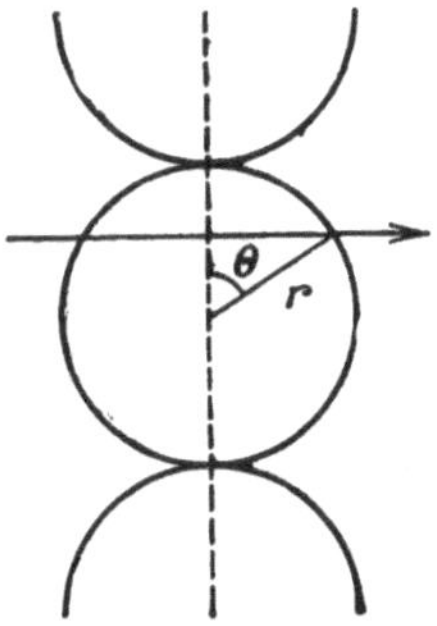

Рис. 4.14. Поглощение света монослоем идеально уложенных волокон [457].

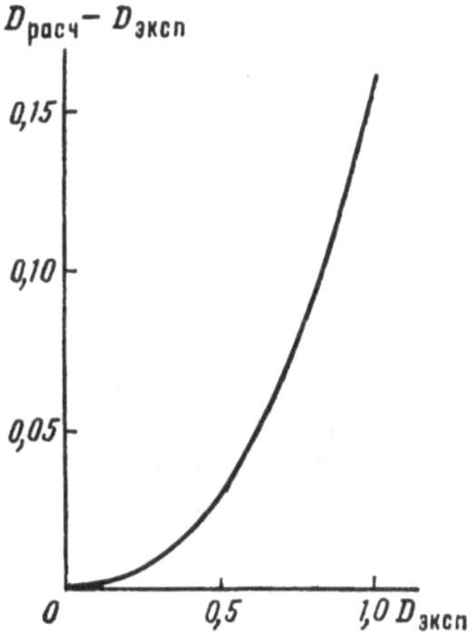

Рис. 4.15. Определение поправки к экспериментальным значениям оптической плотности для идеально уложенного монослоя гладких круглых волокон [457].

шением оптической плотности уменьшается и поправка (см. рис. 4.15). Лишь для монослоев ошибки, вызванные цилиндрической формой образца, становятся значительными; для многослойных образцов этими ошибками можно пренебречь.

Таблица 4.2. Поправки для вычисления оптической плотности многослойных образцов волокон [1599]

Число слоев	Измеренная оптическая плотность	Поправка	Число слоев	Измеренная оптическая плотность	Поправка
1	0,884	0,116	5	0,978	0,022
3	0,970	0,030	Четное	0,982	0,018

Даже при тщательном приготовлении слоя волокон между ними все же остаются мелкие пустоты, через которые свет проходит свободно. Такой свет вызывает кажущееся снижение интенсивности и изменение контура полос спектра, т. е. действие, сходное с действием света, рассеянного монохроматором. Правда, интенсивность рассеянного света меньше, чем света, прошедшего без ослабления, и последний может внести большую ошибку. Пусть a — ширина щели спектрометра и a' — суммарная ширина изображений всех волокон на щели. Коэффициент заполнения $x=a/a'$ характеризует качество намотки волокна. Связь между теоретически рассчитанным коэффициентом пропускания света $T_{расч}$, шириной a' идеального слоя волокон и коэффициентом пропускания T, полученным экспериментально, задается уравнением

$$T = T_{расч}x + 1 - x \quad (4.6)$$

Коэффициент заполнения x можно определить с помощью микроскопа. Экспериментальное определение x возможно в том случае, когда в спектре образца имеется очень сильная полоса с $T_{расч} \approx 0$ или известно соотношение оптических плотностей для каких-либо двух полос. Описано определение величины, обратной коэффициенту заполнения, с помощью полосы поглощения иммерсионной среды [1127].

Приведенные выше рассуждения справедливы только в том случае, когда излучение не отклоняется при прохождении через волокно, т. е. имеет место равенство показателей преломления волокна и иммерсионной жидкости. Однако это условие соблюдается редко, поскольку для большинства волокон при прохождении через них света наблюдается двулучепреломление. Небольшие отклонения светового луча не оказывают большого влияния на результаты измерения. Однако исследование сильно растянутых полимерных волокон с ярко выраженным двулучепреломлением ($n_{\perp} = 1{,}54$; $n_{\parallel} = 1{,}71$) [1196] связано с трудностями измерений параллельной компоненты полосы [1436]. Разница в показателях преломления особенно сказывается на измерении дихроизма. Потери, связанные со светорассеянием в многослойных системах, по-разному влияют на интенсивности параллельной и перпендикулярной компонент полос. Многократное рассеяние вызывает частичную деполяризацию, и, следовательно, на собственный дихроизм системы накладывается так называемый дихроизм формы. От него частично можно избавиться, так как в отличие от спектра поглощения дихроизм формы очень мало чувствителен к изменениям длины волны [460] и в основном вносит вклад в дихроизм фона.

4.3.4. ПРЕССОВАНИЕ ВОЛОКОН В ПЛЕНКИ

Под действием высокого давления волокна можно запрессовывать в пленки без использования матрицы. Эти пленки достаточно тонки и прозрачны, они дают удовлетворительные спектры при качественных и количественных исследованиях. В основном метод прессования применяют при исследовании целлюлозных волокон [403, 575, 1419, 1420, 1883, 1885, 1887, 1890].

Для получения изотропного образца волокна длиной 1—2 мм раскладывают равномерно на поверхности наковальни. Необходимое давление (3000—30 000 кгс/см²) достигается в большинстве гидравлических прессов, используемых при препарировании с KBr. Прозрачность полученных таблеток увеличивается с ростом давления и при достижении значения 15 000 кгс/см² остается постоянной. Несмотря на то, что структура волокон в пресс-заготовке не изменяется, оптический контакт между отдельными волокнами настолько хорош, что через препарат можно читать текст [1883]. Пленки, полученные из влажных волокон, более прозрачны, чем пленки из сухих волокон. При прессовании пленок из целлюлозы, набухшей в воде, возможны структурные изменения, которые с увеличением плотности образца становятся все заметнее [785]. Хорошие результаты дает прессование текстильных волокон без их предварительного измельчения.

Прессованные пленки без матрицы пригодны для спектроскопических исследований взаимодействия между целлюлозой и химическими реагентами [1885]. Однако это становится невозможным, если образцы смачивают иммерсионной жидкостью для уменьшения светорассеяния и улучшения качества спектров. При равных значениях оптической плотности запрессованная таблетка, смоченная иммерсионной жидкостью, рассеивает меньше, чем образец, запрессованный в KBr. Было показано [30], что на пресс-заготовках типа «сэндвич», где целлюлоза расположена между слоями KBr, получаются более воспроизводимые спектры, чем при обычной технике прессования с KBr.

Для получения ориентированных пленок прессуют слои параллельно уложенных волокон. Однако при этом трудно получить механически прочные пленки. При получении достаточно тонких ориентированных пленок из целлюлозы волокна нативной целлюлозы выдерживали предварительно в 4%-ном растворе NaOH или NaOD [1764, 1765]. Такой метод всегда приводил к структурным изменениям. Можно получить хорошие пленки из хлопка и вискозного шелка, используя давление 10 000 кгс/см² [575]. Можно проводить количественные измерения дихроизма полос. Надежная оценка ориентации пленок затруднительна из-за необходимости введения поправок. В работе [311] на стальную пластину наматывали волокна в два слоя и накрывали их алюминиевой фольгой. После прессования под давлением около 10 000 кгс/см² образец увлажняли и затем снова прессовали.

С помощью рентгенографии и измерений двойного лучепреломления было показано отсутствие каких-либо структурных изменений, которые могли бы возникнуть под влиянием давления. Рентгенографически было найдено изменение степени ориентации целлюлозы при относительно низких давлениях [750]. Эти изменения могут быть связаны также с ориентацией отдельных волокон под действием давления, что следует из постоянства степени кристалличности волокна при росте давления. При прессовании монослоев, состоящих из нитей целлюлозного кордового шелка, толщиной 20 мкм под давлением 40 000 кгс/см^2 в течение нескольких часов удается получить лишь непрочные пленки [341]. Появление в спектре слабых полос вблизи 1590 и 1740 см$^{-1}$ указывает на повреждение молекул под действием давления. Дейтерирование пленок в жидкой D_2O или с помощью воздуха, насыщенного парами D_2O, приводит к их разрушению. При 50%-ной влажности воздуха (по D_2O) удается провести дейтерирование пленки и снять спектр такого образца, смоченного гексахлорбутадиеном и помещенного между таблетками из NaCl. Для повышения прочности пленки на нее с одной стороны напыляют слой хлорида серебра и повторно прессуют [1572].

Помимо целлюлозы исследовали также полиамидные, полиэфирные, полиакрилонитрильные и другие волокна в виде изотропных [207] и ориентированных [847] прессованных пленок. Давление и продолжительность прессования выбирали в зависимости от типа материала. При работе с пластичными материалами нужно учитывать возможность деформирования образца и появление изменений в его структуре, поэтому этот метод препарирования пригоден лишь при качественных исследованиях. В еще большей мере сказанное выше относится к случаям, когда прессование проводят в нагретой форме вблизи температуры плавления [269, 410, 1909].

4.4. СПЕКТРОСКОПИЯ НАРУШЕННОГО ПОЛНОГО ВНУТРЕННЕГО ОТРАЖЕНИЯ

Метод нарушенного полного внутреннего отражения (НПВО) был введен в ИК-спектроскопии вначале 60-х годов. Он заключается в регистрации света, полностью отраженного от границы двух сред, различающихся между собой по оптической плотности.

Метод НПВО позволил заняться некоторыми проблемами, в решении которых ИК-спектроскопия раньше или совсем не могла помочь, или же помогала мало. Этот метод, правда, не получил такого широкого распространения, как прессование с KBr, и его развитие не было таким стремительным. Однако как метод исследования твердых объектов он немного уступает методу прессования с KBr. Еще рано говорить о завершенности метода НПВО как с точки зрения экспериментального воплощения, так и с точки зрения теоретической интерпретации спектров НПВО.

Метод НПВО был разработан одновременно и независимо друг от друга Фаренфортом [411, 412] для определения оптических констант веществ и Харриком [597, 598] для исследования поверхности полупроводников. Позже метод прекрасно зарекомендовал себя при изучении таких соединений, которые очень трудно исследовать приемами обычной спектроскопии пропускания. Подробное изложение теоретических и экспериментальных основ спектроскопии полного внутреннего отражения можно найти в монографии [601]*.

4.4.1. ОСНОВЫ МЕТОДА НПВО

Схематически явление НПВО изображено на рис. 4.16. Падающий свет отражается от границы кристалла и исследуемого вещества. Отражающий кристалл изображен в виде полуцилиндра; его коэффициент преломления n_1 выше, чем коэффициент преломления исследуемого образца n_2. В том случае, когда угол падения луча θ больше критического угла $\theta_{кр}$, определяемого соотношением

$$\sin\theta_{кр} = n_2/n_1 \qquad (4.7)$$

имеет место полное внутреннее отражение. При этом свет или фокусируется на границе раздела, или проходит в кристалл в виде параллельного пучка. Последнее явление важно в тех случаях, когда для определения оптических констант требуется точное измерение углов [512, 513].

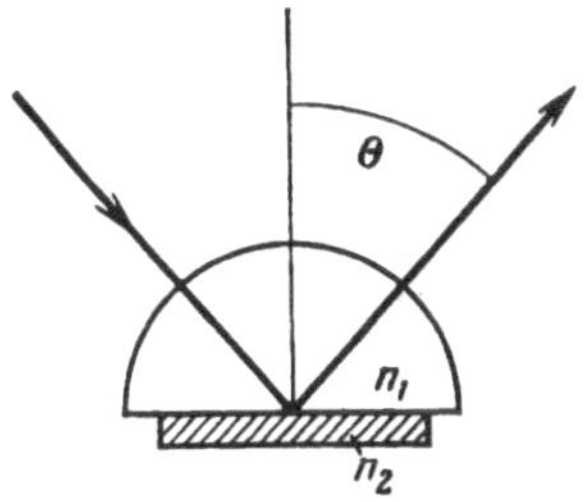

Рис. 4.16. Принципиальная схема нарушенного полного внутреннего отражения (метод НПВО).

Формальное использование уравнений Максвелла, описывающих отражение света на границе раздела, показывает, что при полном отражении не происходит в среднем никакого переноса энергии из оптически более плотной среды в менее плотную. На самом деле перенос есть, но потоки энергии из одной среды в другую компенсируют друг друга [413]. Наряду с этим возникает поток энергии в направлении, параллельном поверхности раздела, что ведет к ослаблению светового потока, которое можно зафиксировать экспериментально [539]. Взаимодействие излучения со средой приводит к поглощению волн определенной длины, в результате чего интенсивность отраженного света уменьшается. Таким образом, спектр НПВО имеет много общего со спектром пропускания (рис. 4.17*а* и *б*). В отличие от спектра НПВО обычный спектр отражения от оптически плотной среды дает информацию только об изменении показателя преломления, несмотря на сильное уменьшение интенсивности отраженного света (рис. 4.17*в*). К особым достоинствам метода НПВО следует отнести: а) возможность исследования сильно поглощающих образцов без применения ультратонких срезов; б) исследование

---

* Прекрасный обзор по этому вопросу содержится в Усп. хим 1972, т. XLI, вып. 8, с. 1504—1535. — (*Прим. ред.*)

проб большой толщины или нанесенных на подложку; в) возможность изучения поверхностных эффектов.

Распространение электромагнитной волны в поглощающей среде определяется комплексным показателем преломления, кото-

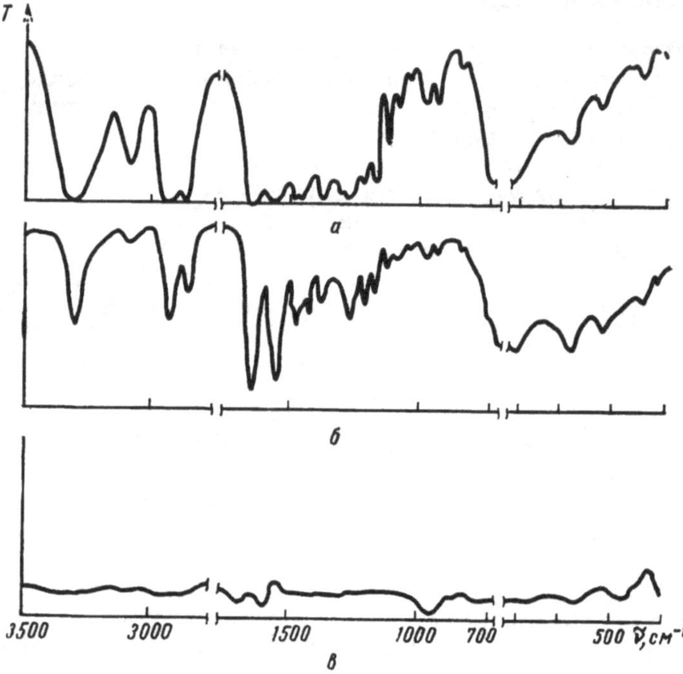

Рис. 4.17. ИК-спектры поликапроамида:

а — спектр пропускания, толщина слоя образца $d=0{,}004$ мм; *б* — НПВО-спектр, $\theta=45°$, кристалл KRS-5, образец помещен на обе отражающие поверхности, *в* — спектр отражения, $\theta=55°$

рый связан непосредственно с молекулярными свойствами среды [413]:

$$n' = n(1 - i\varkappa) \tag{4.8}$$

Связь между показателем поглощения $\varkappa$ и коэффициентом поглощения m', согласно закону Ламберта, задается следующим выражением:

$$m' = 4\pi n\varkappa/\lambda \tag{4.9}$$

Амплитуда и фаза лучей, преломленных или отраженных на границе раздела, описывается уравнением Френеля [160]. Выражения для интенсивности отраженного света, поляризованного соответственно параллельно или перпендикулярно к поверхности отражения, записываются в виде следующих уравнений (4.10) и (4.11) при условии, что отсутствует поглощение в среде 1 и $n_2/n_1 = n$ [543, 544]:

$$R_{\parallel} = \frac{[(n^2 - n^2\varkappa^2)\cos\theta - b]^2 + [a - 2n^2\varkappa\cos\theta]^2}{[(n^2 - n^2\varkappa^2)\cos\theta + b]^2 + [a + 2n^2\varkappa\cos\theta]^2} \quad (4.10)$$

$$R_{\perp} = \frac{(\cos\theta - b)^2 + a^2}{(\cos\theta + b)^2 + a^2} \quad (4.11)$$

где $2a^2 = \sin^2\theta - n^2(1 - \varkappa^2) + \sqrt{[\sin^2\theta - n^2(1 - \varkappa^2)]^2 + 4n^4\varkappa^2}$

$$2b^2 = -[\sin^2\theta - n^2(1 - \varkappa^2)] + \sqrt{[\sin^2\theta - n^2(1 - \varkappa^2)]^2 + 4n^4\varkappa^2}$$

Разложение этих уравнений в ряд показало [437, 592], что контрастность спектра НПВО (зависимость R от $\varkappa$) максимальна при $\sin\theta \longrightarrow n_2/n_1$, т. е. при критическом угле полного отражения, и при $n_2/n_1 \longrightarrow 1$. Однако при точно таких условиях нет смысла проводить измерения, поскольку показатель преломления не остается постоянным из-за явления аномальной дисперсии вблизи полосы поглощения, что изменяет критический угол. Это вызывает сильное искажение полос поглощения; максимум полос смещается в сторону меньших значений волновых чисел, а сами полосы асимметрично уширяются в том же направлении. Было также показано [1912, 1913], что при достаточном удалении от критического угла изменения видны лишь на крыльях полосы поглощения (отклонение контура полосы от лорентцовой формы). На рис. 4.18 и 4.19 показано, как меняется вид спектра НПВО при изменении условий его регистрации. Если нужно проанализировать слабые полосы, то целесообразно увеличить контрастность спектра за счет многократного отражения, с тем, чтобы проводить измерения очень близко от критического угла. Описаны оптимальные условия для получения спектра НПВО [1912]. Однако из-за недостатка подходящих оптических материалов с высоким показателем преломления ценность этих рекомендаций ограничена.

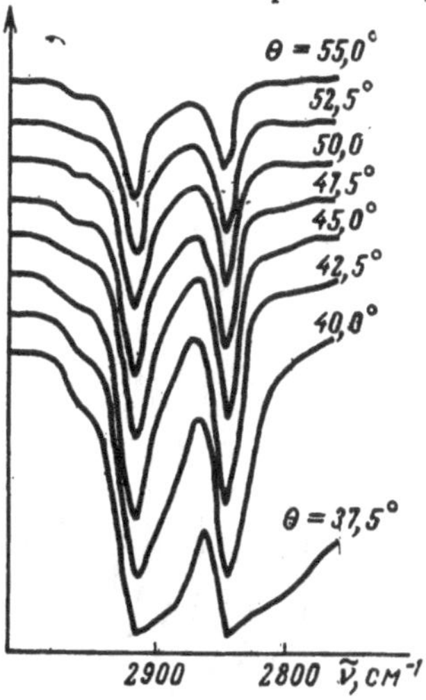

Рис. 4.18. НПВО-спектры полиэтилена при разных углах θ. Кристалл KRS-15, образец помещен на обе отражающие поверхности.

Для сравнения спектров НПВО и спектров пропускания целесообразно ввести понятие эффективной толщины образца $d_{эф}$, которая показывает, какой толщины должна быть пленка, чтобы ее оптическая плотность при исследовании на просвет равнялась оптической плотности массивного образца при регистрации спектра НПВО. Если коэффициент поглощения m мал, то $d_{эф}$ не зависит от m, а определяется показателем преломления $n = n_2/n_1$,

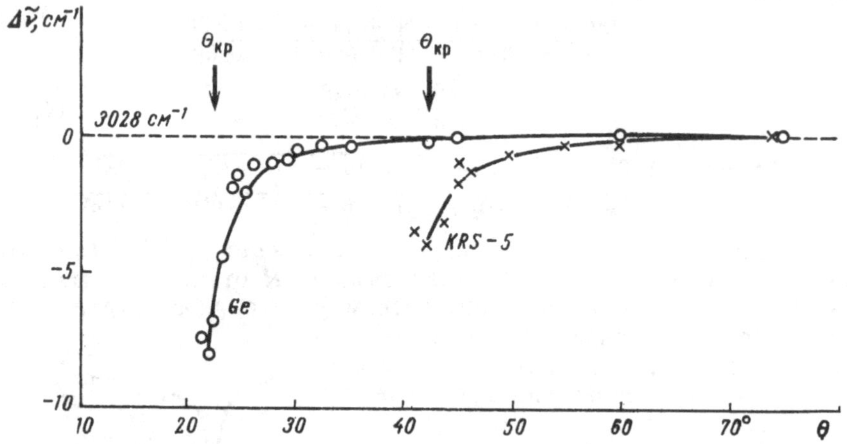

Рис. 4.19. Смещение максимума полос поглощения полистирола при 3028 $см^{-1}$ в спектре НПВО при приближении к критическому углу [601].

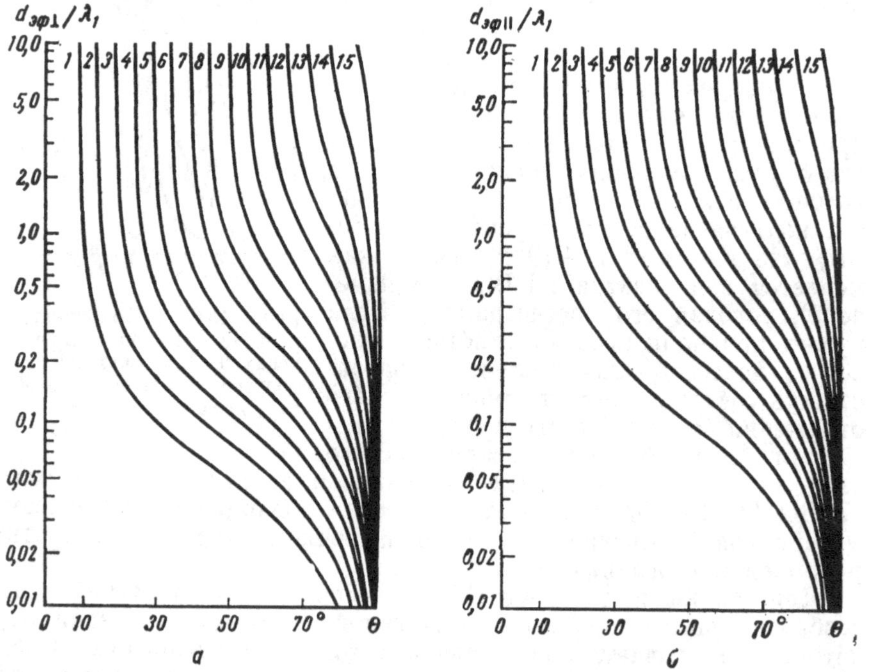

Рис. 4.20. Зависимость эффективной толщины слоя от угла θ для излучения, поляризованного перпендикулярно (*а*) и параллельно (*б*) к плоскости падения [601].

$\lambda_1 = \lambda/n_1$ — длина волны в оптически более плотной среде.

углом падения луча θ и длиной волны λ. Те же параметры влияют и на глубину проникновения электромагнитной волны в среду с меньшим показателем преломления [598]. Для расчета эффективной толщины образца выведены уравнения [600]. В зависимости от того, используется ли свет, поляризованный параллельно или перпендикулярно к поверхности падения луча, они имеют вид:

$$\frac{d_{эф\parallel}}{\lambda_1} = \frac{n\cos\theta\,(2\sin^2\theta - n^2)}{\pi(1-n^2)\,[(1+n^2)\sin^2\theta - n^2]\,(\sin^2\theta - n^2)^{1/2}} \qquad (4.12)$$

$$\frac{d_{эф\perp}}{\lambda_1} = \frac{n\cos\theta}{\pi(1-n^2)(\sin^2\theta - n^2)^{1/2}} \qquad (4.13)$$

где λ_1 — длина волны в оптически более плотной среде.

Величина $d_{эф\parallel}$ всегда больше, чем $d_{эф\perp}$ (в частности, при $\theta=45°$, $d_{эф\perp}=1/2 d_{эф\parallel}$), поэтому параллельно поляризованный свет дает более контрастный спектр. На рис. 4.20 представлены данные по зависимости относительной толщины слоя от угла падения луча при различных показателях преломления [601]. В силу пропорциональности эффективной толщины слоя длине волны падающего света в спектре НПВО более контрастными являются полосы в длинноволновой области.

Для кривых *1—15* (см. рис. 4.20) значения критического угла $\theta_{кр}$ и показателя преломления n_{21} составляют:

N	1	2	3	4	5	6	7
$\theta_{кр}$	10	15	20	25	30	35	40
n_{21}	0,174	0,239	0,342	0,423	0,5	0,574	0,643

N	8	9	10	11	12	13	14	15
$\theta_{кр}$	45	50	55	60	65	70	75	80
n_{21}	0,707	0,766	0,819	0,866	0,906	0,94	0,966	0,985

Характеристике различного рода зависимостей, проявляющихся при исследовании тонких пленок или слоев методом НПВО, посвящена работа [600]. Если истинная толщина слоя меньше, чем эффективная, то критический угол определяется показателем преломления подложки, а не показателем преломления образца. Даже если измерения проводят вблизи $\theta_{кр}$, спектр не претерпевает искажений и относительная интенсивность полос не зависит от длины волны.

Для получения количественных данных с помощью метода НПВО как хорошее приближение можно использовать закон Ламберта — Бера. Однако этот закон выполняется не совсем точно при больших коэффициентах поглощения m, когда эффективная толщина слоя становится чувствительной к изменениям m. Как было показано в [439], логарифм интенсивности отраженного света при оптических плотностях, обычных для полимеров, зависит линейно от показателя поглощения $\varkappa$, если измерения проводят при углах, не очень близких к $\theta_{кр}$. В спектроскопии НПВО при количественных измерениях чаще, чем в спектроскопии пропускания, пользуются калибровочными кривыми. При этом важно точно соблюдать постоянство таких условий регистрации, как угол падения луча и качество контакта между поверхностями образца и кристалла НПВО. Для твердых тел не всегда удается добиться воспроизводимости контакта, поэтому целесообразно использовать внутренний стандарт. Из калибровочных кривых видно, что отклонения от линейности, наблюдаемые в методе НПВО, не превышают значений, обычных для спектроскопии пропускания [411, 787, 1376].

Выше уже говорилось о том, что параллельно поляризованный свет взаимодействует с веществом образца сильнее, чем свет, поляризованный перпендикулярно. Отсюда следует, что интенсивность отраженного света зависит от анизотропии или ориентации образца. В работе [439] были выведены уравнения Френеля для поляризованного света, отраженного в анизотропной пленке, которая с одной стороны граничит с изотропным материалом, имеющим высокий показатель преломления, а с другой стороны — с воздухом. Эти уравнения содержат три комплексных показателя преломления

$$n'_j = n_j(1 - i\varkappa_j) \quad j = x,\ y,\ z \tag{4.14}$$

где n_x, n_y, n_z — показатели преломления соответственно для направлений x, y, z: x — перпендикулярно к поверхности падения; y — параллельно к поверхности, z — перпендикулярно к границе раздела поверхностей.

Если работают с толстыми образцами ($d \gg \lambda$), при $\varkappa_j < 0{,}1$ и $n_x = n_y = n_z = n_2$, то получаются относительно простые формулы для расчета степени отражения:

$$\ln R_{\perp} = -\frac{4n^2\varkappa_x}{\mathrm{tg}\,\theta\,(1 - n^2/\sin^2\theta)^{1/2}(1 - n^2)} \tag{4.15}$$

$$\ln R_{\parallel} = -\frac{4n^2[\varkappa_z + (1 - n^2/\sin^2\theta)\,\varkappa_y]}{\mathrm{tg}\,\theta\,(1 - n^2/\sin^2\theta)^{1/2}(1 - n^2/\sin^2\theta + n^4\,\mathrm{ctg}^2\,\theta)} \tag{4.16}$$

Коэффициент отражения, как и коэффициент пропускания, определяется из отношения падающего Φ_0 и отраженного Φ световых потоков, причем Φ_0 можно определить методом базовой линии.

При q-кратном отражении света связь между экспериментальным значением степени отражения $R_{\text{эксп}}$ и значением, полученным из приведенной выше формулы для простого отражения, определяется уравнением:

$$R_{\text{эксп}} = R^q \tag{4.17}$$

Предположение о том, что $\varkappa_j < 0{,}1$ выполняется для большинства полос поглощения, которые встречаются в спектрах полимеров. Равенство $n_x = n_y = n_z = n_2$ означает, что анизотропия образца влияет только на коэффициент поглощения и не влияет на показатель преломления. Такой вывод справедлив, если показатель n_2 достаточно мал по сравнению с $n_1 \sin\theta$. Показатели поглощения $\varkappa_x$, $\varkappa_y$ и $\varkappa_z$ можно рассчитать, исходя из уравнений (4.15) и (4.16), при этом нужно провести измерения при двух различных углах θ или с поворотом образца на 90°, т. е. поменяв местами оси x и y. Эти показатели связаны с коэффициентами поглощения уравнением (4.9).

Метод НПВО дополняет спектроскопию пропускания при изучении образцов, обладающих дихроизмом, поскольку он позволяет определить коэффициенты поглощения для всех трех пространственных координат и дает информацию об ориентации молекул в поверхностном слое, независимо от их ориентации в глубоко лежащих слоях. При исследовании процесса молекулярной ориентации в одноосно растянутой пленке полипропилена было обнаружено [438], что в пределах ошибки опыта ориентация молекул в поверхностном слое согласуется с ориентацией основной массы образца и что коэффициенты поглощения радиально симметричны по отношению к направлению растяжения пленки.

4.4.2. ЭКСПЕРИМЕНТАЛЬНЫЕ ПРИЕМЫ СПЕКТРОСКОПИИ НПВО

Для регистрации спектров НПВО используют специальные приставки к спектрометрам, в которых свет проходит через систему плоских и вогнутых зеркал и после отражения вновь фокусируется на входной щели монохроматора (см. рис. 4.16). По такому принципу и устроены приставки к большинству спектрометров для проведения исследований методом НПВО. В табл. 4.3 приведены показатели преломления n_1 материалов, используемых в качестве отражающих кристаллов, и критические углы полного отражения для работы с образцами, показатель преломления которых $n_2 = 1{,}5$.

Таблица 4.3. Показатели преломления оптических материалов для метода НПВО и значения критического угла $\theta_{кр}$ для образцов с $n_2 = 1{,}5$

Материал	n_1	$\theta_{кр} = \arcsin(n_2/n_1)$,°
Хлорид серебра	2,0	49
KRS-5	2,4	39
Кремний	3,45	26
Германий	4,1	21,5

Описаны приборы, в которых вместо кристалла в форме полуцилиндра стоит трехгранная призма [423]. В этом случае сильно сокращается область изменения угла отражения; но это не является серьезным препятствием, так как большинство измерений проводится в узкой области значений углов отражения выше $\theta_{кр}$. Использование системы зеркал для достижения многократного отражения связано с потерями энергии. Этих недостатков можно избежать, используя устройство [346], в котором свет, попадая в призму, претерпевает двух-, четырехкратное отражение (рис. 4.21). Незначительное смещение пучка в сторону осуществляется без дополнительного отражателя (зеркала) или с помощью двух плоских зеркал [1532]. Поворачивая призму, можно менять угол отражения от 35 до 55°.

Слабые полосы спектра можно усилить методом многократного отражения*. При этом не нужно увеличивать эффективную толщину образца за счет измерений вблизи критического угла (тем самым удается также избежать ошибок, связанных с работой вблизи $\theta_{кр}$). Многократное отражение оказывается очень полезным в тех случаях, когда состояние образца (например, волокнистый материал) не допускает его полного оптического контакта с призмой. В [591, 599, 600] описаны призменные устройства, предназначенные для многократного внутреннего отражения. Они нашли применение также и в УФ-спектроскопии** и позволяют иногда достигать нескольких сотен отражений. В ИК-спектроскопии наиболее применимы системы, дающие приблизительно 25-кратное отражение***. С их помощью были получены хорошие спектры волокон хлопка [1334].

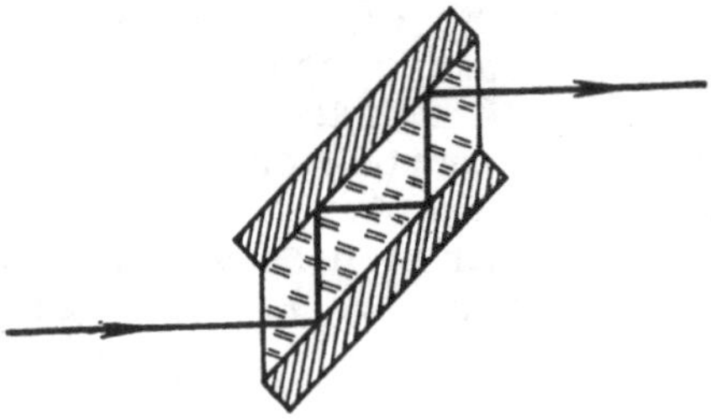

Рис. 4.21. Схема хода лучей при многократном отражении в кристалле НПВО.

Указываются преимущества, которые дает методика многократного отражения при исследовании очень тонких слоев вещества на бумаге или фольге [88]; это касается случаев, когда при увеличении угла отражения эффективная толщина образца остается незначительной. Применение этой методики, правда, не всегда приводит к успеху, так как с увеличением числа отражений растут и потери света за счет рассеяния [444]. Для изучения методом НПВО реакции полимеризации и образования сетчатых структур была сконструирована специальная аппаратура [487].

Для получения качественного НПВО-спектра необходимо добиваться очень хорошего оптического контакта между образцом и призмой, поскольку глубина проникновения света в образец незначительна. Если полимер не очень тверд и имеет гладкую по-

* В отечественной литературе принят термин «многократное нарушенное полное внутреннее отражение» (МНПВО). — (*Прим. ред.*)

** Применение метода НПВО в УФ- и видимых областях спектра ограничено. — (*Прим. ред.*)

*** Сейчас разработаны приставки с 100-кратным отражением — (*Прим. ред.*)

верхность, то хороший контакт с призмой обеспечивается действием небольшого давления. В этом отношении особенно благоприятным объектом являются эластомеры. Проблема хорошего оптического контакта решается легче, если работать на микроустановках для НПВО, где требуются лишь маленькие кусочки поверхности образца. При работе с большими поверхностями хорошего контакта образца с отражающим кристаллом можно достичь с помощью гидравлической системы или мягкой резиновой прокладки. Следует иметь в виду, что шероховатые поверхности могут разрушать поверхность кристалла. Рекомендуется [751] перед исследованием подвергать образцы давлению 8000 кгс/см^2, для чего можно использовать пресс для прессования таблеток с КВr. При этом, чтобы получить гладкую поверхность, образец можно поместить между двумя полированными пластинами.

Используя методику НПВО с многократным отражением, можно не предъявлять столь высоких требований к контакту кристалла с образцом, так что иногда можно получать хорошие спектры с текстильных тканей, даже не подвергая их предварительной обработке [1015]. В некоторых случаях контакт можно улучшить с помощью жидкой или пластичной иммерсионной среды. Эта среда не должна поглощать в исследуемой области спектра и иметь показатель преломления, значение которого лежит между показателями преломления образца и кристалла, так, чтобы на границе кристалл — иммерсионная среда не было полного отражения. В качестве иммерсионной среды применяют пластичную серу (n=2,1) и пластичный селен (n=2,4) [544], а также AgCl и AgBr [666] или раствор серы в хлористом метилене [335].

Некоторые трудности может вызвать одновременное размещение в спектрометре таких двух больших деталей, как поляризатор и приставка для НПВО. Большим преимуществом в этой связи обладает поляризатор в виде плоской проволочной сетки [939]. Можно устанавливать поляризатор вплотную к щели монохроматора [438, 544, 1858].

4.4.3. НЕКОТОРЫЕ ОБЛАСТИ ПРИМЕНЕНИЯ МЕТОДА НПВО

Полимеры относятся к первым объектам, которые были исследованы с помощью метода НПВО. Было показано [411] преимущество НПВО перед методами нормального зеркального отражения и прессования с КВr при исследовании таких трудно препарируемых объектов, как эпоксидные смолы. НПВО-спектры использовали также при анализе алкидных смол [602]. Помимо твердых нерастворимых веществ методом НПВО можно исследовать очень пластичные материалы, такие, как резина или пенопласты. Наличие в образце непрозрачных наполнителей влияет на результат измерений в меньшей степени, чем это имеет место в спектроскопии пропускания. Можно исследовать биологические препараты, если осторожно, не нарушая их структуру и состав, получить из них образцы нужного размера с достаточно гладкой поверхностью. В работе [56] рассматривали связь между структурой поверхности полиамидных пленок и их смачиваемостью. Подобная же задача ставилась при исследовании кожи, тканей и костей [491, 1321, 1532]. О других возможных областях применения метода НПВО см. в [1840].

Благодаря малой эффективной толщине слоя, поддающейся варьированию, можно исследовать процесс нанесения покрытия, если подложка не поглощает свет. Так анализируют некоторые вещества, применяемые при отделке бумаги, отделение которых от подложек требует больших затрат времени [352, 751, 753, 759, 1510]. Сообщается об использовании метода НПВО для исследования пленок на волокнах и металлических пластинах [651].

Исследовали также деструкцию поликарбонатов под действием УФ-излучения [504]. При этом проводили сравнение спектров освещенной и неосвещенной сторон образца, для чего постепенно снимали тонкие слои с одной и с другой стороны. Было показано, что область деструкции сконцентрирована в очень тонком слое освещенной поверхности. Подобным образом исследовали [1397] послойный рост лаковой пленки и окислительное разрушение пленки ацетата целлюлозы под действием УФ-излучения (тонкие пленки получали нарезкой на прецизионном токарном станке). С помощью спектроскопии НПВО было показано [1031], что в полибутене-1 полиморфные превращения под действием температуры начинаются с поверхности пленки. Имеются данные об исследовании лакокрасочных материалов методом НПВО [1481]. В работах [227—229] сообщается об изменениях, происходящих на поверхности полипропиленовых пленок под действием коронарного разряда и при фотоокислении. Варьируя условия отражения, можно менять глубину проникновения светового пучка от 0,1 до 0,4 мкм. Исследовались также структурные изменения на поверхности облученных радиационно привитых и импрегнированных полимеров [1805].

В ряде работ [79, 1015, 1110, 1296] спектроскопия НПВО использовалась для исследований волокон и текстильных тканей. Однако полученные спектры плохо воспроизводимы в количественном отношении из-за плохого контакта между волокном и кристаллом. Все же воспроизводимость и разрешение сильных полос лучше, чем в спектрах пропускания. Нужно помнить, что методом НПВО мы анализируем преимущественно поверхность волокна. При изучении молекулярной ориентации в полиамидных волокнах нашли [79], что поверхность волокна ориентирована лучше, чем внутренние области. Это имеет место до степеней растяжения 1,4. Используя метод НПВО при разных углах отражения, пришли к выводу о существовании в полиамидах структуры типа ядро—оболочка [628].

5. СПЕЦИФИЧЕСКИЕ ПРОБЛЕМЫ ИК-СПЕКТРОСКОПИИ ПОЛИМЕРОВ

5.1. АНАЛИЗ УПОРЯДОЧЕННОГО СОСТОЯНИЯ

Свойства твердых полимеров определяются в очень большой мере предысторией образца. Особенно сильное влияние оказывают термическое и механическое воздействия, изменяющие молекулярную упорядоченность. Многообразие пространственных конформаций, которые может принимать макромолекулярная цепочка под действием внутри- и межмолекулярных сил, проявляется в надмолекулярной структуре. Структура полимера меняется от полностью аморфной в случаях, когда имеются стерические помехи кристаллизации или в закаленном расплаве, до законченной структуры кристалла, возникающей в результате длительного отжига или при медленной кристаллизации разбавленного раствора. Между этими структурами лежат промежуточные упорядоченные состояния, например более или менее вытянутые длинные отрезки отдельных макромолекул и мезоморфные структуры, обладающие регулярностью строения лишь в одном или двух направлениях.

Вообще говоря, в твердом полимере сосуществуют области с различной упорядоченностью. В самом простом случае полимер состоит из упорядоченной (кристаллической) и неупорядоченной (аморфной) фаз. Понятие фазы применяется здесь не в строгом термодинамическом смысле. Достаточно принять, что область полимера, относящаяся к данной фазе, ведет себя одинаково в отношении к используемому методу исследования. Вся эта область характеризуется постоянной плотностью и единым ИК-спектром.

Упорядоченные области полимера количественно характеризуют степенью кристалличности. Однако правильнее говорить о степени упорядоченности вещества по отношению к выбранному методу исследования и ограничить понятие кристалличности теми случаями, когда кристаллическую фазу можно однозначно идентифицировать. В ИК-спектроскопии это не всегда удается.

ИК-спектроскопия, наряду с рентгенографией, ЯМР, электронной микроскопией и другими методами, вносит свой вклад в исследование надмолекулярной структуры твердого полимера. Для правильной интерпретации полученных данных необходим подробный анализ связи между колебательным спектром и надмолекулярной структурой.

5.1.1. КЛАССИФИКАЦИЯ ПОЛОС ПОГЛОЩЕНИЯ, СВЯЗАННЫХ С НАДМОЛЕКУЛЯРНОЙ СТРУКТУРОЙ

Зависимость ИК-спектра от степени упорядоченности наблюдали уже в самых первых ИК-спектроскопических исследованиях кристаллизующихся полимеров. Эту зависимость использовали для характеристики полимера. В качестве наиболее известного примера можно привести расщепление полосы 728 $см^{-1}$, имеющейся в спектре расплавленного или закаленного полиэтилена, на две компоненты в спектре кристаллического полимера [1731]. Другой пример — это изменения в ИК-спектре полихлоропрена при его кристаллизации (см. разд. 6.10.3) [1189]. Полосы, интенсивность которых возрастает с повышением степени упорядоченности, называют полосами кристалличности, а полосы, интенсивность которых при этом снижается, — полосами аморфности.

Однако обычно увеличение и уменьшение интенсивностей отдельных полос спектра происходит по-разному. Поэтому такое упрощенное деление на полосы аморфности и кристалличности оказывается недостаточно для объяснения связи между ИК-спектром и надмолекулярной структурой.

Была предложена расширенная классификация структурно зависимых полос [1897], которая с некоторыми дополнениями легла в основу последующих представлений. В частности, было введено понятие полосы складчатой конформации, связанной с морфологией кристалла.

Колебательный спектр изолированной молекулы мономера или элементарного звена M (рис. 5.1) определяется следующими

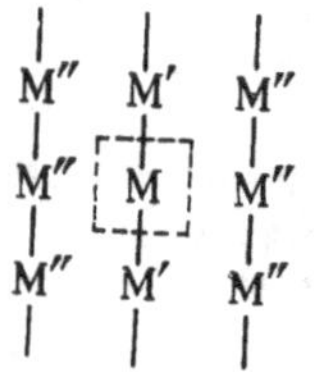

Рис. 5.1. Взаимодействие колебаний мономерного звена M макромолекулы с колебаниями звеньев M′ той же макромолекулы и звеньев соседних молекул M″.

параметрами: геометрической структурой, атомной массой, силовым полем и симметрией частицы. Все эти параметры (исключая атомную массу), зависят от наличия и расположения соседних звеньев.

Конформационные полосы. В результате вращения атомов цепи вокруг одинарных связей возможны несколько поворотных изомеров звена M. В неупорядоченном состоянии изомеры распределяются статистически. Упорядоченная кристаллическая решетка или регулярная вытянутая цепь могут быть построены из одного изомера или из закономерной (не статистической) последовательности изомеров, так что при изменении упорядоченного состояния меняются и соотношение изомеров, и, следовательно, относительная интенсивность полос поглощения, принадлежащих определяемым изомерам.

Конформационными полосами называются такие полосы, параметры которых определяются конформацией звена М и не зависят от взаимодействия колебаний этого звена и соседних звеньев*. Эти полосы встречаются как в спектре расплавленного или закаленного образца, так и в спектре высококристаллического полимера. Интенсивности полос, относящиеся к одной и той же конформации, изменяются при ориентации образца. Свободное вращение вокруг связей скелета цепи предполагает неограниченный набор конформаций, из которых, однако, некоторые не реализуются в силу стерических затруднений (staggered positions)**. Так как достижение термодинамического равновесного состояния затруднено из-за больших размеров молекул***, то в макромолекуле занятыми оказываются и не только самые устойчивые конформации, что вызывает уширение полос в спектре твердого полимера.

Идентификация конформационных полос осуществляется на основании исследования модельных соединений. Типичным примером конформационных полос являются полосы при 1450 (*транс*-форма) и 1435 $см^{-1}$ (*гош*-форма) в спектре *транс*-1,4-полибутадиена [252]. Структурная зависимость ИК-спектра полиэтилентерефталата хорошо объясняется на примере конформации группы $—O—CH_2—CH_2—O—$. Сравнение со спектрами модельных соединений и дейтерированных полимеров позволяет отнести полосы при 1473, 1343, 1120, 973 и 845 $см^{-1}$ к колебаниям молекул в *транс*-конформации, а полосы 1455, 1370, 1100, 1043 и 898 $см^{-1}$ к колебаниям, соответствующим *гош*-конформации [560, 1155, 1156]. К классу конформационных полос можно отнести также и колебания гидроксильной группы, которые связаны с внутримолекулярными водородными связями и которые ответственны, например, за структурную чувствительность спектра целлюлозы.

Полосы в складчатых кристаллах. Конформации макромолекул, расположенных в изгибах складок полимерных кристаллов, отличаются от их конформации в аморфных полимерах[4*], если имеет место повторное складывание цепи. На подобном конфор-

---

* Это не совсем точно, так как частоты интенсивности колебаний, характеризующих данный изомер, зависят от наличия соседних мономерных звеньев и от их конформационного состояния. — (*Прим. ред.*)

** Затененная конформация (англ.) — (*Прим. перев.*)

*** Это справедливо при температурах ниже температуры стеклования. — (*Прим. ред.*)

4* Это не совсем верно. Возможные конформации мономерного звена определяются в основном внутримолекулярными взаимодействиями и не различаются в аморфных областях и складках ламелярных кристаллов. Однако последовательности конформаций в соседних мономерных звеньях цепи могут оказаться различными. — (*Прим. ред.*)

мационном различии основана возможность спектроскопического изучения складывания цепей [865, 868, 870]. Наличие в спектре полиэтилена полос при 1350 и 1304 см$^{-1}$ связано с колебаниями метиленовых групп в *гош*-конформации, но при разных конформациях соседних групп. Интенсивности полос различны для складки и для участков цепи в аморфной фазе полимера [865].

Сравнивая спектры кристаллических и расплавленных нормальных и циклических углеводородов, установили [1502], что появление полосы в спектре полиэтилена при 1340 см$^{-1}$ связано со складыванием цепей. В полиэтилентерефталате складчатой конформации отвечает слабая полоса при 988 см$^{-1}$ [868, 1364, 1602]. В спектре полиамида-66 имеются две полосы — при 1329 и 1224 см$^{-1}$, которые можно идентифицировать как полосы складок и объяснить структурной моделью складчатой конформации [468, 870]. Полоса при 1295 см$^{-1}$ в спектре амилозы также связана с конформацией макромолекул, лежащих в изгибах складок [877]. Эта полоса появляется только тогда, когда полимер кристаллизуется в виде складчатых ламелей. При отжиге полимера эта полоса усиливается по сравнению с полосой кристалличности, лежащей при 855 см$^{-1}$. Такой эффект связан в первую очередь с упорядочением обратных складок цепей. Полоса при 1295 см$^{-1}$ становится слабее при утолщении кристалла, вызванного дальнейшим отжигом. В спектре циклического олигомера амилозы также найдена эта полоса.

Полосы регулярности. Закономерная упорядоченная последовательность мономерных единиц *М* образует регулярную цепь, которая может иметь конформацию плоского зигзага или, как это и бывает в большинстве случаев, спиральную конформацию. При этом с помощью винтовой трансляции мономерные звенья могут быть переведены друг в друга. Колебательный спектр такой цепи описан в разд. 3. Согласно приведенным там правилам отбора в ИК-спектре проявляются только такие колебания, при которых соседние звенья колеблются в фазе или же сдвиг по фазе равен углу закручивания спирали. Для любого нерегулярного расположения есть бесконечное число сдвигов по фазе. Положение и интенсивность полосы зависят от строения соседних групп и от взаимодействия между ними. Поэтому есть различие между ИК-спектром длинной регулярной цепи, где проявляются только дискретные фазовые сдвиги, и ИК-спектром нерегулярной цепи, в котором полосы шире. Было предложено обозначать как полосы регулярности, те полосы поглощения, которые зависят от регулярной конформации макромолекулы [1897].

Для теоретического рассмотрения берут модель изолированной бесконечно длинной полимерной цепи. На самом же деле молекула полимера представляет собой распределение регулярных отрезков цепи. Это распределение зависит от структуры полимера и связано с конечностью длины молекулы, наличием складок, скручиванием и нарушением регулярности цепи в результате появления неупорядоченных отрезков. В связи с этим возникают вопросы, на которые до сих пор нет окончательного ответа: какая минимальная длина отрезка макромолекулы, при которой можно применять правила отбора, и каково влияние незначительных нарушений регулярной конформации. Об экспериментальном определении критической длины спирали полиоксипропилена см. в [949].

С трехмерной упорядоченностью кристалла полосы регулярности связаны лишь постольку, поскольку этот порядок стабилизирует регулярную спираль. Для анализа колебаний не требуется рассмотрения кристаллической структуры и учета взаимодействия с соседними молекулами*.

Полосы регулярности были найдены также и в смектических модификациях [1897]. Их появление только частично можно объяснить существованием кристаллической упорядоченности. В работе [255] исследовали несколько полимеров в смектическом и кристаллическом состояниях и нашли небольшое смещение некоторых частот, которое объясняется изменением плотности упаковки.

Полосы регулярности следует отличать от полос стереорегулярности, которые связаны непосредственно с определенной стерической конфигурацией и не связаны с физическим состоянием полимера. Все же очень часто полосы регулярности используют для характеристики стереорегулярности, поскольку конформация молекулы может быть регулярной лишь в стереорегулярном полимере. Степень упорядоченности, определенная на хорошо отожженном образце, — это нижняя граница стереорегулярности.

Полосы кристалличности. В противоположность конформационным полосам и полосам регулярности истинные полосы кристалличности обусловлены взаимодействием между колебаниями соседних цепей в кристаллической решетке. Эти полосы могут появляться лишь тогда, когда через элементарную ячейку проходит больше одной молекулярной цепи.

Если элементарная ячейка содержит несколько цепей, то активными в ИК-спектре оказываются и другие фазовые соотношения. В результате при достаточном взаимодействии колебаний происходит расщепление полос спектра. Истинные полосы кристалличности удается наблюдать лишь в спектрах некоторых полимеров. В [542, 1008, 1009] рассчитано расщепление колебаний $\delta(CH_2)$ и $\gamma_r(CH_2)$ в образце кристаллического полиэтилена. Наличие дублета 1488 и 1466 $см^{-1}$ в спектре орторомбической модификации полиоксиметилена объясняют [1881] расщеплением, вызванным взаимодействием между двумя макроцепями, проходящими через элементарную ячейку. В работе [559] сформулирована общая теория колебаний для взаимодействующих полимерных цепей и кристаллов.

---

* Силовое поле кристалла может изменить положение полос регулярности макромолекул. Такие сдвиги $\Delta\nu$ достигают обычно 10—20 $см^{-1}$. — *(Прим. ред.)*

Расщепление полос в результате взаимодействия цепей в кристаллической решетке можно также ожидать и для полимеров, сложных по строению, особенно в тех случаях, когда межмолекулярные связи представляют собой прочные водородные связи. Из-за сложности расшифровки спектров и трудностей проведения нормально-координатного анализа трудно однозначно утверждать, что существуют истинные полосы кристалличности. Иногда, используя полуэмпирический подход и оперируя с групповыми частотами, удается сделать некоторые заключения о расщеплении, связанном с кристаллическим состоянием. Частоту колебания, искаженного кристаллическим взаимодействием, можно найти с помощью уравнения [1166]:

$$\nu(\delta,\ \delta') = \nu_0 + \sum_s D_s \cos(s\delta) + \sum_s D'_s \cos(s\delta') \qquad (5.1)$$

где ν_0 — неискаженная частота; D_s и D'_s — константы внутри- и межмолекулярного взаимодействия; δ и δ' — фазовые сдвиги вдоль цепи и относительно соседней цепи; s — число цепей в элементарной ячейке.

С помощью этого отношения частот можно объяснить положение полос Амид I и Амид II в спектре полипептидов [928, 1169]. Используя тот же прием, рассмотрели структурно чувствительные полосы при 933, 963 и 1030 $см^{-1}$ и объяснили их появление кристаллическим расщеплением полосы, которая в неискаженном состоянии лежит при 980 $см^{-1}$ [339].

5.1.2. МЕТОДЫ КОЛИЧЕСТВЕННОГО РАСЧЕТА СТЕПЕНИ УПОРЯДОЧЕННОСТИ ПО СПЕКТРОСКОПИЧЕСКИМ ДАННЫМ

Определение степени упорядоченности полимеров представляет специальную область количественного спектроскопического анализа. Особенность ее состоит в том, что приходится исследовать только твердые образцы и чаще всего невозможно анализируемый компонент выделить в чистом виде. К тому же не всегда точно известна связь между исследуемой структурой и аналитической полосой.

С точки зрения степени упорядоченности полимеры рассматривают как двухкомпонентные системы, состоящие из упорядоченной и неупорядоченной областей. Подобное представление дает возможность анализировать полимер методами анализа многокомпонентных систем. Методы обработки данных исследований могут быть перенесены и на системы, содержащие более чем два структурно различающихся компонента. Но тогда еще труднее отнести к каждому из них аналитическую полосу и сильно возрастают ошибки измерений и без того большие для твердых тел.

Степенью упорядоченности называют массовую долю x упорядоченной области. Тогда $x\rho$ — объемная концентрация упорядоченной и неупорядоченной субстанций (ρ — плотность полимера). Закон Ламберта — Бера для упорядоченной области записывается в виде:

$$D(\tilde{\nu}_1) = \varepsilon(\tilde{\nu}_1)\, x\rho d \qquad (5.2)$$

а для неупорядоченной области

$$D(\tilde{\nu}_2) = \varepsilon(\tilde{\nu}_2)\,(1 - x)\,\rho d \qquad (5.3)$$

Для определения коэффициента экстинкции ε используют разные методы. В то время как невозможно получить полимеры в полностью кристаллическом состоянии ($x=1$), аморфное состояние ($x=0$) реализуется в расплаве. В работе [1267] упорядоченное состояние полиэтилена характеризовали с помощью полосы аморфности, лежащей вблизи 1303 см$^{-1}$, для чего определяли коэффициент экстинкции ε_{1303} из спектра расплава. Преимущество выбора полос аморфности для определения степени упорядоченности состоит в том, что это широкие полосы, мало чувствительные к величине расщепления [1138]. Кроме того, ориентационные эффекты отражаются на них в меньшей степени, чем на полосах кристалличности. Для анализа аморфного образца при комнатной температуре предложено использовать некристаллизующиеся олигомерные модельные соединения или же «зашить» расплавленный полимер с помощью проникающего излучения, для того чтобы помешать его рекристаллизации. В [1874] указана температурная зависимость интенсивности полос и связанные с этим ошибки при использовании спектра расплава для обработки спектров, полученных при комнатной температуре. Были измерены коэффициенты экстинкции некоторых полос аморфности полиэтилена при комнатной температуре и в расплаве [1301]. При определении степени упорядоченности принимают линейную температурную зависимость коэффициента экстинкции в исследуемом интервале температур.

Другой метод определения ε состоит в калибровке спектроскопических данных по результатам изучения степени упорядоченности, проведенного независимым методом. Обычно для этого используют данные о плотности образца. Между степенью упорядоченности x и удельным объемом v образца существует зависимость:

$$x = (v_2 - v)/(v_2 - v_1) \qquad (5.4)$$

где v_1 и v_2 — соответственно удельный объем упорядоченной и неупорядоченной областей.

Если известны v_1 и v_2, то можно определить степень упорядоченности эталонного образца по результатам измерений плотности. Отсюда с помощью уравнений (5.2) и (5.3) или выведенных из них соотношений:

$$D(\tilde{\nu}_1)/D(\tilde{\nu}_{\text{ст}}) = \varepsilon'(\tilde{\nu}_1)\, x \qquad (5.5)$$

$$D(\tilde{\nu}_1)/D(\tilde{\nu}_2) = \varepsilon'' x/(1 - x) \qquad (5.6)$$

можно определить коэффициенты экстинкции или соответственно их отношение:

$$\varepsilon'(\tilde{\nu}_1) = \varepsilon(\tilde{\nu}_1)/\varepsilon(\tilde{\nu}_{ст}) \quad и \quad \varepsilon'' = \varepsilon(\tilde{\nu}_1)/\varepsilon(\tilde{\nu}_2) \tag{5.7}$$

где $\tilde{\nu}_{ст}$ — волновое число стандартной полосы, независящей от степени упорядоченности [270, 1106, 1262].

Для ряда полимеров существует линейная зависимость между удельным объемом и оптической плотностью структурно независимой полосы. Эту зависимость можно использовать для калибровки спектроскопических измерений и измерений плотности [640, 1285, 1450, 1601]. Если построить график зависимости оптической плотности от удельного объема (рис. 5.2), то экстраполяцией к $D(\tilde{\nu}_1) = 0$ получим удельный объем v_2 неупорядоченной фазы, а при экстраполяции к $D(\tilde{\nu}_2) = 0$ — удельный объем v_1 упорядоченной фазы. Кроме того, можно получить информацию о коэффициентах экстинкции полностью упорядоченной и полностью неупорядоченной фазах. Для этого следует предположить, что по плотности и по ИК-спектру одна и та же фаза считается упорядоченной, и линейное соотношение между величинами D и v выполняется как при очень больших, так и при очень малых степенях упорядоченности. С помощью полос кристалличности полиэтилена при 1050, 1178 и 1894 см$^{-1}$ были получены различные значения удельного объема аморфного полимера [1301]. Авторы отдали предпочтение данным, рассчитанным по полосе при 1894 см$^{-1}$. Согласно [1285] при низких степенях упорядоченности линейность лучше соблюдается, если вместо оптической плотности в максимуме полосы измеряется интегральная интенсивность. Это обусловлено уширением полос поглощения, относящихся к кристаллическим областям с различной степенью порядка.

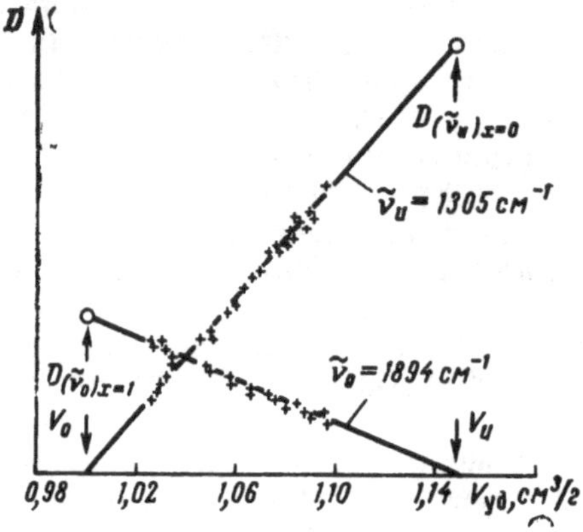

Рис. 5.2. Связь между оптической плотностью полос при 1305 и 1894 см$^{-1}$ и удельным объемом полиэтилена [640].

Вообще следует иметь в виду, что удельный объем и ИК-спектр отражают различные структурные параметры. К тому же измерения плотности не точны из-за ошибок, которые вносят пустоты. Метод, основанный только на спектроскопическом анализе, описан в разд. 2.1.3. По этому методу коэффициенты экстинкции получают из сопоставления измеренных оптических плотностей для двух образцов с различными степенями упорядоченности. Если оба образца имеют одинаковое значение ρd, то коэффициенты экстинкции можно рассчитать из уравнений (2.9) и (2.10). При неодинаковой толщине слоя ее влияние нивелируют с помощью полосы сравнения. При этом получают относительные коэффициенты экстинкции:

$$\varepsilon'(\tilde{\nu}_1) = \frac{\varepsilon(\tilde{\nu}_1)}{\varepsilon(\tilde{\nu}_{\text{ст}})} = \frac{D'(\tilde{\nu}_1, 1)\,D'(\tilde{\nu}_2, 2) - D'(\tilde{\nu}_1, 2)\,D'(\tilde{\nu}_2, 1)}{D'(\tilde{\nu}_2, 2) - D'(\tilde{\nu}_2, 1)} \tag{5.8}$$

$$\varepsilon'(\tilde{\nu}_2) = \frac{\varepsilon(\tilde{\nu}_2)}{\varepsilon(\tilde{\nu}_{\text{ст}})} = \frac{D'(\tilde{\nu}_1, 1)\,D'(\tilde{\nu}_2, 2) - D'(\tilde{\nu}_1, 2)\,D'(\tilde{\nu}_2, 1)}{D'(\tilde{\nu}_1, 1) - D'(\tilde{\nu}_1, 2)} \tag{5.9}$$

где D' — оптическая плотность, отнесенная к полосе сравнения; цифры 1 и 2 относятся к образцам с различной степенью упорядоченности.

Степень упорядоченности можно рассчитать по одному из уравнений, которые получаются из соотношений (5.5)—(5.7):

$$x = [1/\varepsilon'(\tilde{\nu}_1)]\,[D(\tilde{\nu}_1)/D(\tilde{\nu}_{\text{ст}})] \tag{5.10}$$

$$x = [1 - 1/\varepsilon'(\tilde{\nu}_2)]\,[D(\tilde{\nu}_2)/D(\tilde{\nu}_{\text{ст}})] \tag{5.11}$$

$$x = 1/[1 + \varepsilon' D(\tilde{\nu}_2)/D(\tilde{\nu}_1)] \tag{5.12}$$

При выводе этих уравнений предполагалось, что полимер может быть описан двухфазной моделью, и аналитические полосы $\tilde{\nu}_1$ и $\tilde{\nu}_2$ однозначно относятся к обеим фазам. Если это предположение не выполняется, то рассчитанная степень упорядоченности зависит от того, какая пара полос выбрана. Полученные данные дают дополнительную информацию о надмолекулярной структуре полимеров [1432].

Если аналитические полосы относятся к взаимоисключающим конформациям молекулы, то речь идет о бинарной системе. Примером могут служить полосы *транс-* и *гош*-конформаций полиэтилентерефталата [347]. В то время как в кристаллической фазе содержится только *транс*-конформация (t_k), в аморфной фазе присутствуют обе конформации (t_a и g).

Между соотношением *транс-* и *гош*-конформаций $l = (t_k + t_a)/g$, измеренному спектроскопически, подобным соотношением для аморфной области $p = t_a/g$ и степенью кристалличности x существует зависимость:

$$x = (l - p)/(l + 1) \tag{5.13}$$

При известном p степень кристалличности можно вычислить, определив соотношение l. Соотношение стереоизомеров p в неупорядоченной области можно определить по степени кристалличности, измеренной независимым методом. Это позволяет сделать вывод о структуре данной области. При другом подходе получить нужную информацию трудно. При растяжении пленок полиэтилентерефталата наблюдали [418] лишь незначительные изменения степени кристалличности, которая была рассчитана по рент-

Таблица 5.1. Структурно чувствительные полосы ИК-спектра, характеризующие упорядоченное состояние полимеров

Полимер	Полосы упорядоченности, см−1	Полосы разупорядоченности, см−1	Внутренний стандарт, см−1	Литература
Полиэтилен			3644	[865]
	1894			[640, 1300, 1301]
	1473 *c*			[542, 1608, 1609]
	1464 *c*	1466		
		1368 *a*		[189, 865, 1138, 1301, 1847]
		1352 *a*		
		1303 *a*		
	1178			[1301]
	1050			
			908 *d*	[1300]
	731 *c*	720		[542, 780, 1608, 1609]
	720 *c*			
	71 *c*			[65]
Полипропилен (изотактический)				[830, 913]
	1168 *b*		1460	[2, 179, 359, 630, 830, 913, 1026, 1113, 1378, 1544]
	998 *b*		973	
	899 *b*			[913, 1378]
	842 *b*			[630, 913, 1544]
Полипропилен (синдиотактический)	867 *a*			[1304]
Полибутен-1	1220 *e*		1150	[1031, 1032, 1276, 1277, 1776]
	1208			
	1059			
	922			
	849			
Поливинилхлорид			2970	[1627, 1850]
			2920	[798]
	1426			[798, 1627, 1850]
	1333			
	1254			
	1229			[798]
	957	970		
	638 *b*	690 *a*	$\int_{600}^{700} D(\tilde{\nu})\, d\tilde{\nu}$	[924, 931, 934, 1350, 1351, 1716]
	603 *b*	615 *a*		
Поливинилиденхлорид	884			[1222]
	753			
Поливинилиденфторид	1075			[1827]
	980			[399, 1827]
		905		[1050]
	855			[1827]
	798			
	762	740		
	612	600		[1050]
	531			
	488			

Продолжение табл.

Полимер	Полосы упорядоченности, см−1	Полосы разупорядоченности, см−1	Внутренний стандарт, см−1	Литература
Поливиниловый спирт	1146			[578, 806, 1670]
Политетрафторэтилен			2365	[1200]
		778		[1138, 1200]
		740		[372]
		720		
	638			[1200]
	625			
	516			[372]
		384		[1200]
Полихлортрифторэтилен	1285	755		[1092—1094]
	580			
	506			
	490			
	438			
Полистирол (изотактический)			2860	[181]
	1364 *b*		1177	[858, 1676]
	1312 *b*			
	1194		1028	
	982			[181, 1676]
	920 *b*			[858]
	898 *b*			
Полиакрилонитрил	775			[1848]
Полиэтилентерефталат	1473 *a*	1455 *a*		[560, 1155]
			1410	[321]
	1387 *b*			[321, 868, 1155]
	1343 *a*	1370 *a*		[321, 560, 1155, 1288, 1501]
		1172 *a*		[1155, 1874]
	1110 *b*			[321, 1155]
		1100 *a*		[1155]
		1043 *a*		[320, 560, 625, 1155, 1477, 1478]
	1023 *b*			[321, 1155]
	988 *f*			[868, 1602]
	973 *a*			[270, 321, 625, 1155, 1477, 1478, 1501]
		898 *a*		[560, 1138, 1477, 1478]
	875			[320, 1874]
	845 *a*			[560, 1155, 1477, 1478]
			795	[270, 868, 1155, 1477, 1478]
	633	680		[925, 1056]
		613		
		525		
		502		[925, 1288]
	437			[320, 925, 1056]
	379	344		
	176	300		
	138	193		
	78			

Полимер	Полосы упорядоченности, см—1	Полосы разупорядоченности, см—1	Внутренний стандарт, см—1	Литература
Полиамид-6	1202 *a*	1172 *a*		[365, 1450, 1489]
			1122	[339, 365, 1432]
			1080	[740, 1450, 1796]
	1029 *a* 960 *a* 929 *c* 835	990 977		[339, 365, 740, 1285, 1432, 1450, 1796]
	691 580 *c* 525 *c*	712 624		[339, 1161, 1432, 1489]
Полиамид-66	6550	6750		[1262]
	1332 *f* 1225 *f*			[870]
		1140		[168, 1601]
	936			[168, 1450, 1601]
Полиамид-610		1127		[1601]
	938			[1450]
	854			[1601]
Неопрен	953 780		2940	[1106]
Целлюлоза			2900	[1257, 1258]
	1430 (целлюлоза-I)			[1257, 1258, 1293]
			1380	[1792]
	1370 1335 1315 1277 1225 1110 (целлюлоза-I)			[1257, 1258]
		900		[1293]

Буквами обозначены полосы: *a* — конформационная, *b* — регулярности, *c* — кристалличности, *d* — концевой группы, *e* — стереорегулярности, *f* — складчатой конформации.

генографическим данным или по плотности. В то же время обнаружили отчетливое ослабление полосы, отнесенной к *гош*-конформации. Подобное расхождение можно объяснить структурными изменениями в некристаллической области.

В табл. 5.1 описаны структурно чувствительные полосы различных полимеров. Большинство полос отнесено к полосам аморфности или кристалличности только на основе их спектральной характеристики при изменении степени упорядоченности, так что лишь в нескольких случаях можно сделать безоговорочные выводы. Другие данные по определению степени упорядоченности полимеров приведены в гл. 6.

5.1.3. ИК-СПЕКТРОСКОПИЧЕСКОЕ ОПРЕДЕЛЕНИЕ ТЕМПЕРАТУРНЫХ ПЕРЕХОДОВ В ПОЛИМЕРАХ

В точке термических превращений второго рода (температура стеклования) изменяется молекулярная подвижность, что влечет за собой релаксацию напряжений и кристаллизацию. Попытка определения точек и типов перехода была предпринята в работах [29, 489]. Описано устройство [29], с помощью которого можно проводить многократную регистрацию структурно чувствительных полос поглощения при повышении температуры и затем графически или с помощью автоматического интегратора получать зависимость интегральных интенсивностей полос от температуры. Регистрировали также изменение интенсивностей полос во времени [13]. Резкие изломы на кривой интенсивность — температура характеризуют термические превращения в веществе (рис. 5.3). Подробно исследована температурная зависимость полосы, лежащей в спектре полиамида-66 при 940 см$^{-1}$. Излом на кривой, соответствующий температуре стеклования, наблюдается между 35 и 50 °С. Появление еще одного излома на кривой вблизи 140 °С объясняется изменением кристаллической структуры полиамида. Поглощение при 3440 см$^{-1}$ связано с двумя температурами перехода при 80 и 135 °С, что объясняется увеличением числа свободных NH-групп.

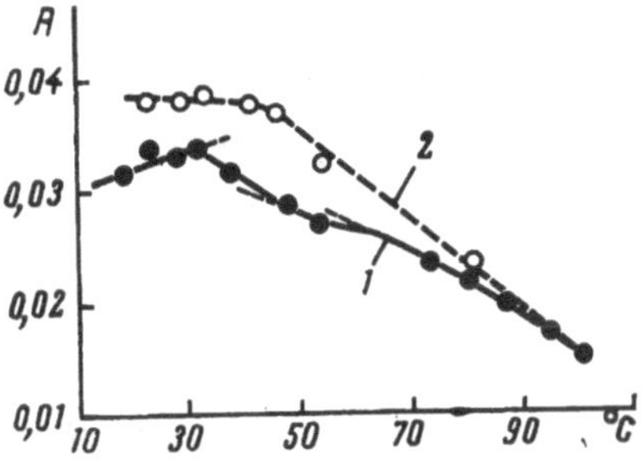

Рис. 5.3. Изменение интегральной интенсивности A полосы при 940 см$^{-1}$ в спектре полиамида-610 при нагревании (*1*) и охлаждении (*2*) образца [29].

Исследовали температуры переходов полиэтилентерефталата и полистирола в интервале от 13 K до комнатной температуры [588, 682]. Для характеристики влияния структуры и окружения на температуру перехода использовали полосы, структурное происхождение которых было известно и которые нельзя отнести ни к кристаллической, ни к аморфной областям. Изучена молекулярная подвижность в поликарбонатах при температурах ниже температуры стеклования.

5.2. СПЕКТРОСКОПИЯ ИЗОТОПОЗАМЕЩЕННЫХ ПОЛИМЕРОВ

Если в молекуле заменить один или несколько атомов на их изотопы, то химические и структурные свойства молекулы, включая прочность связей и расстояния между атомами, останутся практически без изменения. Изменится лишь молекулярная масса, поэтому, если известны силовые постоянные и типы колебаний, то можно рассчитать изменения частот в ИК-спектре. И наоборот, что более важно, из наблюдаемых изменений спектра можно сделать вывод о колебаниях и об атомах, которые принимают в них участие. Наибольшего эффекта можно ожидать при обмене водорода на дейтерий, поскольку в этом случае масса изменяется вдвое. Так как дейтерий и его соединения к тому же относительно недороги и доступны, большинство работ, где изучали изотопный эффект, включало дейтерообмен. Еще большего смещения полос, чем при дейтерировании, можно достигнуть заменой водорода на тритий. В работе [648] проведено сравнение полосы валентных колебаний группы OT с соответствующими колебаниями группы OD в целлюлозе, обработанной T_2O. Исследовали также изотопный эффект при введении в молекулы изотопов ^{13}C, ^{15}N, ^{16}O. Дорогие и радиоактивные изотопы в спектроскопических исследованиях не применяют. Это связано с тем, что в отличие от анализа мечеными атомами здесь необходимо иметь чистые молекулы изотопа или молекулы, сильно обогащенные им.

Применению дейтерирования для анализа колебательных спектров посвящена обзорная работа [582]. В [1529] исследовали полностью дейтерированные длинноцепочечные парафины и полиэтилен.

Метод дейтерообмена важен не только для идентификации колебаний водородного атома. Еще большая роль отведена ему для исследования взаимодействия между колебаниями атома водорода и скелетными колебаниями. Спектроскопическое исследование твердых растворов или смешанных кристаллов нормальных и дейтерированных полимеров позволяет определить, влияют ли межмолекулярные взаимодействия на ИК-спектр [929]. Дейтерообмен можно использовать также для измерения проницаемости твердых полимеров относительно D_2O и других дейтерийсодержащих соединений.

5.2.1. СДВИГ ЧАСТОТ ПРИ ИЗОТОПНОМ ОБМЕНЕ

В качестве модели для расчета сдвига частот локализованных* колебаний, к которым относят большинство валентных колебаний групп X—H и часто их деформационные колебания, можно рассматривать в первом приближении двухатомный гармонический осциллятор. В этом случае для отношения частот получим следующее выражение:

$$\frac{\nu'}{\nu} = \sqrt{\frac{m_H (m_X + m_D)}{m_D (m_X + m_H)}} \qquad (5.14)$$

где ν и ν' — частоты до и после дейтерирования; m_X, m_H и m_D — соответственно масса атома X, H и D.

---

* Характеристических. — *(Прим. ред.)*

Если m_X очень велико по сравнению с m_H и m_D, исходная частота уменьшается в $\sqrt{2}$ раз. Это — верхняя граница значений частоты, которая достигается при уменьшении частоты в результате дейтерообмена. Можно сделать и обратный вывод: если частота новой полосы в $\sqrt{2}$ раз ниже исходной, то проявившееся колебание локализовано преимущественно в группе X—H. Уравнение (5.14) применимо также и к другим типам характеристических колебаний. Например, было рассчитано, что волновое число колебания ν(C=O) при 1700 $см^{-1}$ уменьшится на 40 $см^{-1}$, если заменить кислородный атом ^{16}O на изотоп ^{18}O.

Значительно труднее провести расчет изменения частоты колебаний, в которых принимает заметное участие несколько атомов одной молекулы. Было выведено соотношение [1395], известное как правило произведения, которое содержит сдвиги частот колебаний, относящихся к одному типу симметрии. В соответствии с [582] это соотношение записывается в таком виде:

$$\prod_i \frac{\nu_i}{\nu_i'} = \left[\left(\frac{m'}{m}\right)^n \left(\frac{M}{M'}\right)^t \left(\frac{I_x}{I_x'}\right)^{\delta_x} \left(\frac{I_y}{I_y'}\right)^{\delta_y} \left(\frac{I_z}{I_z'}\right)^{\delta_z}\right]^{1/2} \quad (5.15)$$

где ν_i — частоты или волновые числа; m — атомная масса; M — молекулярная масса; I_x, I_y, I_z — проекция момента инерции молекулы на оси x, y и z; n — число колебаний, включая и нулевые колебания, которые замещенные атомы вносят в тип симметрии; T — число трансляций; δ_x, δ_y, δ_z=1 или 0, в зависимости от того, относится ли вращение вокруг указанных осей к типу колебаний или нет. Величины, помеченные штрихом, относятся к молекуле, замещенной изотопным атомом.

Правило произведения можно распространить и на случаи, когда замещаются атомы разной природы. Практическое применение правила произведения ограничено небольшими по размеру молекулами с высокой симметрией, для которых можно узнать величины переходных моментов. В полимерной спектроскопии оно малоприменимо. То же самое можно сказать о некоторых других правилах, например о правиле суммы, которое связывает сумму квадратов частот [348, 1653, 1654]. Правда, эти правила играют известную роль в контроле за отнесением полос при расчетах нормальных колебаний [1000].

В работе [926] выведено приближенное правило, которое распространимо на отдельные частоты и которое не требует знания всех частот одного типа колебаний. Уравнение, выражающее это правило, имеет вид:

$$(\nu_k')^2/\nu_k^2 = 1 - \sum_i \Delta T_i/(\rho T) \quad (5.16)$$

где ν_k и ν_k' — частоты или волновые числа k-го собственного колебания, точнее — это частоты нулевого порядка, которые отличаются от наблюдаемых частот на константу ангармоничности [925]; $T=\sum_{i=1}^{N} m_i\dot{q}_i^2$ — общая кинетическая энергия собственных колебаний системы; $\sum_i \Delta T_i = \sum_i \Delta m_i \dot{q}_i^2$ — изменение кинетической энергии, вызванное изотопным обменом, если при этом не произошло изменений амплитуды колебаний; ρ — отношение масс обмениваемых изотопов, например ρ=2 при дейтерообмене.

Применение уравнения (5.16) предполагает знание нормальных координат q_i. Во многих случаях они не сильно отличаются от координат симметрии, которые легче определить.

Уравнение (5.16) наглядно показывает, что частота изменяется тем меньше, чем больше вклад необмененных атомов в энергию соответствующего колебания. В [925] уравнение (5.16) использовали для расчета частот колебаний H_2O, NH_3 и групп ≡C—H, =CH_2, —CH_3. В табл. 5.2 собрана часть полученных результатов.

Таблица 5.2. Примеры применения правила изотопного сдвига (уравнение 5.16) [925]

Группа	Колебание	ν/ν' (рассчит.)	ν/ν' (измеренное)
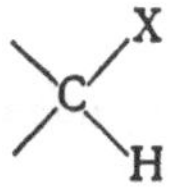	ν(CH)$m_X = 15$	1,320	
	$m_X = 35,5$	1,340	1,340
	$m_X = 80$	1,355	1,340
	δ(CH)$m_X = 15$	1,318	
	$m_X = 35,5$	1,322	1,339
	$m_X = 80$	1,328	1,362
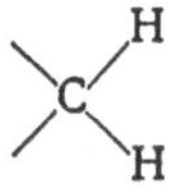	$\nu_s(CH_2)$	1,379	1,372
	$\nu_a(CH_2)$	1,349	1,342
	$\delta\ (CH_2)$	1,349	1,341
	$\gamma_r(CH_2)$	1,379	1,384
	$\gamma_w(CH_2)$	1,323	
	$\gamma_t(CH_2)$	1,414	
—CH_3	$\nu_s(CH_3)$	1,398	1,372
	$\nu_a(CH_3)$	1,349	1,330
	$\delta_s(CH_3)$	1,300	1,318
	$\delta_a(CH_3)$	1,403	1,375
	$\gamma_r(CH_3)$	1,292	1,310

Уравнение (5.16) применимо только для расчета характеристических групповых частот. Оно теряет смысл при анализе сложных, сильно связанных (нехарактеристических) колебаний. Такие колебания можно анализировать лишь на основании направленного замещения дейтерием тех атомов водорода, которые участвуют в этих колебаниях.

5.2.2. ПОЛУЧЕНИЕ ДЕЙТЕРИРОВАННЫХ ПОЛИМЕРОВ

Дейтерированные полимеры получают тремя способами: 1) замещением водородных атомов макромолекулы при действии дейтерийсодержащего соединения* (чаще всего — тяжелая вода), 2) полимеризацией дейтерированных мономеров и 3) проведением синтеза в дейтерийсодержащей среде.

В простой реакции с D_2O участвуют только те группы, в которых атом водорода очень подвижен. В полимерах это прежде всего группы OH и NH. Если проводится дейтерирование твердого полимера, то обмен происходит только в областях молекулы, доступных для дейтерирующего агента. Подробнее об этом см. в разд. 5.2.4. При растворении в D_2O некоторых соединений (например, пиридоксола) наблюдали [708] замещение водорода также и в метильной группе. На это указывало появление полос поглощения при 2198 $см^{-1}$ (ν_a) и 2055 $см^{-1}$ (ν_s). Однако подобное явление относится к исключительным случаям.

В работе [361] проводили дейтерирование органических соединений, включая соединения с большой молекулярной массой, обрабатывая их в D_2O в присутствии щелочи, перекиси и металлического катализатора, применяемого при гидрировании. Были попытки дейтерирования полипропилена с помощью D_2 или D_2O в присутствии различных катализаторов [1000], но они оказались безуспешными. Дейтерирование групп OH, NH и SH проводили при встряхивании растворов исследуемых соединений в CCl_4 с D_2O [681]. При этом использовали кварцевые кюветы, внутренняя поверхность которых была гидрофобизована триметилхлорсиланом для предотвращения осаждения капель тяжелой воды. Для компенсации растворенной тяжелой воды использовали кювету сравнения, предварительно обработанную указанным выше способом. В [415] дейтерий вводили простым способом: в раствор исследуемого вещества в CCl_4 наливали D_2O. Диффузия воды в растворитель идет с такой скоростью, что через 15 мин замещаются все группы, способные к замещению.

Полимеры, в которых на дейтерий заменены атомы водорода, связанные с углеродным атомом, получают почти всегда полимеризацией дейтерированных мономеров. В табл. 5.3 указаны полимеры, полученные таким путем. Синтез дейтерированных мономеров описан в некоторых работах, приведенных в таблице. Из мономеров структуры CHD=CHX можно получить диизотактические полимеры в присутствии стереоспецифических катализаторов [1238, 1245]. Такие полимеры нашли применение для исследования процесса полимеризации [1175]. Например, исследовали механизм полимеризации и стерическую структуру эпоксидов, полученных полимеризацией *цис-* и *транс-*дейтероэтиленоксидов [1370]. Для определения длины регулярных блоков в полистироле использовали сополимеры дейтерированного и недейтерированного полистирола [858].

Биополимеры, синтез которых из дейтерированных мономеров естественно невозможен, могут быть получены из культур, выращенных в питательной среде, содержащей тяжелую воду. Так, выращивали [251, 306] водоросли в тяжелой воде, причем среди других соединений получалась CD-дейтерированная целлюлоза. Бак-

Таблица 5.3. Библиография по спектрам дейтерированных полимеров

Полимер	Мономерное звено	Литература
Полиэтилен	—CD_2—	[1529]
	—CH_2—, —CDH—, CD_2— (статистический сополимер)	[1721, 1723]
Полипропилен	—$CDHCH(CH_3)$—	[1238]
	—$CD_2CH(CH_3)$	[990, 994, 1330]
	—$CH_2CD(CH_3)$—	[990, 994, 1113, 1330]
	—$CH_2CH(CD_3)$—	[990, 994, 1113]
	—$CD_2CD(CD_3)$—	[997]
	—$CH_2CH(CH_2D)$—	[1679]
Поливинилхлорид	—CHDCHCl—	[397, 931]
	—CH_2CDCl—	[397, 931]
	—CHDCDCl—	[397, 931]
	—CD_2CDCl—	[397, 931, 1218]
Поливинилиденхлорид	—CD_2CCl_2—	[1219]
Поливиниловый спирт	—$CD_2CD(OH)$—	[1680]
Поливинилацетат	—$CD_2CD(OCOCH_3)$	[1680]
Полиметилметакрилат	—$CH_2C(CH_3)(COOCD_3)$—	[1213, 1214]
	—$CD_2C(CD_3)(COOCH_3)$—	[1213, 1214]
	—$CD_2C(CD_3)(COOCD_3)$—	[1213, 1214]
Полиакрилонитрил	—$CH_2CD(CN)$—	[995, 1802]
	—$CD_2CD(CN)$—	[1684, 1802]
	—$CD_2CH(CN)$—	[1802]
Полистирол	—$CHDCH(C_6H_5)$—	[851]
	—$CD_2CH(C_6H_5)$—	[851]
	—$CHDCD(C_6H_5)$—	[851]
	—$CD_2CD(C_6H_5)$—	[1672]
	—$CH_2CH(C_6H_4D)$—	[1673]
	—$CH_2CH(C_6D_5)$—	[1309[
Полиэтилентерефталат	—$OCD_2CD_2OCO(C_6H_4)CO$—	[317, 984, 1155]
	—$OCH_2CH_2OCO(C_6D_4)CO$—	[317, 560, 984]
	—$OCD_2CD_2OCO(C_6D_4)CO$—	[317, 984]
Полиамид-6	—$(CO)CD_2(CH_2)_4(NH)$—	[1260]
	—$(CO)(CH_2)_4CD_2(NH)$—	[627]
Полиамид-66	—$(CONH)CD_2(CH_2)_4CD_2(NHCO)(CH_2)_4$—	[626]
	—$(CONH)(CH_2)_6(NHCO)CD_2CH_2CH_2CD_2$—	[626]
Полибутадиен	—$CH_2CD{=}CHCH_2$—	[534]
	—$CH_2CD{=}CDCH_2$—	[534]
	—$CD_2CD{=}CDCD_2$—	[534]
	—$CHDCH{=}CHCH_2$— (*цис* и *транс*)	[536]
	—$CD_2CH{=}CHCD_2$— (*цис* и *транс*)	[536]

Продолжение табл.

Полимер	Мономерное звено	Литература
Целлюлоза	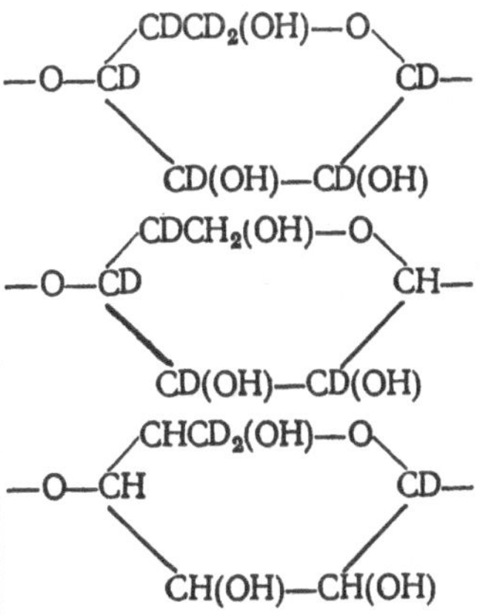	[300, 345]
Полиглицин	$—NDCH_2CO—$ $—NHCD_2CO—$ $—NDCD_2CO—$ $—^{15}NHCH_2CO—$	[1648]

териальную дейтерированную целлюлозу получали из культуры, которая находилась в тяжелой воде с примесью d_8-глицерина [299, 300]. В случае, если дейтерирован лишь один из компонентов системы вода — глицерин, получают целлюлозу, дейтерированную по водороду при различных углеродных атомах глюкозного цикла.

5.2.3. ИНТЕРПРЕТАЦИЯ ПОЛОС С ПОМОЩЬЮ СПЕКТРОВ ДЕЙТЕРИРОВАННЫХ ОБРАЗЦОВ

Сравнивая ИК-спектры дейтерированного и нормального полимеров, можно увидеть, в каких полосах проявляются колебания водородных атомов. В некоторых случаях это удается установить достаточно легко, например отнесение полосы при 725 $см^{-1}$ в спектре полиэтилена к маятниковым колебаниям метиленовой группы [1529] или определение различия между колебаниями СН-групп в кольце и в боковой цепи полистирола [852, 1309]. Однако часто приходят к выводу, что при дейтерировании почти все полосы претерпевают какое-нибудь изменение, поэтому надежный анализ спектров дает лишь метод дейтерирования в совокупности с нормально-координатным анализом. В [397, 931] проведен анализ спектров поливинилхлорида и его дейтерированных производных. В области валентных колебаний СН-группы проявляются пять полос: при 2970, 2935, 2913, 2856 и 2823 $см^{-1}$, а в области валентных колебаний CD-группы — только три полосы: при 2210,

2150 и 2110 $см^{-1}$. Полосу при 2970 $см^{-1}$, безусловно, можно отнести к CH-валентным колебаниям. Эта полоса отсутствует в спектре α-d_1-поливинилхлорида и проявляется в спектре β,β-d_2-поливинилхлорида при 2962 $см^{-1}$. Полосы при 2935 и 2913 $см^{-1}$ относятся к колебаниям $\nu_a(CH_2)$ и $\nu_s(CH_2)$. Полоса при 2856 $см^{-1}$ связана с аморфной фазой полимера. Полосу при 2823 $см^{-1}$ интерпретировали как колебание $\nu_s(CH_2)$. Согласно [931] частота таких колебаний очень низка.

При исследовании спектров полиакрилонитрила и его дейтерированных производных было обнаружено [995, 1684, 1862], что валентным колебаниям как CH-, так и CD-группы отвечают только три полосы: при 2950, 2930 и 2870 $см^{-1}$ и соответственно при 2180, 2170 и 2130 $см^{-1}$. Их можно отнести к колебаниям типа $\nu_a(CH_2)$, $\nu(CH)$ и $\nu_s(CH_2)$. Слабая полоса при 2180 $см^{-1}$, на которую не оказывает влияния дейтерирование, относится к обертоновому колебанию.

В ИК-спектре высокоупорядоченной бактериальной целлюлозы можно различить пять полос в области CH-валентных колебаний. Спектр дейтерированного полимера содержит в этой области лишь три полосы [345]. Большее число CH-полос связано с наличием взаимодействий в кристалле (см. табл. 6.52). Оказалось, что после разрушения кристаллической решетки в шаровой мельнице области колебаний $\nu(CH)$ и $\nu(CD)$ имеют сходную структуру спектра. В спектре целлюлозы между 400 и 1500 $см^{-1}$ наблюдаются изменения почти всех полос в результате дейтерирования. Проведение систематических исследований различных дейтерированных образцов целлюлозы, включая дейтерирование OH-групп, а также исследование дихроизма, позволяет интерпретировать большинство полос спектра.

5.2.4. ОПРЕДЕЛЕНИЕ ПРОНИЦАЕМОСТИ ПОЛИМЕРОВ МЕТОДОМ ДЕЙТЕРИРОВАНИЯ

Твердые полимеры, содержащие OH- или NH-группы, дейтерируются с помощью D_2O или другими дейтерийсодержащими веществами только в проницаемых областях. Упорядоченные кристаллические области или совсем непроницаемы, или проницаемы в меньшей степени, чем аморфные области. Следовательно, надмолекулярную структуру можно характеризовать через степень или скорость дейтерирования.

Подробнее всего методом дейтерирования исследована структура целлюлозы [12, 1061—1063, 1075, 1076, 1420]. В ряде работ изучали реакцию между целлюлозой и тяжелой водой. Особое внимание было уделено различиям, которые обнаруживаются после дейтерирования в газовой фазе или в жидкой D_2O. Когда обработку проводят парами D_2O, то в первые минуты наблюдается быстрое ослабление полосы гидроксильной группы при 3500 $см^{-1}$; затем ослабление замедляется. Одновременно при 2530 $см^{-1}$ появляется полоса дейтерокси-групп, образованных в ходе обменной реакции. Поглощение гидроксильных групп, остающихся после окончания обменной реакции, распределяется по нескольким полосам, которые можно отнести к OH-группам, связанным различным образом водородными связями и находящимися в непроницаемых кристаллических областях. Такая тонкая структура полосы гидроксильной группы очень различна для двух структурных модификаций целлюлозы (целлюлоза I и II), что позволяет хорошо разделять их в ИК-спектре [1076].

При использовании тяжелой воды удается достичь более полного и быстрого дейтерирования. Нельзя даже полностью выделить D_2O из дейтерированной целлюлозы с помощью обычной воды. После длительного действия H_2O остаются стойкие OD-группы, которые проявляются в ИК-спектре поглощением при 2500 $см^{-1}$, распадающимся на несколько отдельных полос. Это поглощение относится к явно упорядоченным дейтерированным областям. Наличие стойких OD-групп можно объяснить отчасти проникновением тяжелой воды в кристаллические области, а с другой стороны — рекристаллизацией, сопровождающей обработку тяжелой водой.

Коэффициенты экстинкции ν(OH)- и ν(OD)-полос не равны между собой. Водородные связи оказывают на них большое влияние, поэтому дейтерированную часть образца определяют методом, независимым от ИК-спектроскопии. Это может быть определение содержания дейтерия в воде, используемой при дейтерировании или повторном гидрировании. В этом случае анализ можно проводить по изменению плотности [476], с помощью интерференционных измерений [1062] и ИК-спектроскопии [343]. В работе [761] долю дейтерированного полимера рассчитывали по увеличению массы высушенного образца.

Применяя насыщенные растворы неорганических солей в D_2O, изменяют давление паров D_2O [760]. Автор этой работы проводил иногда дейтерирование при повышенной температуре, вплоть до 150 °C. Аморфные области полностью дейтерируются при температуре 25—150 °C и парциальном давлении пара 0,03—1,0. С увеличением температуры и давления пара скорость дейтерирования повышается. От этих параметров зависит также и размер дейтерированной кристаллической области. При повышении давления и температуры упорядоченные области становятся более доступными. С увеличением размеров дейтерированных кристаллических областей все лучше разрешаются полосы поглощения гидроксильных групп. Наблюдаемые явления объясняются разной степенью упорядоченности внутри кристаллических областей, в результате чего менее упорядоченные участки кристаллитов дейтерируются уже при пониженном давлении паров D_2O и более низкой температуре. Для изучения влияния обработки горячим паром на структуру вискозной целлюлозы проводили дейтерирование волокна при 100—210 °C [1302, 1303].

В [1329, 1385] целлюлозу дейтерировали растворами NaOD различной концентрации. Полный дейтерообмен происходит при концентрации 16,4%. При этом наблюдается замедление снижения интенсивности OH-полос вблизи 3500 и 3450 $см^{-1}$, принадлежащих недейтерированным областям и связанных с существованием внутримолекулярных водородных связей по сравнению с уменьшением интенсивности OH-полос при 3360 и 3200 $см^{-1}$. Авторы сделали вывод, что внутримолекулярные водородные связи более стабильны в отношении дейтерирования в растворе NaOD, чем межмоле-

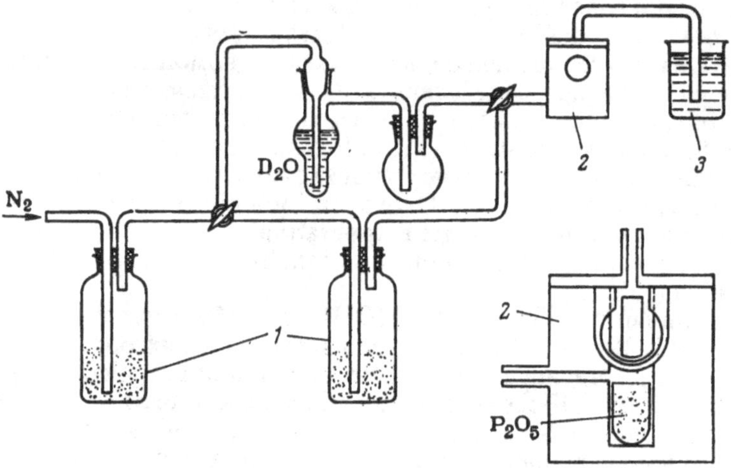

Рис. 5.4. Установка для проведения дейтерирования [342]:

1 — сосуды с P_2O_5 и стеклянным войлоком, *2* — кювета; *3* — сосуд с силиконовым маслом

кулярные водородные связи, хотя последние, судя по положению соответствующих полос, должны быть сильнее.

Дейтерирование и сушку исследуемых образцов следует проводить при полном отсутствии атмосферной влаги, поскольку иначе будет происходить очень быстрое обратное замещение OD на OH в легкодоступных областях. Целесообразно проводить дейтерирование в кювете спектрометра. В этом случае устраняется какое-либо манипулирование с дейтерированной пробой и одновременно появляется возможность наблюдать дейтерирование по возрастанию поглощения OD-групп.

На рис. 5.4 показана установка для проведения дейтерирования. Образец зажимают в тефлоновый патрон. Для ускорения высушивания образца после окончания дейтерирования в кювету помещают небольшой сосуд с P_2O_5. В качестве окошка кюветы используют пресс-заготовку из бромида калия, имеющую диаметр 20 мм. Хороший препарат KBr устойчив к воздействию парообразного P_2O_5 в течение достаточно долгого времени. При помутнении окошка после длительного использования его легко заменить. Так как кювета несколько нагревается в результате прохождения света, то затрудняется конденсация паров тяжелой воды на образце или на окне кюветы. При дейтерировании через тяжелую воду пропускают ток высушенного азота, который после прохождения через каплеуловитель направляется в кювету. На выходе системы устанавливают затвор из жидкости типа силиконового масла или ртути. Подобные установки описаны в [848, 1000, 1075, 1647].

На рис. 5.5 показан спектр целлюлозной пленки, полученной из вискозы, до и после дейтерирования. Для характеристики прони-

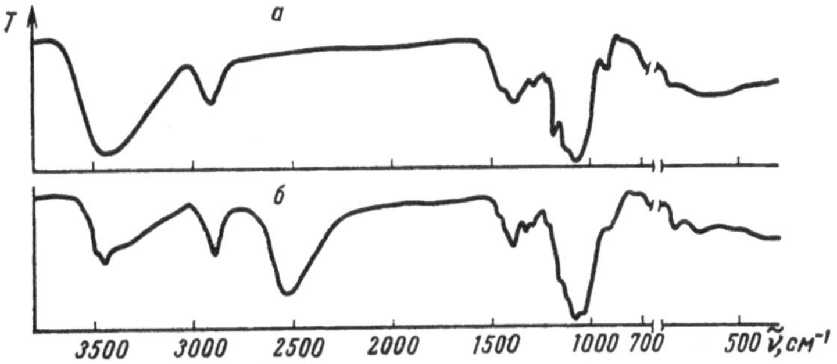

Рис. 5.5. ИК-спектры целлюлозной пленки из вискозы:
а — нормальный образец, *б* — образец, дейтерированный парами D_2O в течение 2 ч.

цаемости образца интерес в первую очередь представляют полосы ОН-группы, расположенные между 3000 и 3600 см$^{-1}$, и полосы дейтерокси-групп, расположенные в области 2440—2650 см$^{-1}$. Средняя и дальняя области ИК-спектра менее информативны, так как в них проявляются в основном взаимодействующие колебания, которые невозможно однозначно отнести ни к ОН-, ни к OD-группам.

Доступностью или проницаемостью *A* называют отношение концентрации замещенных ОН-групп к их общей концентрации в образце:

$$A = \frac{[OD]}{[OD] + [OH]} 100 \qquad (5.17)$$

Проницаемость можно определить из соотношения оптических плотностей полос при 3360 и 2540 см$^{-1}$ [1062]:

$$A = \frac{1}{1 + 1,11 D_{3360}/D_{2450}} 100 \qquad (5.18)$$

Константа 1,11 является отношением коэффициентов экстинкции при данных волновых числах. Для характеристики концентрации гидроксильных групп была выбрана полоса при 3360 см$^{-1}$, так как при этом волновом числе поглощение не зависит от возможной ориентации упорядоченных областей. На рис. 5.6 показана зависимость проницаемости вискозной пленки от времени ее дейтерирования. Уже через несколько минут дейтерируется подавляющее большинство доступных ОН-групп. Была определена проницаемость образцов целлюлозы, обработанных разными методами [1063]; исследовано [342] влияние условий коагуляции на проницаемость пленок целлюлозы, полученных из вискозных растворов. При промывании пленок тяжелой водой перед их первой сушкой образуются дейтерированные упорядоченные области, которые можно идентифицировать по расщеплению полосы поглощения дейтерокси-групп на отдельные компоненты (рис. 5.7). Полоса валентных колебаний этих групп имеет тонкую структуру, сходную с ана-

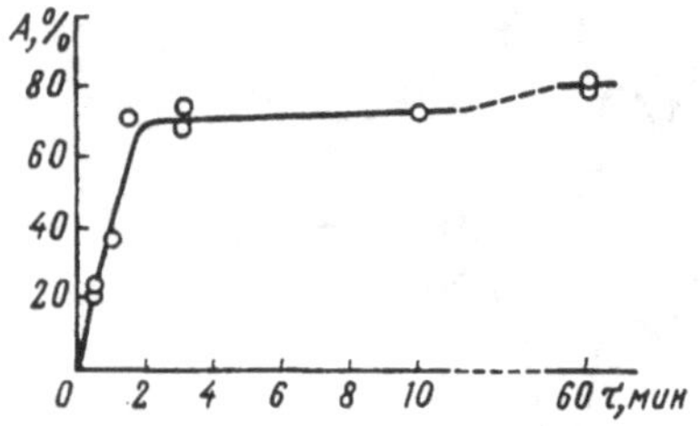

Рис. 5.6. Зависимость проницаемости целлюлозной пленки из вискозы (d=5 мкм) от времени дейтерирования.

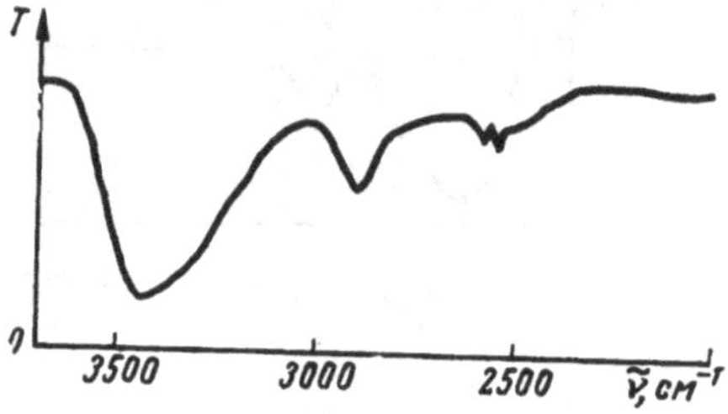

Рис. 5.7. ИК-спектр пленки целлюлозы, обработанной жидкой D_2O с последующим замещением групп OD на OH [342].

логической полосой в спектре образцов, полученных нормально и дейтерированных в жидкой тяжелой воде. Такой факт можно рассматривать как указание на то, что тонкая структура ν(OH)-полосы в спектре целлюлозы обусловлена наличием водородных связей, а не взаимодействием валентных колебаний с другими колебаниями.

С помощью дейтерирования был проведен анализ упорядоченных областей в трех очень сильно различающихся образцах регенерированных волокон целлюлозы [312]. Дейтерирование проводили парами D_2O в течение 5 ч при 20 °C и относительной влажности воздуха 75%. В этих условиях недейтерированная часть фортизана* и HWM-волокна** составляет около 40%, а у суперкордового шелка — около 25%. Если дейтерирование проведено глубже, то наблюдаются отчетливые изменения тонкой структуры ν(OH)-полосы, указывающие на то, что степень упорядоченности в фортизане значительно выше, чем в двух других типах целлюлозы. При гидролитической деструкции возрастает упорядоченность гидролизного остатка образца. На основе подобного рода исследований гидролизованных и этанолизованных образцов цел-

* Омыленная ацетатная нить. — (*Прим. перев.*)
** HWM-волокно — высокомодульное волокно. — (*Прим. перев.*)

люлозы были сделаны выводы о распределении областей с различной степенью упорядоченности [84].

При дейтерировании тяжелой водой нативной целлюлозы, взятой в основном в виде бактериальной целлюлозы, оказалось [342, 762, 1063, 1642], что ее проницаемость, составляющая 20—30%, значительно ниже, чем у вискозных пленок (70—80%). Помимо этого в бактериальной целлюлозе при дейтерировании ее пленок до первой сушки образуются более крупные области, содержащие OD-группы. Отсюда можно сделать вывод, что возникновение фибрилл в бактериальной целлюлозе не приводит к реализации максимально возможной степени упорядоченности и часть гидроксильных групп входит в кристаллическую область лишь после проведения сушки. Методики и результаты исследования дейтерированной нативной целлюлозы, взятой в виде пленок, изложены в работе [326].

Проницаемость образцов целлюлозы, которые нельзя получить в виде тонких пленок, определяется непосредственно по содержанию дейтерия в воде, используемой для повторного гидрирования дейтерированных образцов [343]. Для этого образец вначале дейтерируют, затем высушивают в вакууме. Ошибка спектроскопического определения концентрации OD-групп в воде составляет около 2% при концентрации этих групп 1%. Используя раствор едкого натра, повторно гидрируют области, которые возникли при длительном воздействии D_2O и которые не регидрировались водой. Помимо проницаемости образцов по отношению к тяжелой воде измеряли проницаемость по отношению к CH_3OH и C_2H_5OH. Были обнаружены характерные различия в структуре неупорядоченных областей разных типов целлюлозы [344].

После обработки тяжелой водой полимеров, содержащих амидные группы, в их спектрах появляется дублет вблизи 2480 и 2420 см$^{-1}$. Одновременно наблюдается ослабление ν(NH)-полосы (3300 см$^{-1}$), а также Ферми-резонансных полос при 3200 и 3080 см$^{-1}$. Дублетная структура ν(ND)-полосы объясняется резонансом Ферми (см. разд. 5.4). Относительная интенсивность обеих компонент дублета зависит от структуры полимера. Например, в спектре моноклинной модификации поликапроамида более высокую интенсивность имеет высокочастотная компонента, а в спектре гексагональной модификации, наоборот, низкочастотная (рис. 5.8). Спектроскопическое определение степени упорядоченности полимеров, содержащих амидные связи, затруднено по сравнению с целлюлозой тем, что структуры в областях, соответствующих колебаниям ν(NH) и ν(ND), различны. В полиамидах дейтерообмен протекает значительно медленнее, чем в целлюлозе из-за меньшей скорости диффузии воды. Продейтерировать полиамиды по амидным группам удалось при использовании DCl с последующей обработкой тяжелой водой [219] и при растворении полимера в дейтерированной муравьиной кислоте [1854].

Проведен расчет степени дейтерирования различных белков и

полиамидов-66, -6 и -11 по увеличению массы образцов [763]. Оказалось, что существует несоответствие между долей продейтерированных амино-групп и снижением оптической плотности полосы при 3300 $см^{-1}$, вызванного дейтерированием: оптическая плотность снижается в меньшей степени. Подобное различие понятно, если принять во внимание, что соотношение коэффициентов экстинкций максимумов полос для неупорядоченной и упорядоченной областей составляет около 1,5—2,0. Полоса колебания ν(NH), относящаяся к области, доступной для дейтерия, шире, чем полоса, которая относится к упорядоченной области и которая не изменяется после дейтерирования.

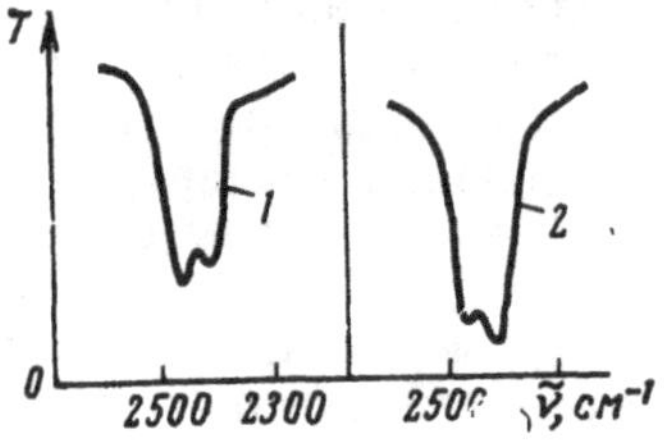

Рис. 5.8. Полосы колебания ν (ND) в спектре поликапроамида, обработанном парами D_2O 20 мин при 200 °С:

1 — пленка, выкристаллизованная из уксусной кислоты (моноклинная решетка); *2* — пленка, обработанная KI (гексагональная решетка).

В [764] изучали упорядоченное состояние расплавленных и закаленных полиамидных пленок. Проницаемость образцов (пары D_2O, 20 °С, 0,5 ч) зависит от температуры расплава и длительности пребывания системы в расплавленном состоянии. Оказывается, что молекулярная упорядоченность сохраняется в расплаве спустя еще 15—30 мин при температурах, превышающих температуру плавления даже на 60 °С. Этот факт проявляется в более низкой проницаемости закаленных образцов. Полиамидная пленка, прогретая 15 мин при 325 °С или 40 мин при 295 °С, дейтерируется почти полностью. Такая пленка кристаллизуется в кипящей воде значительно дольше, чем пленка, содержащая еще и упорядоченные структурные элементы.

Выдерживая поликапроамид в атмосфере горячих паров, исследовали процессы, происходящие при дейтерировании [898, 899]. Полимеризацией дейтерированного капролактама удается получить полимер, дейтерированный на 97%, в то время как поликапроамид дейтерируется тяжелой водой при 150 °С в течение 45 мин на 95%. ИК-спектры обоих образцов заметно различаются в структурно чувствительной области между 1300 и 600 $см^{-1}$. Если обработку горячим паром повторить несколько раз, меняя при этом попеременно обычную и тяжелую воду, то степень кристалличности повышается прежде всего после первой обработки, при последующих обработках доля неупорядоченной фазы практически не изменяется. При последующей обработке происходит попеременный обмен атомов водорода и дейтерия в аморфных областях.

В работе [900] исследовали поликапроамид, дейтерированный парами тяжелой воды при 25—150 °С. Дифференцированием кривых проницаемость — температура был получен спектр, характеризующий упорядоченность поликапроамида. Из полученной кривой распределения следует, что при горячей сушке образца области со средней или низкой упорядоченностью уменьшаются, а области с высокой упорядоченностью и кристаллические образования увеличиваются. При обработке паром уменьшаются области среднего порядка* и возрастают размеры аморфных и кристаллических областей.

Сообщается о применении дейтерообмена для анализа структуры белков [846]. Ранее были определены константы скорости обменных реакций и степени дейтерирования некоторых белков по полосам комбинационного тона, лежащем в ближней ИК-области (4590 и 4870 $см^{-1}$) [460, 461]. Оказалось, что в α-кератине при 30 °C обменивается около 30% подвижных водородных атомов. Эта величина не возрастает и после очень длительного дейтерирования. Однако с ростом температуры или величины pD она повышается. Для многих белков не удается объяснить частичное дейтерирование непроницаемостью кристаллитов для воды, так как кристаллиты связывают воду с образованием гидратов. В этом случае непроницаемость связана со стереохимической структурой полипептидной цепи.

5.3. ИССЛЕДОВАНИЯ ИК-ДИХРОИЗМА

5.3.1. ВВЕДЕНИЕ

При поляризации падающего на образец излучения появляется еще один параметр, который наряду с частотой, интенсивностью и формой характеризует полосы поглощения. Эта характеристика может быть использована для анализа структуры вещества с помощью ИК-спектроскопии.

Энергия, которую поглощает изолированная молекула, пропорциональна квадрату скалярного произведения производной дипольного момента по нормальной координате q (переходный момент $\partial\vec{\mu}/\partial q$) на электрический вектор $\vec{E}$:

$$e \sim \left(\frac{\partial\vec{\mu}}{\partial q}\vec{E}\right)^2 \qquad (5.19)$$

Поглощение становится максимальным, когда электрический вектор параллелен переходному моменту, и оно не имеет места, когда оба вектора взаимно перпендикулярны. Общую интенсивность получаем, проводя суммирование по всем молекулам образца:

$$E = K\int_n \left(\frac{\partial\vec{\mu}}{\partial q}\vec{E}\right)_n^2 dn \qquad (5.20)$$

Интенсивность не зависит от поляризации падающего света при изотропном распределении направлений переходного момента. Анизотропное распределение приводит почти во всех случаях к появ-

* Термин «области среднего порядка» не имеет отчетливого физического смысла — (*Прим. ред.*)

лению одной или нескольких осей симметрии. Если свет падает перпендикулярно направлению преимущественной ориентации, то в зависимости от того, поляризован ли он параллельно или перпендикулярно этому направлению, данная полоса спектра характеризуется двумя различными интенсивностями.

Соотношение

$$R = D_{\pi}/D_{\sigma} \tag{5.21}$$

называется дихроичным отношением. Строго говоря, в формулу (5.21) должны входить величины интегрального поглощения

$$R_0 = \int_0^{\infty} D_{\pi}(\nu)\, d\nu \Big/ \int_0^{\infty} D_{\sigma}(\nu)\, d\nu \tag{5.21a}$$

но так как обе компоненты полосы, и параллельная и перпендикулярная, имеют одинаковую структуру и полуширину*, достаточно учитывать лишь поглощение в максимуме.

При экспериментальном определении D_{π} и D_{σ} возможны ошибки, вызванные неполной поляризацией света, перекрыванием полос и сходимостью пучка. В данном разделе будем исходить из предположения, что дихроичное отношение всегда можно измерить с требуемой точностью.

Можно выделить три задачи при ИК-спектроскопическом исследовании дихроизма в полимерах. Во-первых, измерения дихроизма необходимы для отнесения полос спектра к типам симметрии; в симметричных молекулах или группах молекул переходные моменты направлены параллельно или перпендикулярно элементам симметрии молекулы**. Во-вторых, дихроичное отношение дает информацию о геометрической или химической структуре молекулы и позволяет тем самым определить угол между химической группой или, точнее, переходным моментом ее колебания и другими группами или осью молекулярной цепи. В-третьих, зная положение дипольного момента относительно элементов цепи или кристаллографических осей, можно определить ориентацию молекул и кристаллитов в растянутых волокнах и пленках.

Исследования дихроизма в полимерах были начаты и развиты в работах [16, 19, 382, 384]. Разработаны необходимые поляризаторы и проведено определение ориентации полипептидов и полиамидов. Описаны методы количественной интерпретации полученных данных по дихроизму в частично ориентированных полимерах [93, 457, 462]. Исследована количественная связь между ориенти-

---

* Это справедливо лишь для индивидуальных полос в спектрах поглощения. Для существенно перекрывающихся полос это правило может не соблюдаться. — (*Прим. ред.*).

** Для изолированных макромолекул, имеющих спиральную конформацию, ось спирали принято считать элементом симметрии, относительно которого определяют D_{π} и D_{σ}. Кристалл полимера может иметь два различных значения D_{σ} и D_{σ} вследствие неэквивалентности в нем σ-направлений. — (*Прим. ред.*).

рованием молекул и оптической анизотропией полимеров [1393, 1611, 1612, 1614, 1616]. При этом в основном исходили из ориентации и оптической анизотропии аморфных областей полимера.

5.3.2. СВЯЗЬ ОРИЕНТАЦИИ С ДИХРОИЗМОМ

Ориентацию образца можно описать с помощью функции распределения $a(\varphi, \gamma)$, которая характеризует плотность переходных моментов, находящихся в сегменте единичной сферы, ограниченном углами φ, $\varphi+d\varphi$, γ, $\gamma+d\gamma$ (рис. 59). Ось z — главная ось ори-

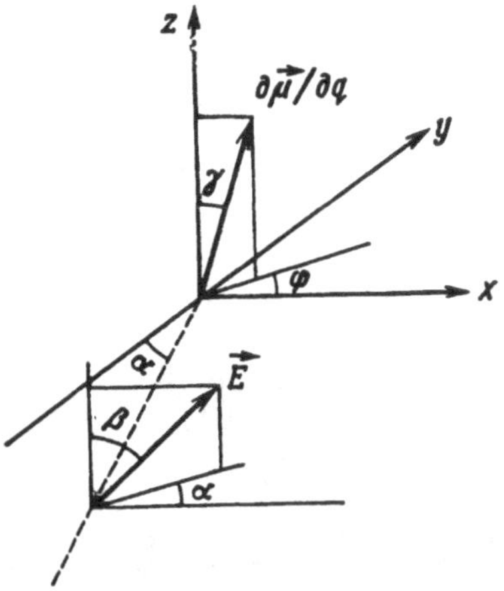

Рис. 5.9. Координаты переходного момента $\overrightarrow{\partial\mu/\partial q}$ и электрического вектора $\overleftarrow{E}$.
z — направление вытяжки образца; xy — плоскость падения светового луча.

ентации, определяемая направлением вальцевания или вытягивания образца. Свет падает на поверхность xy, расположенную перпендикулярно к оси z. Плоскость поляризации электрического вектора образует с осью z угол β. В этом случае оптическая плотность согласно уравнению (5.20) равна

$$D(\beta, \alpha) = K \int_{\gamma=0}^{\pi} \int_{=0}^{2\pi} a(\varphi, \gamma) \sin\gamma \left(\frac{\partial\vec{\mu}}{\partial q} \vec{E} \right) d\varphi d\gamma \qquad (5.22)$$

Для упрощения предположим, что $\overrightarrow{d\mu/dq}$ и $\vec{E}$ являются единичными векторами. Тогда

$$\left(\frac{\partial\vec{\mu}}{\partial q} \vec{E} \right) = \sin^2\gamma\cos^2\varphi\sin^2\beta\cos^2\alpha + \sin^2\gamma\sin^2\varphi\sin^2\beta\sin^2\alpha + \cos^2\gamma\cos^2\beta +$$

$$+ 2(\sin^2\gamma\sin\varphi\cos\varphi\sin^2\beta\sin\alpha\cos\alpha + \sin\gamma\cos\gamma\cos\varphi\sin\beta\cos\beta\cos\alpha +$$

$$+ \sin\gamma\cos\gamma\sin\varphi\sin\beta\cos\beta\sin\alpha) \qquad (5.23)$$

Для света, поляризованного параллельно осям координат *x, y*, и *z*, получаем соответственно:

$$D_x = D(90°, 0°) = K \int_{\gamma=0}^{\pi} \int_{\varphi=0}^{2\pi} a(\varphi, \gamma) \sin^3\gamma \cos^2\varphi d\varphi d\gamma \tag{5.24}$$

$$D_y = D(90°, 90°) = K \int_{\gamma=0}^{\pi} \int_{\varphi=0}^{2\pi} a(\varphi, \gamma) \sin^3\gamma \sin^2\varphi d\varphi d\gamma \tag{5.25}$$

$$D_z = D(0°, \alpha) = K \int_{\gamma=0}^{\pi} \int_{\varphi=0}^{2\pi} a(\varphi, \gamma) \sin\gamma \cos^2\gamma d\varphi d\gamma \tag{5.26}$$

Подставляя (5.23) в (5.22) и учитывая соотношения (5.24)—(5.26), получаем

$$D(\beta, \alpha) = D_x \sin^2\beta \cos^2\alpha + D_y \sin^2\beta \sin^2\alpha + D_z \cos^2\beta + A \tag{5.27}$$

где A — интегралы вида:

$$\int_{\gamma=0}^{\pi} \int_{\varphi=0}^{2\pi} a(\varphi, \gamma) f(\beta, \alpha) \sin^2\gamma \sin\varphi \cos\varphi d\varphi d\gamma \tag{5.28}$$

или

$$\int_{\gamma=0}^{\pi} \int_{\varphi=0}^{2\pi} a(\varphi, \gamma) f(\beta, \alpha) \sin\gamma \cos\gamma \sin\varphi d\varphi d\gamma$$

Они равны нулю, если функция $a(\varphi, \gamma)$ четная при $\varphi \equiv 0, \pi/2, \pi$ и $^3/_2\pi$ или $\varphi \equiv 0$ и π, $\gamma = 0$ и $\pi/2$ или $\varphi = \pi/2$ и $^3/_2\pi$, $\gamma = 0$ и $\pi/2$. Это означает, что по меньшей мере две из трех поверхностей *xy, xz* и *yz* являются плоскостями симметрии для функции распределения $a(\varphi, \gamma)$. Поскольку в процессе поглощения любой переходный момент эквивалентен противоположно направленному, то имеется центр инверсии, благодаря чему возникают и другие элементы симметрии (см. [1894]). Процессы ориентации, возможные на практике, всегда выражаются функциями распределения, которые проявляют указанные свойства симметрии.

При равенстве нулю перекрестных членов A уравнения (5.27) получается уравнение эллипсоида, главные оси которого $\sqrt{D_x}$, $\sqrt{D_y}$, $\sqrt{D_z}$. Этих трех параметров достаточно для полного описания ИК-дихроизма в полимере.

Для изотропного образца функция $a(\varphi, \gamma)$ постоянна и значение ее определяется из условия нормировки:

$$\int_{\gamma=0}^{\pi} \int_{\varphi=0}^{2\pi} a(\varphi, \gamma) \sin\gamma d\varphi d\gamma = 1 \tag{5.29}$$

$$a(\varphi, \gamma)_{\text{изотроп}} = a_0 = \frac{1}{4\pi} \tag{5.30}$$

Таким образом, из уравнений (5.24)—(5.26) получаем выражение для оптической плотности изотропного образца, не зависящей от поляризации света:

$$D_{изотроп} = \frac{1}{3} K \qquad (5.31)$$

Для ориентированного образца при учете тех же соотношений (5.24)—(5.26) и условия (5.29) получаем:

$$D_x + D_y + D_z = K \qquad (5.32)$$

Подставляя это соотношение в формулу (5.31), находим выражение для оптической плотности изотропного образца, эквивалентного ориентированному образцу:

$$D = \frac{1}{3} (D_x + D_y + D_z) \qquad (5.33)$$

Это соотношение справедливо для тех случаев, когда сравнивают образцы с различной ориентацией. При одноосной ориентации выражение для D приобретает вид:

$$D = \frac{1}{3} (D_\pi + 2D_\sigma) \qquad (5.34)$$

Обычно главные оси эллипсоида расположены параллельно или перпендикулярно к внешним поверхностям образца. Рассмотрим пленку, поверхность которой лежит в плоскости xz (см. рис. 5.9). Если перпендикулярно к ней падает свет, то легко определить D_x и D_z. Для определения D_y имеется несколько возможностей. Например, в ИК-микроскопе можно исследовать срезы пленки, параллельные осям z или x. Однако получение и анализ таких образцов очень трудоемки. В работе [1671] исследовали таким способом двуосно ориентированные пленки поливинилового спирта. Как было показано различными авторами [867, 1478, 1853], работа упрощается, если пленки при регистрации спектра располагать под углом к направлению пучка света.

При $\beta = 90°$ из уравнения (5.27) получаем:

$$D(\alpha) = D_x \cos^2 \alpha + D_y \sin^2 \alpha \qquad (5.35)$$

где α — угол между осью y и направлением светового потока внутри образца.

Угол α связан с экспериментальным углом наклона α' и показателем преломления пробы n соотношением:

$$\sin \alpha = \sin \alpha' / n \qquad (5.36)$$

При наклоне пленок под некоторым углом к пучку имеют место большие потери света в результате отражения. Их можно избежать, помещая образцы между двумя прозрачными для ИК-излучения полушариями или наискось сошлифованными пластинами. Еще одним методом, с помощью которого можно определить интенсивности компонент во всех трех направлениях, является метод НПВО* [439]. Описан метод определения ориентации полиме-

* Методом НПВО трудно получить количественные данные. — *(Прим. ред.)*

ров, основанный на анализе образцов в неполяризованном свете [882].

5.3.3. МОДЕЛИ ОРИЕНТАЦИИ

Выше указывалось о невозможности однозначного вывода функции распределения из данных по измерению дихроизма. Поэтому поступают таким образом. Вначале задаются моделью для функции распределения и рассчитывают связь параметров этой модели с дихроизмом. Ориентация полимера характеризуется этими параметрами.

В простейшей модели все переходные моменты образуют с направлением вытяжки z один и тот же угол γ_0 и статистически распределены вокруг оси z. Используя уравнения (5.26) и (5.29), получаем:

$$D_\pi = K\cos^2\gamma_0 \iint a(\gamma)\sin\gamma d\varphi d\gamma = K\cos^2\gamma_0 \qquad (5.37)$$

и из уравнения (5.24)

$$D_\sigma = K\sin^2\gamma_0 \int_0^\pi a(\gamma)\sin\gamma d\gamma \int_0^{2\pi} \cos^2\varphi d\varphi = \frac{1}{2}K\sin^2\gamma_0 \qquad (5.38)$$

Дихроичное отношение выразится тогда формулой:

$$R_0 = D_\pi/D_\sigma = 2\,\mathrm{ctg}^2\gamma_0 \qquad (5.39)$$

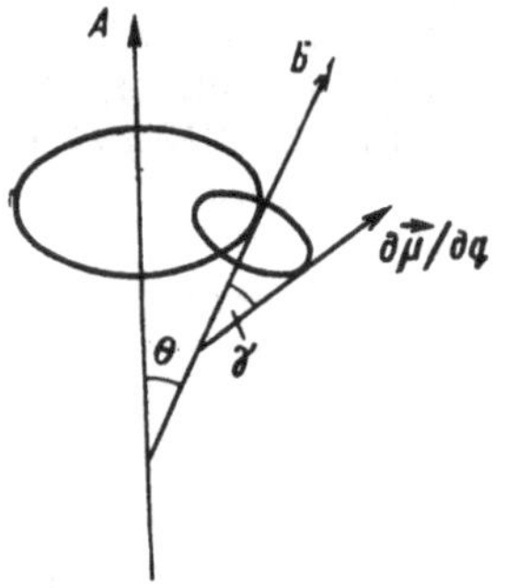

Рис. 5.10. Распределение переходных моментов в модели ориентированного полимера [457].

А — направление вытяжки; *Б* — ось полимерной цепи.

Для этой модели получаем параллельный дихроизм ($R_0=1$) для $\gamma_0<54°44'$ и перпендикулярный дихроизм ($R_0<1$) для $\gamma_0>54°44'$. Для другой модели, у которой все сегменты цепи образуют с направлением вытяжки угол θ, а переходные моменты распределены равномерно вокруг оси цепи, образуя с ней угол γ (рис. 5.10), дихроичное отношение имеет следующий вид [457]:

$$R(\theta,\gamma) = \frac{2\,\mathrm{ctg}^2\gamma\cos^2\theta + \sin^2\theta}{\mathrm{ctg}^2\gamma\sin^2\theta + \frac{1}{2}(1+\cos^2\theta)} \qquad (5.40)$$

В модели, исследованной Фрэзером [457, 458, 462], предполагается, что часть f полимера полностью одноосно ориентирована, а остальная часть $(1-f)$ полностью неориентирована. Для такого полимера дихроичное отношение выражается соотношением:

$$R = \frac{f\cos^2\gamma_0 + \frac{1}{3}(1-f)}{\frac{1}{2}f\sin^2\gamma_0 + \frac{1}{3}(1-f)} \qquad (5.41)$$

или

$$R = \frac{1 + \frac{1}{3}(R_0 - 1)(1 + 2f)}{1 + \frac{1}{3}(R_0 - 1)(1 - f)} \qquad (5.42)$$

где γ_0 — угол между направлением переходного момента и осью цепи; R_0 — дихроичное отношение полностью ориентированной доли полимера f.

Обычно f и R_0 неизвестны. Эти величины нельзя рассчитать из уравнений (5.41) и (5.42), однако, решая уравнения (5.42) относительно f, можно определить область возможных значений R_0 [463]:

$$f = \frac{R-1}{R_0-1} \cdot \frac{R_0+2}{R+2} \qquad (5.43)$$

Если о переходных моментах двух полос известно, что они расположены перпендикулярно относительно друг друга, тогда γ_0 и f можно определить однозначно [927].

В работе [93] проведен анализ условий, которым должна удовлетворять функция распределения, с тем, чтобы ее можно было заменить моделью, предложенной Фрэзером. Эти условия всегда выполняются при одноосном ориентировании образца. Следовательно, если параметр ориентации f определен для одной полосы, то он может быть использован для определения направления переходных моментов других колебаний.

Предложена модель, согласно которой сегменты цепи распределены равномерно вокруг оси цепи внутри конуса [1450]. При этом в качестве параметра ориентации используют угол раскрытия конуса. В [1739] предполагают эллиптическое распределение сегментов цепи и рассчитывают дихроичное отношение в зависимости от отношения осей эллипса. Другие модели, включая и планарную ориентацию, обсуждаются в [61, 462, 1894].

В качестве параметра ориентации при исследовании дихроизма [1611, 1612] использовали средний квадрат косинуса направлений. Для одноосно ориентированного образца этот параметр вычисляется так [1770]:

$$\langle \cos^2\gamma \rangle = \frac{\int_0^\pi a(\gamma)\cos^2\gamma \sin\gamma d\gamma}{\int_0^\pi a(\gamma)\sin\gamma d\gamma} \qquad (5.44)$$

Было показано [653, 654], что функция распределения, включающая это среднее значение:

$$f_\gamma = \frac{1}{2}(3\langle \cos^2\gamma \rangle - 1) \qquad (5.45)$$

простым способом связана с двулучепреломлением волокон. Эта функция идентична параметру ориентации [см. уравнение (5.41)], введенному Фрэзером. Но в то же время она не связана с определенной моделью или определенным распределением ориентаций.

В тех случаях, когда известно дихроичное отношение R_0 полностью ориентированного образца, можно рассчитать f_γ по уравнению (5.43). В кристаллических полимерах функцию распределения ориентаций кристаллических осей можно определить рентгенографически. В принципе, возможно, комбинируя оба метода, определить ориентацию в аморфной области, исследуя дихроизм одной полосы, которая относится как к кристаллической, так и к аморфной области [1393, 1611].

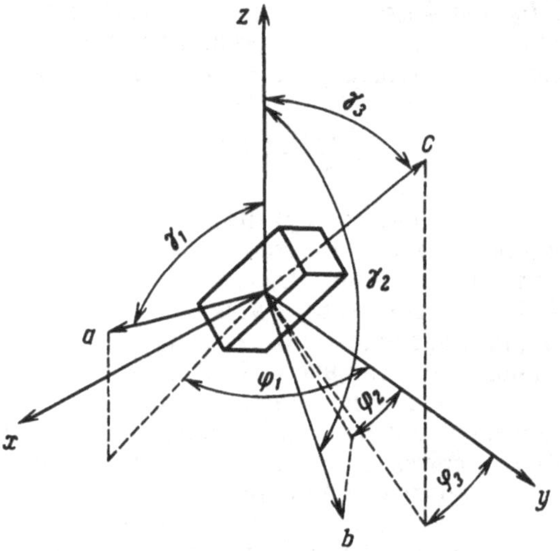

Рис. 5.11. Угол, характеризующий положение кристаллита или сегмента цепи в двуосно ориентированном полимере [1611].

Для описания двухосной (планарной) ориентации была введена [1612] функция распределения, описывающая ориентацию кристаллитов или сегментов цепи относительно поверхности пленки (рис. 5.11):

$$f_\varphi = 2 \langle \cos^2 \varphi \rangle - 1 \tag{5.46}$$

Общую ориентацию образца можно описать тремя функциями типа (5.45) и тремя функциями типа (5.46). Но из этих шести функций лишь четыре являются независимыми друг от друга [1614]. Еще одна функция распределения нужна для описания положения боковой группы, так как эта группа может вращаться вокруг одинарной связи, которой она связана с сегментом цепи. Пример такой группы — бензольное кольцо в полистироле. В работе [1615] обсуждается возможность экспериментального определения всех указанных функций. Теория ИК-дихроизма для аморфных полимеров изложена в [80].

5.3.4. НАПРАВЛЕНИЕ ПЕРЕХОДНОГО МОМЕНТА

В предыдущем разделе рассматривалась связь между направлением переходного момента и дихроизмом. Однако не всегда направление переходного момента простым образом зависит от направления связи в химических группах [25]. Так, в симметричных молекулах переходные моменты направлены параллельно или перпендикулярно к элементам симметрии. Это касается также и химических групп, колебания которых можно рассматривать независимо от концов молекул в силу очень слабого взаимодействия. В качестве примера можно указать симметричное и антисимметричное валентное колебание CH_2-группы. Однако именно для этих колебаний и для валентных колебаний XH-групп часто обнаруживается меньший дихроизм, чем можно ожидать из степени ориентации. Было показано [1894], что подобное несоответствие частично можно объяснить одновременным участием CH_2-групп в веерных колебаниях, происходящих перпендикулярно к направлению ориентации. Поскольку частота валентных колебаний выше частоты веерных, то не происходит никакого усреднения по различным положениям переходного момента. Если атом водорода участвует в водородной связи, то направление переходного момента может значительно отклоняться от направления XH-связи.

В спиральных молекулах происходит поляризация ИК-активных колебаний типов симметрии A и E_1 соответственно параллельно и перпендикулярно к оси спирали. Для всех полос типа A дихроичное отношение согласно [940] составляет:

$$R^A = \frac{\int_0^{\pi/2} (\gamma) \cos^2\gamma \sin\gamma d\gamma}{\frac{1}{2}\int_0^{\pi/2} a(\gamma)\sin^3\gamma d\gamma} \quad (5.47)$$

а для колебаний типа E_1 оно равно:

$$R^{E_1} = \frac{\int_0^{\pi/2} a(\gamma)\sin^3\gamma d\gamma}{\int_0^{\pi/2} a(\gamma)(1+\cos^2\gamma)\sin\gamma d\gamma} \quad (5.48)$$

где $a(\gamma)$ — функция распределения сегментов спирали относительно направления вытяжки образца.

Дихроичные отношения R^A и R^{E_1} наблюдаются лишь тогда, когда A- и E_1-компоненты расщепляются. Обычно наблюдают более слабый дихроизм из-за частичного перекрывания полос A и E_1.

В настоящее время имеется мало данных о направлении переходных моментов в несимметричных группах и молекулах. Это связано с такой принципиальной трудностью, как необходимость определить точное положение химической группы. Проведены исследования на кристаллах, в которых рентгенографически определяли положение атомов. Однако полученные данные нельзя перенести на другие системы, так как в кристаллах результирующие переходные моменты связаны с межмолекулярными взаимодействиями. Направления переходного момента изолированной химической группы зависят как от смещений отдельных атомов, связанных с их колебанием, так и от электронной структуры связи.

Большой интерес исследователей вызвали переходные моменты колебаний амидной группы —CONH, поскольку это давало ключ к определению структуры белков. Было обнаружено, что за отклонение переходного момента, соответствующего полосе Амид I (1650 $см^{-1}$), относительно направления связи C=O ответственны два эффекта [456, 1365]. В силу резонансной структуры O⋯C⋯N группу OCN можно рассматривать как изогнутую трехатомную молекулу, а полосу Амид I — как проявление антисимметричного валентного колебания этой группы. Направление переходного момента лежит между направлениями связей C=O и C—N. К такому же выводу пришли при рассмотрении шестиатомной модели амидной группы [258]. Второй эффект состоит в том, что при колебании молекулы изменяется распределение электронов резонансной структуры. Совместное действие обоих эффектов (механического и электронного) приводит к смещению направления переходного момента приблизительно на 20° относительно направления связи C=O. Сходное значение угла смещения было получено и при измерении дихроизма в ацетанилиде [1]. Направление переходного момента колебания, соответствующего полосе Амид II, лежащей при 1550 $см^{-1}$, нельзя четко объяснить, так как эта частота связана с резонансным расщеплением симметричного валентного колебания группы OCN и деформационных колебаний группы NH. Было найдено [1449], что в кристаллическом диацетилгексаметилендиамине валентные колебания группы NH, а также колебания, соответствующие полосам Амид I и Амид II, лежат в плоскости амидной группы и составляют с направлением связи C=O, углы соответственно 8, 17 и 77°.

Направление валентного колебания связи C=O сложноэфирной группы было приблизительно оценено в 9 и 19° при исследовании алифатических сложных полиэфиров [174]. Авторы отдали предпочтение большему значению, исходя из аналогии с данными для амидной группы. Однако было высказано предположение [1766], что в силу незначительного взаимодействия колебания ν (C=O) сложного эфира с другими колебаниями переходный момент приблизительно параллелен направлению связи С=О. Переходный момент антисимметричного валентного колебания СОС-группы, проявляющегося для алифатических сложных полиэфиров при 1170 $см^{-1}$, повернут на 90° относительно связи С=О [174, 1766].

5.3.5. ОРИЕНТИРОВАНИЕ ПОЛИМЕРОВ

5.3.5.1. Функции распределения, выведенные на основании механизма деформации

В разд. 5.3.3. были рассмотрены некоторые модели функции распределения $a(\varphi,\gamma)$. Функции распределения для реальных полимеров зависят от типа полимера и от условий вытяжки (температура, скорость растяжения и предварительная обработка). Обычно кристаллические и аморфные области имеют различную ориентацию. Ориентирование на разных стадиях вытяжки может развиваться по различным направлениям. Подобные явления особенно распространены, когда ориентирование сопровождается морфологическими изменениями [340]. Математическое описание процесса ориентации возможно при упрощающих предположениях.

Простейшим примером является представление об афинной деформации гомогенной среды, в которую помещены ориентирующиеся элементы в виде стержней [916]. Пусть в начальном состоянии (степень вытяжки $v=1$) имеем изотропное распределение направлений осей стержней. Тогда после растяжения v функцию распределения направлений осей можно записать так:

$$a(\gamma) = \text{const}\,\frac{v^3}{[1+(v^3-1)\sin^2\gamma]^{3/2}} \tag{5.49}$$

Аналогичное уравнение было получено и в работе [943]. В некоторых случаях удается получить хорошее совпадение между теоретически и экспериментально определенными ориентациями, например при растяжении сухих целлюлозных нитей. Отклонение от теоретически рассчитанных значений может дать информацию о морфологии полимера [1634]. В работах [462, 463, 1894] функцию распределения, полученную Кратки [916], сравнивали с приведенными выше параметрами ориентации, которые можно определить по данным измерения дихроизма ИК-спектроскопическим методом.

Другая модель деформации была предложена при исследовании эластичности каучука [943, 1757]. Эта модель лучше отвечает условиям, имеющим место в некристаллических полимерах. В основу этой модели положена цепочечная молекула, состоящая из Z одинаковых сегментов. Распределение углов, под которыми сегменты располагаются относительно вектора $\vec{h}$, связывающего концы цепей, задается следующим уравнением:

$$dZ_{\upsilon\varphi} = \frac{Z\beta}{\operatorname{sh}\beta}\, e^{-\beta\cos\upsilon}\,\frac{1}{2}\sin\upsilon\, d\upsilon\,\frac{d\varphi}{2\pi} \tag{5.50}$$

где $\beta=L^{-1}[h/(Za)]$ — вытекает из обратной функции Ланжевена; ϑ — угол между $\vec{h}$ и осью сегмента.

Используя уравнение (5.50), можно рассчитать дихроизм отдельной цепи, а с помощью функции распределения расстояний между концами цепи относительно направления растяжения можно определить дихроизм полос ориентированного полимера. Эта функция распределения была рассчитана [943] при предположении об афинной деформации макромолекулярной сетки при ее растяжении. Подобный метод был применен для ИК-спектроскопических исследований дихроизма [1077, 1770].

5.3.5.2. Некоторые особенности спектров ориентированных полимеров

Кристаллическим областям полимеров чаще приписывают форму тонких листочков, чем стерженьков. Это предполагалось и при выводе уравнения (5.49). При ориентировании чешуйчатоподобных кристаллитов, проходящем без затруднений, плоскость чешуйки поворачивается в направлении вытяжки быстрее, чем продольная ось кристаллита. Подобный эффект особенно четко проявляется при двуосной вытяжке пленки во взаимно перпендикулярных направлениях. При этом чешуйки располагаются параллельно поверхности пленки. При одновременном растяжении в двух взаимно перпендикулярных плоскостях кристаллиты лежат в плоскости пленки и оси кристаллитов располагаются в ней статистически [869]. Факт наличия чешуек может отчетливо проявиться при одноосной вытяжке пленки, так как снижение ее толщины при вытяжке часто значительно больше, чем боковое сжатие пленки, а это эквивалентно частичной вытяжке в направлении, перпендикулярном к направлению большей вытяжки. Наличием чешуек объясняется также инверсия дихроизма*, происходящая в ряде случаев [1716]. При этом у определенных полос при сильном растяжении полимера наблюдается перпендикулярный дихроизм, а при слабой вытяжке — параллельный дихроизм (см. разд. 4.2.5).

Исследовали влияние отжига полимеров на дихроичное отношение [1268, 1795]. Было показано, что в поливинилацетате дихроизм полосы при 1370 $см^{-1}$ сильно снижается при отжиге выше 30°C (рис. 5.12*а*). Такое значение температуры хорошо согласуется с температурой стеклования, определенной другими методами. При этой температуре цепи становятся подвижными, так что возможна их дезориентация. В поливиниловом спирте снижение дихроизма наблюдается при 86 °C, что также соответствует температуре стеклования. Пленки при отжиге не закреплялись. При отжиге поликапроамида при температуре выше 90 °C обнаружили, что дихроизм полосы при 930 $см^{-1}$ вначале возрастает. Такой эффект обусловлен дополнительным ориентированием кристаллитов в резуль-

* Для проявления инверсии дихроизма не обязательно наличие чешуек. Достаточным условием является существенная неэквивалентность размеров кристаллического агрегата полимера в двух взаимно перпендикулярных направлениях. — *(Прим. ред.)*

тате протекания релаксационных процессов в некристаллических областях, расположенных между кристаллитами. При 180 °С дихроизм полосы сильно падает (рис. 5.12*б*). При изучении молекулярного механизма реологических процессов в полимерах [1704] проводили одновременно исследования напряжения, возникающего в пленках полихлоропрена, и ИК-дихроизма полос их спектра.

Было установлено [414], что поливинилиденхлорид, привитый к ориентированным пленкам полипропилена под действием β-излучения, также ориентирован.

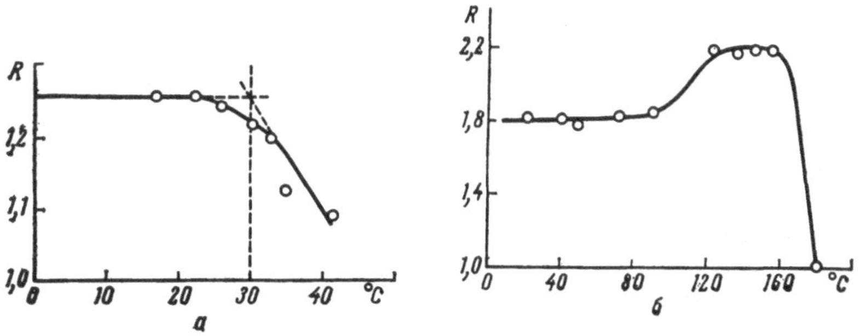

Рис. 5.12. Температурная зависимость дихроизма спектральных полос:
а — полоса при 1370 см⁻¹ в спектре поливинилацетата [1268]; *б* — полоса при 930 см⁻¹ в спектре поликапроамида [1795].

В заключение следует отметить, что ИК-дихроизм наблюдали также в растворах полимеров, где молекулы ориентировали приложением сдвиговых нагрузок [126—128] или действием сильного электрического поля [1591].

5.4. ИЗУЧЕНИЕ ВОДОРОДНЫХ СВЯЗЕЙ

Водородные связи стоят обособленно в ряду межмолекулярных сил, играющих важную роль в свойствах твердых полимеров. Энергия водородной связи (5—10 ккал/моль) значительно превышает энергию ван-дер-ваальсовых межмолекулярных сил (менее 1 ккал/моль). Водородная связь образуется между XH-группой, являющейся донором протонов, и атомом Y, выступающим в роли их акцептора. Поскольку водородные связи характеризуются заметной направленностью и обладают способностью к насыщению, их рассматривают как побочную валентность атома водорода и изображают так:

$$R'XH\cdots YR''$$

ИК-спектроскопия является наиболее важным методом исследования водородных связей. Первые работы в этой области появились в середине 30-х годов [450, 472, 664]. С того времени накоплен большой экспериментальный материал и сделаны попытки теоретического анализа водородных связей [580, 581, 892, 1021, 1022, 1342, 1589]. Однако до сих пор не удалось создать удовлетворительную теорию, которая бы правильно отражала все явления как качественные, так и количественные.

Водородные связи чаще всего можно рассматривать как силы электростатического притяжения, проявляющиеся при диполь-дипольном взаимодействии, в котором непосредственное участие принимают XH-группа и электроны атома Y. При этом гораздо важнее не наличие постоянного дипольного момента групп, принимающих участие в образовании связи, а их поляризуемость. Общей предпосылкой к образованию водородной связи является сильная электроотрицательность X и Y и их маленькие атомные радиусы [54]. В ходе образования связи происходит смещение центра тяжести электронного облака XH-группы от атома водорода к атому X. В результате этого атом водорода может частично оттянуть на себя электроны атома Y. В приведенной модели XH-группа выступает как акцептор электронов, а Y — как их донор при взаимном влиянии молекул R'XH и YR" [304, 1589].

В качестве наиболее важных пар донор—акцептор, встречающихся в обычных полимерах, можно указать OH•••O, OH•••N, NH•••O, NH•••N. Кроме того, в качестве донора протонов могут выступать группы ClH, SH и, особенно, FH. К образованию водородных связей способна и CH-группа в тех случаях, когда углеродный атом связан с сильноотрицательными атомами или группами [10] или же в ацетиленах [896].

При определенных стерических условиях в молекуле образуются внутримолекулярные водородные связи, т. е. и донор, и акцептор относятся к одной молекуле. Энергии внутри- и межмолекулярных водородных связей одинаковы. Их распознают по поведению при изменении концентрации раствора. При сильном разбавлении межмолекулярные водородные связи разрываются, о чем можно судить по появлению полос поглощения несвязанных XH-групп. В то же время внутримолекулярные водородные связи оказываются независимыми от степени разбавления. Поскольку образование водородной связи возможно лишь при определенном расположении донора и акцептора, эту связь можно использовать для идентификации молекулярных конфигураций. В этом отношении особое место занимают водородные связи в целлюлозе [514] (см. разд. 6.11). Велика их роль и в стабилизации спиральной конфигурации белков в растворе.

Межмолекулярные водородные связи в твердых телах могут приводить к образованию нерегулярных или (в кристаллах) регулярных сетчатых структур. В полимерах параллельно и антипараллельно уложенные макромолекулы часто связаны водородными связями, в результате чего образуется плоская решетка (рис. 5.13). Водородные связи можно рассматривать в полимерах так же, как межмолекулярные, если они связывают участки сложенной молекулы, состоящие из большого числа мономерных звеньев.

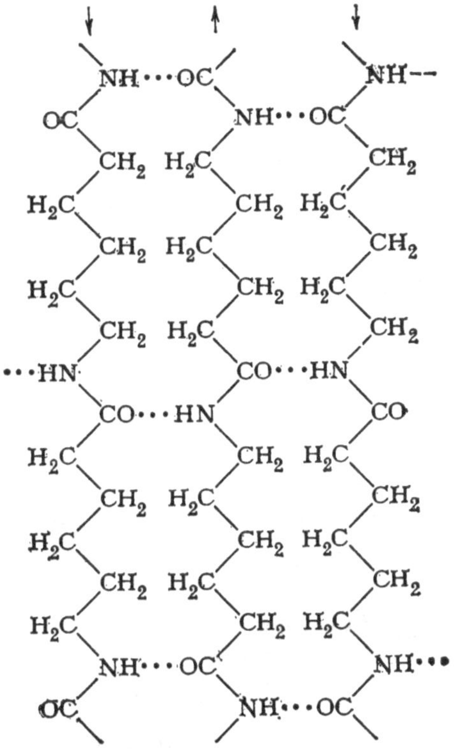

Рис. 5.13. Межмолекулярные водородные связи в моноклинной модификации поликапроамида [671].

В жидкостях и растворах молекулы связываются водородными связями в димеры, тримеры и более сложные ассоциаты, напоминающие по форме цепочку, как, например, в спиртах:

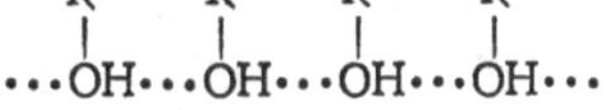

В виде димера существуют карбоновые кислоты:

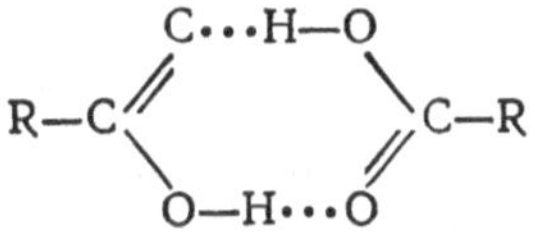

Капролактам образует относительно стабильный димерный комплекс, который диссоциирует на мономерный капролактам лишь при очень высоких разбавлениях [1020]. Этот процесс проявляется в возрастании интенсивности полосы валентных колебаний свободной NH-группы (рис. 5.14). Исходя из температурной и концентрационной зависимостей спектров были рассчитаны константы диссоциации [1020].

В табл. 5.4 указаны форма и тип колебания водородных связей и значения волновых чисел, при которых эти колебания проявляются. Не вызывает сомнений тот факт, что любое изменение электронной структуры связей X—H и XH•••Y может вызвать изменение силовых постоянных, а вместе с ними и частот колебаний. С этой точки зрения лучше всего исследовать валентные колебания ν(XH), поскольку они наиболее чувствительны к наличию водородных связей и в отличие от полос деформационных колебаний мало перекрываются полосами других колебаний. Очень важными являются валентные и деформационные колебания мостиковой водородной связи ν(XH•••Y) и δ(XH•••Y). Эти колебания отражают непосредственно прочность связи. Однако они лежат в области частот, которая значительно хуже исследована и раньше в основном была предметом исследований КР-спектроскопии [506]. Для отнесения полосы, лежащей в дальней ИК-области, к колебаниям водородной связи OH•••Y предложили руководствоваться следующими критериями [704]: 1) полоса широкая и антисимметричная, 2) полоса исчезает при замене OH на OCH_3, 3) полоса в КР-спектре очень слаба (колебания КР-активны, но изменения поляризуемости связи очень незначительны). Обзорный доклад о возможностях и результатах исследований водородных связей в дальней ИК-области дан в [739].

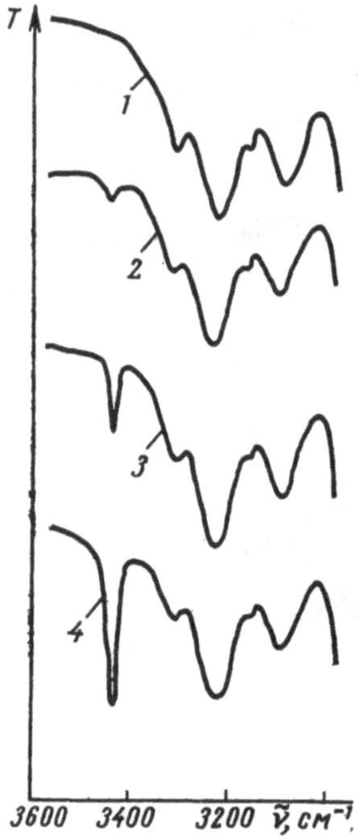

Рис. 5.14. Полосы колебания ν (NH) в спектре капролактама:

3430 см$^{-1}$ — свободные NH-группы; 3303, 3217, 3088 см$^{-1}$ — сязанные NH-группы и комбинационные колебания; *1* — образец с KBr; *2* — c=0,5 моль/л, толщина слоя кюветы d=0,066 мм; *3* — c=0,1 моль/л, d=0,425 мм; *4* — c=0.01 моль/л, d=5,0 мм.

В средней области ИК-спектра влияние водородных связей отчетливо проявляется в смещении частоты валентного колебания XH-группы в сторону меньших волновых чисел. Помимо смещения частоты наблюдается сильное возрастание интегральной интенсивности полосы и ее уширение. На контуре этой полосы часто проявляется несколько пиков. Деформационные колебания XH-группы немного смещаются в область бо́льших волновых чисел, при этом также можно наблюдать изменения интенсивности и ширины полосы. Могут также произойти изменения волновых чисел колебаний акцепторной группы YR″. Например, колебания ν(C=O) смещаются

Таблица 5.4. Колебания атомов, участвующих в водородной связи

Форма колебания	Тип колебания	Область волновых чисел, см−1
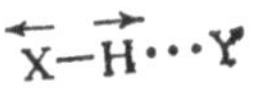	XH-валентное колебание $\nu(XH)$	3600—2500
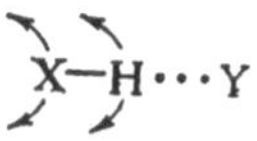	Внутриплоскостное XH-деформационное колебание $\delta(XH)$	1650—1000
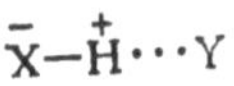	Внеплоскостное XH-деформационное колебание $\gamma_{\omega}(XH)$	900—300
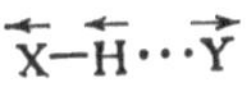	Валентное колебание водородной связи $\nu(XH\cdots Y)$	250—30
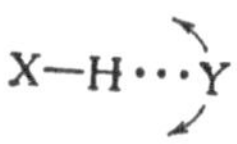	Деформационное колебание водородной связи $\delta(XH\cdots Y)$	Вблизи 100

на 5—25 $см^{-1}$ в сторону меньших волновых чисел, если карбонильная группа участвует в образовании водородной связи [581].

Согласно [52, 53], смещение волнового числа валентного колебания ν(OH) является линейной функцией энергии водородной связи ε. Уравнение Бадгера

$$\Delta\tilde{\nu}/\tilde{\nu} = K\varepsilon \quad (5.51)$$

пригодно, по мнению многих авторов, и для некоторых других типов водородных связей [493, 1154, 1710, 1711]. Однако было обнаружено [478], что уравнение (5.51) выполняется лишь для одного ряда молекул с постоянными донором и акцептором протонов.

Энергию водородной связи можно характеризовать, например, теплотой образования комплекса. Как показано в работе [1875], в системе OH•••O=C значительно выгоднее определять вместо $\Delta\tilde{\nu}_{OH}$ смещение $\Delta\tilde{\nu}_{C=O}$. Хотя по абсолютной величине $\Delta\tilde{\nu}_{C=O}$ значительно меньше, чем $\Delta\tilde{\nu}_{OH}$, однако изменение волнового числа полосы карбонильной группы измеряется точнее, поскольку эта полоса более узкая. Кроме того, она не уширяется сильно при образовании водородной связи. Было также найдено [1875], что $\Delta\tilde{\nu}_{OH}$ и $\Delta\tilde{\nu}_{C=O}$ пропорциональны как друг другу, так и энергии водородной связи. Согласно [515], вышесказанное относится также и к смещению колебания $\Delta\nu$(COC) простых эфиров.

Экспериментально были получены зависимости между величиной $\Delta\tilde{\nu}$ и другими молекулярными и спектроскопическими параметрами. Согласно [687], полуширина полосы возрастает линейно с повышением $\Delta\tilde{\nu}$. Подробно исследована связь между $\Delta\tilde{\nu}$ и расстоянием между атомами X и Y [1019, 1216, 1425]. Выведены следующие уравнения, позволяющие рассчитать смещение полосы (см$^{-1}$), вызванное образованием водородной связи [1341]:

$$\text{OH}\cdots\text{O} \quad \Delta\tilde{\nu} = 4,43 . 10^3 (2,84 - R) \qquad (5.52)$$

$$\text{NH}\cdots\text{O} \quad \Delta\tilde{\nu} = 0,548 \cdot 10^3 (3,21 - R) \qquad (5.53)$$

$$\text{NH}\cdots\text{N} \quad \Delta\tilde{\nu} = 1,05 \cdot 10^3 (3,38 - R) \qquad (5.54)$$

где R — расстояние между X•••Y в Å.

Экспериментальные значения $\Delta\tilde{\nu}$ сильно отклоняются от теоретической линейной зависимости. Лишь для слабых водородных связей полученную линейную зависимость удалось объяснить также и теоретически [1589]. Поэтому нельзя формально переносить полученные результаты на все типы водородной связи. Это было показано для корреляции между полушириной полосы и смещением $\Delta\tilde{\nu}$ [895].

Для связи OH•••O собраны все известные значения $\Delta\tilde{\nu}_{OH}$ и $\Delta\tilde{\nu}_{OD}$ в зависимости от расстояния O•••O [134]. Эти данные можно разбить на четыре группы (рис. 5.15), хотя внутри каждой группы не существует однозначной зависимости. Согласно [134], различные группы характеризуются разными видами потенциальной кривой присоединения протона. Так, для группы *A* потенциальная кривая имеет лишь один минимум, расположенный симметрично между обоими кислородными атомами. Для групп *B* и *C* имеет место симметрично расположенный двойной минимум, для *B* он соответствует большему энергетическому барьеру Группа *D* содержит слабые водородные связи, для которых существует один простой асимметричный минимум потенциала. Впервые изменения потенциала водородной связи подробно исследовались в [1009]. Имеется обзор, посвященный квантовомеханическому рассмотрению поведения протона, в котором обсуждаются также различные потенциальные кривые [1910].

Теория слабых водородных связей рассмотрена в работе [1589]. Согласно этой теории относительно легко можно объяснить смещение частоты изменением силовых постоянных. Однако такие

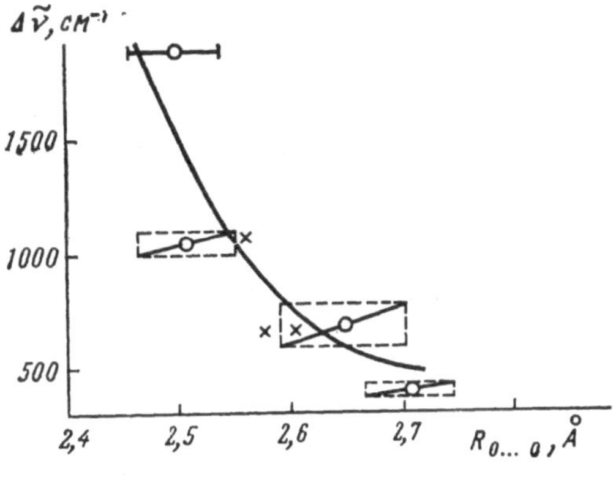

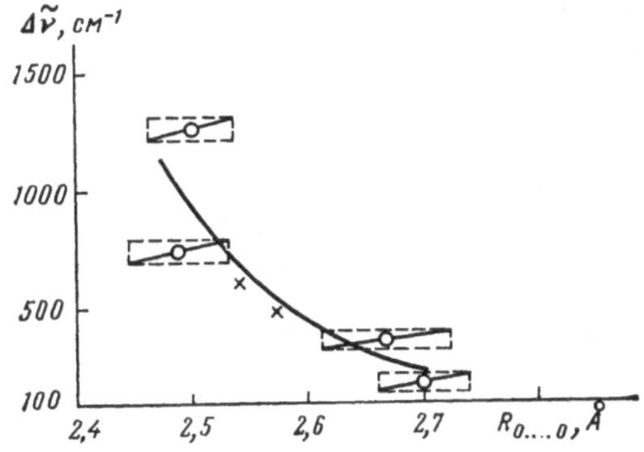

Рис. 5.15. Корреляционная зависимость между $\Delta\tilde{\nu}$ и расстоянием $R_{O...O}$ [134].

явления, как уширение полос, их тонкая структура или увеличение интенсивности, не поддаются простому объяснению.

При наличии в системе слабых водородных связей ширина* полосы изменяется от ~ 20 до нескольких сот $см^{-1}$. При наличии сильных водородных связей эта величина может достигать 1100 $см^{-1}$ и более. В какой-то степени уширение полос и появление в спектре нескольких максимумов можно объяснить существованием нескольких типов водородных связей, характеризующихся

* По-видимому, имеется в виду ширина полосы на половине ее высоты, т. е. полуширина. — *(Прим. ред.)*

различными силовыми константами. В аморфных полимерах водородные связи различных типов непрерывно переходят друг в друга. Подобное объяснение часто привлекают для интерпретации ν(XH)-полос в спектрах полимеров. В области валентных колебаний OH-группы целлюлозы появляется широкая полоса, которая смещается в область колебаний ν(OD) при дейтерировании неупорядоченных участков образца. В то же время в области колебаний ν(OH) появляется несколько заметных максимумов. Исследования дихроизма позволили отнести эти максимумы к определенным внутри- и межмолекулярным водородным связям. Эти полосы значительно шире, чем полоса, относящаяся к несвязанным OH-группам.

В общем случае для объяснения ширины и сложного контура ν(XH)-полосы нужно исходить из других предпосылок. Например, очень широкие полосы наблюдаются в спектрах димеров карбоновых кислот, а в спектре кристаллического глицинангидрида можно различить 10—15 максимумов, хотя, если исходить из кристаллической структуры, должен реализоваться лишь один тип водородных связей [260]. При интерпретации этого явления нужно учесть два обстоятельства. Спектральные изменения могут быть обусловлены природой самой водородной связи и могут быть следствием взаимодействия валентного колебания с другими колебаниями водородной связи или комплекса R′XH•••YR″.

В ряде работ исследовали энергетические уровни протона в потенциальном поле с несколькими минимумами [133, 1910]. В результате туннельного эффекта, по которому может осуществляться перескок протона из одной потенциальной ямы в другую, происходит расщепление энергетического уровня, что влечет за собой образование дублета полос [1916]. Проведя расчет по теории возмущений, показали [1825], что изменение электромагнитного поля в результате туннельного перескока протона вызывает появление сопряженных связей между соседними водородными связями. Сила взаимодействия между этими связями зависит от расстояния между водородными мостиками, их взаимного ориентирования и частоты туннелирования. В случаях, когда эти величины распределены статистически, изменение энергетических уровней туннелируемых протонов проявляется в уширении спектральных полос.

Взаимодействие колебаний ν(XH) с другими колебаниями, особенно с деформационными δ(XH) и валентными ν(XH•••Y) колебаниями водородной связи, а также с комбинационными и обертоновыми колебаниями групп R′X и YR″ ведет как к уширению ν(XH)-полос, так и к увеличению их числа. Валентные колебания водородной связи ангармоничны. Согласно [110, 440], эта ангармоничность тем больше, чем сильнее связь. Ангармоничность создает очень благоприятные условия для взаимодействий, так как ангармоничное колебание ν_i не зависит от амплитуд других колебаний ν_j, ν_k и т. д. Было рассчитано взаимодействие колебаний ν(XH) и ν(XH•••Y) [1072]. При взаимодействии колебания ν(XH) с комбинационными и обертоновыми колебаниями большое значение приобретает резонанс Ферми [1531]. С ним связаны, например, полосы при 3080 и 3200 см$^{-1}$, лежащие в спектре полиамидов рядом с ν(NH)-полосой (3300 см$^{-1}$) [353]. В работе [1852], посвященной резонансу Ферми в ассоциатах первичных алифатических аминов, описывается способ, позволяющий рассчитать частоту невозмущенных колебаний на основе положения и интенсивности Ферми-резонансной пары.

Дейтерообмен водородных атомов, участвующих в водородной связи, приводит зачастую к более сложным эффектам, чем просто снижение частоты в $\sqrt{2}$ раз, что обычно наблюдается для валентных колебаний XH-группы. Причина состоит в том, что в результате изменений частоты колебаний XH-группы уменьшается их взаимодействие с другими колебаниями, а также и резонанс Ферми. Изотопный обмен сильно сказывается и на туннельном эффекте, поскольку имеется частотная зависимость между массами туннелируемых атомов. Он проявляется в уменьшении расщеплений термов [1910]. Полосы ν(XD) водородных связей обычно ýже ν(XH)-полос. При дейтерировании полиамидов и полипептидов наблюдается появление двух полос при 2470 и 2420 см$^{-1}$ вместо полосы 3300 см$^{-1}$. Эти полосы более узкие. Соотношение их интенсивностей связано со степенью упорядоченности полимера. Однако ни одну из полос не удается отнести к определенной фазе [99, 260]. Ряд авторов [94, 219, 479] объясняет появление этого дублета резонансом Ферми колебания ν(ND) с комбинационным колебанием.

Используя теорию донорно-акцепторной связи, можно объяснить увеличение интенсивности ν(XH)-полосы при образовании водородной связи. В результате смещения от атома H к атому X электронного облака, которое лишь частично компенсируется смещением заряда на атоме Y, происходит заметное увеличение как самого дипольного момента, так и его производной по этому смещению [1588]. В [150] определено изменение интенсивности ν(NH)- и ν(C=O)-полос замещенных амидов при образовании водородных связей. Там же обсуждается зависимость этого параметра от структуры связи. Для внутримолекулярных связей может быть, что, несмотря на очень сильное связывание и широкие полосы, интегральная интенсивность полос не возрастает, поскольку вдоль молекулы происходит выравнивание заряда (charge transfer)*. Из-за своей ширины полосы валентных колебаний проявляются настолько слабо, что их удается наблюдать лишь с большим трудом.

ИК-спектроскопическому изучению водородных связей в целлюлозе, полиамидах и поливиниловом спирте посвящена обзорная работа [1851]. Данные по исследованию целлюлозы представлены также в [729]. Сообщается об изучении водородных связей в поли-

* Перенос заряда. — (*Прим. ред.*)

пептидах [260] и при высоких температурах — в полиамидах [112]. Было показано, что в точке плавления доля свободных NH-групп резко возрастает, а ν(NH)-полоса смещается в коротковолновую область спектра. Исследованы различные типы водородных связей в полиуретанах [1714, 1882]. Полосу при 64 см$^{-1}$ в спектре синдиотактического поливинилхлорида объяснили наличием в кристаллических областях водородной связи CH•••Cl между соседними цепями [1817].

5.5. АНАЛИЗ СТЕРЕОРЕГУЛЯРНОСТИ

Стереорегулярные, или тактические, полимеры состоят из макромолекул, мономерные звенья которых располагаются относительно их стерической конфигурации в закономерном порядке, не носящем статистического характера [1240]. В этом определении под стерической конфигурацией понимают такое взаимное расположение атомов в молекуле, которое можно перевести в другое лишь с помощью химических средств, т. е. с разрывом связей*. Номенклатура стерического положения в полимерах [686, 688] принята IUPAC.

Конфигурация атомов оказывает решающее влияние на конформацию, которую принимает макромолекула при заданных физических условиях и которая, в свою очередь, связана с надмолекулярной структурой. Самой простой закономерностью в расположении является регулярное расположение типа «голова к хвосту» или «голова к голове». Подобная упорядоченность почти всегда реализуется. Еще большее значение имеет стереорегулярное расположение асимметричных центров, которые можно получить в присутствии катализаторов стереоспецифической полимеризации [1229, 1245].

Полимер называется изотактическим, если мономерные звенья асимметричны и расположены в макроцепи таким образом, что соседние звенья имеют одинаковые конфигурации [1240]. В синдиотактических полимерах соседние звенья имеют противоположные по знаку конфигурации.

Атактическими называют такие полимеры, в которых имеет место статическое распределение конфигураций звеньев**.

Понятие микротактичности относится в первую очередь к виниловым полимерам, в частности к α-олефинам. Для того чтобы понять, что такое микротактичность, представим макромолекулу в виде плоской зигзагообразной цепочки (рис. 5.16). Правда, молекулы изотактического полимера чаще имеют спиральную кон-

* В отличие от конформаций, которые переходят друг в друга без разрыва химических связей, а лишь за счет энергетически разрешенных поворотов вокруг одинарных связей скелета цепи. — *(Прим. ред.)*

** Значительно более правильным термином является термин «гетеротактический полимер» или «гетеротактическая конфигурация». Этот термин характеризует цепочку со случайным набором изо- и синдиоконфигураций мономерных звеньев. — *(Прим. ред.)*

формацию, которая стерически более благоприятна. То же самое можно сказать о три- и дитактических полимерах, полученных из двух- и трехзамещенных виниловых мономеров [374, 1245].

Первым диизотактическим полимером, исследованным методом ИК-спектроскопии, был d_1-дейтерополипропилен [1238, 1245]. Было показано, что полимеры, полученные при стереоспецифической полимеризации *цис-* и *транс*-d_1-дейтеропропилена, имеют различные ИК-спектры. Отсюда следует, что введенный катализатор определяет конфигурацию как $HCCH_3$-, так и HCD-групп.

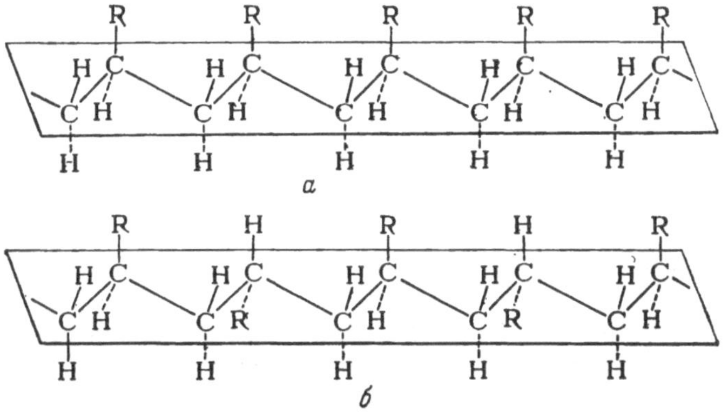

Рис. 5.16. Структура стереорегулярного винилового полимера [1229]:
а — изотактического; *б* — синдиотактического.

Другой тип микротактичности реализуется в полимерах, содержащих в основной цепи двойные связи или группы, способные к проявлению *цис-транс*-изомерии. Важнейшим представителем полимеров подобного рода является поли-1,4-бутадиен. Его можно получить в *цис-* или *транс*-форме, используя стереоспецифические катализаторы (рис. 5.17).

Технологические свойства полимеров в значительной степени определяются стерической структурой макромолекул. Стереорегулярная структура является необходимой, хотя и не всегда достаточной предпосылкой для кристаллизуемости полимера. От стереорегулярности молекулы зависит ее конформация как в твердом полимере, так и до определенной степени в расплаве или растворе. Однако макромолекулы полимеров, полученных в присутствии стереоспецифических катализаторов, редко оказываются полностью стереорегулярными (эвтектическими — по Натта [1240]). Они содержат участки различной микротактичности, что определяется условиями полимеризации.

Под степенью стереорегулярности (микротактичности) понимают отношение числа изо- и синдиотактических изомеров в цепи к общему числу мономерных звеньев. Однако степени микротактичности, определенной таким образом, оказывается недостаточно для характеристики стереорегулярности, поскольку на свойства стереорегулярных полимеров значительное влияние оказывает также и длина отрезков цепи, имеющих стерически однородное строение. На практике чаще всего определяют микротактичность, связанную с длиной блока макромолекулы.

Факторы, определяющие зависимость спектра от микротактичности, можно разделить на три группы: 1) от локальной конфигурации макромолекулы зависят характеристические групповые колебания; 2) конфигурацией макромолекулы определяются ее симметрия, правила отбора, интенсивность и поляризация полос поглощения, а также сила внутримолекулярного взаимодействия;

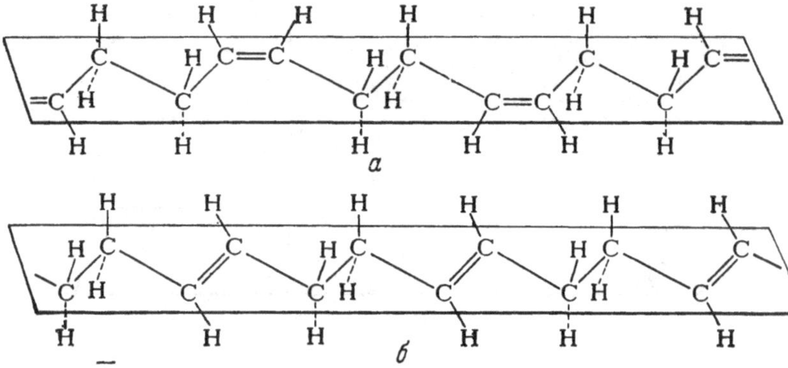

Рис. 5.17. Структура стереорегулярного поли-1,4-бутадиена [1229]: *а* — *цис*-изотактический полимер; *б* — *транс*-изотактический полимер.

3) имеется связь между стереорегулярностью и наличием в образце регулярных цепей. От микротактичности зависит также и степень кристалличности полимера после отжига.

Большинство данных о стереочувствительных полосах поглощения были получены эмпирически, в результате сравнения спектров полимеров, полученных различными путями, а также при использовании данных о плотности, экстракции и термодинамических свойствах полимеров [1544]. Однако следует иметь в виду, что эти параметры, как и различные полосы спектра, не характеризуют одни и те же свойства. Нет ничего удивительного, что с помощью различных полос спектра или методов получают различные значения степени микротактичности [940, 1544]. Поэтому повышенный интерес к анализу влияния стереорегулярности на ИК-спектр выходит за рамки просто эмпирической информации.

Отчетливую зависимость характеристических групповых частот от конфигурации можно наблюдать для *цис*- и *транс*-полибутадиена. Наличие участков с *цис*- и *транс*-конфигурациями можно зафиксировать по полосам при 740 и 970 см$^{-1}$, относящимся к колебаниям γ_w(=CH) [816, 1821]. Эти полосы можно считать истинными полосами стереорегулярности. Они не зависят от надмолекулярной структуры.

Валентные колебания CCl-группы поливинилхлорида являются примером зависимости колебательной частоты от локальной конформации соседних мономерных звеньев. Здесь эта зависимость объясняется взаимодействием валентных колебаний CCl-группы с колебаниями углеродного скелета [276]. Отнесение отдельно наблюдаемых полос колебаний ν(CCl) к определенным конформациям можно проводить с использованием модельных [369, 1494] и дейтерированных соединений. Были исследованы энергетически разрешенные поворотные изомеры изолированной цепочки поливинилхлорида в разбавленном растворе [507]. При этом была определена доля синдиотактической структуры из температурной зависимости полос, относящихся к определенным изомерам.

Конфигурационно чувствительные полосы не связаны с твердым, в частности кристаллическим, состоянием полимера. Напротив, они могут проявляться и в разбавленном растворе, если внутримолекулярные силы в достаточной мере стабилизуют полимерную спираль. Было показано [86], что в 3- и 0,3%-ных растворах полиметилметакрилата в хлороформе наблюдаемые различия в спектрах между синдио- и изотактическим полимерами для обоих растворов полностью совпадают. Расщепление поглощения сложноэфирной группы на пять компонент, наблюдаемое в спектрах твердых образцов полимеров и их растворов, связано с существованием набора конформаций этих групп [617]. Сополимеризация метилметакрилата с некоторыми мономерами препятствует образованию спирали, и вместо пяти полос появляется только одна полоса сложноэфирной группы.

Третья группа полос стереорегулярности связана с наличием достаточно длинных регулярных блоков, благодаря чему более длинные отрезки макромолекулярной цепи могут принимать стабильную регулярную конформацию. Эти полосы называют полосами регулярности в соответствии с классификацией, приведенной в разд. 5.1.

Изотактические полимеры имеют обычно спиральную конформацию вследствие причин стерического характера, вызванных взаимодействием несвязанных боковых групп. Синдиотактические полимеры кристаллизуются преимущественно в виде плоских зигзагообразных цепочек. Зигзагообразную цепочку можно рассматривать как 2_1-спираль. Исключение составляет синдиотактический полипропилен, обладающий особенной спиральной конформацией [1245]. Наличие полос поглощения, чувствительных к спиральной конформации, в большинстве случаев легко заметить, так как эти полосы исчезают при нарушении регулярности цепи в результате плавления образца или его статистического дейтерирования. Большую трудность при расшифровке спектра вызывает вопрос, какая длина регулярных блоков необходима для проявления соответствующих полос. Доля спиральной конформации, определенная с помощью этих полос, не всегда идентична степени микротактичности. Она определяет лишь нижнюю границу этой величины [179], поскольку короткие блоки и участки молекул, не входящие в регулярные спирали, не учитываются. Доля спиральной конформации зависит от обработки полимера, в то время как микротактичность определяется химическим методом получения полимера.

Колебательный спектр бесконечно длинной спиральной молекулы был проанализирован при исследованиях натуральных и синтетических полипептидов [663]. При этом рассматривали модель спиральной цепи, в которой группы атомов объединяются в звенья сильными связями, а контакт между звеньями осуществляется за счет слабых связей. Установлена зависимость между углом закручивания спирали и расщеплением частот, относящихся к атомам, связанным сильной связью. Более подробно эта проблема изучена в работе [1169]. На примере изотактического полипропилена было показано [991], что все полосы спиральной конформации должны быть поляризованы. Слабый дихроизм или его отсутствие является следствием перекрывания полос, относящихся к различным типам колебаний. Подобный подход к анализу стереорегулярности позволяет из спиральной симметрии вывести определенные правила отбора. Взаимодействие между колебаниями групп, относящихся к соседним звеньям и происходящих с постоянной разностью фаз, вызывает расщепление полос, разрешенных правилами отбора, на две компоненты, поляризованные перпендикулярно относительно друг друга (см. гл. 3).

В спектре расплава полимера большинство полос регулярности пропадает, поскольку при плавлении спираль разрушается и нарушается регулярность цепи*. Иногда на месте этих полос в спектрах расплава или раствора появляются слабые размытые полосы, которые не дает гетеротактический полимер. Эти полосы связывают с наличием очень коротких спиралей и используют при изучении расплавов стереорегулярных полимеров [1897].

По классификации полос изотактического полистирола [1309] на основании их поведения при переходе от гетеротактического полимера к стереорегулярному все полосы разделили на три типа. Позже эта классификация была дополнена полосами синдиотактических полимеров (рис. 5.18) [863]. К типу I отнесли полосы, лежащие в спектрах кристаллического синдиотактического и изотактического полимеров при разных частотах. В то же время гетеротактический полимер слабо поглощает в спектральном интервале между частотами этих полос. Расщепление полос и их интенсивность зависят от длины блоков одной из структур. К данной группе относятся полосы, зависящие от локальной конформации. Различие в положении полос разных поворотных изомеров не всегда достаточно для расшифровки спектра. Предложен способ разделения перекрывающихся полос колебания ν(CCl) поливинилхлорида [1350]. В работе [862] рассчитали асимметрию полос. Оказалось, что между изотактичностью полипропилена и асим-

* Эти нарушения имеют конформационную природу. — *(Прим. ред.)*

метрией полосы при 972 см⁻¹ существует линейная зависимость. Была также обнаружена [1332] корреляция между положением этой полосы и конфигурациями или конформациями $CHCH_3$-групп.

Полосы типа II расщепляются на две компоненты, поляризованные одинаково или различно. Для расщепления необходимо

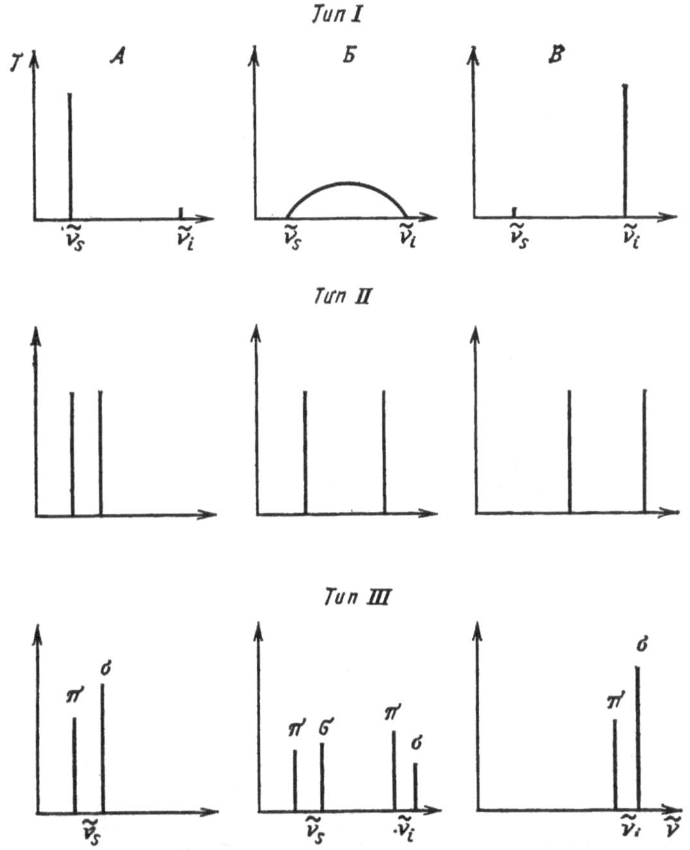

Рис. 5.18. Классификация полос стереорегулярности для полимера [863]·
А — синдиотактического; *Б* — гетеротактического; *В* — изотактического.

сильное межмолекулярное взаимодействие, которое обусловлено существованием длинных стереорегулярных блоков. Эти полосы можно идентифицировать, исследуя стереоблоксополимеры. Их используют для определения длины стереорегулярных блоков, хотя надежная связь интенсивности и контура полосы с длиной блока чаще всего отсутствует.

Полосы типа III имеют компоненты, поляризованные перпендикулярно относительно друг друга. К данному типу относится большинство полос, применяемых для определения стереорегулярности. Возможность расщеплений следует из правил отбора для спиральной цепи. В спектрах изо- и синдиотактического полимеров полосы имеют обычно разные частоты.

Полосы типа II и III являются полосами регулярности в широком смысле этого слова (как указано выше). Для этих полос критическая длина регулярно построенной спирали, обусловливающая их проявления в спектре, различна. К типам I и III были отнесены стереочувствительные полосы изо- и синдиотактического полипропилена [864] табл. 5.5).

Таблица 5.5. Классификация полос в ИК-спектре синдиотактического (А), изотактического (Б) и гетеротактического (В) полипропиленов [864]

	Волновое число характеристической полосы, см$^{-1}$			Колебание
	А	Б	В	
Тип I	2886	2878	—	$\nu_s(CH_3)$
Тип II	1378	1375	1377	$\delta_s(CH_3)$
	1245	1254	1257	$\gamma_t(CH_2)$
	1231	1218	1225	
Тип III	1310	1303	1300	$\delta(CH)$
	1296	1295	—	
	1157	1166	—	$\gamma_w(CH_3)$
	1152	1151	1154	
	1083	1102	1095	$\nu_a(C—C)$
	1005	1042	1016	
	977	997	988	$\gamma_r(CH_3)$
			961	
	962	972	996	
			972	
	866	840	864	$\gamma_r(CH_2)$
	811	807	840	
			807	

Определение критической длины сегмента проведено в ряде работ [830, 832, 833, 858, 1902]. Используя кинетический подход, установили [830, 832, 833], что интенсивность полосы при 973 см$^{-1}$ в спектре полипропилена пропорциональна доле его звеньев в изотактических блоках, содержащих более четырех звеньев. В то же время для полосы при 998 см$^{-1}$ минимальная длина сегмента составляет 11—13 звеньев. Эта длина несколько превосходит расчетное значение средней длины сегмента изотактической спирали в расплаве полипропилена, которое равно десяти [157]. Приведенные данные объясняют такой факт, как исчезновение полосы при 998 см$^{-1}$ и лишь незначительное ослабление полосы при 973 см$^{-1}$, наблюдаемое при плавлении изотактического полипропилена. Однако в большинстве случаев указанную пару полос нельзя привлекать для определения длины блока. Это объясняется тем, что поглощение при 973 см$^{-1}$ связано лишь с наличием групп CH_2—$—C(CH_3)—CH_2$ и не зависит от микротактичности полимера [1181,

1254]. Правда, есть данные о том, что по меньшей мере относительная интенсивность полосы определяется изотактичностью полимера [833].

Другую возможность для определения критической длины сегмента дает исследование сополимеров [617, 832, 833, 858, 1484, 1902]*. При возрастании в цепи доли сомономера, нарушающего ее регулярное строение вначале процесса сополимеризации, исчезают полосы, связанные с наличием длинных регулярных участков цепей, как, например, в сополимере этилена с пропиленом [832, 833, 1902]. Однако это не подтверждается тем фактом [858], что гомополимеризация компонента, препятствующего кристаллизации, снижает образование регулярной спирали сильнее, чем это следует просто из укорачивания сегментов. Авторы этой работы исследовали состоящие из нормальных и дейтерированных мономеров сополимеры, у которых уменьшается только длина регулярной в спектральном смысле спирали, но не укорачивается длина структурной спирали. В спектре изотактического сополимера стирола с α-монодейтеростиролом пропадают полосы при 920 и 898 $см^{-1}$, когда доля стирола становится меньше 0,6. Относительное ослабление полос спиральной конформации с понижением содержания нормального стирола очень напоминает их ослабление при переходе от кристаллического к аморфному полимеру. Исходя из предположения, что изотопный эффект не оказывает никакого влияния на состав сополимера, определили критическую длину сегмента для полос при 920 и 1053 $см^{-1}$. Она составила 10 мономерных единиц, а для полосы при 1194 $см^{-1}$ — шесть мономерных единиц. Критические длины сегментов для полос при 1084, 918 и 896 $см^{-1}$ были определены из ИК-спектров растворов в сероуглероде при пониженных температурах. Они составили соответственно 5, 6 и 10 звеньев. При исследовании сополимеров пропилена и 1,1,2-d_3-пропилена нашли [858], что полосы при 998 и 842 $см^{-1}$ могут характеризовать спиральную цепь, содержащую не менее десяти пропиленовых фрагментов. При изучении зависимости полос спиральной конформации от длины регулярного блока был также рассмотрен вопрос, в какой мере коэффициент экстинкции, отнесенный к мономерной единице, зависит от длины спирали [441].

Полосы кристалличности, связанные с наличием очень длинных стереорегулярных блоков или с межмолекулярным взаимодействием, используют для разделения полимеров с высокой степенью микротактичности. Из двух образцов изотактического поливинилового спирта со степенью микротактичности около 90% только один, нерастворимый в холодной воде, имеет в спектре дополнительные полосы кристалличности при 1160 и 1145 $см^{-1}$ [1204]. При понижении растворимости полиметакрилонитрила, связанном с увели-

---

* Следует помнить, что при сополимеризации стереохимическая конфигурация блоков не изменяется, но всегда имеют место конформационные изменения в макромолекуле по сравнению с соответствующим стереорегулярным гомополимером. — *(Прим. ред.)*

чением стереорегулярности макроцепи, наблюдается расщепление полосы при 1210 $см^{-1}$ в четкий дублет 1192 и 1210 $см^{-1}$. Этот эффект обусловлен наличием кристаллической фазы [767].

Значительные ошибки при оценке микротактичности могут иметь место при работе с полимерами, молекулы которых имеют длинные боковые группы. Такие полимеры, несмотря на стереорегулярность макроцепи, или совсем не кристаллизуются, или кристаллизуются с большим трудом и не образуют достаточно длинных регулярных спиралей. Осторожный отжиг в присутствии малых количеств растворителя или набухающего агента вызывает в спектре таких полимеров увеличение интенсивности полос стереорегулярности. Микротактичность лучше определять, предварительно переведя аморфный полимер в кристаллический путем химического превращения без изменения структуры основной цепи. Так определяли микротактичность аморфных полигалогенстиролов [12, 41, 1245]. Проводили каталитическое дегалогенирование и гидрирование бензольного кольца и сравнивали ИК-спектры и рентгенограммы полученных продуктов и изотактического поливинилциклогексана. Для определения стереорегулярности полиметакрилонитрила его превращали в полиметилметакрилат, поскольку полосы регулярности последнего лучше разрешимы [910].

Стереорегулярность можно определять на основании исследований дихроизма [541]. Способ определения основан на различии направлений переходных моментов некоторых характеристических колебаний групп CH_2 и CHR в изо- и синдиотактических сегментах. В то же время частоты и коэффициенты экстинкции этих полос одинаковы.

Для двух любых полос величина R

$$R = (D_\pi - D_\sigma)/(D_\pi + 2D_\sigma) \qquad (5.55)$$

зависит только от стерической структуры макромолекул и не связана со степенью ориентации образца. Для практического применения данного метода требуется принять слишком большое число упрощающих предположений. В первую очередь внимание обращается только на изо- и синдиотактические сегменты, которые образуют плоские зигзагообразные цепи или регулярные спирали. Результаты исследований дихроизма использовали для определения микротактичности полипропилена [1797, 1798]. Было показано, что величины R для полос при 2926 и 2845 $см^{-1}$ зависят только от микротактичности и не связаны со степенью кристалличности и длинами регулярных блоков в образце.

5.6. ИК-СПЕКТРЫ СОПОЛИМЕРОВ (Р. ШМОЛЬКЕ)

5.6.1. СТРУКТУРА СОПОЛИМЕРОВ

Значительная часть промышленных синтетических материалов является сополимерами, состоящими из двух или нескольких компонентов. В широком смысле под понятием сополимер понимают полимер, макроцепь которого построена неоднородно. Такая неоднородность может выражаться как в соединении химически различных мономерных единиц, так и в соединении химически одинаковых звеньев, имеющих различное стереохимическое строение. Сюда относятся *цис-транс*-изомеры, полимеры, полученные присоединением мономеров по типу «голова к голове» или «голова к хвосту», полимеры, неоднородные за счет различия конфигураций в асимметричных центрах (гетеротактические или стереоблочные сополимеры). Наконец, как сополимеры можно рассматривать полимеры, макроцепи которых содержат отрезки различной конформации. В данном разделе будут рассмотрены в основном ИК-спектры сополимеров в узком смысле этого слова, т. е. полимеров, содержащих химически различные мономерные звенья. Связь стереорегулярности сополимеров с ИК-спектром рассмотрена в разд. 5.5.

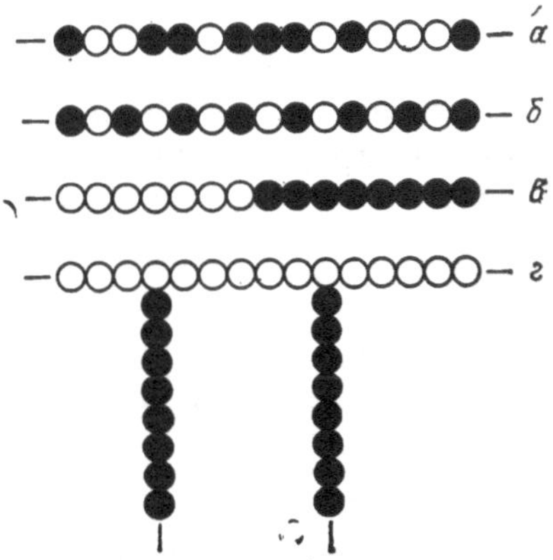

Рис. 5.19. Типы сополимеров:
а — статистический; *б* — чередующийся; *в* — блоксополимер; *г* — привитой.

Цепочечная структура сополимеров характеризуется помимо соотношения концентраций сомономеров распределением блоков по размерам. Под длиной блока понимают число идентичных мономерных звеньев, следующих друг за другом. В простейшем случае, т. е. в бинарной системе, принципиально возможны четыре основных типа сополимеров в зависимости от типа мономеров и условий реакции (рис. 5.19): а) статистические сополимеры (статистически беспорядочные блоки); б) чередующиеся сополимеры (регулярное чередование звеньев обоих мономеров); в) блоксополимеры (наличие длинных блоков, построенных из одного мономера); г) привитые или графт-сополимеры (боковые цепи, построенные из одного мономера, прививаются к основной цепи другого мономера; расстояние между привитыми цепями чаще всего произвольно). Структура реального сополимера не всегда соответствует модельным представлениям. Имеют место переходы и смешения типов.

Структуру цепи сополимера теоретически можно определить из данных по реакционной способности компонентов в реакции сополимеризации. В бинарной системе возможны четыре различные реакции роста, характеризующиеся константами скорости k_{ij}:

$$\begin{aligned} -M_1\cdot + M_1 &\longrightarrow -M_1M_1\cdot \ k_{11} \\ -M_1\cdot + M_2 &\longrightarrow -M_1M_2\cdot \ k_{12} \\ -M_2\cdot + M_2 &\longrightarrow -M_2M_2\cdot \ k_{22} \\ -M_2\cdot + M_1 &\longrightarrow -M_2M_1\cdot \ k_{21} \end{aligned} \tag{5.56}$$

Под соотношениями реакционных способностей r_1, r_2 (называемых также r-параметром) понимают относительные константы скорости:

$$r_1 = k_{11}/k_{12} \text{ и } r_2 = k_{22}/k_{21} \quad (5.57)$$

Мгновенный состав сополимера определяется из уравнения сополимеризации [11, 1107]:

$$\frac{d[M_1]}{d[M_2]} = \frac{[M_1]}{[M_2]} \cdot \frac{r_1[M_1] + [M_2]}{r_2[M_2] + [M_1]} \quad (5.58)$$

где $[M_1]$, $[M_2]$ — начальные концентрации мономеров.

При малых степенях превращения $d[M_1]/d[M_2]$ равно отношению концентраций m_1/m_2 обоих мономеров в сополимере*.

Значения r в случае радикальной сополимеризации в отличие от ионной полимеризации чаще всего не зависят от типа растворителя, инициатора и температуры.

Используя кинетический и статистический подходы, можно рассчитать также и распределение блоков по длинам [11]. Вероятность того, что m_1-ый блок состоит из n мономерных звеньев, равна:

$$W_1(n) = W_{11}^{n-1} W_{12} \quad (5.59)$$

$$W_{11} = \frac{r_1[M_1]}{r_1[M_1] + [M_2]} \quad (5.60)$$

$$W_{12} = \frac{[M_2]}{r_1[M_1] + [M_2]} = 1 - W_{11} \quad (5.61)$$

Доля m_1-ых блоков, состоящих из n мономерных звеньев, равна.

$$\varphi_1(n) = \frac{nW_1(n)}{\sum\limits_{n=1}^{\infty} nW_1(n)} nW_{11}^{n-1} W_{12}^2 \quad (5.62)$$

Соответствующие выражения записываются для $W_2(n)$ и $\varphi_2(n)$.

Таким же образом может быть рассчитано содержание связей m_1—m_1; m_1—m_2; m_2—m_1; m_2—m_2. При замене отношения M_1/M_2 на m_1/m_2 получаем новые выражения для функций распределения, в которые входят только произведения параметров r [307]. При заданном составе сополимера распределение блоков всех типов, имеющих одно и то же произведение $r_1 r_2$, идентично.

В табл. 5.6 представлены теоретические значения распределения блоков, для которых $n = 1,2,3,4$ и $n > 4$ и $r_1 r_2 = 1$ (идеальная сополимеризация). Из данных таблицы видно, что доля длинных блоков m_1 становится значительной лишь при значении m_1 в исходной смеси выше 50%. Если произведение $r_1 r_2 < 1$, то система

---

* Все эти реакции определяют структуру сополимера лишь в отсутствие побочных процессов. Как правило, уравнение (5.58) выполняется лишь на начальных стадиях процесса. — *(Прим. ред.)*

Таблица 5.6. Теоретическое распределение блоков по длинам при $r_1 r_2 = 1$

m_1 в сополимере, % (мол.)	$\varphi_1(n)$				
	$n=1$	$n=2$	$n=3$	$n=4$	$n>4$
10	0,810	0,162	0,024	0,003	0,001
20	0,640	0,256	0,077	0,021	0,006
30	0,490	0,294	0,132	0,053	0,031
40	0,360	0,288	0,173	0,092	0,087
50	0,250	0,250	0,188	0,125	0,187
60	0,160	0,192	0,173	0,138	0,337
70	0,090	0,126	0,132	0,123	0,529
80	0,040	0,064	0,077	0,082	0,737
90	0,010	0,018	0,024	0,029	0,919

ближе к чередующемуся сополимеру, а если $r_1 r_2 > 1$, то можно ожидать появления более длинных блоков.

Для характеристики структуры цепи сополимера помимо уже названных имеется еще ряд показателей. Так, было предложено структуру цепи сополимеров характеризовать «числом блоков» (run number) [609], под которым понимают среднее число блоков, приходящихся на каждые 100 мономерных звеньев. Неоднородность распределения блоков по длинам рассматривали как аналог неоднородности распределения молекулярной массы [1403]. Часто при сравнении расчетных значений с экспериментальными целесообразно указывать долю m_1-блока в центре триад типа $m_1—m_1—m_2$; $m_1—m_1—m_1$ или $m_2—m_1—m_2$. Предложено графическое представление распределения блоков по длинам [710, 1745]. Дополнительные данные по теории сополимеризации можно найти в [222, 272, 273, 298, 532, 583, 610, 728, 825, 1074, 1108, 1124, 1143, 1147, 1158, 1246, 1367, 1665, 1750, 1781, 1807, 1808]. В работе [1746] полученные результаты обобщили и представили в виде таблиц. В другой работе [1753] представлено распределение блоков по длинам в тройных сополимерах.

Рассмотренные выше уравнения кинетики реакции сополимеризации связаны с постоянным отношением концентраций сополимеров, типом реакции и гомогенностью мономерной смеси. Кроме того, предполагается, что лишь последнее звено влияет на рост цепи. Эти предположения на практике не всегда выполнимы. В силу названных, а также других причин приходится проводить экспериментальное определение состава и длин блоков в сополимерах. Здесь решающее слово может сказать ИК-спектроскопия.

5.6.2. ИК-СПЕКТРЫ СОПОЛИМЕРОВ

Спектры сополимеров, так же как и спектры гомополимеров, нельзя объяснить только на основании анализа колебаний мономерных звеньев. Спектры зависят как от состава сополимера, так и распределения в нем блоков сомономеров по длинам. Как правило, спектры блок- и привитых сополимеров можно рассматривать как аддитивное наложение спектров гомополимеров*. Вообще говоря, принцип суперпозиции не выполняется при статистическом распределении звеньев, и прежде всего в случае их чередования (предельный случай). Причиной этого является чаще всего полное изменение молекулярной и надмолекулярной структуры вследствие неоднородности.

Статистические сополимеры, содержащие более 20% одного из сомономеров, обычно аморфны. Исключение составляют сополимеры со структурно изоморфными мономерными звеньями и чередующиеся сополимеры, в которых может образоваться упорядоченная кристаллическая решетка. При концентрациях сомономера 20—80% (мол.), если не учитывать упомянутых выше двух случаев, обычно отсутствуют блоки, длина которых достаточна для кристаллизации макромолекулы. В связи с этим в спектрах подобных сополимеров полосы кристалличности или совсем не проявляются, или очень слабы.

Наряду с полосами кристалличности изменения претерпевают также полосы, связанные с упорядоченным состоянием внутри цепи. Появление в цепи частиц другой природы вызывает изменение взаимодействий вдоль цепи, в результате чего происходят характеристические изменения интенсивности и положения полос регулярности, микротактичности и конформационно чувствительных полос.

В спектрах сополимеров могут появляться дополнительные (по отношению к соответствующим гомополимерам) полосы поглощения, связанные с появлением в макроцепи новых химических связей между звеньями различных сомономеров**. Некоторые колебания определенных групп атомов очень чувствительны к природе соседних по цепи атомов. Иногда, как, например, в сополимерах винилхлорида с винилиденхлоридом, спектроскопически можно различить три возможных типа связок: m_1—m_2, m_1—m_1 и m_2—m_2. Количественная оценка содержания этих связок позволяет достаточно объективно установить микроструктуру цепи. Определить же микроструктуру блок- и привитых сополимеров таким же путем

---

* Колебательные спектры статистических сополимеров принципиально отличаются от спектров регулярных гомополимеров. Так, к макромолекулам регулярных гомополимеров применимо понятие одномерного кристалла, что позволяет классифицировать их колебания по типам симметрии и свести соответствующие бесконечномерные динамические матрицы к математически разрешимому набору конечномерных матриц. Для статистических сополимеров это сделать не удается, и поэтому нельзя правильно интерпретировать спектры этих систем. — *(Прим. ред.)*

** Это обстоятельство является скорее исключением, чем правилом. Колебания цепи главных валентностей обычно нехарактеристичны, и их использование для анализа весьма проблематично. В настоящее время наиболее надежную информацию о микроструктуре цепи сополимеров получают методом ЯМР высокого разрешения. — *(Прим. ред.)*

нельзя, так как влияние связок на спектр очень незначительно из-за того, что их число невелико.

Учитывая сказанное, можно объяснить сложные спектроскопические эффекты, проявляющиеся для ряда систем сомономеров. В первую очередь такие эффекты наблюдаются при большой структурной чувствительности спектров самих гомополимеров. Еще сложнее дело обстоит для системы из трех и более мономеров.

С помощью ИК-спектроскопического анализа (в данном случае в комплексе с другими методами) можно идентифицировать компоненты, определять брутто-состав и распределять блоки по длинам. Идентификация обычно не представляет трудностей. Почти всегда удается отыскать характеристические полосы, позволяющие провести однозначную интерпретацию. Отсутствие характеристической полосы не означает еще отсутствия соответствующего компонента, а может быть связано с недостаточной длиной блоков. Неоценимую помощь при идентификации сополимеров оказывает атлас спектров синтетических материалов [703].

Чувствительность спектроскопического анализа сополимеров зависит, естественно, от природы вещества. Для надежного определения компонента, концентрация которого мала, необходимо, как правило, чтобы существовало характеристическое для этого вещества поглощение, проявляющееся изолированно и характеризующееся высоким коэффициентом экстинкции. Например, уже 0,2—0,5% винилацетата в полиакрилонитриле фиксируется количественно с хорошей точностью благодаря наличию интенсивной полосы поглощения C=O-группы [820].

5.6.3. КОЛИЧЕСТВЕННЫЙ АНАЛИЗ СОСТАВА СОПОЛИМЕРОВ

ИК-спектроскопическое определение брутто-состава сополимеров в принципе можно рассматривать как и любой другой метод количественного анализа смеси веществ. Поэтому остановимся только на особенностях анализа сополимеров.

Для анализа статистических сополимеров важны только аналитические полосы, нечувствительные к изменениям длины блоков. Коэффициент экстинкции изучаемого мономерного звена должен быть постоянен в достаточно большой области концентраций. Несоблюдение этого требования приводит часто к неправильным выводам. Методы, использующие полосы, чувствительные к изменениям длины блоков, пригодны только тогда, когда исследуемый и калибровочный образцы соответствуют друг другу или же условия получения обоих сополимеров одинаковы.

Было показано [24], что интенсивность полосы поглощения фенильной группы при 700 см$^{-1}$ в спектре сополимера стирола с ангидридом малеиновой кислоты не зависит от длины блока, поэтому эта полоса пригодна для определения состава сополимера. Полоса поглощения той же группы при 760 см$^{-1}$ чувствительна к изменениям длины блока. Отношение интенсивностей I_{760}/I_{700} уменьшается при снижении содержания стирола в сополимере.

Построение калибровочной кривой можно проводить по-разному. Для определения концентрации через абсолютные значения коэффициентов экстинкции отдельных полос необходимо знать толщину слоя образца, что практически известно только при работе с полностью растворимыми образцами. В последнем случае поступают двояко: или определяют коэффициенты экстинкции соответствующих гомополимеров или же, как это описано в разд. 2.1.3, рассчитывают коэффициенты экстинкции, исходя из параметров нескольких сополимеров различного состава.

Было предложено следующим образом выбирать полосы для определения состава сополимера [611]. Для бинарного сополимера (x, y), находящегося в растворе, и для двух неперекрывающихся полос имеем:

$$D_x = \varepsilon_x c_x d \quad D_y = \varepsilon_y c_y d \tag{5.63}$$

$$c_x + c_y = c_M \tag{5.64}$$

$$D_x/d\varepsilon_x + D_y/d\varepsilon_y = c_M \tag{5.65}$$

После некоторых преобразований получим:

$$\frac{D_x}{dc_M} = -\frac{\varepsilon_x}{\varepsilon_y}\left(\frac{D_y}{dc_M}\right) + \varepsilon_x \tag{5.66}$$

Если для набора сополимеров выполняется условие

$$D_x/dc_M > D_y/dc_M$$

то для полос, нечувствительных к изменениям длины блока, имеет место линейная зависимость D_x от D_y [в соответствии с уравнением (5.66)].

Описан математический метод для выбора полос, используемых при анализе двойных и тройных систем [401]. Интерпретация самих полос при этом не обязательна.

Часто приходится отказываться от определения абсолютных значений коэффициента экстинкции. Если толщину слоя не учитывают, то измеряют отношение оптических плотностей двух полос, характеристических для компонентов сополимера. Это отношение пропорционально отношению концентраций обоих мономеров, если выполняется закон Ламберта — Бера. Для анализа полимер удобнее готовить в виде пленки или, если исследуют каучук, помещать набухший образец между окошками кюветы, снабженной винтом [817]. Константу пропорциональности (отношение коэффициентов экстинкции $\varepsilon_x/\varepsilon_y$) определяют по сополимеру с известным составом. Например, для валентных колебаний групп $C{\equiv}N$ и $C{=}O$ в сополимере акрилонитрила с метилакрилатом отношение коэффициентов экстинкции равно [1157]:

$$k = \varepsilon_{CN}/\varepsilon_{CO} \approx 0{,}05$$

Нередко для калибровки используют смеси гомополимеров. В этом случае нужно особое внимание обращать на зависимость интенсивностей аналитических полос от длины блоков.

Построение калибровочной кривой особенно целесообразно проводить в тех случаях, когда нельзя ожидать линейной зависимости интенсивности выбранных для анализа полос от концентрации сомономеров в макромолекуле, например, если в аналитические полосы вносят вклад оба компонента.

Тип калибровочной кривой должен соответствовать поставленной проблеме. Поскольку интенсивность базовой полосы приблизительно пропорциональна общей концентрации мономерных звеньев, отношение оптических плотностей выражают через концентрацию одного из компонентов.

Если для анализа выбраны два типа колебаний, характеристических для каждого сомономера, удобно пользоваться аналитическим выражением, в котором фигурируют концентрации обоих компонентов.

В литературе по ИК-спектроскопии приводится большое число калибровочных кривых и количественных данных для различных комбинаций мономеров. Очень подробно исследованы сополимеры этилена с пропиленом (см. разд. 6.1.3). Используя калибровочные кривые, полученные радиохимическим методом, проанализировали сополимеры: этилена с бутеном-1, этилена с 4-метилпентеном-1 и пропилена с бутеном-1 [281, 793, 1747], пропилена с бутеном-1 и октеном-1 [1822].

Состав сополимера пропилена с винилхлоридом определяли из отношения оптических плотностей D_{1380}/D_{1255} [1044]. В работе [1352] для этого использовали относительные интегральные интенсивности полос при 1380 или 1460 $см^{-1}$ и внутреннего стандарта — комплекса колебаний $\delta_a(CH_3)+\delta(CH_2)$. Определение концентрации при калибровке проводили с помощью элементного анализа, который дает точные результаты.

Для сополимеров акрилонитрила аналитической полосой или внутренним стандартом может служить полоса поглощения $C{\equiv}N$-группы при 2244 $см^{-1}$ в сочетании, например, с полосой 1043 $см^{-1}$ (колебание $S{=}O$-группы) при сополимеризации акрилонитрила с аллилсульфокислотой [565] (см. рис. 2.4). Сополимеры метакрилонитрила с акрилонитрилом лучше всего анализировать в области валентных колебаний CH-группы [649], так как характеристическая полоса метакрилонитрила при 1215 $см^{-1}$ не пригодна для анализа из-за ее очень большой чувствительности к изменениям длины блоков.

В ряде работ [696, 911, 1356, 1661] проведен ИК-спектроскопический анализ сополимеров метилметакрилата. Спектр самого полиметилметакрилата сильно отличается от спектров сополимеров. Большинство полос чувствительно к микротактичности или длине блоков, поэтому их использование для анализа ограничено (см. разд. 5.6.4).

Для анализа сополимеров винилацетата с метилакрилатом предложено использовать полосы поглощения сложноэфирных групп обоих компонентов: полосы при 1250 $см^{-1}$ (винилацетата) и при 1170 см$^{-1}$ (метилакрилата) [250]; для регистрации спектра готовили раствор сополимера в ацетонитриле.

Сополимер винилацетата с винилхлоридом можно анализировать по полосе поглощения карбонильной группы [564]. Для анализа сополимер растворяют в тетрагидрофуране, для калибровки используют поливинилацетат. В работах [1705, 1878] сравнивали интенсивности поглощения C=O- и CH_2-групп.

Состав сополимеров, содержащих стирол, можно оценивать в первую очередь по интенсивной полосе поглощения фенильной группы при 700 см$^{-1}$, о чем упоминалось ранее. Сополимер бутадиена со стиролом (стирольный каучук) можно рассматривать как четырехкомпонентную систему (стирол и три изомера бутадиена) [118, 586, 815, 816, 952]. То же самое можно сказать и о нитрильном каучуке [815]. Состав сополимеров α-метилстирола со стиролом можно определить анализом валентных колебаний [1355]; соответствующий расчет позволяет учесть вклад перекрывающихся полос.

Проведено ИК-спектроскопическое исследование сополимеров акриламида с метакриламидом [315]. Определяли коэффициенты экстинкции полос поглощения карбонильной группы при 1653 см$^{-1}$ (λ=6,05 мкм) и амидной — 3279 см$^{-1}$ (λ=3,05 мкм). Было показано, что отношение $\varepsilon_{CO}/\varepsilon_{NH_2}$ постоянно и не изменяется в результате введения в сополимер метильной группы. Состав сополимера рассчитывают из отношения оптических плотностей D_{CO}—D_{CH_3} (полоса поглощения метильной группы при 1471 см$^{-1}$).

Ниже приводится дополнительная литература по количественному анализу сополимеров: аценафтилена со стиролом [1773], акрилонитрила с бутадиеном [361а, 1563], акрилонитрила со стиролом [746, 1468, 1707], акрилонитрила с винилсульфокислотой [951], акриловой кислоты с бутадиеном [1513], этилена с бутеном-1 [810], этилена со стиролом [747], окиси этилена с окисью пропилена [1826], бутадиена со стиролом [1830], ε-капролактама с α-пирролидоном [855], целлюлозы с полиакрилонитрилом [721], изооктилметакрилата со стиролом [745], изопропенилхлорида с винилхлоридом [223], метилакрилата с бутадиеном [1562], пропилена со стиролом [318].

5.6.4. АНАЛИЗ БЛОЧНОСТИ

При расшифровке спектра сополимера с точки зрения анализа блочности нужно в первую очередь обращать внимание на изменения интенсивности полос и их смещение. Есть основания предполагать, что изменение полуширины или контура полосы вызывается уменьшением длины блоков*. Например, в спектрах сополиме-

---

* На контур полосы оказывает влияние множество факторов, и пока не представляется возможным выделить среди них длину блока как доминирующий фактор. — *(Прим. ред.)*

ров метилакрилата со стиролом наблюдается уменьшение полуширины полосы поглощения карбонильной группы (1733 $см^{-1}$) с уменьшением содержания метилакрилата [782].

Информативность спектров разных сополимеров очень различна. Иногда вывод о микроструктуре можно сделать лишь качественный, а при некоторых комбинациях мономеров по ИК-спектру сополимера ничего нельзя сказать о ней. К тому же не всегда можно определить, имеем ли мы истинный сополимер или только смесь гомополимеров. Сказанное, в частности, относится к системам с малой концентрацией сомономера. Для детального анализа микроструктуры необходимо знать характеристические полосы поглощения, чувствительные к длине блоков, а также (по возможности более точно) типы колебаний, вносящих вклад в данную полосу. Определение параметров распределения блоков по длинам (связки, число блоков и т. п.) возможно в настоящее время лишь для малого числа сополимеров (этилен — пропилен, винилхлорид — винилиденхлорид). На основании указанных выше причин невозможно спектроскопически отличить блок- и привитые сополимеры от соответствующих гомополимерных смесей.

Измерения дихроизма являются косвенным методом оценки микроструктуры цепи. Для этого исследуют дихроизм характеристических колебаний мономерных звеньев; образец готовят в виде ориентированных пленок или волокон [1393, 1430].

В данном разделе рассмотрены изменения интенсивностей полос и сдвиги частот, наблюдаемые в спектрах различных сополимеров. Обзорные данные по ИК-спектроскопии сополимеров содержатся в работах [610, 699, 1349, 1498].

Метилметакрилат — акрилонитрил. Сополимеры метилметакрилата с акрилонитрилом оказались очень удачной системой для спектрального анализа структуры цепи. В их спектрах, по сравнению со спектрами гомополимеров, многие полосы смещены и изменяют интенсивность. Так, среднеинтенсивная полоса полиакрилонитрила при 1073 $см^{-1}$ пропадает после введения в полимер 30% метилметакрилата [1484]. В основном изменения затрагивают конформационно и соответственно координационно чувствительные полосы поглощения метилметакрилата, лежащие в области от 700 до 1500 $см^{-1}$ (рис. 5.20) [696, 1484, 1498].

Интенсивность полосы при 1060 $см^{-1}$, которая характерна лишь при синдиотактической структуре цепи, уменьшается с ростом содержания акрилонитрила. Обе дублетные полосы при 1270/1240 и 1195/1155 $см^{-1}$ переходят в два синглета при приближении состава сополимера к эквимольному. Предполагают [617], что эта группа полос связана с четырьмя типами конформации С—О-группы. Помимо названных полос изменение интенсивности, более или менее заметное, наблюдается и для полос при 1483 и 967 $см^{-1}$ (вероятно, эти полосы относятся к колебаниям метильной группы, находящейся в α-положении [1214]), а также для полос, лежащих в других областях спектра. Можно наблюдать смещение частоты для полосы при 750 см$^{-1}$ [1484]. Все описанные эффекты лучше всего объясняются уменьшением средней длины блока. Молекулы обычного* полиметилметакрилата имеют в основном синдиотактическое строение. Появление в цепи чужеродных мономерных

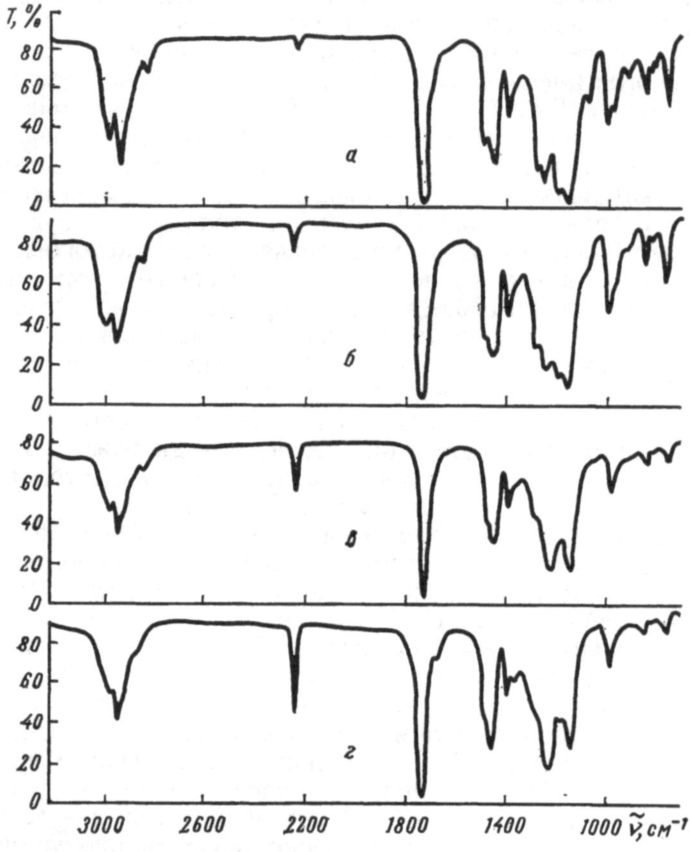

Рис. 5.20. ИК-спектры сополимеров метилметакрилата с акрилонитрилом:

а, б — 7 и 24% (мол.) акрилонитрила (пленка из раствора в хлороформе); *в* — 56% (мол.) акрилонитрила (пленка из раствора в ацетоне); *г* — 71% (мол.) акрилонитрила (таблетка с KBr).

звеньев нарушает синдиотактичность и вызывает изменения внутримолекулярного взаимодействия.

Для оценки доли метилметакрилатных звеньев, связанных в блоки, содержащие более трех звеньев, была выбрана полоса 1060 см$^{-1}$ [1484]. Авторы этой работы показали, что доля более длинных блоков сильно падает уже при содержании акрилонитри-

---

* Полученного радикальной полимеризацией. — (*Прим. ред.*)

ла около 20%, а при эквимольном составе она стремится к нулю. Результаты, полученные на серии сополимеров, хорошо согласуются с теорией.

Сходные явления были обнаружены и для сополимеров метилметакрилата со стиролом [1864].

Отклонения от принципа суперпозиции наблюдали также в спектрах сополимеров метакриловой кислоты с акрилонитрилом [650]. Это касается, в частности, полос поглощения метакриловой кислоты, лежащих в области 1100—1300 $см^{-1}$. Сравнение спектров метилированных продуктов со спектрами сополимеров метилметакрилата и акрилонитрила, полученных обычными методами, показало, что при равном составе спектры приблизительно идентичны.

Сополимеры этилена. Статистические сополимеры этилена с пропиленом изучали многие исследователи. Чувствительность колебания $\gamma_r(CH_2)$ к числу CH_2-групп, связанных друг с другом, позволяет детально проанализировать распределение блоков по длинам. Независимо от этого можно провести количественные исследования, используя комплекс структурно чувствительных полос поглощения пропилена в области 970 $см^{-1}$. Подробно анализ блочности в сополимерах этилена с пропиленом рассмотрен в разд. 6.1.3.

Область колебаний $\gamma_r(CH_2)$ используют также для анализа структуры цепи других сополимеров этилена. Так, полосы при 833, 770, 752, 726 и 722 $см^{-1}$ в спектре сополимера этилена с винилхлоридом отнесены к колебаниям метиленовых цепочек $(CH_2)_n$, где $n=1$, 2, 3, 4 и $\geqslant 5$ соответственно [407]. Поглощение при 750 $см^{-1}$, отсутствующее в спектрах обоих гомополимеров, относят к блоку типа $(CH_2)_3$. Появление этой полосы в спектре рассматривают как доказательство следующего чередования звеньев: винилхлорид — этилен — винилхлорид [1149, 1150]. Исследованы также сополимеры этилена с винилацетатом [407, 529, 531]. Произведение величин реакционной способности r_1r_2 можно рассчитать из ИК-спектроскопических данных по содержанию изолированных звеньев в цепи сополимера.

В результате сополимеризации этилена с бутадиеном, проводимой при —25 °С с использованием катализаторов Циглера — Натта, образуется кристаллический продукт. Работая с тщательно очищенными исходными соединениями, получили сополимеры, обладающие регулярной структурой [1251]. Данные микрорентгеноструктурного анализа и ИК-спектроскопии указывают на чередование звеньев этилена и *транс*-1,4-бутадиена в макроцепи. Вместо полосы при 722 $см^{-1}$ (длинные метиленовые цепочки) в спектре появляется полоса при 728 $см^{-1}$ (блок из четырех CH_2-групп). В этой области поглощает также сополимер этилена с бутеном-2, что, согласно [1249], указывает на чередующуюся структуру этого сополимера. Наряду со слабым поглощением блока $(CH_2)_{>4}$ было обнаружено сильное поглощение, относящееся к фрагменту $(CH_2)_2$.

Исследование сополимеров этилена с трифторпропиленом проведено в [530].

Сополимеры винилхлорида. Сополимеры винилхлорида (ВХ) с винилиденхлоридом (ВДХ) являются хорошими объектами для анализа длин блоков [395, 509, 891, 922, 1220, 1731, 1732]. Как известно, ножничные колебания CH_2-группы испытывают влияние атомов, окружающих метиленовые группы, поэтому в спектре сополимеров можно различить три возможные комбинации фрагментов:

ВХ—ВХ —CHCl—CH_2—CHCl— 1434 $см^{-1}$

ВДХ—ВХ —CCl_2—CH_2—CHCl— 1420 $см^{-1}$

ВДХ—ВДХ —CCl_2—CH_2—CCl_2— 1405 $см^{-1}$

При количественной обработке этого комплекса полос [509] по значениям интенсивностей отдельных полос рассчитали частоту появления тех или иных связок. В более ранних работах [395, 1220] было установлено, что частота CH-деформированного колебания звена ВХ понижается при увеличении содержания ВДХ в сополимере. Трем полосам при 1247, 1235 и 1197 $см^{-1}$ были приписаны три различные триады: ВХ—ВХ—ВХ, ВДХ—ВХ—ВХ и ВДХ—ВХ—ВДХ; рассчитаны также длины блоков.

Изучена структура сополимера ВХ—ВДХ с привлечением дейтерированных мономеров [398]. Интерпретируя ИК- и ЯМР-спектры таких систем, авторы пришли к выводу, что в ходе сополимеризации присоединение происходит только по типу «голова к хвосту».

Анализ ножничных колебаний CH_2-группы позволяет успешно характеризовать сополимеры ВДХ с изобутиленом. Удается определить концентрацию диад и среднюю длину блока [768]. Полосу при 1424 $см^{-1}$, которая есть в спектрах сополимеров и отсутствует в гомополимерах, относят к колебанию CH_2-групп, связывающих звенья ВДХ и изобутилена.

При сополимеризации винилацетата с винилхлоридом микротактичность поливинилхлоридных блоков изменяется. Такой вывод сделан на основании изменения отношения оптических плотностей D_{635}/D_{692} [1415]. Согласно [1706], удается надежно отличить сополимер винилхлорида с винилацетатом от смеси соответствующих мономеров по отношению оптических плотностей полос, лежащих в области 600—700 $см^{-1}$.

Изучено два набора сополимеров винилхлорида с пропиленом разных составов [1350]. Эти сополимеры получали радиационной полимеризацией при —63 и 23 °С. Появление в макроцепи звеньев пропилена приводит к уменьшению средней длины блоков винилхлорида и вызывает тем самым усиление полос аморфности и ослабление полос регулярности поливинилхлорида. Авторы указанной работы показали также, что спектры гомо- и сополимеров во многом различаются. Например, интенсивность полосы колебания CH-группы поливинилхлорида при 1253 $см^{-1}$ снижается с увеличением содержания пропилена; в областях 1260 и 1287 $см^{-1}$ появляются две новые полосы поглощения, относящиеся к чередующейся структуре

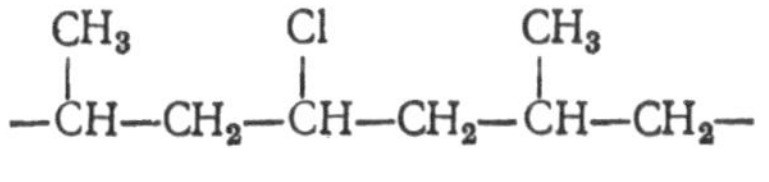

Как и ожидалось, характерные изменения происходят также в области колебаний CCl-группы. Подробное исследование комплекса полос поглощения этой группы провели, используя метод графического разделения.

Сополимеры метакрилонитрила. В спектрах сополимеров метакрилонитрила имеется полоса при 1215 $см^{-1}$, очень чувствительная к длине блока. Сильная характеристическая полоса поглощения полиметакрилонитрила при 1215 $см^{-1}$, которая, вероятно, связана со скелетным колебанием конфигурации $CH_3—\overset{|}{\underset{|}{C}}—CN$ [1556], резко снижается в спектре сополимера. Например, она очень слаба в спектре сополимера акрилонитрила с метакрилонитрилом эквимольного состава [649]. Очевидно, при таком составе бóльшая часть метакрилонитрила связана в короткие блоки и в результате этого не проявляется структурно чувствительное колебание скелетной цепи. По теории такая ситуация должна реализоваться при $r_1r_2=0{,}58$. Исчезновение полосы 1215 $см^{-1}$ наблюдается также очень четко в спектрах сополимеров метакрилонитрила с бутадиеном [1487].

Сополимеры тетрафторэтилена с трифторхлорэтиленом. Полоса CCl-валентного колебания политрифторхлорэтилена лежит при 971 $см^{-1}$. Политетрафторэтилен не поглощает в области 900—1000 $см^{-1}$. В спектрах сополимеров были обнаружены две дополнительные полосы поглощения при 957 и 967 $см^{-1}$, интенсивность которых зависит от состава сополимера [733]. Одна из этих полос была отнесена к изолированным звеньям трифторхлорэтилена, другая — к новым химическим связям m_1m_2*:

957 $см^{-1}$ $m_1—m_2—m_1$

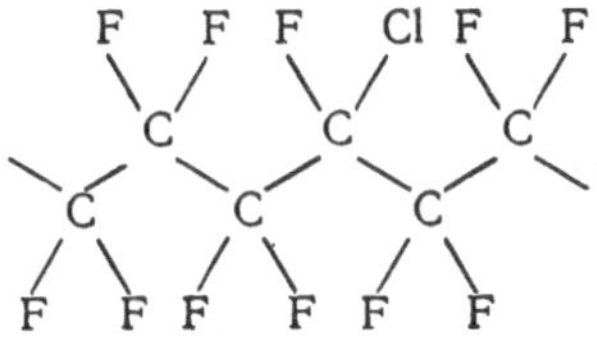

* Связь вновь появляющихся полос в ИК-спектрах сополимеров с колебаниями новых химических связей в скелете макроцепей в общем виде некорректна. Колебания таких связей нехарактеристичны и сильно зависят не только от химической, но и от стереохимической структуры соседних сомономеров, а также от межмолекулярных взаимодействий. — *(Прим. ред.)*

967 см$^{-1}$ m_1—m_2—m_2

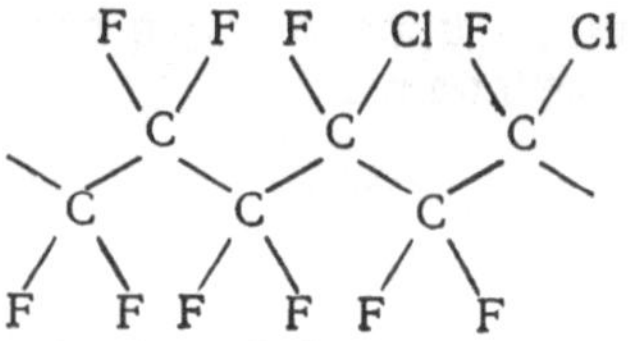

967 см$^{-1}$ m_2—m_2—m_2

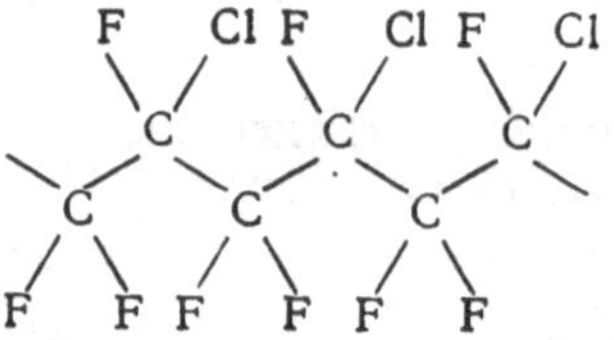

Из приведенной схемы можно понять, почему в спектрах сополимеров с незначительным содержанием трифторхлорэтилена появляется только полоса при 957 см$^{-1}$. При низких концентрациях трифторхлорэтилена его звенья располагаются в цепи изолированно. При эквимольном составе сополимера в спектре появляется, как и ожидалось, двойная полоса (957—967 см$^{-1}$).

Получены и исследованы сополимеры пропилена с трифторэтиленом, структура которых очень близка к чередующейся [1380]. Спектр такого сополимера совершенно не похож на спектры обоих гомополимеров. Четыре сместившиеся полосы поглощения при 3001, 2897, 2955 и 2855 см$^{-1}$ (в пропилене — при 2956, 2915, 2869 и 2839 см$^{-1}$) можно отнести к валентным колебаниям CH_3- и CH_2-групп в структурах типа $CF_2CFClCH_2CH(CH_3)CF_2CFCl$.

Сополимеры стирола. В спектрах различных сополимеров стирола, в частности в сополимерах с метилметакрилатом, наблюдается смещение полосы поглощения стирола с 1068 см$^{-1}$ в область 1075 см$^{-1}$ при уменьшении содержания стирола [1864]. Кроме того, было высказано предположение, что появление полосы при 543 см$^{-1}$ связано с наличием полистирольных блоков с $n>3$. Близкие результаты были получены при исследовании сополимера стирола с бутадиеном и акрилонитрилом [1413]. Рассматривали колебание фенильной группы, взаимодействующее с деформационным колебанием алифатического углеродного скелета. Изолированное звено стирола поглощает при 560 см$^{-1}$. Блоки, содержащие от двух до трех звеньев стирола, поглощают при 550—555 см$^{-1}$, блоки из четырех-пяти стирольных звеньев — при 545 см$^{-1}$ и блоки с $n>5$ — при 540 см$^{-1}$. В последнем случае мы имеем атактический полистирол. Приведенные данные позволяют определять содержание различных фрагментов цепи во многих стиролсодержащих продуктах. Так, используя эти данные, проводили анализ структуры блоксополимеров стирол-бутадиен-стирол [641].

В спектрах сополимеров стирола с акрилонитрилом наблюдается смещение некоторых полос, характерных для гомополистирола, а также полосы колебания $\nu(C\equiv N)$ [433]. Кроме того, изменяется интенсивность полосы 1603 см$^{-1}$ по сравнению с ее интенсивностью в спектре чистого полистирола [821].

Распределение блоков по длинам в сополимерах стирола с ангидридом малеиновой кислоты рассчитывали [24, 610] на основании изменений отношения оптических плотностей D_{760}/D_{700} (см. разд. 5.6.2). Это отношение связано со структурой блока из трех звеньев:

$$D_{760}/D_{700} = \varepsilon_1 f_{\text{ccc}} + \varepsilon_2 f_{\text{мсс}} + \varepsilon_3 f_{\text{мсм}} \qquad (5.67)$$

где ε_1, ε_2, ε_3 — коэффициенты экстинкции полос поглощения СН-группы ароматических фрагментов при 760 см$^{-1}$ соответственно для триад типа ccc, мсс и мсм, деленные на коэффициент экстинкции полосы при 700 см$^{-1}$, нечувствительной к изменениям длин блоков; f — доля соответствующих звеньев в цепи.

Параметр ε_1 определяют из спектров гомополистирола, параметр ε_3 — из спектров сополимеров, содержащих в основном изолированные стирольные звенья; $\varepsilon_2 \approx \varepsilon_1$. Долю $f_{\text{мсм}}$ стирольных звеньев, расположенных в центре триад, рассчитывают по уравнению:

$$f_{\text{мсм}} = \frac{\varepsilon_1 - D_{760}/D_{700}}{\varepsilon_1 - \varepsilon_3} \qquad (5.68)$$

Сополимеры акролеина с акрилонитрилом. Рассмотрим особый случай, когда мономерные звенья содержат группы, способные к внутримолекулярной циклизации.

При изучении спектра сополимера акролеина с акрилонитрилом [1505] выяснили, что при уменьшении содержания акролеина интенсивность полосы поглощения карбонильной группы, вопреки ожиданиям, вначале сильно увеличивается и лишь при концентрации акролеина ниже 20% (мол.) начинает снижаться до нуля. Было высказано мнение, что подобное явление связано с циклизацией соседних альдегидных групп, в результате чего в поглощение при 1724 см$^{-1}$ вносят вклад лишь изолированные акролеиновые звенья. Относительная концентрация изолированных звеньев возрастает при увеличении содержания сомономера.

Такие же наблюдения были проведены на сополимерах акролеина и метакролеина с метакрилонитрилом [1506].

Имеются также сведения о результатах ИК-спектроскопических исследований других сополимеров: аценафтилена со стиролом [1773], окиси этилена с окисью пропилена [948], пропилена с бутеном-1 [618, 793], стирола с пропиленом [1865], сополимеров тетрафторэтилена [1662, 1663], этилена с пропиленом и стиролом [1779], этилена с винилацетатом [974].

5.7. АНАЛИТИЧЕСКОЕ ПРИЛОЖЕНИЕ ИК-СПЕКТРОСКОПИИ ПОЛИМЕРОВ

5.7.1. ИДЕНТИФИКАЦИЯ ПОЛИМЕРОВ И ОПРЕДЕЛЕНИЕ СОПУТСТВУЮЩИХ СОЕДИНЕНИЙ (В. КИММЕР)

Идентификация неизвестных пластмасс и эластомеров, а также низкомолекулярных соединений, которые могут в них содержаться, занимает важное место в аналитической химии полимеров. ИК-спектроскопия оказывается здесь наиболее подходящим методом, так как с ее помощью очень быстро можно определить химическое строение и наиболее важные структурные особенности полимерного вещества и сопутствующих соединений. Многообразие методов препарирования полимеров, а также большое число физико-химических методов обогащения и разделения позволяет получать разрешимые и четкие спектры почти для всех исследуемых полимерных систем и возможных примесей.

Для идентификации полимеров в основном используют среднюю ИК-область (200—4000 $см^{-1}$). В этой области проявляется около 80% основных колебаний молекул важнейших полимеров. Дальнюю и ближнюю ИК-области используют для количественных исследований реже*.

Расшифровку ИК-спектров полимеров проводят чаще всего полуэмпирически. Для простоты анализа принимают, что спектр состоит из полос поглощения, которые относятся к колебаниям небольших известных групп макромолекулы. При таком подходе не учитывается механическое и электрическое взаимодействие колеблющихся мономерных звеньев [702, 703]. Если силы внутри- и межмолекулярного взаимодействия малы, как это имеет место в аморфных полимерах с нерегулярной структурой цепи, то при решении задач, связанных с идентификацией, можно пользоваться различными полуэмпирическими приближениями. Относительно же кристаллических полимеров, обладающих высокой стерической и конформационной упорядоченностью, этого сделать нельзя [702], поскольку вследствие значительных внутри- и межмолекулярных взаимодействий в спектре имеется больше полос, чем этого можно было бы ожидать на основании модели колебаний маленького мономерного звена без учета взаимодействия соседних звеньев. Спектры аморфных полимеров можно интерпретировать исходя из колебаний мономерных звеньев. Идентификация же химически однородных и кристаллических полимеров требует применения точных методов теории групп и правил отбора**. Расчеты нормальных колебаний проводят на основании рентгенографических данных об элементарной ячейке кристаллического полимера (см. гл. 3).

Выше речь шла об идеальных полимерах, т. е. о полимерах строго определенного строения, цепи которых имеют бесконечную длину и не взаимодействуют с другими цепями. Для технических

---

* Дальняя ИК-область (400—50 $см^{-1}$) несет в себе богатую информацию о структуре цепи и межмолекулярных взаимодействиях в полимере. Однако использование этой области для аналитических целей лимитируется отсутствием надежных корреляционных таблиц. — *(Прим. ред.)*

** Идентификация кристаллических полимеров ничем принципиально не отличается от приемов идентификации аморфных полимеров и не требует специальной теории. Соответствующие теоретические представления необходимы лишь в том случае, если исследователя интересуют тонкие детали структуры цепи и кристалла полимера. Однако такая проблема, как правило, не стоит при идентификации неизвестных систем. — *(Прим. ред.)*

полимеров указанные условия выполняются в малой степени или совсем не выполняются. В реальных полимерах не реализуется 100%-ное присоединение по типу «голова к хвосту»; в цепи есть разветвления, никогда не бывает очень высокой стереорегулярности и нет полностью спиральной конформации. Макромолекулы имеют различную длину. Возможно перехлестывание цепей и образование складок. Все это сказывается на упорядоченном состоянии полимера. Таким образом, на практике мы встречаемся с существованием структурных дефектов, влияние которых на ИК-спектры еще мало изучено [1900].

Кроме того, для реальных полимеров полосы групповых, цепочечных и скелетных колебаний определяются конформацией цепи, ее стереорегулярностью, химической регулярностью, кристалличностью полимера, а также меж- и внутримолекулярным взаимодействием. Кроме того, в спектрах можно ожидать появление полос, обусловленных остатками мономера, эмульгаторов, катализатора, регуляторов, а также вводимых в реакцию или в готовый полимер стабилизаторов, наполнителей, пластификаторов, антистатиков, красителей, антивоспламенителей, мягчителей и т. д. Все эти ингредиенты вносят вклад в спектр. Есть полимеры, которые часто применяют в промышленности без добавок. Это, например, полиэтилен, полистирол, полиэтиленгликольтерефталат и др.

Наблюдаемые в спектрах сополимеров смещения полос и изменения их интенсивностей, а также появление новых полос можно рассматривать как влияние длины блоков и возможное перекрывание полос.

Из сказанного выше следует, что структурный анализ технических продуктов в большинстве случаев отличается от анализа химически однородных кристаллических полимеров. Поэтому идентификацию здесь проводят по групповым частотам, которые можно надежно определить из спектра и интерпретировать. На основании полученных данных судят о природе полимера. Если известно, к какому классу полимерных соединений относится данный образец, то идентификацию осуществляют путем сравнения его спектра с набором известных спектров. При этом надо помнить, что ИК-спектр макромолекулы не является абсолютно специфичным для данного полимера, а характеризует класс полимерных веществ в целом. ИК-спектр низкомолекулярных веществ обычно же однозначно характеризует данное соединение*.

Теперь становятся понятными незначительные различия в спектрах полимеров, построенных из одинаковых или похожих мо-

---

* Это утверждение автора неверно. Теоретический ИК-спектр макромолекулы так же индивидуален, как и спектр молекулы низкомолекулярного соединения. Однако из-за химической, стереохимической и морфологической неоднородностей полимера реальный спектр представляет собой суперпозицию спектров различных макромолекулярных образований, что усложняет интерпретацию такого спектра. — *(Прим. ред.)*

лекул. Например, мало отличаются спектры метиловых и этиловых эфиров одних и тех же кислот. Поэтому их очень трудно однозначно идентифицировать в смесях эфиров или солей жирных кислот. В таких случаях нужно провести омыление или же перевести соли в свободные кислоты и затем, используя другие методы анализа (например, тонкослойную хроматографию или хроматографию на бумаге), осуществить идентификацию. Возможен еще один трудный случай анализа: спектр полимера содержит мало полос поглощения, которые к тому же неспецифичны (полиэтилен). Наличие таких полимеров в смеси или в сополимере определить трудно. Здесь необходимо воспользоваться методами разделения, а при анализе сополимеров — применить компенсационный метод. Увеличение внутрицепных взаимодействий между колебаниями соседних мономерных звеньев делает спектральные различия более четкими, что позволяет различать полимеры близкого химического строения.

При анализе полимеров, полученных из одних и тех же мономеров при разных условиях, можно провести интерпретацию некоторых полос на основании структурных различий. Классическим примером такого подхода является спектральный анализ синтетического каучука (см. разд. 6.10.1), для которого удалось показать четкую зависимость распределения изомеров бутадиена от способа получения. Последние результаты позволяют идентифицировать отдельные виды каучуков (термостойкий, морозостойкий) также и в присутствии сомономеров (стирол, акрилонитрил).

Спектроскопическое разделение полиэтилена низкого и высокого давления провести трудно, поскольку спектры этих полимеров очень похожи. Их количественный анализ, однако, возможен на основании различий в степени разветвленности (см. разд. 6.1.1.). Надежность ИК-анализа в этом случае можно повысить рентгенографическими исследованиями, так как по степени упорядоченности оба полимера заметно отличаются.

Несмотря на хорошее соответствие между спектром анализируемого образца и спектром эталона, необходимо учитывать присутствие посторонних компонентов, которые из-за их малого содержания трудно определить. Так, полиэтилен может содержать в очень небольшом количестве другие члены гомологического ряда алкенов (например, бутены). Надежно эти примеси удается зарегистрировать лишь с помощью дифференциальной спектроскопии [1498]. Кроме того, метод дифференциальной спектроскопии позволяет выделить полосы поглощения пластификатора в спектре пластифицированного полимера путем компенсации полос поглощения полимера. Таким образом, можно идентифицировать пластификатор без его предварительного отделения.

В спектрах соединений не очень высокой молекулярной массы появляются слабые дополнительные полосы, вызванные поглощением концевых групп. Обычно это не имеет никакого значения для идентификации полимера, однако в некоторых случаях по этим полосам можно получить информацию о методе получения вещества.

Перед проведением ИК-анализа полимера нужно точно установить конечную цель исследования, поскольку этим в основном определяется объем и последовательность операций. Продолжительность работы значительно сократится, если целью исследования является идентификация только его полимерной основы. Если же кроме этого нужно сделать какие-то выводы о стабилизаторах, эмульгаторах или пластификаторах, то наряду с обычной регистрацией и расшифровкой спектра требуется проведение дополнительных работ препаративного характера.

Чаще всего до начала работы уже располагают некоторыми определенными сведениями об объекте исследования. В таких случаях можно целенаправленно проводить препарирование и расшифровку спектра. Если же имеют дело с ИК-спектром неизвестного полимера, то, исходя из наличия или отсутствия полос поглощения различных химических групп [CO, OH, SO, CN, C—O—C, NCO, NH, CCl, CH (аром.) и др.] или связей [C=C (алиф.), C=C (аром.), C≡C], можно определить класс данного полимера или, по крайней мере, ограничить круг возможных вариантов. Например, если отсутствует поглощение кислородсодержащих групп, то, следовательно, можно сделать вывод, что исследуемая система не является полимером простых или сложных эфиров, альдегидов, спиртов и их сополимеров и не имеет кислородсодержащих пластификаторов. Полимеры, содержащие ароматические группы, например полистирол и его производные, можно легко зарегистрировать по полосам колебаний кольца или ν(CH), а также колебаний γ_w (ароматические группы). Быстро и однозначно определяются полимеры, в спектрах которых характеристические полосы достаточно изолированы от других полос, например полоса колебания ν(C≡N) при 2240 $см^{-1}$ в спектрах полиакрилонитрила и сополимеров акрилонитрила или в спектрах изоцианатов.

Расшифровку спектра полимера удается во многих случаях провести с помощью атласа спектров. Таким же способом возможна идентификация ингредиентов системы после их отделения или обогащения. В работах [612, 694, 701, 703, 1291] опубликованы сводные спектры наиболее важных полимеров. Рекомендуется также использовать в практической работе атлас Садтлера*. Решение поставленной задачи можно облегчить, если до начала работы провести качественный и количественный химический элементный анализ. Исходя из присутствия или отсутствия таких атомов, как N, O, галоген, S, P или Si, делают предварительные выводы о природе полимера. Анализ полимеров по основным элементам описан в [953].

ИК-спектроскопически можно идентифицировать также наполнители минеральной природы (тальк, каолин, карбонаты, сульфа-

* См. также IRSCOT (Infrared Structural Correbation tables. Ed R. G. J. Miller and H. A. Willis) Heyden. Son Ltd. Тома 1÷10. — *(Прим. ред.)*

ты). Для этого их выделяют; эта операция не очень трудоемка благодаря малой растворимости указанных соединений. В [288, 1191] опубликованы соответствующие эталонные спектры. Более подробное описание методов спектроскопической идентификации полимеров дано в монографиях [612, 643, 694, 703, 802, 1894].

Специалистам, работающим в области аналитической химии полимеров, можно рекомендовать книгу Хуммеля [703], в которой имеется каталог спектров более чем 1750 полимеров. В этой книге приведены также химические реакции, характерные для наиболее важных классов полимеров и помогающие при идентификации. Для облегчения интерпретации полос спектра Хуммель приводит комбинации полос из спектров отдельных полимеров. Кроме этого в работе имеется большое число ссылок на работы по спектроскопической идентификации полимеров.

Расшифровку спектра проводят не только путем сравнения его со спектрами, имеющимися в каталоге. Можно воспользоваться шифрованными картами с краевой перфорацией, которые вручную или с помощью машины подбирают по определенным признакам. Введение в современную спектроскопию электронной обработки данных способствует усовершенствованию такой системы расшифровки.

Выбор спектров для сравнения по каталогу или перфокартам определяется поставленной задачей. Например, если проводят идентификацию одного класса полимеров, то имеет смысл разработать такую аналитическую схему, которая позволит, комбинируя химические и физико-химические методы, вести исследование полимеров и сопутствующих веществ в логически обоснованной последовательности.

Для опытного спектроскописта часто не представляет трудности по ИК-спектру неизвестного полимера отнести его к определенному классу полимерных веществ. Однако часто трудно сделать вывод о природе незначительных примесей на основании ИК-спектра того же полимера. Для того чтобы облегчить расшифровку спектра, составлена таблица (рис. 5.21), в которой для различных полимеров указаны от четырех до семи наиболее сильных и характеристических полос поглощения. Неспецифические полосы при этом не рассматриваются.

Возможности ИК-спектроскопии для идентификации полимеров можно показать на следующем примере.

На рис. 5.22 изображен ИК-спектр неизвестного сополимера, образец которого был приготовлен в виде пленки. Четко видны полосы поглощения стирола при 700, 760, 1495 и 1603, а также 3030 $см^{-1}$. Кроме того, имеются так называемые полосы «пяти пальцев» (в области 1700—2000 $см^{-1}$), которые перекрываются сильным поглощением CO-группы при 1735 $см^{-1}$. Это полоса сложноэфирной группы, на что указывают четыре полосы поглощения в области 1100—1300 $см^{-1}$. Исходя из положения этих полос, их последовательности и интенсивностей, следует, что это полосы

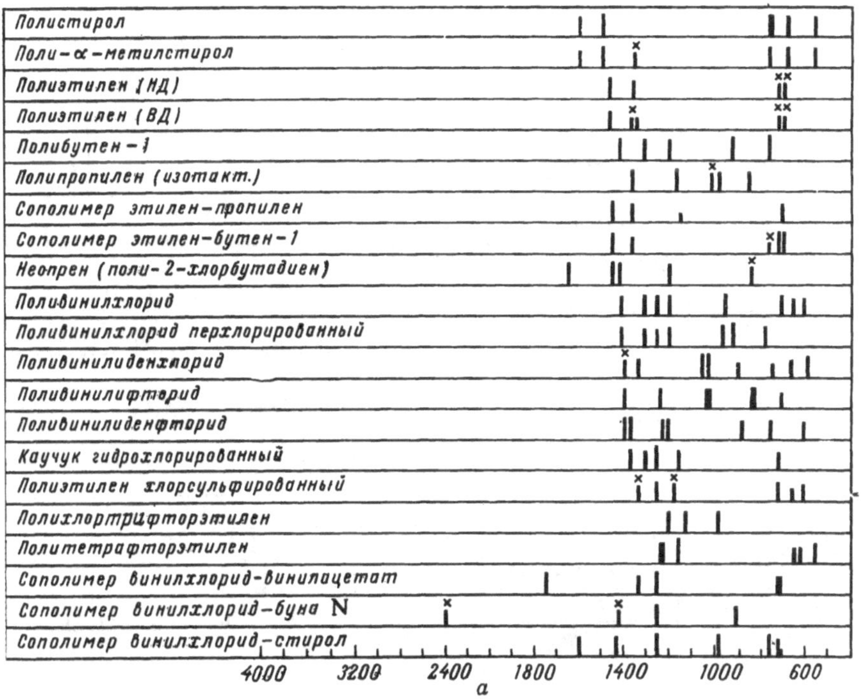
Полистирол
Поли-α-метилстирол
Полиэтилен (НД)
Полиэтилен (ВД)
Полибутен-1
Полипропилен (изотакт.)
Сополимер этилен-пропилен
Сополимер этилен-бутен-1
Неопрен (поли-2-хлорбутадиен)
Поливинилхлорид
Поливинилхлорид перхлорированный
Поливинилиденхлорид
Поливинилфторид
Поливинилиденфторид
Каучук гидрохлорированный
Полиэтилен хлорсульфированный
Полихлортрифторэтилен
Политетрафторэтилен
Сополимер винилхлорид-винилацетат
Сополимер винилхлорид-буна N
Сополимер винилхлорид-стирол
4000
3200
2400
1800
1400
1000
600

а

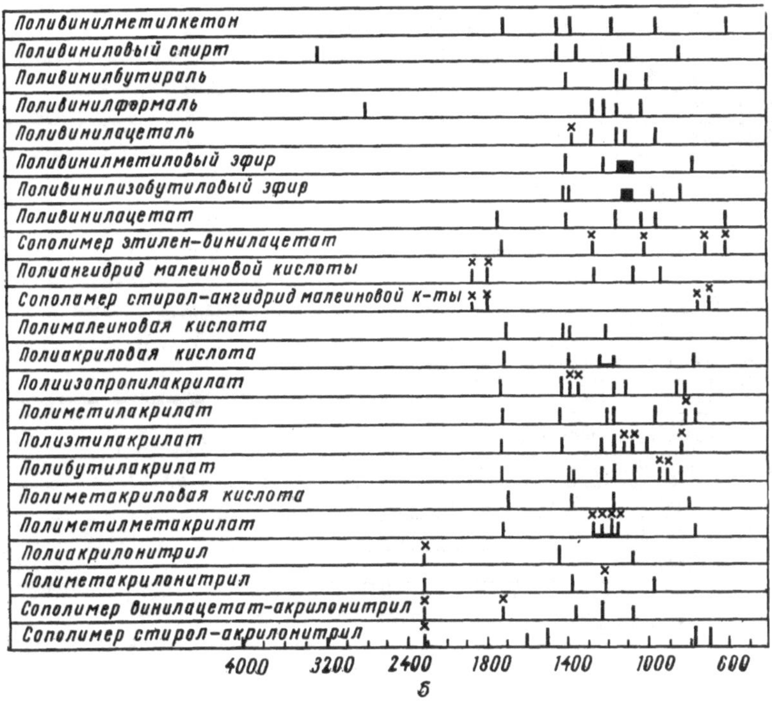
Поливинилметилкетон
Поливиниловый спирт
Поливинилбутираль
Поливинилформаль
Поливинилацеталь
Поливинилметиловый эфир
Поливинилизобутиловый эфир
Поливинилацетат
Сополимер этилен-винилацетат
Полиангидрид малеиновой кислоты
Сополимер стирол-ангидрид малеиновой к-ты
Полималеиновая кислота
Полиакриловая кислота
Полиизопропилакрилат
Полиметилакрилат
Полиэтилакрилат
Полибутилакрилат
Полиметакриловая кислота
Полиметилметакрилат
Полиакрилонитрил
Полиметакрилонитрил
Сополимер винилацетат-акрилонитрил
Сополимер стирол-акрилонитрил
4000
3200
2400
1800
1400
1000
600

б

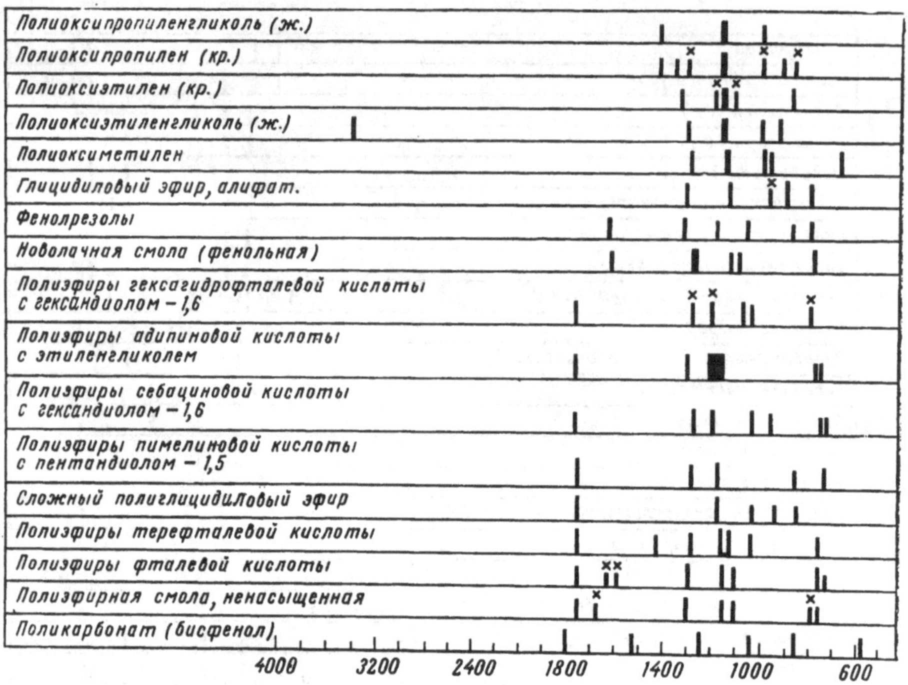
Полиоксипропиленгликоль (ж.)
Полиоксипропилен (кр.)
Полиоксиэтилен (кр.)
Полиоксиэтиленгликоль (ж.)
Полиоксиметилен
Глицидиловый эфир, алифат.
Фенолрезолы
Новолачная смола (фенольная)
Полиэфиры гексагидрофталевой кислоты с гександиолом – 1,6
Полиэфиры адипиновой кислоты с этиленгликолем
Полиэфиры себациновой кислоты с гександиолом – 1,6
Полиэфиры пимелиновой кислоты с пентандиолом – 1,5
Сложный полиглицидиловый эфир
Полиэфиры терефталевой кислоты
Полиэфиры фталевой кислоты
Полиэфирная смола, ненасыщенная
Поликарбонат (бисфенол)
4000
3200
2400
1800
1400
1000
600

в

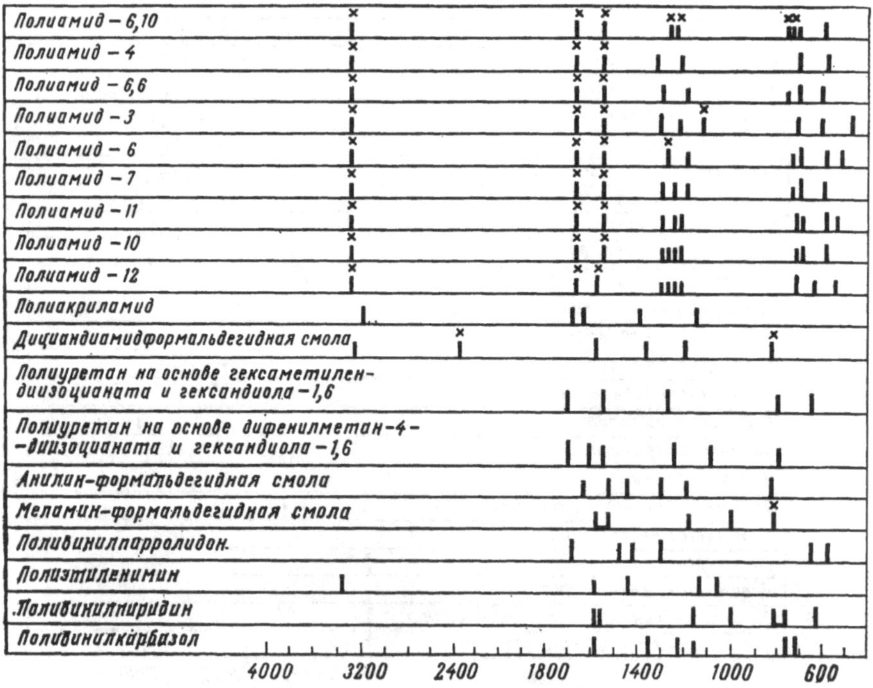
Полиамид – 6,10
Полиамид – 4
Полиамид – 6,6
Полиамид – 3
Полиамид – 6
Полиамид – 7
Полиамид – 11
Полиамид – 10
Полиамид – 12
Полиакриламид
Дициандиамидформальдегидная смола
Полиуретан на основе гексаметилендиизоцианата и гександиола – 1,6
Полиуретан на основе дифенилметан-4-диизоцианата и гександиола – 1,6
Анилин-формальдегидная смола
Меламин-формальдегидная смола
Поливинилпирролидон
Полиэтиленимин
Поливинилпиридин
Поливинилкарбазол
4000
3200
2400
1800
1400
1000
600

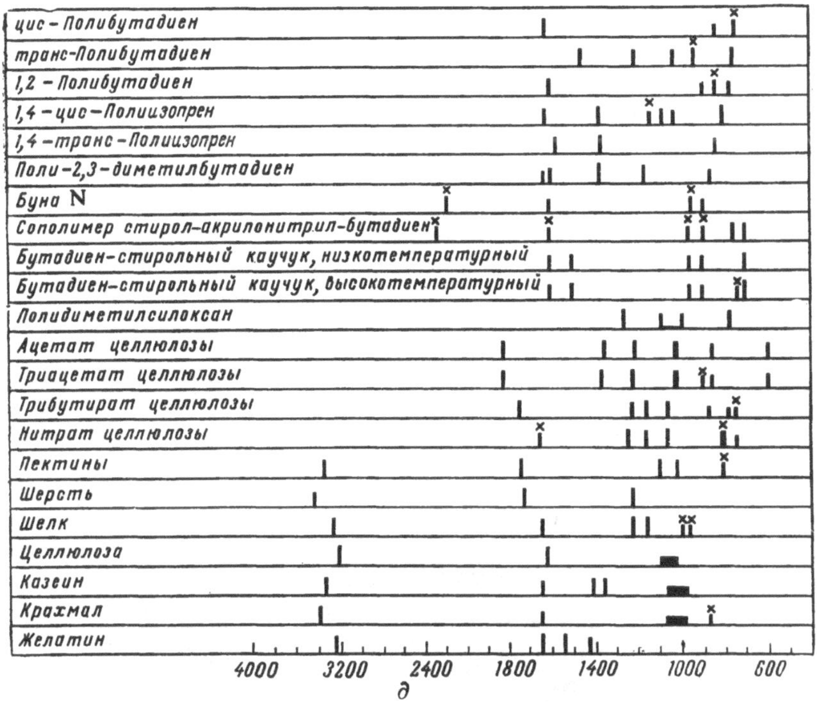

Рис. 5.21. Корреляционная таблица для идентификации полимеров (*а* — *д*).

Длина отрезка характеризует относительную интенсивность полос поглощения |_| — двойные полосы; | — широкие полосы; × — наиболее характеристические полосы.

эфира метакриловой кислоты. Такой вывод подтверждается, кроме того, проявлением колебания $\delta_s(CH_3)$ при 1385 см$^{-1}$. При 910 и 967 см$^{-1}$ четко видны полосы поглощения полибутадиена. При 2240 см$^{-1}$ проявляется поглощение нитрильных групп. На основании этих данных можно сказать об исследуемом образце, что он представляет собой систему, состоящую из звеньев стирола, бутадиена, эфира метакриловой кислоты и акрилонитрила. Проведя такую качественную оценку, далее можно более подробно сделать заключение о структуре полимера. Видно, что бутадиеновые звенья находятся преимущественно в *транс*-конфигурации (полоса при 967 см$^{-1}$). Смещение полосы поглощения стирола от 540 к 545 см$^{-1}$ указывает на то, что стирол не входит в систему в виде гомополимера или блоксополимера. Полосы поглощения в области 1100—1300 см$^{-1}$, проявляющиеся в спектре обычного полиметилметакрилата, в спектре анализируемого продукта смещены и имеют другую интенсивность. Это обусловлено, по-видимому, уменьшением длины блоков за счет реакции полимеризации. В итоге можно сделать вывод о наличии четырехкомпонентного сополимера.

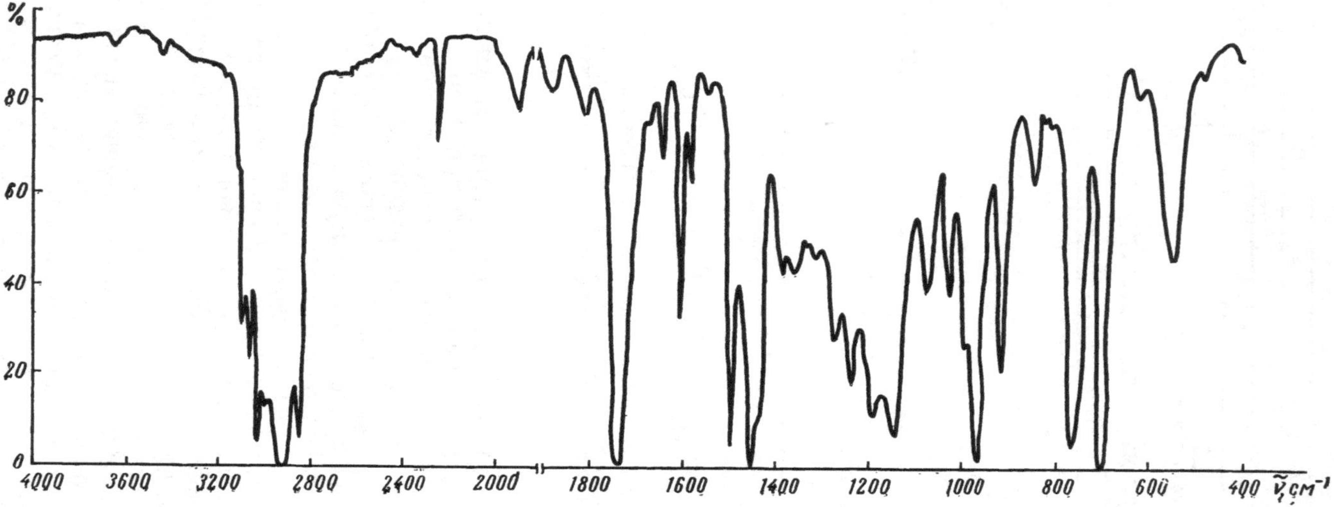

Рис. 5.22 ИК-спектр сополимера.

5.7.2. СПЕКТРАЛЬНЫЕ ИССЛЕДОВАНИЯ ПРОДУКТОВ ПИРОЛИЗА ПОЛИМЕРОВ (В. КИММЕР)

Существует много методов препарирования полимерных твердых тел, которые позволяют получать их в удобном для ИК-спектроскопии виде. Все же препарирование сшитых полимеров представляет довольно трудную задачу. Такие полимеры нерастворимы и нетекучи. Их идентификацию можно проводить, используя пиролиз, т. е. термическое разрушение полимерных молекул с образованием низкомолекулярных соединений. Продукты распада исследуют спектроскопически.

Пиролитический метод получил в последние годы широкое распространение и неоднократно совершенствовался (здесь имеется в виду использование пиролитической хроматографии и ее комбинирование с масс-спектрометрией, а также тонкослойная пиролитическая хроматография). Лишь в особых редких случаях использование для аналитических целей пиролиза с последующей ИК-спектроскопией оказывается неэффективным. Перечисленные выше методы физико-химического анализа обладают относительно большой селективностью, позволяют быстро идентифицировать объект, кроме того, являются более информативными по сравнению с другими аналитическими методами.

Обычно термическое разрушение образца проводят в трубке пиролизного аппарата. Трубка обогревается или регулируемым пламенем, или электропечью (рис. 5.23). В зависимости от летучести продукты пиролиза или собираются в холодильнике (легколетучие), или же осаждаются до него в ячейках пиролизной трубки. Пиролиз можно проводить в воздушной атмосфере, вакууме или в присутствии инертного газа. Расход вещества достаточно большой (до 300 мг). Высокая концентрация первичных продуктов пиролиза, как правило, способствует протеканию вторичных процессов, что, вообще говоря, является недостатком. В ходе различных побочных химических превращений (деполимеризация, перегруппировки, последующая термическая деструкция) образуются новые соединения, и их присутствие уже не позволяет определить первоначальный состав пиролизата. Таким образом, пиролизат представляет собой многокомпонентную смесь, для разделения и идентификации которой недостаточно одной ИК-спектроскопии. Пиролиз следует проводить в строго воспроизводимых условиях. При этом работают с очень маленькими навесками. Например, пиролизуют полимеры, нанесенные на проволоку, подогреваемую электрическим током. Процесс ведут в маленьких кварцевых или золотых тиглях (тепловой пиролиз). Исследуемое вещество, находящееся на проволоке, можно также нагревать с помощью высокочастотного поля. При этом температуру металла повышают до температуры Кюри. Для полимеров наиболее пригодной методикой является ступенчатый пиролиз, в ходе которого одни и те же образцы выдерживают при разных температурах в течение различных промежутков времени. Процесс регулируют с помощью электронных устройств [73, 970, 1793].

Для теплового пиролиза требуется несколько миллиграммов вещества, для пиролиза в поле высокой частоты — несколько микрограммов. ИК-спектроскопический анализ таких количеств проводят с применением специальной микротехники [349]. Вторичные процессы, вызванные накоплением продуктов пиролиза, могут происходить и здесь. Для их регистрации используют проточные системы (газовая хроматография).

При пиролизе некоторых полимеров в результате деполимеризации образуются мономеры (полистирол, полиметилметакрилат,

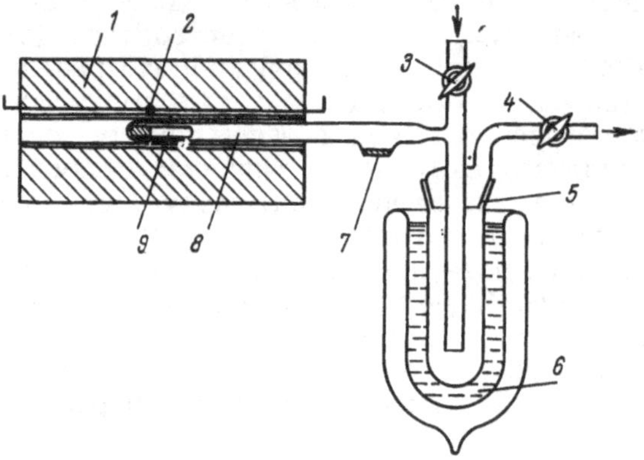

Рис 5.23. Прибор для проведения пиролиза [432]:

1 — трубчатая печь с электронагревателем, *2* — спай термоэлементов, *3* — кран для продувки; *4* — запорный кран; *5* — сосуд со смесью ацетона и метанола для улавливания легко летучих продуктов пиролиза; *6* — баня со смесью ацетона и сухого льда, *7* — углубление в пиролизной трубке для улавливания мало летучих продуктов пиролиза, *8* — пиролизная трубка, *9* — пробирка с полимером

некоторые полиамиды, полиформальдегид, полиэтилен). Во многих случаях наряду с продуктами, содержащими большое количество угля, образуются многокомпонентные жидкие смеси или немного газообразных продуктов. Состав продуктов пиролиза определяется условиями процесса, структурой исходного полимера и вторичными реакциями образовавшихся соединений. Не следует исключать возможность катализа реакции термического расщепления наполнителями, содержащимися в полимере [643].

Важной областью применения пиролиза в комбинации с ИК-спектроскопией является анализ вулканизованных эластомеров (см. разд. 6.10.5). Опубликован обзор работ по пиролизу полимеров [953]. В работе [1005] рассмотрены результаты теплового пиролиза. Описан метод быстрого пиролитического анализа полиуретанов [777]. Полимер помещают на окошко из NaCl и пиролизуют с помощью нагретого шпателя. Наблюдение ведут по полосе поглощения изоцианата при 2270 см$^{-1}$. В [1762] также описан анализ полимеров с использованием пиролиза и ИК-спектроскопии. Подобные исследования синтетических волокон проведены в [233]. Опубликованы ИК-спектры пиролизованных сополимеров этилена с пропиленом [1708]. Разработан метод количественного анализа сополимеров акрилонитрила со стиролом, основанный на пиролизе [567].

Дополнительные данные об ИК-спектроскопическом анализе полимеров, подвергнутых пиролизу, содержатся в работах [187, 749, 1545] и в отдельных главах книг [612, 703].

5.7.3. АНАЛИЗ КОНЦЕВЫХ ГРУПП

Для характеристики полимера очень важно знать природу концевых групп и их концентрацию. Химическая структура концевых групп дает информацию о механизме полимеризации и действии катализаторов [807, 1360, 1911]*. Анализ концевых групп проводят в основном химическими методами. Однако в ряде случаев целесообразно использовать для этой цели ИК-спектроскопию, учитывая ее селективность, быстроту анализа и незначительный расход исследуемого вещества.

Для линейных макромолекул молекулярная масса обратно пропорциональна числу концевых групп в молекуле [959]:

$$\overline{M}_n = \Sigma n_i M_i / \Sigma n_i = \Sigma L_i m / \frac{1}{2} \Sigma L'_i \qquad (5.69)$$

где n_i — число молекул массой M_i; L_i — число звеньев массой m; L'_i — число концевых групп i-ой молекулы (т. е. $L'_i=2$).

Интенсивности характеристических полос основных звеньев цепи и концевых групп пропорциональны величинам ΣL_i и $\Sigma L'_i$. Спектроскопическое определение молекулярной массы возможно лишь для линейных полимеров, поскольку для разветвленных молекул $L_i > 2$, или для полимеров с известной степенью разветвленности. Степень разветвленности, в свою очередь, можно определить по данным анализа концевых групп только при известном значении молекулярной массы полимера.

Определение степени разветвленности с помощью ИК-спектроскопии впервые было проведено на полиэтилене. Применяемые при этом методы описаны в разд. 6.1.1. В результате анализа можно определить не только соотношение метильных и метиленовых групп (полоса колебания $\gamma_r(CH_2)$ чувствительна к числу метиленовых групп в блоке [608]), но также длину короткоцепочечных разветвлений.

Степень разветвленности определена также у поливинилхлорида [141]. Полимер предварительно полностью восстанавливали

* Природа концевых групп дает информацию о реакциях ограничения роста полимерной цепи и в некоторых случаях о механизме инициирования. — *(Прим. ред.)*

с помощью $LiAlH_4$ [303]. Следует отметить, что процесс восстановления не вызывает реакций деструкции полимера. Восстановленный продукт имел такой же спектр, как и полиэтилен. Его степень разветвленности определяли как отношение числа метильных и метиленовых групп, которое, в свою очередь, рассчитывали по отношению оптических плотностей полос при 1378 и 1386 $см^{-1}$.

Использование ИК-спектроскопии для определения молекулярной массы большого числа полимеров подробно рассмотрено в [959]. При анализе сравнивают интенсивности полос поглощения концевых групп с интенсивностью слабых полос поглощения основных звеньев цепи. В основном для этого анализируют полосы обертоновых и комбинационных колебаний. Перекрывание аналитических полос соседними полосами учитывается с помощью разделения контуров полос.

Есть еще один метод определения молекулярной массы. Он состоит в замещении концевых групп сильно поглощающими группами, например путем этерификации концевых спиртовых ОН-групп полиэтиленгликоля с помощью ангидрида уксусной кислоты. Сильная четкая полоса колебания $\nu(C=O)$ сложноэфирной группы сравнима по интенсивности с полосами колебаний $\nu(CH_2)$. Как известно, ОН-группы способны образовывать водородные связи Чтобы избежать этого, проводят измерения при повышенных температурах или в разбавленных растворах. Можно использовать нагреваемую кювету высотой 70 мм с обратным холодильником, в котором пары растворителя сушатся с помощью сухого азота и молекулярных сит. Благодаря такой обработке полностью исключается дополнительное поглощение, вызванное присутствием воды, и можно определять молекулярную массу полиэтиленгликолей вплоть до 40 000. Используя другой способ, определяли достаточно надежно молекулярные массы до 8000 [1040].

Карбоксильные и спиртовые концевые группы полиэтилентерефталата определяли с помощью полос поглощения при 3543 и 3297 $см^{-1}$ [1322, 1813, 1814]. Такая природа этих полос была подтверждена их смещением к 2630 и 2460 $см^{-1}$ при дейтерировании. Для калибровки брали образцы с различным содержанием концевых ОН- и СООН-групп. Их обрабатывали D_2O, при этом аморфные области полностью дейтерировались. После этого образцы сжигали. Содержание HDO-групп определяли спектроскопически. Было показано [317, 1391], что концевые карбоксильные группы в полиэтилентерефталате получаются в ходе термической и гидролитической деструкции. Следовательно, на основании данных о их доле в общем числе концевых групп можно судить о предыстории полимера. При определении концевых групп полиэтилентерефталата в качестве полосы сравнения использовали полосу обертонового колебания фенильной группы при 4080 $см^{-1}$ [959].

Содержание концевых групп в полистироле определяли с помощью полосы поглощения карбонильной группы при 1724 $см^{-1}$ [783]. Область применения метода ограничена такими полистиролами, концевые группы которых содержат компоненты катализаторов, в которых присутствовали C=O-группы. В работе [183] изучали концевые карбоксильные группы политетрафторэтилена; их идентифицировали по образованию ионизированных карбоксильных групп в результате обработки полимера NaOH. В спектре полиакрилонитрила, полученного в присутствии окислительно-восстановительного катализатора, есть полоса (плечо) при 1043 $см^{-1}$, интенсивность которой падает с увеличением молекулярной массы полимера [1859]. Используя для спектральной компенсации полиакрилонитрил, полученный при действии облучения, зарегистрировали дифференциальный спектр, в котором имеется полоса при 1200 $см^{-1}$, которая ведет себя так же, как полоса при 1043 $см^{-1}$. Обе полосы относятся к концевым SO_3H-группам. Исследованы концевые карбоксильные группы, образующиеся в пленках полиэтилена, полипропилена и поливинилового спирта под действием механических напряжений [1788].

5.8. ИССЛЕДОВАНИЯ ПРИ ВЫСОКИХ И НИЗКИХ ТЕМПЕРАТУРАХ

На практике часто нужно снять ИК-спектр при температурах, отличных от комнатной. К таким случаям относятся, например, исследование влияния температуры на структуру полимера, изучение структуры расплавов или реакций, протекающих при повышенных температурах.

Для полиэтилена и других полимеров снижение температуры приводит к общему снижению спектрального фона прежде всего в области низких значений волновых чисел. Кроме того, увеличивается интенсивность* и уменьшается ширина многих полос [822, 1635, 1636]. Указанные эффекты более заметны в спектрах кристаллических полимеров, и они наиболее сильны у тех полимеров, которые, как, например, каучук, могут кристаллизоваться при низких температурах. В подобных случаях имеет значение скорость охлаждения, так как при быстром охлаждении неупорядоченная структура замораживается [1636].

При исследовании полосы колебания $\gamma_r(CH_2)$ полиэтилена [593, 1528] было обнаружено, что при снижении температуры до 5 К полоса при 731 $см^{-1}$ смещается к 734 $см^{-1}$, а полоса при 720 $см^{-1}$ — к 721,5 $см^{-1}$. Смещение заканчивается в основном уже при 80 К, и дальнейшее снижение температуры ведет лишь к уменьшению ширины полос. При изучении изменений в спектрах полиэтилена и сополимеров этилена с пропиленом, вызванных снижением температуры, обнаружили [184], что часть полос смещает-

* Имеется в виду оптическая плотность полосы в максимуме поглощения. Интегральная интенсивность полос при понижении температуры, как правило, меняется слабо. — (*Прим. ред.*)

ся в сторону больших волновых чисел, а часть — в область меньших. К последним относятся полосы валентных колебаний CH_2-группы. В указанной работе предложено четыре объяснения наблюдаемых смещений: а) сжатие полимера при понижении температуры, б) возрастание дисперсионных сил, в) изменения во взаимодействии колебаний, г) конформационные изменения молекулярной цепи. Большую часть спектральных изменений удовлетворительно можно объяснить сжатием и увеличением плотности полимера. Наибольшее смещение частоты наблюдается для колебаний решетки, проявляющихся в области малых значений волновых чисел. Эти колебания обусловлены межмолекулярными взаимодействиями и поэтому сильно зависят от расстояния между цепями [65, 1724, 1903]. Получены спектры аминокислот и полипептидов при температуре жидкого азота [421]. В [1111] изучали спектры целлюлозы, полученные при низких температурах. Наблюдаемые смещения полос объясняли влиянием водородных связей. С помощью ИК-спектроскопии следили за протеканием химических реакций при повышенных температурах [130, 278, 957].

Описаны разнообразные кюветы, которые используют при исследовании, проводимом при высоких и низких температурах (например, в [356, 1837]). В наиболее простых устройствах образец помещают в массивный металлический блок, снабженный окнами для прохождения света и каналами для термостатирующей жидкости. Используя такие кюветы, можно регистрировать ИК-спектр при температурах от —80 до +200 °С. Недостатком является тепловая инерционность системы.

В большинстве кювет, предназначенных для работы при низких температурах, образцы помещают в блок из меди, который находится в контакте с охладителем. Температуру регулируют или изменением поверхности теплового контакта между блоком и охладителем, или же изменением уровня охлаждающей жидкости. Применяют разные охладители, например жидкий гелий [593] (минимальная температура составляет 5К), жидкий кислород [184] (образец можно охлаждать до 22 К).

При исследовании в условиях низких температур образец необходимо оградить от избыточного света. Для этого в спектрометре на пути пучка света помещают тепловой фильтр, который не пропускает интенсивное коротковолновое излучение. Германий поглощает в области выше 5000 $см^{-1}$, сульфид алюминия — выше 1600 $см^{-1}$.

В работе [588] медный блок и образец охлаждали путем непосредственного контакта с жидким кислородом. После испарения кислорода образец медленно нагревали и с интервалом приблизительно в 5 °С регистрировали спектры. Низкотемпературную часть рабочей кюветы с окнами из иртрана-4 помещали в вакуумную камеру с окнами из бромида калия. Описано устройство, охлаждаемое жидким азотом, которое было сконструировано для работ методом НПВО [652].

Охлаждать образец можно и другим способом, например, обдувая его потоком холодного газа. На рис. 5.24 изображена простая кювета, служащая для этой цели. Поток газа вначале проходит через жидкий азот и затем проходит по трубке с двойными стенками (трубка Дьюара) в кювету. Если нужны умеренные температуры, то газ нагревают с помощью электрической спирали. При этом предварительно следует удалить холодный кислород, чтобы в спектрометре не образовался туман. Внешняя поверхность окон кюветы также обогревается электрической спиралью для предотвращения конденсации на них влаги воздуха. Образование тумана

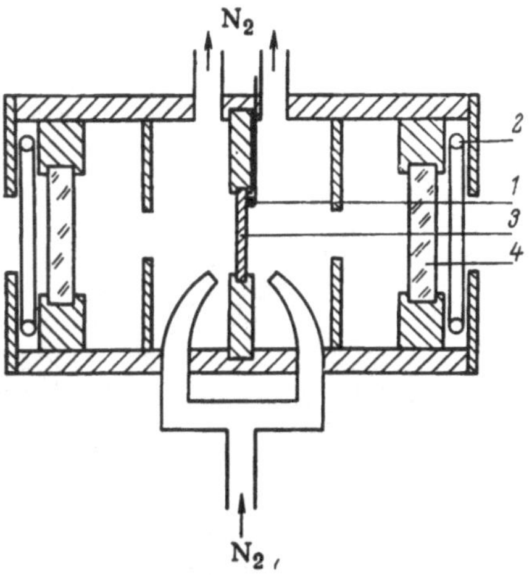

Рис. 5.24. Схема кюветы для работы при температурах от —160 до 60 °С:

1 — термоэлемент; *2* — нагревательная спираль, *3* — образец; *4* — окно из KBr или KRS-5.

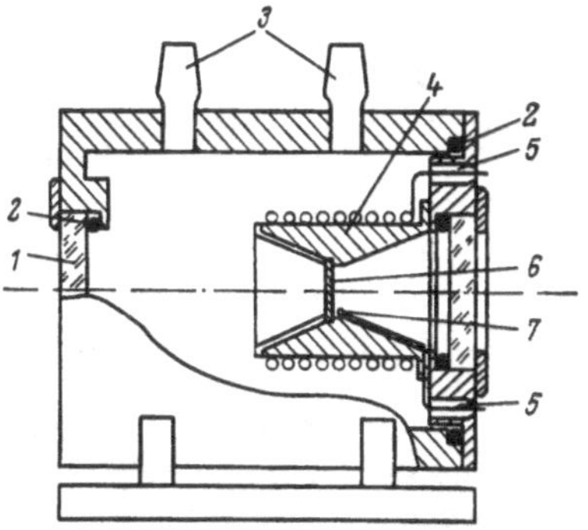

Рис 5.25. Схема вакуумированной кюветы для работы при температурах до 400 °С [323]:

1 — окно из KBr, *2* — уплотнительная прокладка из политетрафторэтилена или силиконового каучука; *3* — патрубки для присоединения к вакуумному насосу или для пропускания инертного газа, *4* — нагревательная печь; *5* — токоподводящий провод; *6* — образец; *7* — термоэлемент.

внутри кюветы невозможно, поскольку в ней всегда имеется избыточное давление сухого кислорода. В работе [1345] жидкий кислород удаляли из аналогичной установки с помощью нагревательной спирали, регулируя температуру образца скоростью испарения кислорода.

Описана кювета с нагревателем, пригодная для исследования полимерных пленок при температурах до 200 °С [130]. Пленки помещают между таблетками из KCl или на таблетку. Перед использованием таблетки отжигают при температуре выше температуры, при которой проводят опыт. Таким образом таблетки предохраняют от помутнения, которое возможно под действием давления в ходе регистрации спектра. Полимеры следует хорошо высушивать перед измерениями и проводить исследования в атмосфере инертного газа или в вакууме, так как во многих полимерах при высокой температуре протекают реакции окислительной и гидролитической деструкции*. Описаны кюветы для работы в контролируемой атмосфере [278, 1804], а также вакуумируемые кюветы. Последние имеют то преимущество, что в них незначительны потери тепла.

На рис. 5.25 показана вакуумируемая кювета, с помощью которой можно регистрировать спектры при температуре до 400 °С. Образец готовят или плавлением полимера на поверхности таблетки из бромида калия, или его осаждением из раствора. Если имеют полимерную пленку, то ее помещают между двумя таблетками из КВr. Для уменьшения растекания расплавленного образца его помещают между таблетками из КВr в горизонтальном положении и ведут плавление в вакуумной печи. Адгезионные силы в такой системе достаточно сильны, и они предотвращают сползание тонкой пленки. В кювете можно создать вакуум до остаточного давления 10^{-3} мм рт. ст. и заполнить ее инертным газом. Для уплотнения кюветных окон, изготовленных из КВr, а также для уплотнения карниза, на котором крепится печь, используют кольца из кремнийорганического каучука или политетрафторэтилена.

Рассмотрим спектры полистирола, полученные при 30 и 230 °С (рис. 5.26). Как можно видеть, с повышением температуры оптические плотности всех полос снижаются. Наиболее заметное уменьшение интенсивности происходит у полос, лежащих в области малых волновых чисел. Экспериментально показано, что для жидкостей и низкомолекулярных твердых веществ существует линейная зависимость между интенсивностью полос поглощения и температурой, при которой эти спектры регистрировали [1010, 1011]. Этот факт объясняли тем, что в результате увеличения среднего расстояния между молекулами уменьшаются дипольные моменты, индуцированные межмолекулярными взаимодействиями, и, как следствие этого, уменьшаются интенсивности. Теоретически было показано [1311, 1312], что учет взаимодействий между внутри- и межмолекулярными колебаниями также приводит к линейной зависимости между интегральной интенсивностью и температурой. Температурные коэффициенты для разных полос различны. Так, в кристаллических полимерах тепловое движение может вызвать значительно более сильное снижение интенсивности полос, поскольку полосы кристалличности чувствительны к межмолекулярному взаимодействию**.

---

* Реакции термической деструкции полимеров идут при высоких температурах даже в инертных средах. Удаление воздуха из системы ограничивает протекание реакций термоокислительной деструкции, которая также может существенно исказить спектр полимера. — *(Прим. ред.)*

** С таким объяснением трудно согласиться. Колебательные спектры органических полимеров отражают в основном внутримолекулярную структуру последних, и изменения межмолекулярных сил вряд ли могут привести к существенным спектральным изменениям. Кроме того, интенсивность колебания определяется не собственно величиной дипольного момента, а его производной по соответствующей нормальной координате $(\partial\mu/\partial q_i)$. — *(Прим. ред.)*

Помимо теплового движения есть и другие причины, которые вызывают снижение интенсивности полос (это снижение, как уже упоминалось, наиболее сильно проявляется в области малых волновых чисел). Так, при высоких температурах возбуждается часть высших колебательных уровней, что ведет к уменьшению заселенности основного уровня и, следовательно, к снижению поглощения.

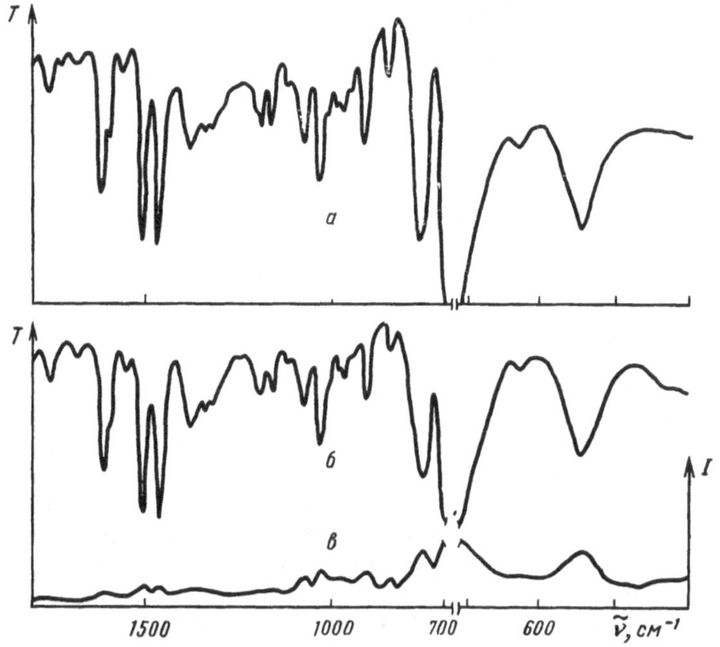

Рис. 5.26. ИК-спектры полистирола, полученные при 30 °C (*а*), 230 °C (*б*), и эмиссионный спектр при 230 °C (*в*)

I — интенсивность излучения.

Помимо термического возбуждения имеет место собственная тепловая эмиссия полимера, которая также вызывает наблюдаемое уменьшение интенсивности. Здесь нужно вспомнить закон Кирхгофа, согласно которому тело, поглощающее селективно, испускает излучение той же длины волны, что и поглощает. Как видно из рис. 5.26, на котором представлены спектры поглощения и испускания полистирола, по меньшей мере изменение интенсивностей, проявляющееся при 230 °C, частично может быть объяснено наложением спектра испускания. В [1259] описана методика экспериментальной корректировки ослабления полос, вызванного испусканием. Авторы предлагают помещать перед образцом откалиброванную диафрагму. Постепенно закрывая ее, достигают такого положения, при котором образец совсем не поглощает, поскольку поглощение полностью компенсируется испусканием. Спектры испускания используют для исследования непрозрачных тел [161], так как существует связь между спектрами поглощения и испускания. В работе [375] показано, что таблетки из KBr, нагретые до 50—60 °C, испускают лучи, проявляющиеся в области малых волновых чисел. Исследованы спектры испускания пленок полиэтилена, нагретых до 50—200 °C [436]. По полосе при 2920 $см^{-1}$ в спектре испускания полистирола наблюдали разложение полимера при температуре выше 250 °C [590].

5.9. КИНЕТИЧЕСКИЕ ИССЛЕДОВАНИЯ

ИК-спектроскопию широко применяют для изучения кинетики полимеризации, деструкции и других реакций с участием полимеров [643]. Разработано два способа спектрального наблюдения за кинетикой процессов: а) спектроскопия продуктов реакции или побочных веществ; б) непосредственное наблюдение в спектрометре за ходом реакции. Основное преимущество ИК-спектроскопического метода изучения кинетики состоит в том, что он позволяет следить за изменениями химической структуры в ходе всего реакционного процесса, даже если продукты нерастворимы.

Если полоса поглощения, характеризующая продукты данной реакции, не перекрывается другими полосами, то можно проводить во времени измерения интенсивности в максимуме полосы. Возможности изучения скоростей реакций таким методом ограничены только постоянной времени спектрометра. В большинстве случаев целесообразно регистрировать спектр исследуемой спектральной области повторно, в течение определенного промежутка времени. Скорость регистрации должна превосходить скорость реакции.

Рассмотрим рис. 5.27 и 5.28 [129]. На рис. 5.27 приведены результаты исследования окислительной деструкции бутадиен-стирольного каучука при 200 °C (работали с набором пленок разной толщины). Как видно из рисунка, интенсивность полосы колебания $\nu(C{=}O)$ при 1720 $см^{-1}$ возрастает в ходе окисления. На рис. 5.28 показаны изменения полосы поглощения карбонильной группы, происходящие при термическом разложении побочных продуктов реакции окисления бутадиен-стирольного каучука.

В работе [1560] исследовали термическую полимеризацию стирола. При этом мономер подвергали отжигу в кювете из NaCl и регистрировали спектр через определенные промежутки времени. Оказалось, что конечный результат не зависит от толщины слоя. Можно предположить, что материал кюветы не влияет на скорость полимеризации. Используя тот же подход, наблюдали за получением полиаллилфталата по ослаблению полосы колебания $\nu(C{=}C)$ при 1645 $см^{-1}$ [1598]. В качестве внутреннего стандарта выбрали полосу при 1598 $см^{-1}$, относящуюся к колебанию $\nu(C{=}C)$ ароматической группы.

В ряде работ ИК-спектроскопию использовали для подробного исследования процесса отверждения эпоксидных смол, поскольку образующиеся сшитые продукты трудно анализировать другими методами. Смолу и отвердитель помещали вместе между прессованными пластинами из KBr и нагревали [422]. При этом наблюдали за изменением отношения оптических плотностей полос при

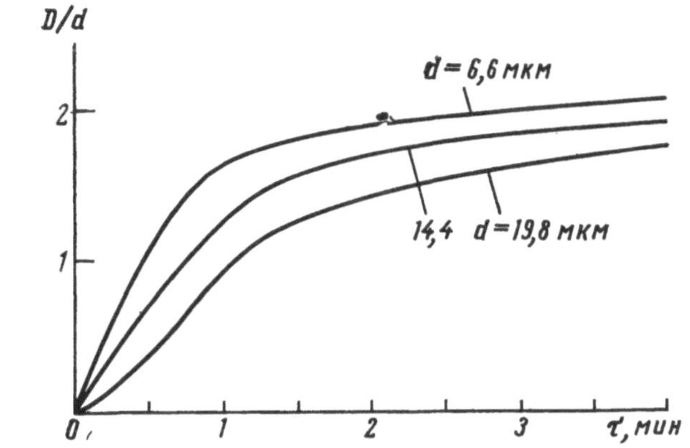

Рис. 5.27. Влияние толщины пленки d на скорость окисления бутадиен-стирольного каучука при 200 °С [129].
D — оптическая плотность полосы при 1720 см$^{-1}$.

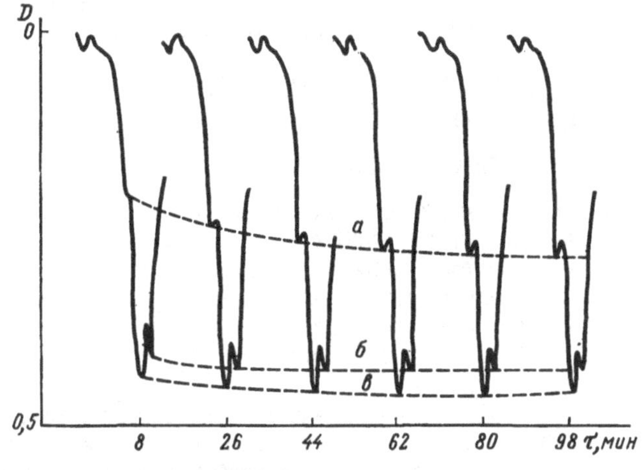

Рис. 5.28. Изменение оптической плотности полос поглощения карбонильной группы при 1775 см$^{-1}$ *(а)*, 1690 см$^{-1}$ *(б)* и 1720 см$^{-1}$ *(в)* в результате термического расщепления продуктов окисления бутадиен-стирольного каучука [129].
Время реакции определяется по полосе при 1720 см$^{-1}$.

910 и 1610 см$^{-1}$, принадлежащих эпоксидным и фенильным группам. Авторы провели сравнение реакционных способностей различных отвердителей. В работе [426] проводили отверждение эпоксидных смол в разных условиях и определяли содержание эпоксидных (913 см$^{-1}$), сложноэфирных (1739 см$^{-1}$) и гидроксильных

групп (3850 см$^{-1}$). Результаты этой работы были поставлены под сомнение [840]. Было высказано предположение, что реакцию отверждения катализируют галогениды щелочных металлов, из которых сделаны кюветные стекла. Каталитическая активность возрастает в ряду NaCl, KBr, LiCl. Отверждение протекает значительно медленнее, если между образцом и окном кюветы положить тефлоновую пленку или же проводить отверждение в ампулах. Такой же эффект достигается при работе методом прессования с KBr. Для исключения влияния NaCl отверждение смеси полибутадиен — эпоксид изучали методом НПВО [1632].

ИК-спектроскопию использовали для исследования механизма стереорегулярной полимеризации метилметакрилата и метакрилонитрила [486]. Были сняты спектры эквимольных смесей мономеров с металлорганическими соединениями. Авторы обнаружили корреляцию между частотами колебаний $\nu(C{=}O)$ и $\nu(C{\equiv}N)$ и стереорегулярностью полимеров, полученных с помощью этих катализаторов. Оказалось, что чем больше волновое число колебаний этих групп, тем выше изотактичность полимера. На основании приведенных данных был сделан вывод о механизме изотактической полимеризации. Согласно этому выводу, изотактическое присоединение достигается тем, что противоион катализатора координируется концевой карбонильной группой молекулы полимера и карбонильной группой реагирующего мономера.

5.10. ИССЛЕДОВАНИЯ В БЛИЖНЕЙ И ДАЛЬНЕЙ ИК-ОБЛАСТИ

5.10.1. БЛИЖНЯЯ ИК-ОБЛАСТЬ

Ближней ИК-областью называют область спектра, простирающуюся приблизительно от 3800 см$^{-1}$ до границы видимого света. В ней появляются обертоновые и комбинационные колебания, основные частоты которых приходятся на среднюю ИК-область. В силу многообразия комбинаций следовало бы ожидать, что спектры в этой области будут очень сложными. Однако проявляются лишь колебания групп CH, OH, NH. Это объясняется тем, что интенсивность обертоновых колебаний определяется ангармоничностью основных колебаний, а наибольшей ангармоничностью обладают легкие атомы водорода, колеблющиеся с большой амплитудой.

Ближняя ИК-область исследована значительно меньше, чем область основных колебаний. Это связано прежде всего с более сложной интерпретацией полос, а также с взаимным перекрыванием полос, которые относительно широки. Вместе с тем ближняя ИК-область имеет ряд преимуществ, которые делают ее пригодной для решения некоторых задач. Обзорными работами по спектроскопии в ближней ИК-области являются [801, 1112]. В [526] составлена таблица типов колебаний и определены области пропускания для ряда растворителей.

Преимущества спектроскопии полимеров в ближней ИК-области заключаются в том, что можно использовать менее дорогостоящие приборы и стеклянные и кварцевые кюветы, что облегчает работу экспериментатора. Кроме того, при работе в ближней ИК-области можно увеличить толщину слоя по сравнению с толщиной образцов, исследуемых в области основных колебаний. Это связано с относительно небольшой интенсивностью обертоновых и комбинационных колебаний. Для работы полимеры готовят в виде прессованных пленок [449, 1139] или пучка волокон, который помещают в иммерсионную жидкость для снижения потерь от рассеяния света [387, 460, 1055]. Толщина слоя составляет 0,2—2 мм.

Проведены исследования дихроизма полос поглощения, лежащих в ближней ИК-области спектров двуосноориентированных пленок полиамида, полиэтилена, поливинилового спирта, поливинилхлорида и поливинилиденхлорида [516, 518]. Таким способом определяли ориентацию осей зигзагообразных метиленовых цепочек и различных химических групп. Исследования натуральных и синтетических белков и полипептидов в ближней ИК-области в поляризованном свете проведены в [387, 488, 489, 624]. α- и β-Кератин можно различить на основании дихроичного поведения некоторых полос. Получены спектры различных структурных модификаций поликапроамида и N-дейтерированного полимера в области от 4000 до 6000 $см^{-1}$ [769]. Проведена также интерпретация полос. По спектрам в ближней ИК-области было показано [393], что все OH-группы в целлюлозе связаны водородными связями. В работах [81, 1069] дана интерпретация спектров в области от 4000 до 8000 $см^{-1}$ различных материалов на основе целлюлозы. Даны объяснения обертоновых и комбинационных тонов в спектре. Выводы проверяли по данным анализа спектров дейтерированных образцов. Было также обнаружено, что дихроизм всех полос очень незначителен. При исследовании сополимеров этилена и пропилена было показано [1748], что обертоновое колебание (5800 $см^{-1}$) валентного колебания CH_2-группы состоит из двух компонент, относительная интенсивность которых зависит от длин метиленовых блоков в сополимере. Оказалось, что смещение максимума полосы поглощения от 5780 (в чистом полиэтилене) к 5800 $см^{-1}$ (в чистом полипропилене) зависит от состава сополимера. Анализ сополимеров этилена с пропиленом в ближней ИК-области проведен также в [1709].

Как показано в работах [387, 624, 772], полосу при 5150 $см^{-1}$, которую можно отнести к комбинационному колебанию $\nu(OH) + \delta(OH)$ молекулы воды, можно использовать для количественного определения содержания воды в полимерах.

5.10.2. ДАЛЬНЯЯ ИК-ОБЛАСТЬ

Разделение дальней и средней ИК-областей условно определяется в бо́льшей мере используемым спектрометром, чем типом колебаний. Под дальней ИК-областью чаще всего подразумевают область спектра, лежащую по другую сторону от длинноволновой границы поглощения призм из KBr и NaCl, т. е. область ниже 650 и 400 см$^{-1}$ соответственно. В области до 200 см$^{-1}$ можно работать на спектрометрах с призмой из CsI. Для работы в дальней ИК-области применяют также решеточный и интерференционный спектрометры. Подробное описание аппаратуры и методики исследования в дальней ИК-области можно найти в [1622, 1839]. Операции по приготовлению и обработке образцов мало отличаются от тех, которые используются при спектроскопии в средней ИК-области*. Однако образцы обычно должны иметь большую толщину, поскольку поглощение менее интенсивно. Потери света при рассеянии здесь меньше из-за того, что длина волны больше.

Дальняя ИК-область до сих пор менее изучена, чем средняя, хотя в ней проявляются многие важные нормальные колебания. Кроме того, эта область отражает взаимодействие между цепными молекулами. На значимость дальней ИК-области впервые указано в работах [920, 925, 928, 979, 980], которые расширили применение ИК-спектроскопии полимеров до 70 см$^{-1}$. Опубликованы спектры большого числа полимеров в области до 250 см$^{-1}$ [700, 701]. Исследован ряд полимеров в области от 600 до 50 см$^{-1}$ [97, 98].

Полосы поглощения, проявляющиеся в дальней ИК-области, связаны с валентными и деформационными колебаниями тяжелых атомов, колебаниями водородной связи (см. табл. 5.4) и колебаниями скелетной цепи, в которых принимают участие большие фрагменты молекул, например торсионные колебания цепной молекулы. В дальней ИК-области лежат, кроме того, колебания кристаллической решетки. Групповые колебания для дальней ИК-области менее характеристичны, поскольку они в большей степени, чем в средней ИК-области, зависят от окружения и конформаций.

Опубликовано большое число ИК-спектров полимеров, полученных с помощью призм из CsBr в области от 700 до 300 см$^{-1}$, и указаны характеристические полосы [103]. Показано [748], что в некоторых случаях, особенно при анализе ароматических соединений, длинноволновая ИК-область характеризуется большей селективностью и чувствительностью с точки зрения идентификации молекул, имеющих сходное строение. Согласно [982], для спектроскопии полимеров интерес представляют маятниковые, веерные и крутильные колебания групп С—галоген, проявляющиеся между 200 и 400 см$^{-1}$ (табл. 5.7), а также полосы полиакрилонитрила при 127 или 259 см$^{-1}$.

Крутильные колебания в основной цепи линейных макромолекул обусловлены движениями, связанными с изменениями углов внутреннего вращения. У полиэтилена эти колебания не активны в ИК-области, но их удается наблюдать для других полимеров

* В дальней ИК-области в качестве оптически прозрачного материала широко используют полиэтилен, из которого делают окна кювет, а также заменяют им KBr при изготовлении таблеток образца. — *(Прим. ред.)*

Таблица 5.7. Полосы поглощения в дальней ИК-области спектров некоторых галогенсодержащих полимеров

Волновое число, см$^{-1}$	Колебание	Волновое число, см$^{-1}$	Колебание
Политетрафторэтилен [980]		Поливинилхлорид [922]	
203	$\gamma_r(CF_2)$	315	$\gamma_w(CCl)$
277	$\gamma_w(CF_2)$	363	$\delta(CCl)$
321	$\gamma_t(CF_2)$		
Полихлортрифторэтилен [980]		Поливинилиденхлорид [922]	
185	$\gamma_r(CClF)$	245	$\delta(CCl_2)$
235	$\gamma_r(CF_2)$	291, 307	$\gamma_r(CCl_2)$
297	$\gamma_w(CF_2)$	359	$\gamma_w(CCl_2)$
		430, 454	$\gamma_t(CCl_2)$

[1079]. На основании анализа спектров, исходя из теории групп, было показано [920], что при определенных условиях трансляционные колебания решетки кристаллического полиэтилена становятся активны в ИК-спектре. В [834, 1720] рассчитали колебания решетки кристалла полиэтилена с учетом межмолекулярных взаимодействий. Полоса при 71 см$^{-1}$ была отнесена к трансляционному колебанию B_{1u} в кристалле на основании исследований дихроизма [65]. Эта полоса отсутствует в спектрах нормальных парафинов с элементарной ячейкой, содержащей только одну цепь. В спектрах дейтерированных парафинов эта полоса смещается к $\sim$67 см$^{-1}$, как и следовало ожидать согласно [935]. Охлаждение образцов вызывает смещение полосы в сторону более высоких волновых чисел [111, 1630], а плавление приводит к ее исчезновению [470]. Подобные изменения в положении полосы были объяснены изменениями параметров кристаллической решетки [65, 1724]. Измеряли непрерывное фоновое поглощение полиэтилена в дальней ИК-области, которое связано с наличием аморфных структур и может быть объяснено тем, что все колебания решетки становятся оптически активны, когда исчезает трансляционная симметрия кристаллической решетки [20]. Подобные измерения провели на облученном полиоксиметилене, а также на хлорированном полиэтилене [477].

Рассмотрены колебания решетки орторомбического полиоксиметилена [1903]. В дальней ИК-области спектра были обнаружены полосы при 304, 130, 89 и 83 см$^{-1}$. Значение 304 см$^{-1}$ является наименьшим волновым числом, полученным при расчетах с использованием линейных групп. Другие полосы могут быть отнесены к колебаниям решетки, если отбросить маловероятное их истолкование как разностных полос. Частоты этих колебаний хорошо совпадают с расчетными значениями для двух ИК-активных трансляционных колебаний решетки и одного ИК-активного вращательного колебания. Охлаждение образца до 120 К приводит к смещению полос в сторону больших волновых чисел при одновременном повышении их интенсивностей. Это явление объясняется, как и для полиэтилена, увеличением эффективных силовых констант при сближении молекулярных цепей.

В [1056] исследовали образцы полиэтилентерефталата, различающиеся по степени упорядоченности и ориентации. Спектр регистрировали в области 650—20 $см^{-1}$, используя поляризованный свет. Полосы поглощения были отнесены к скелетным колебаниям и колебаниям кристаллической решетки. Почти все полосы в этой области спектра являются структурно чувствительными. В [1059] рассчитали скелетные колебания упрощенной модели молекулы синдиотактического полиметилметакрилата, а также интерпретировали полосы поглощения, проявившиеся в дальней ИК-области и КР-спектре.

5.10.3. НЕУПРУГОЕ РАССЕЯНИЕ НЕЙТРОНОВ

Неупругое рассеяние нейтронов является относительно новым методом исследования низкочастотных колебаний в полимерах. Хотя этот метод не относится к ИК-спектроскопическим методам, целесообразно упомянуть о нем, так как результаты, полученные с его помощью, дополняют данные спектроскопии в дальней ИК-области и дают новые сведения о молекулярных движениях, происходящих в полимерных телах. Для более эффективного использования информации, содержащейся в спектрах рассеяния нейтронов, и для отнесения наблюдаемых полос к определенным типам движения молекул необходимо, как и для других спектральных методов, знать механизм взаимодействия, приводящего к рассеянию нейтронов. Опубликованы обзорные доклады, посвященные использованию этого метода для исследования полимеров [106, 1438, 1439, 1759]. Проведено сопоставление информации, полученной с помощью нейтронной спектроскопии, с той, которую дает ИК- и КР-спектроскопия [1760].

Метод нейтронной спектроскопии основан на том, что тепловые нейтроны при рассеянии на образце могут поглощать или испускать кванты энергии (фононы). Эти кванты соответствуют колебательным частотам полимерного вещества. Для того чтобы достигнуть достаточного разрешения, необходимо, чтобы разброс по энергиям в падающем потоке нейтронов был меньше энергии фононов. Спектр рассеяния нейтронов регистрируют в области приблизительно от 1000 до 10 $см^{-1}$. Самое существенное различие между нейтронной спектроскопией и ИК- или КР-спектроскопией состоит в отсутствии правил отбора для взаимодействия между фононами и нейтронами. В силу этого в нейтронном спектре принципиально можно увидеть все колебательные частоты. В частности, проявляются колебания с разностью фаз $\varphi \neq 0$, и из этих данных можно получить функцию плотности распределения по частотам (см. рис. 3.5). Таким образом, с помощью неупругого рассеяния нейтронов удается получить информацию о плотности распределения колебательных состояний в кристалле.

Для колебаний решетки невозможно во всех случаях установить однозначное соответствие между полосами ИК-спектра и спектра рассеяния нейтронов, поскольку последние соответствуют не дискретным энергетическим уровням, а областям с высокой плотностью собственных колебательных состояний. Интенсивность полос спектра рассеяния нейтронов связана с сечением взаимодействия колеблющихся атомов с нейтронами. В нейтронных спектрах в первую очередь проявляются движения атома водорода, посколь-

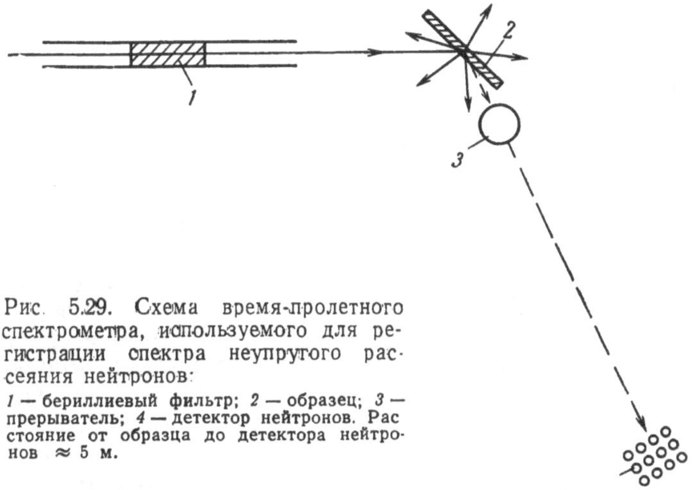

Рис. 5.29. Схема время-пролетного спектрометра, используемого для регистрации спектра неупругого рассеяния нейтронов:

1 — бериллиевый фильтр; *2* — образец; *3* — прерыватель; *4* — детектор нейтронов. Расстояние от образца до детектора нейтронов ≈ 5 м.

ку его сечение рассеяния в десятки раз превышает эту величину для большинства других частиц. В работах [836, 837] было рассчитано сечение взаимодействия для колебаний кристалла полиэтилена. Авторы показали, что можно наблюдать и многофононное рассеяние — оно соответствует комбинационным колебаниям в ИК-спектре. Вклад многофононного рассеяния в области оптических ветвей в спектре полиэтилена оказался настолько большим, что из спектра трудно получить количественную информацию о динамике полимерной цепи [240].

Регистрацию спектров рассеяния нейтронов проводят на время-пролетном спектрометре (рис. 5.29). Вылетающий из реактора поток нейтронов проходит через бериллиевый фильтр, пропускающий только нейтроны с малой энергией (5,3 МэВ). В результате этого поток становится монохроматичным. На пути рассеянных нейтронов ставят вращающийся сектор, благодаря чему поток становится импульсным. Распределение нейтронов по энергиям определяется по времени полета от вращающегося сектора до детекторов, расположенных в нескольких метрах от него. Другой тип спектрометров — это спектрометры с кристаллом, в которых поток нейтронов монохроматизируется и анализируется на основании брегговского отражения на монокристаллах*.

Интерпретацию максимумов полос рассеяния нейтронов проводят путем их сравнения с полосами ИК-, КР-спектров и рассчитанными нормальными колебаниями. В ориентированных образцах может иметь место поляризация колебаний, что также используется для расшифровки спектра. Указано на возможность локализации полос спектра рассеяния нейтронов с помощью селективной замены сильно рассеивающих атомов водорода в полимере на заместители, рассеивающие слабее [1018]. Например, в спектре полиацетальдегида наблюдаются максимумы при 30, 80 и 230 см$^{-1}$, а в спектре политрифторацетальдегида они отсутствуют. Политрифторацетальдегид имеет структуру цепи такую же, как и нефторированный полимер. На основании этих наблюдений упомянутые максимумы относят к колебаниям CH_3-группы.

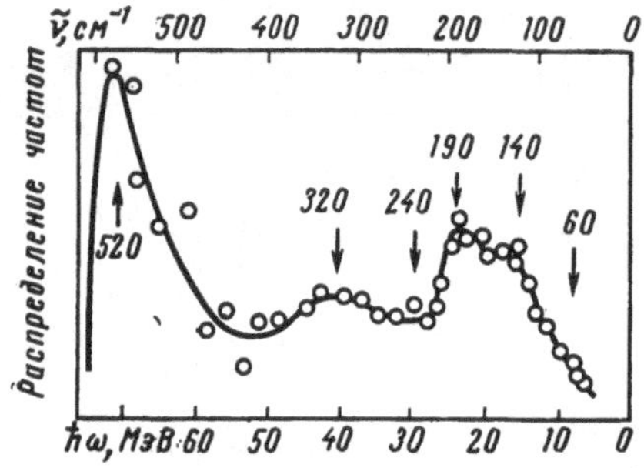

Рис. 5.30. Распределение частот по энергии, рассчитанное из спектра неупругого рассеяния нейтронов полиэтиленом при 100 К [319].

Наиболее подробно как теоретически, так и экспериментально исследован нейтронный спектр полиэтилена [107, 240, 319, 1036, 1643].

На рис. 5.30 показана функция распределения колебательных частот кристаллического полиэтилена при 100 К, которая была рассчитана из данных по рассеянию нейтронов [319]. В табл. 5.8 сравниваются расчетные значения волновых чисел с полученными

Таблица 5.8. Колебания цепи полиэтилена, рассчитанные и измеренные методом неупругого рассеяния нейтронов

Волновое число, см$^{-1}$			Колебание
измеренное	рассчитанное		
	[1720]	[834]	
520	520	510	ν_5
320			
240	240	200	ν_9
190 (широкая полоса)	225	140	Крутильное колебание
	160		Трансляция параллельно оси цепи
140 (широкая полоса)	100	90	Трансляция перпендикулярно оси цепи
60 (широкая полоса)	70	60	

* Для этой цели, как правило, используют кристаллы графита. Однако кристаллические монохроматоры сильно снижают мощность исходного нейтронного пучка. — *(Прим. ред.)*

из спектра неупругого рассеяния нейтронов. Подобный анализ был проведен для полиоксиметилена [1344].

Рассчитаны дисперсионные кривые и плотность распределения по частотам для модели изолированной цепи изотактического полипропилена [1904]. Почти все экспериментально найденные максимумы были отнесены к расчетным максимумам функции плотности распределения по частотам (табл. 5.9). Большинство из этих максимумов относится к фазовым сдвигам φ, которые не соответствуют каким-либо оптически активным колебаниям. Получены дисперсионные кривые для фононов продольных колебаний гексагональной решетки политетрафторэтилена, происходящих перпендикулярно к оси полимерной цепи [1772].

Таблица 5.9. Колебания цепи изотактического полипропилена и их соответствие расчетным максимумам функции спектральной плотности частот [1904]

Волновое число, см$^{-1}$		Колебание
измеренное	рассчитанное	
35	40	Торсионное (цепи)*
60	60	Торсионное (цепи)*
110	110	δ (C—C—C) + торсионное (цепи)*
180	140	δ (C—C—C) + торсионное (цепи)
	170	δ (C—C—C) + торсионное (цепи)*
	200	γ_t (CH_3)
250	265	δ (C—C—C)
315	280	δ (C—C—C)*
	335	δ (C—C—C)*
470	385	δ (C—C—C) + δ (CH)
	480	δ (C—C—C) + δ (CH) + γ_r (CH_2)
	460	δ (C—C—C)
570	575	δ (C—C—C)*

* Оптически неактивные колебания.

Об изучении методом неупругого рассеяния нейтронов таких полимеров, как полиэтиленоксид, полиакрилонитрил, политетрафторэтилен, полиамид-6, сообщается в уже упоминавшихся обзорных работах. В работе [1434] была найдена корреляция между спектрами рассеяния нейтронов твердого *н*-гептана и метиленовой цепи $(CH_2)_5$ полиамида-6. Исследованы ориентированные образцы полиоксиметилена для того, чтобы различить колебания, которые соответствуют движению атомов водорода параллельно и перпендикулярно оси макроцепи [1758]. По спектру неупругого рассеяния нейтронов изучено влияние сшивания и наполнителей на подвижность метильных групп и на скелетные колебания полидиметилсилоксана [646].

6. ИК-СПЕКТРЫ ОТДЕЛЬНЫХ ПОЛИМЕРОВ

6.1. ПОЛИМЕРНЫЕ УГЛЕВОДОРОДЫ

6.1.1. ПОЛИЭТИЛЕН (В. КИММЕР)

Анализ структуры полиэтилена на основании его колебательного спектра является классическим примером достижений ИК-спектроскопии полимеров. Структура полиэтилена стала объектом многочисленных работ как теоретических, так и экспериментальных [156, 185, 309, 383, 451, 518, 822, 919, 920, 925, 938, 1002, 1263—1265, 1400, 1407, 1419, 1422, 1423, 1529, 1540, 1608, 1644, 1717, 1719, 1731, 1732, 1737, 1738]. Это обусловлено, во-первых, простотой ИК-спектра полиэтилена, во-вторых, возможностью сравнения его спектра со спектрами длинноцепочечных нормальных парафинов и дейтерированных парафинов.

Большое техническое значение полиэтилена также явилось причиной широкого исследования особенностей строения этого полимера (определение двойных связей в основной цепи, степени разветвленности, кристалличности, ориентации и деструкции).

6.1.1.1. ИК-спектр изолированной цепи и кристалла полиэтилена

ИК-спектры полиэтилена (рис. 6.1) представляют собой сумму спектров аморфной и кристаллической фаз полимера. В кристалле цепи полиэтилена имеют плоскую зигзагообразную конформацию. В аморфной же фазе цепи содержат статистический набор неплоскостных поворотных изомеров (*гош*-формы), которые частично переходят в плоскостную (*транс*-форму) только при растяжении образца. Возникновение новых конформаций ограничено лишь постоянством значений валентных углов и длин связей*. Основные характеристики ИК-спектров полиэтилена могут быть выведены из анализа колебаний изолированной цепи [920]. Полная интерпретация спектра требует учета реальной кристаллической структуры полимера. В технических полимерах в зависимости от способа получения их (полиэтилен высокого давления, полиэтилен низ-

---

* Это справедливо лишь для макромолекул со свободным внутренним вращением. В реальных цепях набор возможных конформеров ограничен также стерическими взаимодействиями велентно несвязанных атомов соседних мономерных звеньев. — (*Прим. ред.*)

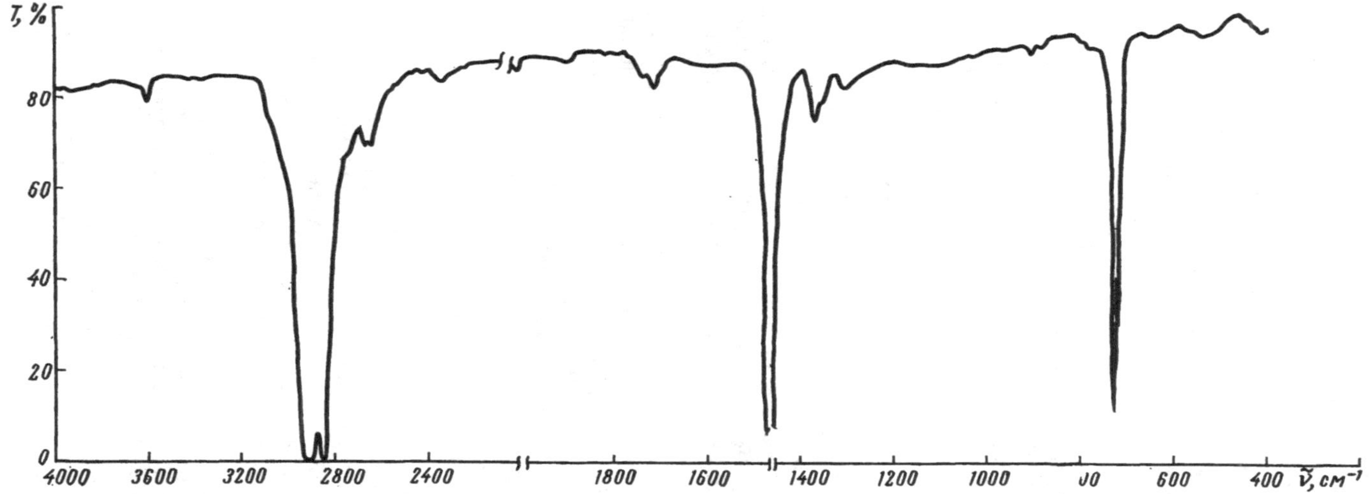

Рис. 6.1. ИК-спектр полиэтилена низкого давления.

кого давления и полиэтилен фирмы «Филлипс»*) наряду с метиленовыми звеньями присутствуют также и различные моноалкилэтиленовые звенья. Они, как и ненасыщенные группы, образуют разветвления, которые обуславливают дополнительные полосы поглощения в спектре. В расчетах, проведенных для бесконечно длинной полиэтиленовой цепи, влияние разветвлений на спектр полиэтилена, как правило, не рассматривается.

Повторяющейся единицей в бесконечно длинной изолированной цепи полиэтилена являются две CH_2-группы. Элементы симметрии полиэтиленовой цепи указаны в табл. 3.2. Отдельную полиметиленовую цепочку можно рассматривать как одномерный кристалл, имеющий элементарную ячейку —CH_2—CH_2—, т. е. элементарная повторяющаяся единица кристалла состоит из двух идентичных групп. Поэтому правомерно отождествлять такую макроцепь с одномерным кристаллом, состоящим из CH_2-групп. Разность фаз оптически активных колебаний δ изменяется здесь от 0 до π [1540]. Элементы симметрии, описывающие бесконечно длинную цепь, образуют фактор-группу, изоморфную точечной группе $D_{2h} \equiv V_h$ [1737]. Нормальные колебания относятся к типам симметрии A_g, B_{1g}, B_{2g}, B_{3g}, A_u, B_{1u}, B_{2u} и B_{3u}, из которых первые четыре КР-активны, а три последних — ИК-активны. К сожалению, встречаются и другие обозначения. Иногда B_{2g}, B_{1g}, B_{2u} и B_{3u} записывают как B_{1g}, B_{2g}, B_{1u} и B_{2u} [1540]. Сопоставление различных обозначений типов колебаний и типов симметрии проведено в [1002]**.

Для типа симметрии B_{3u} дипольный момент макромолекулы при колебании изменяется в направлении, параллельном оси цепи; для B_{2u} — перпендикулярно к С—С—С-плоскости. В таблице характеров точечной группы V_h (см. табл. 3.2) приведены данные о нормальных колебаниях изолированной цепи полиэтилена и спектральные правила отбора. Звено полиэтилена имеет 14 нормальных колебаний, которые получаются после вычета трех поступательных и одной вращательной степеней свободы $(18-4=14)$*** Из них пять колебаний ИК-активны, восемь — КР-активны и одно неактивно в спектрах из-за наличия центра симметрии [920]. К ИК-активным колебаниям полиметиленовой цепи относятся: антисимметричное CH_2-валентное (B_{1u}), симметричное CH_2-валентное (B_{2u}), CH_2-ножничное (B_{2u}), CH_2-веерное (B_{3u}) и CH_2-маятниковое (B_{1u}). К КР-активным колебаниям относятся антисимметричное CH_2-валентное (A_g), CH_2-ножничное (A_g), CH_2-веерное

---

* Полиэтилен среднего давления. — *(Прим. ред.)*

** В данном разделе используются обозначения типов симметрии полиэтилена, взятые из [920, 925] и в настоящее время широко применяемые в литературе. Они несколько отличны от обозначений, данных в гл. 3. Сопоставление тех и других обозначений см. в табл. 6.1.

*** Мономерное звено полиэтилена содержит 6 атомов, которые имеют $6\times3=18$ нормальных колебаний. Спектральным повторяющимся звеном полиэтилена является группа —CH_2—, и все колебания цепи можно также получить, рассматривая лишь это звено. — *(Прим. ред.)*

(B_{1g}), CH_2-крутильное (B_{2g}), CH_2-маятниковое (B_{3g}) и два С—С скелетных колебания (A_g и B_{1g}). Подобное разделение следует из анализа нормальных колебаний бесконечно длинной зигзагообразной полиметиленовой цепи [1717, 1718].

Полосы поглощения ИК- и КР-активных колебаний $\nu_a(CH_2)$, $\nu_s(CH_2)$, $\delta(CH_2)$ и $\gamma_r(CH_2)$ легко удалось идентифицировать при спектральных исследованиях нормальных углеводородов. Полученные данные хорошо согласуются с результатами расчетов колебаний длинной полиметиленовой цепи [925]. В соответствии с расчетом колебание ν_a (CH_2) имеет волновое число 2919 см$^{-1}$, колебание $\nu_s(CH_2)$ — 2851 см$^{-1}$, а соответствующие КР-активные колебания — 2848 и 2883 см$^{-1}$. Колебание $\delta(CH_2)$ проявляется при 1460 см$^{-1}$ (ИК-спектр) и 1440 см$^{-1}$ (КР-спектр), колебание $\gamma_r(CH_2)$—725 см$^{-1}$ (о расщеплении полосы этого колебания см. ниже). Интерпретация колебаний γ_w, γ_t и γ_r оказалась сложной задачей [925]. На основании анализа колебаний большого числа нормальных парафинов было показано [1577, 1461, 1462], что колебание $\gamma_r(CH_2)$ проявляется в области от 720 до 1050 см$^{-1}$, а колебание $\gamma_t(CH_2)$ — в области 1175—1310 см$^{-1}$.

Обнаруженные в этих областях полосы не следует относить к чистым маятниковым или крутильным колебаниям; они обусловлены смешением колебаний различных типов. Например, если $\delta=0$, то полоса при 720 см$^{-1}$, лежащая на границе области маятниковых колебаний, относится на самом деле к колебанию $\gamma_r(CH_2)$, а полоса при 1050 см$^{-1}$, наоборот, к колебанию $\gamma_t(CH_2)$. Колебание $\gamma_w(CH_2)$ имеет те же особенности. Низкочастотная граница γ_w-колебаний лежит вблизи 1170 см$^{-1}$, в то время как положение высокочастотной границы невозможно точно определить из-за сильного взаимодействия между колебаниями γ_w и $\delta_s(CH_3)$ (1378 см$^{-1}$). Согласно расчету эта граница проходит вблизи 1420 см$^{-1}$. В общем случае колебание $\gamma_w(CH_2)$ (B_{3u}) можно отнести к полосе при 1176 см$^{-1}$, хотя не ясно, почему интенсивность ее так мала [1540]. В работе [1679] полоса при 1382 см$^{-1}$ отнесена к КР-активному колебанию $\gamma_w(CH_2)$ (B_{1g}). Ранее [1265, 1461, 1462, 1717, 1718] к этим колебаниям относили в первую очередь полосу при 1415 см$^{-1}$. Однако более вероятно, что полоса при 1415 см$^{-1}$ является обертоном маятникового колебания при 720 см$^{-1}$ (B_{2u}) [1579].

Анализ колебаний кристалла полиэтилена методами теории групп дает результаты, отличные от анализа изолированной цепи. Причина различий заключается во взаимодействии между макроцепями, которое приводит к расщеплению некоторых полос поглощения на две компоненты, обладающие σ-дихроизмом*. При структурном исследовании вместо методов теории линейных групп

* Колебание изолированной полимерной цепи всегда имеет одну σ-компоненту. В кристалле направления, перпендикулярные оси цепи, могут быть неэквивалентными. Это приводит к расщеплению σ-полосы изолированной цепи на несколько компонент — *(Прим. ред.)*

применяют методы, основанные на теории пространственных групп.

Из рентгенографических данных следует, что кристаллический полиэтилен имеет орторомбическую элементарную ячейку. В ней содержится четыре метиленовых группы, т. е. всего 12 атомов. Ячейка содержит две макроцепи, плоскости* которых перпендикулярны друг другу [200, 638, 1467, 1568, 1724, 1728]. Полиметиленовые цепи уложены параллельно оси кристалла *c*. Структура макроцепи в кристаллическом полиэтилене может отклоняться от плоскостной в результате внутримолекулярных Н—Н-взаимодействий [685, 689]. Однако такое объяснение не нашло экспериментального подтверждения [937].

Фактор-группа элементарной кристаллической ячейки изоморфна точечной группе V_h. В табл. 3.3 приведены данные о нормальных колебаниях кристалла полиэтилена и правила отбора. Любое нормальное колебание изолированной цепи распадается в спектре кристалла на два колебания, относящихся к разным типам симметрии. В табл. 6.1 сопоставлены колебания кристалла и изолированной макроцепи [1720]. Для кристалла полиэтилена 28 из 36

Таблица 6.1. Типы симметрии колебаний изолированной цепи полиэтилена и его кристалла [1720]

Разность фаз	Типы симметрии колебаний	
	изолированной цепи	кристалла
0	$A_g\ (A_g)$*	$A_g,\ B_{3g}\ (A_g,\ B_{1g})$
π	$B_{1g}\ (B_{2g})$	$B_{1g},\ B_{2g}\ (B_{2g},\ B_{3g})$
π	$B_{2g}\ (B_{3g})$	$B_{1g},\ B_{2g}\ (B_{2g},\ B_{3g})$
0	$B_{3g}\ (B_{1g})$	$A_g,\ B_{3g}\ (A_g,\ B_{1g})$
0	$A_u\ (A_u)$	$A_u,\ B_{3u}\ (A_u,\ B_{1u})$
π	$B_{1u}\ (B_{2u})$	$B_{1u},\ B_{2u}\ (B_{2u},\ B_{3u})$
π	$B_{2u}\ (B_{3u})$	$B_{1u},\ B_{2u}\ (B_{2u},\ B_{3u})$
0	$B_{3u}\ (B_{1u})$	$A_u,\ B_{3u}\ (A_u,\ B_{1u})$

* Символы, указанные без скобок, соответствуют обозначениям типов симметрии, принятым в [1720], а в скобках—обозначениям типов симметрии, принятым в табл. 3.3 и 3.4.

колебательных степеней свободы являются внутренними колебаниями цепей. Оставшиеся подразделяются на три поступательных и два вращательных колебания решетки и три акустических [1265]. Помимо этого имеется ряд активных комбинационных тонов. Правила отбора для них приведены в [1263].

* Имеются в виду плоскости, в которых лежат скелетные атомы полимерных цепей. — *(Прим. ред.)*

В ИК-спектре кристалла полиэтилена наиболее сильно расщепляются две полосы: при 725 и 1460 $см^{-1}$ [1720]. Полоса при 725 $см^{-1}$ относится к колебаниям $\gamma_r(CH_2)$, она расщепляется на две компоненты при 720 и 731 $см^{-1}$. Полоса при 1460 $см^{-1}$ относится к колебанию $\delta(CH_2)$, она имеет компоненты при 1473 и 1463 $см^{-1}$. В каждом дублете высокочастотная компонента поляризована вдоль оси *a*, а низкочастотная — вдоль оси *b* кристалла [1607—1609]. Вследствие этого полосы при 1473 и 731 $см^{-1}$ относятся к типу симметрии B_{1u}, а полосы при 1463 и 720 $см^{-1}$ к B_{2u}. Аналогичный вывод следует из анализа, основанного на теории групп. Расщепление полосы колебаний CH_2-групп объясняется [920] взаимодействием соседних молекул в кристаллической области, при этом маятниковые колебания происходят соответственно в фазе или противофазе. Дублет исчезает в спектре расплавленного или растворенного полимера. Расщепление полос не происходит также, когда обе цепи в элементарной ячейке не эквивалентны друг другу, например цепи полиэтилена и полидейтероэтилена. При неодинаковом содержании цепей обоих сортов в образце возможно расщепление и эффект зависит от соотношения концентрации.

Согласно [1576] расщепление полос колебания ν_8 в парафинах связано с разностью фаз δ (ν_8 — смешанное маятниковое и крутильное колебание CH_2-группы; чистое колебание $\gamma_t(CH_2)$ типа симметрии A_u соответствует $\delta=0$, а чистое колебание $\gamma_r(CH_2)$ типа $\widetilde{B}_{2u}$—$\delta=\pi$). Величина расщепления полос в спектрах парафинов (полосы с максимумами 731 и 720 $см^{-1}$), замороженных в жидком азоте, изменяется следующим образом: при $\delta=0$ она составляет около 7 $см^{-1}$ и уменьшается с возрастанием δ, при $\delta=80°$ почти полностью исчезает, а при $\delta>80°$ наблюдается возрастание расщепления, достигающего значения около 12 $см^{-1}$ при $\delta=\pi$. При комнатной температуре эта величина расщепления близка к 11 $см^{-1}$ [1720]. Поскольку компонента полосы при 731 $см^{-1}$ исчезает при плавлении и появляется вновь после охлаждения полимера, ее можно отнести к полосам кристалличности. Полоса же при 720 $см^{-1}$ связана с наличием как аморфной, так и кристаллической областей. В спектре расплава наблюдается лишь полоса при 723 $см^{-1}$. Как следует из данных табл. 6.2, в КР-спектре полиэтилена наблюдается расщепление полосы $\delta(CH_2)$ на две компоненты — при 1440 и 1464 $см^{-1}$. Однако нельзя без оговорок относить эти полосы к колебанию $\delta(CH_2)$, так как в этой области должны проявляться и обертона колебаний $\gamma_r(CH_2)$. Расщепление других полос очень мало, и его трудно обнаружить экспериментально.

В табл. 6.2 ν_6 и ν_1 означают антисимметричное и симметричное колебание, ν_2 — колебание $\delta(CH_2)$, ν_3 — в основном колебание $\gamma_w(CH_2)$, ν_4 — скелетное колебание, $\nu_4(\delta=0)$ — симметричное (КР-активное) колебание, в котором участвуют валентное колебание связи С—С и деформационное колебание С—С—С-группы,

Таблица 6.2. Измеренные и рассчитанные значения волновых чисел ИК-спектра полиэтилена [1720]

Волновое число, $см^{-1}$			Колебание	Тип симметрии
измеренное	рассчитанное			
	кристалл	изолированная цепь		
	2845		ν_1^a (0)	A_g
2848		2828		
	2838		ν_1^b (0)	B_{3g}
	2874		ν_1^a (π)	B_{1u}
2851		2871		
	2877		ν_1^b (π)	B_{2u}
1440	1437		ν_2^a (0)	A_g
		1435		
1464	1455		ν_2^b (0)	B_{3g}
1473	1489		ν_2^a (π)	B_{1u}
		1473		
1463	1479		ν_2^b (π)	B_{2u}
1175	1175		ν_3^a (0)	B_{3u}
		1175		
—	1184		ν_3^b (0)	A_u
	1413		ν_3^a (π)	B_{2g}
1415*		1405		
	1408		ν_3^b (π)	B_{1g}
	1137		ν_4^a (0)	A_g
1131		1125		
	1127		ν_4^b (0)	B_{3g}
	1056		ν_4^a (π)	B_{2g}
1061		1047		
	1051		ν_4^b (π)	B_{1g}
—	171		ν_5^a (0)	A_g
		0		
—	138		ν_5^b (0)	B_{3g}
73**	76		ν_5^a (π)	B_{1u}
		0		
—	105		ν_5^b (π)	B_{2u}
	2899		ν_6^a (0)	A_g

* В работе [1579] дана другая интерпретация.
** См. также [935].

Волновое число, см$^{-1}$			Колебание	Тип симметрии
измеренное	рассчитанное			
	кристалл	изолированная цепь		
2883		2889		
	2904		ν_6^b (0)	B_{3g}
	2919		ν_6^a (π)	B_{1u}
2919		2914		
	2917		ν_6^b (π)	B_{2u}
	1164		ν_7^a (0)	A_g
1168		1157		
	1164		ν_7^b (0)	B_{3g}
	1303		ν_7^a (π)	B_{2g}
1295		1295		
	1308		ν_7^b (π)	B_{1g}
1050	1059		ν_8^a (0)	B_{3u}
		1050		
—	1053		ν_8^b (0)	A_u
731	749		ν_8^a (π)	B_{1u}
		721		
720	737		ν_8^b (π)	B_{2u}
—	0		ν_9^a (0)	B_{3u}
		0		
—	59		ν_9^b (0)	A_u
—	0		ν_9^a (π)	B_{1u}
		0		
—	0		ν_9^b (π)	B_{2u}

колебание ν_4 при $\delta \approx 60°$ — в основном чистое валентное колебание связи С—С. Веерные колебания CH_2-группы при $\delta = \pi$ являются смешанными. В колебаниях ν_7 и ν_8 участвуют $\gamma_r(CH_2)$ и $\gamma_t(CH_2)$. С возрастанием δ растет доля крутильного колебания в ν_7, а в ν_8— доля маятникового колебания. Под $\nu_7(\pi)$ и $\nu_8(\delta\text{-}\pi)$ понимают чистые крутильное и веерное колебания.

Очень трудно выявить истинную природу колебаний в кристалле. Так, если колебания γ_r и γ_w изолированной цепи происходят независимо друг от друга, причем колебание γ_w симметрично относительно плоскости скелетных атомов макромолекулы, а γ_r антисимметрично, то у кристалла, исходя из соотношений симметрии, есть оба типа колебаний, являющихся гибридными колебаниями [1724]. У бесконечной полиметиленовой цепи есть два колебания, относящихся к типам симметрии B_{2g} и A_u. КР-активное основное колебание (B_{2g}) проявляется при 1295 см$^{-1}$. Основное колебание типа A_u активно в ИК- и КР-спектрах полиэтилена. В кристаллической фазе это колебание распадается на колебания типа A_u и B_{3u} (см. табл. 6.1), причем последнее является ИК-активным. Это колебание связывают с очень слабой полосой при 1050 см$^{-1}$. В спектрах нормальных парафинов это колебание проявляется вблизи 1170 см$^{-1}$ [1720].

Колебания ν_5 и ν_9, проявляющиеся в низкочастотной области спектра, являются нулевыми колебаниями изолированной цепи, при этом ν_5 — деформационное скелетное колебание, а ν_9 — крутильное колебание вокруг C—C-связи. В кристалле эти колебания относятся к колебаниям решетки*. Колебания ν^a ($\delta=0$) и ν_5^b ($\delta=0$) — крутильные колебания кристаллической решетки типа A_g и B_{3g}; ν^a ($\delta=\pi$) и ν_5^b ($\delta=\pi$) — трансляционные колебания кристаллической решетки типа B_{3u} и B_{2u}, ν_9^b ($\delta=0$) — трансляционное колебание кристаллической решетки (A_u), ν^a ($\delta=\pi$), ν_9^b ($\delta=\pi$) и ν ($\delta=0$) — невырожденные колебания, соответствующие трансляциям вдоль осей *a*, *b* и *c* [1720, 1724]. Для колебания ν^a ($\delta=\pi$) в ИК-спектре найдена полоса при 72,5 см$^{-1}$ [111, 470, 1117, 1842]. Дихроизм этой полосы и ее смещение в спектре полностью дейтерированного полиэтилена позволяют отнести ее к колебанию решетки (трансляционное колебание типа симметрии B_{3u}). При повышении температуры от 100 до 300 К эта полоса смещается на 6,5 см$^{-1}$. Такое смещение может быть связано с изменением размеров кристалла при нагревании. Полоса при 72,5 см$^{-1}$, обнаруженная в спектрах парафинов, отсутствует в парафинах с триклинной элементарной ячейкой, которая содержит только одну макроцепь. В КР-спектре есть две полосы при 167 и 122 см$^{-1}$, отнесенные к колебаниям ν_5^a ($\delta=0$) и ν_5^b ($\delta=0$). Расчетные значения положений этих полос составляют 171 и 138 см$^{-1}$.

В [1720] были вычислены частоты нормальных колебаний кристалла полиэтилена и рассчитаны силовые постоянные H—H-взаимодействий. Эти расчеты объяснили фактор-групповое расщепление колебаний $\delta(CH_2)$ и γ_r. На их основе полосу при 72,5 см$^{-1}$ отнесли к трансляционным колебаниям решетки (B_{3u}). Однако согласно [935], эту полосу отнесли к типу симметрии B_{2u}, так как по расчетам авторов этой работы колебание типа B_{1u} должно было бы лежать вблизи 50 см$^{-1}$.

Изучено влияние диполь — дипольного взаимодействия на колебательные частоты кристаллической решетки полиэтилена [1724]. В расчетах, выполненных в [1720], этим взаимодействием

---

* Встречные трансляции отдельных цепей в ячейке кристалла не приводят к смещению центра тяжести кристалла и таким образом становятся колебаниями, а не трансляциями. То же самое справедливо и для вращений ν_5^a и ν_5^b. — *(Прим. ред.)*

пренебрегали, как очень слабым. Рассмотрено также влияние на колебательные частоты угла между осью *a* кристаллической решетки и плоскостью углеродного скелета [1720]. Литературные данные по этому вопросу противоречивы.

Еще один метод полного математического анализа колебаний изолированной цепи полиэтилена предложен в [1002]. Дальнейшее развитие этого метода можно найти в [189, 396, 420, 471, 542, 1182, 1538, 1857].

Полосы при 1306 [$\gamma_t(CH_2)$], 1367 и 1352 см$^{-1}$ [обе — $\gamma_w(CH_2)$] связаны с колебаниями, происходящими только в аморфной области [920].

Расшифровка ИК-спектра технического полиэтилена затруднена тем, что образец не является ни полностью кристалличным, ни полностью аморфным. Поэтому нужно учитывать, что в спектре наряду с полосами, относящимися к аморфной или кристаллической области, будут и полосы, обусловленные их взаимным влиянием. Еще одна трудность расшифровки ИК-спектра полиэтилена связана с тем, что макромолекулы технического полимера имеют конечную длину и содержат разветвления. Это вызывает появление в спектре дополнительных полос. Кроме того, следует обратить внимание на малую интенсивность некоторых полос, что связано со структурной неоднородностью цепи. Согласно [1310], присутствие в цепи дефектов может активировать оптически неактивные колебания (к таким дефектам относятся химические примеси или конформационная нерегулярность цепи). Изменения, вызванные дефектами, наблюдаются в ИК-спектре полиэтилена высокого давления. Теперь становится ясным, почему в спектрах различных типов товарного полиэтилена имеется значительно больше полос, чем этого можно было бы ожидать на основании модельных расчетов. Например, в области спектра твердого полиэтилена от 500 до 5800 см$^{-1}$ обнаружено около 90 полос [925, 1205], интерпретацию которых проводили на основании измерений дихроизма. Однако удовлетворительная и надежная расшифровка спектра не всегда возможна.

6.1.1.2. Колебательный спектр дейтерированного полиэтилена

Рассмотрим поли-*цис-* и поли-*транс*-1,2-дейтерополиэтилены. У первого из них в цепи имеются эритро-, а у второго — трео-диизотактические участки цепи. ИК-спектры этих полимеров различаются между собой положением полос ножничных колебаний CHD-групп. В *цис*-производном они проявляются при 1310 см$^{-1}$, а в *транс*-производном — при 1329 и 1281 см$^{-1}$ [715, 716, 1719, 1721, 1722]. Рассчитаны частоты нормальных колебаний полностью дейтерированного и *транс*-дейтерированного полиэтилена [1720], эти частоты сопоставлены с наблюдаемыми значениями. Кроме того, исследованы колебания нерегулярной цепи полиэтилена, содержащей как CH_2-, так и CHD- и CD_2-группы, и рассчитаны частоты деформационных колебаний с помощью различных моделей Это позволило провести интерпретацию колебаний CHD-группы в области 500—700 $см^{-1}$. В работе [1723] рассчитали распределение колебательных частот нерегулярных полиэтиленов строения *цис*-CHD=CHD— и *транс*-CHD=CHD— в области 1270—1350 $см^{-1}$, а также распределение частот для нерегулярного дейтерированного полиэтилена в области маятниковых колебаний CDH- и CH_2-групп.

6.1.1.3. Анализ разветвлений в полиэтилене

Если оценить интенсивность полос поглощения CH_3-групп в области частот валентных и деформационных колебаний полиэтилена, то окажется, что она выше, чем следовало бы ожидать для свободных концевых CH_3-групп. На этот факт впервые обратили внимание при изучении колебания $\nu_a(CH_3)$, проявляющегося при 2960 $см^{-1}$ [451]. Был сделан вывод о возможности наличия разветвлений в цепи полиэтилена. Позднее появилось много работ, в которых определяли длину разветвлений, их число и расположение. Эти данные послужили основой, на которой развивались представления о структуре полиэтилена и о влиянии степени разветвления на его свойства.

Первоначальное представление о том, что разветвления в цепи полиэтилена — это в основном CH_3-группы, было опровергнуто [382, 384] на основании измерений дихроизма полосы колебания $\delta_s(CH_3)$ при 1378 $см^{-1}$ в спектре ориентированного полиэтилена. Авторы показали, что разветвления достаточно длинны и не могут ориентироваться параллельно основной цепи; по их предположению боковая цепь содержит более четырех атомов углерода. Повышение разрешающей способности спектрометра не позволило обнаружить какой-либо четкой зависимости между интенсивностью поглощения CH_3-групп при 1378 и 2960 $см^{-1}$ и направлением поляризации [1423]. Отсюда был сделан вывод, что число разветвлений, содержащих до четырех и более атомов углерода, приблизительно одинаково. Однако точных размеров боковых цепей, возможных в полиэтилене, в данной работе не приведено.

В этой же работе рассмотрена также область 700—800 $см^{-1}$ спектра разветвленных углеводородов, где проявляются колебания алкильных боковых групп. Слабую полосу при 770 $см^{-1}$ связали с поглощением этильной группы, при этом обнаружили симбатность между интенсивностью этой полосы и интенсивностью полосы колебания $\delta_s(CH_3)$ при 1376 $см^{-1}$, т. е. общим числом CH_3-групп. На появление слабых полос поглощения при 775 и 740 $см^{-1}$ указано и в работе [195], но авторы отнесли их к колебаниям коротких сегментов неразветвленной длинной полиметиленовой цепи.

Проведено ИК-спектроскопическое исследование образцов полиэтилена, для которых известно содержание боковых групп [197,

198]. Полимеры получали взаимодействием диазометана с диазоалканами. Авторы пришли к выводу, что боковая цепь полиэтилена содержит в среднем группы длиннее, чем метил, но короче, чем амил. На основании так называемого механизма Роеделя [1409] был сделан вывод о том, что боковые разветвления являются в основном бутильными группами. Однако после того, как в продуктах деструкции полиэтилена под действием γ-излучения и электронов высокой энергии обнаружили наряду с основным компонентом — водородом (98%) метан, этан и бутан [243, 364, 965, 1573], стал необходимым пересмотр этого механизма. Авторы отождествили метан, этан и бутан с разветвлениями, не приводя для этого, однако, прямых доказательств.

В работах [606] и [1841] проанализировали продукты облучения различных полиметиленов, содержащих разветвления известной длины (метил, *н*-бутил, *н*-амил). Полимеры получали взаимодействием диазометана с диазоалканами. Продукты деструкции содержали водород, метан, *н*-бутан и *н*-пентан. Отсюда последовал вывод об отщеплении боковой цепи при деструкции как единого целого. При радиационной деструкции полиэтилена низкой плотности были найдены в основном этан и бутан, причем этан — в большем количестве. В малом количестве присутствовали метан и другие члены гомологического ряда. В [1841] удалось разделить полосы этила при 770 и бутила при 745 $см^{-1}$, при этом использовали высококристаллический полиэтилен для компенсации дублета 720/730 $см^{-1}$. Был сделан вывод, что разветвления в полиэтилене низкой плотности — это в основном звенья этила и бутила, а в полиэтилене высокой плотности — одного этила.

Для определения положения короткоцепных разветвлений в полиэтилене были исследованы модельные системы, представляющие собой полимеры, полученные из разветвленных олефинов с помощью катализаторов Циглера — Натта [608]. Оказалось, что частоты маятниковых колебаний для твердых полимеров и жидких углеводородов сравнимы между собой. Было также подтверждено отнесение полосы при 770 $см^{-1}$ к поглощению этильной группы. Полосу же при 740 $см^{-1}$, в отличие от вывода, сделанного в работе [1841], отнесли к поглощению *н*-пропила. К поглощению бутильной группы отнесли полосу при 724 $см^{-1}$, что совпадает с полосой поглощения *н*-пентила, *н*-гексила, а также длинных цепей из CH_2-групп. Указано также [1841], что полосы, связанные с разветвлениями, по-разному проявляются в спектрах твердых частично кристаллических полимерных углеводородов и соответствующих им низкомолекулярных жидкостей.

При изучении положения этильного разветвления в ориентированном обычном полиэтилене [1734] и сополимере этилена с бутеном-1 обнаружено наличие сильного параллельного дихроизма у полосы этила (770 $см^{-1}$) в спектре сополимера. В спектре гомополимера дихроизм этой полосы или очень мал, или совсем отсутствует. На основании этого был сделан вывод, что боковая этильная группа в гомополимере не связана непосредственно с основной полиметиленовой цепью, а располагается в длинных боковых цепях вблизи места разветвления. Следовательно, боковые группы должны сами иметь разветвления, причем преимущественно в α-положении к месту связи, т. е. есть боковые цепи типа 1-этилпентил, 2-этилгексил, 3-этилгептил и др. О наличии в полиэтилене таких алкильных боковых цепей, как, например, 2-этилгексил, указывалось при обсуждении механизма образования разветвлений в этом полимере [1841].

Разветвления сильно влияют на свойства полиэтилена [143, 1379, 1561, 1841]. Наиболее отчетливо это сказывается на плотности и степени кристалличности [1810]. Влияние разветвлений на твердость полиэтиленового воска рассмотрено в [1545].

Обратимся к количественному определению степени разветвленности, под которой чаще всего понимают число метильных групп, приходящееся на 100 или 1000 атомов углерода полимерной цепи (CH_3/100 C). До сих пор для такого определения в основном использовали колебание $\delta_s(CH_3)$ при 1376 см$^{-1}$, а также колебание $\nu(CH_3)$ и полосы поглощения в ближней и дальней ИК-областях [156, 1715]. Содержание алкильных боковых звеньев определяли по спектру в области 700—900 см$^{-1}$. Была обнаружена зависимость между содержанием метильных групп и поглощением жидких нормальных парафинов и расплавленного полиэтилена при 1378 и 883 см$^{-1}$ [309]. Указывалось, что на полосу при 1378 см$^{-1}$ влияют колебания соседних CH_2-групп, проявляющиеся при 1365 и 1350 см$^{-1}$; была предпринята попытка избавиться от этого влияния путем графического разделения контуров полос в спектрах.

В работе [195] определили удельный молярный коэффициент поглощения колебания $\delta_s(CH_3)$, используя спектры известных низкомолекулярных углеводородов. Было выведено соотношение, выражающее связь этого коэффициента с содержанием CH_3-групп. Образцы полиэтилена готовили в виде пленок и исследовали при комнатной температуре. Ошибка измерений сильно зависела от точности определения толщины пленки. Механические измерения связаны с относительно многими источниками ошибок*. В [570] использовали измерительное устройство, в основе работы которого лежит поглощение β-лучей. Измерив толщину пленки таким способом, определяли метильные группы в количестве до 0,3 CH_3/100 C.

В работе [1561] не проводили измерения толщины пленки. Авторы построили калибровочную кривую, используя разные парафины ($C_{28}H_{58}$, $C_{36}H_{74}$, $C_{58}H_{118}$), и нашли зависимость между отношением оптических плотностей D_{1378}/D_{1370} и содержанием метильных групп. Поскольку интенсивность полосы сравнения зависит от кристалличности образца, то спектры регистрировали, используя

* Очень трудно приготовить полимерную пленку, однородную по толщине и имеющую размеры, необходимые для получения удовлетворительного спектра. Поэтому в настоящее время механические измерения толщины практически не используют при количественном анализе. — *(Прим. ред.)*

расплав. Для построения калибровочной кривой для определения содержания CH_3-групп требуются очень длинноцепочечные парафины. Однако высшие парафины непригодны для калибровки при определении малых количеств метильных групп [1411]. Практически очистить их трудно. Поэтому для калибровки предложили смеси из порошков полипропилена и полиэтилена низкого давления с содержанием метильных групп от 0,2 до 3,2 CH_3/100 C [1411]. При этом полипропилен рассматривали как полимер, мономерное звено которого содержит одну CH_3- и одну CH_2-группу. Отношение оптических плотностей D_{1378}/D_{1370} измеряли при 100 °С. Первоначальное содержание CH_3-групп в полиэтилене, взятом для калибровки, определяли экстраполяцией отношения оптических плотностей к нулю.

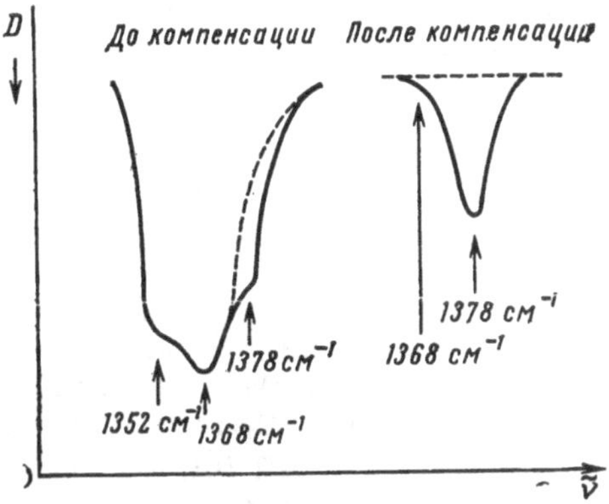

Рис. 6.2. Область 1350—1380 см⁻¹ ИК-спектра полиэтилена до и после компенсации дублета при 1368/1352 см⁻¹ [1841].

Чувствительность анализа можно значительно повысить, если применить компенсационный двулучевой метод измерения [1841]. При работе с клиновидными пленками неразветвленного или очень высокомолекулярного полиэтилена низкого давления удается полностью скомпенсировать дублет при 1368 и 1352 см⁻¹ и получить неискаженную симметричную полосу CH_3-группы. На интенсивность этой полосы влияет температура и не влияет аморфная фаза (рис. 6.2). Интенсивность полосы прямо пропорциональна концентрации CH_3-групп. Метод позволяет определять содержание CH_3-групп, начиная с концентраций меньших чем 0,05 CH_3/100 C. Техника получения клиновидных пленок описана в [607].

Для определения содержания метильных групп от 2 до 0,05 CH_3/100 C использовали спектр полиэтилена в области 1378 см⁻¹ [274]. Таким образом исключали влияние поглощения метильных групп при 1365 см⁻¹. Для калибровки использовали специально приготовленные полимеры. Компенсациочный метод был применен для определения отношения оптических плотностей полосы колебания $\delta_s(CH_3)$ при 1378 см⁻¹ и полос сравнения при 4270 и 4345 см⁻¹ [743]. Поглощение метиленовых групп компенсировали с помощью высокомолекулярного полиэтилена. В [690] указывается на связь интенсивности полосы колебания $\delta_s(CH_3)$ при 1378 см⁻¹ с природой боковых групп. К такому же выводу пришли в [1394]. Авторы этой работы анализировали модельные полимеры с различным составом боковых групп и одинаковым содержанием метильных групп, приходящихся на одну боковую цепь. Авторы обнаружили более высокую интенсивность полосы при 1378 $см^{-1}$ по сравнению с интенсивностью полосы метильных групп в этильном разветвлении. В то же время интенсивности поглощения CH_3-групп, находящихся на конце пропильной, бутильной и длинноцепочечных алкильных групп, не различаются в пределах ошибок эксперимента.

При количественном определении поглощения боковых этильных и бутильных групп при 770 и 745 $см^{-1}$ [195, 1841] не обнаружили описанной выше зависимости. Анализ указанных полос возможен лишь при использовании компенсационного метода. В то время как в спектре полиэтилена высокой плотности имеется лишь полоса поглощения этила при 770 $см^{-1}$, в спектре полиэтилена низкой плотности проявилось дополнительное поглощение бутильной группы.

Получены модельные полимеры с дейтерированными боковыми цепями [1841]. (Полимеры получали взаимодействием диазометана с диазоалканами.) Дейтерированную полиметиленовую цепь с бутильными боковыми группами синтезировали сополимеризацией 1-диазо-2-дейтеропентана с диазометаном. Боковое бутильное разветвление имеет структуру:

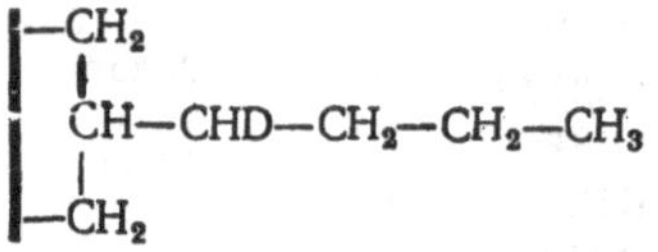

Содержание дейтерия (c_D) определяли по количеству тяжелой воды, образовавшейся при окислении полимера. Из отношения c_D/1000 С рассчитывали число разветвлений, приходящихся на 1000 атомов С основной цепи, и таким образом калибровали полосы метила при 1378 $см^{-1}$ и соответственно бутила при 745 $см^{-1}$. Для калибровки колебаний этильной группы использовали гидрированный полибутадиен с известным содержанием 1,2-изомера.

В образцах с неизвестной степенью разветвления измерение поглощения метильных групп при 1378 $см^{-1}$ позволяет определить общее число разветвлений, приходящихся на 100 или 1000 атомов С, независимо от типа имеющихся алкильных групп. При исследовании этим методом различных типов товарного полиэтилена наблюдали хорошее соответствие между суммарным числом этильных и бутильных разветвлений в полиэтилене низкой плотности и общим числом разветвлений. На основании этого был сделан вывод. что практически все разветвления представляют собой этильные и бутильные группы. Согласно [1841], в среднем соотношение этил : бутил равно 2 : 1, а согласно [1734, 1735] оно изменяется от 2 : 3 до 1 : 1.

Как уже было указано, в полиэтилене высокой плотности (полиэтилен низкого давления) найдены лишь этильные боковые группы и не обнаружены бутильные. Поэтому разность между общей концентрацией CH_3-групп и концентрацией боковых этильных групп является приблизительной мерой числа концевых CH_3-групп.

Описан метод анализа, при котором алкильные боковые цепи определяются по поглощению при 889 $см^{-1}$ [195]. Влияния винилиденовых групп, поглощающих при том же значении волнового числа, удается избежать путем предварительной обработки полимера парами брома. В зависимости от длины алкильной боковой цепи полоса ее поглощения смещается от 903 $см^{-1}$ (для *н*-пропильной группы) до 889 $см^{-1}$ для разветвлений длиннее, чем C_5. Так как это слабые полосы, то работать нужно с пленками толщиной 1 мм. Описанный метод можно рассматривать как развитие метода, предложенного в [309].

Если в полимере существует только один тип разветвления, то возможно определение коэффициента экстинкции полосы колебания $\delta_s(CH_3)$; для этого исследуют смеси полиэтилена с аморфным полипропиленом, полибутеном-1 или полигексеном-1 [1729]. Метильные разветвления определяют по полосе при 1155 $см^{-1}$ (скелетное колебание CH—CH_3-группы), а этильные группы — по полосе при 762 $см^{-1}$. Метод позволяет также определять концевые метильные группы и длинноцепочечные боковые группы при наличии нескольких типов разветвлений.

В 1964 г. был опубликован стандартный метод определения метильных групп в образцах полиэтилена различной плотности (ASTM D 2238—64 T), который в 1967 г. был модифицирован. Этот метод позволяет определять содержание метильных групп по полосе колебания $\delta(CH_3)$ при 1378,4 $см^{-1}$, при этом рекомендовано использовать методику компенсации с помощью пленок или клиньев из полиэтилена.

Для технических полиэтиленов нельзя определить точные границы степеней разветвленности. Обычно полиэтилен высокого давления содержит бо́льшее число разветвлений (20—30 CH_3/1000 C), чем полиэтилен низкого давления, полученный с помощью катализатора Циглера — Натта (3—10 CH_3/1000 C). Очень низкую степень разветвления имеет полиэтилен, полученный методом Филипса (1—2 CH_3/1000 C) [1496, 1569].

6.1.1.4. Анализ ненасыщенных участков в полиэтилене

Наряду с алкильными разветвлениями в полиэтилене возможно наличие ненасыщенных связей. В спектре полиэтилена могут проявляться полосы таких групп с двойными связями, как винил (910 $см^{-1}$), *транс-* и *цис*-винилен (963 и 720—790 $см^{-1}$), винилиден (889 $см^{-1}$) и тризамещенные винильные группы (800 $см^{-1}$). Винил, винилиден и *транс*-изомеры четко фиксируются в ИК-спектре. Идентификация многократно замещенных двойных связей трудна.

К тому же на поглощение *цис*-изомеров влияет дублет при 720—730 см$^{-1}$.

Количественное определение ненасыщенных участков в полиэтилене рассмотрено в работах [116, 235, 309, 310, 350, 1016, 1423]. Коэффициент экстинкции полос поглощения ненасыщенных групп определяли с помощью низкомолекулярных олефинов. Анализ винилиденовых групп по полосе при 889 см$^{-1}$ затрудняется поглощением бутильных групп при 895 см$^{-1}$. Эти помехи были устранены расчетным путем [1016] для случая, когда отношение оптических плотностей полосы поглощения метильной группы (1378 см$^{-1}$) и полосы поглощения бутильной группы постоянно, т. е. когда в полиэтилене число бутильных групп пропорционально числу метильных. Если измерить общую интенсивность поглощения в области от 865 до 925 см$^{-1}$, затем обработать образец бромом и снова снять ИК-спектр, то разность интенсивностей характеризует содержание винилиденовых групп. Этот метод является самым надежным. Он позволяет определить винилиденовые группы в концентрации 0,005 (C=C)/100 атомов C в цепи [350]. *Транс*-двойные связи характеризуются слабой полосой маятникового колебания CH_2-групп при 965 см$^{-1}$. Доля двойных связей может быть оценена методом бромирования, описанным выше, который позволяет определить ее с чувствительностью 0,01 (C=C)/100 C. Полоса поглощения винильной группы при 910 см$^{-1}$ несколько перекрывается полосой поглощения CH_3-групп при 895 см$^{-1}$. Чувствительность анализа по винильным группам составляет 0,01 (C=C)/100 атомов C. Для определения *цис*-винилена в полиэтилене высокого давления предложено два метода [310]: получение дифференциальных спектров до и после гидрирования полиэтилена и перевод *цис*-изомеров в *транс*-изомеры под действием γ-облучения. Чувствительность последнего метода составляет 0,001 (C=C)/100 C. Согласно этим исследованиям общая концентрация двойных связей в полиэтилене высокого давления составляет ~0,05 (C=C)/100 C, причем в основном присутствуют винилиденовые группы. Число *цис*-двойных связей незначительно. По полосе колебания ν(C=C) при 1643 см$^{-1}$ можно рассчитать общее число олефиновых структур в полиэтилене высокого давления. Результаты методов спектроскопического определения можно проверить с помощью химического анализа с применением иодхлорида.

В отличие от полиэтилена высокого давления в линейном полиэтилене найдены винильные группы, причем в полиэтилене, полученном с использованием катализаторов Циглера — Натта, от 20 до 40% от общего числа ненасыщенных структур составляют *транс*-виниленовые группы [703]. При действии брома на кристаллический полиэтилен наблюдается снижение числа ненасыщенных винильных концевых групп приблизительно на 10%, на основании чего был сделан вывод, что ненасыщенные концевые группы располагаются на внешних сторонах кристалла полиэтилена [1847].

6.1.1.5. Изучение окисления и радиационно-химического сшивания полиэтилена

При термической или радиационной деструкции полиэтилена на воздухе или в кислороде образуются кислородсодержащие соединения, по которым можно сделать вывод о механизме окисления [85, 1794]. Спектроскопическая идентификация этих кислородсодержащих соединений (альдегиды, кислоты, кетоны, сложные и простые эфиры, гидроперекиси, ацетали) и их количественное определение явились предметом большого числа исследований [89, 91, 211, 309, 546, 915, 1016, 1153, 1424]. При анализе продуктов окисления в полиэтилене полоса колебания ν(OH) при 3559 см$^{-1}$ была отнесена к колебаниям гидроперекисных групп [211, 309]. В [915] было указано, что на положение полосы поглощения OH-группы влияют другие группы; определено также содержание OH-групп в окисленном полиэтилене по полосе при 1245 см$^{-1}$ [ν(C—O)] после количественного ацетилирования. Калибровку проводили радиохимическим способом, используя полиэтилен, окисленный ангидридом уксусной кислоты, который содержал изотоп ^{14}C. В работе [1153] содержащиеся в полиэтилене OOH-группы переводили с помощью SO_2 в сульфатные и затем определяли долю гидроперекисных групп по интенсивности полосы 1195 см$^{-1}$. Интенсивность поглощения OOH-групп обычно очень мала для количественных измерений.

Карбонилсодержащие соединения поглощают в области 1700—1750 см$^{-1}$*. Однозначная интерпретация полос на основании их положения в спектрах веществ некоторых классов (альдегиды, кетоны, кислоты, сложные эфиры) ненадежна из-за возможного влияния ближайшего химического окружения на поглощение CO-групп**. Поэтому по полосе колебания ν(C—O) при 1175 см$^{-1}$ определяли содержание сложноэфирных групп в окисленном полиэтилене [1016], однако согласно [546] это поглощение отнесли как к сложноэфирным, так и к ацетальным и простым эфирным связям. Полоса при 1685 см$^{-1}$, появляющаяся иногда в спектре окисленного полиэтилена, была связана с образованием в цепи α-β-ненасыщенных кетонов.

Увеличение степени кристалличности при окислении полиэтилена на воздухе при 100 °C наблюдали в [1026, 1089]. Однако в работе [711] не обнаружено никаких изменений в полностью кристаллических областях полимера при его старении, о чем свидетельствует сравнение данных дифференциального термического анализа и ИК-спектроскопии. Явное увеличение кристалличности полимера при его окислении было объяснено наличием CO—OH- и OOH-групп, которые образуются в аморфной области из

---

* Валентные колебания ν (C=O) проявляются в области 1650—1800 см$^{-1}$. — *(Прим. ред)*

** Как правило, довольно хорошо удается определить тип заместителя у карбонильной группы по положению полос ν (C=O). — *(Прим. ред.)*

CH_2-групп [1027]. Снижение концентрации CH_2-групп вызывает уменьшение интенсивности полосы при 720 см$^{-1}$. В результате этого отношение оптических плотностей D_{730}/D_{720}, используемое для определения степени кристалличности, возрастает.

6.1.1.6. Исследование кристалличности и ориентации

Исследование упорядоченного кристаллического состояния различных типов полиэтиленов представляет практический и научный интерес. Это исследование можно проводить рентгенографически, по измерению плотности и энтальпии плавления, методом ЯМР широких линий, селективным окислением и, наконец, спектрометрическим методом. Полиэтилен в первом приближении можно рассматривать как частично кристаллический полимер, у которого наряду с упорядоченными областями есть также области неупорядоченные, аморфные (двухфазная модель).

В большом числе работ [631, 778—780, 803, 920, 1028, 1262, 1423, 1608—1610] для определения степени кристалличности использовали дублет полос в области 720—731 см$^{-1}$. Поглощение при 720 см$^{-1}$ относится как к аморфной, так и к кристаллической областям. Полоса при 731 см$^{-1}$ проявляется лишь при наличии в полиэтилене кристаллической фазы [1608, 1609]. Она исчезает при плавлении и вновь появляется при охлаждении образца.

Отношение величин интегрального поглощения обоих компонентов дублета характеризует степень кристалличности полимера. Когда говорят о точном измерении оптических плотностей этих полос, то предполагают четкое разделение компонент дублета. Однако это не просто, так как из-за сильной интенсивности обеих полос работать приходится с очень тонкими пленками (~10 мкм). Кроме этого обе полосы обладают четко выраженным дихроизмом, поэтому до проведения анализа упорядоченного состояния образец нужно исследовать в поляризованном свете [174, 241, 640, 1028, 1263, 1496, 1739]. Указанные выше трудности заставили исследователей обратиться к другим областям ИК-спектра полиэтилена. Так, к колебаниям кристаллической фазы были отнесены полосы при 2016, 1894, 1176 и 1050 см$^{-1}$ [185, 894, 925, 1264, 1265, 1267, 1738]. Было предположено, что эти полосы являются характеристическими для *транс*-конформации углеродной цепи. Полосы при 1303, 1352 и 1368 см$^{-1}$ связаны с колебаниями в аморфной области [187, 925, 1139, 1264, 1265], причем CH_2-группы, поглощающие при 1303 и 1352 см$^{-1}$, имеют по меньшей мере одну соседнюю связь в *гош*-конформации. Интерпретация полосы при 1368 см$^{-1}$ не является однозначной. Так, ее относят к CH_2-группам, находящимся в *гош*- или *транс*-конформации [925], и к CH_2-группам, находящимся в *транс*-положении [1264].

Чаще всего для анализа кристаллической фазы полиэтилена используют поглощение при 1894 см$^{-1}$, которое согласно [1263] является комбинационным тоном полос кристалличности при 731 и 1176 см$^{-1}$. На основании зависимости характеристики полосы при 1894 см$^{-1}$ от температуры был сделан вывод о ее истинно кристаллической природе. Полосы кристалличности при 1176 и 1050 см$^{-1}$ — относительно слабые и при малых значениях степени кристалличности приводят к большим относительным погрешностям измерения.

При исследовании различных типов полиэтилена (линейные и разветвленные) была обнаружена линейная зависимость интенсивности полос кристалличности и аморфности от удельного объема полимера [640]. Интенсивность полосы при 1303 см$^{-1}$ (аморфная область) растет линейно с увеличением удельного объема, а интенсивность полосы кристалличности при 1894 см$^{-1}$ растет с уменьшением удельного объема. Путем экстраполяции к $D_к=0$ можно определить удельный объем полностью аморфного полиэтилена, а при экстраполяции к $D_a=0$ — полностью кристаллического полиэтилена. На основании этих данных рассчитывают оптические плотности для полностью аморфного и полностью кристаллического полиэтилена (см. также разд. 5.1.2 и разд. 5.2). Плотность полностью кристаллического полиэтилена составляет 1,00 г/см^3, что согласуется с рентгенографическими данными. Для полностью аморфного полиэтилена значения плотности, полученные двумя этими методами, несколько различаются (0,862 г/см^3 по данным рентгенографии, 0,870 г/см^3 по данным ИК-спектроскопии). Такое расхождение объяснили различием методов обработки рентгенографических и спектральных данных [1496] (табл. 6.3).

Таблица 6.3. Степень кристалличности *x* различных типов полиэтилена [640]

Способ получения	Плотность, г/см^3	Степень разветвления	*x*, %	
			по рентгенографии	по ИК-спектру
По Филлипсу	0,960	1	74	72
По Циглеру и Натта	0,965	1	78	76
	0,950	4	68	65
Полиэтилен высокого давления	0,935	12	57	53
	0,918	28	45	40

В [1300, 1301] определили содержание *гош*- и *транс*-изомеров в аморфном полиэтилене. Было показано, что при плотности меньше 0,96 г/см^3 отношения оптических плотностей D_{1305}/D_{1368} и D_{1352}/D_{1368} остаются постоянными, при бóльших плотностях эти отношения изменяются (рис. 6.3). Отсюда был сделан вывод, что интенсивность полос *гош*-изомера при 1305 и 1352 см$^{-1}$ определяется при плотности полимера больше 0,96 не только концентрацией *гош*-структур, содержащихся в некристаллической области. Важно также распределение блоков по длинам и взаимодействие между соседними CH_2-группами внутри одной цепи. Как и предполагалось, с повышением температуры уменьшается интенсивность полосы кристалличности при 1894 см$^{-1}$ и возрастает интенсивность полос поглощения аморфной фазы. При этом коэффициент экстинкции полосы кристалличности очень сильно снижается, что необходимо учитывать при изучении температурной зависимости степени кристалличности. В этом случае получают одни и те же значения степени кристалличности независимо от того, ведется ли расчет по полосам кристалличности или аморфности [1301]. В тех случаях, когда влияние температуры не учитывается, возможны ошибки в определении степени кристалличности [1874]. Степень кристалличности линейного полиэтилена не зависит от температуры приблизительно до 100 °С. В области 100—125 °С влияние температуры становится заметным, так как начинается плавление кристаллов. Согласно [1301] эти изменения тем сильнее, чем выше молекулярная масса полимера и ниже его степень кристалличности. В разветвленном полиэтилене степень кристалличности уменьшается с ростом температуры постепенно. Показано увеличение интенсивности полосы при 1894 см$^{-1}$ с уменьшением температуры от 310 до 150 К [1635], при этом кристалличность полиэтилена низкого давления возрастала в 1,5—1,9 раза.

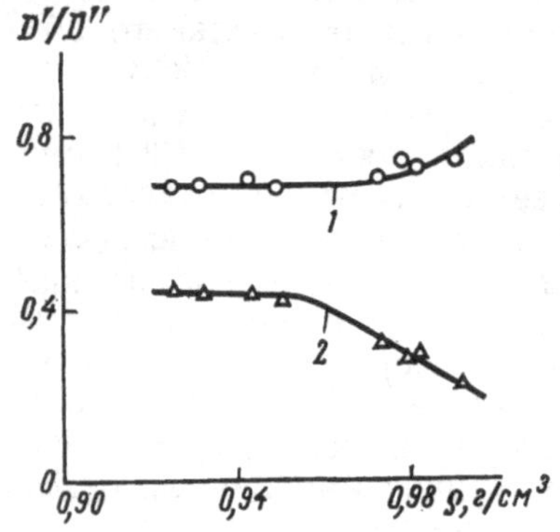

Рис. 6.3. Зависимость относительной интенсивности полос от плотности полиэтилена, закристаллизованного из расплава [1301]:
1 — для D_{1352}/D_{1368}; *2* — для D_{1305}/D_{1368}.

В работе [1729] получили соотношение, характеризующее влияние короткоцепных разветвлений на степень кристалличности полиэтилена. Для калибровки брали статистические сополимеры этилена с пропиленом и этилена с бутиленом. В уравнение для расчета степени кристалличности входит средняя молекулярная масса и степень разветвления цепи.

Работа [428] посвящена определению кристалличности смеси полиэтилена низкого и высокого давления. Составлен обзор различных методов определения кристалличности полиэтилена [789]. В большом числе работ приводятся доказательства того, что полиэтилен может образовывать отдельные монокристаллы, которые содержат складчатые цепи. Оси цепей в таких кристаллах располагаются перпендикулярно поверхности тонких пластинок, образующихся при кристаллизации из разбавленных растворов [1726]. Теория образования складок в полимерных кристаллах рассмотрена в [794, 795, 1003].

Исследована складчатая конформация макромолекул неразветвленного полиэтилена по полосам поглощения при 1352 и

1303 см$^{-1}$ (CH_2-группы в *гош*-конформации) [865, 1300, 1301]. В полиэтилене, закристаллизованном из раствора, обнаруживается та же самая складчатая структура, что и при медленной кристаллизации расплава. При разрушении складчатой структуры кристалла наблюдается заметный рост общего содержания *гош*-конформации [865]. Измерения, проведенные в области 1200—1400 см$^{-1}$, показали, что при растяжении ориентированных волокон полиэтилена число *гош*-изомеров уменьшается [494].

Колебания различных структурных модификаций кристаллического полиэтилена, в которых полностью дейтерированные цепочки перемешаны с обычными цепями, рассчитаны в [1726]. В таких структурах можно отличить складывание цепей в плоскости (110) и складки, параллельные плоскости (100). В регулярных полимерах (CH_2—CD_2) можно определить число CH_2-групп в складке. Сравнивая спектры полимеров со спектрами модельных соединений [1502], пришли к выводу, что полоса при 1340 см$^{-1}$ связана со складчатой формой кристаллитов, цепи в которых имеют зигзагообразную конформацию. Поглощение при 1350 см$^{-1}$ относится к *гош*-конформациям.

В ИК-спектре смеси монокристаллов полиэтилена и полидейтероэтилена было обнаружено расщепление полос, соответствующих деформационным и маятниковым колебаниям CH_2- и CD_2-групп [66, 67]. Это расщепление меньше, чем для чистых компонентов. Такой эффект объясняется нарушением кристаллической решетки за счет так называемых «ресниц», которые представляют собой концы молекул, выходящих из одного монокристалла и внедряющихся в соседний кристалл. Из этих «ресниц» может состоять почти вся аморфная область монокристалла полиэтилена. При сильном измельчении полимера в шаровой мельнице орторомбические кристаллиты полиэтилена частично переходят в моноклинные. В области маятниковых колебаний CH_2-групп проявляется полоса при 715 см$^{-1}$, которая пропадает после отжига размолотых образцов [811]. При исследовании смешанных кристаллов, содержащих H и D, и смесей кристаллов обнаружили, что после отжига полимера складки располагаются не в плоскостях (110), как до термообработки, а в плоскостях (200).

Большое число работ посвящено изучению ориентирования молекулярных цепей различных типов полиэтилена при холодном и горячем формовании. Авторы рассматривают дихроизм дублета при 720 см$^{-1}$, а также комбинационные тона при 1894 и 2016 см$^{-1}$ [6, 241, 357, 738, 778—780, 803, 1496, 1611].

В спектре полиэтилена, подвергнутого холодной вытяжке, дублет при 720 см$^{-1}$ имеет σ-дихроизм. Полоса при 731 см$^{-1}$ имеет после отжига полимера при 100 °C π-дихроизм, что указывает на переориентацию молекулярных цепей (ось *a* параллельна, ось *c* перпендикулярна направлению вытяжки). Так как на спектральные характеристики дублета полос влияет кристалличность образца, трудно разделить эффекты, вызванные ориентацией и кристалличностью. Зависимость этих параметров оценивается разными исследователями по-разному.

Для раздельного анализа степени кристалличности и ориентации полиэтилена больше подходят, согласно [1496], полосы поглощения при 1894 и 2016 $см^{-1}$. В этой работе также показано, что при очень высоких степенях вытяжки образца (700—1000%) π-компонента полосы при 1894 $см^{-1}$ и σ-компонента полосы при 2016 $см^{-1}$ почти полностью исчезают. Ориентация макромолекул линейного полиэтилена остается постоянной вплоть до температуры его плавления, а для разветвленных полимеров она уменьшается с ростом температуры. Следует отметить, что при растяжении образца не наблюдается изменений кристалличности.

Исследованы изменения ориентации и конформации линейного полиэтилена при очень больших степенях вытяжки (температура вытяжки равна 60 °C [521—524]. Кристалличность растянутых образцов остается постоянной вплоть до степени вытяжки 700% (кристалличность определяли по полосе при 1894 $см^{-1}$). При дальнейшей вытяжке степень кристалличности растет сначала быстро, а затем медленнее. В образцах с высокой начальной кристалличностью степень упорядоченности имеет минимальное значение при степени вытяжки 700%. Степень ориентации кристаллитов возрастает вплоть до степеней вытяжки 200% и затем остается постоянной. Также возрастает степень ориентации сегментов макроцепей в аморфной фазе полимера, при этом доля *транс*-конформаций растет за счет уменьшения *гош*-конформаций. Это следует из уменьшения значений относительных оптических плотностей полос при 1368, 1353 и 1303 $см^{-1}$ и постоянства оптической плотности полосы при 1078 $см^{-1}$. Таким образом, на первых стадиях вытяжки разрушаются сферолитные структуры полимера, что ведет к исчезновению различий в исходных морфологических структурах. Доля зацеплений цепей (петель) становится меньше, в то время как число проходных цепей возрастает. В [525] исследовали ориентацию винильных и метильных концевых групп в цепи полиэтилена. В [1637] определяли ориентацию молекул полиэтилена низкого и высокого давления по полосе поглощения при 5782 $см^{-1}$. Была определена концентрация кристаллитов, их ориентация и ориентация молекул в аморфной фазе.

6.1.2. ПОЛИПРОПИЛЕН

6.1.2.1. Введение

Технический и научный интерес к полипропилену

$$[-CH_2-\underset{\displaystyle CH_3}{\underset{|}{CH}}-]_n$$

возрос очень быстро после разработки метода стереоспецифической полимеризации, в котором использовались катализаторы Циглера—Натта [1224, 1225]. Если при радикальной полимеризации получается гетеротактический полимер типа воска или олигомер с низкой молекулярной массой*, при стереоспецифической полимеризации образуется в основном изотактический кристаллизующийся полипропилен. Свойства этого материала в большой мере зависят от степени микротактичности цепи. Для определения микротактичности наряду с методом экстракции [1433] широко используют ИК-спектроскопию. Большая часть спектроскопических исследований полипропилена была посвящена зависимости его спектра от микротактичности (см. разд. 6.1.2.5).

В одной из первых работ по изучению ИК-спектра полипропилена [1224], в которой исследовали также дихроизм, было указано на различие спектров расплавленного гетеротактического и кристаллического полипропилена. Более подробно эти полимеры изучены в работах [2, 991, 1330, 1741]. Исследованы также КР-спектры полипропилена [1054, 1271, 1741]. Удовлетворительное объяснение спектра на базе характеристических групповых частот возможно прежде всего для валентного колебания СН-группы, симметричного деформационного колебания CH_2-группы (1435 $см^{-1}$), антисимметричного деформационного колебания CH_3-группы (1454 и 1460 $см^{-1}$) и для симметричного деформационного колебания CH_3-группы (1378 $см^{-1}$).

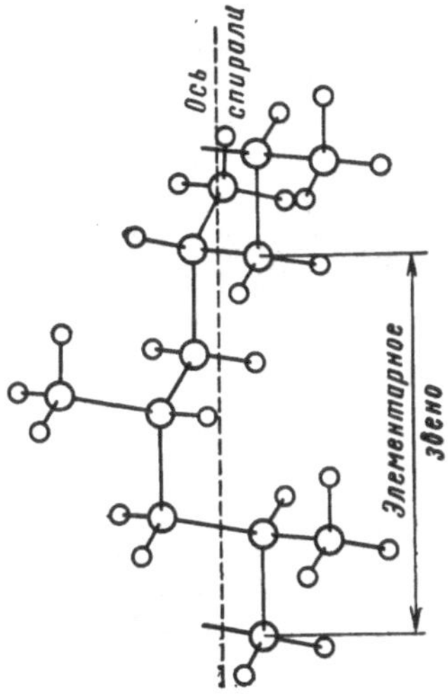

Рис. 6.4. Конформация макромолекулы в кристаллическом изотактическом полипропилене [1578].

Структура кристаллического изотактического полипропилена была определена рентгенографически [1226, 1230, 1245]. Регулярные макромолекулы имеют конформацию 3_1-спирали с тремя мономерными единицами в элементарном звене (рис. 6.4). Дано теоретическое обоснование возможных колебаний такой структуры [1330]. Изолированная цепь, для которой не учитываются взаимодействия с другими цепями, проходящими через кристаллографическую элементарную ячейку, должна иметь $3n—2=25$ нормальных колебаний типа симметрии A и $2(3n—1)=52$ нормальных колебания типа симметрии E_1 (n — число атомов в мономерном звене). При колебаниях типа A соседние мономерные звенья колеблются в фазе и переходный момент направлен параллельно

* Получающийся при радикальной полимеризации полипропилен обычно обогащен синдиотактической формой. — *(Прим. ред.)*

оси спирали. Колебания типа E_1 попарно вырождены, их переходный момент направлен перпендикулярно оси спирали. Разность фаз колебаний этого типа симметрии для соседних звеньев равна $\pm{}^3/_2\pi$. **Некоторые полосы** могут быть отнесены к типам симметрии A и E_1 на основании их сильного дихроизма. Однако в большинстве случаев колебания типа A и E_1, соответствующие друг другу, имеют одинаковые частоты*. С помощью структурной модели удается оценить отношение интенсивностей обеих компонент; при этом экспериментально определяемое дихроичное отношение позволяет более обоснованно интерпретировать спектр [925]. Некоторые полосы могут быть идентифицированы с помощью дейтерирования (см. следующий раздел). Однако полную интерпретацию ИК-спектра полипропилена удалось провести лишь с помощью расчета нормальных колебаний (см. разд. 6.1.2.3).

Для идентификации полос изо- и синдиотактических структур были исследованы спектры некоторых низкомолекулярных модельных соединений [101].

6.1.2.2. ИК-спектр дейтерированного полипропилена

ИК-спектры образцов дейтерированного полипропилена рассмотрены в работах [990, 992, 994, 997, 1113, 1114]. Дейтерированные полимеры получали стереоспецифической полимеризацией таких мономеров, как $CD_2{=}CHCH_3$ (поли-1,1-d_2-пропилен), $CH_2{=}CDCH_3$ (поли-2-d_1-пропилен), $CH_2{=}CHCD_3$ (поли-3,3,3-d_3-пропилен) и $CD_2{=}CDCD_3$ (поли-d_6-пропилен). Сравнение смещений частот в спектрах этих полимеров позволяет отнести полосы поглощения к тем или иным углеводородным группам. Более или менее надежные выводы можно сделать лишь относительно валентных и высокочастотных деформационных колебаний CH-груп-

Таблица 6.4. Полосы CH- и CD-валентных колебаний в спектре полипропилена [990]

Волновое число, см−1	Колебание	Волновое число, см−1	Колебание	$[\tilde{\nu}(CH)]/[\tilde{\nu}(CD)]$
2960	$\nu_a(CH_3)$	2214	$\nu_a(CD_3)$	1,34
2949	$\nu_a'(CH_3)$	2204	$\nu_a'(CD_3)$	1,34
2920	$\nu(CH)$	2153	$\nu(CD)$	1,36
2920	$\nu_a(CH_2)$	2170	$\nu_a(CD_2)$	1,35
2875	$2\times\delta(CH_2)$			
2866	$\nu_s(CH_3)$	2065	$\nu_s(CD_3)$	1,39
2836	$\nu_s(CH_2)$	2082	$\nu_s(CD_2)$	1,36

* Это неверно. В подавляющем числе случаев для полимеров с небольшим мономерным звеном колебания типов A и E_1 хорошо разделены. Расщепление мало лишь для высокохарактеристических колебаний. — *(Прим. ред.)*

Таблица 6.5. Полосы деформационных колебаний CH_2- и CH_3-групп в спектре полипропилена [994]

Волновое число, см−1	Колебание	Волновое число, см−1	Колебание
1460	$\delta_a'(CH_3)$	1443	$\delta_s(CH_2)$
1455	$\delta_a(CH_3)$	1380	$\delta_s(CH_3)$

пы (табл. 6.4 и табл. 6.5). Положение и интенсивность всех других полос в области 1500—600 $см^{-1}$ изменяются при дейтерировании любой из таких групп, как CH, CH_2 или CH_3. Эти полосы можно рассматривать как связанные колебания этих групп и скелетной цепи.

6.1.2.3. Анализ колебаний изотактического полипропилена

Эмпирическая интерпретация колебаний ИК-спектра полипропилена оказалась очень неудовлетворительной. Анализ ИК-спектра дейтерированного полимера показывает, что причиной этого является сильное взаимодействие различных деформационных колебаний скелетной цепи. Поэтому расшифровка спектра полипропилена возможна лишь в рамках строгого анализа нормальных колебаний.

Предпринята попытка расчета скелетных колебаний с помощью упрощенной модели [548, 940]. В качестве неподвижных центров масс выбирались группы CH, CH_2 и CH_3. Определенное соответствие между рассчитанными и измеренными частотами наблюдается для области 850—200 $см^{-1}$. Однако интерпретация полос остается трудной задачей, так как при такой упрощенной модели не учитывают взаимодействия скелетных колебаний и деформационных колебаний CH-групп.

Элементарная ячейка кристаллического изотактического полипропилена содержит четыре молекулярные цепи [1230], поэтому при анализе нормальных колебаний в принципе следовало бы учитывать межмолекулярное взаимодействие. Однако не было найдено различий в спектрах кристаллического и смектического полипропилена [1242]. Из этого следует, что межмолекулярные взаимодействия в кристалле полипропилена настолько слабы, что не приводят к расщеплению полос и ими можно пренебречь. (Было обнаружено лишь незначительное смещение — 0,4 $см^{-1}$ полосы при 840 $см^{-1}$ при переходе от смектической к кристаллической модификации [255].) Поэтому при анализе нормальных колебаний можно ограничиться рассмотрением изолированной молекулы, что значительно сокращает время, затрачиваемое на проведение расчетов.

Таблица 6.6. Полосы CH- валентных колебаний в спектре изотактического полипропилена

Волновое число, см−1		Колебание
измеренное [1331]	рассчитанное [1180]	
2959 о. с., π	2962 (A) 2962 (E_1)	ν_a (CH_3), антисимметр к H—C—CH_3-плоскости
2950 о. с., σ	2962 (A) 2962 (E_1)	ν'_a (CH_3), симметр. к H—C—CH_3-плоскости
2921 о. с., σ	2927 (E_1) 2926 (A)	ν (CH)
2879 с., σ	2903 (E_1) 2906 (A)	ν_a (CH_2)
2868 с., σ	2873 (E_1) 2873 (A)	ν_s (CH_3)
2838 ср.	2848 (E_1) 2845 (A)	ν_s (CH_2)

Как уже было указано, отдельная цепь изотактического полипропилена содержит три мономерных звена, приходящихся на один виток спирали (см. рис. 6.4). Исходя из внутримолекулярных потенциальных функций молекул углеводородов [1461, 1462, 1537], были рассчитаны нормальные колебания макромолекул полипропилена и его дейтерированных аналогов; для расчета последних использовали другие силовые поля [1176, 1177, 1180, 1183, 1185, 1188, 1462, 1578, 1685, 1690].

В табл. 6.6—6.8 приведены спектральные характеристики полос поглощения полипропилена. Из данных таблиц видно, что особенно в средней области ИК-спектра имеет место сильное взаимодействие групповых колебаний. На рис. 6.5 приведены ИК-спектры изотактического полипропилена, полученные в поляризованном свете.

Валентные колебания CH_3—CH_2- и CH-групп локализованы в соответствующих группах и поэтому в очень малой степени подвержены влиянию стереорегулярности цепи и ее конформации. Это также видно из спектра дейтерированного полипропилена. разному [990, 1180]. Еще одна расшифровка ИК-спектра поли- Полосы при 2920—2875 см$^{-1}$ (см. табл. 6.6) интерпретируются по- пропилена дана в [1462]. Поскольку расчетные значения частот зависят от выбора силовых постоянных, то более вероятными следует считать значения частот, полученные по спектру дейтериро-

Таблица 6.7. Полосы в средней ИК-области спектра изотактического полипропилена и распределение потенциальной энергии колебаний (в %)

Волновое число, см⁻¹		Колебание и распределение потенциальной энергии
измеренное [1331]	рассчитанное [1180, 1188]	
1460 с., σ	1463 (E_1)	δ_a' (CH_3), экв. 70, акс. 10
	1462 (A)	δ_a' (CH_3), экв. 50, акс. 30
1454 ср., π	1461 (A)	δ_a (CH_3), акс. 50, экв. 30
	1461 (E_1)	δ_a (CH_3), акс. 75, экв. 10.
	1439 (E_1)	δ_s (CH_2), 100
1435 ср., σ	1436 (A)	δ_s (CH_2), 100
1378 ср., π	1385 (A)	δ_s (CH_3), 90
1377 с., σ	1386 (E_1)	δ_s (CH_3), 85
1365 о. сл., π	1367 (A)	γ_w (CH_2), 40; δ_s (CH_3), 15; δ (CH), акс. 30
1360 ср., σ	1365 (E_1)	γ_w (CH_2), 15; δ_s (CH_3), 15; δ (CH), экв. 30 γ_t (CH_2), 20
1330 сл., σ	1344 (E_1)	γ_w (CH_2), 35; δ (CH), акс. 35
1326 о. сл., π	1332 (A)	δ (CH), экв. 60
1304 ср., π	1304 (A)	γ_w (CH_2), 50; γ_t (CH_2), 50; δ (CH), акс. 15
1296 сл., σ	1301 (E_1)	δ (CH), акс. 20, экв. 20; γ_w (CH_2), 40
1254 ср., π	1264 (A)	γ_t (CH_2), 35; δ (CH), акс. 20, экв. 10
1220 сл., σ	1195 (E_1)	γ_t (CH_2), 25; δ (CH), 15, ν (C—C), экв. 20
1168 с., π	1165 (A)	ν (C—C), акс. 40; γ_r (CH_3), акс. 50
1155 ср., σ	1166 (E_1)	ν (C—CH_3), 20; δ (CH), 15
1103 ср., σ	1112 (E_1)	γ_r (CH_3), акс. 20, экв. 10; ν (C—C), акс. 25
1045 ср., π	1051 (A)	ν (C—CH_3), 35; ν (C—C), экв. 30
1034 о. сл., σ	1021 (E_1)	ν (C—CH_3), 30; γ_r (CH_3), экв. 15; γ_t (CH_2), 15 δ (CH), 15

Волновое число, см−1		Колебание и распределение потенциальной энергии
измеренное [1331]	рассчитанное [1180, 1188]	
998 с., π	996 (*A*)	γ_r (CH_3), экв. 35; ν (C—CH_3), 35; δ (CH), 15
		γ_t (CH_2), 15
973 с., π	950 (*A*)	γ_r (CH_3), акс. 50; ν (C—C), акс. 20; ν (C—C), экв. 20
941 сл., σ	930 (E_1)	γ_r (CH_3), акс. 35, экв. 10; ν (C—C), акс. 35
899 ср., σ	892 (E_1)	γ_r (CH_3), экв. 35; γ_r (CH_2), 20; δ (CH), экв. 15
842 с., π	862 (*A*)	γ_r (CH_3), акс. 10, экв. 25; ν (C—C), экв. 30
	833 (*A*)	γ_r (CH_2), 75; δ (CH), акс. 15
809 ср., σ	818 (*E*)	γ_r (CH_2), 35; ν (C—CH_3), 25; ν (C—C), экв. 20

Примечание. Экв. и акс. означают, что колебание происходит соответственно перпендикулярно или параллельно оси спирали, т. е. антисимметрично или симметрично к H—C—CH_3-плоскости. δ—деформационное колебание группы C—CH_2—C. δ_s и δ_a—симметричное и антисимметричное деформационные колебания группы C—CH—C (с C при CH).

Таблица 6.8. Полосы в дальней ИК-области спектра полипропилена и распределение потенциальной энергии колебаний (в %) [1180, 1188]

Волновое число, см−1		Колебание и распределение потенциальной энергии
измеренное	рассчитанное	
528σ	509 (E_1)	δ_a, 40; δ, 25
460σ	445 (E_1)	δ_s, 65
456π	473 (*A*)	δ_a, 75
398π	392 (*A*)	δ_s, 35; δ_a, 40
321σ	314 (E_1)	δ_a, 60
251π	272 (*A*)	δ_s, 40; δ_a, 20
210σ	207 (E_1)	t_{C-CH_3}, 95
200π	203 (*A*)	t_{C-CH_3}, 85
169σ	162 (E_1)	δ_a, 40; δ, 30; $t^*_{CCакс}$, 15
155π	157 (*A*)	δ, 40; $t^*_{CCэкв}$, 35
106	90	$t^*_{CCакс}$, 70

* $t_{CCакс}$, $t_{CCэкв}$—внутреннее вращение вокруг аксиальных и экваториальных связей C—C.

ванного полимера [990]. Достаточно большая для обертона интенсивность полосы при 2875 см$^{-1}$ может быть объяснена резонансом Ферми с колебанием $\nu(CH_2)$.

Симметричное деформационное колебание CH_2-группы при 1435 см$^{-1}$ (см. табл. 6.7) было также найдено в спектрах поли-2-d_1-пропилена и поли-3,3,3-d_3-пропилена. Для последнего полимера удалось разделить A- и E_1-компоненты, лежащие соответственно при 1440 (π) и при 1438 см$^{-1}$ (σ) [1331]. Исходя из структурной модели можно ожидать, что A-компонента будет сильнее, чем

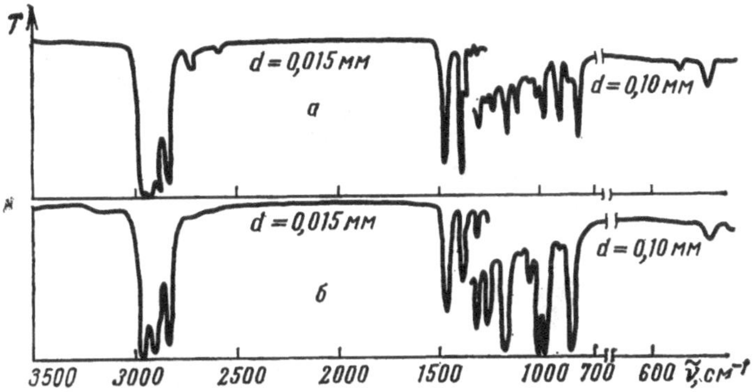

Рис. 6.5. ИК-спектры изотактического полипропилена в поляризованном свете:

а — при электрическом векторе, перпендикулярном направлению вытяжки; *б* — при электрическом векторе, параллельном направлению вытяжки. *d* — толщина образца.

E_1-компонента. Однако это наблюдается лишь для поли-3,3,3-d_3-пропилена. Отсюда можно сделать вывод, что имеет место взаимодействие с колебанием CH_3-группы, на что, однако, не указывают данные, представленные в табл. 6.7. Антисимметричные деформационные колебания CH_3-группы были отнесены к полосам при 1460 и 1454 см$^{-1}$. Расщепления полос на A- и E_1-компоненты не происходит. Колебание δ_a' с преимущественно экваториальной составляющей относится к полосе при 1460 см$^{-1}$, поляризованной перпендикулярно к оси спирали. Симметричное деформационное колебание CH_3-группы проявляется при 1378 см$^{-1}$. Как и следует из структурной модели, интенсивность E_1-компоненты выше*.

В области 1200—1370 см$^{-1}$ лежат веерные и крутильные колебания CH_2-группы и деформационные колебания CH-группы, которые сильно взаимодействуют друг с другом. Такой вывод следует как из ИК-спектра дейтерированного полипропилена, так и из анализа нормальных колебаний. Полосы поглощения в области

---

* Заключение об интенсивности полос, исходя из структурной модели, как правило, весьма сомнительно и часто не совпадает с тем, что есть на самом деле. — (*Прим. ред.*)

700—1200 $см^{-1}$ вызваны взаимодействием маятниковых колебаний CH_3- и CH_2-групп с валентными колебаниями углеродного скелета. Из-за сильного взаимодействия колебаний метильных и метиленовых групп с углеродным скелетом спектральная характеристика этих полос очень сильно зависит от стереорегулярности и конформации молекулы.

На рис. 6.6 изображен спектр изотактического полипропилена в области 500—150 $см^{-1}$. Полосы поглощения, лежащие в этой области, относятся к деформационным колебаниям скелета и к

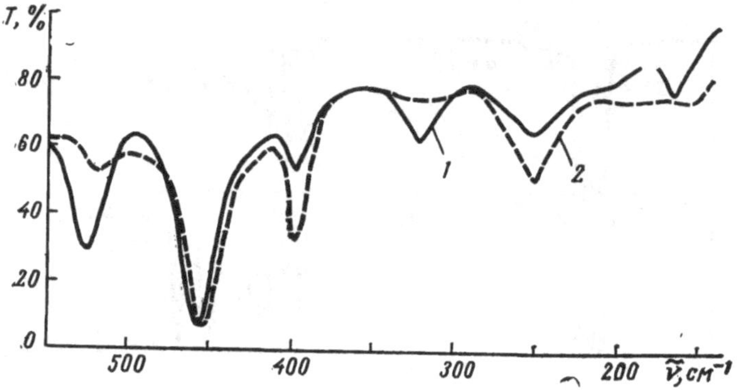

Рис. 6.6. Дальняя область ИК-спектров изотактического полипропилена в поляризованном свете [1188]:

1 — при электрическом векторе, перпендикулярном направлении ориентации;
2 — при электрическом векторе, параллельном направлению ориентации.

внутренним вращениям цепи (см. табл. 6.8). Указанные колебания не локализованы в одном мономерном звене, и поэтому соответствующие им полосы четко проявляются лишь при наличии высокоорганизованной спиральной структуры [1178].

Рассчитаны дисперсионные кривые и распределение частот для изолированной цепи изотактического полипропилена с использованием метода, описанного в разд. 3.1.3 [1904]. Полученные результаты дали ценную информацию для интерпретации спектра неупругого рассеяния нейтронов.

Поли-1-d_1-пропилен можно представить как диизотактический полимер, имеющий две изомерные структуры. Эти изомеры были названы *трео*- и *эритро*-структурами [1238]. Однако остается неясным, какая структура получается из *цис*-, а какая из *транс*-1-d_1-пропилена. Оба полимера различаются заметно по ИК-спектрам [1331], хотя они имеют одинаковую кристаллическую структуру и неразделимы рентгенографически. Для обоих диизотактических полимеров были рассчитаны нормальные колебания [1179, 1184]. Для сравнения расчетных и экспериментальных частот были выбраны девять полос в области 700—1400 $см^{-1}$, которые четко различимы для обоих полимеров. Если предположить, что *цис*-мономер дает *эритро*-, а *транс*-изомер — *трео*-структуру, то среднее отклонение между рассчитанными и измеренными частотами составляет приблизительно 1%, в другом случае оно составляет 2,5%, т. е. намного превышает значение, обычное для нормального изотактического полипропилена. Из сказанного можно сделать вывод, что полимеризация пропилена идет через *цис*-раскрытие двойной связи [1188]. К аналогичному выводу пришли при использовании колебательной потенциальной функции другого типа [1685].

6.1.2.4. Анализ колебаний синдиотактического полипропилена

Описаны две кристаллические структуры синдиотактического полипропилена, которые имеют четкие различия в их ИК-спектрах и рентгенограммах [1245, 1252]. В более стабильной структуре I (рис. 6.7*а*) молекулярная цепь имеет конформацию спирали с четырьмя мономерными звеньями в элементарном звене. Структура II возникает при холодной вытяжке закаленного образца. Полимерная молекула этой структуры имеет конформацию почти плоской зигзагообразной цепи (рис. 6.7*б*). В ходе многочасового отжига при температуре выше 100 °С структура II переходит в I. ИК-спектры синдиотактического полипропилена опубликованы в [549, 1332].

Проведен расчет нормальных колебаний обеих структур, причем для синдиотактического полимера использовали ту же потенциальную функцию, что и при анализе нормальных колебаний изотактического полипропилена [1186, 1188, 1463].

В спиральной структуре I молекула полипропилена имеет винтовую ось второго порядка $\overline{C}_2(z)$, параллельную оси спирали, и две поворотные оси второго порядка $C_2(y)$ и $C_2(x)$, перпендикулярные к оси спирали. Колебания цепи относятся к четырем типам симметрии (табл. 6.9), из которых три являются ИК-активными. К каждому типу симметрии относятся 26 колебаний; B_1 — колебания, симметричные относительно винтовой оси $\overline{C}_2(z)$, они дают параллельно поляризованные полосы в ИК-спектре, B_2- и B_3-колебания вызывают появление перпендикулярно поляризованных полос.

Таблица 6.9. Тип симметрии колебания и таблица характеров спиральной модификации синдиотактического полипропилена [1188]

Тип симметрии	E_1	$\overline{C}_2(z)$	$C_2(y)$	$C_2(x)$	Активность
A	+1	+1	+1	+1	ИК-неактивно
B_1	+1	+1	−1	−1	M_z (π)
B_2	+1	−1	+1	−1	M_y (σ)
B_3	+1	−1	−1	+1	M_x (σ)

В [1185, 1186, 1188] были рассчитаны частоты колебаний для средней области ИК-спектра спиральной конформации синдиотактического полипропилена. В табл. 6.10 приведены рассчитанные и измеренные значения для двуосно ориентированных образцов.

Конформация основной цепи может быть записана как *TTGG*, где *T* и *G* — *транс-* и *гош-*положение соседних С—С-связей. Поэтому имеется два типа CH_2-групп в зависимости от того, находятся ли группы между двумя *T*- или двумя *G*-связями.

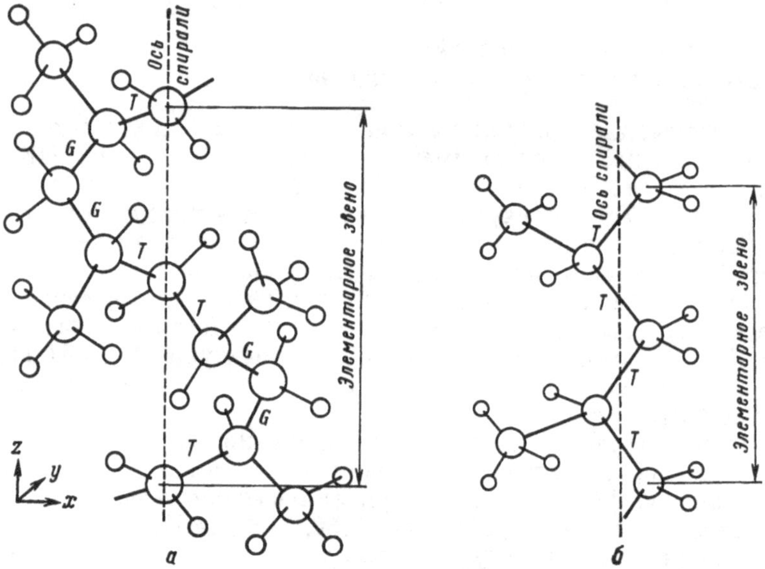

Рис. 6.7. Конформации макромолекул в синдиотактическом полипропилене [1463]:
а — двойная спираль (структура I), *б* — зигзагообразная цепь (структура II)

Антисимметричное и симметричное деформационные колебания CH_3-группы проявляются, как и в изотактическом полипропилене, при 1460 и 1380 $см^{-1}$. Полосы поглощения, лежащие в области 1360—1200 $см^{-1}$, проявляются в результате взаимодействия колебаний $\gamma_w(CH_2)$, $\gamma_t(CH_2)$ и $\delta(CH)$. Сила взаимодействия зависит от степени стереорегулярности макромолекулы и вращения вокруг связей С—С основной цепи, благодаря чему проявляются различия в спектрах синдиотактического и изотактического полипропилена. Полоса при 866 $см^{-1}$ относится к маятниковым колебаниям CH_2^T- и CH_2^G-групп. Эта полоса является характеристической для синдиотактического полипропилена.

При зигзагообразной конформации все связи С—С основной цепи находятся в *транс*-положении (*TTTT*). Элементарное звено регулярной цепи содержит две мономерные единицы. Такую

Таблица 6.10. Полосы в спектре спиральной конформации синдиотактического полипропилена и распределение потенциальной энергии колебаний (в %) [1186, 1188]

Волновое число, $см^{-1}$: измеренное	Волновое число, $см^{-1}$: рассчитанное	Колебание и распределение потенциальной энергии
	1366 (B_2)	δ(CH), 24; $\gamma_w(CH_2^G)$**, 22; $\delta_s(CH_3)$, 29
1360 с., x*	1363 (B_3)	δ(CH), 34; $\gamma_w(CH_2^T)$,** 24
1346 с., z*	1355 (B_1)	$\gamma_w(CH_2^T)$, 37; $\gamma_w(CH_2^G)$, 29; δ(CH), 22
	1349 (B_1)	δ(CH), 35; $\gamma_w(CH_2^T)$, 29; $\gamma_w(CH_2^G)$, 21
	1345 (B_3)	δ(CH), 44; $\gamma_w(CH_2^T)$, 37
1332 ср., y*	1329 (B_2)	δ(CH), 36; $\gamma_w(CH_2^G)$, 35
1312 ср., x	1287 (B_3)	$\gamma_w(CH_2^T)$, 36; δ (CH), 33
1294 ср., z	1300 (B_1)	$\gamma_w(CH_2^G)$, 40; δ(CH), 31
1289 сл., y	1289 (B_2)	δ(CH), 42; $\gamma_w(CH_2^G)$, 30
1264 ср., z	1263 (B_1)	δ(CH), 50; $\gamma_w(CH_2^T)$, 23
1201 сл., x	1195 (B_3)	$\gamma_t(CH_2^G)$, 26; δ (CH), 22
	1190 (B_2)	$\gamma_t(CH_2^T)$, 41; δ (CH), 33
1168 с., z	1147 (B_1)	$\gamma_r(CH_3)$, $\nu(CC)^T$, 26; $\nu(CC)^G$, 17
1160 сл., x	1148 (B_3)	$\gamma_t(CH_2^G)$, 37; δ(CH), 20
1152 с., y	1147 (B_2)	$\nu(CC)^T$, 29
	1115 (B_3)	$\gamma_r(CH_3)$, 30; $\nu(CCH_3)$, 22
1088, 1082 ср., y	1113 (B_2)	$\gamma_r(CH_3)$, 30; $\nu(CC)^G$, 29
1059 сл., z	1062 (B_1)	ν $(CC)^G$, 26
	1057 (B_1)	$\nu(CCH_3)$, 43
1032 сл., x	1033 (B_3)	$\nu(CCH_3)$, 28; $\nu(CC)^T$, 22; $\gamma_r(CH_3)$, 20
1006 ср., y	979 (B_2)	$\gamma_r(CH_3)$, 37; $\nu(CCH_3)$, 36; δ(CH), 21
977 с., z	948 (B_1)	$\gamma_r(CH_3)$, 51; $\nu(CC)^T$, 22; $\nu(CC)^G$, 23
	939 (B_2)	$\gamma_r(CH_3)$, 43; $\nu(CC)^G$, 36
935 сл., x	929 (B_3)	$\gamma_r(CH_3)$, 53; $\nu(CC)^T$, 20; $\gamma(CC)^G$, 20
905 ср., y	901 (B_2)	$\gamma_r(CH_2^G)$, 37; $\gamma_r(CH_3)$, 28; $\nu(CCH_3)$, 21
900 ср., z	904 (B_1)	$\gamma_r(CH_2^G)$, 40; $\gamma_r(CH_3)$, 37
	883 (B_3)	$\gamma_r(CH_3)$, 41

* Колебание поляризовано по оси x, y или z (см. рис. 6.7).
** Символы T и G указывают на конформацию звена, содержащего данную группу.

Волновое число, см⁻¹		Колебание и распределение потенциальной энергии
измеренное	рассчитанное	
867 с., z	873 (B_1)	γ_r (CH_2^G), 31, γ_r (CH_2^T), 25
	820 (B_1)	ν (CCH_3), 31; γ_r (CH_2^T), 29
812 с., x	826 (B_3)	γ_r (CH_2^T), 46
	824 (B_2)	γ_r (CH_2^G), 36; γ $(CC)^T$, 25
535 сл., y	545 (B_2)	δ_a, 50; δ ($C—CH_2^T—C$), 20
484 сл., x	484 (B_3)	δ_a, 45; δ_s, 20
469 сл., z	469 (B_1)	δ_s, 68

структуру можно рассматривать как замещенный полиэтилен. Элементами симметрии здесь являются поворотная ось второго порядка $C_2(x)$, параллельная оси x, плоскость симметрии σ_v, параллельная плоскости xy, и зеркальная плоскость скольжения σ_v^v, параллельная плоскости xz. Эти элементы симметрии образуют фактор-группу, изоморфную точечной группе C_{2v}. В табл. 6.11

Таблица 6.11. Тип симметрии колебания и таблица характеров зигзагообразной конформации синдиотактического полипропилена [1188]

Тип симметрии	E_1	C_2 (x)	σ_v (xy)	σ_v' (xy)	Активность
A_1	+1	+1	+1	+1	ИК, σ
A_2	+1	+1	−1	−1	ИК-неактивно
B_1	+1	−1	+1	−1	ИК, σ
B_2	+1	−1	−1	+1	ИК, π

приведены тип симметрии, таблица характеров и данные о спектральной активности зигзагообразной конформации синдиотактического полипропилена. ИК-активные колебания относятся к типам симметрии: A_1 (14), B_1 (14), B_2 (11) (в скобках указано число основных колебаний, относящихся к данному типу); B_2 — колебания, антисимметричные относительно поворотной оси второго порядка, но симметричные относительно зеркальной плоскости скольжения; они дают в спектре параллельные полосы; A_1 и B_1 — перпендикулярно поляризованные колебания. В [1463] типы симметрии B_1 и B_2 обозначены наоборот. В табл. 6.12 сравниваются рассчитанные [1186, 1188] и измеренные [1332] волновые числа.

Полоса при 1233 см$^{-1}$, обладающая сильным π-дихроизмом, является характеристической для зигзагообразной конформации синдиотактического полипропилена. Эта полоса относится к колебанию B_2, в которое вносят вклад CH_2-веерное колебание и колебание δ_0(CH). При этом атомы водорода всех CH_2- и CH-групп

Таблица 6.12. Полосы в спектре зигзагообразной конформации синдиотактического полипропилена и распределение потенциальной энергии колебаний (%) [1187, 1188]

Волновое число, $см^{-1}$		Колебание и распределение потенциальной энергии
измеренное	рассчитанное	
	$1360(B_2)$	$\nu_w(CH_2)$, 48; $\delta_0^*(CH)$, 20
	$1344(B_1)$	$\gamma_w(CH_2)$, 79
1322σ	$1326(B_1)$	$\delta_i(CH)$, 61; $\gamma_w(CH_2)$, 20
1233π	$1259(B_2)$	$\gamma_w(CH_2)$, 54; $\delta_0(CH)$, 41
	$1254(A_1)$	$\gamma_t(CH_2)$, 38; $\delta_i^*(CH)$, 20
1200σ	$1198(A_1)$	$\nu(CC)$, 31; $\nu(CCH_3)$, 20
1155σ	$1157(B_1)$	$\gamma_r(CH_2)$, 33; $\nu(CCH_3)$, 23; $\gamma_r(CH_3)_i$, 20
1133π	$1139(B_2)$	$\nu(CC)$, 37; $\gamma_r(CH_3)_0$, 36
1075σ	$1041(B_1)$	$\nu(CC)$, 55; $\nu(CCH_3)$, 28
	$959(A_1)$	$\gamma_r(CH_3)_i$, 52; $\delta_i(CH)$, 19; $\nu(CCH_3)$, 21
963π	$932(B_2)$	$\gamma_r(CH_3)_0$, 51; $\nu(CC)$, 46
899σ	$907(B_1)$	$\gamma_r(CH_3)_i$, 51; $\nu(CC)$, 24
867σ	$865(A_1)$	$\nu(CCH_3)$, 51; $\gamma_r(CH_3)_i$, 19
830π	$824(B_2)$	$\gamma_r(CH_2)$, 86; $\delta_0(CH)$, 21
828σ	$827(B_1)$	$\nu(CCH_3)$, 42; $\gamma_r(CH_2)$, 25; $\nu(CC)$, 19
492σ	$469(B_1)$	δ_s, 70

* Символы i и 0 обозначают колебания соответственно в плоскости группы H—C—CH_3 и вне ее.

колеблются в фазе параллельно оси цепи. Указанная выше полоса была найдена при 1228 $см^{-1}$ в ИК-спектре зигзагообразной конформации синдиотактического поливинилхлорида. В B_2-колебании, которое по расчету должно лежать при 1360 $см^{-1}$, CH_2- и CH-группы движутся в противофазе. Эта полоса, однако, слабая; она не проявляется в спектре. Маятниковое колебание CH_2-группы при 830 $см^{-1}$, обладающее сильным π-дихроизмом, также очень характерно для зигзагообразной конформации синдиотактического полипропилена.

6.1.2.5. Определение степени микротактичности изотактического полипропилена

Описан ряд ИК-спектральных методов определения степеней микротактичности и кристалличности полипропилена. Эти методы основаны на эмпирическом установлении связи между интенсивностью определенных полос и параметрами, зависящими от микротактичности [2, 179, 630, 827, 832, 913, 1026, 1041, 1378, 1544]. Все структурно-чувствительные полосы полипропилена являются полосами регулярности. Предпосылкой для их проявления служит существование достаточно длинной спиральной полимерной цепи. Получается, что ИК-спектроскопия определяет на самом деле не степень микротактичности, а долю спиралей определенной длины. При этом не всегда ясно, при какой длине спирали появляются те или иные полосы. Некоторые предположения по этому поводу высказываются в [832].

Различия в значениях степени микротактичности, определенной разными методами, связаны с тем, что эти методы неодинаково чувствительны к длине блока. Кроме того, нет единого метода калибровки [913, 1544]*. На практике часто определяют микротактичность с помощью экстракции гетеротактического полимера [1236, 1433]. Однако следует иметь в виду, что при экстракции захватываются также и короткоцепные изотактические молекулы. Поэтому в ИК-спектре экстракта могут быть очень слабые полосы, относящиеся к изотактическому полимеру. Они отсутствуют в спектрах расплава или полностью гетеротактического полипропилена [441, 996, 1378]. Таким образом, ИК-спектроскопия экстракта позволяет определить лишь нижний предел величин степени микротактичности. При спектроскопическом определении необходимо путем отжига полимера перевести по возможности все изотактические цепи в конформацию регулярной спирали.

Из данных [1378] следует, что полосы при 1168, 998, 899, 842 и 809 $см^{-1}$ становятся слабее при переходе от кристаллического полимера к аморфному и исчезают в спектре расплава. На этом основании интенсивность полос можно рассматривать как критерий регулярности макроспиралей. Чаще всего используют полосу при 998 $см^{-1}$ вместе с полосой при 973 $см^{-1}$, которая служит внутренним стандартом. Эти полосы, расположенные в спектре рядом, не влияют друг на друга и достаточно интенсивны. В работе [913] в качестве внутреннего стандарта была выбрана полоса 1460 $см^{-1}$. Результаты анализа средней и высокой изотактичности, полученные при таком выборе внутреннего стандарта, находятся в хорошем соответствии с данными метода экстракции. В [1544] получено хорошее соответствие со степенью микротактичности, определенной по температуре плавления. Здесь при спектроскопическом определении внутренним стандартом служили полосы при 1168 и 973 $см^{-1}$. Однако на полосу при 1168 $см^{-1}$ оказывает влияние полоса при 1155 $см^{-1}$, мало зависящая от степени микротактичности.

Согласно [830, 832, 833], оптическая плотность полосы при 998 $см^{-1}$ пропорциональна доле изотактической спирали, содержащей более чем 12 мономерных звеньев, в то время как оптическая плотность полосы при 973 $см^{-1}$ характеризует блоки, состоя-

---

* Разные методы анализа и должны давать неодинаковые результаты, поскольку каждый из них определяет долю спиралей различной длины. При измерениях следует лишь четко представлять, к какой длине блоков относится данная степень микротактичности. — *(Прим. ред.)*

щие из более четырех звеньев. Этот вывод объясняет тот факт, что в спектре расплава полоса при 998 $см^{-1}$ пропадает, а полоса при 973 $см^{-1}$ становится слабее. Указанные выводы противоречат предположениям некоторых авторов о том, что полосы при 973 и 1155 $см^{-1}$ зависят не от стереорегулярности цепи, а лишь от регулярности CH_2—CH_3-фрагментов. В спектрах разветвленных и гетеротактических полимеров, где отсутствует упорядоченное расположение молекул мономера по типу «голова к хвосту», эти полосы значительно слабее [720, 996, 1254]. В спектре синдиотактического полипропилена обе полосы лежат при тех же значениях волновых чисел [549]. Было высказано мнение, что от изотактичности зависит если не положение, то по крайней мере, интенсивность указанных полос [833]. Согласно расчетам [1181], появление этих полос вызвано взаимодействием маятникового колебания CH_3-группы с валентным колебанием группы CH—CH_2. С колебаниями группы CH_2 и соседних по цепи групп $CHCH_3$ они мало связаны и, следовательно, не зависят от конформации макромолекулы. Указанные полосы наблюдают также в спектре жидкого полипропилена, и они мало чувствительны к дейтерированию CH- и CH_2-групп. Полоса при 998 $см^{-1}$ вызвана взаимодействием метильных и метиленовых групп; сила этого взаимодействия зависит от внутренней конформации основной цепи и, следовательно, от стереорегулярности полимера.

При экспериментальном исследовании ИК-спектра полипропилена [1254, 1332] было обнаружено, что конформация цепи мало влияет на положение полосы при 973 $см^{-1}$. В спектрах растворов изотактического, гетеротактического и синдиотактического полипропилена проявляется много полос в области 960—980 $см^{-1}$. Их относят к различным колебаниям конформации CH—CH_3-группы: 975 $см^{-1}$—*TG* синдио-формы, 972—973 $см^{-1}$ — *TG* изотактической формы, 968 $см^{-1}$ — гетеротактической формы и 962 $см^{-1}$ — *TT* синдио-формы. Влияние длины блока на полосы в этой области подробно рассмотрено в разд. 6.1.3.2.

Ниже указана дополнительная литература по ИК-спектроскопии полипропилена: а) ИК-спектр и его интерпретация [568, 998, 1117], б) стереорегулярность и упорядоченное состояние [359, 692, 693, 741, 742, 828, 829, 856, 862, 863, 1049, 1144, 1163, 1304, 1354, 1448, 1590, 1797, 1902], в) аналитические исследования [227—229, 242, 594, 734, 1045, 1048, 1298, 1434, 1624, 1625, 1694].

6.1.3. СОПОЛИМЕРЫ ЭТИЛЕНА С ПРОПИЛЕНОМ (Р. ШМОЛЬКЕ)

6.1.3.1. Определение брутто-состава

Сополимеры этилена с пропиленом, содержащие приблизительно 30—70% пропилена, имеют большое практическое применение благодаря их эластичности. Вместе с третьим компонентом, например дициклопентадиеном, добавляемым для вулканизации, они образуют полимерную основу так называемого СКЭП-каучука.

Из ИК-спектра сополимеров этилена с пропиленом (рис. 6.8) можно получить сведения о брутто-составе, распределении блоков по длинам, стереорегулярности строения пропиленового сегмента и других структурных параметрах. ИК-спектроскопия является важнейшим методом определения содержания пропилена [140, 187, 253, 289, 290, 370, 501, 540, 805, 809, 1237, 1564, 1571, 1657, 1709, 1823, 1824]. При изучении спектров сополимеров этилена с

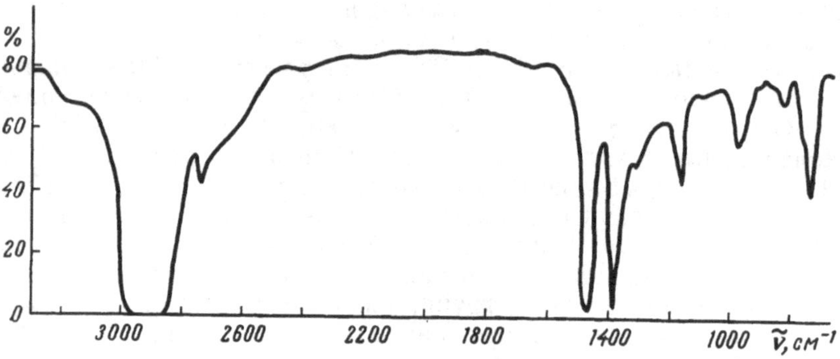

Рис. 6.8. ИК-спектр сополимера этилена с пропиленом.
Состав сополимера приблизительно эквимольный; пленка получена из раствора в циклогексане.

пропиленом, как и для всех других сополимеров, не возникают принципиальные затруднения в измерении интенсивности той единственной полосы, которая специфична для одного из двух компонентов. Нужно знать лишь толщину слоя исследуемого образца.

Для регистрации спектров каучукоподобных эластичных образцов используют растворы. Обычно измерения проводят в растворе CCl_4. Наиболее удобной для анализа полосой является полоса симметричного деформационного колебания CH_3-группы, проявляющаяся при 1378 $см^{-1}$ [540, 1237]. В качестве стандарта применяют гетеротактический полипропилен или гидрированный 1,4-полиизопрен (чередующийся сополимер этилена с пропиленом [809]. Однако этот метод неприменим для трудно растворимых сополимеров этилена с пропиленом. Для анализа таких сополимеров избирают другой путь, а именно: измеряют отношение оптических плотностей характеристических полос полиэтилена и полипропилена. При этом исключается влияние толщины слоя, поэтому калибровку можно проводить с помощью хорошо растворимого образца, например по гетеротактическому полипропилену, используя метод ЯМР высокого разрешения [819] или метод меченых атомов.

Для определения содержания этилена по отношению оптических плотностей используют полосы маятникового колебания CH_2-группы при 720 $см^{-1}$ и деформационного колебания этой группы при 1462 $см^{-1}$, а для анализа пропилена — полосы поглощения метильных групп при 970, 1155 и 1378 $см^{-1}$. Помимо этого используются полосы некоторых валентных и комбинационных колебаний. Предлагаются самые разные величины для определения состава сополимеров этилена с пропиленом, например, D_{720}/D_{1159} [540, 1823]; D_{1155}/D_{4310} [253] и D_{1378}/D_{1462} [289, 290, 370].

Однако пригодность для анализа большинства этих отношений была поставлена под сомнение. Обстоятельная критическая оценка методов анализа этилен-пропиленовых сополимеров дана в работе [290]. Положение полосы маятникового колебания CH_2-группы при 720 $см^{-1}$ зависит от числа последовательно соединенных метиленовых групп. Изолированные звенья этилена характеризуются полосой при 720 $см^{-1}$ лишь частично. То же самое относится и к полосе поглощения пропилена при 970 $см^{-1}$, на положение и интенсивность которой влияют соседние группы. В силу сказанного две эти полосы мало пригодны для анализа. В работе [290] рассмотрено также влияние кристалличности и микротактичности сополимеров на их ИК-спектры. Длинные метиленовые блоки могут кристаллизоваться, в результате чего в ИК-спектре наблюдаются некоторые изменения. Влияние кристаллических областей можно исключить или, по крайней мере, снизить, проводя исследование образца при температуре выше точки плавления. Следует отметить, что сополимеры этилена с пропиленом при составах, обычных для каучуков, не содержат кристаллических областей. Принимая во внимание точность и затраты времени для анализа, комбинацию соседних полос при 1462 и 1378 $см^{-1}$ можно считать наиболее пригодной для определения брутто-состава сополимера. При этом образцы должны быть приготовлены в виде прессованных пленок [290] или растворов в CCl_4 [818]. Соответствующую калибровочную кривую можно найти в [290], правда, при других условиях эксперимента этой кривой воспользоваться нельзя. Наконец, брутто-состав сополимеров этилена с пропиленом можно определить по ИК-спектру продуктов пиролиза образца [1708]. В работе [187] использовали отношение интенсивностей полос винила и винилидена (продукты пиролиза при 909 и 889 $см^{-1}$).

Особый интерес представляют строение и состав тройных сополимеров этилена, пропилена, дициклопентадиена и других аналогичных систем [280, 351, 1455]. Введение в цепь полимера звеньев дициклопентадиена обуславливает дополнительное поглощение при 3045, 1617, 1272, 945 и 690 $см^{-1}$ [351]. Для количественного определения содержания дициклопентадиена может быть использована полоса при 3045 $см^{-1}$ и, согласно [1658],— полоса при 690 $см^{-1}$.

Сополимеры с низким содержанием пропилена являются частично кристаллическими. Степень кристалличности снижается с ростом содержания пропилена [1007, 1880]. Анализу блоксополимеров этилена с пропиленом посвящена работа [1017].

6.1.3.2. Анализ распределения блоков в сополимерах этилена с пропиленом

Для анализа распределения блоков по длинам в сополимерах этилена с пропиленом используют полосу маятниковых колебаний CH_2-группы при 720 $см^{-1}$ и группу полос пропилена при 970 $см^{-1}$. В цепи сополимера этилена с пропиленом возможны следующие структуры:

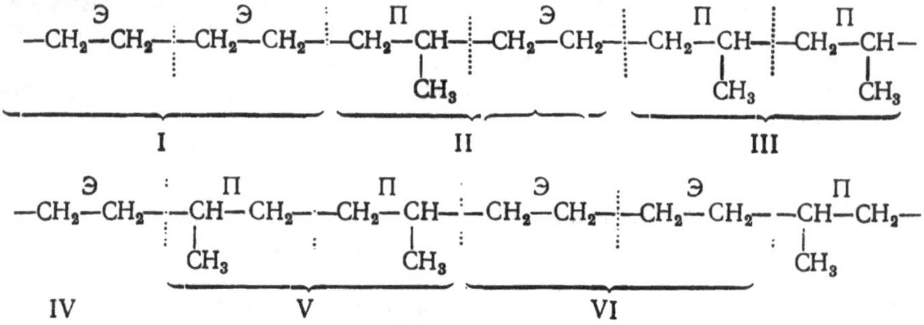

Как следует из приведенной схемы, в полимерной цепи сополимера могут быть блоки из звеньев этилена (I), блоки из звеньев пропилена, регулярно построенные (III) и присоединенные по типу «хвост к хвосту» (IV), звенья этилена между двумя «головами» пропилена (IV, VI). Эти структуры различаются между собой по числу следующих друг за другом CH_2-групп в блоках $(CH_2)_n$, например $n=3$ при регулярном чередовании. Положение полосы CH_2-маятникового колебания зависит от длины блока из CH_2-групп, так что эта область спектра дает детальную информацию о распределении звеньев этилена и пропилена, т. е. о распределении блоков по диадам. Этой теме посвящен ряд работ [196, 371, 818, 1246, 1784, 1785, 1787]. Имеются некоторые различия в полученных данных и их трактовке. Обзорными работами в этой области являются [699, 1498].

Полосы поглощения при 731 и 724 $см^{-1}$, встречающиеся в спектре сополимера этилена с пропиленом, были отнесены к блокам $(CH_2)_n$, в которых $n=3$ или $n \geqslant 5$ [1246]. Согласно [1784], полосы CH_2-маятниковых колебаний при 740 $см^{-1}$ отнесли к $(CH_2)_3$, 729 $см^{-1}$ — к $(CH_2)_4$ и 723 $см^{-1}$ — к $(CH_2)_5$ и более. Авторы этой работы проводили исследования на модельных соединениях. Из полученных данных следует, что исследуемые сополимеры имели мало блоков $(CH_2)_3$ и относительно много — $(CH_2)_4$. Однако в работе [196] вообще не были обнаружены блоки

Таблица 6.13. Положение полос маятниковых колебаний группы CH_2 в зависимости от длины блоков n в сополимерах этилена с пропиленом и в модельных соединениях

n	Волновое число, $см^{-1}$		Модельное соединение	Литература
	сополимер	модельное соединение		
1	815	815	Гетеротактический полипропилен	[196, 818]
2	752	752	Сополимер этилен-бутен-2	[196]
		753	2,5-Диметилгексан	[818, 1784]
3	735	735	Гидрированный полиизопрен	[196]
		731	3-Метилгептан	[818]
4	—	728	2,7-Диметилоктан	[1784]
		726	Сквалан (компенсация 2, 6, 10, 14-тетраметилпентадеканом)	[196]
$n \geqslant 5$	723	722	*н*-Гептан, *н*-Декан	[196, 818]

$(CH_2)_4$. Это подтверждается другими авторами (см. табл. 6.13 и [371, 818, 1787]).

Количественная оценка полос очень затруднена из-за их перекрывания. Лишь полоса поглощения $(CH_2)_1$-группы при 815 $см^{-1}$ расположена изолированно (рис. 6.9).

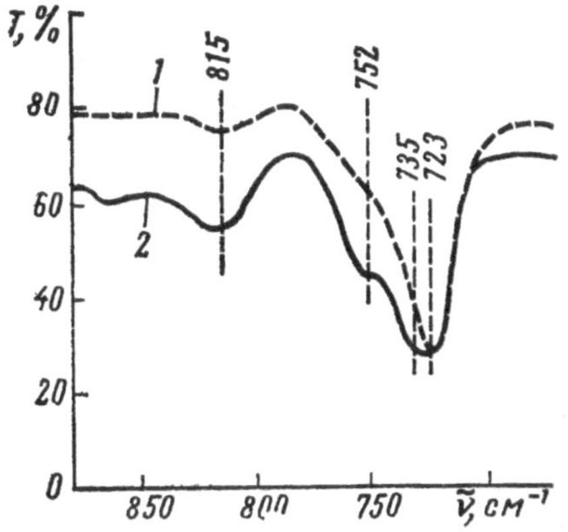

Рис. 6.9. Полосы маятникового колебания CH_2-групп в спектре сополимеров этилена с пропиленом состава: *1* — около 37% (мол.) пропилена; *2* — около 59% (мол.) пропилена.

Обнаружена зависимость между содержанием пропилена в сополимере и распределением блоков $(CH_2)_n$, включающих три, пять и больше CH_2-групп [1787]. При этом был использован метод оптического сравнения. Целесообразнее, однако, провести разделение полос расчетным методом. По коэффициентам экстинкции, определенным для модельных соединений, можно рассчитать доли CH_2-групп, включенных в различные блоки $(CH_2)_n$ с $n=1$, 2, 3 и $\geqslant 4$. Расчет проводят на основании интегральных интенсивностей при $\tilde{\nu}_1=815$, $\tilde{\nu}_2=752$, $\tilde{\nu}_3=735$ и $\tilde{\nu}_4=723$ $см^{-1}$. Получают достаточно информативные сведения о распределении блоков по длинам. Например, большое содержание блоков $(CH_2)_3$ означает, что сополимер имеет высокую степень чередования, поскольку блок из трех CH_2-групп может образоваться лишь при регулярном связывании звеньев этилена и пропилена. Можно спектрально разделить группы CH_2 в звеньях этилена и пропилена [196].

Изучение других областей спектра сополимера позволяет определить длину пропиленовых блоков [256, 1254, 1749, 1902]. Полосу, лежащую вблизи 970 см$^{-1}$, так же как и полосу при 1155 см$^{-1}$, относят к структуре $R—(CH_2)_{n1}—CH(CH_3)—(CH_2)_{n2}—R$. На положение этих полос влияют значения n_1 и n_2 [256]. В спектре гетеротактического полипропилена проявляется полоса при 970 см$^{-1}$, в 3-метилпарафинах и таких соединениях, как 2,2,4-триметилгексан и 3,3,5-триметилпентан, — полоса при 965 см$^{-1}$, в 4-метилпарафинах — полоса при 995 см$^{-1}$, а в сквалане, так же как и в гидрированном 1,4-полиизопрене, — при 930 см$^{-1}$. Можно предположить, что при 930 см$^{-1}$ поглощают изолированные пропиленовые звенья сополимера, этилена с пропиленом. Наблюдали влияние свойств эластомера и катализатора на интенсивность полосы поглощения при 970 см$^{-1}$ [370]. Интерпретация этой полосы была некоторое время спорной. Появление ее в спектре связывали с изотактической спиральной структурой. Указывали [1254], что для появления этой полосы необходимо исключительно регулярное связывание звеньев пропилена по типу «голова к хвосту». Полипропилен, полученный катионной полимеризацией и не имеющий в спектре полос при 970 и 1155 см$^{-1}$, содержит лишь около 10—15% мономерных звеньев, связанных по типу «голова к хвосту». По мнению других авторов, возможна более сложная связь между интенсивностью и формой полосы при 970 см$^{-1}$ и локальной конформацией и конфигурацией участков макроцепи. Для количественной оценки распределения блоков пропилена по длинам можно использовать чувствительность полосы при 970 см$^{-1}$ к изменению длины блока [256, 1749]. Отношение оптических плотностей D_{937}/D_{970} показывает, насколько близок сополимер этилена с пропиленом к чередующемуся. Согласно [1749] по этим данным можно рассчитывать величину, которая соответствует отношению содержаний блоков пропилена с длиной $n=1$ и $n>1$, затем определить произведение реакционных способностей r_1r_2.

Наиболее целесообразно проводить комбинированный анализ блоков сополимера, используя для этого полосы вблизи 720 и 970 см$^{-1}$. Следует отметить, что для сополимеров с малым содержанием пропилена такой анализ CH_2-групп ничего не дает. Звенья пропилена чаще всего связывают с более длинными блоками из CH_2-групп, так что анализ сложной полосы при 970 см$^{-1}$ дает важную дополнительную информацию.

При изучении ближней области ИК-спектров сополимеров показано [1748], что частота обертонового колебания CH_2-группы при 5800 см$^{-1}$ зависит от состава образца.

Графические методы анализа структуры сополимеров этилена с пропиленом, получаемых с помощью катализатора Циглера—Натта, позволили установить, что мономерные звенья распределены статистически. Такой вывод хорошо согласуется с результатами расчетов распределения звеньев сомономеров, в которых использовали значения параметра r. Данные о строении цепи сополимера этилена с пропиленом опубликованы также в [831, 1752].

6.1.4. ПОЛИБУТЕН

6.1.4.1. Полибутен-1

Используя катализаторы Циглера—Натта, можно получить из бутена-1 полимер изотактической структуры $[-CH_2-\underset{\displaystyle C_2H_5}{\underset{|}{CH}}-]_n$.

Этот полимер применяют в качестве термопластичного материала.

Полибутен-1 кристаллизуется с образованием трех полиморфных модификаций, которые обозначены Натта [1231] как модификации I, II, III. При охлаждении расплава в первую очередь образуется модификация II, характеризующаяся тетрагональной кристаллической решеткой и 4_1-спиральной конформацией цепи. Эта модификация нестабильна, при комнатной температуре она переходит в гексагональную модификацию I с 3_1-спиральной конформацией макромолекул [1232]. Модификация III, которая кристаллизуется в орторомбической решетке, получается при кристаллизации из раствора [669]. Для исследования структурных модификаций и их взаимных превращений кроме рентгенографии использовали также и дифференциальный термический анализ [503].

ИК-спектры всех модификаций полибутена-1 были получены Луонго [1029, 1031—1033], который по спектрам анализировал структурные превращения. Различия в ИК-спектрах этих модификаций, связанные с разными типами конформаций макромолекул, четко проявляются в средней ИК-области. Данные о характеристических спектральных полосах, относящихся к этим модификациям, указаны в табл. 6.14. Переход модификации II в I хорошо прослеживается по положению полос при 905 и 925 $см^{-1}$. В спектре пленки полимера, полученной из расплава, имеется лишь полоса при 905 $см^{-1}$. После выдерживания образца в тече-

Таблица 6.14. Полосы в ИК-спектре, используемые для анализа полиморфных модификаций полибутена-1 [1031]

Волновое число, $см^{-1}$	Интенсивность полос для модификации			Волновое число, $см^{-1}$	Интенсивность полос для модификации		
	I	II	III		I	II	III
1150	ср.	ср.	ср.	800	сл.	сл.	—
925	с.	—	—	570	—	сл.	—
905	—	с.	с.	535	с.	—	сл.
846	ср.	—	—	518	—	сл.	—
815	ср.	—	сл.	510	—	—	сл.

ние 30 мин в его спектре вблизи 925 см$^{-1}$ начинает проявляться полоса (плечо), что указывает на начало структурных превращений. Через 3 ч интенсивности полос выравниваются. В спектре образца, выдержанного в течение трех недель, полоса при 905 см$^{-1}$ почти полностью исчезает, т. е. происходит переход полимера в модификацию I.

Для спектрального количественного анализа структурных модификаций полибутена-1 используют отношение интенсивностей полосы при 846 см$^{-1}$ и структурно независимой полосы при 1150 см$^{-1}$. Было показано, что скорость структурных превращений в тонких пленках больше, чем в массивных образцах (рис. 6.10). На основании этого был сделан вывод, что структурные превращения начинаются на поверхности пленки и затем распространяются в глубь образца. Это предположение удалось подтвердить с помощью спектроскопии нарушенного полного внутреннего отражения, при использовании которого не наблюдали какой-либо зависимости скорости структурных превращений от толщины пленки. На основании того, что при растяжении пленки переход модификации II в I происходит очень быстро, был сделан вывод о том [1031], что этот переход инициируется напряжениями, возникающими в поверхностном слое. Спонтанный переход модификаций II⟶I, как и обратный переход I⟶II, который вызывается повторным плавлением полимера, замедляется или даже совсем не происходит при сшивании макромолекул в результате электронной бомбардировки образца.

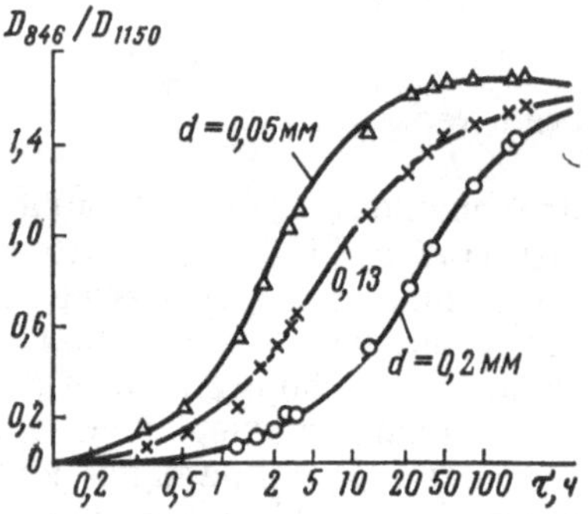

Рис. 6.10. Переход модификации II полибутена-1 в модификацию I в пленках различной толщины [1031].

В ряде работ [503, 1145, 1383] была описана еще одна модификация полибутена-1 — модификация I′, которую можно получить полимеризацией, например, при низких температурах. Модификация I′ по рентгенограмме не отличается от модификации I, но имеет более низкую температуру плавления. Небольшие различия в виде обращения отношения оптических плотностей полос при 810 и 792 см$^{-1}$ (они соответствуют полосам при 815 и 800 см$^{-1}$ в табл. 6.14) были обнаружены в ИК-спектрах этих модификаций [528]. Позднее было установлено, что спектры модификации I′ для разных типов кристаллитов различаются; например, поликристаллический образец имеет спектр, отличный от спектра образца, полученного кристаллизацией из раствора (в этом случае, по-видимому, определенную роль играют ориентационные эффекты и размер кристаллитов).

Исследована зависимость ИК-спектра полибутена-1 от степени кристалличности и стереорегулярности образца [1276]. В качестве полос кристалличности были выбраны полосы при 1208, 1098, 1059, 1028, 922, 849 и 816 $см^{-1}$. Эти полосы исчезают в спектре расплава полимера или его раствора в сероуглероде. Существует линейная зависимость между удельным объемом полимера и отношением оптических плотностей этих полос к оптической плотности полосы при 1150 $см^{-1}$ (полоса при 1150 $см^{-1}$ выбрана в качестве внутреннего стандарта). От удельного объема полимера зависит также и интенсивность полосы при 1220 $см^{-1}$, однако эта полоса сохраняется в спектре расплава или раствора

Таблица 6.15. Полосы в ИК-спектре модификации Г полибутена-1 в конформации 3_1-спирали [1776]

Волновое число, $см^{-1}$	Колебание
1463σ 1458π	$\delta_a(CH_3)$
1441σ 1439π	$\delta_s(CH_2)$
1380σ	$\delta_s(CH_3)$
1366σ 1342π 1331σ 1321π 1302σ	$\gamma_w(CH_2) + \delta(CH) + \gamma_w(CH)$
1222π	$\gamma_t(CH_2) + \delta(CH) + \gamma_r(C_2H_5)$
1207σ	$\gamma_t(CH_2) + \gamma_w(CH)$
1150σ 1096σ 1028π 1015σ	$\nu(CC)$
1062σ	$\gamma_r(CH_3) + \nu(CC)_{этил}$
977σ	$\nu(CC)_{цепь} + \gamma_r(CH_3)$
924σ	$\gamma_r(CH_2)_{цепь} + \gamma_r(CH_3)$
848π	$\gamma_r(CH_3) + \gamma(CC)$
816π 798σ	$\gamma_r(CH_2) + \nu(CC)$
764σ 758π	$\gamma_r(C_2H_5)$

полибутена-1. Соотношение оптических плотностей полос поглощения D_{1220}/D_{1150} служит характеристикой стереорегулярности полимера в растворе [1277].

Получены в поляризованном свете спектры модификации I (гексагональная решетка) и рассчитаны нормальные колебания [1776] при использовании метода *GF*-матриц и модифицированного силового поля Юри—Брэдли. Полосы, имеющие параллельный и перпендикулярный дихроизм, были отнесены (табл. 6.15) к колебаниям типов симметрии *A* и E_1 ($2\pi/3$).

В [295] рассчитали частоты колебаний типа симметрии *A* для пяти различных спиральных конформаций: 3_1, 10_3, 7_2, 11_3 и 4_1. Для этого был использован метод расчета из работы [589] и силовое поле для полиэтилена и полипропилена [1461, 1578]. КР-спектры трех кристаллических модификаций полибутена-1 хорошо совпадают с их ИК-спектрами. Это дало новую информацию о структуре полимера. Область волновых чисел 770—1000 $см^{-1}$, которая охватывает значительную часть возможных колебаний углеродной цепи, особенно чувствительна к изменению угла закручивания спирали. Так, экспериментально было установлено, что в модификации III макромолекулы имеют спиральную конформацию типа 10_3. Такой вывод подтверждается данными рентгенографии.

6.1.4.2. Полиизобутилен

Мономерное звено полиизобутилена

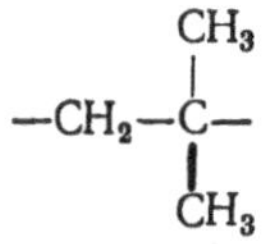

не содержит асимметричных атомов углерода, поэтому регулярные макроцепи построены присоединением звеньев по типу «голова к хвосту».

ИК-спектр полиизобутилена содержит дублет полос при 1370 и 1400 $см^{-1}$, что характерно для структуры, в которой две метильные группы соединены с одним и тем же атомом углерода. ИК-спектры полиизобутена, полученные с помощью BF_3 или катализаторов Циглера—Натта, не имеют каких-либо существенных отличий [51].

Спектроскопическое исследование продуктов термической деструкции полиизобутилена показало, что в основном цепь построена по типу присоединения «голова к хвосту», но не менее 2%—звеньев соединены по типу «хвост к хвосту» [1558]. Установлено [314], что полиизобутилен, полученный катионной полимеризацией, содержит концевые группы $—C(CH_3)_3$ и $—CH_2—C(CH_3)=CH_2$. Процесс полимеризации изобутилена рассмотрен в [909].

6.2. ГАЛОГЕНСОДЕРЖАЩИЕ ВИНИЛОВЫЕ ПОЛИМЕРЫ

6.2.1. ПОЛИВИНИЛХЛОРИД

Поливинилхлорид

$$\left[\begin{array}{c}-CH_2-\underset{\displaystyle Cl}{\underset{|}{CH}}-\end{array}\right]_n$$

один из самых «старых» крупнотоннажных полимеров. При обычной радикальной полимеризации молекулы мономера соединяются почти исключительно по типу «голова к хвосту» [667]. Поливинилхлорид, построенный по типу «голова к голове», получается хлорированием 1,4-полибутадиена. ИК-спектр такого полимера заметно отличается от спектра нормального поливинилхлорида [57, 1209]. Рентгенографический анализ показал, что полимерная цепь имеет преимущественно синдиотактическую конфигурацию [490, 1233]. Поливинилхлорид, полученный при температуре около 50 °С, содержит много гетеротактических звеньев и очень плохо кристаллизуется. Степень синдиотактичности и склонность к кристаллизации возрастают с понижением температуры полимеризации [445]. Высококристаллический, почти полностью синдиотактический поливинилхлорид получают радиационной полимеризацией в присутствии мочевины [923, 924, 1533, 1836].

Анализ ИК-спектра синдиотактического поливинилхлорида (рис. 6.11) с использованием теории групп впервые был проведен Криммом [922, 925, 931]. Хотя через элементарную ячейку кристаллического полимера проходят две макроцепи [1233], однако при анализе симметрии можно ограничиться одной цепью, так как спектр не отражает межмолекулярное взаимодействие. Элементарное звено синдиотактической зигзагообразной цепи поливинилхлорида состоит из двух мономерных звеньев (рис. 6.12). Элементы симметрии образуют фактор-группу, изоморфную точечной группе C_{2v}. Колебания молекулы относятся к ИК-активным типам симметрии $A_1\,(y)$, $B_1\,(z)$, $B_2\,(x)$ и типу симметрии A_2, активному лишь в КР-спектре (в скобках указано направление изменения дипольного момента). Типы симметрии A_1 и B_1 являются σ-дихроичными, а B_2 — π-дихроичным.

Проведен анализ нормальных колебаний макромолекулы синдиотактического поливинилхлорида [1535]. Рассчитанные значения волновых чисел представлены в табл. 6.16. Интерпретацию колебаний типа симметрии B_2 можно провести на основании их параллельного дихроизма. Для разделения A_1- и B_1-колебаний использовали факт обращения дихроизма, наблюдаемый в спектрах вытянутых пленок поливинилхлорида высокой степени микротактичности [1716]. При низких степенях вытяжки образца некоторые полосы проявляют параллельный дихроизм, который переходит в перпендикулярный при большей вытяжке. Это явление связано с морфологией упорядоченных областей. При небольшой вытяжке происходит частичная ориентация оси z кристаллитов в

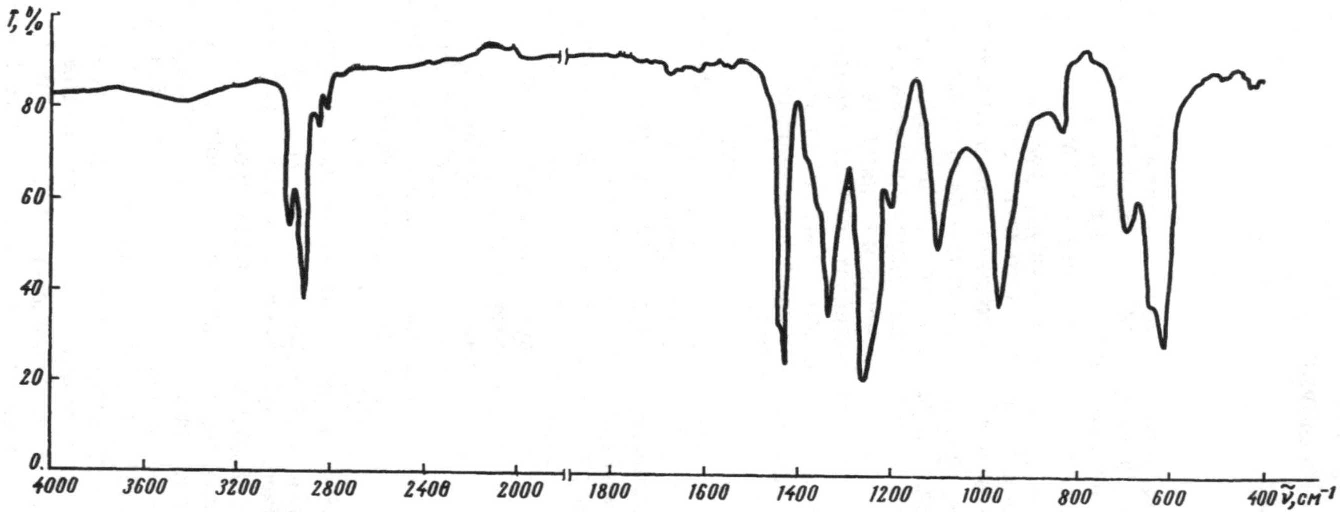

Рис. 6.11 ИК-спектр поливинилхлорида (синдиотактичность ~ 60%).

направлении деформации. Увеличение степени вытяжки ведет к разрушению кристаллитов, и молекулярные цепи выстраиваются параллельно оси вытяжки. Некоторые полосы, относящиеся к аморфной области полимера (615, 970 и 1243 $см^{-1}$), проявляют сильный σ-дихроизм уже при относительно небольшом растяжении образца, из чего можно сделать вывод о быстрой ориентации цепей в аморфных областях.

Все полосы ИК-спектра синдиотактического поливинилхлорида, полученного полимеризацией при низких температурах, поддаются идентификации. Для расшифровки спектральных полос на-

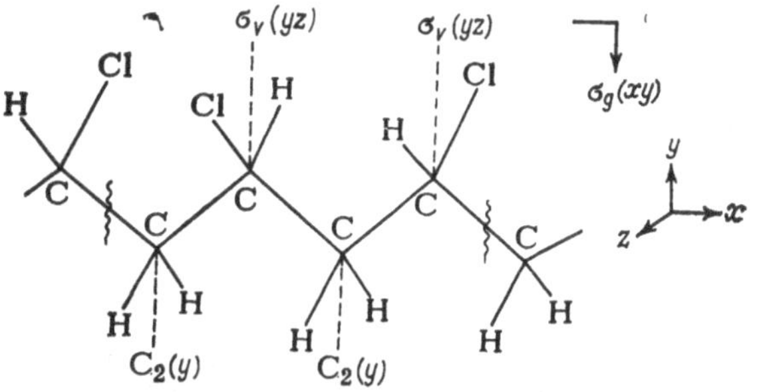

Рис. 6.12. Структура и элементы симметрии плоской зигзагообразной цепи синдиотактического поливинилхлорида [931].

ряду с данными анализа симметрии молекулы используют ИК-спектры дейтерированных полимеров [397, 931, 1218]. Сравнивая ИК-спектры поливинилбромида и расплава поливинилхлорида, можно выявить полосы, относящиеся к CCl-группам, и сделать вывод об их структурной чувствительности [1221]. В работе [931] исследовали дейтерированные αd_1-, βd_1-, $\alpha\beta d_2$- и d_3-поливинилхлориды; для этих полимеров был проведен частичный анализ нормальных колебаний [1538]. Для αd_1-поливинилхлорида в первом приближении можно заменить колебания CH-групп на колебания CD-групп. Для d_3-поливинилхлорида этого сделать нельзя, поскольку расчеты показали, что различные колебания сильно взаимодействуют. Симметрия плоской зигзагообразной цепи βd_1-поливинилхлорида и $\alpha,\beta d_2$-поливинилхлорида ниже, чем в нормальном поливинилхлориде. Полоса при 2970 $см^{-1}$ отнесена к колебанию ν(CH). Интерпретация этой полосы проведена с помощью ИК-спектра дейтерированного полимера, в котором эта полоса исчезает и появляется полоса колебания ν(CD) при 2207 $см^{-1}$. Отношение $\tilde{\nu}/\tilde{\nu}'=1{,}35$, что соответствует ожидаемому значению. Согласно [397], в спектре $\beta,\beta d_2$-поливинилхлорида имеются полосы при 2962, 2915 и 2855 $см^{-1}$. Полосу 2962 $см^{-1}$ отнесли к колебанию ν(CH) в кристаллической области полимера, а полосу 2855 $см^{-1}$ — к колебанию ν(CH) в аморфной области. Появление полосы при 2915 $см^{-1}$ вызвано резонансом Ферми. Интересно так-

Таблица 6.16. Полосы в ИК-спектре поливинилхлорида [922, 931, 1535, 1716, 1727, 1817]

Волновое число (измеренное), $см^{-1}$	Поляризация* m	n	Структура	Волновое число (рассчитанное), $см^{-1}$	Колебание и тип симметрии
2970	σ	σ		2968 2969	$\nu(CH)$, A_1, B_1
2930	—	σ		2905	$\nu_a(CH_2)$,B_1
2910	σ	σ		2873	$\nu_s(CH_2)A_1$
2850	σ	σ	ам.		
2816	σ	σ	кр.		
1434	σ	σ	ам.		$\delta(CH_2)$
1426	σ	σ	кр.	1459	$\delta(CH_2)$, A_1
1379	—	π	кр.	1360	$\gamma_w(CH_2)$, B_2
1354	π	σ	кр.	1367	$\gamma_w(CH_2)$, B_1
1338	σ	σ	кр.	1322	$\gamma_t(CH_2) + \delta(CH)$, A_1
1254	π	σ	кр.	1244	$\delta(CH)$, B_1
1243	σ	σ	ам.		$\delta(CH)$
1229	π	π	кр.	1208	$\delta(CH)$, B_2
1210		σ			
1203		π	ам.		$\gamma_w(CH)$
1165		σ			
1118	π	π		1054	$\nu(CC)$, B_2
1102	σ	σ		1100	$\nu(CC)$, A_1
1090	σ	σ		1076	$\nu(CC)$, B_1
1030				1022	$\nu(CC)$, B_2
970	σ	σ	ам.		$\gamma_r(CH_2)$
957	π	σ	кр.	993	$\gamma_r(CH_2)$, B_1
926			ам.		
833	—	π		849	$\gamma_r(CH_2)$, B_2
690	π	π	ам.		$\nu(CCl)$
680	σ	σ	ам.		$\nu(CCl)$
638	σ	σ	кр.	651	$\nu(CCl)$, A_1
615	σ	σ	ам.		$\nu(CCl)$
603	π	σ	кр.	633	$\nu(CCl)$, B_1
540	—	π	ам.		$\nu(CCl)$
490	—	π	кр.	476	Деформация скелетной цепи
427			ам.		
418			кр.		

Волновое число (измеренное), см⁻¹	Поляризация* *m* *n*	Структура	Волновое число (рассчитанное), см⁻¹	Колебание и тип симметрии
364	σ		349	δ(CCl), A_1
340	π		347	γ_w(CCl), B_1
312	σ		310	δ(CCl), B_2
180	π			Крутильное колебание цепи, смешанное с колебанием решетки
160				Скелетные колебания
102				Вращение цепей
64		кр.		CH···Cl

* *m* и *n*—поляризация при малой и большой степени вытяжки образца.

же, что деформирование образца влияет на полосы колебаний ν(CCl) в области 600—700 $см^{-1}$, где в основном происходит смещение полос в область низких частот. Это указывает на сильное взаимодействие между CCl-колебаниями и колебаниями концевых групп молекул.

Изучен КР-спектр вытянутой цепи синдиотактического поливинилхлорида [871].

Так как изолированная молекула кристаллического поливинилхлорида имеет центр инверсии, то должен соблюдаться альтернативный запрет и полосы, активные в ИК-спектре, должны быть неактивны в КР-спектре и наоборот. Однако экспериментально наблюдается появление соответствующих полос как в ИК-, так и в КР-спектре. Это обусловлено наличием незначительного межмолекулярного взаимодействия [925]. Данные КР-спектроскопии были учтены [1727] при проведении несколько измененного анализа нормальных колебаний.

Область 600—700 $см^{-1}$ спектра поливинилхлорида является наиболее подходящей для анализа стереорегулярности поливинилхлорида (рис. 6.13). Из анализа нормальных колебаний следует, что в спектре регулярной синдиотактической цепи должны проявиться лишь полосы при 603 и 639 $см^{-1}$. Эти полосы есть в спектре поливинилхлорида максимально высокой микротактичности, полученного полимеризацией в присутствии мочевины. В этой области спектра есть еще несколько полос, характеризующих конформацию и конфигурацию участков макроцепи [396*а*, 562, 563, 933, 1350, 1351]. При изучении модельных соединений было найдено, что положение полосы колебания ν(CCl) зависит прежде всего от природы атомов, находящихся в *транс*-положении к атому хлора. Поскольку группа CCl может быть связана с атомами C и H, то различают положения S_{HH}, S_{HC} и S_{CC} [1536, 1539, 1542].

В табл. 6.17 приведены значения параметров полос поглощения, которые были получены с помощью графического разделения группы полос области 600—700 $см^{-1}$ в спектрах поливинилхлорида разной микротактичности [1351]. Приведены также соответствующие отношения интенсивностей. Появление полос при 603 и 639 $см^{-1}$ объясняют расщеплением полосы при 613 $см^{-1}$ в результате внутримолекулярных взаимодействий, что, в свою

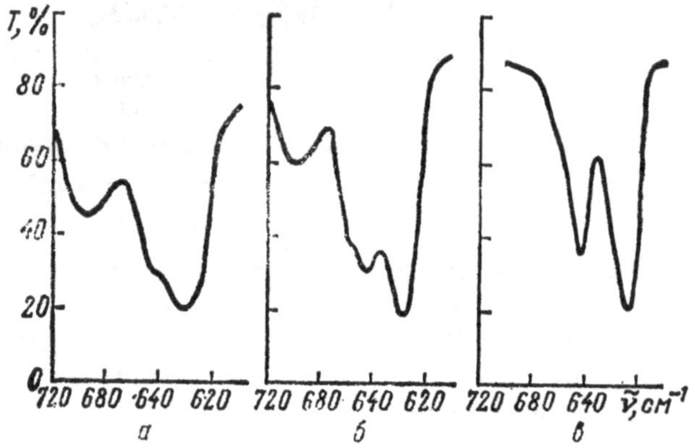

Рис. 6.13. ИК-спектры различных поливинилхлоридов в области ν (CCl)-колебаний [932].

Полимер получен при 50 °C *(а)*, при —78 °C *(б)* и с добавлением мочевины при —78 °C *(в)*.

очередь, указывает на наличие достаточно длинных регулярных отрезков цепи. Следовательно, эти полосы можно рассматривать как полосы регулярности. Рассчитана минимальная длина блока из мономерных звеньев, при котором должен появляться дублет, состоящий из A_1- и B_1-компонент [1351]. При расчете использовали отношение интенсивностей полос регулярности, указанных вы-

Таблица 6.17. Полосы CCl-валентных колебаний в спектре поливинилхлорида [1351]

Волновое число, $см^{-1}$	Интенсивность полосы		Конфигурация*	Конформация**
	синдиотакт.	гетеротакт.		
603	о. с.	сл.	*s* (длинные цепи)	$S_{HH}TTTT$
613	о. сл.	о. с.	*s* (короткие цепи)	$S_{HH}TT$
624	о. сл.	сл.	*i*	$S_{HH}TGTTG'T$
633	о. сл.	сл.	*i*	S'_{HH}
639	о. с.	о. с. л.	*s* (длинные цепи)	$S_{HH}TTTT$
647	сл.	сл.	*s*	
677	пл.	ср.	*s*	$S_{HC}TGGT$
695	пл.	ср.	*i*	$S_{HC}TGTG$

* *s* и *i*—соответственно синдиотактический и изотактический полимеры.
** *T* и *G*—соответственно *транс*- и *гош*-конформации.

ше, к общему поглощению колебания ν(CCl), определенному в образцах разной микротактичности и при разных температурах. Оказалось, что такой блок должен содержать 5—8 звеньев винилхлорида.

Полоса поглощения при 690 $см^{-1}$ может быть отнесена к более длинным изотактическим участкам цепи [1538, 1716]. В спектрах были обнаружены полосы с параллельным дихроизмом (при 690 $см^{-1}$) и перпендикулярным дихроизмом (при 683 $см^{-1}$). Эти значения хорошо согласуются с данными, рассчитанными для колебания ν(CCl) при анализе нормальных колебаний изотактической спирали с осью третьего порядка: 679 *(A)* и 675 $см^{-1}$ (E_1).

При изучении связи между конформацией молекул поливинилхлорида и физическим состоянием полимера [934, 936] провели сравнение полос колебания ν(CCl) спектров, полученных из раствора пленок поливинилхлорида, и спектров таблеток с KBr. При этом было показано, что в твердом поливинилхлориде есть напряжения. Колебание ν(CCl) использовали при изучении конформационных изменений в молекуле поливинилхлорида в результате механического и термического воздействий [519]. Полученные результаты хорошо согласуются с данными рентгенографии.

Исследовано действие пластификаторов на конформацию цепи [1128]. Такая работа была проведена для изучения причины, вызывающей изменения диэлектрических свойств полимера при пластификации. Было показано, что с увеличением концентрации пластификатора происходит перераспределение интенсивностей полос при 615 и 635—640 $см^{-1}$ в спектре поливинилхлорида. Наблюдается сильное увеличение поглощения при 635—640 $см^{-1}$. Данное явление объясняют увеличением доли малоподвижной конформации *TTTT* и нестабильной напряженной конформации *TTT*. Было также показано, что пленки, полученные из раствора в тетрагидрофуране, имеют спектры, сходные с пленками пластифицированного поливинилхлорида. Следовательно, одинаковы и конформации макромолекул.

В [1350, 1351] провели графическое разделение полос колебаний ν(CCl) и отнесли их к полимерам с различной степенью микротактичности. При этом предполагали, что молярные оптические плотности всех ν(CCl)-полос равны*. Долю регулярных блоков в цепи определяли из вклада оптических плотностей полос при 603 и 639 $см^{-1}$ в интегральную интенсивность. Степень синдиотактичности поливинилхлорида, полученного полимеризацией в присутствии мочевины, составляет 87%, а доля регулярных блоков в его макроцепи — 60%. Для поливинилхлорида, полученного полимеризацией при 47 °C, эти параметры равны соответственно 57% и 15%**.

---

* Это не совсем точно. — *(Прим. ред.)*

** См примечание на стр. 226. — *(Прим. ред.)*

Исследовано влияние температуры на полосы колебаний ν(CCl) в спектрах растворов [712, 1702]. На основании того, что полоса при 615 см$^{-1}$ была отнесена к синдиотактическим $S_{НН}$-участкам, а полоса при 696 см$^{-1}$ — $S_{НС}$-конформации, была изучена связь между конформацией и конфигурацией макромолекулы и оценена синдиотактичность полимера. Определена микротактичность поливинилхлорида по температурной зависимости полос колебаний ν(CCl) [507]. В основе метода определения лежит предположение о том, что при низкой температуре преобладают энергетически более выгодные конформации, а повышение температуры способствует появлению менее выгодных конформаций, следствием чего является уменьшение оптической плотности полосы поглощения при 615 см$^{-1}$. Помимо определения степени микротактичности по спектру можно оценить разницу энергий *транс*- и *гош*-конформаций в растворе. К сожалению, температурную зависимость коэффициента экстинкции авторы данной работы не рассматривали.

В других работах [508, 1215, 1351] микротактичность определяли с помощью полос колебаний $\delta(CH_2)$, положение которых зависит от конформации групп соседних к метиленовой.

Изотактические участки цепи поливинилхлорида поглощают при 1434 см$^{-1}$. Конформации синдиотактических сегментов обладают различной энергией и проявляются в полосах при 1428 и 1434 см$^{-1}$. Поэтому долю синдиотактических сегментов в поливинилхлориде и разность энергий можно рассчитать исходя из температурной зависимости отношения интенсивностей этих полос.

Было установлено, что интенсивность полосы при 690 см$^{-1}$ пропорциональна числу изотактических диад и не зависит от степени кристалличности образца [1627]. При определении степени микротактичности поливинилхлорида в качестве внутреннего стандарта была выбрана полоса ν(CH) при 2970 см$^{-1}$, нечувствительная ни к изменениям кристалличности, ни к изменениям микротактичности.

При сравнении ИК-спектров образцов поливинилхлорида разной плотности [798] было найдено, что оптические плотности полос при 1426, 1333, 1254, 1229 и 957 см$^{-1}$ линейно возрастают с ростом плотности и кристалличности образца. В качестве внутреннего стандарта была выбрана полоса при 2920 см$^{-1}$. По полосе 833 см$^{-1}$ оценена кристалличность поливинилхлорида, полученного полимеризацией при низких температурах [1819]. Процессы кристаллизации и рекристаллизации, а также расплав поливинилхлорида исследовали по изменению полосы при 1250 см$^{-1}$ [1850]. Для определения кристалличности был предложен компенсационный метод, состоящий в следующем. Вначале измеряют оптическую плотность полосы при 2960 см$^{-1}$, являющуюся внутренним стандартом для определения толщины образца. Затем эту полосу компенсируют с помощью клиновидного закаленного образца и определяют оптическую плотность полосы кристалличности при 1250 см$^{-1}$.

Изучена структура хлорированного поливинилхлорида [480, 510]. Из анализа деформационного колебания CH_2-группы сделан вывод, что хлорируются в основном метиленовые группы. Согласно [9], из сравнения полос колебаний ν(CH), δ(CH) и ν(CCl) следует, что радикал хлора атакует преимущественно средний углеродный атом гетеротактической триады. При дехлорировании поливинилхлорида с помощью цинка в спектре появляются новые полосы при 3055, 2988 и 1020 см$^{-1}$, указывающие на образование звеньев циклопропана. Полоса при 1460 см$^{-1}$ относится к алифатическим метиленовым группам. Изменения ИК-спектра в области поглощения колебаний ν(CCl) указывают на то, что синдиотактические участки дехлорируются медленнее под действием LiCl в растворе диметиламина, чем цепи, в которых атом углерода находится в *транс*-положении относительно хлора [1135].

Из других работ по изучению химической и физической структуры поливинилхлорида методом ИК-спектроскопии следует отметить [400, 496, 520, 1046, 1047, 1495, 1628]. Работы [8, 210, 215, 469, 545, 781, 784, 1806, 1856] посвящены аналитическим исследованиям полимера и его деструкции. Исследования сополимеров поливинилхлорида описаны в [1150, 1151, 1352, 1353, 1386, 1415, 1705, 1706]. Сополимеры винилхлорида с винилиденхлоридом рассмотрены в разд. 5.6.4.

6.2.2. ПОЛИВИНИЛИДЕНХЛОРИД

ИК-спектр поливинилиденхлорида рассмотрен в работах [922, 925, 1219, 1222]. Некоторые варианты интерпретации полос, предложенные в этих работах, были позднее либо уточнены, либо пересмотрены [634, 1187].

Поливинилиденхлорид кристаллизуется легче, чем поливинилхлорид, благодаря регулярности строения его молекул. Закаленный расплав вначале является аморфным, но уже при комнатной температуре он начинает кристаллизоваться, на что указывает увеличение плотности полимера и рост оптических плотностей полос кристалличности при 884 и 753 см$^{-1}$ [1222]. Для спектроскопических исследований поливинилиденхлорида часто берут сополимеры, содержащие немного поливинилхлорида. Они легче растворимы и их пленки лучше растягиваются, чем пленки чистого поливинилиденхлорида. Спектры сополимеров отличаются от спектров гомополимера лишь наличием двух дополнительных полос при 868 и 1206 см$^{-1}$ [1222].

Период идентичности в кристалле поливинилиденхлорида согласно рентгенографическим данным составляет 4,7 Å [490, 1223]. Это меньше, чем должно быть у плоской зигзагообразной цепи углеродного скелета. Такое уменьшение связывают с особенностями структуры цепи, относительно которой были высказа-

Таблица 6.18. Полосы в ИК-спектре поливинилиденхлорида [922, 925, 1219, 1222]

Волновое число, $см^{-1}$	Интенсивность полосы	Поляризация	Колебание и тип симметрии*
2990	ср.	σ	$\nu_a(CH_2)_i$; A'
2948	сл.	σ?	$\nu_s(CH_2)_i$, A'
2930	ср.	σ	$\nu_a(CH_2)$ (ам.)
2850	сл.	σ?	$\nu_s(CH_2)$ (ам.)
1407	с.	σ	$\delta(CH_2)_i$; A'
1360	ср.	π	$\gamma_w(CH_2)_i$, A''
1325	сл.	σ	$\gamma_w(CH_2)_0$, A'
1204	о. сл.		$2\times\nu_s(CCl_2)_0$
1142	ср.	π	$\nu(CC)$
1070	о. с.	σ	$\nu(CC)$
1046	о. с.	σ	$\nu(CC)$
980	сл.	σ	$\nu_a(CCl_2)_0+\delta(CCl_2)_i$
887	ср.	σ	$\nu(CC)$
778	о. сл.	σ	$\gamma_r(CH_2)$
754	с.	σ	$\nu_a(CCl_2)_0$, A'; 743, A''**
657	с.	σ	$\nu_a(CCl_2)_i$, A'; 647, A''
603	о. с.		$\nu_s(CCl_2)_0$, A'; 563, A'
565	о. сл.		
530	о. с.	σ	$\nu_s(CCl_2)_i$, A'; 544, A''
454	ср.	π	$\gamma_t(CCl_2)_i$, A''; 427 A'
430	о. сл.	π	$\gamma_t(CCl_2)_0$, A''; 387, A''
359	ср.	π	$\gamma_w(CCl_2)_i$, A''; 333, A'
307	сл.		$\gamma_r(CCl_2)_0$, A'; 322, A''
291	ср.		$\gamma_r(CCl_2)_i$, A'; 280, A'
245	сл.		$\delta(CCl_2)_i$, A'; 210, A''
185	сл.		208, A'
113	о. сл.		Скелетные колебания
102	о. сл.		

* Индексы i и 0 означают колебание двух мономерных звеньев, образующих элементарное звено, в фазе или противофазе.
** Данные из [1187].

ны различные предположения. Все эти предположения сводятся к двум возможным типам структур: или макромолекула имеет форму зигзагообразной цепи, построенной так, что все атомы хлора находятся на одной стороне цепи [490, 1187], или же молекула имеет спиральную конформацию, при которой соседние CCl_2-группы расположены по обе стороны от оси цепи [1398]. ИК-спектроскопические данные лучше согласуются с первой структурой. Однако новые рентгенографические данные подтверждают наличие спирали с осью второго порядка, а не структуры, предложенной в [271]. Из-за указанных разногласий нельзя считать совершенно надежным ни анализ конформации макромолекулы, ни, отчасти, интерпретацию полос ИК-спектра.

В работах [922, 925, 1219, 1222] провели интерпретацию ИК-спектра поливинилиденхлорида на основании анализа симметрии макромолекулы, а также в результате сравнения его спектра со спектром поливинилиденбромида и дейтерированного поливинилиденхлорида (табл. 6.18). Полосы при 2990, 2948, 1407, 1360 $см^{-1}$ смещаются в спектре дейтерированного полимера к 2245, 2155, 1050 и 1024 $см^{-1}$. Эти значения очень близки к волновым числам, ожидаемым для колебаний CH_2-группы. Особенно характерны для поливинилиденхлорида очень сильные полосы колебаний ν(CC) при 1070 и 1046 $см^{-1}$. На основании КР-спектров были пересмотрены некоторые полосы, приведенные в табл. 6.18 [634]. Так, полосы при 603 и 657 $см^{-1}$, находящиеся в области колебаний $\nu(CCl_2)$, были отнесены к колебаниям, происходящим в фазе *(i)*, а полосы при 530 и 754 $см^{-1}$ — к колебаниям, происходящим в противофазе (0). Для области деформационных колебаний CCl_2-групп приведены следующие значения волновых чисел: 454 $см^{-1}$ $\gamma_w(CCl_2)_i$, 382 $см^{-1}$ $\delta(CCl_2)_i$, 358 $см^{-1}$ $\gamma_t(CCl_2)_i$, 291 $см^{-1}$ $\gamma_r(CCl_2)_0$, 245 $см^{-1}$ $\gamma_r(CCl_2)_i$.

Сополимеры винилиденхлорида с другими виниловыми мономерами легче перерабатываются и обладают лучшими механическими свойствами, чем кристаллический гомополимер. ИК-спектроскопический анализ сополимеров рассмотрен в разд. 5.6.4.

6.2.3. ПОЛИТЕТРАФТОРЭТИЛЕН

Политетрафторэтилен имеет относительно несложный ИК-спектр с небольшим числом интенсивных полос поглощения основных колебаний (рис. 6.14). Это объясняется простой химической структурой полимера $(-CF_2-)_n$, напоминающей полиэтилен. Однако из-за меньшей разницы между массами атомов C и F и сильного внутримолекулярного взаимодействия можно ожидать, что основные колебания макромолекулы политетрафторэтилена будут более сильно взаимодействовать.

Согласно данным [204], молекулярная цепь политетрафторэтилена при температуре ниже 20 °C имеет конформацию спирали с периодом идентичности 16,8 Å. В него укладывается 13 групп CF_2. Такая структура соответствует повороту плоскости зигзагообразной цепи на 180°. При 20 и 30 °C начинают проявляться структурные превращения, которые сказываются на плотности полимера, о чем можно судить по ИК-спектру.

Согласно [814], при температуре ниже 20 °C молекулы образуют решетку моноклинной системы; при 20—30 °C — гексагональной, а при температуре выше 30 °C существует лишь латеральный порядок и отсутствует упорядоченность в направлении молекулярных осей. Относительно конформации цепи при 20—30 °C имеются различные точки зрения. Так, сообщается [264, 1340], что при 20 °C 13_6-спираль с 13-тью группами CF_2 переходит в 15_7-спираль с 15-тью группами CF_2. Период идентичности 15_7-спирали равен 19,5 Å. Однако данные ИК-спектроскопии и ЯМР говорят, скорее, в пользу предположения о возможности изменения направления поворота спирали при температуре стеклования. В результате этого увеличивается число дефектов и решетка становится боль-

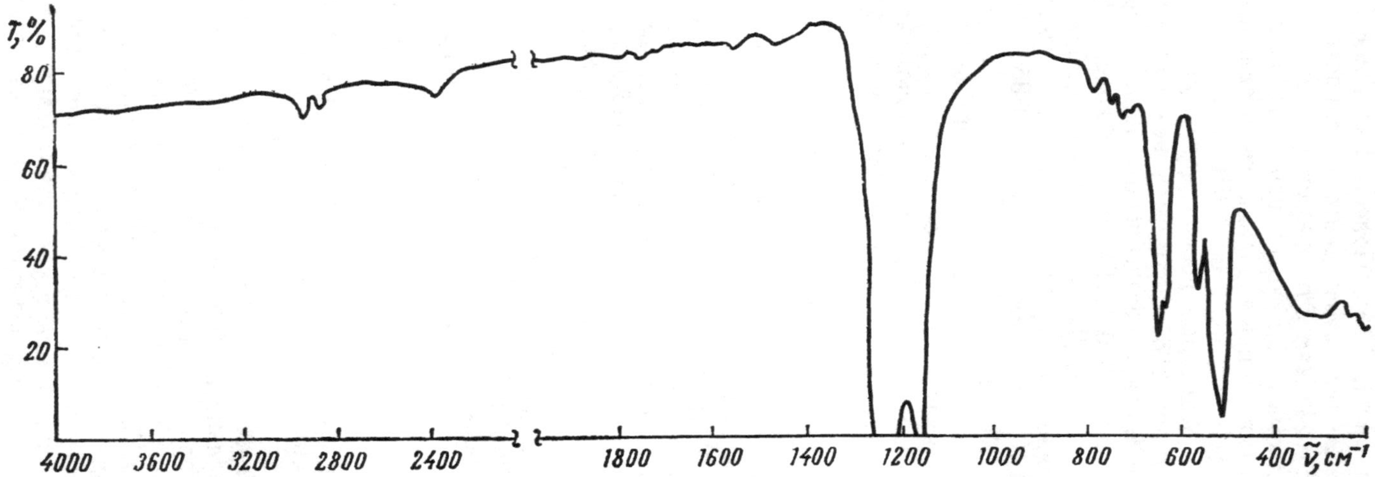

Рис. 6.14. ИК-спектр политетрафторэтилена.
Толщина образца 0,010 мм.

ше [190, 475, 917]. При 30 °С происходит дальнейшее увеличение вибрационных колебаний цепи, что ведет к нарушению гексагональной решетки и возникновению регулярной спиральной конформации [264]. Для всех структурных моделей политетрафторэтилена принимают, что элементарная ячейка содержит лишь одну молекулярную цепь. Поэтому для интерпретации ИК-спектра политетрафторэтилена достаточно провести анализ изолированной цепи.

В работах [925, 980, 1200] исследовали ИК-спектры политетрафторэтилена и провели интерпретацию полос, исходя из анализа групповых частот и фактор-группы. Анализ симметрии макромолекул, проведенный для 13_6- и 15_7-спиралей относительно КР- и ИК-активных колебаний, дает одинаковый результат. Оптически активные фактор-групповые колебания распределяются по типам симметрии следующим образом: четыре колебания относятся к типу симметрии A_1 (КР-активные), три — к A_2 (ИК-активные, параллельный дихроизм), восемь — к E_1 (КР- и ИК-активные, перпендикулярный дихроизм), девять — к E_2 (КР-активные). Колебания типа A_1 и A_2 соответствуют нулевой разности фаз между колебаниями различных CF_2-групп.

Для дважды вырожденных колебаний E_1 и E_2 разность фаз составляет $\pm\psi$ и $\pm 2\psi$ соответственно, где ψ — угол закручивания спирали [873]. Рассчитаны колебательные частоты гипотетической зигзагообразной цепи [980], при этом за основу взяты силовые постоянные, определенные для низкомолекулярных фторированных углеводородов. Несмотря на то, что такая модель является очень упрощенной и по сравнению с полимером обладает значительно большей симметрией, было получено достаточно хорошее соответствие между расчетными и экспериментальными данными.

Определенные выводы можно сделать из КР-спектра *н*-C_7F_{16} [925]. С помощью лазерного КР-спектрометра были получены спектры политетрафторэтилена и некоторых низкомолекулярных гомологов [873]. Основываясь на данных ИК- и КР-спектроскопии, в работе [589] провели анализ нормальных колебаний молекулы политетрафторэтилена. Рассчитаны колебания 13_6- и 15_7-спиралей и плоской зигзагообразной цепи. При расчете колебаний 15_7-спирали силовую постоянную изменяли, чтобы получить значения частот, близкие к экспериментальным. Используя то же силовое поле, рассчитали частоты колебаний других конформаций цепи. Если исходить из экспериментально выведенных правил отбора для конформации зигзагообразной цепи, то не обнаруживается больших различий между экспериментальными и расчетными данными. На этом основании нельзя объяснить изменения, проявляющиеся в ИК-спектре при температуре перехода, превращением одной спиральной конформации в другую.

Проведен расчет распределения потенциальной энергии для групповых частот и расчет форм колебаний. Большинство колебаний относится к сильно взаимодействующим колебаниям, лишь крутильное колебание можно рассматривать как чистое характеристическое. В табл. 6.19 представлены рассчитанные и измеренные значения волновых чисел и дана интерпретация полос

Таблица 6.19. Полосы в ИК-спектре политетрафторэтилена и распределение потенциальной энергии колебаний (в %) [589]

Тип симметрии	Волновое число рассчитанное, см⁻¹		Волновое число измеренное, см⁻¹	Колебание и распределение потенциальной энергии
	13_6-спираль	15_7-спираль		
A_1	1378	1379	1379	$\nu(CC)$, 32; $\nu(CF)$, 44
	725	725	729	$\nu_s(CF_2)$, 57; $\nu(CF_2)$, 9
	383	383	383	$\delta(CF_2)$, 70; $\gamma_w(CF_2)$, 25
	304	304	291	$\gamma_t(CF_2)$, 99
A_2	1442	1444	1450	$\nu_a(CF_2)$, 75; $\gamma_w(CF_2)$, 48
	640	636	638	$\gamma_w(CF_2)$, 92
	522	527	516	$\gamma_r(CF_2)$, 61; $\nu_s(CF_2)$, 29
E_1	1253	1251	1242	$\nu(CC)$, 73; $\gamma_w(CF_2)$, 41
	1225	1226	1210	$\nu(CF_2)$, 84; $\nu(CC)$, 23
	1141	1141	1150	$\nu(CF_2)$, 84; $\delta(CF_2)$, 22
	578	578	553	$\delta(CF_2)$, 75
	316	313	321	$\gamma_{.}(CF_2)$, 97
	282	281	277	$\gamma_t(CF_2)$, 61, $\nu(CC)$, 21
	193	192	203	$\gamma_t(CF_2)$
	17	13	—	
E_2	1441	1442	—	$\nu_a(CF_2)$, 74
	1334	1345	1295	$\nu(CF)$, 48; $\nu(CC)$, 31
	739	734	741	$\nu(CF)$, 43
	667	660	676	$\gamma_w(CF_2)$, 77
	523	527	—	$\gamma_r(CF_2)$, 57
	379	380	389	$\delta(CF_2)$, 67
	298	300	308	$\gamma_t(CF_2)$, 99
	131	118	—	Колебание скелетной цепи
	22	20	—	

колебаний. Это те колебания, которые вносят наибольший вклад в потенциальную энергию. Колебания $\gamma_w(CF_2)$ проявляются при 638 (A_2) и при 676 см⁻¹ (F_2), т. е. при бóльших значениях волновых чисел, чем те колебания, значительный вклад в которые вносит $\delta(CF_2)$. Это вызвано плотной структурой спирали и сильными взаимодействиями между валентно несвязанными атомами фтора.

В табл. 6.20 представлены другие полосы поглощения политетрафторэтилена, которые можно отнести к аморфным областям, дефектам, обертонам и комбинационным тонам. Согласно [925, 1200], кроме этих полос в ИК-спектре есть более слабые полосы. Обертона и комбинационные тона удалось интерпретировать с помощью фактор-групповых правил отбора. Интенсивность полос аморфного полимера при 718, 738, 778 см⁻¹ сильно возрастает при температуре плавления полимера. Одновременно падает до нуля интенсивность полос при 516 и 625 см⁻¹ и появляется одна ши-

Таблица 6.20. Полосы аморфной фазы и комбинационные полосы в ИК-спектре политетрафторэтилена [925, 1200]

Волновое число, $см^{-1}$	Интенсивность полосы	Колебание
850	сл.	Колебания в аморфной фазе
778	ср.	
738	ср.	
718	ср.	
703	о. сл.	
384	ср.	
625	с.	
2390(π)	ср	1242+1150
2365(σ)	сл.	1210+1150
1792(σ)	ср.	1150+638
1545(σ)	ср.	1242+291
1450(π)	ср.	1242+203
1415(σ)	ср.	1210+203
932(σ)	сл.	729+203

рокая полоса при 640 $см^{-1}$ [372]. Оптическая плотность полосы при 778 $см^{-1}$ изменяется линейно с изменением степени кристалличности образца. Предложено использовать эту полосу для определения степени упорядоченности, а полосу при 2365 $см^{-1}$ можно выбрать в качестве внутреннего стандарта [1138, 1200].

Относительная интенсивность полос веерных колебаний CF_2-группы при 638 и 625 $см^{-1}$ проявляется при температуре около 10 °С в виде плеча полосы при 638 $см^{-1}$, обращенного в длинноволновую область. Эта полоса становится интенсивнее при увеличении температуры, в то время как полоса 638 $см^{-1}$ ослабевает. Изменения интенсивности количественно неодинаковы. При температуре около 20 и при 30 °С наблюдаются скачкообразные изменения, проявляющиеся сильнее в полимере с высокой степенью кристалличности [372, 917]. Смещение максимума полосы от 638 до 625 $см^{-1}$ первоначально было отнесено [925, 1200] к изменениям спиральной конформации макромолекул и их упаковки. Однако, как затем установили [190], полоса при 638 $см^{-1}$ появляется также и при температурах, значительно превосходящих температуру превращения конформаций. Авторы предположили, что полоса при 625 $см^{-1}$ может быть отнесена к дефектной структуре, образующейся в результате термического воздействия, а полоса при 638 $см^{-1}$ связана с наличием регулярной спирали. К дефектам структуры относятся участки цепи, где происходят взаимные переходы между лево- и правовращающими спиралями. В дефектных участках подвижность цепи увеличивается и растет частота изменений направления вращения. Такой вывод подтверждается, как уже упоминалось выше, данными ЯМР и не противоречит результатам расчета нормальных колебаний, которые указывают на отсутствие различий между колебательными частотами обеих спиральных конформаций. Скачкообразные изменения оптической плотности полос 516, 625 и 638 $см^{-1}$ наблюдались при

30, 50, 90 и 130 °C [33]. Эти изменения особенно заметны для полосы при 516 см$^{-1}$ и в спектрах образцов высокой кристалличности. Указанные температуры совпадают с температурами превращения, найденными кристаллографически.

Проведено исследование ИК-спектров сополимеров тетрафторэтилена с этиленом и изобутеном [1663, 1664]. Спектроскопическое определение чужеродных групп в политетрафторэтилене описано в работе [372 а]. Авторы работы [1546] рассмотрели спектры волокон политетрафторэтилена, полученных различными прядильными методами, при этом они сравнивали спектры волокон до и после их термообработки. Сообщается об использовании метода НПВО для изучения полимера после термообработки [950].

6.2.4. ДРУГИЕ ГАЛОГЕНСОДЕРЖАЩИЕ УГЛЕВОДОРОДНЫЕ ПОЛИМЕРЫ

ИК-спектр *полихлортрифторэтилена* рассмотрен в работе [921] вместе со спектром политетрафторэтилена. Полихлортрифторэтилен имеет гексагональную кристаллическую решетку. Цепные молекулы образуют растянутые спирали, у которых периоды идентичности и число мономерных звеньев —CFCl—CF_2— в кристаллографической ячейке различны. Анализ симметрии молекулы полихлортрифторэтилена проводился аналогично анализу симметрии политетрафторэтилена*.

Число активных основных колебаний не зависит от числа мономерных звеньев в спирали**. В табл. 6.21 указаны наиболее важные полосы поглощения в спектре полихлортрифторэтилена. Из-за сильного взаимодействия всех колебаний отнесение полос к групповым частотам справедливо в ограниченной мере. В частности, полосы при 1285 и 972 см$^{-1}$ включают колебания всех атомов CFCl-группы.

В работах [1093, 1094] исследовали влияние степени кристалличности полихлортрифторэтилена на его ИК-спектр. Интенсивность полос при 1285, 580, 506, 490 и 438 см$^{-1}$ увеличивается в спектрах закаленных образцов, что связано с возрастанием степени упорядоченности полимера. Полоса при 755 см$^{-1}$ является ярко выраженной полосой аморфности. Ее используют вместе с полосой при 438 см$^{-1}$ для определения степени кристалличности. Соответствующие коэффициенты экстинкции находят по значениям степени кристалличности, полученным по данным измерений плотности.

Ход кристаллизации вблизи точки расплава оценивается количественно по интенсивности полосы при 490 см$^{-1}$. Эта полоса

---

* По-видимому, более правильно сравнить структуру этого полимера с молекулой поливинилхлорида, так как ван-дер-ваальсов радиус атома фтора лишь немного превышает размер атома водорода. — *(Прим. ред.)*

** Это справедливо лишь в том случае, когда число мономерных звеньев в периоде идентичности $\geqslant 3$. — *(Прим. ред.)*

Таблица 6.21. Полосы в ИК-спектре полихлортрифторэтилена [980, 1093]

Волновое число, см−1	Интенсивность полосы	Поляризация	Структура	Колебание
2294	ср.	σ		
1285	с.	σ	кр.	ν(CF)
1194	о. с.	σ		$\nu_a(CF_2)$
1130	о. с.	σ		$\nu_s(CF_2)$
972	о. с.	σ		ν(CCl)
755	сл.	σ?	ам.	
723	сл.	π		
658	ср.	π	ам.	
580	с.	π	кр.	$\gamma_w(CF_2)$
506	с.	σ?	кр.	$\delta(CF_2)$
490	с.	π	кр.	$\gamma_r(CF_2)$
438	с.	π	кр.	γ_w(CFCl)
335	ср.			δ(CFCl)
235	ср.			$\gamma_r(CF_2)$
185	сл.			γ_r(CFCl)

исчезает при температуре образца, которая на несколько градусов ниже, чем температура плавления полимера. При охлаждении расплава полимера кристаллизация начинается, согласно спектроскопическим данным, при еще более низкой температуре [1092].

В работах [866, 872] исследованы ИК- и КР-спектры *поливинилфторида.* Этот полимер необычен. Он является высококристалличным, хотя по данным ИК- и ЯМР-спектроскопии структура его очень нерегулярна. Макромолекула содержит достаточно большое число мономерных звеньев, связанных по типу «голова к голове», и является в основном гетеротактической. Если бы полимер был синдиотактическим, то в спектре должны были бы проявляться колебания типа A_2, что следует из анализа симметрии молекулы. Колебания указанного типа симметрии активны лишь в КР-спектре. Однако экспериментально было найдено, что все полосы КР-спектра совпадают с соответствующими полосами ИК-спектра. Следовательно, не может быть синдиотактических участков в цепи поливинилфторида достаточно длинных для того, чтобы действовали правила отбора. ИК-спектр поливинилфторида проанализирован также в работе [1906].

Поливинилиденфторид $(—CH_2—CF_2—)_n$ исследован методом ИК-спектроскопии в кристаллическом и аморфном (расплавленном) состоянии [1827]. Установлено, что полосы при 1075, 980, 855, 798 и 762 см$^{-1}$ относятся к кристаллическим областям и пропадают в спектре образца при температуре выше температуры плавления полимера. В качестве полосы аморфности можно рассматривать полосу при 740 см$^{-1}$, интенсивность которой растет при плавлении.

Поливинилиденфторид существует в двух кристаллических формах, названных модификациями 1 и 2. Их ИК-спектры имеют четкие различия [301, 1050—1051, 1898]. В модификации 2 цепные молекулы находятся в спиральной конформации *TGTG'* с периодом идентичности 4,64 Å. В модификации 1 макромолекулы представляют собой плоские зигзагообразные цепи, период идентичности которых составляет 2,56 Å и включает одно мономерное звено. Полимерная цепь поливинилиденфторида очень часто содержит участки, в которых звенья присоединены по типу «голова к голове». Наличие таких участков делает цепь нерегулярной. Пленки, полученные из раствора, могут иметь разные кристаллические решетки в зависимости от температуры высушивания пленки и от природы растворителя [399]. При вытяжке пленки модификация 2 переходит в 1. При длительной кристаллизации в условиях повышенной температуры получается чистая модификация 2. ИК-спектр поливинилиденфторида подробно рассмотрен с расчетом нормальных колебаний для обеих модификаций в работе [399]. При этом были использованы силовые постоянные полиэтилена и политетрафторэтилена. Характеристические полосы спиральной конформации цепи поливинилиденфторида лежат при 1385 (σ), 1148 (π), 997 (σ), 768 (σ), 610 (π), 535 (σ), 410, 285 и 215 $см^{-1}$. К зигзагообразной плоской цепи относятся полосы при 510 (σ) и 445 $см^{-1}$. Эти данные были дополнены результатами КР-спектроскопии [145], при этом интерпретация полос была несколько изменена по сравнению с данными работ [301, 399].

В [302] рассмотрена область валентных колебаний CF-групп при 1200 и 500—250 $см^{-1}$. Авторы попытались обнаружить третью кристаллическую модификацию, предсказанную рентгенографическими исследованиями. Известно, что колебания в этой области спектра особенно чувствительны к изменениям конформации цепи. Экспериментальные данные указывают на наличие определенных локальных конформаций, но из данных не следует какая-либо особая структурная модификация.

6.3. ПОЛИВИНИЛОВЫЙ СПИРТ

ИК-спектр поливинилового спирта исследован в области 3600—70 $см^{-1}$ [921, 925]. Для расшифровки спектра были использованы прежде всего характеристические групповые частоты. При интерпретации полос учитывали также их дихроизм и изменения при дейтерировании образца [1666, 1667, 1674]. В работе [203] для исследования ИК-спектра поливинилового спирта была использована структурная модель с гетеротактической конфигурацией молекулы. Поскольку такая модель лишь частично учитывает взаимодействия между различными колебаниями, данные, приведенные в табл. 6.22, следует рассматривать лишь как приблизительные. На рис. 6.15 показан ИК-спектр торгового преимущественно синдиотактического поливинилового спирта.

Проведены исследования дихроизма полос колебаний ν(CH) в спектре поливинилового спирта [16, 383]. Работа [517] посвя-

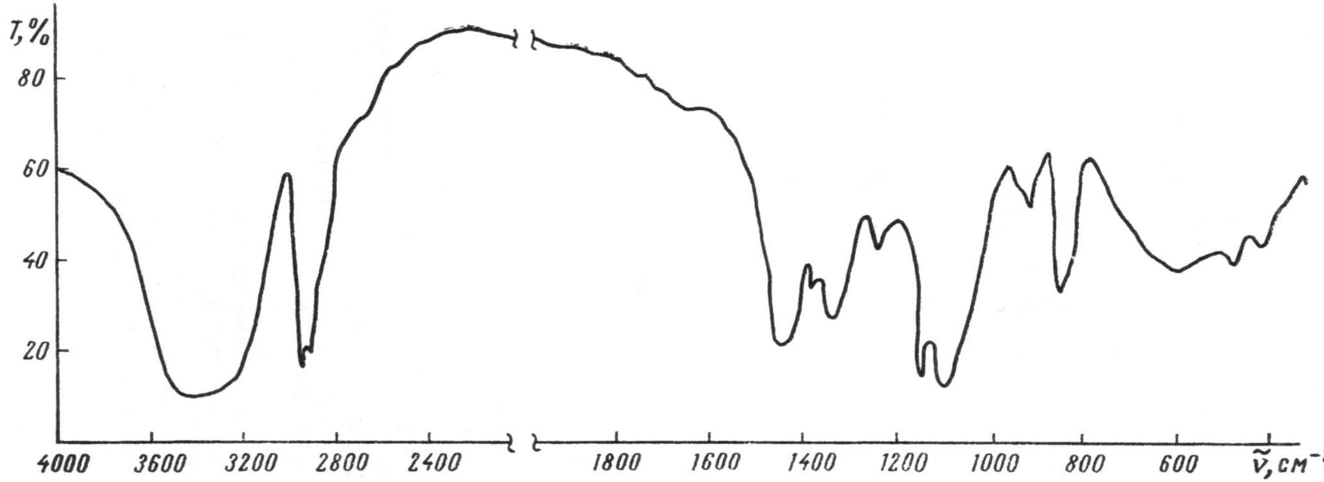

Рис. 6.15. ИК-спектр поливинилового спирта.
Образец — таблетка с КВг.

Таблица 6.22. Полосы в ИК-спектре поливинилового спирта [925]

Волновое число, см−1	Интенсивность полосы	Поляризация	Колебание
3340	о. с.	σ	ν(OH)
2942	с.	σ⊥*	$\nu_a(CH_2)$
2910	с.	σ‖*	$\nu_s(CH_2)$
2840	сл.	σ	ν(CH)
~2660	о. сл.	σ	$\delta(CH_2) + \gamma_w(CH) = 2665$
1446	с.	π	$\gamma_w(CH_2)$
1430	с.	σ	$\delta(CH_2)$
1376	сл.		δ(CH + OH)
1326, 1320	с.	σ	δ(CH + OH)
1235	ср.	π	$\gamma_w(CH)$
1146	ср.	σ‖	см. текст
1096	с.	σ⊥	ν(CO)
1085	о. сл.		ν(CC)
1040	о. сл.	σ⊥	ν(CC)
916	ср.	σ‖	см. текст
890	о. сл.	σ‖	$\delta(CO) + \gamma_w(CO) = 890$
850	с.	σ	$\gamma_r(CH_2)$ (ам.)
835	сл.	σ⊥	$\gamma_r(CH_2)$
630	ср.	π	$\gamma_w(OH)$
610	сл.	σ	$\gamma_w(OH)$
480	ср.	σ	δ(CO)
410	ср.	π	$\gamma_w(CO)$
360	о. о. сл.	σ	2 × ν(OH···O)
185	о. сл.		(OH···O)

* ⊥, ‖ — поляризация соответственно перпендикулярно и параллельно плоскости вальцевания [517, 1671]

щена рассмотрению плеохроизма полос колебаний ν(OH) и ν(CH) в спектрах двуосно ориентированных образцов. Полученные результаты использовали для объяснения различий между кристаллическими структурами, определенными рентгенографически. Измерен плеохроизм некоторых полос, лежащих в средней области ИК-спектра [1669, 1671]. Для этого изучали поперечные срезы вальцованных волокон поливинилового спирта с помощью ИК-микроскопа. Данные этих работ, так же как и спектрографические исследования поливиниловых спиртов, дейтерированных по OH- и CH-группам [1668, 1680], помогли при расшифровке спектра.

Гидроксильные группы можно дейтерировать простым способом, растворяя полимер в теплой D_2O и выдерживая затем образец в сухом боксе [921].

Рассматривали колебания поливинилового спирта исходя из свойств симметрии кристаллической структуры [985]. Однако такой подход не точен [925], поскольку симметрию кристалла определяли без учета положения атомов водорода в OH-группах, которые в отсутствие микротактичности распределяются статистически*.

Интенсивность полосы при 1146 $см^{-1}$ значительно усиливается при отжиге полимера [806, 1211, 1212]. Первоначально эта полоса была отнесена к группам С—О—С [921], которые могут возникать в ходе термического макромолекулярного сшивания. Было найдено, что между оптической плотностью этой полосы и плотностью пленок поливинилового спирта, отожженных при повышенных температурах, существует линейная зависимость [1670, 1675]. Согласно [578], интенсивность полосы при 1146 $см^{-1}$ также возрастает при длительной выдержке образца в условиях комнатной температуры и высокой влажности воздуха. При такой обработке образца реакции сшивания, безусловно, не происходит. Степень упорядоченности полимера при этом повышается. Таким образом, становится очевидной связь интенсивности этой полосы со степенью упорядоченности. Об этом свидетельствует также и очень сильный σ-дихроизм полосы при 1146 $см^{-1}$ (он значительно сильнее, чем у других полос). Однако идентификация этой полосы все же затруднена. Это объясняется тем, что в ИК-спектре поливинилового спирта существует единственная полоса, для которой характерна четкая зависимость интенсивности от степени упорядоченности. Поэтому полосу при 1146 $см^{-1}$ нельзя отнести к конформации, существующей лишь в кристаллическом состоянии. В работе [925] ее отнесли к колебанию ν(СО) в группировке С—СО—С—СО— с одной внутримолекулярной водородной связью. Соответствующая полоса была найдена также и в модельных соединениях: гептантриоле-2,4,6 и пентадиоле-2,4 [718]. В спектре дейтерированного образца эта полоса занимает то же положение согласно [718]. Поглощение при этой частоте связали с взаимодействием колебаний $\nu(CC)_{транс}$ и ν(СО), а по [1680]—со скелетным колебанием плоской зигзагообразной цепи.

Полоса при 916 $см^{-1}$ оказалась характеристической для синдиотактической конформации поливинилового спирта. Было предложено использовать отношение оптических плотностей D_{916}/D_{850} для определения степени синдиотактичности [482]. Это отношение уменьшается с ростом температуры, при которой получают сложные поливиниловые эфиры, применяемые для производства поливинилового спирта. С ростом отношения оптических плотностей возрастает и плотность, и степень упорядоченности образцов, отожженных при 200 °С [484].

В работе [1205] из поливинилового спирта получали поливинилацетат и определяли степень микротактичности последнего методом ЯМР высокого разрешения. Удалось качественно оценить

---

* С точки зрения строгой симметрии цепи положение атомов водорода в ОН-группах весьма существенно. Однако положение этих атомов не очень скажется на виде ИК-спектра, поскольку большинство колебаний с участием атома Н в ОН-группе высокохарактеристичны. — *(Прим. ред.)*

связь отношения D_{916}/D_{850} и степени синдиотактичности полимера. Обнаружена линейная зависимость отношения D_{916}/D_{850} от доли синдиотактичности, изотактичности и гетеротактичности триад, содержание которых определили по данным ЯМР [806].

Изотактический поливиниловый спирт можно получить из его полиэфиров, например поли-*трет*-бутилвинилового эфира [484, 1305] или поливинилбензилового эфира [1202]. По данным рентгенографии, а также из очень слабой полосы поглощения при 1146 см$^{-1}$ следует, что изотактический поливиниловый спирт кристаллизуется очень плохо даже после длительного отжига [484].

Согласно [1202], полоса колебания ν(OH) для гетеротактического полимера проявляется при 3321 см$^{-1}$. Она не дихроична, в то время как в изотактическом полимере колебание ν(OH) проявляется при 3350 см$^{-1}$ и обладает π-дихроизмом. Отсюда следует, что изотактическая конфигурация содержит больше внутримолекулярных связей. Другим признаком изотактического полимера является обращение относительных интенсивностей полос симметричного и антисимметричного колебаний $\nu(CH_2)$.

Описано получение поливинилового спирта с меняющейся стереорегулярностью из винилтриметилсилилового эфира, полимеризованного по катионному механизму [1203, 1204]. В спектрах образцов с наименьшим содержанием изотактических связей имеются слабые полосы при 1146 и 1160 см$^{-1}$. Такие образцы нерастворимы в холодной воде. Обе полосы отсутствуют в спектре образцов, растворимых в воде и имеющих лишь незначительную изотактичность. Образец с наибольшей изотактичностью, для которого $D_{916}/D_{850}=1{,}38$, растворим в воде только при температуре выше 150 °C. Связь между молекулярной ориентацией и прочностью пленок из поливинилового спирта и сополимеров винилового спирта с N-винилпирролиденом исследовали по поведению полосы при 916 см$^{-1}$ [1460].

ИК-спектроскопию применяли для анализа процессов термической и окислительной деструкции поливинилового спирта [1567]. В спектрах образцов, прошедших различную обработку, найдены полосы в области 1500—1800 см$^{-1}$, отнесенные к примесям. Примесь ацетата натрия поглощает при 1575 см$^{-1}$. В области 1680—1740 см$^{-1}$ лежат характеристические полосы различных карбонильных групп. При отжиге (160 °C) поливинилового спирта доминирующим процессом является образование полиеновых структур, о чем можно судить по изменению полос при 1590, 1630 и 1650 см$^{-1}$. Отжиг выше 180 °C способствует образованию карбонильных групп.

Рассмотрено взаимодействие диалкилфосфитов с поливиниловым спиртом [946]. Влияние кремнийорганических соединений, введенных в волокна из поливинилового спирта, рассмотрено в [1521]. Реакции поливинилового спирта с цианамидом описаны в [15].

6.4. СЛОЖНЫЕ ПОЛИВИНИЛОВЫЕ ЭФИРЫ

ИК-спектр *поливинилацетата* впервые был описан в работе [1731]. Авторы провели идентификацию наиболее важных полос ацетатной группы. Позднее появились работы по исследованию дихроизма [383]. В работе [1626] описаны ИК- и КР-спектры изопропилацетата, диацетата пентадиола-2,4 и триацетата гептантриола-2,4,6. Анализ спектров этих модельных соединений позволил провести более аргументированную интерпретацию полос спектра поливинилацетата. При изучении влияния микротактичности на ИК-спектр полимера [485] авторы пришли к выводу, что ответственными за стереорегулярность являются полосы при 1124 и 1090 $см^{-1}$. Они относятся соответственно к изо- и синдиотактическим структурам. Кроме этих полос в спектре поливинилацетата с высокой степенью изотактичности имеется слабая полоса при 960 $см^{-1}$. О влиянии излучения на поливинилацетат сообщается в [1104].

Поливинилформиат ИК-спектроскопически исследовали в основном одновременно при изучении поливинилового спирта [481, 483, 484]. Стереорегулярный поливинилформиат имеет две группы полос, чувствительных к наличию кристаллической фазы. Полосы при 1420, 1272, 1026 и 924 $см^{-1}$ являются характеристическими для синдиотактической структуры, а полосы при 1345, 1310, 1104, 970, 824 и 809 $см^{-1}$ — для изотактической. С помощью твердофазной полимеризации получены стереоблочные полимеры винилформиата и исследованы их ИК-спектры [483].

6.5. ПОЛИСТИРОЛ

На рис. 6.16 показан ИК-спектр обычного полистирола, полученного радикальной полимеризацией. Полимер является гетеротактическим, а по данным рентгенографии — аморфным. Мономерное звено имеет структуру —CH_2—CH—.

$$\underset{\displaystyle C_6H_5}{|}$$

Гетеротактический полистирол относится к наиболее известным и технически важным синтетическим продуктам. При растяжении полимера цепные молекулы ориентируются лишь в незначительной степени [918] и добиться появления дихроизма почти не удается [983, 1134]. В спектрах же сополимеров с относительно высоким содержанием стирола дихроизм полос отчетливо проявляется [1483]. В противоположность гетеротактическому полистиролу изотактический полимер, полученный с помощью катализаторов Циглера—Натта, обладает свойствами кристалла и при растяжении хорошо ориентируется. Макромолекулы стереорегулярного полимера имеют спиральную конформацию. В каждом витке спирали содержится три мономерных звена [1227, 1228, 1245]. Структура полистирола сходна со структурой полипропилена.

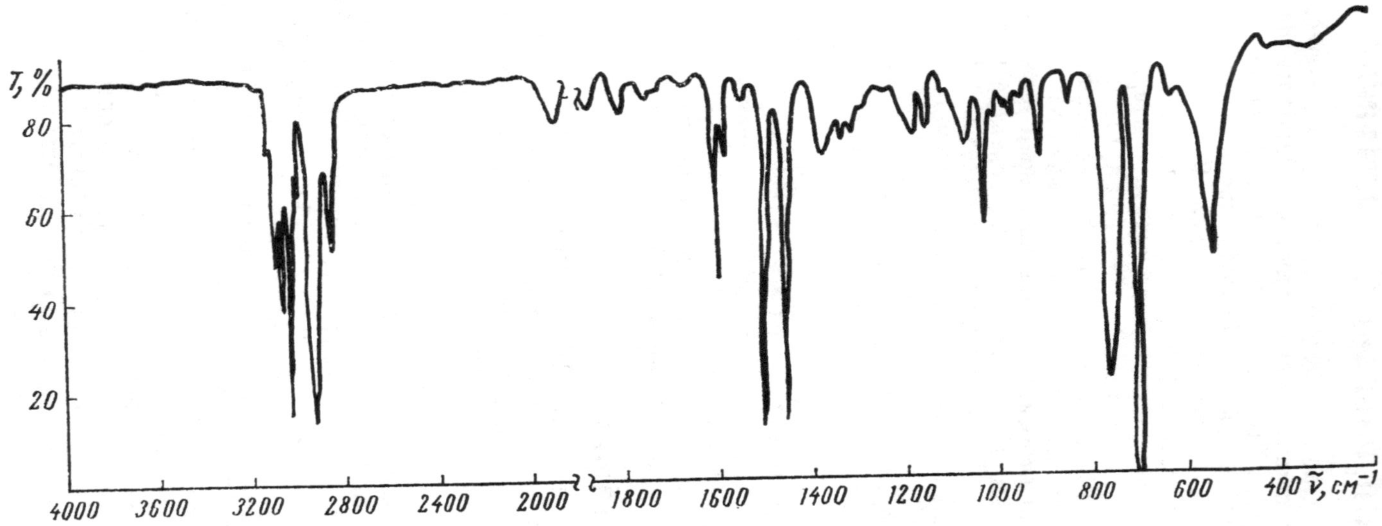

Рис. 6.16. ИК-спектр гетеротактического полистирола.

Интерпретация некоторых полос ИК-спектра гетеротактического полистирола дана в работе [1731]. Исследован ИК-спектр при низких температурах (до 4 K) [822]. При этом обнаружены лишь незначительные изменения относительных интенсивностей и частот, что можно объяснить малой ролью и внутри- и межмолекулярных взаимодействий в гетеротактическом полистироле.

Спектр полистирола подробно обсуждается в работе [983], где рассмотрены спектры ряда полимеров в области от 3500 до 70 $см^{-1}$. При интерпретации спектральных полос авторы учитывали также результаты КР-спектроскопии [1313, 1547]. Колебания бензольного кольца и колебания алифатической углеводородной цепи рассматривались независимо друг от друга. Корректность такого подхода была подтверждена результатами исследований частично дейтерированных образцов. Было показано, что колебания углеводородной цепи и бензольного ядра взаимодействуют очень слабо [852, 1309].

Основой для анализа симметрии бензольного кольца и интерпретации его колебаний послужили данные исследования соединений с монозамещенным бензольным ядром. Элементы симметрии бензольного кольца относятся к точечной группе C_{2v}, если пренебречь симметрией заместителей [1832, 1834]. Нормальные колебания бензольного кольца распределены следующим образом по типам симметрии: одиннадцать колебаний относится к типу A_1 (ИК- и КР-активные), три — к A_2 (КР-активные), десять — к B_1 (ИК- и КР-активные) и шесть — к B_2 (ИК- и КР-активные). Удовлетворительно интерпретированы основные колебания, лежащие в средней ИК-области, и комбинационные тона. Исследования дихроизма в основном подтвердили интерпретацию полос спектра изотактического полистирола [925]. В результате точных измерений степени деполяризации полос КР-спектра, проведенных с помощью лазерного КР-спектрометра [292], были внесены лишь незначительные изменения в расшифровку полос.

Работы [181, 849, 852, 1197, 1309, 1357, 1672, 1676, 1682, 1700, 1701] посвящены исследованию спектров изотактического полистирола, дейтерированного полистирола, а также рассмотрению влияния фазового состояния полимера на вид спектра. Установлено [1672, 1676], что каждая из полос, присущих спектру гетеротактического полистирола (960 и 1070 $см^{-1}$), в спектре изотактического полимера расщепляется на две компоненты: 920 (σ) и 898 $см^{-1}$ (π) и соответственно 1084 (σ) и 1053 $см^{-1}$ (π) (значения волновых чисел взяты из работы [858]). Полосы при 1364, 1312, 1297 и 1185 $см^{-1}$ связаны со спиральной конформацией изотактической цепи, полоса при 983 $см^{-1}$ оказалась очень чувствительной полосой кристалличности. В изотактическом сополимере стирола с α,β,β-тридейтеростиролом группа полос при 1364, 1312, 1297 и 1185 $см^{-1}$ чувствительна к изменению строения цепи, а интенсивность полосы при 983 $см^{-1}$ заметно снижается по сравнению с этой полосой изотактического гомополимера.

В работах [925, 1309] обсуждены изменения, происходящие в ИК-спектре полистирола при переходе от гетеротактического к изотактическому полимеру. Полосы микротактичности в зависимости от их спектральных параметров были разделены на три группы. К группе I относили полосы, которые или очень слабы, или отсутствуют в спектре гетеротактического полистирола и интенсивность которых возрастает при переходе к стереорегулярному кристаллическому полимеру. Эти полосы обладают σ- или π-дихроизмом, но они не состоят из отдельных σ- и π-компонент [например, полосы при 1364 (σ), 1297 (π), 1261 (σ), 1187 $см^{-1}$ (π)]. Полосы группы II расщепляются в спектре изотактического полистирола на две σ-дихроичные компоненты (например, полосы при 1312, 1084, 1053 $см^{-1}$). Для полос группы III характерно расщепление на σ- и π-компоненты [например, полосы при 983(σ), 982(π); 920(σ), 898(π); 766(σ), 764(π); 700(σ), 699(π); 566(σ), 562 $см^{-1}$(π)]. Необходимость в такой классификации вызвана многообразием причин, приводящих к появлению полос регулярности. Каждой из этих полос соответствует определенная критическая длина регулярной спирали, при которой данная полоса появляется в спектре.

Согласно [1700], полосы при 566, 1053, 1084, 1185, 1297, 1312 и 1364 $см^{-1}$, отнесенные к изотактической спирали, частично имеются также и в спектрах раствора полимера в CS_2, полученных при комнатной температуре. О стабильности спирали в растворах в бромбензоле и декалине при более высоких температурах сообщается в работе [1703].

Соотношение оптических плотностей полос D_{566}/D_{542} заметно уменьшается при температуре выше 80 °С. Так как полосу при 542 $см^{-1}$ можно найти в спектре гетеротактического полимера, то был сделан вывод, что при таких температурах регулярные участки цепи имеют небольшую длину. К подобному выводу пришли и в работе [1399]. При изучении конформационной стабильности спирали изотактического полистирола [857] установили, что интенсивность полос, относящихся к спиральной молекуле полистирола, растет с понижением температуры. При температуре ниже —60 °С интенсивность полос близка к интенсивности полос в спектрах кристаллических образцов. Это дает возможность определять длину регулярных участков.

Изучали чувствительность полос, связанных со спиральной конформацией, к регулярности полимерной цепи [858]. Для этого исследовали твердые образцы сополимеров нормального стирола, α-d_1-стирола и d_5-стирола, дейтерированного в бензольном ядре. В спектре аморфного образца (закаленный расплав) полностью отсутствуют полосы при 920 и 898 $см^{-1}$, полосы же при 1364, 1312 и 1194 $см^{-1}$ еще обладают достаточной интенсивностью для измерений. В спектрах сополимеров нормального стирола и α-d_1-стирола, несмотря на высокую кристалличность образцов, уменьшение интенсивности полос спирали опережает снижение содержания нормального стирола. Это вызвано уменьшением длины регулярной спирали за счет сополимеризации. Полосы при 920 и 898 $см^{-1}$ полностью в спектре отсутствуют, когда содержание нормального стирола еще составляет 60%. Статистический анализ распределения блоков по длинам в сополимере показал, что для полос при 920 и 1053 $см^{-1}$ критическая длина сегмента составляет около $m=10$ (m — число мономерных звеньев). Для более коротких отрезков коэффициент экстинкции этих полос равен нулю. Зависимость интенсивности полосы при 1194 $см^{-1}$ от состава сополимера можно объяснить, исходя из предположения, что коэффициент экстинкции является постоянной величиной, только при $m \geqslant 6$ он имеет меньшее значение, чем при $m<6$. Для полос при 1084, 920 и 898 $см^{-1}$, согласно данным, полученным для растворов полимеров в CS_2 при низких температурах, критическая длина блока составляет соответственно $m=5$, 10 и 16.

Часть работ по ИК-спектроскопии полистирола посвящена кинетике полимеризации и деструкции. Авторам этих работ удалось проанализировать концевые группы, являющиеся остатками катализатора, по их характеристическим полосам. На основании этого был сделан вывод о механизме полимеризации [783, 807, 1338, 1911]. При изучении окислительной деструкции полистирола и дейтерополистирола [90, 92] было установлено, что на начальной стадии окисления в спектре появляется полоса при 1685 $см^{-1}$, которую отнесли к ароматическим концевым группам и лишь на более поздней стадии появляется слабая полоса при 1720 $см^{-1}$, обусловленная поглощением ароматических альдегидных групп. В работе [1527] исследовали окисление в ходе эмульсионной полимеризации стирола. После компенсации полос нормального полистирола наблюдали две полосы при 1770 и 1705 $см^{-1}$, отнесенные соответственно к мономерной и димерной формам карбоновых кислот (возможно также, что это группы фенилуксусной кислоты).

ИК-спектроскопически показано [555], что в ходе фотолитической деструкции полистирола образуются соединения с двойными связями. За деструкцией под действием УФ-излучения следили по изменению соотношения оптических плотностей полос при 1720 [$\nu(C{=}O)$] и 1925 $см^{-1}$ (колебание бензольного кольца) [1656]. В этой же работе изучена эффективность различных стабилизаторов деструкции и влияние толщины пленки на скорость деструкции и продолжительность индукционного периода. Работа [55] посвящена исследованию наиболее важных процессов, происходящих при старении полистирольных пленок под действием ионизации (эрозия, окисление, сшивание). Было показано, что эрозия развивается во времени линейно, в то время как изменение скорости окисления характеризуется кривой с максимумом. В кислородсодержащей среде сшивание идет за счет образования кислородных мостиков. Все структурные изменения локализованы в тонком поверхностном слое.

Если в бензольном кольце полистирола появляются заместители, то по ИК-спектру полимера можно определить тип заместителя [194]. Поли-2-метилстирол имеет спектральную полосу при 785 см$^{-1}$, поли-4-метилстирол — при 820 см$^{-1}$. Поли-2,4,5-триметилстирол и поли-2,4,6-триметилстирол можно идентифицировать по полосам соответственно при 875 и 855 см$^{-1}$. Тип заместителя в бензольном кольце можно также определить по характерной структуре полос обертонов и комбинационных тонов в области 1750—2000 см$^{-1}$. Обнаружено [1030], что при иодировании полистирола в спектре ослабляется полоса при 3030 см$^{-1}$. Следовательно, иод присоединяется к бензольному кольцу. Причем, как можно судить по появлению полос при 1900 и 820 см$^{-1}$ и уменьшению поглощения при 760 см$^{-1}$, иод замещается в пара-положение.

Поли-4-стиролсульфокислота, полученная сульфированием полистирола, поглощает при 835 см$^{-1}$, а поли-2-стиролсульфокислота — при 790 см$^{-1}$ [605]. Подробный анализ полистиролсульфокислот и их солей проведен в работах [1914, 1915, 1917, 1918]. ИК-спектр поли-4-фторстирола и интерпретация полос кристаллического полимера рассмотрены в [850].

6.6. ПОЛИМЕРНЫЕ АКРИЛ- и МЕТАКРИЛОВЫЕ СОЕДИНЕНИЯ (Р. ШМОЛЬКЕ)

6.6.1. ПОЛИАКРИЛОВАЯ КИСЛОТА И ЕЕ ЭФИРЫ

ИК-спектр полиакриловой кислоты

$$\left[\begin{array}{l}-CH_2-CH-\\ \qquad\quad\;\; | \\ \qquad\quad COOH\end{array}\right]_n$$

характеризуется в основном сильным поглощением карбоксильной группы. При исследовании ИК- и КР-спектров полиакриловой кислоты [1552] нашли, что ее молекулы образуют димеры в результате ассоциации соседних макроцепей. Характерное для димеризации расщепление полосы поглощения C=O-группы может быть зафиксировано лишь тогда, когда полимеризуется акриловая кислота, свободная от воды. Согласно [505], в сополимерах акрилонитрила, содержащих незначительную долю акриловой кислоты (2—5%), полосы поглощения C=O-группы проявляются при 1738, 1728, 1713 см$^{-1}$. Одна из них вызвана ассоциацией с водой.

На рис. 6.17 изображен ИК-спектр этилового эфира полиакриловой кислоты. Отдельные эфиры полиакриловой кислоты легко получаются в виде пленок из раствора, в их спектрах имеются характеристические полосы эфира акриловой кислоты вблизи 1735, 1260 и 1170 см$^{-1}$. Однако лучше всего эти эфиры различать по спектру в области 700—950 см$^{-1}$.

Эфиры акриловой кислоты, в частности разветвленные, могут быть подвергнуты стереоспецифической полимеризации и закристаллизованы. Методика получения кристаллического поли-*трет*-

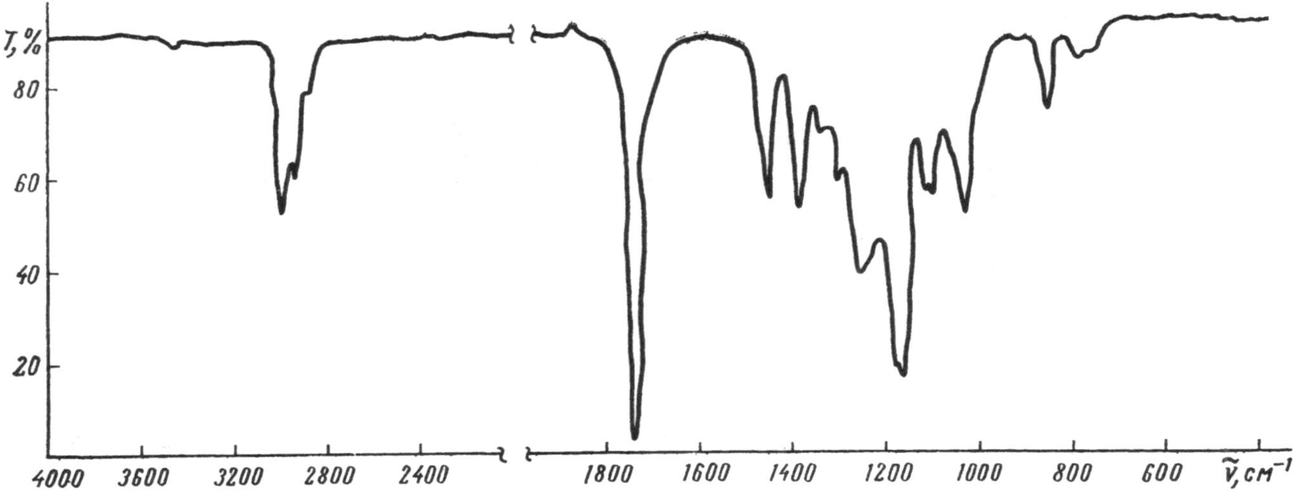

Рис. 6.17. ИК-спектр этилового эфира полиакриловой кислоты.
Образец — пленка, полученная из раствора в хлороформе и нанесенная на KBr.

бутилакрилата описана в [1141]. Имеется информация [502] о двух кристаллических модификациях полиизопропилакрилата и других полиакрилатов. ИК-спектры различных полибутилакрилатов приведены в работе [492]. Авторы указывают на особенности ИК-спектра аморфных областей полимера.

Подробно исследованы ИК-спектры аморфных и кристаллических, а соответственно, и стереорегулярных поли-*н*-бутил, полиизобутил-, поли-*втор*- и *трет*-бутилакрилатов в области от 3500 до 700 $см^{-1}$ [799]. Макромолекулы бутиловых эфиров полиакриловой кислоты имеют изотактическую конфигурацию. В табл. 6.23 приведены спектральные характеристики полос для гетеротактического, аморфного и стереорегулярного поли-*н*-бутилакрилата. По-

Таблица 6.23. Полосы в ИК-спектре поли-*н*-бутилакрилата [799]

Волновое число, см—1		Колебание
аморфн. полимер	стереорегулярн. полимер	
2960	2960	$\nu_a(CH_3)$
2920	2920	$\nu_a(CH_2)$
2880	2880	$\nu_s(CH_3)$, $\nu_s(CH_2)$, $\nu(CH)$
3460	3460	$2\times\nu(C=O)$
17[illegible]0	1730	$\nu(C=O)$
1465	1465	$\delta_a(CH_3)$
1460	1460	}
1450	1450	}
1440	1440	} $\delta(CH_2)$ колебания основной цепи *н*-бутила
1395	1390	}
1380	1380	$\delta_s(CH_3)$
1335	1335	$\delta(CH)$
1300	1300	} $\gamma_w(CH_2)$ колебания основной цепи *н*-бутила
	1255	}
	1215	$\gamma_t(CH_2)$
	775	}
750	750	} $\gamma_r(CH_2)$ колебания основной цепи *н*-бутила
737	737	}
1240	1255	$\nu_a(COC)$
1165	1165	$\nu_s(COC)$
1117	1117	}
	1090	}
	1080	}
1064	1064	}
962	962	} колебания *н*-бутила
943	943	}
	860	}
837	837	}
	830	}
805	805	}
1117	1117	}
	1090	}
1035		} $\nu(CC)$
1020	1020	}
962	962	}
943	943	}

лимеры, полученные по анионному механизму, имеют на рентгенограмме лишь диффузное гало. Возникновение упорядоченных областей, сходных с кристаллическими, затруднено, если полимеризацию проводят при комнатной температуре, вследствие стерических помех, связанных с группами *н*-бутила.

Исследованы полиизопропилакрилаты различной микротактичности [1073]. Спектр изотактического полимера содержит полосы при 1307 $см^{-1}$, 1247 $см^{-1}$ и 1212 $см^{-1}$, которые отсутствуют в спектре гетеротактического полимера. С помощью этих полос можно оценить, хотя бы полуколичественно, относительную степень изотактичности полиизопропилакрилата. О стереоспецифической полимеризации алкилтиоакрилатов $CH_2{=}CH{-}COSR$ (где R — этил, *н*-пропил, изопропил, *н*-бутил, изобутил, *втор*-бутил и *трет*-бутил) сообщается в работах [800, 1217]. Во всех случаях, за исключением этилового эфира, получаются кристаллические полимеры. В области 960 $см^{-1}$ спектра аморфного полимера найдена сильная полоса валентного колебания группы C—S—C. В спектре кристаллического образца полоса расщепляется.

Сополимеры акриловых эфиров широко применяются в бумажной и кожевенной промышленности, а также при производстве лаков. Их получают в разнообразных комбинациях с двумя или тремя сомономерами. Для расшифровки спектров этой группы сополимеров можно использовать атлас спектров синтетических продуктов [703]. В качестве примера на рис. 6.18 приведен спектр тройного сополимера акриловой кислоты со стиролом и этиловым эфиром акриловой кислоты.

6.6.2. ПОЛИМЕТАКРИЛОВАЯ КИСЛОТА И ЕЕ ЭФИРЫ

6.6.2.1. Полиметакриловая кислота

Опубликовано лишь несколько работ, в которых анализируются ИК-спектры полиметакриловой кислоты

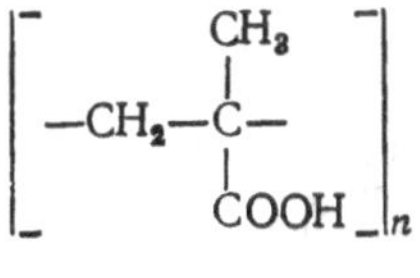

Интерес представляет прежде всего микротактичность полимера. Разработан косвенный метод определения микротактичности [650, 1090]. Он основан на переводе полиметакриловой кислоты в полиметилметакрилат с помощью метилирования с последующим спектроскопическим исследованием полиметилметакрилата. Сравнение значений степени микротактичности, определенных по ИК- и ЯМР-спектрам, показало их хорошее соответствие. Опубликованы КР-спектры полиметакриловой кислоты, полученные с помощью лазерной техники [1743].

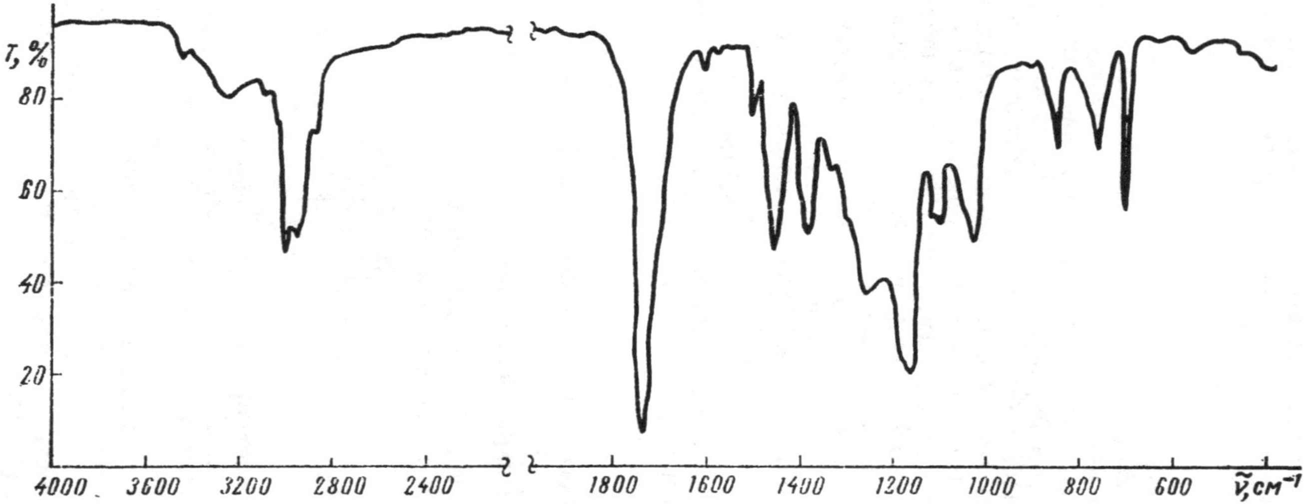

Рис. 6.18. ИК-спектр тройного сополимера этилового эфира акриловой кислоты (~ 76%), стирола (~ 17%) и акриловой кислоты (~ 7%).

Сообщается о характерных различиях в спектрах синдио- и изотактической полиметакриловой кислоты [1100]. Согласно приведенным данным стереорегулярность полиметакриловой кислоты может быть определена по соотношению интенсивностей полос при 1490 и 1460 $см^{-1}$. Первая из них, по-видимому, относится к деформационному колебанию метильной группы. На ее интенсивность сильное влияние оказывают стерические факторы.

Рассмотрено поведение полос в спектре полиметакриловой кислоты при уменьшении длины блоков [650]. В спектре сополимеров с акрилонитрилом наблюдается заметное изменение положения и интенсивности прежде всего у полос при 1263 и 1167 $см^{-1}$, связанных с колебаниями С—О-связи.

Проведено ИК-спектроскопическое исследование сополимеров этилена с 4,1% (мол.) метакриловой кислоты [1118]. Полосы при 1750 и 1700 $см^{-1}$ отнесены к колебаниям карбонила в мономерных и димерных группах, а полосы при 3540 и 2650 $см^{-1}$ — к колебаниям свободных и связанных гидроксильных групп. Полоса антисимметричного валентного колебания карбоксилатного иона проявляется при 1560 $см^{-1}$ при увеличении степени ионизации макромолекулы. Был сделан также вывод, что при комнатной температуре имеет место почти полная димеризация кислотных групп за счет образования межмолекулярных водородных связей

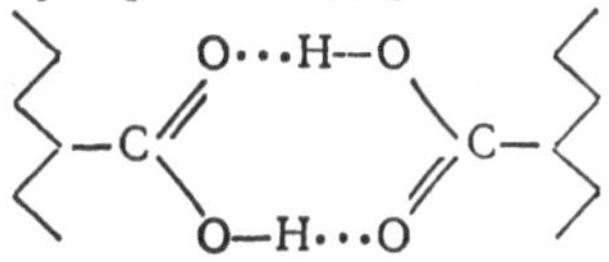

Остается, однако, неясным, как подобную структуру можно связать со статистическим распределением звеньев метакриловой кислоты в цепи. По данным [1118] существует определенная тенденция к образованию блоков метакриловой кислоты.

6.6.2.2. Эфиры полиметакриловой кислоты

Подробно ИК-спектры эфиров полиметакриловой кислоты рассмотрены в работе [1446]. Наиболее интересным полимером этой группы является полиметилметакрилат (ПММА)

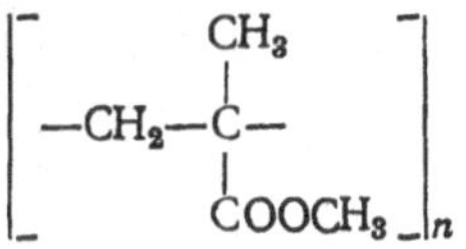

Из метилметакрилата можно получить полимеры различной стерической структуры.

Проведено исследование ПММА методом ЯМР [173]. Из ЯМР-спектра можно получить, например, информацию о доле изотактических, синдиотактических и гетеротактических триад. Синдиотактический полимер является отновным продуктом радикальной полимеризации. Тактическое построение цепи можно описать только одним параметром σ (σ — вероятность того, что присоединяемое мономерное звено имеет такую же конфигурацию, что и последнее звено цепи), так как полимеризация подчиняется так называемой статистике Бернулли, в которой не учитывается влияние предыдущего мономерного звена. Обзор работ, касающихся определения стереорегулярности ПММА на основании данных ЯМР, дан в [1855].

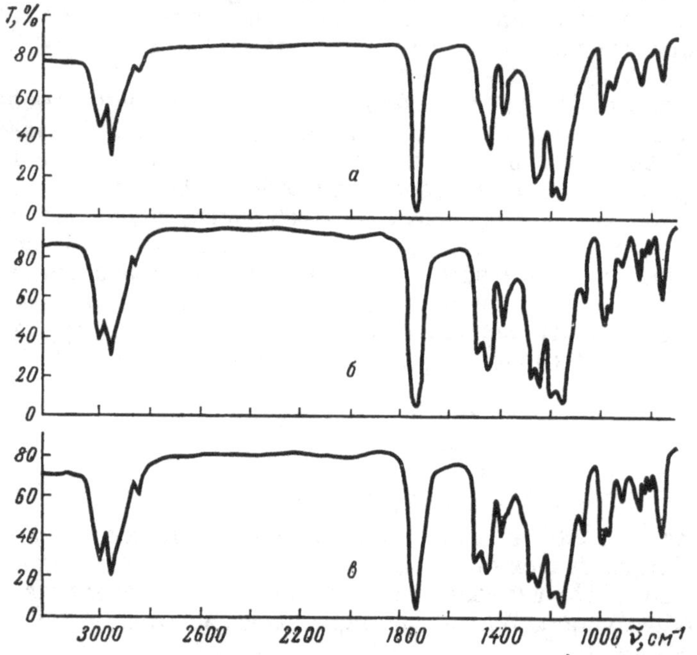

Рис. 6.19. ИК-спектры полиметилметакрилатов различной стереорегулярности:

а — изотактический; *б* — гетеротактический; *в* — синдиотактический полимер.

ИК-спектроскопия уступает ЯМР высокого разрешения по возможности количественного анализа ПММА*. Но ее можно успешно использовать для качественной характеристики полимера. Многие авторы указывают на спектральное различие отдельных микротактических форм ПММА (рис. 6.19) [50, 86, 452, 537, 547, 697, 700, 897, 1142, 1213, 1214, 1275, 1356].

В работе [1214] подробно рассмотрены ИК-спектры нормального ПММА, а также продуктов полимеризации дейтерированного метилметакрилата:

$$[-CH_2C(CH_3)(COOCD_3)-]_n,\ [-CD_2C(CD_3)(COOCH_3)-]_n$$
$$\text{и } [-CD_2C(CD_3)(COOCD_3)-]_n.$$

* Это справедливо лишь для растворимых образцов. — *(Прим. ред.)*

Таблица 6.24. Полосы в ИК-спектре стереорегулярного полиметилметакрилата [1214]

Изотактический полимер			Синдиотактический полимер			Колебание
волновое число, $см^{-1}$	интенсивность полосы	поляризация	волновое число, $см^{-1}$	интенсивность полосы	поляризация	
3460	сл.	—	3460	сл.	—	$2\times\nu(C{=}O)$
2995	ср.	π	2995	ср.	π	$\nu_a(CH_3{-}O)+\nu_a(CH_2)$
2948	ср.	σ	2948	ср.	σ	$\nu_s(CH_3 - O)+\nu_a(\alpha\text{-}CH_3)+$ $+\nu_s(\alpha\text{-}CH_3)+\nu_s(CH_2)$
2920	пл.	—	2920	пл.	—	Комбинационный тон, связанный с CH_3 в сложноэфирной группе
2835	о. сл.	σ	2835	о. сл.	σ	То же
1730	о. с.	σ	1730	о. с.	σ	$\nu(C{=}O)$
1483	сл., пл.	σ	1483	ср.	σ	$\delta_a(\alpha\text{-}CH_3)$
1465	пл.	—	1465	пл.	—	$\delta_a(CH_3{-}O)$
			1452	с.	π	$\delta(CH_2)$
1445	с.	σ			—	$\delta(CH_2)$
						$\delta_s(CH_3{-}O)$
			1438	с.	σ	$\delta_s(CH_3{-}O)$
1388	ср.	σ	1388	ср.	σ	$\delta_s(\alpha\text{-}CH_3)$
1370	сл., пл.	—	1370	сл., пл.	—	$\delta_s(\alpha\text{-}CH_3)$ (ам.)
1295	сл., пл.	σ				
			1270	с.	σ	
1260	с.	π				$\nu_a(C{-}C{-}O)$
1252	с.	σ				$\nu(C{-}O)$
			1240	с.	σ	
1190	о. с.	σ	1190	о. с.	σ	$\nu(C - C)$, смешаны с деформационными колебаниями CH-групп
1150	о. с.	σ	1150	о. с.	σ	
			1063	сл.	σ	
996	ср.	σ				$\nu_s(C{-}O{-}C)$, смешаны с
			988	ср.	σ	$\gamma_r(CH_3{-}O)$
			967	ср.	π	$\gamma_r(\alpha\text{-}CH_3)$
951	ср.	π				$\gamma_r(\alpha\text{-}CH_3)$
			910	сл.		
842	сл.	σ	842	сл.	σ	
			828	о. сл.	σ	
825	о. о. сл.	—				
810	о. сл.	σ	807	о. сл.	—	
759	сл.	π	749	сл.	π	$\gamma_r(CH_2)$, смешаны с $\nu(C{-}C)$
560	о. сл.	π	554	о. сл.	—	
			510	о. сл.	—	
484	сл.	σ	484	сл.	σ	$\delta(C{-}C{-}O)$

В табл. 6.24 приведены характеристики спектральных полос изо- и синдиотактического ПММА.

Детально исследована область спектра ПММА от 1050 до 1300 $см^{-1}$ [617]. Для полимера с высокой синдиотактичностью наблюдается дополнительное поглощение при 1172 $см^{-1}$. Полосы при 1268, 1238, 1192, 1172 и 1148 $см^{-1}$ были отнесены к колебаниям сложноэфирных групп. Такое многообразие полос объясняют внутримолекулярным взаимодействием, поскольку мультиплет можно наблюдать и в спектре разбавленного раствора, т. е. при отсутствии межмолекулярного взаимодействия. Уменьшение средней длины блоков (например, в сополимерах метилметакрилата со стиролом или с акрилонитрилом) еще больше увеличивает это расщепление. Комплекс полос, лежащих в области 1130—1300 $см^{-1}$, исследован также в [1754].

Изучены ИК-спектры и лазерные КР-спектры ПММА, имеющего в основном синдиотактическое строение [1843]. В некоторых случаях интерпретация полос, проведенная в этой работе, отличалась от результатов работы [1214]. Например, полосы валентных колебаний CH_2-группы отнесены несколько по другому: полоса при 2995 $см^{-1}$ соответствует колебаниям ν_a(C—H) в группах $O—CH_3$ и α-CH_3; полоса при 2948 $см^{-1}$ — ν_s(C—H) в $O—CH_3$ и α-CH_3, $\nu_a(CH_2)$; полосы при 2920 и 2915 $см^{-1}$ [$\nu_s(CH_2)$] — комбинационные полосы, связанные с $O—CH_3$; полоса при 2580 $см^{-1}$ также комбинационная полоса, связанная с группой $O—CH_3$. Полоса при 1483 $см^{-1}$ рассматривается в [1646], а также в [1843], как полоса колебания $\delta(CH_2)$, 1465 $см^{-1}$ — δ_a(C—H) в $O—CH_3$, 1452 $см^{-1}$ — δ_a(C—H) в α-CH_3. Сильный дублет 1190/1150 $см^{-1}$ был отнесен к колебанию ν_a(C—O—C), колебание ν_s(C—O—C) должно проявиться при 828 $см^{-1}$. Наконец, полоса при 749 $см^{-1}$ рассматривалась как чистое колебание углеродного скелета, а полоса при 842 $см^{-1}$ — как маятниковое колебание CH_2-группы. Полосы при 1050 и 750 $см^{-1}$, а также полосы колебаний α-CH_3-группы (1483, 967 $см^{-1}$) очень чувствительны к конфигурации макроцепи. Было высказано предположение [617], что полосы при 1060 и 1125 $см^{-1}$ относятся к колебаниям ν(C—C) плоской зигзагообразной цепи. Полоса при 1060 $см^{-1}$ еще раньше была использована [86] при анализе микротактичности ПММА для определения доли синдиотактических звеньев метилметакрилата. В качестве полосы сравнения была выбрана полоса колебания $\delta_s(\alpha\text{-}CH_3)$ при 1388 $см^{-1}$, которая достаточно чувствительна к стерическим факторам. Однако оказалось, что калибровка, проводимая с использованием смеси чистых изо- и синдиотактического ПММА, не позволяет определить точную долю синдиотактических блоков, если точно не известно, как зависит интенсивность аналитических полос от длины стереорегулярного блока. Это относится и к полосе при 998 $см^{-1}$ в спектре полипропилена. Предполагают, что ее появление связано с наличием длинных изотактических спиральных сегментов.

Исследование различных типов ПММА показало, что обычный полимер является не гетеротактическим, а в основном синдиотактическим (т. е. степень изотактичности p_i равна степени синдиотактичности p_s и вероятность присоединения $\sigma=0{,}5$). Такое предположение было подтверждено данными ЯМР, а также исследованиями плотности и температуры стеклования образцов. Зависимость положения и интенсивности полос от микротактичности наблюдается также, если исследуют полимер в растворе (3- и 0,3%-ные растворы в хлороформе). Выполненные исследования позволили сделать вывод, что причина эффекта должна быть заложена в самой цепи [86].

Для характеристики стереорегулярности ПММА предложили использовать параметр I, который является средним арифметическим параметров I_1 и I_2 [537]:

$$I_1 = (179D_{1060}/D_{968}) + 27$$

$$I_2 = (81{,}4D_{1483}/D_{1388}) - 43$$

При этом базовую линию для полосы при 1060 см$^{-1}$ можно провести между точками минимума поглощения, лежащими на обеих сторонах полосы, а для других трех полос — между 1850 и 700 см$^{-1}$. Для синдиотактического ПММА I равно 100—115, а для изотактического — I=25—35. Метод, предложенный в [537], довольно часто использовали в более поздних работах (например, в [665, 1435]).

Изотактичность ППМА оценивали по отношению оптических плотностей D_{757}/D_{749} полос стереочувствительного дублета при 750 см$^{-1}$[788, 1275, 1820]. Авторы работ [697, 698] обратили внимание на различия, наблюдаемые в длинноволновой области спектра. Было показано, что полоса вблизи 557 см$^{-1}$ в спектре изотактического полимера значительно сильнее полосы при 552 см$^{-1}$ в спектре синдиотактического образца. Стереорегулярность влияет также на дублет полос при 506 и 482 см$^{-1}$.

Изотактический ПММА относительно легко кристаллизуется. Описаны методы синтеза различных кристаллических модификаций ПММА, отличающихся по свойствам [452, 453]. В работе [1633] сделаны первые выводы о кристаллической структуре ПММА. На основании данных конформационного анализа в ультрафиолетовой области пришли к выводу [316], что существует спираль с пятью мономерными звеньями в одном витке, но наряду с этим имеется также и 5_2-спираль.

Изучено влияние степени кристалличности на ИК-спектр ПММА [792, 796, 1272, 1803]. Спектр аморфного изотактического ПММА содержит только слабую полосу при 1580 см$^{-1}$. В кристаллическом полимере можно наблюдать четкий дублет 1580—1560 см$^{-1}$ [1803]. Однако расщепление полосы на две компоненты наблюдается также в спектре раствора и расплавленного кристаллического полимера. Расщепление объясняется внутримолекулярным резонансным взаимодействием в упорядоченных сегментах спирали. При температуре, значительно превышающей температуру плавления, полоса при 1560 см$^{-1}$ постепенно исчезает.

Спектр ПММА значительно отличается, если полимер получен путем статистической сополимеризации. Меняется как интенсивность полос, так и их положение. Это относится прежде всего к специфическим колебаниям синдиотактической конформации. В результате встраивания в цепь звеньев сомономеров нарушается первоначальная регулярная синдиотактическая структура. Более подробная информация по этому вопросу содержится в разд. 5.6.

6.6.3. ПОЛИАКРИЛОНИТРИЛ

$$\left[\begin{array}{c} -CH_2-CH- \\ \quad\quad\quad | \\ \quad\quad\quad CN \end{array} \right]_n$$

Основной областью применения полиакрилонитрила является производство волокон. Чистый полиакрилонитрил почти нерастворим в обычных растворителях. Исключение составляет диметилформамид, в котором полимер растворяется достаточно хорошо. Образцы полиакрилонитрила, полученные в различных условиях, имеют очень сходные ИК-спектры и рентгенограммы. Однако они могут по-разному вести себя в растворе и по-разному кристаллизоваться. Наиболее сильной полосой поглощения в ИК-спектре полиакрилонитрила является полоса валентного колебания группы C≡N при 2244 $см^{-1}$ (рис. 6.20).

Морфологическая структура полиакрилонитрила до сих пор еще не до конца выяснена [23, 147, 240, 668, 842, 1003, 1122, 1605]. Рентгенограмма указывает на достаточно высокую упорядоченность молекул в направлении, перпендикулярном оси цепи. Четкая периодичность в направлении оси цепи отсутствует. Для изучения полиакрилонитрила была рассмотрена модель полимера с упорядоченным расположением боковых групп, свойства которого не соответствуют свойствам полиакрилонитрила ни в кристаллическом, ни в аморфном ориентированном состоянии [147]. Предполагают, что внутримолекулярное отталкивание, вызванное стерическими факторами, а также биполярность CN-групп делают цепь более жесткой и вызывают появление петлевидной конформации цепи. Жесткие же палочки, в свою очередь, образуют решетку с псевдогексагональной ячейкой. В работе [1003] данные рентгенографии интерпретировали, исходя из теории паракристалла. Описаны способы получения аморфного полиакрилонитрила и методы его анализа [719].

Стереорегулярность полиакрилонитрила можно определить по данным ЯМР высокого разрешения [70, 1100а, 1101, 1103, 1206—1208, 1652, 1863, 1872]. Однако опубликованные данные очень противоречивы. Так, из резонанса протонов CH_2-группы вывели [70], что несмотря на различия условий получения полимера, возможно около 60% изотактических диад, а в работе [1863] установлена в основном синдиотактическая конфигурация цепи. Согласно другим данным [1103, 1208, 1652], полиакрилонитрил, полученный радикальной полимеризацией, содержит около 50% изотактических и около 50% синдиотактических диад независимо от условий получения полимера. Изотактический полиакрилонитрил получается радиационной полимеризацией мономера в комплексе с карбамидом. Физические свойства полиакрилонитрила и его сополимеров подробно описаны в [95].

Впервые ИК-спектр полиакрилонитрила был проанализирован в работах [982, 995]. При этом предполагалась гетеротактическая конфигурация цепи. Другая гипотеза была предложена [1684] на

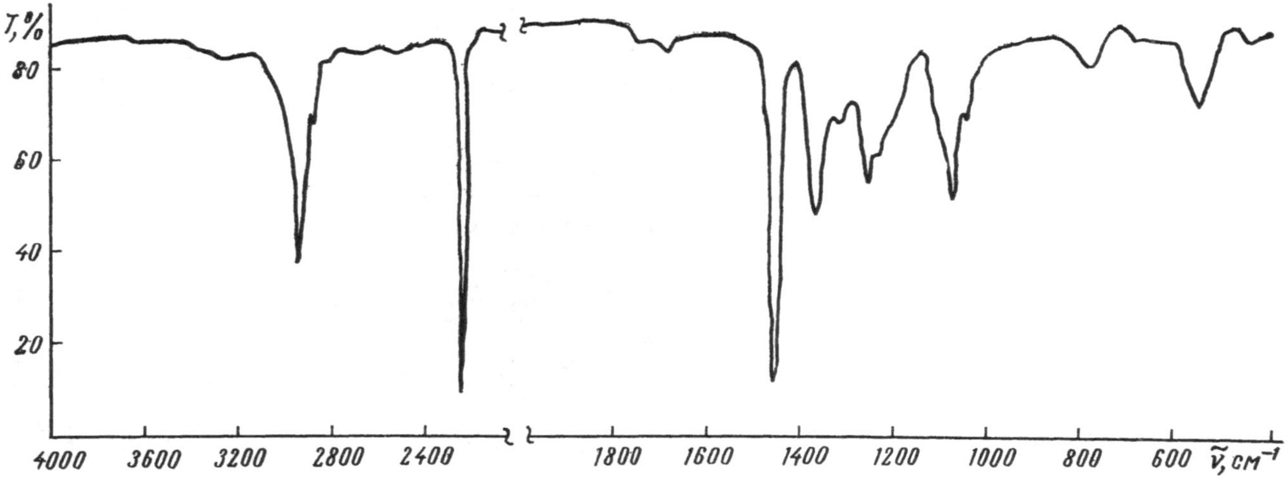

Рис. 6.20. ИК-спектр полиакрилонитрила.
Образец — пленка, полученная из раствора в диаметилформамиде.

основании данных исследования полиакрилонитрила и его дейтерированных производных—поли-α-дейтероакрилонитрила [—CH_2——CD(CN)—]$_n$ и поли-α,β,β-тридейтероакрилонитрила [—CD_2——CD(CN)—]$_n$. Исследованы также спектры поли-β,β-дидейтероакрилонитрила [—CD_2—CH(CN)—]$_n$ [1861, 1862]. Нормальные колебания полиакрилонитрила были рассчитаны на простейшей модели синдиотактической плоской зигзагообразной цепи. В табл. 6.25 и 6.26 приведены характеристики спектральных полос полиакрилонитрила и его дейтерированных аналогов.

Таблица 6.25. Полосы в ИК-спектрах полиакрилонитрила и его дейтерированных производных [1861]

Полиакрилонитрил			α-d_1-Полиакрилонитрил			β,β-d_2-Полиакрилонитрил			α,β,β-d_3-Полиакрилонитрил		
волновое число, $см^{-1}$	интенсивность полосы	поляризация	волновое число, $см^{-1}$	интенсивность полосы	поляризация	волновое число, $см^{-1}$	интенсивность полосы	поляризация	волновое число, $см^{-1}$	интенсивность полосы	поляризация
2950	ос.	σ	2950	о. с.	σ	2930	с.	σ	2237	о. с.	σ
2930	пл.	σ	2870	ср.	σ	2237	о. с.	σ	2180	сл.	σ
2870	ср.	σ	2810	о. сл.	π	2180	сл.	σ	2170	о. сл.	σ
2810	о. сл.	π	2237	о. с.	σ	2130	сл.	σ	2130	сл.	σ
2237	о. с.	σ	2170	сл.	σ	1418	сл.	σ	1292	сл.	σ
1447	о. с.	σ	1447	о. с.	σ	1286	с.	π	1198	ср.	π
1362	ср.	σ	1355	ср.	σ	1185	сл.	—	1142	с.	σ
1355	ср.	π	1176	с.	σ	1134	ср.	σ	1085	о. с.	σ
1310	сл.	σ	1087	ср.	π	1094	с.	σ	1003	с.	σ
1247	с.	π	1020	ср.	σ	1077	ср.	π	957	ср.	σ
1227	сл.	π	1014	ср.	π	1043	ср.	σ	942	ср.	π
1175	пл.	π	969	о. сл.	σ	1010	ср.	σ	873	ср.	σ
1115	пл.	σ	894	сл.	π	875	сл.	σ	807	о сл.	π
1073	о. с.	σ	889	ср.	σ	810	о. сл.	—	683	ср.	σ
1015	пл.	π	765	ср.	π	752	ср.	σ	502	пл.	σ
865	о. сл.	π	755	ср.	σ	702	ср.	σ	480	ср.	σ
778	ср.	σ	563	пл.	σ	505	ср.	σ	230	ср.	σ
570	пл.	σ	532	ср.	σ	234	ср.	σ			
537	ср.	σ	256	ср.	σ						
520	пл.	—									
260	ср.	σ									

В спектре дейтерированного полиакрилонитрила полосы в области валентных колебаний CH-групп смещены, что и следовало ожидать. Дейтерирование по-разному влияет на полосы спектра, лежащие ниже 1400 $см^{-1}$. Полоса же валентного колебания C≡N-группы не меняет своего положения. Следовательно, можно пренебречь взаимодействием этого колебания с другими.

Обнаружено [1860, 1861], что слабая полоса при 2810 $см^{-1}$, первоначально отнесенная к колебанию ν(CH) [982], имеет π-дихроизм. К валентному колебанию CH-группы была отнесена полоса при 2930 $см^{-1}$ [ср. 995]. На месте полосы при 1359 $см^{-1}$, най-

Таблица 6.26. Полосы в ИК-спектре полиакрилонитрила и распределение потенциальной энергии колебаний (в %) [1861]

Волновое число, см−1: измеренное	Волновое число, см−1: рассчитанное	Колебание, тип симметрии и распределение потенциальной энергии
2950 о. с., σ	2935	$\nu_a(CH_2)$, B_1, B_2
2930 пл. σ	2929	$\nu(CH)$, A_1, B_1
2870 ср. σ	2886	$\nu_s(CH_2)$, A_1
2810 о. сл., π		
2237 о. сл., σ	2237	$\nu(CN)$, A_1, B_1
1447 о. с., σ	1453	$\delta(CH_2)$ A_1, 63
	1396	$\delta(CH)$, 50 — $w(CH_2)B_1$, 40
1362 ср., σ	1362	$\delta(CH)$ A_1, 64
1355 ср., π	1357	$w(CH_2$, 55 + $\nu_a(CC)B_2$, 37
1310 сл., σ	1309	$w(CH_2)$, 44 — $\delta(CH)B_1$, 33
1247 с., π	1189	$w(CH)$, 40 + $w(CH_2)$, 29 — $\nu_a(CC)B_2$, 26
1115 пл., σ	1101	$\nu_s(CC)$, 33 — $\delta(CH)A_1$, 20
1073 о. с., σ	1080	$\nu_s(CC)B_1$, 69
	1066	$r(CH_2)$, 47 — $\delta(C—C—CN)B_1$, 21
1015 пл., π	1018	$w(CH)$, 57 + $\nu_a(CC)B_2$, 26
	999	$t(CH_2)A_1$, 59
865 о. сл., π	847	$r(CH_2)B_2$, 91
778 ср., σ	796	$\nu(C—CN)$, 48 + $t(CH_2)A_1$, 34
	764	$\nu(C—CN)$, 59 — $r(CH_2)B_1$, 28
570 пл., σ	551	$\delta(C—C—CN)$, 53 — $\delta(C—C—N)B_1$, 22
537 ср., σ	518	$\delta(C—C—CN)$, 34 — $\delta(C—C—N)A_1$, 37
520 пл., —	524	$w(C—C—CN)$, 45 — $w(C—C—N)B_2$, 40
	357	$\delta(C—C—C)B_1$, 65
260 ср., σ	271	$\delta(C—C—N)$, 58 + $\delta(C—C—CN)$, 19 $\delta(C—C—C)B_1$, 19
	246	$\delta(C—C—N)$, 63 + $\delta(C—C—CN)A_1$, 28
	204	$w(C—C—N)$, 54 + $w(O—C—CN)B_2$, 40

денной в [995], был обнаружен дублет полос 1362 (σ) и 1355 см⁻¹ (π). Неоднозначна также интерпретация полосы при 1073 см⁻¹. Вначале ее связывали с колебанием углеродного скелета [982], а позднее [995] приписали к смешанному колебанию δ(CH) и $\gamma_r(CH_2)$. В некоторых случаях эта полоса оказывалась очень чувствительной к уменьшению длины блока (см. разд. 5.6). Помимо полос, указанных в табл. 6.25 и 6.26, в спектре полиакрилонитрила в зависимости от условий полимеризации часто появляются слабые полосы, например при 2190 $см^{-1}$, и полосы в области колебаний карбонильной группы. Появление полос карбонила можно связать с незначительным содержанием посторонних звеньев в цепи полиакрилонитрила. В спектрах полимеров, полученных с помощью окислительно-восстановительных катализаторов, можно найти одну полосу концевых групп при 1043 $см^{-1}$ [1086, 1859]. Ее относят к S=O-валентному колебанию группы SO_3H. Интенсивность этой полосы сильно падает с возрастанием молекулярной массы полимера [1859]. Вторая полоса той же природы может быть обнаружена при 1200 $см^{-1}$ лишь с помощью дифференциальной спектроскопии.

В спектре полиакрилонитрила, полученного радиационно-химической полимеризацией при низкой температуре, имеется полоса в области 2030 $см^{-1}$, которая отнесена к кетенимино-группам [109, 247, 1490, 1492, 1768].

Наличие других полос в спектре полиакрилонитрила можно объяснить присутствием в образцах остатков растворителя. Так, диметилформамид, используемый при получении волокон или нитей, вызывает появление дополнительных полос и, прежде всего, при 1672, 1386 и 1088 $см^{-1}$. По полосе колебания группы C=O при 1672 $см^{-1}$ можно количественно определить содержание диметилформамида в полиакрилонитриле [1485]. Смещение этой полосы происходит в результате ассоциации молекул диметилформамида с молекулами полимера [505, 844]. В пользу такого утверждения говорит тот факт, что полосы растворителя в спектрах растянутых пленок полиакрилонитрила или сополимеров акрилонитрила обладают σ-дихроизмом. Спектр регистрировали в линейно поляризованном свете [844, 1430].

Рассмотрим кратко методики препарирования полиакрилонитрила. При спектроскопическом исследовании волокон используют практически только пресс-заготовки из KBr или пленки. Волокна полиакрилонитрила, мелко нарезанные и помещенные в KBr, дают хорошие спектры. Для получения пленок пригодны растворы в диметилформамиде ($t \approx 60\,°C$, подложка — стекло). Прозрачные пленки, полученные из таких растворов, легко отделяются от подложки. Инклюдированный растворитель можно удалить лишь частично с помощью отжига или нагревания до высокой температуры. Еще лучше проводить экстракцию растворителя кипящей водой.

Пленка из полиакрилонитрила легко вытягивается в 5—10 раз при повышенной температуре на воздухе, в воде при 90—100 °C или в других средах. По данным рентгенографии такая пленка обладает высокой степенью ориентации. Исследование дихроизма полос ее спектра дало возможность провести интерпретацию полос, определить структуру полимера и степень ориентации его молекул [147, 497, 1430, 1431]. За ориентированием молекул в пленках или волокнах полиакрилонитрила очень удобно следить по изолированной полосе при 2244 $см^{-1}$, соответствующей валентному колебанию группы C≡N. Эта полоса имеет ярко выраженный σ-дихроизм. Однако не следует ожидать, что угол ориентации, рассчитанный по значению ИК-дихроизма, соответствует углу, определенному по данным рентгенографии. Дихроичное отношение полосы поглощения группы C≡N, измеренное при полной ориентации молекул, является относительно высоким, а именно $R = D_\pi / D_\sigma = 0{,}25—0{,}30$. Это можно отчасти объяснить спиральной конформацией цепи. В [879] изучали ориентацию нитрильных и метиленовых групп при малых степенях вытяжки двуосно ориентированных пленок. Авторы установили, что нитрильные группы ориентированы относительно оси вытяжки в меньшей степени, чем плоскости молекулярных цепей. Такой эффект был связан с сильным диполь-дипольным взаимодействием групп соседних молекул.

Ориентированное состояние молекул в растянутых пленках полиакрилонитрила очень устойчиво к тепловому воздействию. В растянутом полимере при температуре ниже 200 °C нельзя обнаружить какой-либо заметной дезориентации. После отжига при 220 °C в течение 6 ч, несмотря на сильное изменение окраски пленки, дихроичное отношение полосы нитрильной группы изменяется незначительно [1431].

Согласно данным [1848], спектр полиакрилонитрила содержит полосу упорядоченности при 775 $см^{-1}$. Ее интенсивность (по сравнению с широкой полосой при 800 $см^{-1}$) в большой мере зависит от условий препарирования (например, высокое давление снижает интенсивность полосы).

Изменение окраски полиакрилонитрила явилось предметом большого числа спектроскопических и других физико-химических исследований [108, 182, 209, 277, 430, 474, 550, 554, 584, 678, 1278, 1508, 1557, 1697—1699, 1777]. При нагревании полиакрилнитрил сначала становится желтым, затем красным и, наконец, черным. В ИК-спектре образцов, сильно изменивших окраску, появляется ряд полос, отсутствующих в спектре необработанного полиакрилонитрила. Это прежде всего полосы в области от 1200 до 1700 $см^{-1}$. К сожалению, до сих пор нет единого мнения о механизме реакции окрашивания. Согласно [209, 550, 554], изменение окраски вызвано образованием частично гидрированных нафтиридиноподобных структур (I); в работах [108, 430] эти процессы связывают с образованием полиеновых структур (II):

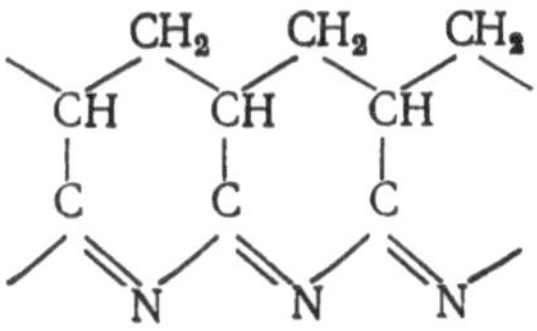

(I)

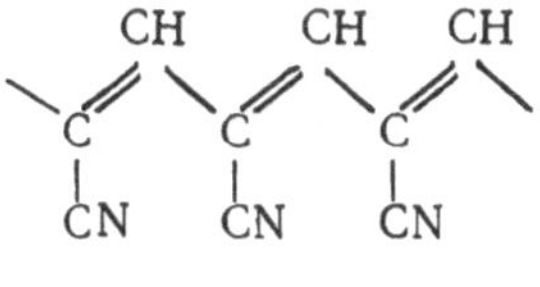

(II)

Другие объяснения причин окрашивания полиакрилонитрила представлены в более поздних работах [182, 1777].

6.6.4. СОПОЛИМЕРЫ АКРИЛОНИТРИЛА

Акрилонитрил как компонент содержится в большом числе технических полимеров. Однако сополимеры, содержащие более 85% акрилонитрила, почти не находят применения в качестве материала для пластмасс из-за плохой термопластичности. Тем более они не пригодны для получения синтетических волокон.

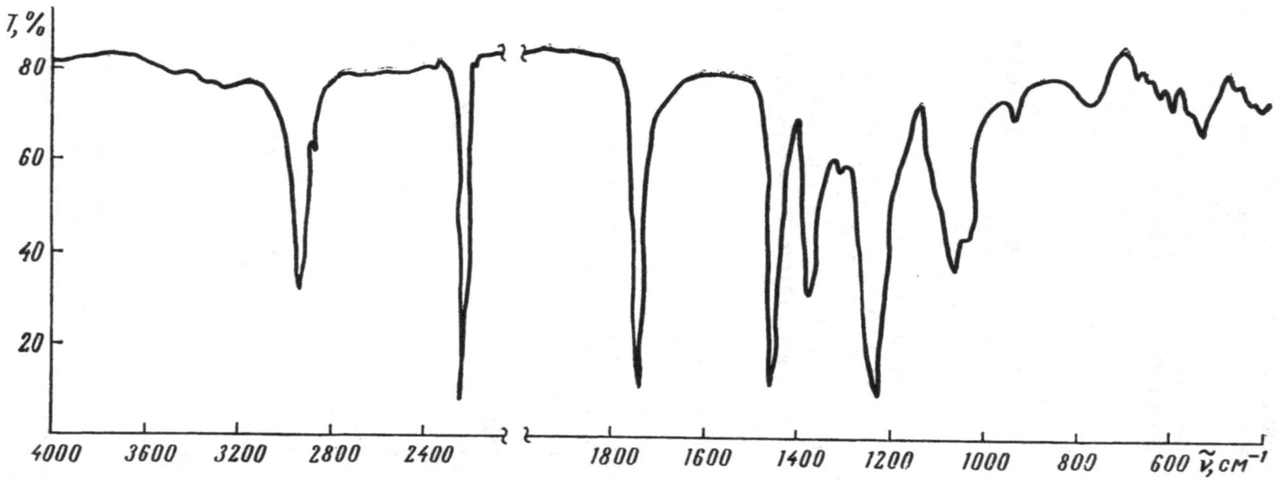

Рис. 6.21. ИК-спектр сополимера акрилонитрила (~ 92%) с винилацетатом (~ 8%).
Образец — пленка, полученная из раствора в диаметилформамиде.

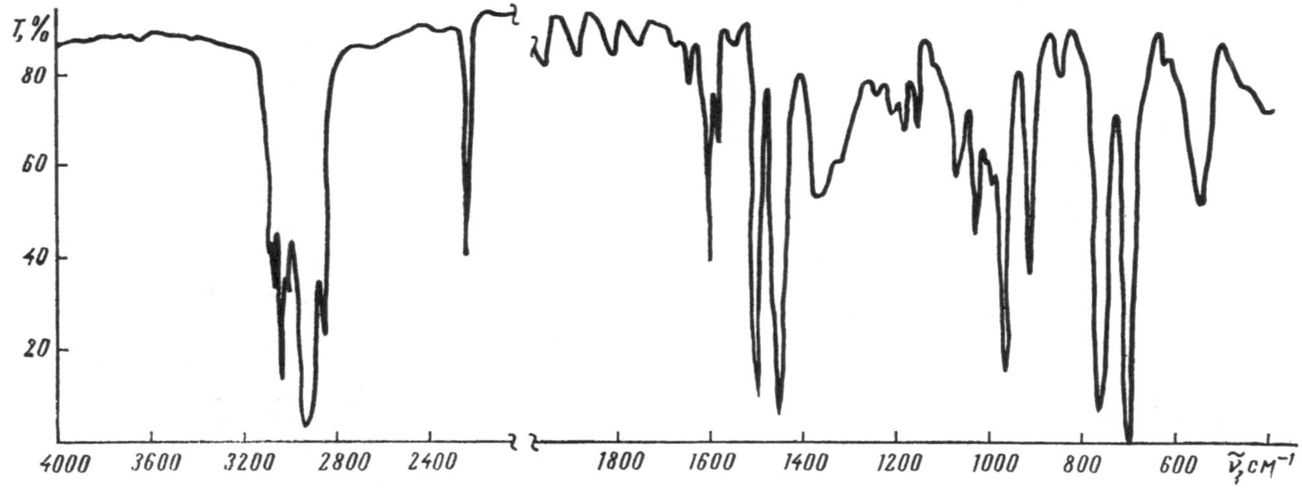

Рис. 6.22. ИК-спектр привитого сополимера акрилонитрила с бутадиеном и стиролом.

На рис. 6.21 показан ИК-спектр сополимера акрилонитрила с винилацетатом. Интенсивные полосы колебаний С=О- и С—О-групп являются характеристическими для винилацетата.

Появление в цепи звеньев других мономеров в концентрации до 10% мало изменяет двумерный порядок в цепи полиакрилонитрила. Результаты исследований рассеяния рентгеновских лучей под большими углами показали, что в сополимере акрилонитрила с эфиром акриловой кислоты доминирует боковая упорядоченность полиакрилонитрила и лишь при содержании эфира свыше 30% она нарушается [1430]. Для большинства сополимеров акрилонитрила такого состава звенья мономеров образуют в основном очень короткие блоки ($n=1$ или 2). Измерение дихроизма дает определенную информацию о колебаниях этих звеньев и соответственно о процессах ориентации окружающих их областей. Так известно, что полоса поглощения фенильной группы при 700 см$^{-1}$ в спектрах сополимеров акрилонитрила со стиролом, подвергнутых ступенчатой вытяжке, имеет π-дихроизм, а полоса поглощения С=О-группы в сополимерах со сложными эфирами акриловой кислоты имеет σ-дихроизм. Это указывает на то, что дефектные участки цепи ориентированы так же, как и основная углеродная цепь полиакрилонитрила. Степень ориентации сегментов полиакрилонитрила, рассчитанная по дихроичному отношению полосы поглощения группы C≡N, почти не снижается при введении в цепь 5—10% сомономера [843—845, 964, 1430, 1483]. При более высоком содержании сомономера, как уже упоминалось, типичная структура полиакрилонитрила нарушается. Поэтому чаще всего работают с аморфными (с точки зрения рентгенографии) образцами, которые благодаря лучшей их растворимости удобнее препарировать. Для аналитических целей рекомендуется получать пленки, прессованные при повышенных температурах.

К технически важным сополимерам, содержащим немного акрилонитрила, относятся сополимер стирола с акрилонитрилом, нитрильный каучук и АБС [к АБС-сополимерам относятся привитые сополимеры на основе акрилонитрила, бутадиена и стирола (рис. 6.22)]. Соотношение акрилонитрил—стирол можно определить по величине D_{2244}/D_{1603}. Описан метод [511], позволяющий разложить спектр АБС на отдельные составляющие. Анализ блоков сополимеров акрилонитрила с метилметакрилатом, метилметакриловой кислотой метилакрилонитрилом дан в разд. 5.6.

6.6.5. ПОЛИМЕТАКРИЛОНИТРИЛ

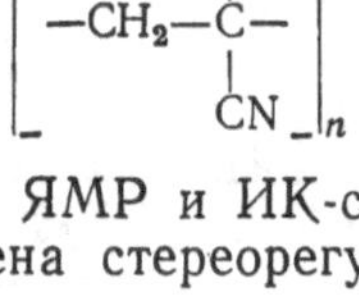

На основании данных ЯМР и ИК-спектроскопии для полиметакрилонитрила установлена стереорегулярная блочная структура

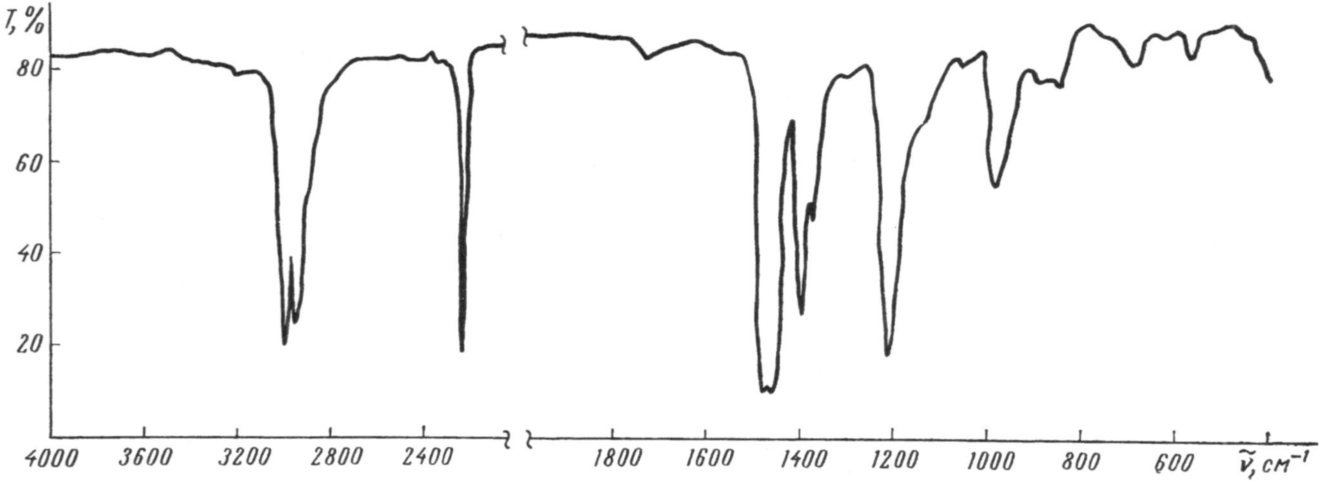

Рис. 6.23. ИК-спектр полиметакрилонитрила, полученного радикальной полимеризацией,

[1586, 1587]. В таком случае полимер, полученный в результате γ-облучения твердого мономера при —78 °С, должен был бы обладать необычной структурой типа DDDLLLDDDLLL. Однако эти предположения не подтвердились. При исследовании методом ЯМР полиметилметакрилата обнаружили [1102], что независимо от условий полимеризации [инициирование азобис(изобутиронитрилом), перекисью бензоила, γ-излучением] получается в основном полимер с гетеротактической конфигурацией цепи. В [726, 1518] стереорегулярность определяли с помощью анализа диад непосредственно по ЯМР-спектру полиметакрилонитрила. Изотактический частично кристаллический полимер можно получить, используя $Mg(C_2H_5)_2$ в качестве катализатора [910, 1870]. Проведены рентгеновские исследования структуры сополимера акрилонитрила с метакрилонитрилом [1486].

ИК-спектр полиметакрилонитрила (рис. 6.23) отличается от спектра полиакрилонитрила в первую очередь наличием полосы поглощения метильной группы, а также появлением сильной характеристической полосы при 1215 см$^{-1}$, которая, по всей вероятности, связана с колебанием группы С—С—CN. Эта полоса структурно очень чувствительна. Она отсутствует в спектрах сополимеров метакрилонитрила с бутадиеном или акрилонитрилом. Спектры полиметакрилонитрила, снятые в поляризованном свете, рассмотрены в работе [766].

Спектр кристаллического полиметакрилонитрила, полученного в присутствии $Mg(C_2H_5)_2$ и нерастворимого в диметилформамиде, имеет несколько дополнительных полос, в частности полосы при 1192 и 885 см$^{-1}$ [767]. Точного объяснения подобного расщепления пока нет.

Методом ИК-спектроскопии изучали причины чередования окраски полиметакрилонитрила при изменении температуры [551—553, 1556]. В областях температур 20—120, 120—220 и выше 220 °С протекают следующие реакции: а) исчезновение кетенимино-структур (C=C=N—) в ходе полимеризации, наблюдаемое по полосе при 2012 см$^{-1}$; б) образование сопряженной замкнутой системы при температуре выше температуры размягчения полимера (120 °С), следствием чего является переход к красному цвету через желтый и оранжевый; при этом в спектре наблюдается ослабление полосы поглощения нитрильной группы и появление новых полос прежде всего в области 1400—1700 см$^{-1}$; в) деполимеризация, происходящая при температуре выше 220 °С.

6.7. ПРОСТЫЕ ПОЛИЭФИРЫ (Р. ДАНЦ)

6.7.1. ПОЛИОКСИМЕТИЛЕН

$$[-(CH_2)-O-]_n$$

Полиоксиметилен кристаллизуется с образованием тригональной и орторомбической модификаций. Параметры тригональной ячейки, рассчитанные по рентгенографическим данным, равны:

$a=4{,}46$, $c=17{,}35$ Å [642, 1458]. Через элементарную ячейку проходит одна макроцепь. Молекулы полимера имеют винтовую конформацию типа 9_5-спирали [684, 1677], т. е. в элементарном звене спирали девять мономерных звеньев приходится на пять витков (рис. 6.24). Однако автор работы [224] отмечает, что полученные им рентгеновские данные лучше согласуются со спиралью типа 29_{16}, чем с 9_5. Период идентичности 29_{16}-спирали равен 56,00 Å. Температура плавления кристаллического полиоксиметилена составляет 192—195 °C [1881].

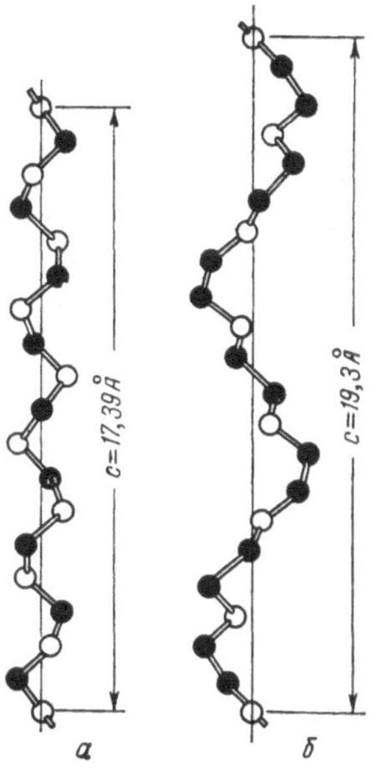

Рис. 6.24. Спиральная структура тригональной модификации полиоксиметилена (*а*) и полиоксиэтилена (*б*) [1692].

На рис. 6.25 представлена структура орторомбического полиоксиметилена [225]. Элементарная ячейка содержит четыре мономерных звена, принадлежащих двум макромолекулам. Орторомбическая модификация менее стабильна, чем тригональная. Переход орторомбической модификации в тригональную происходит при нагревании полимера до 75—80 °C [1881].

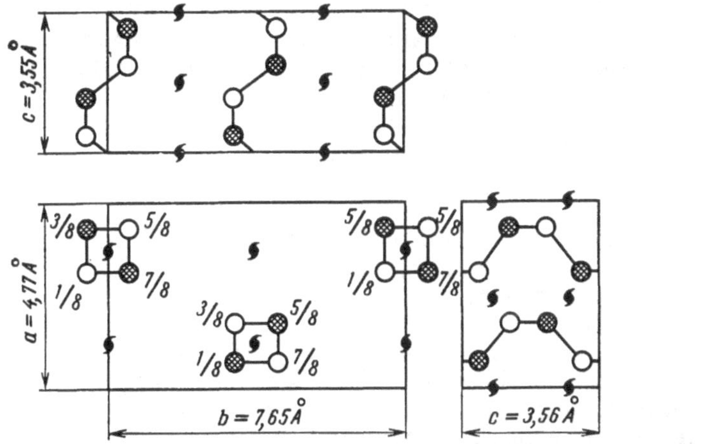

Рис. 6.25. Структура кристаллической орторомбической модификации полиоксиметилена (проекции на плоскости *ab*, *bc* и *ac*) [1881].

6.7.1.1. ИК-спектр тригональной модификации

Опубликовано много работ по ИК-спектроскопии тригонального полиоксиметилена [1168, 1169, 1280, 1339, 1488, 1677, 1691]. На рис. 6.26 даны спектры тригональной и орторомбической модификаций полиоксиметилена.

Данные ИК-спектроскопии дополнены результатами КР-анализа [1091, 1686, 1905]. В табл. 6.27 приведены характеристики ИК- и КР-спектров полиоксиметилена, при этом сопоставлены измеренные и рассчитанные значения волновых чисел [1905].

Изучена область спектра тригонального полиоксиметилена от 4000 до 100 см$^{-1}$ [1686]. Спектр регистрировали в поляризованном

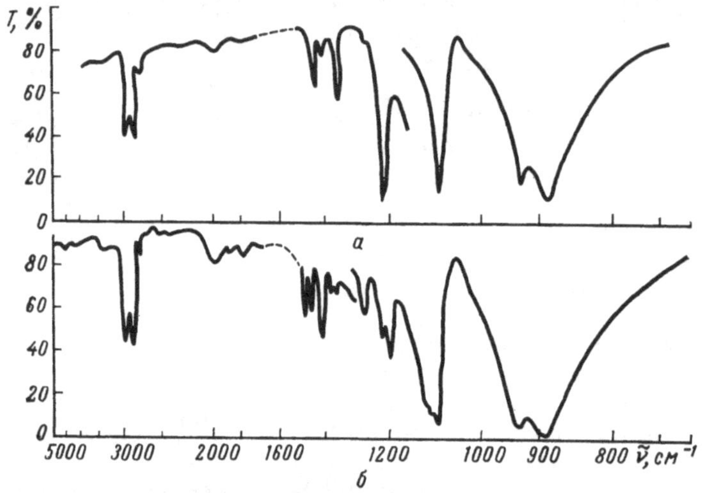

Рис. 6.26. ИК-спектры тригональной (*а*) и орторомбической (*б*) кристаллических модификаций полиоксиметилена [1881].

свете. При интерпретации полос использовали правила отбора, основанные на фактор-группе *D* (10π/9) [1091]. Из этих правил следует, что колебания типа A_2 и E_1 цепи тригонального полиоксиметилена ИК-активны, а колебания типа A_1, E_1 и E_2 — КР-активны (табл. 6.28). Дважды вырожденные E_1-колебания поляризованы перпендикулярно, а A_2-колебания — параллельно оси спирали. В ИК-спектре полиоксиметилена тригональной модификации наблюдаются пять полос поглощения типа A_2, поляризованные параллельно оси спирали; остальные десять полос, имеющие σ-поляризацию, относят к типу E_1 (см. табл. 6.27).

Проведен модельный расчет колебательных частот молекулы тригонального полиоксиметилена [684] и расчет скелетных колебаний типа A_1, A_2 и E_1 [1169]. При этом каждая CH_2-группа заменялась точечной массой. В работе [1686] при этих расчетах учитывали размеры CH_2-группы. Для определения потенциала автор этой работы использовал силовое поле Юри—Брэдли. Проведен расчет дисперсионных кривых и функции плотности распределения колебательных частот изолированной полимерной цепи полиоксиметилена [1344, 1905] (см. табл. 6.27). При этом применили модель валентных сил и использовали силовые константы низкомо-

Таблица 6.27. Полосы в ИК- и КР-спектрах тригонального полиоксиметилена [1344, 1905]

Волновое число, см⁻¹			Тип симметрии	Колебание
наблюдаемое		рассчитанное		
в ИК-спектре	в КР-спектре			
2979 с. σ	2997 с.*	2979	E_1	$\nu_s(CH_2)$
2978 с.*π		2971	A_2	$\nu_a(CH_2)$
		2972	E_2	$\nu_s(CH_2)$
		2929	E_2	$\nu_s(CH_2)$
	2955 сл.*	2910	A_1	$\nu_s(CH_2)$
2919 с. σ	2925 ср.*	2919	E_1	$\nu_s(CH_2)$
1492 ср.		1491	A_1	$\delta(CH_2)$
		1490	E_2	$\delta(CH_2)$
1471 ср. σ		1486	E_1	$\delta(CH_2)$
		1419	E_2	$\gamma_w(CH_2)$
1434 сл. σ	1439	1418	E_1	$\gamma_w(CH_2)$
1381 ср. π	1388	1419	A_2	$\gamma_w(CH_2)$
	1338	1324	A_1	$\gamma_t(CH_2)$
		1321	E_2	$\gamma_t(CH_2)$
1286 о. сл. σ	1295	1303	E_1	$\gamma_t(CH_2)$
1235 о. с. σ		1224	E_1	$\gamma_r(CH_2)$, $\delta(COC)$, $\nu_s(COC)$
		1137	E_2	$\gamma_r(CH_2)$, $\nu_a(COC)$
1097 о. о. с. π	1095 }**	1110	A_2	$\gamma_r(CH_2)$, $\nu_a(COC)$
1091 о. о. с. σ	1106 }	1077	E_1	$\nu_a(COC)$, $\delta(OCO)$
	946	956	E_2	$\nu_a(COC)$, $\gamma_r(CH_2)$, $\delta(OCO)$
932 о. о. с. σ	936	916	E_1	$\nu_s(COC)$
		931	E_2	$\nu_a(COC)$
	923 с.	962	A_1	$\nu_s(COC)$, $\delta(OCO)$
903 о. о. π		928	A_2	$\nu_a(COC)$, $\gamma_r(CH_2)$
630 с. σ	635	649	E_1	$\delta(OCO)$
	539 сл.	499	A_1	$\delta(OCO)$, $\delta(COC)$
		525	E_2	$\delta(OCO)$, $\delta(COC)$
455 ср. σ		466	E_1	$\delta(COC)$, $\gamma_r(CH_2)$
235 π	235	223	A_2	Крутильные
	190	191	E_2	$\delta(COC)$, $\delta(OCO)$
	180	175	E_2	} Крутильные
		57	E_2	} Крутильные
		26	E_1	} Крутильные

* Экспериментальные данные по [1091].
** Интерпретация сомнительна.

Таблица 6.28. Правила отбора и число колебаний тригонального полиоксиметилена для фактор-группы $D(10\pi/9)$ [1091]

Тип симметрии	Число колебаний	Спектральная активность	
		ИК	КР
A_1	5	—	+
A_2	7—2 (T_π, R_π)	+ (π)	—
E_1	12—1 (T_σ)	+ (σ)	+
E_2	12	—	+
E_3	12	—	—
E_4	12	—	—

лекулярных простых эфиров. Значения частот, полученные в [1344] и [1686], различаются приблизительно на 1%.

Изучен спектр тригонального полиоксиметилена при 150—170 °C [1684]. Полоса при 1235 см$^{-1}$, очень сильная в спектре, полученном при комнатной температуре, здесь почти полностью исчезает. Согласно [1684] эта полоса вызвана колебанием, связанным со спиральной конформацией макромолекулы кристаллического полимера. Полоса при 1235 см$^{-1}$, естественно, отсутствует в спектре расплава. Полосы при 1434 и 1381 см$^{-1}$ в условиях высоких температур переходят в широкую полосу при 1390 см$^{-1}$ и в слабую полосу (плечо) при 1420 см$^{-1}$. Эти спектральные изменения также указывают на разрушение регулярной спирали в расплаве полиоксиметилена тригональной модификации.

6.7.1.2. ИК-спектр орторомбической модификации

После того как был описан метод получения орторомбического полиоксиметилена [113, 114], появилась первая работа [1881], посвященная колебательному спектру этой модификации. Линейная группа изолированной цепи полиоксиметилена орторомбической модификации изоморфна точечной группе D_2. Двадцать колебательных частот распределены по четырем типам симметрии следующим образом: $5A$, $5B_1$, $5B_1$, $5B_2$ и $5B_3$. Колебания типа A являются ИК-активными. Дипольные моменты колебаний типа B_2 и B_3 направлены перпендикулярно оси спирали. Было показано [1881], что ИК-спектр полиоксиметилена орторомбической модификации нельзя интерпретировать на основании правил отбора, вытекающих из линейной группы, поскольку некоторые полосы расщепляются вследствие взаимодействий между обеими молекулярными цепями, содержащимися в элементарной ячейке. Расщепление наблюдали в области CH_2-валентных колебаний. Были найдены также дублеты 1488 и 1466, 1237 и 1220, 434 и 428 см$^{-1}$ (рис. 6.27).

Анализ колебаний, основанный на теории групп, следует проводить с использованием пространственной группы орторомбической структуры, которые также изоморфны точечной группе D_2. Из данных анализа на основе пространственной группы следует, что все колебания линейной группы расщепляются на два, если межмолекулярные взаимодействия достаточно велики. Компонента типа B_1 ИК-неактивна, так что в спектре наблюдается только расщепление полос, относящихся к типам симметрии B_2 и B_3. Рассчитали колебательные частоты для модели изолированной цепи [1905]; межмолекулярные взаимодействия и соответственно колебания, относящиеся к трехмерной структуре, не учитывали.

Характеристика ИК- и КР-спектров орторомбического полиоксиметилена приведена в табл. 6.29 (с. 290). В таблице указаны также рассчитанные по упрощенной трехмерной модели [835] и измеренные [1903] волновые числа ИК-активных колебаний решетки.

Колебания решетки орторомбического полиоксиметилена состоят из шести трансляций макромолекул, происходящих параллельно трем кристаллографическим осям, и двух вращений вокруг оси цепи. Из них ИК-активны две трансляции, происходящие в противофазах (B_2, B_3), и одно вращение в фазе (B_1). Полосы при 130 и 89 см$^{-1}$ были отнесены [1903] к трансляциям, а полосы при 89 см$^{-1}$ — к вращению. Такая интерпретация хорошо согласуется с расчетными данными [835]. Авторы работы [1903] также установили, что полосы при 130, 89 и 83 см$^{-1}$ при температуре

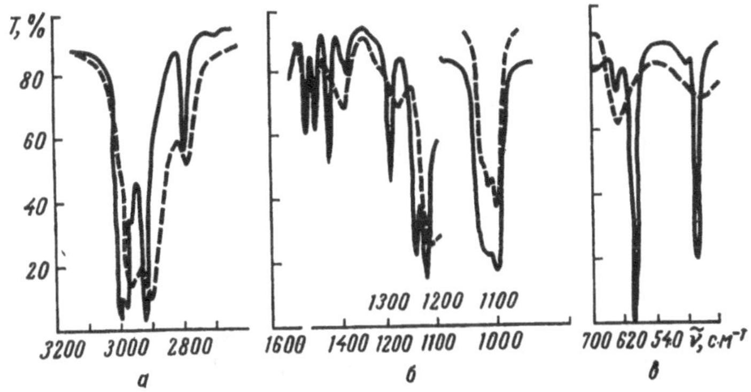

Рис. 6.27. Расщепление полос в спектре орторомбической модификации полиоксиметилена [1881]:

а — полосы в области 3200—2850 см$^{-1}$, *б* — 1600—1000 см$^{-1}$, *в* — 700—380 см$^{-1}$; — — — — — аморфный образец, ——— кристаллический образец.

120К сдвигаются к 143, 97 и 92 см$^{-1}$ и их интенсивности возрастают. Рассчитаны дисперсионные кривые и функции плотности распределения частот для модели изолированной цепи [1344], полученные результаты сопоставлены с данными анализа, основанного на неупругом рассеянии нейтронов [1758].

ИК-спектроскопии полиоксиметилена посвящены также работы [20, 839, 1042, 1043, 1414, 1713, 1678, 1681].

6.7.2. ПОЛИОКСИЭТИЛЕН

$$[-(CH_2)_2-O-]_n$$

При рентгенографическом исследовании структуры полиоксиэтилена [74, 1459, 1811] нашли, что девять мономерных звеньев располагаются в элементарном звене макроцепи меандрически [1459]. Позже было установлено, что макромолекула может иметь спиральную конформацию. Предлагалось наличие различных типов спиралей: 9/5 [684], 9/3 [333] и 7/5 [1169, 1170]. Сопоставление данных ИК- и КР-спектроскопии, рентгенографии, а также привлечение результатов расчетов, проведенных на различных моделях, показали, что лучше всего согласуется с эксперименталь-

Таблица 6.29. Полосы в ИК- и КР-спектрах орторомбического полиоксиметилена [1881, 1903, 1905]

Волновое число, см$^{-1}$			Тип симметрии	Колебание
измеренное		рассчитанное		
в ИК-спектре	в КР-спектре			
3000 с. 2980 с. 2965 ср.		2971	B_1, B_3	$\nu_a(CH_2)$
		2920	A	$\nu_s(CH_2)$
2920 с.		2919	B_2	$\nu_s(CH_2)$
	1491	1494	A	$\delta(CH_2)$
1488 ср. 1466 ср.	1469	1485	B_2	$\delta(CH_2)$
1430 ср.		1420	B_1	$\gamma_w(CH_2)$
1392 ср. 1381 сл.	1388	1408	B_3	$\gamma_w(CH_2)$
	1328	1319	A	$\gamma_t(CH_2)$
1290 ср.		1305	B_2	$\gamma_t(CH_2)$
1287 ср.				
1237 ср. 1220 с.		1218	B_3	$\gamma_r(CH_2) + \delta(COC) + \gamma_s(COC)$
1120 пл. 1110 с.	1114	1096	B_2	$\nu_a(COC) + \delta(OCO)$
1092 о. с.	1096		B_1	$\gamma_r(CH_2) + \nu_a(COC)$
937 о. с.	936	909	B_3	$\nu_s(COC)$
	907	958	A	$\nu_s(COC)$
895 о. с.	895	932	B_1	$\nu_a(COC) + \gamma_r(CH_2) + \gamma_w(CH_2)$
	624(598)	579	A	$\delta(OCO) + \delta(COC)$
594 с.	598(624)	599	B_2	$\delta(OCO) + \delta(CH_2)$
434 ср. 428 ср.	410	444	B_3	$\delta(COC) + \nu_r(CH_2)$
304 ср.	300	253	B_1	Крутильное
130 ср.		135*	B_2	
89 о. сл.		86*	B_3	
83 сл.		74*	B_1	

* Данные по [835].

ными данными модель 7/2-спирали [244, 1091, 1098, 1173, 1368, 1401, 1687].

Кристаллический полиоксиэтилен имеет моноклинную решетку с параметрами: $a=8{,}16$, $b=12{,}99$, $c=13{,}30$ Å (ось параллельна направлению цепи). Элементарная ячейка содержит четыре полимерные цепи. Температура плавления полимера 66 °С. На рис. 6.28 изображены ИК- и КР-спектры полиоксиэтилена [1091], в табл. 6.30 приведены их характеристики [1091, 1687].

При исследовании дихроизма полос ИК-спектра кристаллического полиоксиэтилена [332] установили, что проявление CH_2-маятниковых колебаний при 844, 947 и 958 см$^{-1}$ означает, что группа $—OCH_2CH_2O—$ имеет *гош*-конформацию. Был также обнаружен дихроизм компонент дублета 947/958 и 1342/1358 см$^{-1}$.

Таблица 6.30. Полосы в ИК- и КР-спектрах полиоксиэтилена [1091, 1687]

Волновое число, см⁻¹			Тип симметрии	Колебание
измеренное		рассчитанное		
в ИК-спектре	в КР-спектре			
2950 сл.	2940 сл.			
2885 с.	2882 с.			
2862 пл.				
2825 сл.	2832 ср.			
2805 сл.				
	1483 с.	1473	A_1	$\delta(CH_2)_i^*$
1466 ср. σ	1474 пл.	1474	E_1	$\delta(CH_2)_0^*$
1457 ср. π		1471	A_2	$\delta(CH_2)_0$
1448 пл. σ	1447 сл.	1470	E_1	$\delta(CH_2)_i$
1411 сл. σ		1396	E_1	$\gamma_w(CH_2)_0$
	1398 сл.	1381	A_1	$\gamma_w(CH_2)_i$, $\nu(CC)$
1358 ср. σ		1354	E_1	$\gamma_w(CH_2)_i$, $\nu(CC)$
1342 с. π		1386	A_2	$\gamma_w(CH_2)_0$
1278 ср. σ	1283 с.	1282	E_1	$\gamma_t(CH_2)_0$, $\gamma_t(CH_2)$
1240 ср. π		1280	A_2	$\gamma_t(CH_2)_0$
1234 сл. σ	1237 ср.	1250	E_1	$\gamma_t(CH_2)_i$, $\gamma_t(CH_2)_0$
		1243	A_1	$\gamma_t(CH_2)_i$
1147 с. σ	1147 с.	1161	A_2	$\nu(CO)_0$
	1130 ср.	1138	A_1	$\nu(CC)$, $\gamma_w(CH_2)_i$
1116 с. σ		1110	E_1	$\nu(CC)$, $\nu(CO)_i$
1103 о. с. π		1061	A_2	$\nu(CO)_0$
	1066 ср.	1093	A_1	$\nu(CO)_i$, $\gamma_r(CH_2)_i$
1060 ср. σ		1033	E_1	$\gamma_r(CH_2)_i$, $\nu(CO)_i$, $\nu(CO)_0$
958 с. π		884	A_2	$\gamma_r(CH_2)_0$
947 ср. σ	930 о. сл.	924	[illegible]	$\gamma_r(CH_2)_i$, $\nu(CO)_i$
	859 ср.	876	A_1	$\gamma_r(CH_2)_i$, $\nu(CO)_i$
844 с. σ	844 с.	856	E_1	$\gamma_r(CH_2)_0$
	578 о. сл.			
532 сл. σ	531 сл.	501	E_1	$\delta(OCC)_0$
530 сл. π		544	A_2	$\delta(OCC)_0$
508 сл.				
	359 сл.	366	E_1	$\delta(COC)$, $\delta(OCC)_i$
	274 сл.	270	A_1	$\delta(OCC)_i$, $\delta(COC)$
		212	A_1	$\delta(COC)$, $\tau^{**}(CO)_i$
215 сл. σ		211	E_1	$\delta(OCC)_i$, $\delta(OCC)_0$, $\delta(COC)$
165 сл. σ		162	E_1	$\tau(CC)$, $\tau(CO)_0$
106 ср. π		108	A_2	$\tau(CO)_0$
		92	E_1	$\tau(CO)_i$

* Индексы i и 0 обозначают колебания атомов в группе $CH_2—CH_2—O$ соответственно в фазе и противофазе. **τ — крутильные колебания скелета цепи.

Расщепление полос объяснили внутримолекулярным взаимодействием мономерных звеньев спирали.

В работах [954, 955, 1097, 1162, 1835] рассмотрены спектры образцов полиоксиэтилена разной степени полимеризации и спектры его дейтерированных аналогов. Особенно детально иследовали область CH_2-маятниковых колебаний. Было найдено [1097], что в спектре кристаллических олигомеров полиоксиэтилена различной степени полимеризации появляются прогрессии полос в областях

970—930 $см^{-1}$; 870—830 $см^{-1}$ и 570—520 $см^{-1}$, спектры же расплавленных олигомеров различаются незначительно. Следовательно, смещение полос связано с упорядоченным состоянием. В работе [1162] обсуждаются спектры этиленгликоля и его производных. Полосы, лежащие в областях 950—850 $см^{-1}$ и 850—800 $см^{-1}$, были отнесены к CH_2-маятниковым колебаниям соответственно *гош-* и *транс*-конформаций OCH_2CH_2O-группы. Из подобной интерпретации следует, что эта группа в полиоксиэтилене находится как в *гош-*, так и в *транс*-конформации.

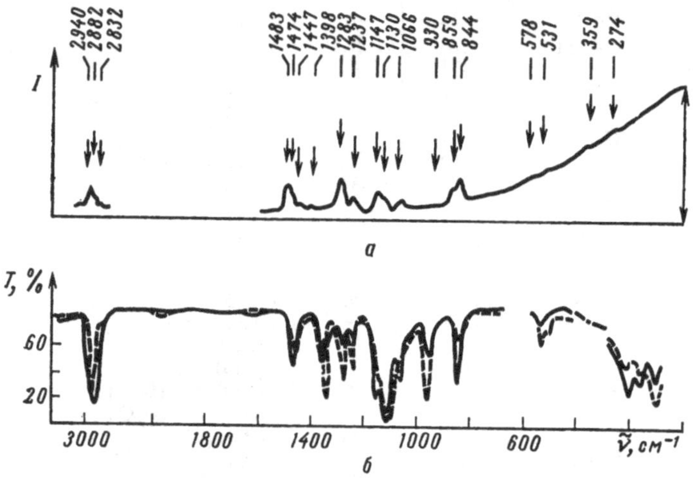

Рис. 6.28. КР-спектр (*а*) и ИК-спектр (*б*) полиоксиэтилена [1091]. *I* — относительная интенсивность.

Исследованы спектры высокоориентированных кристаллических пленок полиоксиэтилена в области от 3000 до 50 $см^{-1}$ [1173]. Была принята модель 7/2-спирали с внутренним углом вращения группы ОССО 60° (*гош*-положение) и групп ССОС СОСС 191,5° (*транс*-положение). Такую модель обозначают как модель *TGT*, поскольку СОСС-, ОССО- и СООС-группы находятся в *транс-*, *гош-*, *транс*-конформации. Для расчета колебательных частот модели *TGT* использовали силовое поле Юри—Бредли и силовые постоянные молекул полиэтилена, диметилового эфира и пропилового спирта [1173]. Проведен расчет дисперсных кривых и плотности распределения колебательных частот цепи полиоксиэтилена [1095, 1098]. С помощью метода наименьших квадратов подбирали силовые постоянные, которые соответствуют наблюдаемым частотам ИК- и КР-спектра. Так были получены силовые постоянные, которые воспроизводят наблюдаемые частоты с отклонением 0,9%. Позднее рассчитали плотности распределения частот для моделей *TGT*, *TGG*, *GGG*, *TTT*, *TTG*, *GTG* и полученные данные сравнили со спектром расплавленного полимера [1099]. Полосы ИК-спектра расплавленного полимера соответствуют плотности распределения частот для конформации *TGT* с OCH_2CH_2O-группами в *гош*-конформации.

Для выяснения вопроса, к какой группе симметрии относятся колебания цепи полиоксиэтилена, был проведен анализ колебаний, основанный на теории групп [1091, 1687, 1869]. По данным рентгенографии нельзя было однозначно решить, относится ли бесконечно вытянутая спираль к циклической фактор-группе $C(4\pi/7)$ или к диэдрической фактор-группе $D(4\pi/7)$. Фактор-группа $D(4\pi/7)$ предпочтительней тогда, когда макромолекула имеет две оси второго порядка, перпендикулярные оси спирали. Эти оси проходят через атомы кислорода и через центры связи С—С. Табл. 6.31 характеризует правила отбора для обеих фактор-групп. Если выбрана циклическая группа $C(4\pi/7)$, то число параллельно поляризованных ИК-активных колебаний равно 19, а для диэдрической

Таблица 6.31. Правила отбора и число нормальных колебаний полиоксиэтилена циклической фактор-группы $C(4\pi/7)$ и фактор-группы $D(4\pi/7)$ [1091]

Фактор-группа	Тип симметрии	Число колебаний N	Спектральная активность	
			ИК	КР
$C(4\pi/7)$	A	$21-2\ (T_\pi,\ R_\pi)$	$+ (\pi)$	$+$
	E_1	$21-1\ (T_\sigma)$	$+ (\sigma)$	$+$
	E_2	21	—	$+$
	E_3	21	—	—
$D(4\pi/7)$	A_1	10	—	$+$
	A_2	$11-2\ (T_\pi,\ R_\pi)$	$+ (\pi)$	—
	E_1	$21-1\ (T_\sigma)$	$+ (\sigma)$	$+$
	E_2	21	—	$+$
	E_3	21	—	—

группы это число равно 9. Экспериментальные данные согласуются лишь с данными для диэдрической группы. В КР-спектре полиоксиэтилена не найдено полос, которые относятся к ИК-активным параллельно поляризованным колебаниям типа *A*. При использовании циклической группы $C(4\pi/7)$ эти колебания должны были бы проявляться при тех же значениях волновых чисел, что и ИК-активные полосы, обладающие π-дихроизмом. В работе [1687] провели расчет колебательных частот на двух моделях 7/2-спирали, которые описываются фактор-групповой симметрией $D(4\pi/7)$, но имеют разные внутренние углы вращения. В первой модели внутренние углы вращения составляют для групп ССОС и СОСС 188,25°, а для группы ОССО 65°; во второй модели эти углы равны 111° для групп ССОС и СОСС и 202,4 ° для ОССО. Разница между экспериментальными и расчетными значениями частот оказывается наименьшей для первой модели.

Исследованы спектры полиоксиэтилена в области температур 97—342 К [26]. В спектре, полученном при 97 К, были обнаружены новые полосы вблизи 1460, 1350, 950 и 850 $см^{-1}$. Интенсивность этих полос снижается с ростом температуры; она зависит также от молекулярной массы полимера и термической обработки образца. На основе экспериментальных данных был сделан вывод, что указанные полосы можно отнести к колебаниям, которые принадлежат изомерам, находящимся в складках цепи.

Работы [731, 1688, 1689, 1868] посвящены ИК-спектроскопии комплексов полиоксиэтилена с другими соединениями. Например, получен спектр системы полиоксиэтилен — хлорид ртути в области от 4000 до 80 см$^{-1}$ и рассчитаны частоты скелетных колебаний [731]. Исследованы также комплексы полиоксиэтилена с карбамидом [1688, 1689]. При этом не было замечено каких-либо явных изменений в их ИК-спектрах по сравнению со спектром полиоксиэтилена. Кроме того, изучено изменение полос поглощения карбамида при 3220 и 1697 см$^{-1}$, а также смещение полос, лежащих в спектре полиоксиэтилена при 958, 947 и 1103 см$^{-1}$. Был сделан вывод о том, что молекула полиоксиэтилена в комплексах имеет конформацию 7/2-спирали.

6.7.3. ДРУГИЕ ПРОСТЫЕ ПОЛИЭФИРЫ

$$[-(CH_2)_m-O-]_n$$

Методом ИК-спектроскопии исследовали [1053, 1692] полиоксициклобутан, или полиокситриметилен $[-(CH_2)_3-O-]_n$, который согласно рентгенографическим данным [205, 1692, 1695] может существовать в трех кристаллических модификациях. ИК-спектры трех модификаций были сняты в области от 4000 до 80 см$^{-1}$ в поляризованном свете. Был также проведен анализ колебаний, основанный на теории групп. В работе [1053] приведен расчет частот колебаний этих модификаций при помощи силового поля Юри—Брэдли, при этом было показано, что спектры отдельных модификаций сильно различаются.

В работах [717, 1091] исследовали ИК- и КР-спектры политетрагидрофурана (полиокситетраметилена $[-(CH_2)_4-O-]_n$). Согласно данным [205, 236], молекулы этого кристаллического полимера имеют зигзагообразную конформацию. Через элементарную ячейку проходят две молекулярные цепи (рис. 6.29). Политетрагидрофуран вводят в полиуретановые эластомеры и синтетический каучук.

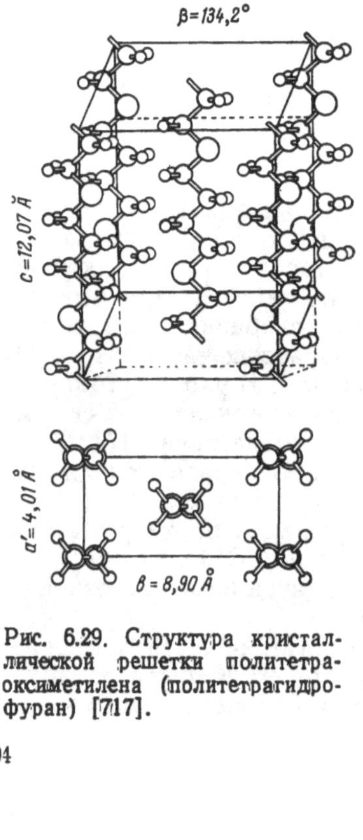

Рис. 6.29. Структура кристаллической решетки политетраоксиметилена (политетрагидрофуран) [717].

В табл. 6.32 приведены характеристики полос ИК- и КР-спектров политетрагидрофурана. В работе [717] определили плеохроизм полос ИК-спектра, провели анализ колебаний и рассчитали частоты колебаний политетрагидрофурана и его дейтерированных производных

$$[\text{—}CH_2CD_2CH_2CH_2O\text{—}]_n$$
$$\text{и}\ [\text{—}CD_2CD_2CD_2CD_2O\text{—}]_n$$

Изолированная полимерная цепь относится к фактор-группе, изоморфной точечной группе C_{2h}. Она имеет центр симметрии, поэтому проявление полос в ИК- и КР-спектрах происходит по принципу взаимного исключения. Из данных табл. 6.32 видно, что полосы ИК- и КР-спектров не совпадают. Полоса при 744 см$^{-1}$ относится к маятниковому колебанию CH_2-группы. При зигзагообразной конформации цепи маятниковые колебания не взаимодействуют с валентными колебаниями углеродной скелетной цепи и ножничными колебаниями, поскольку они относятся к разным типам симметрии. В полимерах сложных эфиров, имеющих спиральную конформацию, например в полиоксиметилене и полиоксиэтилене, имеет место взаимодействие колебаний различных CH_2-групп, что находит отражение в появлении нескольких полос CH_2-маятниковых колебаний*.

При исследовании кристаллической структуры и ИК-спектров простых полиэфиров с m=6—10 и 12 [859] было показано, что все молекулы таких длинноцепочечных полиэфиров имеют конформацию плоской зигзагообразной цепи. Они кристаллизуются с образованием моноклинной (m=6, 8, 10) или орторомбической модификаций (m=6, 8, 10, 12). Структура полиоксигептаметилена (m=7) очень сходна со структурой орторомбического полиэтилена. Получены ИК-спектры вальцованных пленок по-

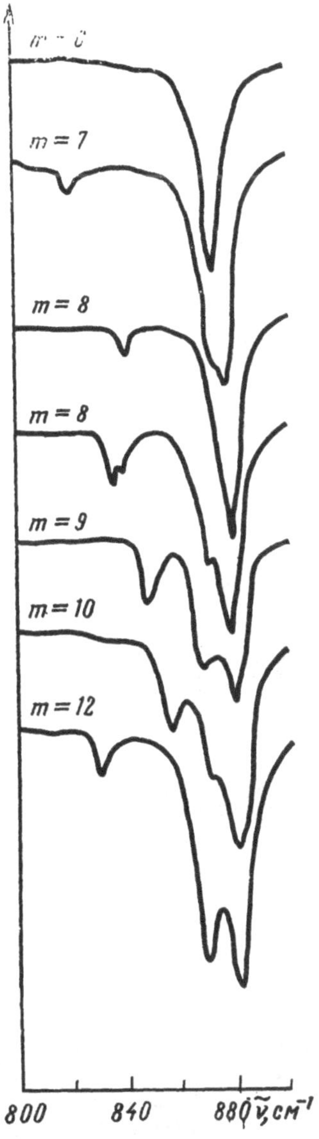

Рис. 6.30. ИК-спектры высших простых полиэфиров [859].

Полосы при m-8 относятся к полимерам с моноклинной (верхняя полоса) и орторомбической решетками (нижняя полоса).

* Для макромолекул, имеющих спиральную форму, деформационные колебания CH_2-групп всегда сильно смешаны с колебаниями скелетной цепи. — (*Прим. ред.*)

Таблица 6.32. Полосы в ИК- и КР-спектрах политетрагидрофурана [717, 1091]

Волновое число, см⁻¹		Тип симметрии	Колебание*
в ИК-спектре	в КР-спектре		
	2955 о. сл.		
2946 с. σ		B_{1u}	$\nu_a(CH_2)$
	2930 сл.		$\nu_a(CH_2)$
2920 пл.			
	2870 ср.		$\nu_s(CH_2)_2$
2863 сл. σ		B_{2u}	$\nu_s(CH_2)_2$
	2810 сл.		
2804 ср. σ		B_{2u}	$\nu_s(CH_2)_1$
1495 ср. σ, ||**		B_{2u}	$\delta(CH_2)_1$
	1492 ср.		$\delta(CH_2)$
1476 сл. π		B_{3u}	$\delta(CH_2)_1$
1460 сл. σ, ||		B_{2u}	$\delta(CH_2)_2$
	1455 ср.		$\delta(CH_2)$
1444 пл. π		B_{3u}	$\delta(CH_2)_2$
1370 с. π		B_{3u}	$\gamma_w(CH_2)_1$
	1295 ср.		$\gamma_w(CH_2)$
1250 ср. σ, ||		B_{2u}	$\gamma_w(CH_2)_2$
1230 сл. π		B_{3u}	$\gamma_w(CH_2)_2$
1207 с. σ, ⊥**		B_{1u}	$\gamma_t(CH_2)_1$
	1149 ср.		$\nu(CCC)$
1106 о. о. с. π		B_{3u}	$\nu_a(COC)$
1009 ср. π		B_{3u}	$\nu(CCC)$
995 с. σ, ||		B_{2u}	$\nu_s(COC)$
744 сл. σ, ⊥		B_{1u}	$\gamma_r(CH_2)$
565 ср. π		B_{3u}	$\delta(CCC)$

* || и ⊥ —поляризация соответственно параллельно и перпендикулярно плоскости молекулы.
** Индексы 1 и 2 относятся к метиленовым группам фрагмента (—O—CH_2—CH_2).
(1) (2)

лиэфиров в области от 4000 до 80 см$^{-1}$. В спектрах указанных полиэфиров имеются сильные полосы при 1380, 1120 и 725 см$^{-1}$. Они были отнесены к CH_2-крутильным, антисимметричным СОС-валентным и CH_2-маятниковым колебаниям. В спектре полиэфиров, находящихся в орторомбической модификации, полоса CH_2-маятникового колебания расщепляется, как и в спектре полиэтилена. Этого не наблюдается в спектрах полиэфиров с моноклинной кристаллической решеткой (рис. 6.30). Через элементарную орторомбическую ячейку полиэфира проходят две макроцепи. Межмолекулярное взаимодействие вызывает появление дублета полос в области CH_2-маятниковых колебаний. Величина расщепления составляет 7 см$^{-1}$ для полиоксиоктаметилена и 11 см$^{-1}$ для полиоксидодекаметилена. Расщепление полос вызвано в основном взаимодействием атомов водорода, принадлежащих соседним цепям, поэтому расщепление тем больше, чем длиннее метиленовые сегменты.

6.7.4. ЗАМЕЩЕННЫЕ ПРОСТЫЕ ПОЛИЭФИРЫ

Рентгенографически исследована структура полиоксипропилена $[-\underset{\displaystyle CH_3}{\underset{|}{CH}}-CH_2-O-]_n$ [1235, 1600]. Была установлена синусоидальная зигзагообразная конформация макромолекулы, при которой CH_2-группы располагаются между атомами кислорода и CH_2-группами соседней цепи. Элементарная ячейка орторомбической системы содержит две полимерные цепи: $a=10{,}4$, $b=4{,}64$, $c=6{,}92$ Å. Точка плавления кристалла 75 °С. Полиоксипропилен повышает эластичность эпоксидных смол, применяется так же, как диспергатор.

ИК-спектр полиоксипропилена описан в работах [629, 797, 1366], причем в [797] рассмотрели спектры аморфных и кристаллических полимеров и указали на различия в интенсивностях полос (рис. 6.31). При переходе от аморфных образцов к кристаллическим интенсивность полос при 1481, 1307 и 1250 $см^{-1}$ возрастает,

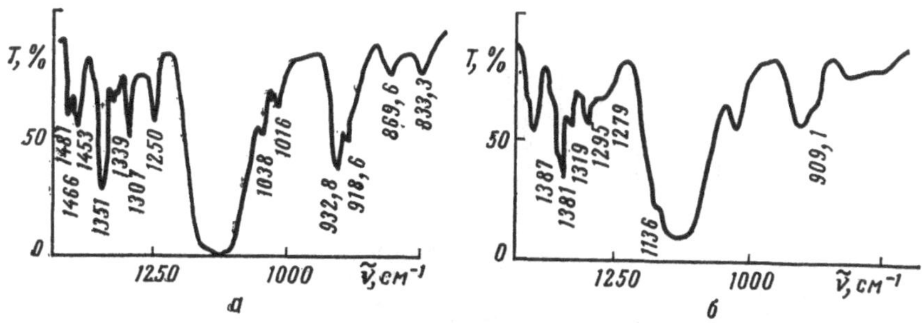

Рис. 6.31. ИК-спектры полиоксипропилена [797]:
а — аморфный образец; *б* — кристаллический образец.

а интенсивность полос при 1466, 1351 и 1279 $см^{-1}$ снижается. Наблюдаемые полосы поглощения принадлежат различным поворотным изомерам. В частности, полосы при 1481 и 1250 $см^{-1}$ и при 1466 и 1279 $см^{-1}$ были отнесены к CH_2-ножничным и крутильным колебаниям соответственно *транс*- и *гош*-конформаций. Только в спектре кристаллического полимера были обнаружены две полосы при 932 и 312 $см^{-1}$, которые отнесены к CH_3-маятниковым колебаниям атомов в *транс*-конформации. На основании интерпретации полос, представленных в табл. 6.33 [797], был сделан вывод, что в аморфном полиоксипропилене атомы могут находиться как *гош*-, так и *транс*-конформации, в то время как в кристаллическом полимере может существовать только *транс*-конформация. На основании теории групп проведен анализ колебаний изолированной цепи полиоксипропилена [949, 1780]. Фактор-группа, ответственная за расчет собственных колебаний, изоморфна точечной группе C_2. Авторы рассчитали 29 σ- и π-поляризованных ИК-активных колебаний. В работе [949] провели расчет колебательных частот изолированной цепной молекулы полиоксипропилена и соотнесли частоты наблюдаемых полос с рассчитанными. Было предложено использовать полосы при 1268 и 873 $см^{-1}$ для расчета степени кристалличности и определения микротактичности полимера. Получены спектры образцов полиоксипропилена, растворенных в CCl_4 и CS_2.

Структура поли-3,3-бис(хлорметилен)оксациклобутана (пентон) $[—CH_2—C(CH_2Cl)_2CH_2O—]_n$ определена рентгенографически [613, 623, 1451]. Полимер может существовать в виде двух кристаллических модификаций с плоской зигзагообразной конформацией макроцепи. α-Форма образуется при медленном охлаждении расплава, ее точка плавления равна 180 °С. Моноклинная β-форма образуется при отжиге (110 °С) закаленных образцов.

Таблица 6.33. Полосы в ИК-спектре полиоксипропилена [797]

Волновое число, $см^{-1}$	Поляризация	Колебание
2970	?	$\nu_a(CH_3)$
2900	σ	$\nu_a(CH_2)$
2875	σ	$\nu_s(CH_3)$, $\nu_s(CH_2)$
1481	?	$\delta(CH_2)$ (*транс*)
1466		$\delta(CH_2)$ (*гош*)
1453	σ	$\delta_a(CH_3)$
1387	σ	$\delta_s(CH_3)$ (*транс*)
1381	π	$\delta_s(CH_3)$ (*гош*)
1351		$\delta(CH)$ (*гош*)
1339	σ	$\delta(CH)$ (*транс*)
1307	π	$\gamma_w(CH_2)$ (*транс*)
1279		$\gamma_t(CH_2)$ (*гош*)
1250	π	$\gamma_t(CH_2)$ (*транс*)
1136	π	$\nu_a(COC)$ (*транс*)
1111	σ	$\nu(CC)$
1038	σ	$\nu_s(COC)$ (*транс*)
1016		$\gamma(COC)$ (*гош*)
933	σ	$\gamma_r(CH_3)$ (*транс*)
919	σ	$\gamma_r(CH_3)$ (*транс*)
909		$\gamma_r(CH_3)$ (*гош*)
870	π	$\delta(COC)$
833	σ	$\gamma_r(CH_2)$ (*транс*)

Изучены ИК-спектры аморфного и кристаллического пентона в области частот от 3000 до 500 $см^{-1}$ [614]. Авторы измеряли поляризацию полос при 1390 $см^{-1}$ (CH_2-веерное колебание), 1320, 1272 $см^{-1}$ (CH_2-крутильные колебания), 897, 866, 790 $см^{-1}$ (CH_2-маятниковые колебания) и 701 $см^{-1}$ (CCl-валентное колебание). Оптическая плотность полосы CO-валентного колебания при 1027 $см^{-1}$ уменьшается с увеличением кристалличности образца. Кроме того, изучена зависимость оптической плотности структурно чувствительных полос от температуры [614]. Оказалось, что оптическая плотность полосы упорядоченности при 897 $см^{-1}$ падает до 0 при повышении температуры до 180 °С. Сравнение ИК-спектров α- и β-форм полимера [713] показало, что они различаются незначительно. Полосы при 1325 и 1315 $см^{-1}$ могут быть отнесены как к α-, так и к β-форме. Оптическая плотность полосы при 1325 $см^{-1}$ очень сильно возрастает в спектре образца, подвергнутого отжигу при 160 °С.

Об использовании метода ИК-спектроскопии для исследования различных полиальдегидов сообщается в [1281—1284]. В работах [797] исследовали полимонооксибутадиен и полиоксистирол.

6.8. СЛОЖНЫЕ ПОЛИЭФИРЫ (Р. ДАНЦ)

6.8.1. ПОЛИЭТИЛЕНТЕРЕФТАЛАТ

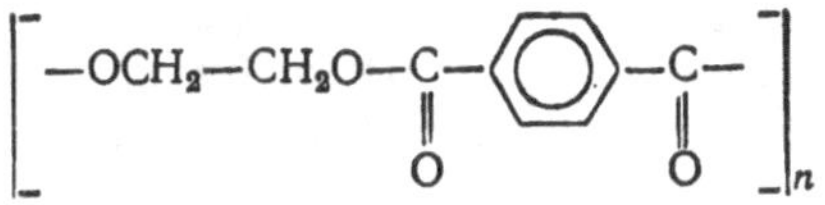

Полиэтилентерефталат (ПЭТФ) применяют в основном для получения волокон и пленок. Мономерное звено ПЭТФ включает одну алифатическую и одну ароматическую группы. Как показал

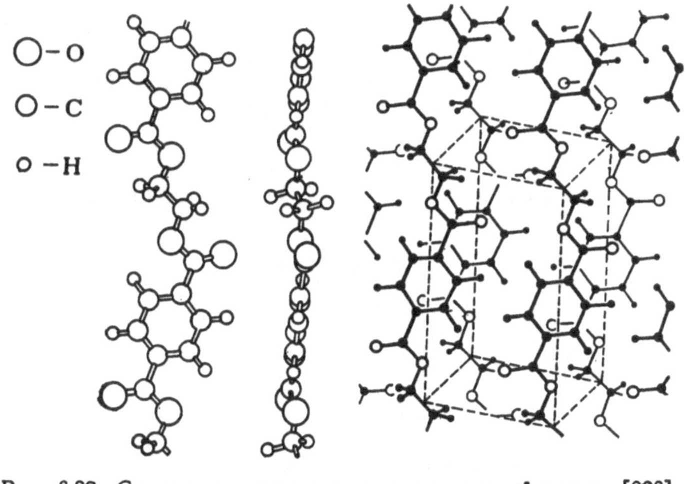

Рис. 6.32. Структура кристалла полиэтилентерефталата [328].

рентгенографический анализ [328], элементарная ячейка кристаллического ПЭТФ является триклинной, $a=4{,}56$, $b=5{,}94$, $c=10{,}75$ Å, $\alpha=98{,}5°$, $\beta=118°$ и $\gamma=112°$. Кристаллическая ячейка содержит лишь одно мономерное звено (рис. 6.32).

Согласно структуре, предложенной в [328], плоскость ССО-группы повернута приблизительно на 12° относительно плоскости бензольного кольца, а CH_2—CH_2-связь (вокруг O—CH_2-связи) — на 20° относительно плоской конфигурации. Молекула обладает низкой симметрией, элементами симметрии ячейки являются лишь центр симметрии и операция идентичности.

Группа OCH_2CH_2O может принимать различные конформации. В кристаллическом ПЭТФ существует вытянутая *транс*-конформация, в аморфном — в основном *гош*-конформация. Отжиг аморфных образцов при 100—240 °С способствует переходу от *гош*- к *транс*-конформации, которая является энергетически более выгодной [1348]. При структурном переходе в спектре наблюдаются изменения интенсивностей полос, соответствующих этим конформациям.

6.8.1.1. ИК-спектр полиэтилентерефталата

На рис. 6.33 и 6.34 приведены спектры пленок аморфного и частично кристаллического ПЭТФ. В табл. 6.34 дана интерпретация спектральных полос [925, 1056], часть данных взята из работ, которые были выполнены ранее [317, 560, 984, 1060, 1137, 1155, 1156, 1740, 1812].

В работе [984] проведена подробная идентификация колебаний ПЭТФ. Анализ колебаний молекулы этого полимера, основанный на теории групп, затруднен из-за низкой симметрии макромолекулы. Из правил отбора, справедливых для точечной группы C_i, изоморфной фактор-группе ПЭТФ, следует лишь, что половина собственных колебаний ПЭТФ ИК-активна, а вторая половина — КР-активна. В этой же работе рассмотрена локальная симметрия алифатического и ароматического фрагментов мономерного звена. Таким образом, взаимодействия колебаний отдельных фрагментов не были учтены. С точки зрения локальной симметрии ароматическую часть можно рассматривать как бензол с заместителями в пара-положении:

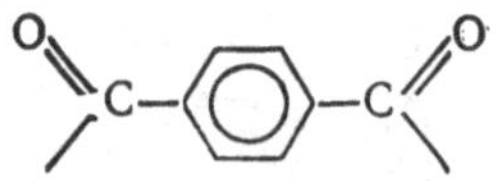

в этом случае C=O-группа рассматривается как точечная масса. Такая модель имеет точечную группу симметрии V_h. Классификация колебаний этой группы возможна в той мере, в какой они независимы от колебаний алифатической части.

Для идентификации полос можно воспользоваться спектром пара-замещенного дейтеробензола. *Транс*-изомеры группы OCH_2CH_2O можно рассматривать с точки зрения анализа, основанного на теории групп, как 1,2-дизамещенный этан с симметрией C_{2v}. В [984] анализируются спектры полиэтилен-d_4-терефталата и полиэтилентерефталата-d_4 для выяснения вопроса, какие полосы в спектре ПЭТФ связаны с колебаниями ароматического, а какие — алифатического фрагмента мономерного звена.

Существуют некоторые различия между типами колебаний, приведенными в табл. 6.34, и структурой ПЭТФ, полученной из рентгеновских данных. Если исходить из этой структуры, то полоса маятникового колебания CH_2-группы при 845 $см^{-1}$ не должна

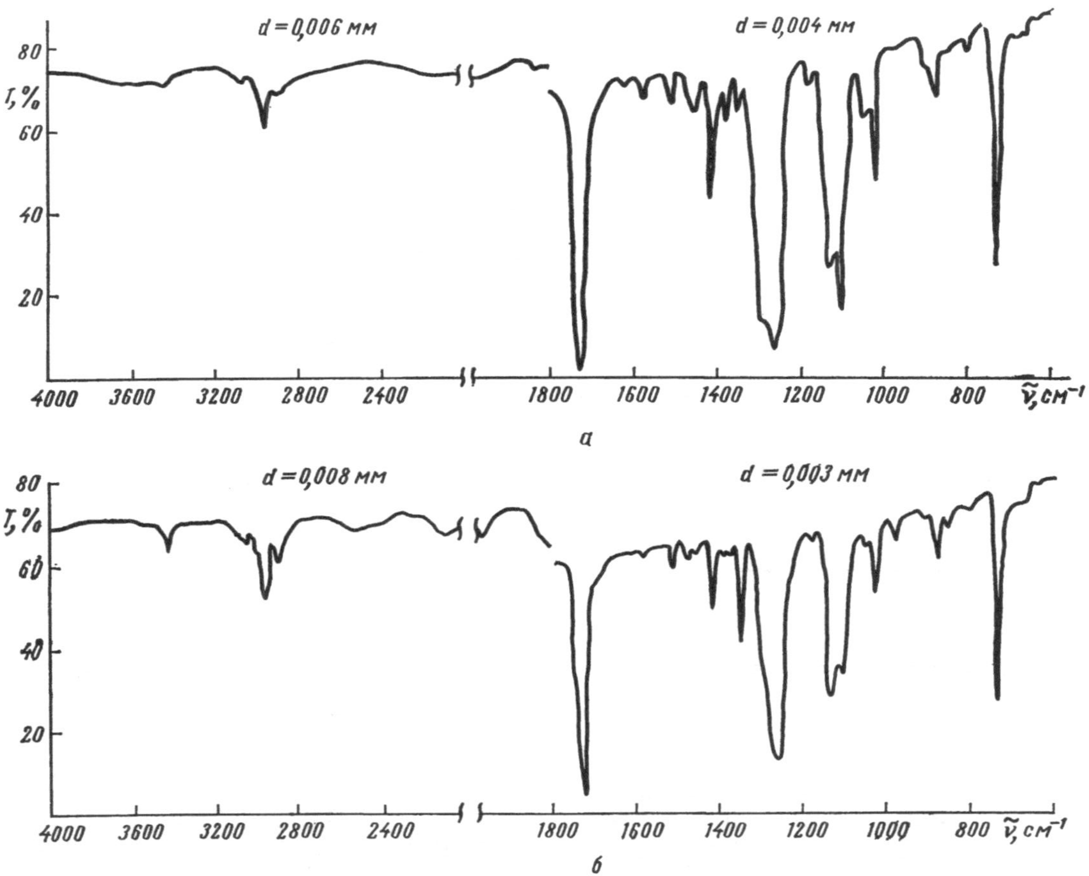

Рис. 6.33. ИК-спектры полиэтилентерефталата: *а* — аморфный образец; *б* — частично кристаллический образец.

Таблица 6.34. Полосы в ИК-спектре полиэтилентерефталата от 3600 до 400 $см^{-1}$ [925] и от 400 до 36 $см^{-1}$ [1056]

Волновое число, $см^{-1}$	Поляризация	Структура	Колебание
3560 сл.	π		ν(OH) (концевые группы)
3440 сл.	σ, ‖*		2×ν(C=O)
3130 о. сл.			
3100 сл.	σ, ‖		
3082 сл.	σ		$\nu_{20B}(B_{3u})$**
3068 сл.	σ		
3055 сл.	π, ‖		$\nu'_{20A}(B_{2u})$**
3012 сл.	π	кр.	
2970 ср.	π, ⊥*		$\nu_a(CH_2)$ (*гош*)
2908 ср. сл.	π, ⊥	кр.	$\nu_a(CH_2)$ (*транс*)
2890 о. сл.	π		$\nu_s(CH_2)$ (*гош*)
2852 о. сл.	σ	кр.	$\nu_s(CH_2)$ (*транс*)
2815 о. сл.	π		
2770 о. сл.	π		
2690 о. сл.	π		
2625 о. сл.	π		
2560 сл.	σ		
2510 о. сл.	σ	ам.?	
2410 сл.	π		
2375 } 2325 } о. сл.	π	кр.?	
2290 } 2260 } о. сл.	σ	кр.	
2200 о. сл.	σ		
2130 сл.	π		
2070 о. сл.	π	ам.?	
1957 сл.	σ	кр.	$\nu_{17A}(A_u) + \nu_5(B_{3g})$
1830 сл.	π		$\nu_{16A}(B_{2g}) + \nu_{17A}(A_u)$
1725 о. с.	σ, ‖		ν(C=O)
1617 сл.	σ	ам.	$\nu_{8B}(B_1)$
1580 ср. сл.	π	ам.	$\nu_{8A}(A_1)$
1563 о. сл.			ν(O—C)(1120) + δ(CCO)
1525 о. сл.			ν(O—C)(1100) + δ(CCO)
1504 ср.	π		$\nu_{19A}(B_{3u})$
1473 ср.	σ, ‖	кр.***	$\delta(CH_2)$ (*транс*)
1455 ср.	π, ⊥		$\delta(CH_2)$ (*гош*)
1435 о. сл.	π?		
1410 сл.	π		{ $\nu'_{18}(B_{3u})$; $\nu_5(B_{3g}) + \nu_{16B}(B_{1u})$ }
1387 сл.		кр.***	$\nu_{19}(B_{3u})$
1370 сл.	σ	ам.	$\gamma_w(CH_2)$ (*гош*)
1343 ср. с.	π	кр.	$\gamma_w(CH_2)$ (*транс*)
1280 сл.			$\nu_{14}(B_{3u})$
1263 о. с.	π		ν(C—O)
1245 сл.			
1172 сл.	σ?	ам.	$\nu_{9A}(A_1)$
1120 с.	π	кр.	ν(O—C)
1110 о. сл.		кр.***	
1110 с.	π, ‖	ам.	$\nu'_{15}(B_{3u})$, ν(O—C)

Волновое число, см−1	Поляризация	Структура	Колебание
1042 сл.	σ?	ам.	ν(CC)?
1023 о. о. сл.	‖	кр.***	
1019 с.	π, ‖		$\nu_{18A}(B_{2u})$
988 о. сл.		кр.***	
973 ср.	π, ‖	кр.	ν_{12} (B_{2u})? / ν(O—C)?
897 о. сл.	*π?	ам.	$\gamma_r(CH_2)$ (*гош*)
875 ср.	σ, ⊥	кр.	$\nu_{17B}(B_{1u})$
845 сл.	π	кр.	$\gamma_r(CH_2)$ (*транс*)
793 сл.	π	ам.?	γ_r(C=O) + δ(CCO)
733, 727 с.	σ, ⊥		$\nu_{11}(B_{1u})$
680 о. сл.	σ?	ам.	$\nu_4(B_2)$
633 сл.	π	кр.	ν'_{18B} + δ(C—O—C)
613 о. сл.	σ	ам.	$\nu_{8B}(B_1)$?
575 о. сл.	π		$\nu_{10B}(B_{3g}) + \nu_{16B}(B_{1u})$
525 ср.	π	ам.	$\nu_{6A}(A_1)$
502 ср.	π	ам.	γ_w(C=O)
437 ср.	π	кр.	δ(CCO)
430 сл.	σ		$\nu_{16B}(B_{1u})$
387 с.	π	кр.	δ(C—O—C)(B_u)
344 ср.	π	ам.	δ(C—O—C)(B)
300 ср.		ам.	
289 сл.			
250 о. сл.	π?		$\nu_{18B}(B_{3u})$
239 о. сл.	σ	ам.	
213 о. сл.		ам.	
193 ср.	σ	ам.	δ (вне плоскости кольца)(B_{3u})?
176 ср.	π	кр.	Колебание решетки
155 сл.		ам.	δ(C—O—C)(A)
138 о. сл.	π	кр.	$\nu_{10}(B_{3g})$
118 сл.	π		
110 сл.	σ	ам.	
95 ср.	π	ам.	Скелетное колебание
78 ср.		кр.	Колебание решетки
68 о. о. сл.	π?	кр.	Колебание решетки
55 сл.	π	ам.	Торсионное колебание скелета
44 сл.			То же
36 о. сл.		ам.	Торсионное колебание ($-CH_2-CH_2-$)

* ‖ и ⊥ — поляризация параллельно и перпендикулярно плоскости вальцовки [1683].

** Индексы *A* и *B*, указанные без скобок, относятся к симметричным колебаниям всей цепи (точечная группа симметрии C_i); индексы *A* и *B*, указанные в скобках, относятся к симметричным и антисимметричным колебаниям всей цепи (точечная группа симметрии C_i); индексы *A* и *B*, указанные в скобках, относятся к локальной симметрии бензольного ядра (точечная группа симметрии V_h).—(*Прим. ред.*)

*** Полоса имеется лишь в спектрах частично кристаллических образцов [1155].

была бы обладать π-дихроизмом. Этой структуре также противоречит наличие π-дихроизма валентного колебания CH_2-группы [984]. Для выяснения этих различий исследовали спектр полиэтилен-d_4-терефталата [1159]. Оказалось, что в спектре отожженного образца дейтерированного ПЭТФ есть полосы при 2275 и 2175 см$^{-1}$, поляризованные (обе) перпендикулярно к оси цепи. Эти полосы были отнесены к CD_2-валентным колебаниям *транс*-конформации [1159]. Было установлено также, что σ-поляризованные $\nu(CH_2)$-полосы *транс*-конформации в спектре обычного ПЭТФ перекрываются π-поляризованными $\nu(CH_2)$-полосами *гош*-конформации. Полосы при 875 и 727 см$^{-1}$, отнесенные [984] к колебаниям $\nu_{17B}(B_{1u})$ и $\nu_{11}(B_{1u})$ бензольного кольца, обусловлены взаимодействием колебания δ(O—C=O), перпендикулярного плоскости кольца, с колебанием $\nu_{17B}(B_{1u})$ [1156, 1160]. К такому выводу пришли на основании исследований эталонных соединений.

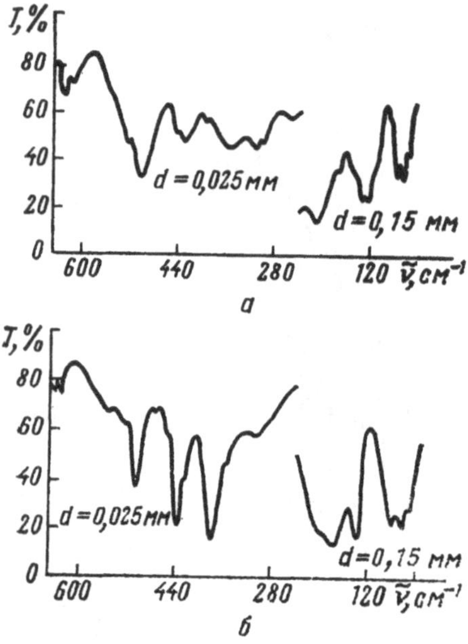

Рис. 6.34. Дальняя ИК-область спектра полиэтилентерефталата [1056]:
а — аморфный образец; *б* — частично кристаллический образец.

Анализ колебаний, проведенный в работе [984], не охватывает скелетных колебаний мономерных звеньев. Колебательные частоты и форма колебаний всего мономерного звена были рассчитаны [320, 322] на упрощенной плоскостной модели (рис. 6.35). При этом использовали значения расстояний между атомами и валентные углы, вычисленные по атомным координатам [328]. Для расчета потенциала полимерной цепи использовали поле валентных сил, причем для ароматической части использовали потенциальное поле молекулы бензола [1833], для алифатической части учитывали лишь взаимодействие ближайших соседних групп. Силовые постоянные подбирали, исходя из соответствия расчетных данных и спектра, или же использовали силовые постоянные этиленгликоля [1096], бензола [1833] и диметилового эфира [1173]. Каждая CH_2-группа рассматривалась как точечная масса. К полосам спектра ПЭТФ были отнесены 18 рассчитанных ИК-активных плоскостных колебаний модели. Группа OCH_2CH_2O в модели имела *транс*-конформацию, так как модель основана на кристаллической структуре, предложенной в [328]. На рис. 6.36 представлены рассчитанные частоты колебаний и относящиеся к ним типы

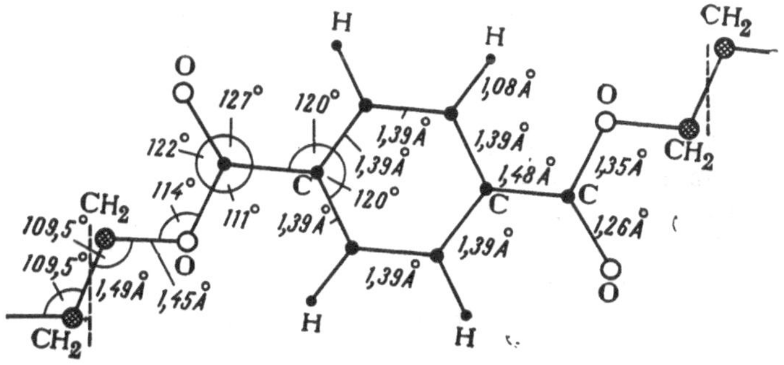

Рис. 6.35. Плоскостная модель мономерного звена полиэтилентерефталата [320, 322].

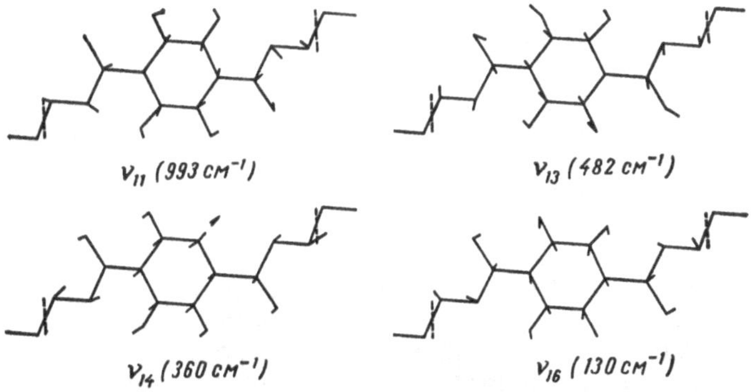

Рис. 6.36. Рассчитанные колебания цепи полиэтилентерефталата [322].

колебаний. Интерпретация рассчитанных частот и наблюдаемых в спектре полос дана в табл. 6.35.

Таблица 6.35. Полосы основных колебаний в ИК-спектре полиэтилентерефталата [322]

Волновое число, $см^{-1}$		Поляризация	Колебание
измеренное	рассчитанное		
973	993	π	ν_{11}
437	482	π	ν_{13}
387	366	π	ν_{14}
138	130		ν_{16}

6.8.1.2. Структурная чувствительность ИК-спектра полиэтилентерефталата

В спектре ПЭТФ имеется ряд полос, интенсивность которых возрастает при отжиге аморфных образцов (например, полосы при 1343 и 973 $см^{-1}$). В то же время отжиг вызывает ослабление других полос (например, полосы при 1370 и 1042 $см^{-1}$). Такие полосы, как 988, 1023 и 1387 $см^{-1}$, имеются лишь в спектре отожженного, частично кристаллического образца. Различия в спектрах аморфного и частично кристаллического ПЭТФ в основном связаны с изменениями конформации группы OCH_2CH_2O в звене мономера [560, 1155, 1812, 1814]. Авторы этих работ проанализировали спектры эталонных веществ и пришли к выводу, что *транс*-конформации соответствуют полосы при 1473, 1343, 1120, 973 и 845 $см^{-1}$, а *гош*-конформации — полосы при 1455, 1370, 1100, 1042 и 897 $см^{-1}$ (в качестве эталонных веществ брали линейные олигомеры и циклические тримеры). Полосы при 1473 и 1455 $см^{-1}$ отнесены к колебаниям $\delta(CH_2)$, а полосы при 1343 и 1370 $см^{-1}$ — к колебаниям $\gamma_w(CH_2)$ соответственно *транс*- и *гош*-конформаций. Возможность конформационных переходов приводит к тому, что полосы спектра ПЭТФ связаны друг с другом попарно, т. е. одна полоса увеличивает свою интенсивность за счет другой. Это относится, например, к парам полос при 1343 и 1370 $см^{-1}$, 973 и 1042 $см^{-1}$, а также 845 и 897 $см^{-1}$.

Для обоснования такой интерпретации полос были рассчитаны частоты и типы колебаний *гош*- и *транс*-конформаций изолированной группы OCH_2CH_2O [153]. Для колебаний CH_2-группы наблюдается хорошее соответствие между теоретическими и экспериментальными данными. Для валентных же колебаний группы С—О теоретические и экспериментальные значения частот существенно отличаются друг от друга. Причина такого несоответствия, согласно [153], в том, что при расчетах колебаний изолированной группы OCH_2CH_2O не учитывали взаимодействие ее с ароматическим фрагментом мономерного звена. Если колебания CH_2-группы не перекрываются с колебаниями ароматической группы, то валентные колебания С—О-группы взаимодействуют с колебаниями бензольного кольца.

При сравнении спектров ориентированного ПЭТФ и полицикло-1,4-диметилентерефталата (ПЦТФ) в дальней ИК-области показано [1056, 1057], что полосы упорядоченности при 68, 78, 176 и 458 $см^{-1}$, наблюдаемые в спектре ПЭТФ, имеются также и в спектре ПЦТФ. Был сделан вывод, что эти полосы связаны с поглощением фрагмента OCC_6H_4CO и, следовательно, изменения в спектре ПЭТФ при переходе от аморфного полимера к кристаллическому связаны не только с изменениями конформации группы OCH_2CH_2O, но и с изменениями структуры этого фрагмента. Предполагается [925, 984] также, что причиной структурной чувствительности ИК-спектра ПЭТФ является резонансная структура бензольного кольца. При исследовании ИК-спектра ПЭТФ в дальней области нашли [1056], что число полос аморфности больше, чем число полос упорядоченности. Появление полос аморфности вызвано, по мнению авторов, двумя причинами: конформационным переходом и исчезновением центра симметрии у молекул ПЭТФ, находящихся в аморфной области.

Результаты расчета частот колебаний и анализа их геометрических форм, полученные на упрощенной модели молекулы ПЭТФ [322], подтвердили мнение, что изменение конформации группы OCH_2CH_2O обуславливает структурную чувствительность полос ИК-спектра. Расчетное колебание ν_{11} (993 $см^{-1}$), без сомнения, можно отнести к структурно чувствительной полосе при 973 $см^{-1}$. Форма колебания указывает на участие в нем валентного С—О-колебания группы OCH_2CH_2O. Расчетные колебания ν_{13} (482 $см^{-1}$), ν_{14}(360 $см^{-1}$) и ν_{16} (130 $см^{-1}$) были отнесены к структурно чувствительным полосам при 437, 387 и 138 $см^{-1}$. Из анализа формы колебаний следует, что это скелетные колебания с относительно большой амплитудой, в которых принимают участие атомы группы OCH_2CH_2O. Тем самым были подтверждены выводы [1155], что изменения в спектрах аморфного и частично кристаллического ПЭТФ определяются в основном изменением конформации группы OCH_2CH_2O.

6.8.1.3. Исследование упорядоченного состояния полиэтилентерефталата

Конформационные полосы спектра ПЭТФ нельзя однозначно связать с аморфной и кристаллической областями полимера, поскольку группа OCH_2CH_2O в аморфном ПЭТФ имеет как *гош*-, так и *транс*-конформацию. Несмотря на это для расчета степени упорядоченности x многие авторы используют методы, основанные на зависимости интенсивности полос от конформации. В работе [1134] степень упорядоченности полимера рассчитывали, используя полосу при 897 $см^{-1}$, чувствительную к содержанию *гош*-конформации. При этом коэффициенты экстинции определяли, предполагая, что для закаленного образца $x=0$. Этот же метод использовали при исследовании отоженных и растянутых пленок и волокон [419]. Внутренним стандартом при определении толщины слоя служила полоса при 875 $см^{-1}$; правда, интенсивность этой полосы возрастает при отжиге образца [1874]. В табл. 6.36 приведены значения степени упорядоченности, полученные тремя разными методами: ИК-спектроскопией, рентгенографией и по данным плотности. В работе [1288] для расчета степени упорядоченности использовали полосу упорядоченности при 1343 $см^{-1}$ и полосу аморфности при 502 $см^{-1}$. Коэффициенты экстинкции и удельные объемы кристаллического и аморфного полимеров V_0 и V_u были определены на основании спектроскопических данных и значений плотности; при этом использовали метод экстраполяции (рис. 6.37). Однако про-

Таблица 6.36. Степень упорядоченности *x* отожженных и растянутых пленок или волокон полиэтилентерефталата [419]

t, °C (для пленки) или степень вытяжки (для волокна)	Плотность, г/см³	Степень упорядоченности *x*, %		
		по плотности	по ИК-спектру	по рентгенограмме
Пленка				
117	1,359	20	61	29
146	1,378	36	55	35
186	1,385	41	59	37
213	1,395	50	73	46
227	1,391	48	73	48
Волокно				
3 0	1,354	42	58	27
3,5	1,354	42	63	27
4,0	1,355	42	77	25
4,5	1,354	39	75	24
5,0	1,348	39	84	28

веденные расчеты не корректны, поскольку в спектре аморфного ПЭТФ полоса при 1343 см$^{-1}$ исчезает не полностью.

ИК-спектроскопическим методом изучены растянутые пленки ПЭТФ [625, 1477, 1478]. Спектры регистрировали в поляризованном свете и определяли оптическую плотность полос, чувствительных к степени ориентации. Было показано, что для растянутых пленок интенсивность полос *транс*-конформации при 973 и 845 см$^{-1}$ больше, чем интенсивность полосы сравнения при 795 см$^{-1}$. Полосы же поглощения *гош*-конформации (1042 и 897 см$^{-1}$) становятся слабее. Из этого следует, что конформационный переход от *гош*- к *транс*-конформации происходит не только при отжиге, но и при растягивании пленки ПЭТФ. На рис. 6.38 графически изображено изменение оптической плотности полосы при 973 см$^{-1}$ в спектрах растянутых и отожженных пленок при

Таблица 6.37. Дихроичные отношения $R_{x,y}=D_x/D_y$ и $R_{z,y}=D_z/D_y$ полосы при 875 см$^{-1}$ и доля *транс*-конформации в одноосно растянутых пленках полиэтилентерефталата [625]

Степень вытяжки	$R_{x,y}$	$R_{z,y}$	Содержание *транс*-конформации, %		
			общее	в кристаллической фазе	в аморфной фазе
—	1,00	1,00	13	0	13
2,0	1,41	1,05	21	7	14
3,0	1,74	1,22	34	14	20
3,5	1,97	1,39	41	17	24
4,0	2,21	1,70	56	25	31
4,5	2,47	1,77	65	27	38
5,0	2,68	1,86	78	30	48

изменении толщины. При равных толщинах в растянутой пленке больше *транс*-изомеров, чем в отожженной. Если рассматривать плотность пленки как характеристику степени кристалличности образца, то можно сделать вывод о том, что в аморфных областях увеличивается доля *транс*-конформации (табл. 6.37).

В работах [1500, 1501] рассчитали долю поворотных изомеров в пленках ПЭТФ, растянутых вручную. ПЭТФ можно рассматривать как двухфазную систему (*гош*- и *транс*-изомеры). Такой подход дает возможность рассчитать долю *гош*- и *транс*-конформаций

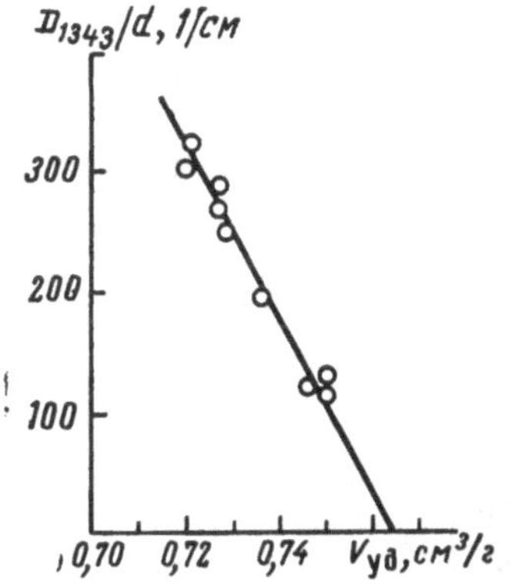

Рис. 6.37. Экстраполяция значений оптических плотностей, отнесенных к единице толщины слоя [1288].

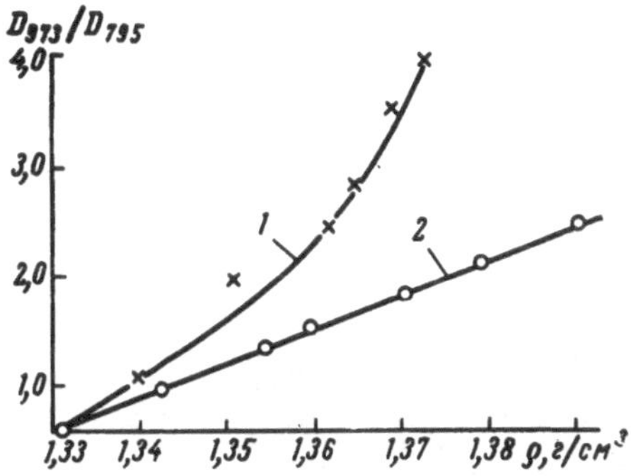

Рис. 6.38. Зависимость относительной оптической плотности полосы *транс*-конформации от плотности полиэтилентерефталата [1478]:

1 — для одноосно растянутой пленки; *2* — для отожженной нерастянутой пленки.

(см. разд. 5.1.2); в указанных работах для расчета использовали пары полос при 1343 и 1370 $см^{-1}$ и при 1370 и 973 $см^{-1}$. Расчеты показали, что доля *транс*-изомера в неотожженной растянутой пленке ПЭТФ составляет 12%. Отжиг образца при 200 °С приводит к увеличению содержания этого изомера до 61%. Наибольший рост доли *транс*-изомеров наблюдали в пленке ПЭТФ, отожженной в области температур от 100 до 130 °С.

В работе [321] проводили ступенчатый отжиг закаленных образцов ПЭТФ в области температур от 60 до 240 °С (интервал ступеней — от 4 до 12 °С) до установления равновесного состояния. Отожженную пробу охлаждали, так что упорядоченное состояние, возникшее в результате отжига, сохранялось, и регистрировали ИК-спектр этого образца при комнатной температуре. Интенсивность полосы упорядоченности при 1343 $см^{-1}$ изменялась с температурой, как это показано на рис. 6.39. При температуре ниже 100 °С не наблюдали какого-либо увеличения интенсивности полосы, в области же 100—130 °С интенсивность ее резко увеличилась. При дальнейшем повышении температуры интенсивность полосы продолжает возрастать и этот процесс еще более ускоряется при отжиге выше 180 °С. Далее при нагревании образца до 240 °С интенсивность полосы снижается, что можно объяснить частичным плавлением полимера. Такие же результаты были получены при изучении других полос упорядоченности (973, 875 и 845 $см^{-1}$). График зависимости оптическая плотность — температура напоминает кривые, характеризующие изменение степени кристалличности с температурой [813].

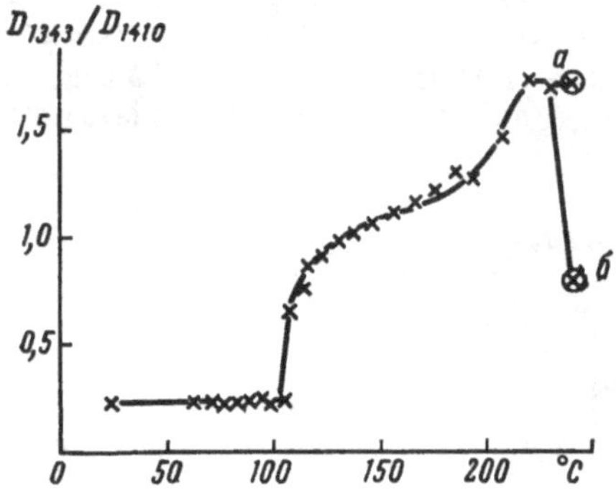

Рис. 6.39. Зависимость относительной оптической плотности от температуры отжига образца [321].

Точка *а* получена для образцов, подвергнутых медленному охлаждению, точка *б* соответствует закаленным образцам.

В табл. 6.38 указаны температуры, при которых проявляются полосы упорядоченности (1473, 1387, 1110, 1023 и 988 $см^{-1}$) [321], отсутствующие в спектре аморфного образца. Полосы при 1473 и 988 $см^{-1}$ имеют другое происхождение, чем полосы при 1387 $см^{-1}$, 1110 и 1023 $см^{-1}$, поскольку они проявляются при более низких температурах. При исследовании полосы при 988 $см^{-1}$ [868] было установлено, что ее интенсивность сильно снижается при растяжении пленки. Полоса ослабляется и при отжиге, проводимом выше 200 °С. Такой характер изменений полосы при 988 $см^{-1}$ был объяснен ее связью с процессом складывания цепей. В деструктированном полимере полоса при 988 $см^{-1}$ отсутствует. Полосы при 1110, 1023 и 1387 $см^{-1}$ появляются при таких температурах, когда наблюдается сильное увеличение интенсивности полос поглощения *транс*-изомеров, указывающее на возникновение длинных вытянутых отрезков цепи*. Поэтому указанные полосы можно рассматривать как полосы регу-

Таблица 6.38. Полосы упорядоченности в спектре полиэтилентерефталата [321]. Указанные полосы имеются в спектрах отожженного образца и отсутствуют в спектрах расплава и аморфного полимера

Волновое число, см−1	Интенсивность полосы	$t_{кр}$, °С
988	о. сл.	120
1023	о. сл.	180
1110	о. сл.	200
1387	сл.	180
1473	сл.	110

* Приведенная трактовка спектров фрагмента OCH_2CH_2O в *гош-* и *транс-*конформациях никак не связана с длиной блоков одинаковых конформеров, и поэтому объяснение, основанное на длине блока, в данном случае не корректно. — *(Прим. ред.)*

лярности. Сильное увеличение интенсивности полос при 278 и 875 $см^{-1}$ и появление полосы при 1100 $см^{-1}$ наблюдал Макгроу в КР-спектре ПЭТФ [1115].

Полосы при 1473, 1387 и 988 $см^{-1}$ были связаны с взаимодействием колебаний в молекуле [1155]. При этом нужно помнить о том, что в спектре ПЭТФ не может быть полос, обусловленных межмолекулярным взаимодействием, так как элементарная ячейка содержит лишь одно мономерное звено. Полоса при 1387 $см^{-1}$ была отнесена к колебанию $\nu_{19B}(B_{3u})$ бензольного кольца [925]. Однако подобная интерпретация не согласуется с фактом увеличения интенсивности полосы в спектре частично кристаллического образца. Высказано также мнение [320], что полоса при 1387 $см^{-1}$, как и полоса при 973 $см^{-1}$, вызвана сложным колебанием, в котором принимают участие как атомы фрагмента терефталевой кислоты, так и атомы группы OCH_2CH_2O.

6.8.1.4. Исследование дихроизма полос спектра полиэтилентерефталата

По спектрам, полученным для одноосно растянутых пленок ПЭТФ холодной вытяжки в поляризованном свете, определяли интенсивность полос, поляризованных параллельно и перпендикулярно оси вытяжки [1137]. Оказалось, что полоса валентного колебания группы C=O при 1725 $см^{-1}$ имеет σ-дихроизм. Это указывает на ориентацию полимерных цепей параллельно направлению вытяжки, так как дипольный момент этой группы направлен перпендикулярно оси цепи. В той же работе наблюдали сильное возрастание σ-поляризации при изменении угла наклона пленки к направлению светового потока, что достигается поворотом ее вокруг оси вытяжки. Был сделан вывод, что группы C=O лежат почти перпендикулярно к поверхности пленки. Дихроизм полос при 1580 и 1019 $см^{-1}$ также указывает на ориентацию молекулярных плоскостей перпендикулярно поверхности пленки.

В работе [981] пришли к другому результату, а именно в одноосно растянутых пленках ПЭТФ плоскости молекул ориентированы статистически относительно направления вытяжки. Образцы поворачивали вокруг оси вытяжки на разные углы относительно светового потока, поляризованного перпендикулярно к направлению вытяжки. При этом не наблюдали каких-либо изменений в интенсивностях полос при 875 и 727 $см^{-1}$, относящихся к внеплоскостным колебаниям.

Изучен плеохроизм полос в ИК-спектрах двуосно ориентированных пленок ПЭТФ, подвергнутых после вытяжки вальцеванию и отжигу при 190 °C [1683]. Образцы для исследования в ИК-микроскопе получали в виде срезов толщиной 10—30 мкм, сделанных на микротоме. Пленки срезали перпендикулярно направлению вытяжки и плоскости вальцевания. Плеохроизм определяли, используя метод наклона. Результаты приведены в табл. 6.34. Интенсивность полос при 875 и 727 см$^{-1}$ возрастает при уменьшении угла наклона образца относительно светового пучка. Авторы указанной работы пришли к выводу, что в пленках ПЭТФ, подвергнутых вначале вытяжке, а затем вальцеванию, плоскости молекул ориентированы приблизительно параллельно поверхности пленки. С этим выводом согласуются результаты работ [373, 981].

Вычислены дихроичные отношения $R_{x,y}=D_x/D_y$ и $R_{z,y}=D_z/D_y$ полосы при 875 см$^{-1}$, чувствительной к изменению ориентации молекул [625] (D_y и D_x — оптические плотности колебаний, происходящих в плоскости пленки параллельно и перпендикулярно направлению вытяжки, D_z — оптическая плотность света, поляризованного перпендикулярно поверхности пленки). Аморфные пленки ПЭТФ подвергали одноосному и двуосному растяжению. В табл. 6.37 представлены дихроичные отношения $R_{x,y}$ и $R_{z,y}$. Из данных таблицы видно, что с ростом степени вытяжки $R_{x,y}$ и $R_{z,y}$ увеличиваются. При этом увеличение $R_{x,y}$ указывает на то, что молекулы ПЭТФ располагаются параллельно направлению вытяжки. Одновременно в результате раскручивания полимерных цепей происходит конформационный переход от *гош*- к *транс*-структуре и растягивание сегментов цепи. Величина $R_{z,y}$ характеризует ориентацию молекулярных плоскостей параллельно поверхности пленки.

Изучали влияние скорости вытяжки одноосно и двуосно растянутых пленок на ИК-спектр, снятый в поляризованном свете [869, 875]. Аморфные пленки ПЭТФ вытягивали до 300% со скоростью 6,5, 15,0, 25,6 и 57,0 см/с. Двуосное ориентирование проводили или в одну или в две стадии. Для характеристики структуры пленки использовали полосы *транс*-(973 см$^{-1}$) и *гош*-(897 см$^{-1}$) конформаций. Были определены независящие от ориентации относительные оптические плотности этих полос и разности этих оптических плотностей. Рассчитано также дихроичное отношение $R_{x,y}$. Приведенные в табл. 6.39 параметры мало чувствительны к изменению скорости вытяжки. Дихроичное отношение $R_{y,x}$ (973 см$^{-1}$) для пленок, растянутых в одну стадию, значительно выше, чем у образцов, подвергнутых последовательной вытяжке, для которых $R_{y,x}$ (973 см$^{-1}$)$\ll 1$. Это указывает на то, что в результате поперечного растяжения пленки, т. е. перпендикулярно к направлению основной вытяжки, происходит ориентирование тех областей, которые связаны с поглощением при 973 см$^{-1}$. Все абсолютные значения дихроичного отношения $R_{y,x}$ полосы при 897 см$^{-1}$, связанной с поглощением в аморфных областях, лежат в пределах ошибки эксперимента, около 1. В аморфных областях пленок, растянутых в двух направлениях одновременно или последовательно, ориентирования макромолекул не происходит [869, 875].

Помимо указанных выше работ исследование ПЭТФ методом ИК-спектроскопии проведено в [69, 270, 330, 333, 418, 677, 804, 958, 959, 1126, 1320, 1354, 1377, 1520, 1524, 1696, 1733, 1775, 1815, 1829, 1920].

Таблица 6.39. Влияние способа вытяжки на интенсивность полос D' 897 и 973 $см^{-1}$ в спектре ПЭТФ [869]

Скорость вытяжки, см/с	897 $см^{-1}$			973 $см^{-1}$		
	D_y/D_x	D'*	$-\Delta D'$**	D_y/D_x	D'	$\Delta D'/D'$
	Одновременная вытяжка					
6,35	0,92	1,18	0,35	1,59	1,25	0,23
15,2	1,01	1,03	0,50	—	—	0,32
25,6	0,92	1,04	0,49	1,41	1,13	0,32
22,5	1,02	1,16	0,37	0,97	1 28	0,24
	0,97	1,10	0,43	1,32	1,22	0,28
	Последовательная вытяжка					
6,35	1,20	0,79	0,74	0,44	1,33	0,48
15,2	1,18	0,84	0,69	0,41	1,83	0,45
25,6	0,88	0,81	0,72	0,67	1,54	0,47
57,1	1,00	0,91	0,62	0,48	1,63	0,40
	1,07	0,89	—	0,45	0,15	1,58
	Недеформированный образец					
	0,98	1,53	—	1,02	0,37	—

* D' — оптическая плотность по отношению к полосе при 795 $см^{-1}$.
** $\Delta D'$ — разность оптических плотностей растянутого и нерастянутого образцов.

6.8.2. ДРУГИЕ ЛИНЕЙНЫЕ СЛОЖНЫЕ ПОЛИЭФИРЫ

Изучены спектры полиэтиленсукцината $[-CO(CH_2)_2COO(CH_2)_2O-]_n$, полиэтиленадипината $[-CO(CH_2)_4COO(CH_2)_2O-]_n$, полиэтиленсебацината $[-CO(CH_2)_8COO(CH_2)_2-]_n$, а также дикарбоновых кислот, входящих в состав этих соединений [282—284]. Спектры аморфных и частично кристаллических образцов отличаются друг от друга тем, что у первых отсутствуют некоторые полосы, например полосы при 890, 805 и 734 $см^{-1}$. Авторы указанных выше работ отнесли эти полосы к CH_2-маятниковым колебаниям блоков $(CH_2)_n$, находящихся в *транс*-конформации. Они также высказали мнение, что в аморфном полимере отсутствуют блоки $(CH_2)_n$, имеющие *транс*-конформацию*. Появление в спектре частично кристаллического полиэтиленадипината дублета полос при 735 и 748 $см^{-1}$ было объяснено взаимодействием маятниковых колебаний групп CH_2, относящихся к разным молекулам. Как показали исследования ИК-спектра дикарбоновых кислот, блоки $(CH_2)_n$ имеют плоскую *транс*-конформацию.

При изучении различных образцов поли-β-пропиолактона $[-O-CH_2CH_2CO-]_n$ было установлено [1305], что спектр плен-

* Это заключение весьма сомнительно. В аморфном полимере трудно ожидать длинных блоков $(CH_2)_n$ в *транс*-форме, короткие же блоки должны присутствовать. — *(Прим. ред.)*

ки, полученной из раствора полимера в хлороформе, отличается от спектра пленки, отожженной при 130 °С. Эти различия объясняются изменениями структуры полимера.*

В работах [723—725] описаны спектры полиэтиленоксибензоата $[—C_6H_4CO—OCH_2CH_2—O—]_n$ и его олигомеров. Оказалось, что молекулярная структура полиэтиленоксибензоата очень похожа на структуру полиэтилентерефталата. Сильная полоса при 1710 $см^{-1}$ в спектре полиэтиленоксибензоата была отнесена к валентному колебанию группы C=O, а полосы при 932 и 885 $см^{-1}$ к CH_2-маятниковым колебаниям. Однако в отличие от ПЭТФ спектры аморфных и частично кристаллических образцов не имеют каких-либо заметных различий, т. е. конформация группы OCH_2CH_2O не претерпевает изменений в результате отжига образца. И в аморфных, и в кристаллических областях полимера группа OCH_2CH_2O находится в *транс*-форме.

Методом ИК-спектроскопии исследовали линейные сложные полиэфиры типа $[—(CH_2)_z—CO—O—]_n$, где $z=1, 2, 4$ и 5 (табл. 6.40)

Таблица 6.40. Параметры структуры сложных полиэфиров типа $[—(CH_2)_z—CO—O—]_n$ [1693]

Полимер	$T_{пл.}$, °C	Кристаллическая решетка и число полимерных цепей N в элементарной ячейке
Полигликолит $[—CH_2—CO—O]_n$	220	Орторомбическая, $N=2$
Поли-β-пропиолактон $[—(CH_2)_2—CO—O—]_n$	130	Псевдоорторомбическая, $N=2$
Поли-δ-валеролактон $[—(CH_2)_4—CO—O—]_n$	53	Орторомбическая, $N=2$
Поли-ε-капролактон $[—(CH_2)_5—CO—O—]_n$	63	Моноклинная, $N=2$

[1693]. Получены спектры аморфных и частично кристаллических образцов в области от 4000 до 80 $см^{-1}$, измерен дихроизм полос Частоты и формы колебаний рассчитывали, исходя из предположения о плоской зигзагообразной конформации цепи.

Исследовали ИК-спектр полициклогексилен-1,4-диметилентерефталата в области от 20 до 5000 $см^{-1}$ [1058]. Авторы обсуждают изменения интенсивностей спектральных полос, наблюдаемые при отжиге и растягивании полимера, при этом они исходят из структуры, предложенной в [171, 172].

6.8.3. ПОЛИКАРБОНАТЫ

Поликарбонаты — это эфиры угольной кислоты и двухатомных спиртов или фенолов. Из большого числа полимеров этого класса наибольшее техническое значение имеет полидифенилолпропанкарбонат [1497, 1499]:

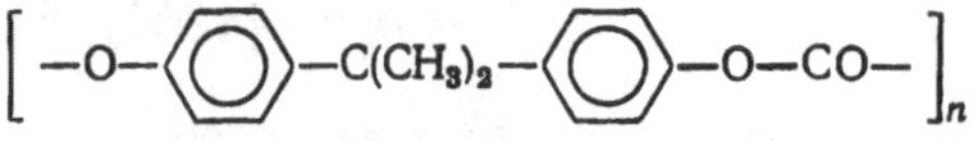

* Поли-β-пропиолактон имеет различную структуру в зависимости от способа его получения (анионная или катионная полимеризация). — *(Прим. ред.)*

Бензольные кольца придают цепи большую жесткость и обуславливают высокую температуру плавления ароматических поликарбонатов. Согласно рентгенографическим данным макромолекула кристаллического полидифенилолпропанкарбоната имеет зигзагообразную конформацию, плоскость ароматического кольца располагается перпендикулярно плоскости зигзагообразной цепи [1371]. Однако в работе [930] было указано на некоторое несоответствие предложенной структуры с данными ИК-спектроскопии. Например, полоса колебания $\nu(C{=}O)$ при 1770 $см^{-1}$ имеет очень слабый σ-дихроизм. Если же исходить из указанной выше структуры, то σ-дихроизм этой полосы должен быть очень сильным*. Результаты измерений дихроизма полос поглощения бензольного кольца свидетельствуют о том, что оно расположено иначе, чем это следует из работы [1371].

ИК-спектры некоторых ароматических поликарбонатов опубликованы в работах [730, 1497]. Важнейшими характеристическими полосами являются полоса колебания $\nu(CH)$ бензольного кольца при 3010 $см^{-1}$, полоса колебания $\nu(C{=}O)$ при 1770 $см^{-1}$, полоса антисимметричного О—С—О-валентного колебания карбонатной группы, проявляющаяся в области от 1165 до 1235 $см^{-1}$, и полоса симметричного О—С—О-валентного колебания при 1010 $см^{-1}$. Если бензольное кольцо содержит заместители, то их можно идентифицировать по колебаниям $\gamma_w(CH)$ и $\nu(C{=}C)_{аром}$.

ИК-спектроскопию использовали для изучения реакций, протекающих при термоокислительной деструкции поликарбонатов различной химической природы [975]. В работе [1008] рассмотрен механизм действия стабилизаторов полимеров.

Исходя из концентрации концевых групп, определенной ИК-спектроскопически, рассчитали среднечисленную молекулярную массу ароматических поликарбонатов [672]. Группы ОН фенола идентифицировали по полосе при 3597 $см^{-1}$. Минимально определяемая концентрация составила 0,001% после того, как был скомпенсирован обертон карбонильной полосы при 3534 $см^{-1}$. Концентрацию концевых фенильных групп до 0,05% можно определить по колебанию $\gamma_w(CH)$ монозамещенного бензольного кольца.

6.9. ПОЛИМЕРЫ, СОДЕРЖАЩИЕ АМИДНЫЕ ГРУППЫ

6.9.1. ПОЛИАМИДЫ

Полиамиды получают поликонденсацией диаминов и дикарбоновых кислот или ω-аминокарбоновых кислот. Структуру их часто определяют формулами, которые различаются числом атомов углерода, расположенных в цепи между двумя атомами азота:

$$[—CONH—(CH_2)_x—NHCO—(CH_2)_{y-2}—]_n \qquad (6.1)$$

---

* Это справедливо при предположении, что переходный момент колебания группы С=О совпадает с направлением связи С=О. Однако это не совсем точно. — *(Прим. ред.)*

или

$$[-(CH_2)_{z-1}-CONH-]_n \tag{6.2}$$

В соответствии с числом этих атомов полиамиды принято называть полиамид-XY (найлон-XY) и полиамид-Z (найлон-Z). Важнейшими представителями этого класса соединений являются полиамиды-66, -610, -6 и -11. Представляют интерес ароматические полиамиды. В этой главе рассматриваются почти исключительно алифатические линейные полиамиды.

6.9.1.1. Структура и конформации полиамидов

Существенное различие структур полиамидов, изображаемых формулами (6.1) и (6.2), состоит в том, что макромолекула, соответствующая формуле (6.2), полярна и, следовательно, в отличие от полиамидов-XY, для полярных полиамидов-Z можно различать параллельную и антипараллельную укладку цепей в кристалле.

Рентгенографическими исследованиями установлено, что полиамиды могут существовать в кристаллической и псевдокристаллической формах. Это определяется как природой полимера, так и условиями его обработки. В [202, 671] для полиамидов-6, -66 и -610 показано существование двух кристаллических форм, обозначенных как α- и β-модификации, в которых макромолекулы почти полностью вытянуты и соединены водородными связями. Эти модификации различаются лишь способом укладки таких слоев в кристаллической решетке.

Другую структурную модификацию, которая также дает четкие рефлексы на рентгенограмме, вначале связывали с более или менее статистическим распределением водородных связей между соседними молекулами и поворотами макромолекул относительно друг друга [336, 1427, 1429, 1907]. В результате рентгенографических и ИК-спектроскопических исследований различных полиамидов Киношита обнаружил [823, 824], что в подобных структурах большой период несколько меньше, чем это следовало ожидать для вытянутой плоской зигзагообразной цепи полиамида. Этот факт объяснили некоторым скручиванием цепочек за счет поворота плоскости амидных групп относительно плоскости метиленовой цепи (по аналогии со структурой белков). Конформацию макромолекулы, соответствующую такой структурой модификации, он предложил называть γ-структурой.

Описана также кристаллическая структура полиамида-77 — типичного представителя полиамидов, кристаллизующихся только в γ-форме [824]. Исследована γ-форма полиамида-6 [37, 38, 178]. Благодаря повороту плоскости CONH-группы на 30° по отношению к главной оси цепи возможно образование водородных связей между параллельно расположенными макромолекулами полиамида-6. Согласно [37, 38], направления ориентации слоев, расположенных рядом, могут чередоваться, в то время как модель, принятая в работе [178], предполагает статистическое распределение направлений.

Описаны также другие структуры полиамидов. Мияке [1158] предложил для полиамидов-69 и -76 так называемую δ-структуру, которая, однако, по мнению Магилла [1039], представляет собой смесь α- и γ-структур. В работе [639] δ-структурой назвали нестабильную модификацию полиамида-6, которая при незначительном нагревании или под действием влажного воздуха переходит в γ-структуру. В этой работе высказано предположение, что δ-модификация характеризуется высоким содержанием свободных NH-групп. Однако, по мнению многих исследователей, в полиамидах при комнатной температуре все NH-группы связаны водородными связями.

Структура полиамидов очень сильно зависит от длины метиленовой цепи между амидными группами [219, 823, 1087, 1158], которая обуславливает возможность образования в α- и γ-модификациях водородных связей.

Полиамиды типа XY [структурная формула (6.1)] можно классифицировать по четности значений x и y (несколько возможных исключений не рассматриваются). Полиамиды, в которых x и y — четные числа, имеют α-структуру, если x и y — нечетные числа, то — γ-структуру. При смешанных комбинациях (четное — нечетное и наоборот) существуют обе структуры полиамида. Полиамиды-Z характеризуются α-структурой при нечетном z, при четном z и малой длине метиленовых отрезков — также α-структурой, а при длинных метиленовых отрезках — γ-структурой. Полиамиды-6 и -8 занимают промежуточное положение. В зависимости от способа получения они могут иметь α- или γ-структуру. Полиамиды α-модификации получают при кристаллизации из растворов и при длительном охлаждении расплава. При этом тип растворителя может оказывать существенное влияние на получающуюся структуру [363, 791]. Полиамиды γ-модификации образуются прежде всего при быстром охлаждении расплава, проводимом с одновременным растягиванием образца. При обработке полимера водным раствором I_2+KI с последующим удалением иода из полимера происходит переход α- в γ-модификацию [4, 34, 37, 1087, 1769, 1774].

В ИК-спектре полиамидов можно отчетливо различить полосы, относящиеся к кристаллическим α- и γ-модификациям, так как эти модификации отвечают различным конформациям полиамидной цепи. В аморфной и мезаморфной фазах амидные группы располагаются относительно метиленовой цепи так же, как и в γ-модификации. Из-за этого нельзя различить эти структуры в аморфных полимерах с помощью ИК-спектроскопии [1489].

6.9.1.2. ИК-спектры полиамидов

ИК-спектры полиамидов имеют отчетливые характеристические полосы амидных групп. Такие полосы принято обозначать как Амид I, Амид II вплоть до Амид VII [1164]. При исследовании колебания нелинейного фрагмента OCN, который служил моделью вторичной амидной группы, полосу при 1650 см$^{-1}$ обозначили как Амид I, а полосу при 1550 см$^{-1}$ — Амид II [456]. Эти полосы отнесли к антисимметричному и симметричному валентным колебаниям OCN-группы. Оказалось, что полоса при 1550 см$^{-1}$ расщепляется на Амид II и Амид III в результате взаимодействия симметричных валентных колебаний OCN-группы с деформационными колебаниями NH-группы. Позднее эта модель была улучшена; были усовершенствованы также методы расчета частот колебаний полиамидных цепей. В работе [1165] рассчитали колебания молекулы N-метилацетамида. Проведен анализ нормальных колебаний *транс*-амидо-группы на модели шестиатомной молекулы структуры [258]:

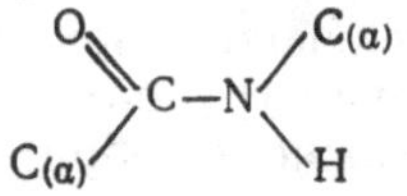

(6.3)

Силовые постоянные этой молекулы были уточнены в соответствии с измеренными частотами. Форма колебаний рассчитана как для нормальных, так и для ND-дейтерированных амидных групп. Из рассчитанных волновых чисел 3300, 1661, 1565, 1297, 1055, 832, 365, 204 и 160 см$^{-1}$ для молекулы CCONHC и 2445, 1659, 1476, 1177, 922, 818, 354, 204 и 155 см$^{-1}$ для CCONDC только первые четыре соответствуют до некоторой степени экспериментальным данным. Остальные относятся к скелетным колебаниям цепи и связаны с бóльшими смещениями α-углеродных атомов. В силу сказанного структурная модель (6.3) является чрезмерно упрощенной. Среди перечисленных выше частот отсутствуют полосы Амид V и Амид VI. Эти полосы связаны с деформационными колебаниями групп NH и C=O, перпендикулярными к плоскости амидных групп.

Рассчитаны колебания отрезков метиленовой цепи в полиамидах с учетом взаимодействия между метиленовыми и амидными группами [736]. Раздельный анализ колебаний этих групп помог в интерпретации ИК-спектров полиамидов. Однако оказалось, что даже в средней ИК-области спектра в области «отпечатков пальцев», где частоты сильно зависят от взаимодействия между различными частями молекул и особенно чувствительны к структуре, удается чаще всего установить лишь приблизительную связь между спектром и структурой. Это объясняется тем, что полный анализ нормальных колебаний всего элементарного звена очень сложен ввиду низкой симметрии молекул полиамидов даже у кристалла.

На рис. 6.40 представлены ИК-спектры α- и γ-модификаций полиамидов-6. Идентификация полос этих спектров, а также данные по относительным интенсивностям и поляризации даны в табл. 6.41. Поляризация полос была измерена с использованием тонких вальцованных пленок [37] и растянутых пленок [337].

Таблица 6.41. Полосы в ИК-спектре полиамида-6

α-Модификация			γ-Модификация			Колебания
волновое число, $см^{-1}$	интенсивность полосы	поляризация	волновое число, $см^{-1}$	интенсивность полосы	поляризация	
3300	о. с.	σ, ∥	3300	о. с.	σ, ⊥	ν (NH)
3200	сл., пл.		3200	сл., пл.		Резонанс Ферми (Амид I+Амид II) с ν (NH)
3091	о. сл., пл.					
3063	ср.	σ, ∥	3096	ср.	σ, ⊥	Резонанс Ферми: 2×Амид II с ν (NH)
2936, 2943	о. с.	σ, ⊥	2930	о. с.	σ, ⊥	$ν_a(CH_2)$
2868	с.	σ. ∥	2858	с.	σ, ∥	$ν_s(CH_2)$
1641	о. о. с.	σ, ∥	1647	о. о. с.	σ, ⊥	Амид I
1545	о. о. с.	π, ∥	1563	о. о. с.	π, ⊥	Амид II
1478	ср.	π, ∥				$δ(CH_2)$, *N*-вицинальный
1464	ср.	σ, ∥	1464	ср.	σ, ∥	$δ(CH_2)$
1452	сл., пл.	π				$δ(CH_2)$
1438	сл.	σ, ∥	1441	ср.	σ, ∥	$δ(CH_2)$, N- и CO-вицинальный
1418	ср.	σ, ∥				$δ(CH_2)$, CO-вицинальный
1374	ср.	π, ∥	1369	ср.	π, ∥	$γ_w(CH_2)$
1335	о. сл., пл.		1310	ср.	π	$γ_w(CH_2)$, $γ_t(CH_2)$, частичное взаимодействие с Амид III
1316	о. сл., пл.	π	1303	ср.	π	
1293	сл.	π	1280	сл., пл.	σ	
1243	сл.	π	1236	ср.	π, ∥	
1214	сл., пл.	σ	1216	ср.	π	
1266	ср.	π, ∥	1270	ср.	π, ⊥	Амид III
1202	ср.	π, ∥				
1171	ср.	π, ∥	1172	с.	σ, ⊥	$γ_t(CH_2)$ или $ν(C_αN)$
1124	ср.	π, ∥	1122	ср.	π, ∥	ν (CC)
1075	сл.		1080	ср.		$ν(C_αN)$
1041	о. сл., пл.		1030	о. сл.		ν (CC)
			1001	сл.	σ	ν (CC)
1029	ср.	σ, ∥				ν (π, 0) — Амид IV, Δ (CONH)
			977	ср.	σ, ⊥	$ν_0$
960	ср.	σ, ⊥				ν (π, π)
952	сл.	π, ∥				
929	ср.	π, ∥				ν (0, π)
			917	сл.		ν (CC)
835	сл.	σ, ⊥	776	о. сл.	σ, ⊥	$γ_r(CH_2)$, N- или CO-вицинальный
731	ср.	σ, ⊥	730	ср.	σ, ⊥	$γ_r(CH_2)$
691	с.	σ, ⊥	712	с.	σ, ∥	Амид V, $δ_0(NH)$
579	ср.	σ, ⊥	624	ср.	σ	Амид VI, $σ_0$ (C=O)
524	ср.	σ, ∥	520	ср.	σ	
445	сл.	π	442	сл.	π	δ (CCC)
345	о. сл., пл.		350	о. сл., пл.		
293	ср.	π	319	ср.	π	Амид VII, $γ_t$ (CO—NH)
223	сл.					
Дейтерированный полимер						
2460	о. с.	σ	2470	с.	σ	Резонанс Ферми (Амид II'+Амид III') с ν (ND)
2410	с.	σ	2410	о. с.	σ	
1460	с.					Амид II', [ν (CN)]
970	сл.					Амид III', [δ (ND)]
493			530			Амид V', [$δ_0$ (ND)]

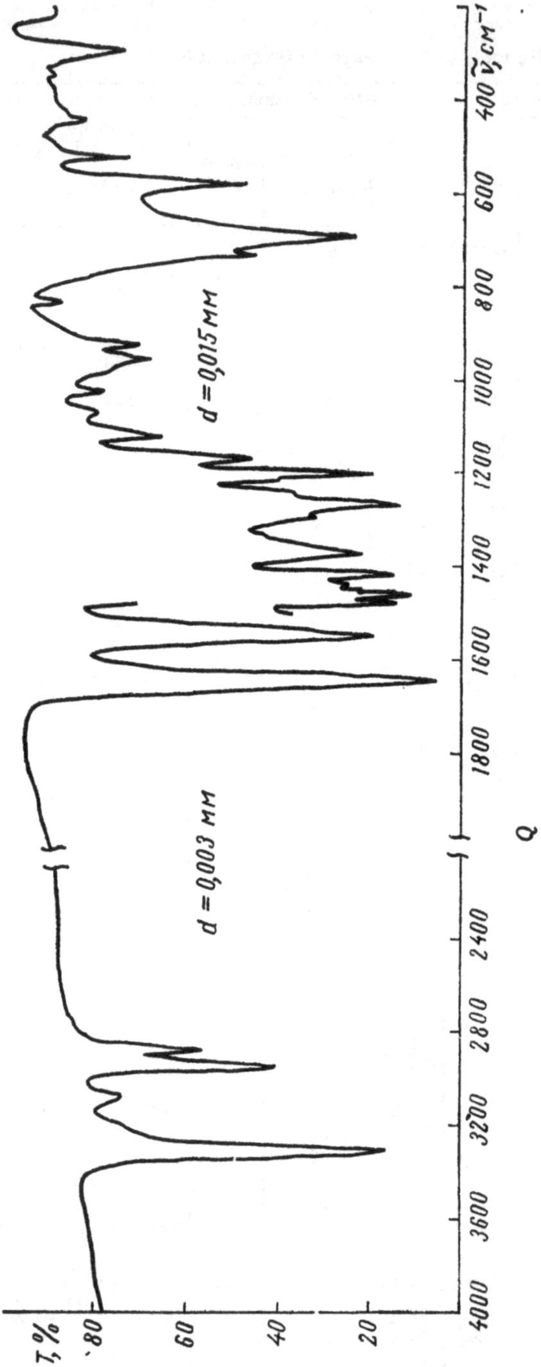

T, %
80
60
40
20
4000
3600
3200
2800
2400
1800
1600
1400
1200
1000
800
600
400 ṽ, см⁻¹
d = 0,003 мм
d = 0,015 мм

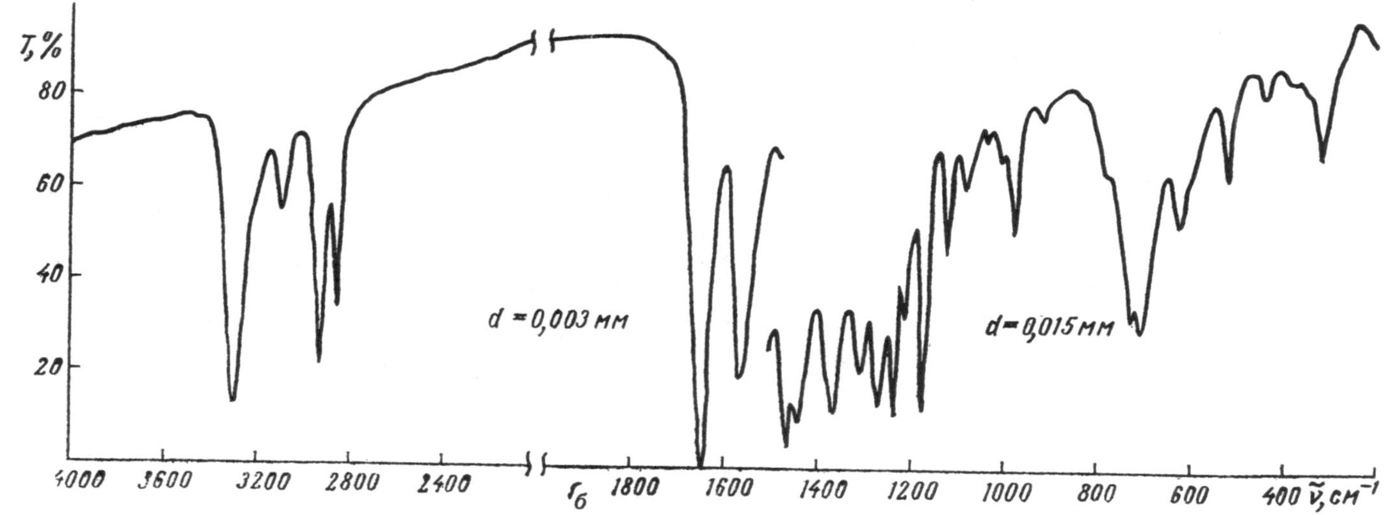

Рис. 6.40. ИК-спектры полиамида-6:

а — α-структура; пленки образца получены выпариванием растворов в муравьиной кислоте при 60 °C; *б* — γ-структура, пленки получены из растворов в муравьиной кислоте и обработаны KI_3.

Четкая полоса при 3300 $см^{-1}$, положение которой в спектрах всех полиамидов сравнительно постоянно, соответствует валентным колебаниям амидной группы, связанной водородной связью с другими группами. Для полиамидов-66,-6 и -11 обнаружили некоторую зависимость спектральных полос от длины связи N•••O [162]. В спектре полученного для разбавленного раствора N-метилацетамида полоса поглощения валентного колебания свободной NH-группы лежит приблизительно при 3470 $см^{-1}$ [329]. Очень слабое поглощение полиамидов в этой области объясняется, согласно [1761], весьма незначительной концентрацией (менее 1%) свободных NH-групп. При нагревании содержание свободных амидных групп растет. Так, при 100 °С концентрация этих групп составляет 1,5%, в точке расплава она увеличивается скачкообразно [112]. Наблюдаемое иногда поглощение в области 3200 $см^{-1}$ (чаще всего для образцов с недостаточно упорядоченной структурой) относят в основном к адсорбированной воде [823]. Некоторые споры вызывает интерпретация полос при 3200 и 3065 $см^{-1}$ (например, см. [99, 220]). Однако теперь можно считать доказанным, что эти полосы обусловлены резонансом Ферми валентных колебаний NH-группы, а также обертонами или комбинационными тонами колебаний Амид I и Амид II. В работе [219] сравнили смещение полос при 3200 и 3065 $см^{-1}$ при повышении температуры, а также положение этих полос в спектрах различных N-алкиламидов с положением полос Амид I и Амид II и пришли к выводу, что полоса при 3200 $см^{-1}$ соответствует комбинированному колебанию (Амид I+Амид II), а полоса при 3065 $см^{-1}$ — первому обертоновому колебанию Амида II. Миязава показал [1167], что положение и интенсивность полосы при 3065 $см^{-1}$ можно объяснить резонансом Ферми. Он указал также на то, что необходимо учитывать резонанс Ферми при рассмотрении связи между положением полосы колебания ν(NH) и прочностью водородной связи. Подобная интерпретация подтверждается результатами спектроскопических исследований сорбции иода полиамидом-6 [34].

Наличие трех полос в спектрах полиамидов в области выше 3000 $см^{-1}$ пытались объяснить с помощью гипотезы о трех различных типах водородной связи [1125, 1547а]. Исследуя температурную зависимость спектра и дихроизм полиамидов различной степени кристалличности, полосу при 3300 $см^{-1}$ отнесли к колебанию NH-группы в аморфной и кристаллической областях, а полосу при 3065 $см^{-1}$ — колебанию в аморфной фазе [1270]. Тобин [1738] пришел к противоположному выводу, рассматривая спектр твердых и расплавленных образцов. Полосу при 3065 $см^{-1}$ он отнес к валентному колебанию NH-группы в кристаллической области. Согласно [99], полоса (плечо) при 3200 $см^{-1}$ в спектре кератина связана с наличием аморфных областей.

Как выяснилось, полосы при 2940 и 2868 $см^{-1}$ нет смысла относить к антисимметричному и симметричному валентным колебаниям метиленовой группы. По данным Хайдеманна [626], для полиамида-66 CO-вицинальная метиленовая группа вносит малый вклад в интенсивность этих полос, а N-вицинальная метиленовая группа поглощает при несколько бо́льших значениях волновых чисел (2945 и 2875 $см^{-1}$).

В спектре N-дейтерированного полиамида-6 имеется дублет при 2465 и 2410 $см^{-1}$, соотношение интенсивностей полос которого определяется структурой полимера. Попытки связать эту область спектра с каким-либо определенным упорядоченным состоянием или с раличными типами водородной связи оказались безуспешными, как и для области выше 3000 $см^{-1}$ [99, 260]. Появление дублета объяснили Ферми-резонансным расщеплением полосы валентного колебания ND-группы комбинированной полосой (1290 $см^{-1}$ + + 1126 $см^{-1}$) [94]. Согласно [219], более вероятным является Ферми-резонансное расщепление комбинированной полосой Амид II′—Амид III′ (1460 $см^{-1}$ + 970 $см^{-1}$). В работах [1346, 1347] рассчитали влияние резонанса Ферми на спектры N-метилацетамида и полиамида-6 и получили результаты, совпадающие с результатами работы [219].

Полосы Амид I и Амид II являются характерными полосами *транс*-амидных групп благодаря их устойчивому положению (1640 и 1545 $см^{-1}$) и большой интенсивности. Точное положение полосы Амид II различно для α- и γ-модификации полиамидов. Из уже упоминавшихся выше расчетов [258, 1165] следует, что полоса Амид I соответствует в основном валентным колебаниям группы C=O, а в полосу Амид II вносят вклад колебания различных групп: NH-деформационные колебания (50%), CN-валентные колебания (40%) и C=O-валентные колебания (10%). Подобная интерпретация полос подтверждается спектрами дейтерированных образцов. В этих спектрах полоса Амид I лишь немного смещается в низкочастотную область, а полоса Амид II полностью исчезает и появляется полоса Амид II′ вблизи 1460 $см^{-1}$ [1479]. Эту полосу можно отнести в основном к валентному колебанию CN-группы. Полоса поглощения, соответствующая деформационному колебанию ND-группы, лежит при 970 $см^{-1}$ и обозначается как Амид III′. На рис. 6.41 показана схема, которая объясняет причины возникновения полос Амид I, Амид II и Амид III [218]. В работах [1166, 1171] рассмотрели расщепление полос Амид I и II в спектрах белков в результате внутри- и межмолекулярного взаимодействия в кристалле (см. разд. 5.1.1). Показано [177], что полоса Амид I в спектрах α-модификаций полиамидов, полученных из ω-аминокарбоновых кислот, имеет перпендикулярную (1640 $см^{-1}$) и слабо интенсивную параллельную (1665 $см^{-1}$) компоненты.

Полоса Амид III α-модификации полиамида-6 имеет две компоненты: 1266 и 1202 $см^{-1}$; в γ-модификации полоса Амид III проявляется около 1270 $см^{-1}$.

Плоскостные деформационные колебания фрагмента OCN принято обозначать как Амид IV. Соответствующая полоса должна лежать в интервале 600—700 $см^{-1}$, однако ее точное выявление возможно еще не во всех случаях [219]. По другим данным (см. табл. 6.41), в качестве Амида IV обозначены полосы, лежащие в интервале 900—1030 см$^{-1}$. Эти полосы, согласно [1450], соответствуют плоскостным скелетным колебаниям фрагмента CONH; дейтерирование образца не оказывает на них почти никакого воздействия [1478]. Расщепление на несколько полос и их поляризация связаны с взаимодействием цепей в кристалле [339]. В спектре γ-модификации полиамида-6 полоса Амид IV лежит при 977 см$^{-1}$, а в спектре аморфного полиамида-6 — при 990 см$^{-1}$.

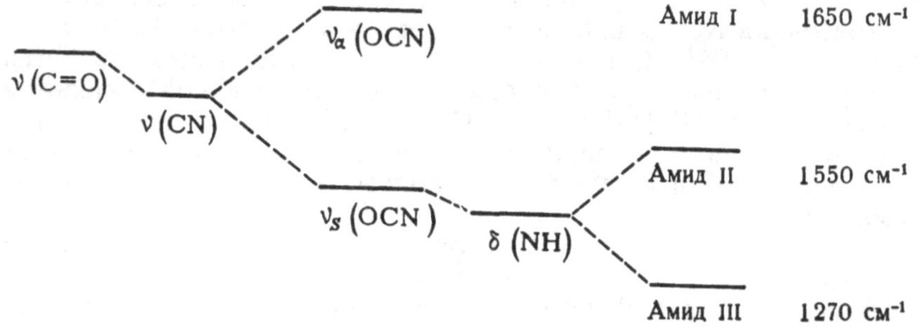

Рис. 6.41. Взаимодействие колебаний и расщепление частот в *транс*-амидной группе [218].

Наиболее конформационно чувствительной является полоса Амид V [1087, 1088, 1161]. В спектре α-модификации полиамида-6 эта полоса лежит при 691 см$^{-1}$, а в спектре γ-модификации — при 712 см$^{-1}$. В спектре других полиамидов эта полоса смещается лишь на несколько см$^{-1}$ от приведенных значений. Для аморфных полиамидов полоса Амид V лежит при 700 см$^{-1}$ [367]. В спектрах дейтерированных полиамидов эти полосы смещаются к 493 см$^{-1}$ (для α-модификации) и к 530 см$^{-1}$ (для γ-модификации) [808, 1479]. Изотопное соотношение порядка 1,35 указывает на то, что имеют место деформационные колебания почти свободной NH-группы перпендикулярно к плоскости амидной группы. Дейтерирование атомов водорода, связанных с α-углеродным атомом, лишь немного влияет на эти колебания [627]. Приведенные факты, а также четкая конформационная зависимость колебаний, соответствующих полосе Амид V, показывают, что эти колебания связаны со структурой всей амидной группы.

Полоса Амид VI также конформационно чувствительна. Как было показано спектрами большого числа образцов [1087], эта полоса проявляется при 580 см$^{-1}$ (α-модификация) и при 624 см$^{-1}$ (γ-модификация). Аримото [34] предположил связь между этой полосой и деформационным колебанием группы C=O, происходящим перпендикулярно к плоскости амидных групп. На такую связь, по его мнению, указывает перпендикулярный дихроизм полосы Амид VI. При дейтерировании амидной группы интенсивность полосы Амид VI падает или полоса совсем исчезает [248, 1478]. Это указывает на значительный вклад колебаний водородного атома в формирование полосы Амид VI. Предложено отнести эту полосу, как и полосу Амид V, к внеплоскостным деформационным колебаниям NH-группы [248]. В этом случае средне интенсивную полосу при 524 $см^{-1}$ с перпендикулярным дихроизмом можно отнести к внеплоскостному деформационному колебанию группы C=O.

При исследовании спектров полиамидов различной структуры в области 800—200 $см^{-1}$ показано [1088], что α-конформации полиамидов-XY соответствуют полосы при 360 и 230 $см^{-1}$. Полоса при 230 $см^{-1}$ была отнесена к колебанию Амид VII — крутильному колебанию вокруг связи CO—NH. Такая интерпретация была сделана по аналогии с интерпретацией полос в спектрах N-метилацетамида и полиглицина [1172]. Полосу при 360 $см^{-1}$ отнесли к скелетному колебанию фрагмента CH_2—CONH—CH_2; такой вывод был сделан на основании изменений в спектре после обработки полимера смесью I_2+KI. В спектрах полиамидов1XY, существующих в γ-модификации, имеется полоса при 300 $см^{-1}$, которую также следует интерпретировать как Амид VII. К полосе Амид VI относят также полосы при 350 и 220 $см^{-1}$, проявляющиеся чаще всего в спектрах α-модификации полиамидов, полученных из ω-аминокислот, и полосу при 300 $см^{-1}$ в спектрах γ-модификации тех же полимеров. Спектр полиамида-6 оказался в этом отношении несколько аномален. Он содержит средне интенсивную полосу при 293 $см^{-1}$, которая смещается к 319 $см^{-1}$ при переходе полиамида-6 в γ-модификацию. Эта полоса имеет параллельный дихроизм, что исключает возможность отнесения полосы Амид VII к γ-модификации.

Рассчитаны частоты колебаний сегментов метиленовой цепи полиамидов-3 и -11, находящихся в растянутой α-конформации [736]. Исследуя дейтерированные полиамиды, Хайдеманн [626, 627] отнес некоторые из этих колебаний к колебаниям CO- и NH-вицинальных метиленовых групп. В спектре α-структуры полиамида-6 в интервале 1400—1500 $см^{-1}$ наблюдаются пять полос. Одна из них — при 1438 $см^{-1}$ относится, по-видимому, к γ-конформации, небольшая доля которой всегда имеется в полиамиде. Полоса при 1418 $см^{-1}$ соответствует α-структуре; на это указывалось также в работе [1166]. Метиленовые группы цепи поглощают вблизи 1465 $см^{-1}$ независимо от модификации полиамида. Наличие слабо интенсивной полосы (плеча) при 1452 $см^{-1}$ следовало также из теоретического анализа, проведенного в [736]. Полосу поглощения при 1370 $см^{-1}$, которая присутствует в спектрах почти всех полиамидов, относят обычно к веерным колебаниям метиленовых групп. Однако интенсивность этой полосы изменяется пропорционально содержанию амидных групп и, следовательно, полоса связана с валентным колебанием CN-группы [248]. Конформационно чувствительными являются средне и слабо интенсивные полосы, расположенные в области 1200—1300 см$^{-1}$; дейтерирование амидной или метиленовой группы приводит к изменениям этих полос. В соответствии с теоретическими предпосылками полосы в области 1200—1300 см$^{-1}$ относят к веерным и крутильным колебаниям метиленовой группы, причем эти колебания частично связаны с полосой Амид III.

Поглощение вблизи 1172 см$^{-1}$ было использовано для определения содержания γ-модификации в образце [365]. В спектре образцов, находящихся преимущественно в α-модификации, полоса, лежащая почти при том же значении волнового числа, проявляет противоположный дихроизм и, следовательно, не может быть связана с γ-модификацией. Хайдеманн считает, что эту полосу следует отнести к крутильному колебанию NH- и CO-вицинальных метиленовых групп. В работе [248] полосу при 1172 см$^{-1}$ отнесли к валентному колебанию связи C_α —N, исходя из того, что такая интерпретация лучше всего согласуется с наблюдаемым изменением параллельного дихроизма на перпендикулярный при α-γ-переходе.

Полоса при 1124 см$^{-1}$ была использована в качестве структурно независимого внутреннего стандарта [365, 1432]. Ее отнесли к валентному колебанию связи C—C [37]. Однако в спектре дейтерированного образца у α-углеродного атома наблюдается некоторое смещение этой полосы, что говорит о вкладе колебаний α-метиленовых групп в формирование полосы. В работе [627] появление полосы при 1124 см$^{-1}$ связали с валентным колебанием группы C—CO.

Полоса при 1075 см$^{-1}$ представляет собой дублет, компоненты которого имеют противоположный дихроизм [37]. При α-γ-переходе наблюдается обращение дихроизма. Это согласуется с предложением Хайдеманна отнести эту полосу к валентному колебанию связи C_α —N.

Тонкая структура полосы Амид IV в области 900—1050 см$^{-1}$ зависит, кроме типа конформации, и от химического строения молекулы полиамида. Основное колебание амидной группы сильно связано с метиленовой цепью. Этим можно объяснить влияние дейтерирования метиленовой группы на спектр, так как проявление маятниковых колебаний метиленовой группы можно ожидать лишь при меньших значениях волнового числа.

Аримото пытался объяснить появление полос при 731 и 835 см$^{-1}$, отнесенных к маятниковым колебаниям метиленовой группы, взаимодействиями в кристалле. Однако это предположение противоречит тому факту, что в спектре кристаллического полиэтилена наблюдается лишь незначительное расщепление полосы.

Полоса при 445 см$^{-1}$ проявляет очень сильный параллельный дихроизм. Она мало чувствительна к изменению конформации и не смещается в спектрах образцов, дейтерированных по амидным группам. Ввиду того что эта полоса отсутствует в спектрах аморф-

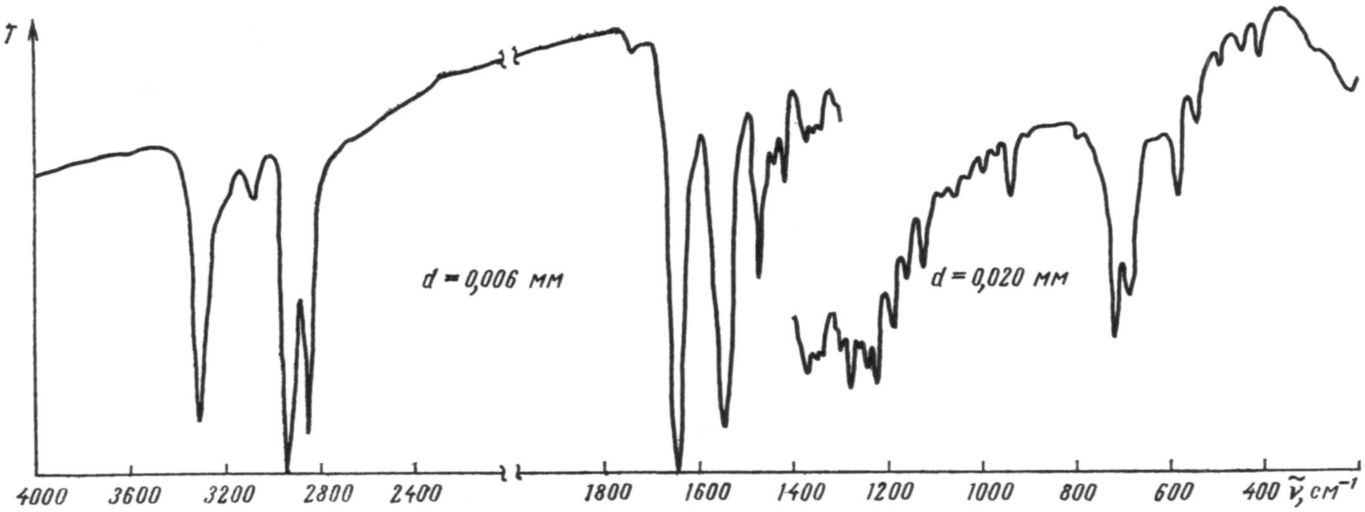

Рис. 6.42. ИК-спектр полиамида-11.
Пленки образца получены выпариванием растворов в муравьиной кислоте и феноле при 100 °С.

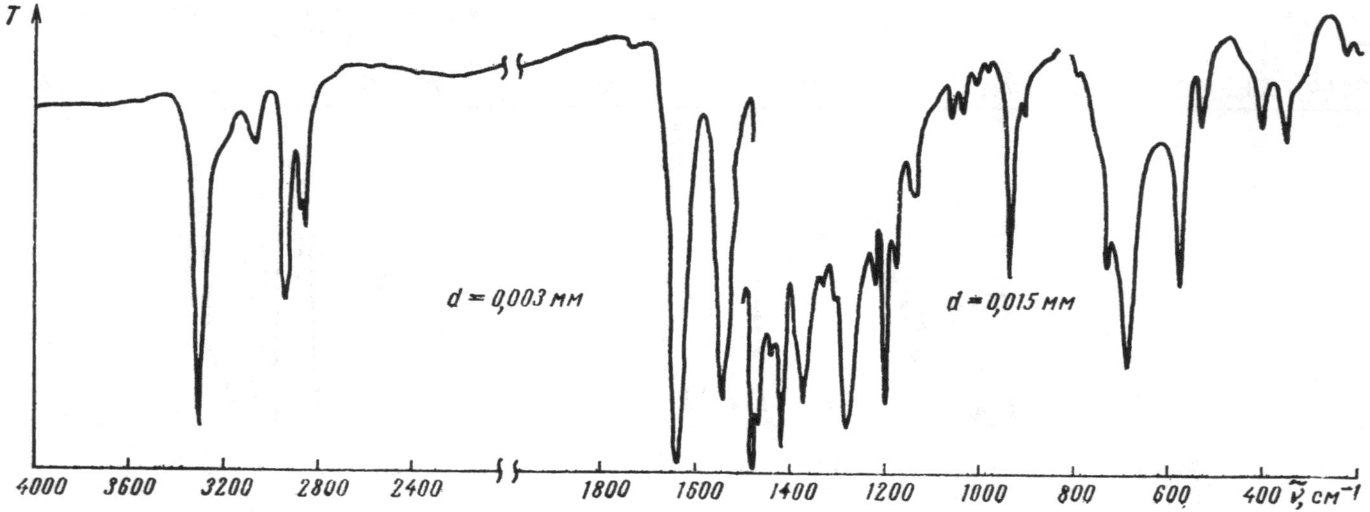

Рис. 6.43. ИК-спектр полиамида-66.
Пленки образца получены выпариванием растворов в муравьиной кислоте при 60 °С.

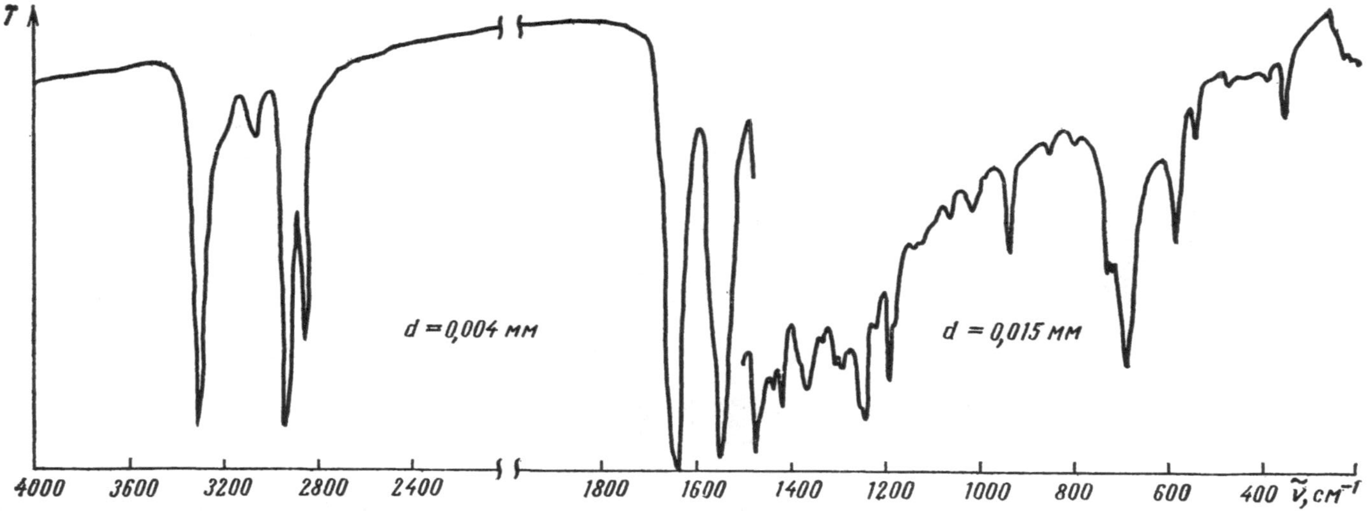

Рис. 6.44. ИК-спектр полиамида-610.
Пленки образца получены выпариванием растворов в муравьиной кислоте и феноле при 100 °С.

Таблица 6.42. Полосы в ИК-спектре полиамида-11, -66, -610 и поли-*м*-ксилиленадипамида (ПКАА)

Полиамид-11	Полиамид-66	Полиамид-610	ПКАА [1867]	Колебание
3313 с.	3304 о. с.	3309 о. с.	3297 о. с.	ν (NH)
3200 сл., пл.	3210 сл., пл.	3206 сл., пл.		
3080 ср.	3062 ср.	3073 ср.	3074 ср.	
			3032 о. сл.	
			3022 о. сл.	$\nu(CH)_{аром}$
			3005 о. сл.	
			2944 ср.	
2937 о. с.	2936 о. с.	2938 о. с.	2925 с.	$\nu_a(CH_2)$
2856 с.	2877 с.	2859 с.	2865 ср.	$\nu_s(CH_2)$
	2861			
1647 о. с.	1636 о. о. с.	1639 о. с.	1639 о. о. с.	Амид I
1546 о. с.	1541 о. с.	1543 о. с.	1545 о. с.	Амид II
			1611 сл.	$\nu(CC)_{аром}$
			1593 сл.	
1479 сл., пл.	1475 с.	1475 с.		$\delta(CH_2)$, N-вицинальный
1471 с.				
1460 сл., пл.	1466 ср.	1468 ср.	1460 ср.	$\delta(CH_2)$
1442 сл.	1438 сл.	1439 ср.	1447 с.	
1420 ср.	1418 с.	1420 ср.	1423 с.	$\delta(CH_2)$, CO-вицинальный
			1382 ср.	
1377 ср	1373 ср.	1374 ср.	1378 о. сл.	$\gamma(CH_2)$
1356 сл.		1365 с.	1351 ср.	
1344 сл.	1332 сл.	1334 сл.	1335 о. сл.	
			1310 о. сл.	$\gamma(CH_2)$
1300 сл.	1305 сл.	1304 ср.	1300 сл.	
		1294 ср.		
1280 ср.	1279 с.	1277 о. сл.	1277 с.	
1266 сл.		1249 с.	1266 с.	Амид III+$\gamma_w(CH_2)$+
1242 ср.		1242 с.	1240 ср.	+$\gamma_t(CH_2)$
1225 ср.	1225 ср.	1220 сл.		
	1201 с.			
1191 ср.	1182 ср.	1192 с.	1206 ср.	
		1184 ср.		$\nu(CC)$,
1160 ср.	1147 ср.	1137 сл.	1147 сл.	$\nu(CN)$,
1127 ср	1140 ср.	1121 сл.		$\gamma_t(CH_2)$,
1087 о. сл.	1090 о. сл.	1080 о. сл.	1091 сл.	$\delta_i(CH)_{аром}$
1060 сл.	1066 ср.	1064 ср.		
1026 о. сл.	1043 ср.	1044 о. сл.	1030 ср.	
997 сл.	1015 сл.	1020 ср.		
		1009 сл.		
978 о. сл.	988 о. сл.	989 о. сл.		δ(CONH)
967 о. сл.				(Амид IV)
938 ср.	938 с.	938 ср.		
902 о. сл.	907 сл.			
			908 сл.	
			894 сл.	$\delta_0(CH)_{аром}$
			794 ср.	
845 о. сл.		854 сл.		
792 о. сл.	797 сл.	798 сл.	752 ср.	$\gamma_r(CH_2)$
	731 ср.	731 ср.	738 ср.	
721 с.		723 сл.		

Продолжение

Полиамид-11	Полиамид-66	Полиамид-610	ПКАА [1867]	Колебание
			705 с.	δ_0 (кольцо)
			684 сл.	
688 с.	692 с.	690 с.	725 ср.	Амид V
585 ср.	582 ср.	585 с.	600 сл.	Амид VI
547 ср.	535 ср.	545 ср.	590 сл.	
			581 сл.	
			566 сл.	δ_i (кольцо)
			500 сл.	
495 сл.		509 о. сл.		Скелетные колебания
445 ср.		475 сл.		
410 ср.	409 ср.	391 сл.		
307 сл.	358 ср.	357 ср.	365 сл.	Амид VII, скелетные колебания
295 сл.	331 сл., пл.	232 сл.	336 сл.	
287 сл.	234 сл.	213 сл.	310 сл.	

ных образцов, ее можно отнести к скелетным колебаниям вытянутого сегмента $(CH_2)_5$.

На рис. 6.42—6.44 показаны спектры полиамида-11, -66 и -610. Образцы получали выпариванием растворителя из раствора полимера в муравьиной кислоте или в смеси муравьиной кислоты и фенола (при этом образуется преимущественно γ-модификация). Точные значения волновых чисел полос поглощения полиамидов указаны в табл. 6.42. Для сравнения в ней приведены результаты, полученные для поли-*м*-ксилиленадипамида [1867]. По данным рентгенографии, этот ароматический амид имеет в упорядоченных областях спиральную структуру; амидная группа имеет здесь конформацию, сходную с конформацией γ-модификации. В спектре имеется ряд полос, чувствительных к изменениям степени кристалличности. Они относятся к колебаниям бензольных ядер, а их появление связано с межмолекулярными взаимодействиями. Интерпретация этих полос была проведена с помощью спектров образцов, дейтерированных и обработанных иодом.

Полосы колебания ν(NH) и полосы Амид I, II и V, лишь незначительно связанные с колебаниями углеводородных сегментов скелетной цепи, различаются для отдельных полиамидов очень мало (если не принимать во внимание влияние конформации). В еще меньшей степени это заметно на полосах Амид VI и VII. В области частот, соответствующих деформационным и скелетным колебаниям метиленовой цепи, и, следовательно, для связанных с этими колебаниями полос Амид III и IV наблюдаются характерные для всех полиамидов различия. Исследована возможность использования этих спектральных различий для анализа полиамидных волокон и их смесей [162, 163, 1362]. Из полос ИК-спектра поли-*м*-ксилиленадипамида к характеристическим следует отнести также полосы бензольного кольца при 3000, 1500, 900 и 800 $см^{-1}$.

Симметричным валентным колебаниям группы CH_2 полиамида-11 соответствуют более низкие значения волновых чисел, чем для других полиамидов; они приближаются к значениям, полученным для полиэтилена.

Расщепление полосы симметричного валентного колебания метиленовой группы полиамида-66 зависит от условий формирования пленки [1362]. При очень высоком разрешении и достаточно малой скорости регистрации спектра удается увидеть тонкую структуру полос, связанных с валентными колебаниями метиленовой группы, и в спектрах других полиамидов.

6.9.1.3. Определение упорядоченного состояния и ориентации полиамидов

Сложность определения упорядоченного состояния у полиамидов обусловлена тем, что в них могут существовать вместе кристаллические и мезоморфные структуры. Поэтому не ясно, как рассчитать степень упорядоченности, основываясь лишь на сопоставлении содержания двух фаз с различной упорядоченностью.

Как видно из данных табл. 6.41, почти все полосы ИК-спектра полиамида-6 в большей или меньшей степени чувствительны к изменениям структуры образца. Это характерно и для других полиамидов. ИК-спектр полиамида-6 можно объяснить в основном наложением спектров α- и γ-модификаций [1489]. Спектроскопически различить кристаллическую γ-структуру и мезоморфную очень трудно, так как эти структуры характеризуются почти одинаковыми ИК-спектрами. В спектрах аморфных образцов отсутствуют полосы, соответствующие скелетным колебаниям (ниже 500 $см^{-1}$), а полосы Амид V и Амид VI лежат вблизи 700 и 600 $см^{-1}$ [1480]. ИК-спектроскопическое определение степени упорядоченности полиамида сводится к определению доли кристаллической α-модификации. До сих пор нет никаких данных по определению степени упорядоченности полиамидов, существующих лишь в γ-форме.

Структурная зависимость спектров полиамидов, как было сказано выше, подразумевает в основном чувствительность полос к конформации молекулы. Однако в том случае, когда элементарная ячейка макроцепи содержит много мономерных единиц, можно ожидать расщепления некоторых полос в результате взаимодействия амидных групп соседних мономерных звеньев, связанных между собой водородными связями или отрезками метиленовой цепи. Такое явление наблюдали [1738] в спектре полиамида-6, но не обнаружили его в спектрах полиамидов-66 и -610, элементарная ячейка которых содержит лишь одну мономерную единицу. Полосы кристалличности, вызванные расщеплением, обнаруживают сильный дихроизм. Дехант объяснил появление полос в области 930—1030 $см^{-1}$ спектра полиамида-6 расщеплением полосы при 980 $см^{-1}$ в спектре некристаллического полимера [339].

Для определения степени упорядоченности структуры полиамидов в большинстве работ использовали полосы, лежащие в области 800—1050 см$^{-1}$. Полосы при 1075 и 1124 см$^{-1}$ предложили рассматривать как структурно нечувствительные [1796]. Однако в работе [1285] полосу при 1075 см$^{-1}$ отнесли к поглощению в неупорядоченной области. Полоса при 1124 см$^{-1}$, по-видимому, также лишь мнимо структурно независима; она состоит из двух компонент приблизительно равной интенсивности, которые проявляют противоположный дихроизм. Согласно [1511], эти компоненты соответствуют α- и γ-модификациям.

Проведена калибровка значений плотности образцов полиамида-66 и -610 по шкале оптической плотности спектральных полос [1601]. Для этого строили график зависимости интенсивности полос кристалличности и аморфности от плотности образца и экстраполировали к нулевой интенсивности. Для образцов, полученных вытяжкой из расплава с последующим отжигом при умеренных температурах, наблюдается линейная зависимость между плотностью и коэффициентом экстинкции. Экстраполируя к нулю интегральную интенсивность полосы при 835 см$^{-1}$, определили плотность аморфного полиамида-6 [1285]. Было выведено уравнение, позволяющее рассчитать степень кристалличности по значению оптической плотности в максимуме полос при 835 или 929 см$^{-1}$. В работе [1450] получили калибровочную кривую, связывающую интегральную интенсивность полосы кристалличности при 938 см$^{-1}$ полиамида-610 с плотностью образца и исследовали связь между удельным объемом отожженных и вытянутых образцов со степенью их кристалличности. При этом выяснилось, что для образцов, отожженных при высоких температурах, так же как и для вытянутых образцов, линейная зависимость нарушается.

Предложено несколько уравнений для расчета степени кристалличности полиамида-6 по данным спектральных измерений [639]. Авторы сравнили полученные результаты со значениями степени кристалличности, рассчитанными по рентгенографическим данным и значениям плотности. На основании корреляции значений степени кристалличности, полученных тремя независимыми методами, судили о наличии α-, γ- и аморфных структур в областях полимера с различными плотностями. Оказалось, что в результате отжига аморфных вытянутых образцов при температурах до 150 °С происходит структурный переход в гексагональную γ-модификацию. При более высокой температуре полимер кристаллизуется с образованием моноклинной α-модификации.

Используя уравнения, приведенные в разд. 5.1.2, и параметры полос при 1202 см$^{-1}$ (α-модификация), 1172 см$^{-1}$ (γ-модификация) и 1124 см$^{-1}$ (внутренний стандарт), рассчитали долю α-модификации в образцах полиамида-6 [365]. Для сополимеров капролактама и γ-метилкапролактама, которые можно получить с большим набором степеней упорядоченности, определяли более точно соотношение коэффициентов экстинкции, чем при использовании гомополимеров [368].

Обнаружено [1432], что степень упорядоченности образцов полиамида-6, подвергнутых предварительной обработке, зависит при формальном использовании уравнений (5.8) и (5.9) от значений волновых чисел $\tilde{\nu}_0$ и $\tilde{\nu}_u$, характеризующих области упорядоченности и неупорядоченности (рис. 6.45). Различия обусловлены тем, что упорядоченные и неупорядоченные области характеризуются в спектре соответствующими полосами, не связанными непосред-

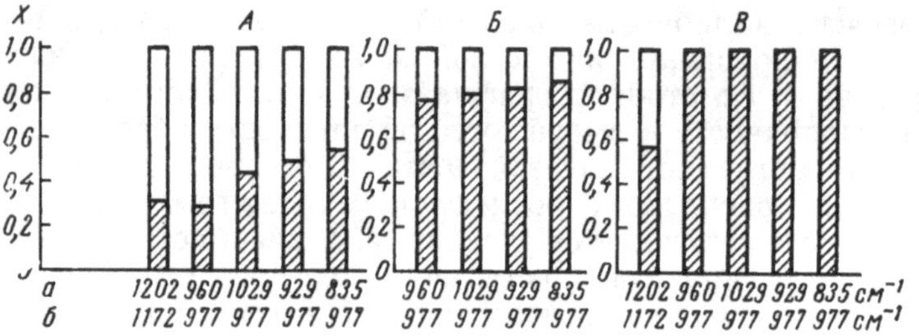

Рис. 6.45. Кажущаяся степень упорядоченности x пленок полиамида-6, полученных кристаллизацией из расплава (A), выдерживанием образца в воде 1 ч при 100 °С ($Б$) и кристаллизацией из раствора в муравьиной кислоте ($В$) [1432]:

а — полосы упорядоченности, *б* — полосы разупорядоченности.

ственно в единое целое, так как не во всех областях частот спектр задается лишь суперпозицией спектров двух отдельных структур. Для полос кристалличности существенную роль играет также размер и качество упорядоченности исследуемых областей*. Если сопоставить полосы при 960, 1029, 929 и 835 $см^{-1}$ с полосой при 977 $см^{-1}$, характеризующей неупорядоченные области, то для данного ряда частот получим набор возрастающих значений степени упорядоченности. При 960 $см^{-1}$ поглощают области наивысшей упорядоченности, а полосы при 1029, 929 и 835 $см^{-1}$ охватывают области меньшей упорядоченности, которые также относят к упорядоченной части полимера. Для образцов, полученных кристаллизацией из раствора, полоса (плечо) при 977 $см^{-1}$ проявляется очень слабо, так что, по-видимому, степень упорядоченности полимера близка к 100%. Однако, используя пару полос при 1202 и 1172 $см^{-1}$, можно в то же время показать, что система упорядочена лишь на 50%. Из приведенного примера видно, насколько неоднозначными являются данные о степени кристалличности полиамидов. Для более обоснованного вывода об упорядоченном состоянии необходимо использование всей информации, заложенной в ИК-спектре.

---

* Здесь автор, по-видимому, имеет в виду зависимость интенсивностей некоторых полос в спектрах от длины регулярных блоков. — *(Прим. ред.)*

Кристалличность полиамида-6 возрастает в результате вытяжки, а для полиамида-610 она падает [1450]. Характер изменения упорядоченного состояния в результате вытяжки связан с первоначальной структурой полимера [1287]. В образцах с низкой степенью упорядоченности кристалличность возрастает в результате кристаллизации, вызванной ориентацией макромолекул в неориентированных областях. В образцах же с высокой степенью упорядоченности наблюдается обратный эффект. При изучении структурных изменений полиамида-6 в процессе получения текстильных волокон обнаружено [360, 740], что в спектрах образцов, отожженных в интервале температур 100—200 °С, наблюдается усиление полос кристалличности при 835, 929, 1029 $см^{-1}$, причем это усиление происходит с различной скоростью. Полоса при 960 $см^{-1}$ чувствительна к увеличению степени кристалличности лишь при температурах отжига выше 140 °С. Исследовано влияние на структуру полиамидных волокон различных технологических условий (сухое и влажное закрепление, длительное хранение) [167—169, 1511]. Обнаружено, что в спектре образцов полиамида-66, хранящихся несколько месяцев, наблюдается усиление полосы кристалличности при 936 $см^{-1}$. После обработки такого образца водой этот эффект исчезает и одновременно происходит изменение ориентации упорядоченных областей.

В работах [898—900] полиамид-6 обрабатывали D_2O при температуре не выше 150 °С, полученный дейтерированный полиамид обрабатывали водой и изучали структурные изменения, происходящие при отжиге таких образцов. В [822а, 1854] степень упорядоченности определяли по полосе поглощения при 3300 $см^{-1}$, отнесенной к валентному колебанию NH-группы; при этом установили, что коэффициент экстинкции в максимуме полосы для кристаллического полиамида-6 в шесть раз превышает коэффициент экстинкции для аморфного образца. При этом коэффициенты экстинкции определяли по спектрам образцов, дейтерированных с помощью D_2O и HCOOD.

Две слабые полосы при 1224 и 1329 $см^{-1}$ в спектре полиамида-66 отнесли к особой конформации, возникающей в результате плотного повторного складывания цепей [870]. Такой вывод был сделан по результатам наблюдений чувствительности спектральных полос к термическим условиям и химическому разложению образца. По этим полосам можно проследить возникновение и исчезновение складчатых структур при отжиге и вытяжке полимера (см., например, [221, 468]).

Исследован механизм перехода α-структуры в γ-структуру в полиамиде-6 под действием иода и образование комплекса с иодом [34, 37]. Для этого определяли дихроизм по спектрам микросрезов с пленки, имеющей двойную ориентацию. Был сделан вывод, что иод образует комплекс с карбонильным кислородом амидной группы. Полоса NH-валентного колебания смещается к 3360 $см^{-1}$; полосы Амид I и II немного смещаются в низкочастотную область

(1635 и 1534 см$^{-1}$). Направление переходного момента плоскостных колебаний амидной группы при образовании комплекса выходит из пределов плоскости пленки и лежит почти перпендикулярно к ней. Направление же переходных моментов колебаний метиленовых групп не изменяется. При удалении иода водородные связи образуются между близлежащими амидными группами. Эти результаты были дополнены исследованиями изменений в спектрах полимеров, обработанных раствором смеси иода с иодидом калия в тяжелой воде. Замена атома водорода на дейтерий приводит к преобразованию кристаллической структуры полиамида [35]. В спектре полиамида-66, обрабатываемого иодом, вначале наблюдаются те же изменения, что и для полиамида-6. После отделения иода с помощью тиосульфата натрия спектр «возвращается» к своему первоначальному виду [1489]. Исследуя комплексы KI_3 с N-алкиламидами, сделали вывод [366], что иод координируется с амидной группой не через кислородный атом, а через азотный, а именно: ион I_3^- образует мостик между двумя атомами азота. В работе [1095] I_3^- идентифицировали в далекой инфракрасной области по сильной полосе при 140 см$^{-1}$. Можно ввести в молекулу полиамида и галогенид-ионы, но для этого необходимо разрыхлить сетку водородных связей протонированием карбонильного кислорода в кислой среде. В связи с этим становится понятным, почему не наблюдается образования комплекса в неводной среде или с элементным иодом.

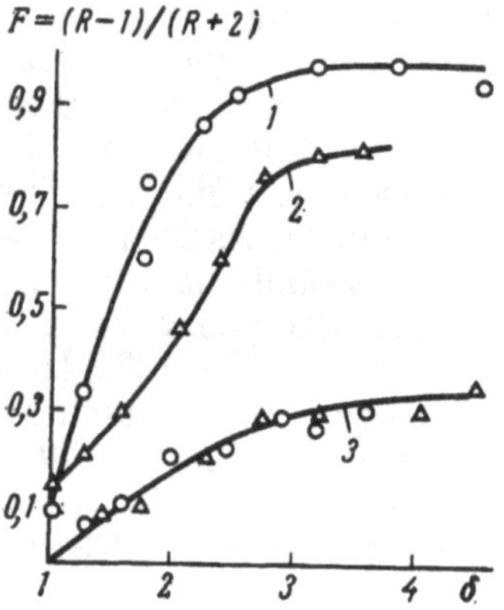

Рис. 6.46. Зависимость фактора ориентации F от степени удлинения δ [1286]:

1 и *2* — ориентация молекул в кристаллитах при исходной степени кристалличности 14 и 34% соответственно; *3* — ориентация молекул в аморфной фазе.

Полиамид-6, в котором под действием KI_3 образуется γ-структура, при вытяжке переходит в α-модификацию. Однако в том случае, когда γ-модификацию получили вытяжкой в процессе прядения волокна, подобные превращения или совсем не происходят или выражены значительно слабее [1769]. Эти различия объяснили тем [36], что растягивание сложенных макромолекул способствует протеканию структурных превращений.

Исследования дихроизма полиамидов проведены в работах [16, 383, 384, 516]. Определено дихроичное отношение для полос колебаний ν(NH) и $\nu(CH_2)$ в спектрах вытянутых нитей полиамида-66 [230, 231]. С помощью полос при 1122 и 960 см$^{-1}$ оценена ориентация аморфной и кристаллической областей полиамида-6 [1286]. Оказалось, что степень ориентации возрастает с увеличением степени вытяжки независимо от того, какая полоса была выбрана для расчета. При одном и том же удлинении степень ориентации молекул в упорядоченных областях значительно выше, чем в аморфных (рис. 6.46). Ориентация кристаллитов зависит от исходной степени кристалличности образца, причем ориентирование макромолекул, находящихся в кристаллической области, затрудняется из-за их высокой степени упорядоченности.

6.9.1.4. Аналитические исследования

Описан спектроскопический метод прямого определения циклических олигомеров в водном экстракте полиамида-6 [28]. Метод базируется на том, что в спектрах циклических олигомеров в отличие от мономерного капролактама полоса Амид II лежит при 1550 $см^{-1}$ и, следовательно, эти олигомеры можно идентифицировать по этой полосе в присутствии мономера. Для регистрации ИК-спектра готовили раствор в тетрафторпропаноле сухого остатка, полученного выпариванием водного экстракта полиамида. Содержание мономера можно рассчитать по разности между общим содержанием экстрагированного вещества и количеством олигомера. Общее количество экстрагированного вещества можно определять с помощью дифференциальной рефрактометрии [1308], а мономерный капролактам анализировать по полосе при 3430 $см^{-1}$ спектра его экстракта в четыреххлористом углероде. Считают [1194] также, что содержание мономерного ε-капролактама в присутствии полиамида-6 и его олигомеров можно определить по полосе поглощения при 892 $см^{-1}$. Для регистрации ИК-спектра образец растворяют в *о*-хлорфеноле; при расчетах необходимо учитывать поглощение растворителя.

Проведено спектроскопическое определение имидных групп в полиамиде-6 [770]. Было показано, что полоса поглощения карбонила имидной группы смещена относительно полосы Амид I на 30 $см^{-1}$ в высокочастотную область. Вследствие малой в большинстве случаев концентрации имидных групп применяют дифференциальный метод анализа, при котором поглощение амидных групп компенсируют с помощью образца, свободного от имидных групп. Работу ведут с 2%-ными растворами полимера в крезоле.

Изучали изменения в спектре, происходящие при термической деструкции вторичных амидов [165]. Эти соединения рассматривали как модели полиамида-66. В спектре твердых образцов, нагретых на воздухе, были обнаружены полосы при 1715 и 1760 $см^{-1}$, которые, по мнению авторов, указывают на карбонильные группы, встроенные в небольшие циклы. Было также найдено, что в полимере образуется большое число групп типа CONHCO и $CONH_2$.

При изучении термического и радиационного окисления полиамида-6 обнаружили ослабление полос Амид I и II, а также полосы колебания ν(NH) [912]. Появление полосы при 1713 $см^{-1}$ было связано с образованием карбонильных групп, а увеличение поглощения в интервале 800—1200 $см^{-1}$ — с образованием гидроперекисных и простых эфирных связей, а также с возникновением сшитых структур. Расщепление макромолекулы идет в основном по связям C—C и C—N, находящимся в β-положении к карбонильной группе.

В заключение укажем дополнительную литературу по ИК-спектроскопии полиамидов: [216, 770а, 1437, 1493, 1876, 1877] — ИК-спектры полиамидов; [442, 527, 763, 889, 961, 1289, 1390, 1456, 1919] — структура полиамидов; [47, 199, 538, 1138, 1328, 1361, 1408, 1453, 1559] — аналитические исследования.

6.9.2. ПОЛИПЕПТИДЫ И БЕЛКИ

Полипептиды можно формально рассматривать как продукты конденсации α-аминокислот. Их общую формулу без учета концевых групп можно представить так:

$$\left[\begin{matrix}-\mathrm{NHCHCO}- \\ \vert \\ \mathrm{R}\end{matrix}\right]_n \qquad (6.4)$$

Различия в свойствах полипептидов в основном определяются природой боковой группы. Большой интерес к этому классу соединений объясняется тем, что полипептиды являются простой моделью белков. Главные цепи полипептидов и белков построены в основном одинаково, боковые же цепи значительно различаются. Если синтетические полипептиды содержат только один сорт боковых групп R, а сополимеры — два или три, то белки формально являются сополимерами 20 и более различных аминокислот, следующих друг за другом в определенной последовательности. Химическая структура полипептидов проще, чем белков, поэтому они и лучше исследованы. Полученные же результаты служат основой для изучения белков.

По данным рентгенографии, дисперсии оптического вращения и ИК-спектроскопии, цепи полипептидов могут находиться в трех конформациях: α-спираль, β-форма (цепи почти вытянуты) и статистический клубок [1321, 1322]. Ненарушенная α-спираль является формально иррациональной спиралью. В каждом ее витке содержится приблизительно 3,6 аминокислотных остатка. Две пептидные группы, разделенные в цепи еще двумя такими группами, связаны между собой водородной связью. В результате получаются 13-членные циклы (рис. 6.47).

В β-форме цепи вытянуты не полностью. Амидные группы несколько скручены относительно направления цепи, что приводит к сокращению периода идентичности [62].

Первые подробные спектроскопические исследования полипептидов опубликованы в работах [43, 324, 325]. Авторы указали на наличие сильных характеристических амидных полос пептидных групп в ИК-спектрах различных полипептидов. Идентификацию полипептидов предложили проводить прежде всего по поглощению в области от 1500 до 700 см$^{-1}$. Еще до этих работ было показано, что NH-группы полипептида связаны водородными связями [213], а по данным измерений дихроизма в ближней ИК-области нашли [83], что связь C=O в молекулах шелка ориентирована перпендикулярно оси волокна. Белки явились первыми веществами, для исследования которых применили метод прессования с KBr [279].

Исследование спектров, полученных в поляризованном свете, явилось чрезвычайно ценным вкладом в изучение конформации полипептидов [17, 18, 385, 388, 390]. Как следует из рис. 6.47, полоса колебания ν(NH) в спектре α-конформации полипептидов поляризована параллельно оси спирали, а для β-формы та же полоса поляризована перпендикулярно направлению цепи. Полоса Амид I, поляризованная приблизительно параллельно связи C=O, π-дихроична в спектре α-спирали и σ-дихроична в спектре β-формы. По-другому ведет себя полоса Амид II. По данным изучения большого числа полипептидов, находящихся как в α-, так и β-конформациях, пришли к важному выводу [389], что при переходе от α-спирали к β-форме полоса Амид I смещается от $\sim$1655 к 1630 см$^{-1}$, а полоса Амид II — от $\sim$1550 к 1520 см$^{-1}$. Смещение полос позволяет различать α- и β-конформации полипептидов в неориентированных образцах и идентифицировать α-спираль по спектру раствора [391]. Более подробный разбор этих работ проведен в работе [61].

При теоретическом анализе расщепления колебательных частот пришли к выводу [1166, 1171], что эмпирически установленное соответствие между частотой и поляризацией полос Амид I и II, с одной стороны, и конформацией полипептидов, с другой, следует из учета меж- и внутримолекулярных взаимодействий. Авторы рассчитали константы взаимодействия D_1 и D_1', а также значение волнового числа $\tilde{\nu}_0$ невозмущенного колебания по уравнению (5.1), используя при этом значения волновых чисел, полученные из ИК-спектров полиамида-66, полиглицина I и частично дейтерированного поли-γ-бензилглутамата. В табл. 6.43 приведены значения рассчитанных и измеренных волновых чисел ИК-ативных колебаний для различных конформаций полипептидов.

Согласно [890], где проводили расчет расщеплений методами теории возмущений, расщепление амидных полос не удается объяснить, ограничиваясь только учетом молекулярных взаимодействий.

Из расчетных значений колебательных частот следует, что можно различить β-конформации с параллельной и антипараллельной укладкой цепей. Так, обе структуры имеют сильную σ-дихроичную полосу Амид I при 1630 см$^{-1}$, однако слабая параллельно поляризованная полоса при 1685 см$^{-1}$ наблюдается только в спектре β-конформации с антипараллельной укладкой цепей. Полоса при 1645 см$^{-1}$, характеризующая параллельную укладку цепей, менее пригодна для идентификации, поскольку ее появление может быть вызвано поглощением фрагментов α-спирали.

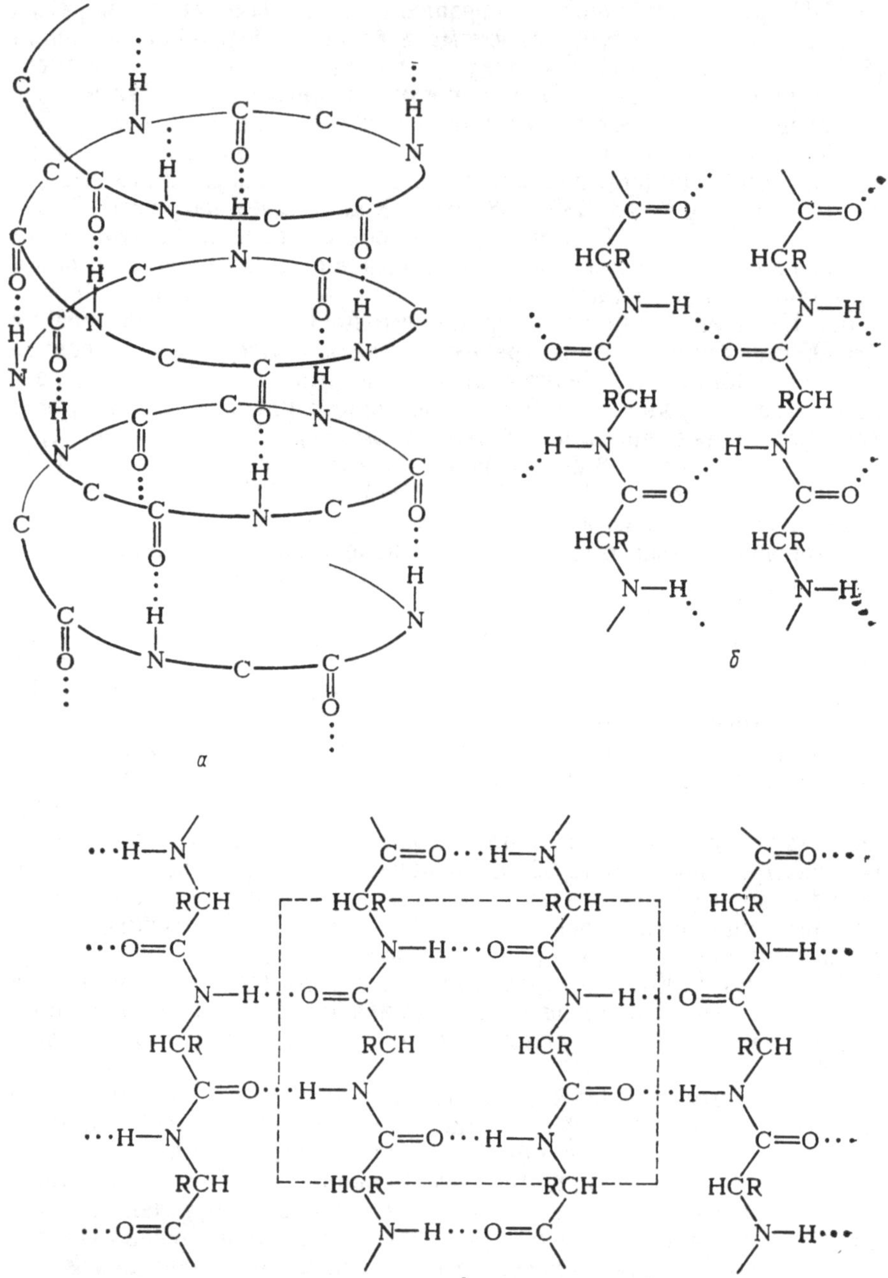

Рис. 6.47. Конформации полипептидной цепи:
а — α-спираль, *б* — β-форма с параллельными цепями, *в* — β-форма с антипараллельными цепями.

Таблица 6.43. Полосы Амид I и Амид II в спектрах полипептидов с различной конформацией [1171]

Конформация	Волновое число, см−1				Колебание	Поляризация
	Амид I		Амид II			
	измеренное	рассчитанное	измеренное	рассчитанное		
Статистический клубок	1656 с.	1658	1535 с.	1535	ν_0	—
α-Спираль	1650 с.	1650	1516 сл.	1516	$\nu(0)$	π
	1652 ср.	1647	1546 с.	1540	$\nu(2\pi/3,6)$	σ
β-Форма, параллельные	1645 сл.	1648	1530 с.	1530	$\nu(0,0)$	π
цепи	1630 с.	1632	1550 сл.	1550	$\nu(\pi,0)$	σ
β-Форма, антипараллель-	1685 сл.	1685	1530 с.	1530	$\nu(0,\pi)$	π
ные цепи	1632	1632		1540	$\nu(\pi,0)$	σ
		1668		1550	$\nu(\pi,\pi)$	σ

Тонкую структуру полос Амид I и II качественно можно объяснить, воспользовавшись теорией Миязавы [1166, 1171]. Количественное же исследование зависит от выбора волнового числа $\tilde{\nu}_0$ невозмущенного колебания, что до некоторой степени может быть произвольно. Так, в [928] для $\tilde{\nu}_0$ полосы Амид II предложено значение 1520 $см^{-1}$. Автор нашел его экспериментально, исследуя полипептиды с неупорядоченными макромолекулами и расплавленный полиамид-66. В [177, 391а] показано, что $\tilde{\nu}_0$ нельзя рассматривать как константу, не зависящую от конформации цепи. Такой вывод был сделан на основании анализа серии полипептидов с увеличивающимся расстоянием между пептидными группами. Данные расчета частот колебаний конформации с параллельными полярными цепями пополнили знания о структурах, указанных в табл. 6.43 [928]. Такая конформация характеризуется одинаковым пространственным расположением пептидных групп вдоль цепи. Рассчитанные значения частот хорошо согласуются с экспериментально найденными для кератина перьев. Была предпринята попытка применить теорию Миязавы также и для конформационного анализа белка вируса табачной мозаики.

Отношение интенсивностей поляризованных компонент полос амидных групп зависит от ориентации переходного момента невозмущенного колебания $\tilde{\nu}_0$ [1166]. Направление переходного момента определяли следующим образом [1649]. Сначала регистрировали спектр фиброина шелка при высоком разрешении микроскопа. Затем, используя итерационный метод, провели разделение перекрывающихся компонент полосы Амид I. Значения полуширины для компонент, поляризованных перпендикулярно и параллельно оси волокна, оказались различными. Это объясняется кристаллической структурой полимера. Из соотношения интегральных интенсивностей компонент $\nu(\pi,0)$ и $\nu(0,\pi)$ рассчитали, что переходный момент колебания Амид I отклоняется от направления связи C=O приблизительно на 20°.

Используя ИК-спектроскопию для определения структуры β-кератина [465], подтвердили данные рентгенографии. Анализ дихроизма колебаний позволил обнаружить помимо полос колебаний ν(π, 0) и ν(0, π) также очень слабую компоненту ν(π, π) полосы Амид I (рис. 6.48). Кроме того, оказалось, что интенсивность полос при 1629, 1683 и 1697 см$^{-1}$, их дихроизм и положение соответствуют значениям этих параметров для β-структуры с антипараллельной укладкой цепей. По ИК-спектру был рассчитан угол поворота цепи относительно поверхности образца. В работах [466, 467] экспериментально определили константы взаимодействия без каких-либо дополнительных предположений.

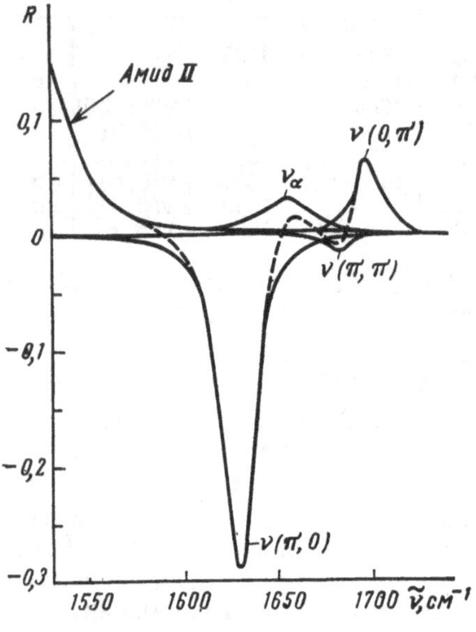

Рис. 6.48. Дихроизм полосы Амид I в спектре β-кератина.

Пунктирная кривая — экспериментально определенный дихроизм полосы Амид I; сплошными линиями обозначены значения R, полученные расчетным методом. Полоса ν_α относится к той части образца, которая имеет α-спиральную конформацию [465].

Исследована зависимость полосы Амид V от конформации цепи [1083, 1085, 1174]. В спектрах полиглутаматов и поли-*L*-аланина эта полоса лежит при 610—620 см$^{-1}$, она поляризована перпендикулярно оси спирали макромолекулы. В ИК-спектре дейтерированного образца эта полоса смещается к 460 см$^{-1}$. Тот факт, что полоса обладает σ-дихроизмом, соответствует ее отнесению к NH-деформационному колебанию, перпендикулярному плоскости амидной группы, поскольку эта плоскость почти параллельна оси спирали. В спектрах β-конформаций с антипараллельной укладкой цепей и полиглутаматов низкой молекулярной массы, цепи которых также выпрямлены, наблюдается сильная полоса при 700 см$^{-1}$. Дейтерирование амидных групп смещает ее к 530 см$^{-1}$. Соответствующая полоса в спектре поли-*L*-аланина лежит при 695 см$^{-1}$. Для поли-*DL*-аланина в конформации клубка найдена широкая спектральная полоса при 665 см$^{-1}$. Полосы Амид V, относящиеся к разным конформациям полипептидов, отстоят друг от друга дальше, чем компоненты полос Амид I и II, поэтому иногда более целесообразно определять конформацию цепи по полосе Амид V. Это особенно относится к α-спирали и статистическому клубку. В спектре поли-γ-бензил-*L*-глутамата имеется сильная полоса поглощения фенильной группы при 696 см$^{-1}$, которая даже перекрывает компоненту полосы Амид V β-конформации. Из-за этого связь конформации макроцепи со степенью полимеризации исследовали на N-дейтерированных полимерах [1084].

Описан метод спектрального исследования структуры макромолекулы полипептида, основанный на чувствительности скелетных колебаний, проявляющихся в дальней ИК-области, к конформации цепи [261]. В общем виде эта проблема была разрешена для фрагмента полипептидной цепи, содержащего две пептидные группы. В работе [262] тем же автором была измерена интегральная интенсивность и другие спектроскопические параметры основных полос пептидной группы.

По дихроизму колебаний пептидной, сложноэфирной и фенильной групп поли-γ-бензил-*L*-глутамата рассчитали углы между направлениями переходных моментов и осями спиралей [1766]. На основании расчетных данных был сделан вывод об ориентации групп в основной и боковой цепи. При изучении дихроизма сферолитов поли-γ-метил-*L*-глутамата было найдено [727], что макромолекулы находятся в виде α-спирали и ось спирали ориентирована параллельно радиусу сферолита. Выводы о конформации других поли-γ-алкил-*L*-глутаматов, основанные на изучении их ИК-спектров, приведены в работе [1638]. Методом МНПВО исследовали конформацию монослоев поли-γ-метилглутамата, образующихся на поверхности воды [1014]. Пленки наносили на призму из германия. В слоях, полученных из раствора полимера в хлороформе, молекулы имеют конформацию α-спирали. При использовании в качестве растворителя пиридина в слоях образуется β-конформация. Изучен конформационный переход, происходящий в твердых полипептидах при их ориентировании, а также под действием растворителей и органических кислот [1799—1802]. Судя по результатам этих работ, нет большого различия в энергиях α-спирали и β-формы полипептидов.

Для ряда синтетических полипептидов исследованы колебания, локализованные вне пептидной группы [40]. Полоса при 1015 $см^{-1}$ оказалась характеристической для полимеров, содержащих в цепи блоки из нескольких остатков глицина. Эта полоса есть в статистическом сополимере глицина с аланином (1 : 1), но она отсутствует в чередующемся сополимере. То же самое можно сказать и о полосе при 965 $см^{-1}$ спектра полиаланина. Оказалось, что обе полосы отсутствуют в спектре фиброина шелка, состоящего в основном из звеньев глицина и аланина. Следовательно, фиброин шелка является чередующимся сополимером. Другие полипептиды, являющиеся сополимерами, рассмотрены в работе [714].

Используя изотопный метод, провели интерпретацию полос поглощения полиглицина I (β-форма) и полиглицина II (спиральная конформация) [1648]. При этом сравнивали ИК-спектры полипептидов с основными цепями: $(—NHCH_2CO—)_n$, $(—NDCH_2CO—)_n$, $(—NHCD_2CO—)_n$, $(—NDCD_2CO—)_n$, $(—^{15}NHCH_2CO—)_n$.

Проведен теоретический анализ колебательных спектров полиглицина [571, 572, 1554]. Предположив, что цепь полиглицина I имеет плоскую вытянутую конформацию, авторы рассчитали частоты и дисперсионные кривые, а также провели интерпретацию полос. Функции плотности распределения колебательных частот полиглицинов I и II были получены экспериментально с помощью метода неупругого рассеяния нейтронов. На основании полученных результатов можно сделать вывод, что при спиральной конформации (II) имеют место межмолекулярные водородные связи типа CH•••O.

Как известно, молекулы белка построены из большого числа аминокислот. Поэтому при изучении структуры белка методом ИК-спектроскопии нельзя просто воспользоваться теми данными, которые были получены при исследовании полипептидов. В работе [137] изучали зависимость конформации от состава аминокислот для тех синтетических полипептидов, которые моделируют составные части белков. Было показано [1895, 1896], что при денатурировании дезоксирибонуклеиновых кислот в их спектрах исчезают полосы при 1645 и 1680 $см^{-1}$ и вместо них появляются полосы при 1660 и 1690 $см^{-1}$*. Первые две полосы соответствуют регулярным водородным связям между звеньями пурина и пиримидина, которые придают прочность двойной спирали. Исследования проводили с использованием растворов в тяжелой воде. В работе [136] обсуждается необходимость спектроскопического изучения биополимеров, находящихся в H_2O и D_2O, поскольку эти жидкости являются их естественными растворителями. Там же рассмотрены соответствующие методики исследования. Изучены конформационные изменения, происходящие при денатурации белков плазмы крови [1314, 1315]. Исследованы колебания пролинового кольца в поли-*L*-пролине [257, 259], который является составной частью многих белков. Был сделан вывод, что полосу при 1440 $см^{-1}$ можно использовать только для определения содержания остатков иминокислот в молекуле полипептида.

В работе [1426] описан метод получения ориентированных пленок белков для изучения их в поляризованном ИК-свете.

В работе [1767] рассмотрены спектры некоторых синтетических полирибонуклеиновых кислот. Изучены методом ИК-спектроскопии нуклепротеины [175, 176]. Проведено сравнение дальней ИК-области спектров нуклепротеинов со спектрами неупругого рассеяния нейтронов [206].

Рассмотрены изменения в ИК-спектрах волос и волокон, подвергнутых действию химических окислителей [14, 1406, 1631].

Для контроля за скоростью дейтерообмена в водных растворах полипептидов и белков использовали полосу Амид V [138], при этом измеряли ослабление полосы во времени. Было найдено, что

---

* Обзор по ИК-спектрам дезоксирибонуклеиновых кислот см. Усп. хим., 1972, XLI, № 3, с. 474. — *(Прим. ред.)*

очень быстро обмен идет в молекулах, имеющих конформацию статистического клубка. При α-спиральной конформации молекул полное дейтерирование водорода амидной группы осуществляется лишь через много часов. Изучены конформационные переходы, происходящие в водном растворе поли-*L*-пролина при повышении температуры [1655].

6.9.3. ПОЛИУРЕТАНЫ

Полиуретаны получают взаимодействием полиизоцианатов с многоосновными спиртами или другими веществами, содержащими гидроксильные группы. Образование уретановых групп происходит по реакции:

$$R'{-}N{=}C{=}O + HO{-}R'' \longrightarrow R'{-}NH{-}CO{-}O{-}R'' \qquad (6.5)$$

Уретановые группы отличаются от пептидных наличием еще одного атома кислорода. Формула уретанов как бы включает амидную группу —NH—CO— и сложноэфирную группу —CO—O—. Поэтому на валентное колебание карбонильной группы оказывают влияние фрагменты R′—NH и O—R″. Вклад одного из них в частоту колебания противоположен вкладу другого [777]. Полоса Амид I в спектре полиуретана лежит в области 1700—1720 $см^{-1}$, т. е. между полосой Амид I полиамидов и полосой карбонильной группы сложного эфира.

В зависимости от природы исходных соединений и их соотношения получают более или менее разветвленные полиуретаны, которые могут содержать и другие функциональные группы, а также алифатические и ароматические углеводородные цепи. Варьирование исходных соединений и условий полимеризации дает широкие возможности для изменения механических свойств полиуретанов.

Полиуретаны лишь в редких случаях представляют собой химически однородные продукты с простой и известной структурой. Поэтому расшифровать их ИК-спектры труднее, чем спектры многих других полимеров. Но в то же время именно ИК-спектроскопия обладает хорошими возможностями для выяснения структуры полиуретанов.

Линейные полиуретаны получают из диизоцианатов и диолов. Технический интерес представляет продукт поликонденсации бутандиола-1,4 и гексаметилендиизоцианата, который применяется для изготовления щетины и пластических литьевых изделий. ИК-спектр этого соединения рассмотрен в [632, 633]. Полиуретановые лаки состоят из полиоксисоединений и полиизоцианатов, растворенных в подходящих растворителях; они образуют при сушке сшитые лаковые покрытия.

Широкое применение находят пеноматериалы и эластомеры на основе полиуретанов. Путем сшивания можно получить полимеры с регулярной сетчатой структурой, которые по строению близки к идеальному каучукоподобному телу. Механические и эластические свойства таких соединений обусловливаются распределением в полимерной цепи жестких и гибких сегментов, которое можно проанализировать спектроскопически [1650, 1651]. Структурное многообразие пеноматериалов на основе полиуретанов опредляется, согласно данным ИК-спектроскопии [1123], уретановой, сложноэфирной, эфирной, карбамидной и биуретовой группами. Образование пены происходит при добавлении воды или карбоновых кислот за счет выделения двуокиси углерода:

$$2\text{—NCO} + H_2O \longrightarrow \text{—NH—CO—NH—} + CO_2 \qquad (6.6)$$

и

$$\text{—NCO} + \text{—COOH} \longrightarrow \text{—CONH—} + CO_2 \qquad (6.7)$$

Поскольку полимеризация и пенообразование происходят одновременно, необходимо четко контролировать оба процесса, обращая при этом внимание на последовательность реакций. Примером может служить спектроскопическое изучение сложной реакции, проведенное в работе [1123а]. В этой работе приведены частоты полос поглощения различных химических групп, которые могут входить в состав исследуемых соединений, в том числе групп, имеющих низкую спектроскопическую чувствительность.

Характеристические волновые числа поглощения уретановых групп указаны в табл. 6.44 (по данным [777]). Значения, приведенные, в частности, для области ниже 1500 $см^{-1}$ и интерпретация полос несколько отличаются от данных других авторов. Полоса при 780 $см^{-1}$ была отнесена к внеплоскостному колебанию

Таблица 6.44. Полосы поглощения уретановых групп [777]

Волновое число, см—1	Колебание	Волновое число, см—1	Колебание
3300	ν (NH)	1520	Амид II (аром.)
1700	Амид I (алиф.)	1260	ν(С—О) (алиф.)
1720	Амид I (аром.)	1220	ν(С—О) (аром.)
1540	Амид II (алиф.)		

δ(C=O) [632]. Ароматические полиуретаны распознаются по характеристическим полосам поглощения фенильной группы, проявляющимся в области 1600—1420 $см^{-1}$. При достаточно большом содержании ароматического диизоцианата можно определить тип заместителя с помощью полос поглощения, лежащих в интервале значений волновых чисел от 900 до 670 $см^{-1}$. Полиуретаны на основе диизоцианатов и простых полиэфиров идентифицируются по сильной полосе при 1120 $см^{-1}$, относящейся к колебанию ν_a (С—О—С), а полиуретаны на основе диизоцианатов и сложных полиэфиров — по полосам при 1170 и 1070 $см^{-1}$ [1201]. Описана спектроскопическая идентификация некоторых полиуретанов на основе сложных эфиров, которую проводили по характеристическим полосам поглощения в области 700—900 $см^{-1}$ [285].

Разработана методика качественного анализа линейных полиуретанов неизвестного состава [1201]. Вначале по выше указанным характеристическим полосам устанавливают тип полиуретана.

Затем проводят щелочной гидролиз полимера и продукты гидролиза разделяют с помощью ионитов. Идентификацию разделенных продуктов осуществляют с помощью ИК-спектроскопии или тонкослойной хроматографии. Сообщается об анализе продуктов пиролитического расщепления полиуретанов по сильной полосе поглощения изоцианатной группы при 2270 см$^{-1}$ [777].

Свойства линейных полиуретанов и эластомеров на основе полиуретанов меняются при образовании водородных связей между молекулярными цепями [151, 152]. Донорами протонов в основном являются NH-группы уретановой связи, а акцептором может быть карбонильный кислород уретановой и сложноэфирной групп или кислород простой эфирной группы. В соответствии с этим возможны три типа водородных связей:

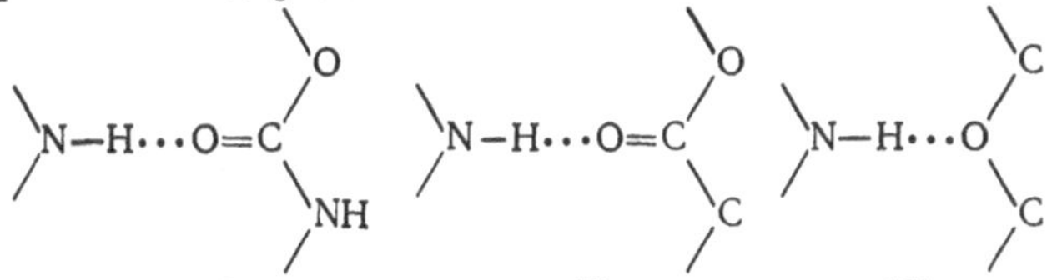

I II III

При исследовании ИК-спектров модельных соединений полиуретанов и олигомеров пришли к выводу [1882], что в полимерах на основе полиоксиметилендиолов более распространен тип III. Исследовали равновесия I⇄II и I⇄III в полиуретанах, содержащих или только сложноэфирные связи, или простые эфирные связи [1714]. Было указано, что само равновесие и статистическое распределение водородных связей в объеме зависит от концентрации уретановых групп и относительной прочности различных типов связи. Показано, что у полиуретана, растянутого на 300%, не происходит никаких изменений в водородных связях [1525]. На основании этого был сделан вывод, что эти связи не влияют на эластичность полимера. В работе [408] изучали молекулярную ориентацию сегментов в полиуретановых эластомерах.

В линейных алифатических полиуретанах есть водородные связи только типа I. Исследовали влияние температуры на содержание свободных групп NH [632, 633, 1761]. При комнатной температуре все группы NH связаны водородными связями. При нагревании до 125 °С появляются свободные группы NH, на что указывает полоса (плечо) при 3425 см$^{-1}$. Содержание свободных групп увеличивается с ростом температуры.

6.10. КАУЧУК И РЕЗИНА (В. КИММЕР)

6.10.1. ПОЛИБУТАДИЕН

Полимеризация 1,3-бутадиена — простейшего диена — может идти двумя путями: 1) полимеризация в 1,2-положении с раскрытием двойной связи винильной группы; 2) полимеризация в 1,4-положении с образованием *цис-* или *транс-*двойной связи.

Мономерные звенья макроцепей обычных полимеров бутадиена (синтетический каучук), полученных в присутствии щелочных металлов, алфиновых катализаторов или эмульсионной полимеризацией, содержат все три структурных изомера и поэтому могут рассматриваться как стерические сополимеры. Соотношение изомеров зависит от условий полимеризации и особенно от типа ка-

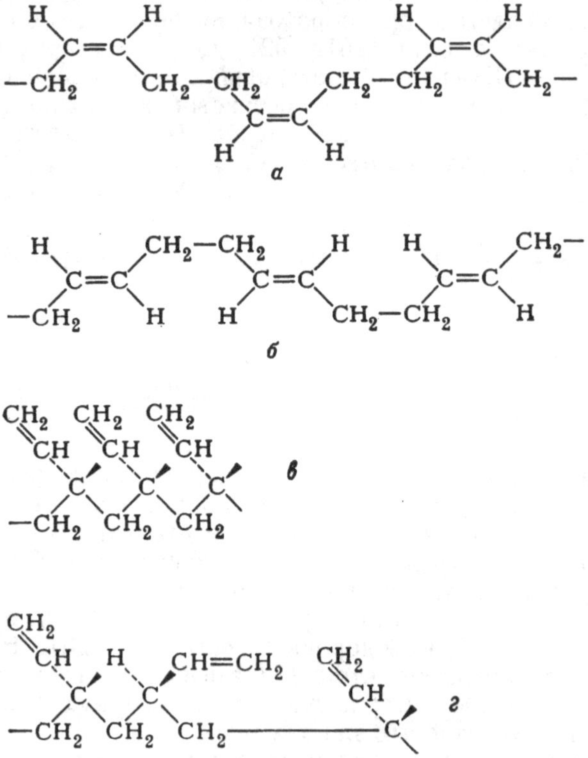

Рис. 6.49. Структура изомеров полибутадиена:
а — *цис*-1,4-изомер; *б* — *транс*-1,4-изомер; *в* — 1,2-изомер изотактический; *г* — 1,2-изомер синдиотактический.

тализатора и температуры процесса. Натта и сотр. [1234, 1239, 1243, 1244, 1253] удалось с помощью стереоспецифических катализаторов получить отдельные изомеры с малым содержанием других стереоструктур. Помимо стерически чистых *цис*-1,4- и *транс*-1,4-полибутадиенов можно получить с помощью катализаторов также изотактический и синдиотактический 1,2-полибутадиены. Известны четыре стерически чистых изомера бутадина (рис. 6.49). Техническое применение находит лишь *цис*-1,4-полибутадиен [1248], который является одним из компонентов различных смесей эластомеров. Синтез чистых каучуковых изомеров с помощью катализаторов Циглера—Натта, анализ их структуры методами ренттенографии и молекулярной спектроскопии (рис. 6.50) — все это расширило знания о строении макроцепей диеновых полимеров, их конформации и конфигурации. Это также позволило сформулировать новые принципы структурного построения полимеров [297].

ИК-спектроскопию полимеров можно применять для анализа структуры синтетических каучуков. В спектре каждого из структур-

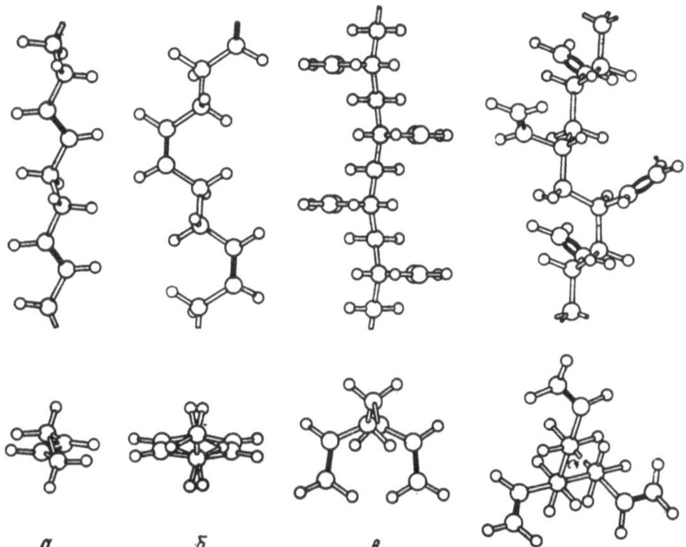

Рис. 6.50. Набор конформаций цепи для четырех кристаллических стереоизомеров полибутадиена [1247]:

а — *транс*-1,4-изомер; *б* — *цис*-1,4-изомер; *в* — 1,2-изомер синдиотактический; *г* — 1,2-изомер изотактический.

ных изомеров (1,2-, *цис*-1,4- и *транс*-1,4-) благодаря ярко выраженной зависимости колебаний $\gamma_w(=CH)$ от стерического расположения заместителей есть сильная характеристическая полоса (рис. 6.51). Эти полосы лежат при следующих значениях волновых чисел: для 1,2-изомера при 910 $см^{-1}$, для *транс*-1,4-изомера при 967 $см^{-1}$, для *цис*-1,4-изомера вблизи 740 $см^{-1}$.

Интерпретация полос поглощения изомеров полибутадиена была проведена по результатам исследований низкомолекулярных олефинов идентичной структуры. Эта работа была выполнена еще до того, как научились получать чистые стереоизомеры. Часть полученных данных была подтверждена, а часть — пересмотрена в ходе последующих исследований поляризованных спектров, спектров дейтерированных и гидрированных полибутадиенов, продуктов взаимодействия бутадиенов с ангидридом малеиновой кислоты, а также спектральных изменений, связанных с изомеризацией [122, 534].

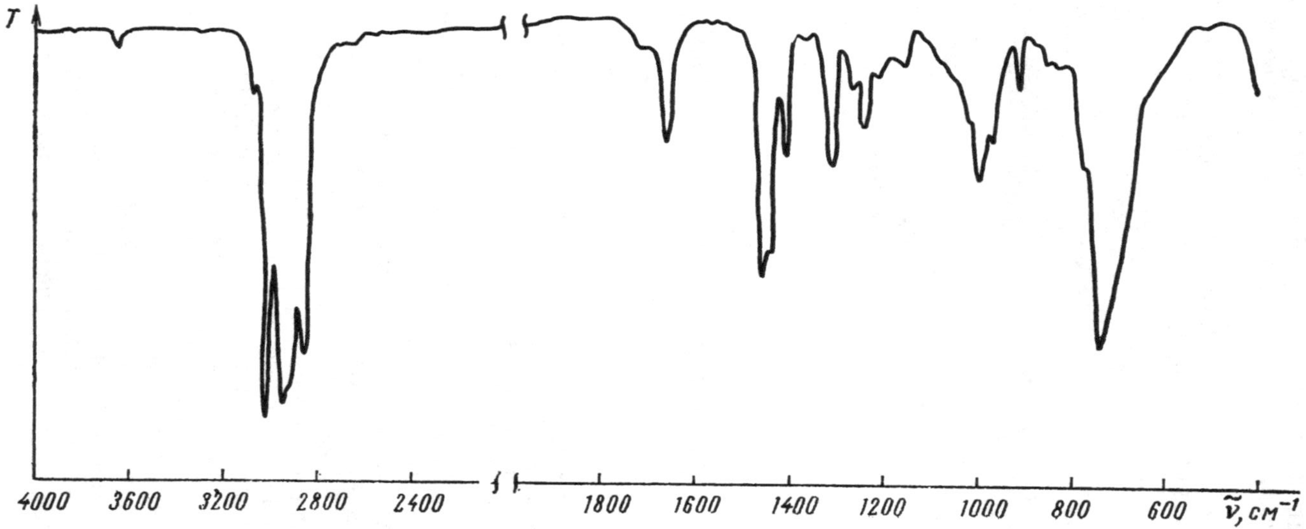

Рис. 6.51. ИК-спектр полибутадиена, обогащенного *цис*-1,4-изомером.

Точная интерпретация полос ИК-спектра таких сложных по строению молекул, какими являются молекулы полибутадиена, возможна лишь на основании теоретического анализа колебаний. Рассмотрим, что сделано в этом направлении. В работе [1899] провели анализ нормальных колебаний синдиотактического 1,2-полибутадиена, геометрические параметры которого были известны по рентгенографическим данным [1233]. При расчетах исходили из следующих предположений: полимерная цепь является полностью регулярной и имеет бесконечную длину, она изолирована и на нее не оказывает влияния силовое поле кристалла. Анализ нормальных колебаний *транс*-1,4-полибутадиена описан в [962, 963].

Впервые ИК-спектры бутадиенового каучука были опубликованы в работах [434, 1023, 1731]. Там же было указано на возможность количественного определения соотношения 1,4- и 1,2-изомеров, различить же *цис*-1,4- и *транс*-1,4-изомеры тогда еще не удавалось. Такое разделение провели позже [21, 586, 604].

ИК-спектроскопия — это единственный метод, позволяющий в относительно короткий срок получить качественную и количественную информацию о структуре каучука. Кинетические же измерения, основанные на различии скоростей реакций надбензойной кислоты с концевыми (1,2-) и стоящими в середине цепи (*цис*-1,4- и *транс*-1,4-) двойными связями, позволяют определить отдельно только суммарное содержание 1,4- и 1,2-структур. Разделить же *цис*-1,4- и *транс*-1,4-изомеры этим методом не удается, так как скорости их реакций отличаются незначительно. Не удается раздельно определить 1,4-изомеры и методом ЯМР высокого разрешения (до 100 МГц). Метод позволяет определить только суммарное содержание 1,4-структур, поскольку химические сдвиги протонов обоих изомеров приблизительно одинаковы. Лишь работая на частотах выше 220 МГц, можно спектрально разделить эти изомеры [1549]. Оба указанных метода используют для контроля данных ИК-спектроскопии [376, 378, 683, 884—886, 967, 968, 1474—1476].

ИК-спектры изомеров полибутадиена имеют характерные различия (табл. 6.45 и 6.46). В основу приведенной интерпретации положен анализ дихроизма полос поглощения полимеров и результаты исследования макромолекул, имеющих сходное строение, причем подразумевалось соответствие этих молекул и различных звеньев полимера [122]. Из приведенных данных следует, что характеристическая полоса поглощения 1,2-изомера при 910 $см^{-1}$ нечувствительна к присутствию других изомеров, а полоса при 998 $см^{-1}$ (1,2-изомер) и отчасти полоса *транс*-изомера при 967 $см^{-1}$ испытывают влияние *цис*-изомера. Такое влияние следует иметь в виду при анализе образцов с высоким содержанием *цис*-изомера. Очень незначительным оказывается действие *цис*-структуры на полосу поглощения *транс*-структуры в технических каучуках холодной и горячей вулканизации, поскольку коэффициент экстинкции полосы *транс*-изомера относительно велик. Кроме того, содержание *цис*-изомера в этих продуктах очень мало. С понижением темпера-

Таблица 6.45. Полосы в ИК-спектре 1,4-полибутадиена [122]

Волновое число, $см^{-1}$	Колебание
3077	$\nu(CH)$ в группе $CH_2{=}CH$
3012	$\nu(CH)$ в группе *цис*-$CH{=}CH$
2900	$\nu_a(CH_2)$
2841	$\nu_s(CH_2)$
1850	$2\times\gamma_w(CH_2{=}CH)$
1660	$\nu(C{=}C)$ в группе *цис*-$CH{=}CH$
1640	$\nu(C{=}C)$ в группе $CH_2{=}CH$
1470	$\delta(CH_2)$
1480	$\delta(CH)$ в группе $CH_2{=}CH$
1408	$\delta(CH)$ в группе *цис*-$CH{=}CH$
1355	$\delta(CH)$ в группе *транс*-$CH{=}CH$ (ам.)
1311	$\delta(CH)$ в группе *цис*-$CH{=}CH$
1308	$\delta(CH)$ в группе *транс*-$CH{=}CH$ (ам.)
1235	Имеется в спектрах всех полибутадиенов
1081	Имеется в спектрах *цис*- и *транс*-полибутадиенов и в образце эмульсионной полимеризации
1053	При большой конц. *транс*-1,4-изомера (полоса кристалличности, модификация I)
1000	При большой конц. *цис*-1,4-изомера
998	$\gamma_w(CH)$ в группе $CH_2{=}CH$ (внеплоскостное)
967	$\gamma_w(CH)$ в группе *транс*-$CH{=}CH$ (внеплоскостное)
910	$\gamma_w(CH_2)$ в группе $CH_2{=}CH$ (внеплоскостное)
775	При большой конц. *транс*-1,4-изомера (полоса кристалличности)
740	В группе *цис*-$CH{=}CH$
440	При большой конц. *транс*-изомера (полоса кристалличности, модификация I)

Таблица 6.46. Полосы в ИК-спектре 1,2-полибутадиена [122]

Волновое число ($см^{-1}$) для полимера			Волновое число ($см^{-1}$) для полимера		
гетеротакт.	изотакт.	синдиотакт.	гетеротакт.	изотакт.	синдиотакт.
1355	1348	1346	973	966	975
1325	1321	1333		943	
1305	1302	1309		876	
1264	1287	1295		840	855
1247			800	807	790
1230	1230	1217	769		
	1195		735	735	741
	1163	1136		709	
	1107			694	
1081	1066	1071	676	676	680
1049	1049	1045			664

туры полимеризации уменьшается доля *цис*-1,4-изомера и растет доля *транс*-1,4-изомера, поэтому в спектре низкотемпературного каучука (температура полимеризации 5 °C) практически не проявляется *цис*-структура, т. е. имеет место однородная система из *транс*-1,4- и 1,2-изомеров. В каучуке, полученном при 20 °C, отношение содержаний *транс*- и *цис*-структур составляет приблизительно 100 : 1 [1821].

6.10.1.1. ИК-спектр *цис*-1,4-полибутадиена

Однозначной интерпретации ИК-спектра полибутадиена, содержащего *цис*-структуру, до сих пор нет. Твердо установлено, что специфическое поглощение *цис*-структуры проявляется вблизи 740 $см^{-1}$, причем максимум полосы при понижении содержания этого изомера может смещаться на 10—12 $см^{-1}$ в область меньших волновых чисел. Стереоблоки *цис*-изомеров поглощают, по-видимому, при других значениях волнового числа, чем изолированные *цис*-изомеры. Полоса *цис*-изомера очень асимметрична, и поэтому некоторые авторы указывают на постороннее поглощение в этой области, т. е. на присутствие других структур в *цис*-полибутадиене. Проведено разделение этого комплекса полос на восемь отдельных полос поглощения, причем с помощью изомеризации было показано, что из *цис*- в *транс*-форму по реакции целочисленного порядка переходят только группы, поглощающие при 740 $см^{-1}$ [123].

При полимеризации бутадиена с помощью катализаторов Циглера—Натта могут образоваться циклические (квазиароматические) структуры, часть из которых можно обнаружить в продуктах реакции. Эти структуры способны вызвать заметные изменения в спектре *цис*-изомера вблизи 740 $см^{-1}$. Однако в промышленном *цис*-1,4-полибутадиене не обнаружены пока какие-либо структуры посторонних продуктов при использовании таких методов, как изомеризация, дейтерирование, ЯМР и анализ специфического поглощения чужеродных структур. Несмотря на это, нужно принимать во внимание постороннее поглощение при качественных и количественных ИК-спектроскопических исследованиях *цис*-изомера. Так, при изучении спектра полибутадиена с высоким содержанием 1,2-структуры можно столкнуться с влиянием на поглощение *цис*-изомера гетеротактического, синдиотактического или изотактического 1,2-полибутадиенов, полосы которых лежат в той же области спектра (см. табл. 6.46). Этот факт объясняет расхождения, имеющиеся в ранних работах, посвященных определению содержания *цис*-изомера в полимерах, полученных в присутствии щелочного металла (буна 32)*.

При анализе каучуков с высоким содержанием *цис*-структур или гомополимеров и сополимеров бутадиена, полученных по радикальному механизму, можно пренебречь влиянием 1,2-изомеров. В указанных полимерах лишь около 20% бутадиена имеет такую структуру, остальные мономерные звенья имеют 1,4-структуру. По-другому распределяются структуры в полимерах, полученных в присутствии щелочных металлов. Например, в каучуке буна 32 содержится 70%, а в буна 85** — 40% 1,2-структур, поэтому при количественных исследованиях этих типов бутадиенового каучука особенно необходимо вводить поправки. Блоксополимеры, полу-

---

* Низкомолекулярный натрийбутадиеновый каучук, пластификатор для жестких натрийбутадиеновых каучуков.

** Калийбутадиеновый каучук.

ченные в присутствии щелочных металлов, можно качественно отличить от продуктов эмульсионной полимеризации по дополнительной полосе при 680 $см^{-1}$.

На поглощение *цис*-изомеров могут влиять также сопутствующие вещества, содержащиеся в каучуке (стабилизаторы, эмульгаторы, регуляторы), компоненты сополимера, например стирола (полосы при 700 и 760 $см^{-1}$), парафиновые или ароматические соединения (каучук, наполненный маслом). Циклические молекулы обычно не изменяют ИК-спектр *цис*-полибутадиена, и поэтому эти примеси очень трудно зарегистрировать. В работе [124] в каучук добавляли полимер, полученный полимеризацией 1,3-бутадиена в присутствии $POCl_3$ и состоящий в основном из связанных колец циклогексанона. В ИК-спектре *цис*-полибутадиена, содержащего 20% такого проводника, не нашли никаких изменений. Влияние циклических молекул рассмотрено также в [226, 790].

В области ниже 700 $см^{-1}$ спектра аморфного *цис*-полибутадиена нет каких-либо четких полос поглощения [701]. Спектроскопическое изучение кристаллизации *цис*-полибутадиена и вулканизатов описано в работе [1522].

6.10.1.2. ИК-спектр *транс*-1,4-полибутадиена

В спектре *транс*-1,4-полибутадиена (рис. 6.52) меньше полос, чем в спектрах других стереоизомеров. *транс*-1,4-Полибутадиен существует в виде двух кристаллических модификаций (I и II). Модификация I стабильна до 50 °С. В области температур 50—70 °С она сосуществует с модификацией II. От 70 до 130 °С (точка плавления) существует только модификация II.

Переход модификации I в II при нагревании изучался дилатометрическим методом [1250] и ИК-спектроскопически [1269, 1803] по полосам кристалличности при 375, 440, 772, 1053, 1235 и 1335 $см^{-1}$. Полосы при 1308 и 1349 $см^{-1}$ характеризуют аморфный полимер. Интенсивность полос возрастает при плавлении обеих модификаций. Благодаря этому можно спектроскопически определять степень кристалличности *транс*-1,4-полибутадиена.

Макромолекулы модификации I имеют конформацию, близкую к складчатой. Это предположение подтверждено результатами анализа в поляризованном свете дихроизма и интенсивности полос поглощения [1130, 1273]. Складывание цепей в кристалле *транс*-1,4-полибутадиена исследовали в [1617]. Рассмотрены изменения конформации макромолекул в растворе и твердом состоянии при температурах от —25 до 120 °С [1130].

В спектре *транс*-1,4-полибутадиена, растворенного в CCl_4, появляется дублет полос при 1450 и 1435 $см^{-1}$, вызванный вращательной изомерией (вращение вокруг связи С—С с возникновением *транс*- и *гош*-поворотных изомеров). Обе эти полосы можно называть полосами *транс-гош*-конформации [1899]. Разность энергий *транс*- и *гош*-конформаций полибутадиена составляет 0,1—

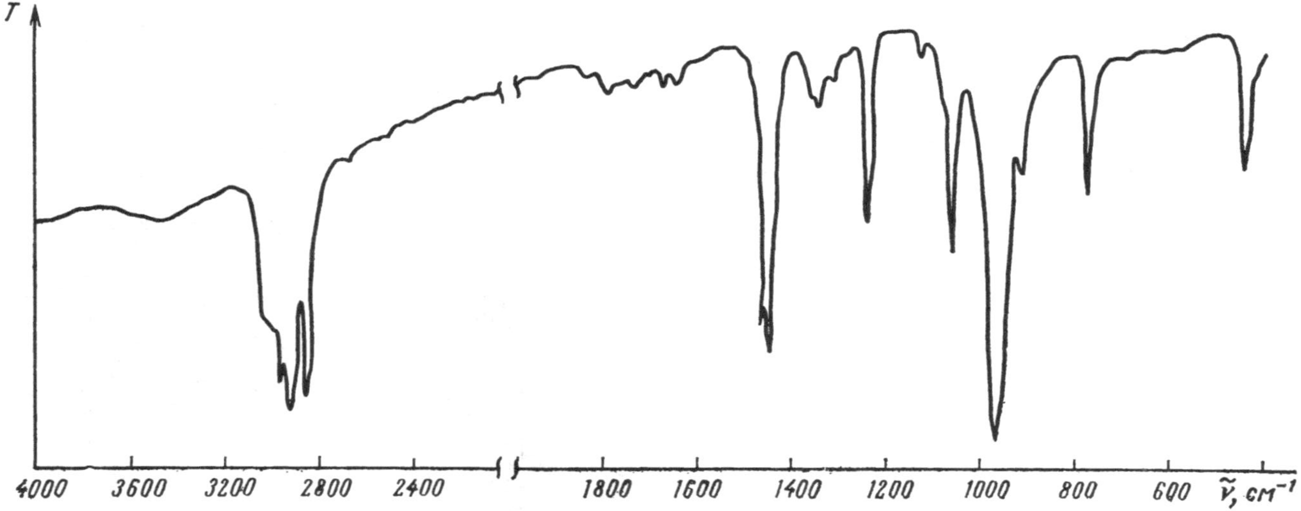

Рис. 6.52. ИК-спектр *транс*-1,4-полибутадиена.

0,2 ккал/моль, согласно данным ИК-спектроскопии [1751]. В работе [637] изучали структуру складчатых ламелей полибутадиена.

В результате графического разделения полос, лежащих в области 900—1000 см$^{-1}$, нашли, что интенсивность полосы поглощения *транс*-изомера при 967 см$^{-1}$ превышает величину, рассчитанную при определении коэффициента экстинкции методом базовой линии. При определении микроструктуры полимера без проведения такого разделения полос получают заниженные значения содержания *транс*-изомера [45].

6.10.1.3. ИК-спектр 1,2-полибутадиена

ИК-спектры изо- и синдиотактического кристаллического 1,2-полибутадиена приведены в работе [121]. Они отличаются друг от друга, а также от спектра гетеротактического полибутадиена (см.

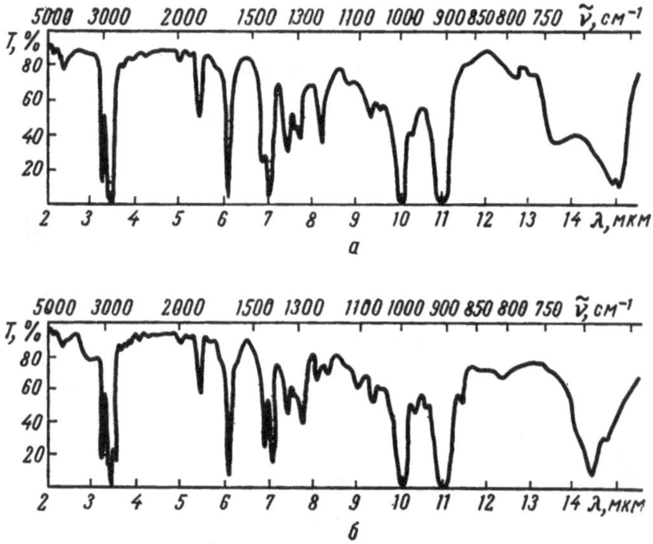

Рис. 6.53. ИК-спектры 1,2-полибутадиена [1236]:
а — синдиотактический полимер; *б* — изотактический полимер.

табл. 6.46 и рис. 6.53). Помимо полос, характеризующихся во всех трех спектрах одним и тем же положением и, следовательно, имеющих одну и ту же природу*, в спектрах изо- и синдиотактического полибутадиена проявляются полосы, которые обусловлены различиями в конфигурации молекул [121]. Это особенно относится к полосе при 966 см$^{-1}$ у изотактического полибутадиена и при 975 см$^{-1}$ — у синдиотактического, а кроме того, к паре полос при

* Это утверждение автора неверно. Далеко не всегда форма нормального колебания остается неизменной даже при незначительных изменениях структуры полимера. — (*Прим. ред.*)

694 и 664 $см^{-1}$. В изотактическом полибутадиене, который можно рассматривать как нерегулярный полимер, состоящий из звеньев синдио- и изо-структуры, наблюдается смещение полосы поглощения изо-структуры от 694 к 735 $см^{-1}$ и полосы поглощения синдио-структуры от 664 к 676 $см^{-1}$. Симметрия синдиотактического 1,2-полибутадиена, в котором звенья соединяются по типу «голова к хвосту», может быть описана [1193] фактор- группой, изоморфной точечной группе C_{2v}.

6.10.1.4. Количественный анализ 1,2-, *цис*-1,4- и *транс*-1,4-структур в каучуке

Развитие в последние годы новых способов полимеризации способствовало созданию типов каучуков, обладающих более совершенными свойствами. Изменения свойств в основном обусловлены различиями в строении молекул каучуков, а это, естественно, повышает роль структурного анализа. Спектроскопическое определение 1,2-, *цис*-1,4- и *транс*-1,4-структур в синтетических каучуках имеет такое же практическое и теоретическое значение, как и анализ физико-химических и эксплуатационных характеристик полимера. Результаты количественного анализа дают возможность изучить: 1) влияние катализатора и условий полимеризации на структуру каучука; 2) структуру неизвестных каучуков (идентификация); 3) изменение микроструктуры при вулканизации (изомеризация) и кинетику вулканизации; 4) процессы, происходящие при окислительной и термической деструкции каучука (структурные изменения при сушке каучука, старении); 5) влияние стабилизаторов на устойчивость каучукового молекулярного каркаса и процессы, происходящие при прививке и пластификации каучука; 6) соотношение мономеров в каучуковых сополимерах и в связи с этим дать качественный вывод о распределении блоков по длинам в сополимерах бутадиена со стиролом (разделение блок- и статистических сополимеров).

При количественном определении указанных выше трех изомеров предполагается, что закон Ламберта — Бера выполняется для всех трех характеристических полос поглощения изомеров каучука, при этом из практических соображений чаще всего измеряют оптическую плотность в максимуме полосы вместо интегральной интенсивности.

Приступая к количественному спектроскопическому анализу структуры каучука, нужно исходить из следующих положений. Для точного определения толщины слоя и концентрации исследуемого раствора необходимо, чтобы образец каучука хорошо растворялся или был в виде пленки определенной толщины (исключая метод набухания). Растворитель не должен поглощать в области, где лежат характеристические полосы (700—1000 $см^{-1}$). Этому требованию удовлетворяет только CS_2. Полосы, выбранные для анализа, должны быть характеристическими и ненарушенными. Это условие не всегда выполняется для поглощения *цис*-1,4-изомера, поэтому его содержание обычно определяют косвенным путем. Коэффициенты экстинкции измеряемых полос должны быть известны. Для определения коэффициентов экстинкции изомеров каучука предложен ряд методов, которые различаются природой стандартных соединений, методикой препарирования образцов и способом расчета данных. К этим методам относятся следующие.

1) Определение коэффициентов экстинкции с помощью структурно идентичных низкомолекулярных олефинов (классический метод) и расчет состава растворенного каучука по ИК-спектру с помощью системы уравнений, в которой должно учитываться влияние постороннего поглощения.

2) Калибровка с помощью смесей с большим содержанием чистых изомеров каучука и экстраполяция коэффициентов экстинкции к значениям, которые следует ожидать для чистых изомеров.

3) Определение коэффициентов экстинкции непосредственно самого растворимого каучука (метод сопряжений).

В качестве косвенных методов определения состава каучука следует указать два спектроскопических метода, не связанных с определением коэффициентов экстинкции.

1) Количественный анализ с помощью калибровки, проводимый на образцах известного состава, который, в свою очередь, определен методом сопряжения. Методика позволяет в очень короткий срок получить количественные данные также и об образцах каучука, которые лишь частично растворимы или только набухают (синхронный метод или метод набухания).

2) Пиролиз каучука в вакууме и сравнение низкомолекулярных продуктов пиролиза с продуктами пиролиза каучуков известного количественного состава [695].

Калибровка полос поглощения изомеров с помощью низкомолекулярных алкенов, таких, как 1-октен, *цис*-4-октен, *транс*-4-октен и других, впервые была проведена в работе [586]. Правда, еще раньше [434] была предпринята попытка определить концентрацию 1,2-изомера каучука через отношение оптических плотностей полос поглощения при 996 и 967 $см^{-1}$. Полученные результаты сравнимы с данными, имеющимися для смесей 1- и 2-октенов известного состава. Позже метод этот был применен для анализа различных каучуков (бутадиен-стирольный сополимер, полибутадиен, полученный эмульсионной полимеризацией или в присутствии щелочного металла), причем полосу при 680 $см^{-1}$ выбрали за характеристическую для *цис*-структуры [117].

В описанных методах состав каучука находят, решая систему однородных уравнений. Для проверки расчета определяют степень ненасыщенности полибутадиена. Для этого полимер обрабатывают ICl, затем остаток ICl переводят в I_2, содержание которого определяют титрованием. Суммарное содержание двойных связей должно равняться содержанию изомеров, определенному спектроскопически. Если такого равенства нет, значит, допущена ошибка в измерениях или в расчетах. Кроме того, возможно, неправильно проведена калибровка или же в полимере присутствуют циклические или другие продукты, не учтенные при анализе. Общее содержание двойных связей часто обозначается в литературе английским термином total found value и записывается в виде [120]:

$$\text{total found value [\%]} = \frac{[C]_{цис} + [C]_{транс} + [C]_{1,2}}{[C]} \cdot 100$$

где [C] — концентрация раствора.

Содержание 1,2- и *транс*-1,4-структур можно определить достаточно точно, начиная с низких концентраций, благодаря относительно высоким коэффициентам экстинкции для соответствующих полос, положение которых в спектре не изменяется. Положение полос поглощения *цис*-изомера не всегда постоянно, и они имеют меньшие коэффициенты экстинкции. Поэтому для некоторых каучуков с низкой концентрацией *цис*-структур целесообразнее отказаться от прямого определения *цис*-1,4-компонента, а определять его как разность: 100% — суммарное содержание *транс*-1,4- и 1,2-структур [972, 1402].

Описан метод расчета содержания *цис*-структур, в котором вместо оптической плотности в максимуме используют интегральную интенсивность [1548]. Предложена эмпирическая функция для расчета площади полосы поглощения, которая лежит между 833 и 635 $см^{-1}$. Калибровку проводят по полибутадиену высокой стерической чистоты. При этом не принимают во внимание, что между 833 и 635 $см^{-1}$ могут лежать и другие полосы, например полосы при 666 и 699 $см^{-1}$, относящиеся к синдиотактическому и изотактическому полибутадиенам. Эти полосы проявляются в спектрах как твердых, так и жидких образцов.

Для калибровки полос поглощения изомеров каучука при 967 $см^{-1}$ (*транс*), 910 $см^{-1}$ (1,2) и 735—741 $см^{-1}$ (*цис*) использовали образцы с высоким содержанием одного из изомеров, полученные стереоспецифической полимеризацией [1192].Учитывая концентрацию примесей (другие изомеры), авторы получили коэффициенты экстинкции полос для каждого анализируемого изомера. Описанный метод предполагает 100%-ную ненасыщенность каучука и применим только к растворимым полимерам. В этой же работе установили, что коэффициенты экстинкции изо- и синдиотактических 1,2-структуры при 910 $см^{-1}$ практически равны, поэтому значение коэффициента экстинкции для 1,2-структуры достаточно надежно и не зависит от структуры макроцепи этих изомеров. Правда, могут возникать небольшие смещения полос поглощения, связанные со строением молекулы полибутадиена. Благодаря этому можно количественно определить сумму обоих 1,2-стереоизомеров. Качественную оценку отношения изо- к синдиотактическим структурам можно проводить по полосам при 699 и 671 $см^{-1}$ в спектре раствора и по многим полосам кристалличности в области от 1430 до 645 $см^{-1}$ в спектре твердого полимера.

Для определения *цис*-структуры использовали полосу при 1311 см$^{-1}$ [120, 125], а для *транс*-структуры — полосу при 1355 см$^{-1}$. Полосу при 1311 см$^{-1}$ использовали для анализа микроструктуры каучука, растворенного в CCl_4 [495].

Для того чтобы исключить ошибки, которые могут появляться при калибровке полос поглощения каучука с помощью низкомолекулярных олефинов, разработали метод расчета, позволяющий определять коэффициенты экстинкции для любых каучуков (метод сопряжения) [814, 816]. Для этого исследуют растворы каучуков одного и того же качественного, но различного количественного состава и рассчитывают вначале коэффициенты экстинкции относительно суммарной концентрации олефиновых двойных связей. После этого истинные коэффициенты экстинкции и состав изомеров могут быть получены методом, описанным в разд. 2.1.3. В работе [1549] сравнили значения коэффициентов экстинкции, полученные разными методами.

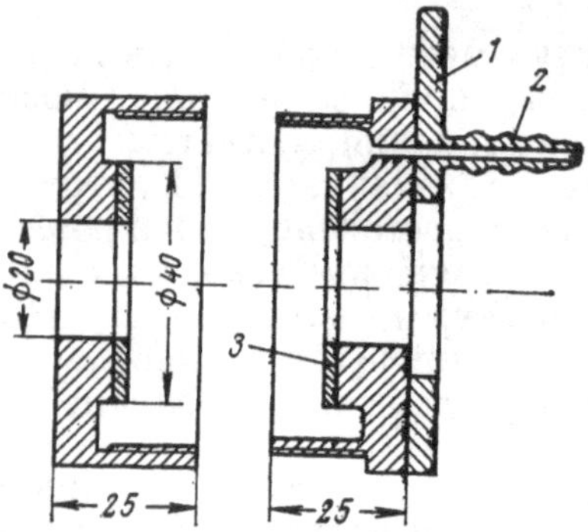

Рис. 6.54. Схема кюветы для проведения ИК-анализа набухшего каучука:

1 — лицевая панель кюветы; *2* — патрубок для присоединения к аспиратору; *3* — кольцо из тефлона.

На практике часто требуется быстро исследовать структурный состав каучука. Описанные выше методы пригодны для этого лишь в ограниченной мере, так как они связаны или с длительным препарированием образца, или с продолжительной обработкой данных. Применимость большинства методов ограничивается растворимыми каучуками или использованием пленок определенной толщины, в то время как очень много каучуков из-за их высокой молекулярной массы или большой степени сшивания могут только набухать в растворителях. Для быстрого анализа набухающих каучуков разработана методика [1473]. В отличие от метода сопряжения здесь получают относительные величины, характеризующие состав анализируемой системы, и сумма этих величин дает 100%-ную ненасыщенность каучука.

Для регистрации спектра набухшего каучука, интенсивности полос в спектре которого имеют оптимальное значение, применяют специальную кювету переменной толщины. В ней можно менять толщину образца, а кроме того, постоянно отсасывать из нее пары растворителя CS_2 (рис. 6.54).

Описан относительный метод определения каучуковых изомеров, по которому образцы готовят в виде пленок из бензольного раствора на пластинках из NaCl [744]. Методика производственного серийного анализа *цис*-структуры бутадиенового каучука с использованием образца в виде пленки описана в [786]. Разработан метод спектроскопического определения низкомолекулярных полимеров бутадиена (олигомеров) и бутадиенового каучука, по которому коэффициенты экстинкции каучуков, содержащих в основном *цис*- или *транс*- структуры, определяются методом последовательного приближения [1879]. При этом использовали полосы поглощения при 910 и 1640 $см^{-1}$ (C=C-валентное колебание винильных групп) для 1,2-структур, 967 $см^{-1}$ — для *транс*-1,4-изомера и 1658 $см^{-1}$ — для *цис*-1,4-изомера. При повышении содержания 1,2-структур наблюдается перекрывание полос при 1640 и 1658 $см^{-1}$ в области C=C-валентных колебаний; это перекрывание учитывают с помощью системы уравнений. Описан приближенный метод определения коэффициентов экстинкции полос при 730, 910 и 967 $см^{-1}$ [914]. В качестве модельных соединений применяли образцы полибутадиена, содержащего в основном структуры одной из трех форм, но неизвестной концентрации.

Сообщается об использовании метода МНПВО для количественного микроанализа структуры вулканизованного и невулканизованного каучуков [619]. После определения оптимального угла полного отражения устанавливали содержание каждого из изомеров; для обработки данных использовали метод, описанный в [1192]. Полученные значения сравнили со значениями, определенными ИК-спектроскопией пропускания. Описанный метод можно применять также для изучения вулканизации и изомеризации *цис*-1,4-полибутадиена серой или перекисями.

6.10.1.5. Изучение распределения мономерных звеньев

Наряду с определением брутто-состава представляет интерес также анализ распределения звеньев мономера в цепи. Эта важная структурная проблема относится в основном к полибутадиенам с высоким содержанием *цис- и транс*-1,4-структур. При исследовании образцов кристаллического полибутадиена с высоким содержанием *цис*-1,4-структур [1514], полученных с использованием различных катализаторов, установили, что, несмотря на одинаковый состав каучуков, их температуры плавления отличаются. Различия объяснили присутствием блоков из *цис*-изомеров.

Изучено распределение мономеров в изомеризованных *транс*-1,4- и *цис*-1,4-полибутадиенах [104, 105]. По данным брутто-состава полибутадиенов, находящихся в изомеризационном равновесии, рассчитывают вероятности образования блоков *TT*, при этом блоки *TT* могут распределяться в цепи следующим образом: *TT—TT*, *TT—TC*, *CT—TC*, *CT—TT* (*C* — *цис*, *T* — *транс*). По значениям вероятности рассчитывают отношения констант реакции. Рассчитано распределение по длинам блоков из *цис*-изомеров в полибутадиене с высоким содержанием этой структуры и малой долей *транс*-изомера [960].

Важность анализа микроструктуры каучука не вызывает сомнений; опубликовано много работ, посвященных этой области структурных исследований. Однако до сих пор нет точных знаний о том, как из брутто-состава каучука, определенного по ИК-спектру, получить информацию о строении полибутадиеновой цепи технических каучуков*. По этой причине нет и достаточно точных сведений о зависимости между структурными параметрами, определенными спектроскопически, и эксплуатационными физическими свойствами [45, 139, 945, 1543].

6.10.2. ПОЛИИЗОПРЕН

6.10.2.1. Структура и ИК-спектры полиизопрена

При полимеризации изопрена (2-метилбутадиена)

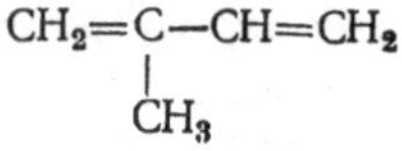

могут возникнуть следующие изомерные структуры в зависимости от положений присоединения:

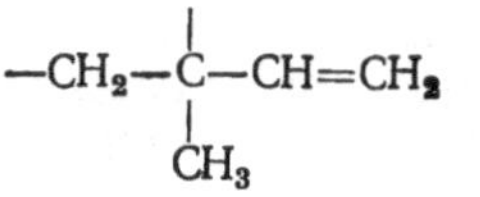

1,2-изомер

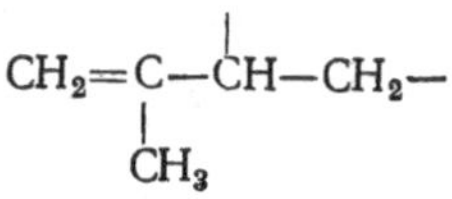

3,4-изомер

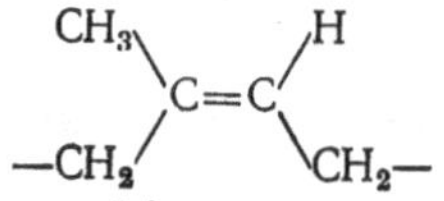

цис-1,4-чзомер

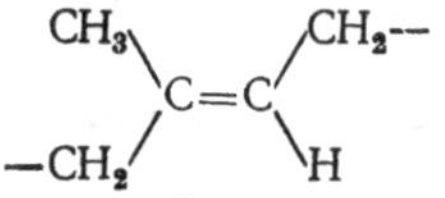

транс-1,4-изомер

В силу того что полимеры с 1,2- и 3,4-структурами содержат псевдоасимметричные атомы углерода, у них должны быть, так же, как и у 1,2-полибутадиена, изотактические и синдиотактические стереоизомеры. Таким образом, возможны шесть стереоизомеров полиизопрена, из которых пока синтезированы три: *цис*-1,4-, *транс*-1,4- и 3,4-изомеры.

Синтетические полиизопрены привлекли к себе внимание только в последние десятилетия. Натуральные же каучуки уже давно стали объектом многочисленных структурных исследований с помощью ИК-спектроскопии. В сыром виде каучук природного происхождения содержит наряду с полиизопреном смолистые, белковые и мылоподобные соединения. Эти компоненты в большинстве случаев могут быть разделены (осаждением, экстракцией).

По ИК-спектру можно различить два типа структур натурального каучука: типа гевеи (гевея, резина, гваюловый каучук и кок-

* В колебательной спектроскопии полимеров этот вопрос имеет общий характер. До сих пор не существует приемлемой теории, связывающей характеристики спектра с длинами блоков мономерных звеньев и функцией их распределения по длинам. — *(Прим. ред.)*

сагызовый каучук) и типа гуммигута (гуттаперча, балата, чикле). При нормальной температуре каучук гевеи находится в аморфном состоянии, а при длительном хранении или переохлаждении становится твердым вследствие кристаллизации. Гуммигут при комнатной температуре может существовать в виде двух кристаллических модификаций. Натуральная форма — это α-гуттаперча (темп. пл. 14 °C, период идентичности 8,7 Å), которая в результате нагревания до 65 °C и быстрого охлаждения переходит в β-форму (темп. пл. 54 °C, период идентичности 4,7Å). При нагревании выше 80 °C кристаллическая β-форма переходит в аморфную.

Рентгеновские исследования показали, что различия между каучуком типа гевеи и гуммигутом связаны с молекулярной конфигурацией [201]. Гевея содержит *цис*-1,4-, и гуммигут — *транс*-1,4-структуры. Такой вывод подтверждается данными ИК-спектроскопических исследований структуры макромолекул полиизопренов, в ходе которых регистрировали спектр поглощения в поляризованном свете. Для работы брали пленки натурального каучука, полученные вытяжкой и холодным вальцеванием; анализ проводили вначале по полосе С=С-валентного колебания при 1667 $см^{-1}$, а позднее — по другим полосам [1457]. При проведении первых исследований в этом направлении в качестве модели цепей полиизопрена использовали планарную модель. Если связь С=С лежит параллельно оси цепи и тем самым направлению вытяжки, то система имеет *цис*-расположение, и нужно ожидать появление π-дихроизма у полосы колебания ν(С=С). Для *транс*-изомеров, в которых двойные связи повернуты относительно оси молекулы, π-дихроизм выражен значительно слабее. Было показано наличие π-дихроизма полосы при 1667 $см^{-1}$, относящейся к колебанию ν(С=С), для гевеи, для гуммигута измеренное дихроичное отношение соответствует *транс*-структуре. Результаты измерений дихроичного отношения согласуются с структурой звеньев изопрена, установленной по рентгенографическим данным (рис. 6.55).

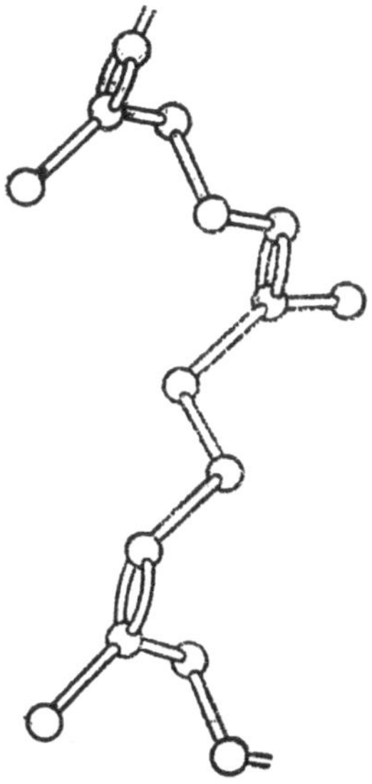

Рис. 6.55. Модель цепи молекулы натурального каучука [1290].

У полиизопрена, в отличие от полибутадиена, нет истинных, с точки зрения спектроскопии, *цис-транс*-изомеров, поскольку, если рассматривать только атомы углерода, обе 1,4-структуры имеют одинаковый основной скелет [1476а]. На основании этого следует ожидать малых различий в ИК-спектрах гевеи и балаты. Эти различия отчасти обусловлены *цис-транс*-изомерией, отчасти влия-

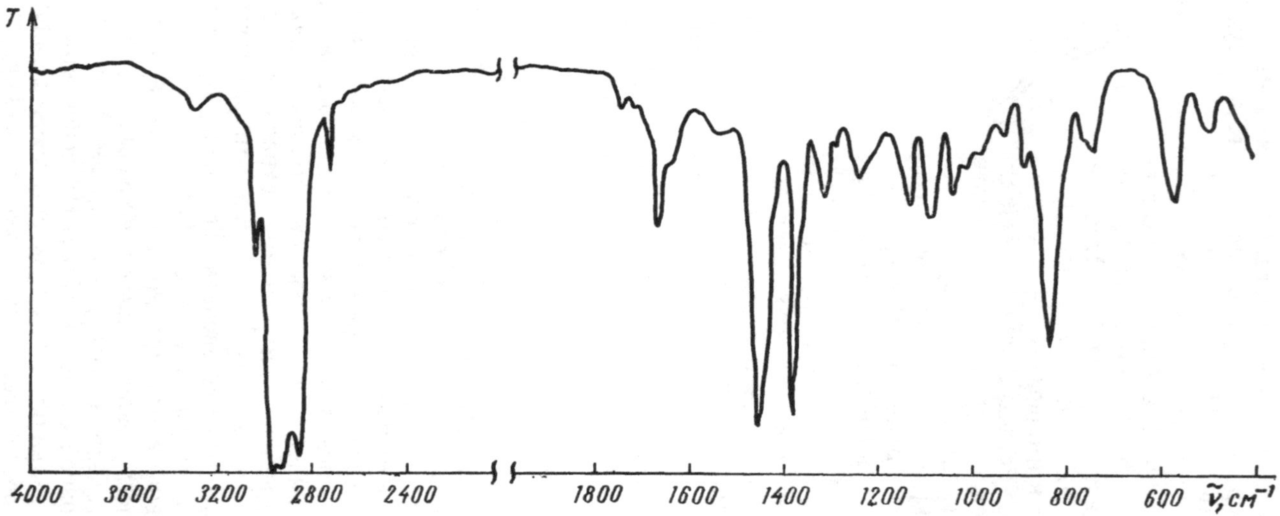

Рис. 6.56. ИК-спектр натурального каучука (*цис*-1,4-полиизопрен).

нием кристалличности или же поглощением сопутствующих соединений (рис. 6.56 и 6.57).

Полиизопрены естественного происхождения представляют собой регулярные полимеры, построенные из звеньев изопрена, которые присоединены в положение 1,4 по типу «голова к хвосту». Большинство макромолекул имеет одну и ту же структуру, так, гевея состоит из 97% звеньев, имеющих *цис*-1,4-структуру, и из 3% звеньев с 3,4-структурой. Балата на 98,7% состоит из звеньев, имеющих *транс*-1,4-структуру, и на 1,3% — имеющих 3,4-структуру. В синтетических полиизопренах можно встретить все четыре

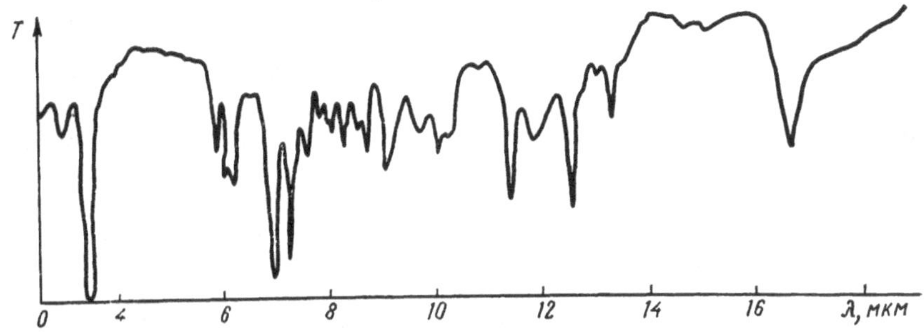

Рис. 6.57. ИК-спектр балаты (*транс*-1,4-полиизопрен).

структурных изомера, находящихся в произвольном соотношении. Согласно выводам Фрага [454], исследовавшему ближнюю ИК-область, все натуральные полиизопрены на 100% состоят из 1,4-структур, так как в этой области спектра отсутствует поглощение 3,4-изомера (чувствительность <0,2%). Более того, в работе [535] в спектре балаты авторы не обнаружили полос *цис*-1,4-изопрена, а в спектре гевеи — *транс*-1,4-изопрена. Был сделан вывод, что молекулы любого типа натурального каучука обладают более чем на 99% однородной изомерной структурой. Однако установили [237], что при озонировании гевеи выделяется муравьиная кислота в количестве, соответствующем присутствию 2,5% 3,4-изомеров в цепи полимера. Это значение совпадает с рассчитанным по ИК-спектру [119].

Надежная интерпретация полос поглощения в спектрах натуральных и синтетических полиизопренов еще невозможна, несмотря на фундаментальное исследование спектров, полученных в поляризованном свете, использование углеводородов идентичной структуры в качестве модельных соединений, а также спектроскопическое изучение химически модифицированных полиизопренов (гидрированный натуральный каучук, продукт взаимодействия с ангидридом малеиновой кислоты, дейтерированный натуральный каучук).

В ИК-спектрах полиизопренов наблюдаются различия, вызванные разными причинами. Для таких каучуков, как гевея или балата, это присутствие сопутствующих веществ природного происхождения, для синтетических каучуков — это различное расположение изопреновых звеньев в цепи. Сюда же относятся изменения в структуре каучука, происходящие при его хранении, а также под влиянием материала аппаратуры. Поэтому имеет смысл обсуждать в основном те полосы, интерпретация которых не вызывает сомнений, или же те, для которых известна точная зависимость их интенсивности или положения от степени кристалличности и конфигурации цепи. Эти полосы могут быть использованы для определения степени упорядоченности полимера и микроструктуры его цепи. Результаты таких исследований опубликованы в работах [120, 121, 125, 313, 533, 902, 904, 1457, 1645].

ИК-спектры аморфных *цис-* и *транс*-изопренов в достаточной мере одинаковы. При исследовании одних и тех же кристаллических образцов выяснили, что полосы поглощения, связанные с кристаллическим состоянием, проявляются в основном в области 700—900 $см^{-1}$. В спектре гевеи, кристаллизация которой наступает при вытяжке, многие полосы проявляют дихроизм, особенно заметный для полос при 1665, 1365, 1130 и 840 $см^{-1}$.

Как уже указывалось, полоса колебания $\nu(C{=}C)$ при 1665 $см^{-1}$, наблюдающаяся в спектрах всех изомеров полиизопрена, имеет большую интенсивность при параллельной поляризации и меньшую — при перпендикулярной. Переход от аморфного состояния образца к кристаллическому никак не сказывается на интенсивности и положении этой полосы. Указано на возможность влияния обертона полосы при 840 $см^{-1}$ на дихроизм этой полосы [1645].

Полосы поглощения CH_3-группы при 1448 и 1375 $см^{-1}$ имеют, в отличие от полосы колебания $\nu(C{=}C)$, слабую перпендикулярную поляризацию. Кристаллизация образца не влияет на обе полосы. Находящаяся рядом полоса при 1365 $см^{-1}$ обладает π-дихроизмом; ее интерпретация неоднозначна. Так, ее относят к плоскостным деформационным колебаниям CH-группы [1645] и к веерным колебаниям CH_2-группы [1457]. Исходя из интенсивности этой полосы и на основании сравнения со спектрами полибутадиенов сделали вывод [120], что отнесение к CH_2-группе предпочтительнее.

Полоса при 1130 $см^{-1}$ сильно поляризована параллельно оси цепи. Ее отнесли к веерному колебанию CH_2-группы [1457], а в работе [1645] — к плоскостному CH_3-деформационному колебанию. Показано наличие зависимости интенсивности этой полосы от содержания звеньев *цис*-1,4-изомера [120]. Отнесение ее к поглощению CH_2-группы вряд ли правомерно, поскольку содержание этих групп в изопрене не зависит от конфигурации молекул. Более надежным можно считать отнесение полосы при 1130 $см^{-1}$ к C—CH_3-колебанию группы $(CH_3)C{=}CH$ в *цис*-положении. Этой полосы нет в спектре продукта взаимодействия *цис*-полиизопрена с ангидридом малеиновой кислоты или гидрированного полимера.

При использовании полосы при 1130 $см^{-1}$ для анализа нужно иметь в виду, что интенсивность этой полосы в какой-то мере зависит от степени кристалличности образца и что поглощение *цис*-изомера наблюдается только в спектрах полиизопренов, имеющих длинные блоки с *цис*-1,4-структурой. Такая полоса отсутствует в спектрах синтетических полиизопренов с высоким содержанием 3,4-изомера (полимеры получены или при использовании щелочных металлов, или эмульсионной полимеризацией). В спектре таких полимеров появляется полоса при 1140 $см^{-1}$, которая соответствует поглощению изолированно расположенных *цис*- или *транс*-звеньев [902].

Есть еще одна специфическая полоса поглощения *цис*-структуры при 1312 $см^{-1}$, интенсивность которой, правда, меньше, чем полосы поглощения при 1130 $см^{-1}$. Эта полоса исчезает при изомеризации полимера в *транс*-форму [533]. Она была отнесена к $=CH$-колебанию в группе $C(CH_3)=CH$, так как такая же полоса поглощения имеется в спектрах полибутадиена, но не полидиметилбутадиена, у которого атомы водорода при двойной связи заменены на группы CH_3.

Рассмотрим полосу поглощения, проявляющуюся вблизи 840 $см^{-1}$. В спектре раствора гевеи в CS_2 соответствующая полоса лежит при 837 $см^{-1}$, а для балаты смещается к 843 $см^{-1}$. Эта полоса относится в основном к CH-внеплоскостному колебанию группы $C(CH_3)=CH$ в молекулах гевеи или балаты. Такая интерпретация была подтверждена результатами исследования дейтерированных полиизопренов [1523].

Полосы при 1130 и 840 $см^{-1}$ спектра каучука гевеи по-разному ведут себя при изменении степени упорядоченности полимера. При переходе от аморфного полимера к кристаллическому полоса при 1130 $см^{-1}$ только увеличивает свою интенсивность, а полоса при 840 $см^{-1}$, помимо этого, еще и смещается в сторону бо́льших волновых чисел. Как показали рентгеновские исследования, при кратности вытяжки порядка 1 : 3,5 образец обладает достаточной кристалличностью. При изучении изменения положения полосы при 840 $см^{-1}$ в зависимости от степени вытяжки образца обнаружено, что при заданной кратности вытяжки полоса смещается от 835 к 844 $см^{-1}$. Изучая поляризацию полос, пришли к выводу [1646], что имеются две отдельные полосы поглощения при 840 $см^{-1}$, которые можно связать с аморфным и кристаллическим состоянием гевеи. Относительные интенсивности этих полос можно использовать для расчета степени кристалличности. Следует отметить, что спектроскопическое определение степени кристалличности обычно сильно затруднено различным дихроизмом полос, в частности при 840, 1130 и 1665 $см^{-1}$.

Другие полосы поглощения, связанные предположительно с колебаниями группы $C(CH_3)=CH$, лежат в спектре гевеи при 763 и 741 $см^{-1}$, они поляризованы перпендикулярно оси вытяжки. В спектре гидрированного полиизопрена пропадает полоса при

741 $см^{-1}$ и появляется полоса при 735 $см^{-1}$, относящаяся к колебанию $\gamma_r(CH_2)$ в блоке $(CH_2)_3$.

Если сравнить спектры растворов гевеи и балаты в CS_2, то видно смещение ряда полос спектра балаты относительно положения тех же полос в спектре гевеи в сторону больших волновых чисел (в $см^{-1}$):

Гевея	1130	837,5	764	742
Балата	1152	843	766	745

Для аналитических целей интерес представляет полоса при 1152 $см^{-1}$, интенсивность которой зависит от содержания звеньев *транс*-изомера. Однако это относится (как и для *цис*-полиизопрена) только к каучукам с высоким содержанием *транс*-изомера, т. е. к стереоблокам *транс*-1,4-структуры, так как при изолированном расположении звеньев транс-изомера полоса при 1152 $см^{-1}$ отсутствует и вместо нее появляется полоса при 1140 $см^{-1}$. Согласно [674], для того, чтобы ИК-спектр синтетического полиизопрена соответствовал ИК-спектру балаты, необходимо наличие в цепи фрагментов, состоящих по меньшей мере из четырех звеньев в *транс*-форме. Еще одна специфическая полоса поглощения *транс*-конфигурации лежит, как показали опыты по изомеризации, при 1325 $см^{-1}$ [533]. Поглощение CH_3-группы вблизи 1380 $см^{-1}$ проявляется в спектрах *транс*-1,4-полиизопрена при 1385 $см^{-1}$, *цис*-1,4-полиизопрена при 1377 $см^{-1}$ и 3,4-изомера при 1377,5 $см^{-1}$ [254]. Эти полосы использовали также для количественного анализа микроструктуры.

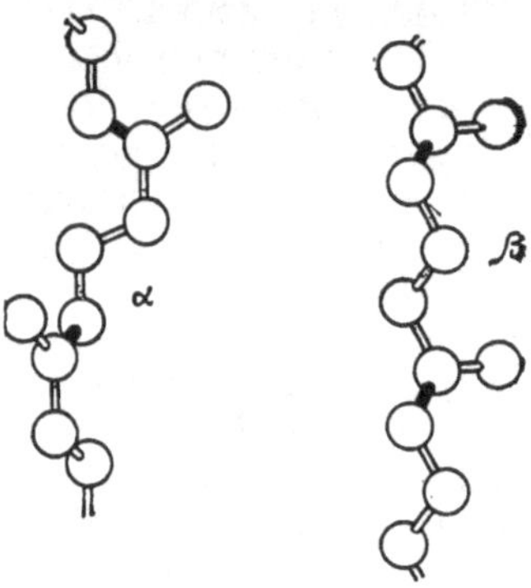

Рис. 6.58. Модели α и β-модификаций гуттаперчи [297].

В ИК-спектрах отдельных модификаций *транс*-1,4-полиизопрена, α- и β-формы гуммигута (рис. 6.58) и аморфной модификации характеристические полосы расположены по-разному. В спектре α-формы сильными являются полосы при 801, 862 и 883 $см^{-1}$, а в спектре β-формы — при 750, 795 и 875 $см^{-1}$ [703]. В спектрах расплава полимера исчезают полосы при 801, 862, 883 и 1050 $см^{-1}$. Полоса при 840 $см^{-1}$ смещается в результате кристаллизации в сторону больших волновых чисел. Смещение наблюдается в спектре как α-, так и β-формы. Подобные изменения происходят и в спектре гевеи при ее кристаллизации, что указывает на общую причину их возникновения.

Синтетические полиизопрены могут содержать помимо 1,4-изомера звенья с 3,4-структурой или циклические участки. Удалось даже получить полиизопрен, состоящий почти целиком из звеньев 3,4-структуры. В спектре 3,4-изомера (структура изопропенила) имеется сильная полоса при 899 $см^{-1}$. Эта полоса была отнесена

Саундерсом [1457] к CH_2-веерному колебанию, а Биндером [121] — к CH-колебанию в группе $CH_2{=}CH(CH_3)$. Коэффициент экстинкции полосы при 899 $см^{-1}$ очень большой, поэтому влиянием *цис*-1,4-структуры, слабо поглощающей при 891 $см^{-1}$, можно пренебречь при малом содержании *цис*-изомера. В спектре гидрированного полиизопрена полоса при 889 $см^{-1}$ исчезает, что подтверждает интерпретацию, предложенную Биндером.

ИК-спектры циклополимеров, полученных из изопрена с помощью катализаторов Циглера—Натта, практически не отличаются от спектров циклизованных *транс*-1,4-, *цис*-1,4- и 3,4-полиизопренов [903, 905, 1629]. Следовательно, в этих полимерах циклы имеют одну и ту же структуру, и их расположение в цепи также одинаково. На спектры может влиять изменение длины различных линейных сегментов, расположенных между циклическими фрагментами.

6.10.2.2. Определение микроструктуры полиизопрена

Количественное определение содержания *цис*-1,4-, *транс*-1,4-, 1,2- и 3,4-изомеров в полиизопрене очень важно для анализа натуральных и синтетических каучуков.

Разработаны многочисленные спектроскопические методы анализа каучуков, различающиеся способом калибровки, методикой обработки данных, а также выбором аналитических полос. Как указывалось в предыдущем разделе, различия в ИК-спектрах звеньев 1,4-структуры, принадлежащих натуральным и синтетическим полиизопренам, обусловлены особенностями строения этих стереополимеров. Поэтому для анализа стереоблоксополимеров следует использовать другие полосы поглощения 1,4-структуры, чем при определении микроструктуры синтетических полиизопренов, в молекулах которых нет блоков, а есть изолированные звенья мономеров различной структуры. Чем больше расстояние между *цис*-1,4-, *транс*-1,4 и 3,4-изомерами в цепи, тем сильнее отличаются измеренные составы от тех, которые можно ожидать для смесей стереоблоксополимеров [902]. Таким образом, при определении микроструктуры наряду с данными о количественном изомерном составе каучука получают дополнительную информацию о распределении 1,4-изомеров в цепи.

Все методы определения микроструктуры по ИК-спектрам требуют проведения калибровки полос поглощения различных изомеров. Калибровку для анализа поглощения звеньев *цис*-1,4- и *транс*-1,4-структур проводят независимо от исследуемой области волновых чисел по образцам гевеи или балаты, а калибровку для анализа поглощения 3,4-структур — по низкомолекулярным алкенам или по полиизопрену, содержащему только 3,4-изомер. Калибровку для анализа поглощения 1,2-структур, которые в небольших количествах присутствуют во всех типах полиизопрена, проводят также по алкенам. Для измерений используют полосы, приведенные в табл. 6.47.

ИК-спектры циклических полиизопренов не содержат каких-либо специфических полос, пригодных для анализа линейных звеньев, расположенных рядом с циклами [905]. Лишь в области спектра 1450—1470 $см^{-1}$ происходит смещение полосы антисим-

Таблица 6.47. Характеристические полосы поглощения в спектре полиизопрена

Волновое число, $см^{-1}$	
цис-1,4-изомер	*транс*-1,4-изомер
4064 [286]	
2965	2973 [1256]
1377	1385 [254]
1315	1325
1130*	1150*
837**	843**
762 [1589]	980
742 [1589]	600 (много *цис*-изомера)
572 [1616, 1851, 1852]	
3,4-изомер	1,2-изомер
3070 (много 3,4-изомера)	910
1780	
889 (мало 3,4-изомера)	

* Только в смесях гевеи с балатой или в блоксополимерах полиизопрена.
** В ИК-спектре смеси есть только полоса при 840 $см^{-1}$.

метричного деформационного колебания группы CH_3 и полосы деформационного колебания группы CH_2 приблизительно на 10 $см^{-1}$ относительно их положения в спектре линейного полиизопрена. Это смещение можно использовать для количественного анализа циклических структур в полиизопрене. Предложен метод определения циклических структур в полиизопренах, основанный на дифференциальной спектроскопии [908].

Любые комбинации полос, приведенные в табл. 6.47, дают возможность при их критическом использовании определить относительное содержание отдельных изомерных звеньев. С другой стороны, на основании этой величины, которая хорошо согласуется с данными, полученными при использовании различных комбинаций полос, можно сделать вывод, является ли анализируемый образец смесью стереорегулярных полимеров или блоксополимером, или же сополимером, цепи которого построены из чередующихся или статистически распределенных структурных единиц. Решению такой задачи может помочь метод ЯМР [42, 1549, 1550].

6.10.3. ГАЛОГЕНПРОИЗВОДНЫЕ КАУЧУКА

6.10.3.1. Поли-2-хлорбутадиен (полихлоропрен, неопрен)

При эмульсионной полимеризации 2-хлорбутадиена (хлоропрена) образуются полимеры, состоящие преимущественно из линейных звеньев *транс*-2-бутенила (1,4-изомер); наряду с этим могут образоваться звенья с *цис*-1,4-, 1,2- и 3,4-структурой:

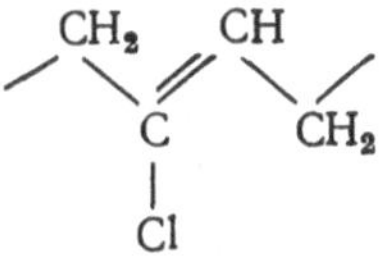

транс-1,4-изомер

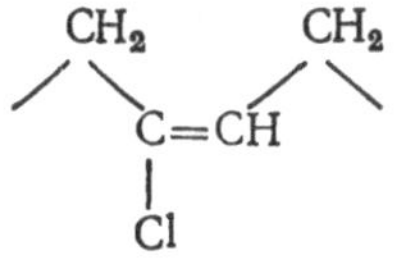

цис-1,4-изомер

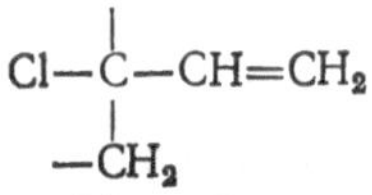

1,2-изомер

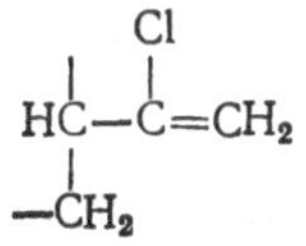

3,4-изомер

Согласно [1106, 1190], общее содержание *цис*-, 1,2- и 3,4-структур в полимере, полученном при —40 °C, составляет 5%. Оно возрастает до ~30% при температуре полимеризации 100 °C, причем основной вклад вносит *цис*-1,4-изомер. Полихлоропрен, полученный при —40 °C, плавится при ~68 °C, а обычный неопрен (температура полимеризации 40 °C) — при ~40 °C. Атом хлора легко вступает в аллильную перегруппировку, что имеет большое значение для вулканизации полихлоропрена под действием ZnO или MgO. До сих пор не получен чистый *цис*-полихлоропрен непосредственно полимеризацией хлоропрена. Он был синтезирован путем расщепления замещенного полибутадиена под действием Cl_2 [44].

Основные полосы поглощения полихлоропрена и их интерпретация опубликованы в работе [1189]. Полосы кристалличности проявляются при 952 и 782 $см^{-1}$. Они появляются в спектре через некоторое время после начала рекристаллизации литых пленок или при выделении хлоропрена. Указанные полосы были использованы для определения степени кристалличности и для анализа влияния температуры полимеризации на скорость кристаллизации [1106]. Степень кристалличности тонких пленок полихлоропрена можно определить (при выполнении закона Ламберта—Бера) по уравнению:

$$x = \theta D_{952}/D_{2941} \qquad (6.8)$$

где θ — коэффициент пропорциональности, в который входят коэффициенты экстинкции полос при 952 и 2941 $см^{-1}$.

Предполагается, что полоса поглощения при 952 $см^{-1}$ связана только с кристалличностью полихлоропрена, а ее интенсивность пропорциональна содержанию кристаллической фазы. Во избежание ошибки, связанной с толщиной слоя, измеренную оптическую плотность относят к CH-валентному колебанию при 2941 $см^{-1}$. Калибровку можно проводить по результатам измерений плотности различных полихлоропренов.

Для идентификации и количественного определения отдельных структурных изомеров полихлоропрена провели анализ спектров модельных соединений [1106]. Были взяты *цис-* или *транс*-4-хлороктен — как модель 1,4-изомера; 3-хлорбутен-1 — модель 1,2-изомера; 2,3-дихлор-2-метилбутен-1, 2,3,3-трихлорбутен-1, 2,3,4-трихлорбутен-1 и 2,3-дихлорбутен-1 — модель 3,4-изомера. *Цис-* и *транс*-конфигурации полибутадиена и полиизопрена имеют характеристические различия в области 700—1000 $см^{-1}$. Однако при сравнении ИК-спектров полихлоропрена со спектрами *цис-* и *транс*-хлороктена, взятых в качестве модельных соединений, не было обнаружено какого-либо соответствия в этой области спектров. Различия в спектрах двух изомеров были найдены лишь в области C=C-валентного колебания вблизи 1660 $см^{-1}$. Они проявлялись в спектрах как мономеров, так и полимеров, полученных при разных температурах. *транс*-Полихлоропрен поглощает при 1662 $см^{-1}$, а *цис*-изомер — при 1652 $см^{-1}$. Это различие в значениях волнового числа было использовано для количественного определения доли каждого из изомеров [1106].

Для получения калибровочных кривых, используемых при количественном анализе *транс-* или *цис*-изомеров, брали полихлоропрены с высоким содержанием *транс-* или *цис*-структур [427], причем анализ проводили по одним и тем же полосам. Согласно полученным данным для определения содержания *цис*-изомера в полихлоропрене с высоким содержанием *транс*-структуры можно использовать полосу при 1200 $см^{-1}$. При больших концентрациях *цис*-изомера эта полоса уже непригодна для анализа.

Концевая олефиновая группа звена аллилхлорида в 1,2-полихлоропрене сильно поглощает при 926 $см^{-1}$. Еще одна, но более слабая полоса поглощения проявляется в спектре модельных соединений вблизи 985 $см^{-1}$. В спектре полимера эти полосы лежат при 923 и 982 $см^{-1}$ (плечо). Коэффициент экстинкции полосы при 923 $см^{-1}$ определяется с помощью модельного соединения. Долю 3,4-структуры можно определить по полосе при 883 $см^{-1}$. При этом также необходимо проводить калибровку с помощью низкомолекулярных модельных соединений.

Точность описанного аналитического метода определяется возможностью учета различных ошибок. Технический полихлоропрен является стерическим сополимером, а для калибровки используют низкомолекулярные соединения. Разность волновых чисел для C=C-валентного колебания слишком мала, чтобы по ней можно было точно определить долю 1,4-структуры. Еще одним источником ошибок является возможная изомерия блоков мономерных звеньев, т. е. наряду с преимущественным присоединением по типу «голова к хвосту» в звеньях 1,4-полихлоропрена может также идти присоединение по типу «голова к голове» или «хвост к хвосту» [1106]:

«Голова к хвосту»	—CH_2—CCl=CH—CH_2—CH_2—CCl=CH—CH_2—
«Голова к голове»	—CH_2—CH=CCl—CH_2—CH_2—CCl=CH—CH_2—
«Хвост к хвосту»	—CH_2—CCl=CH—CH_2—CH_2—CH=CCl—CH_2—

Эти блоки были проанализированы с помощью ИК- и ЯМР-спектроскопии [427, 428].

Расчет содержания каждых из возможных блоков, проведенный по данным ЯМР-спектроскопии полихлоропрена, полученного радикальной полимеризацией, дал такие результаты: 70—80% составляют блоки, построенные по типу «голова к хвосту» и от 15 до 10% — по типу «голова к голове» или «хвост к хвосту». В *цис*-полихлоропрене доля блоков «голова к хвосту» составляет 50—60%, а «голова к голове» или «хвост к хвосту» — 20—25%.

В табл. 6.48 приведены характеристики полос поглощения *цис*- и *транс*-полихлоропренов, а также модельных соединений [427, 428].

Таблица 6.48. Полосы в ИК-спектре полихлоропрена и модельных соединений [427, 428]

Волновое число, см$^{-1}$			Колебание
полихлоропрен	2-хлорбутен-2	4-хлороктен-4	
822	798 (*транс*)	811	γ (=CH) внеплоскостное
847	823 (*цис*)	826	
1666	1674 (*транс*)	1662	ν (C=C)
1653	1665 (*цис*)	1653	
3295	3322 (*транс*)		2×ν (C=C)
3282	3305 (*цис*)		
3018	3024 (*транс*)		ν(=CH)
3025	3020, 3052 (*цис*)		

При изучении изменений интенсивности полосы C=C-валентного колебания КР-спектра, происходящих в ходе полимеризации хлоропрена, обнаружили [1199], что полоса при 1663 см$^{-1}$ со временем становится слабее. Вначале процесса полимеризации происходит усиление полосы поглощения *транс*-двойных связей при 1660 см$^{-1}$, затем она несколько ослабевает, что вызвано, по-видимому, сшиванием макромолекул в ходе полимеризации. Для количественного анализа микроструктуры полиизопрена, кроме того, использовали полосы поглощения валентных колебаний различных двойных связей (1653 см$^{-1}$ — *цис*-изомер, 1662 см$^{-1}$ — *транс*-изомер, 1636 см$^{-1}$ — 3,4-структура [46]). Для калибровки были выбраны *цис*-4-хлороктен-4, *цис*-5-хлордекен-5, *транс*-4-хлороктен-4 и 2-хлоргексен-1. Долю 1,2-структур рассчитывали по разности (см. также [1120]).

6.10.3.2. Хлорированный натуральный каучук

С помощью гидрохлорирования или хлорирования натурального каучука можно получить его хлорпроизводные. Хлоркаучук (52—68% Cl) получают путем непосредственного хлорирования натурального каучука или циклокаучука в растворе CCl_4, или же обработкой латекса хлором.

ИК-спектры хлорированных натуральных каучуков различаются в большей или меньшей степени в зависимости от содержания хлора и метода хлорирования (табл. 6.49).

В спектре каучука, подвергшегося гидрохлорированию в растворе, снижается интенсивность полосы поглощения двойных связей при 1660 $см^{-1}$, но полностью эта полоса не исчезает. При

Таблица 6.49. Полосы в ИК-спектрах хлорпроизводных натурального каучука [1442, 1443]

Волновое число ($см^{-1}$) для образцов с содержанием хлора, %				
28—31 (гидрохлорированный каучук)	37—47	39—70	52	58—68 (хлорированный каучук)
2980 с.		2980 с.		2980 ср.
	1730*	1735 сл.		1735 сл.*
1650 сл.	1640 сл.			1630 сл.*
1464 с.	1448 с.	1447 с.	1444 с.	1445 с., пл.
		1430 ср.	1430 пл.	1430 с.
1380 с.	1388 с.	1386 с.	1385 ср.	1385 ср.
1310 с.	1313 ср.			
	1272 с.	1280 с.		1270 с.
1265 ср.			1265 с.	
	1252 с.	1240 с.		1245 с.
1215 сл.	1215 ср.	1215 с.	1223 ср.	1212 с.
		1167 сл.		
1143 с.	1133 ср.	1140 сл.		
1110 ср.				
	1092 с.	1090 сл.		
		1060 ср.		
1029 о. сл.	1040 сл.			
986 о. сл.				
974 о. сл.	970 ср.	970 ср.	970 ср.	970 ср.
	930 сл.	935 с.	930 с.	935 ср.
	914 ср.			910 сл.
874 ср.				
838 ср.	830 сл.			
806 ср.	788 с.	790 с.	790 ср.	796 с.
	765 с.	765 с.	765 с.	765 с.
750 с.				
		740 с.	745 с.	740 с.
	685 ср.	665 ср.		670 ср.
635 ср.	640 ср.			
625 ср.	620 с.			
565 с.	585 сл.			
	530 сл.*			
	515 сл.*			

* Полоса наблюдается не всегда.

обработке латекса с помощью HCl достигается большая степень превращения каучука, и полоса пропадет. На основании этих результатов сделан вывод, что при гидрохлорировании в растворе вначале имеет место аллильная перегруппировка, а взаимодействие латекса с HCl протекает сразу:

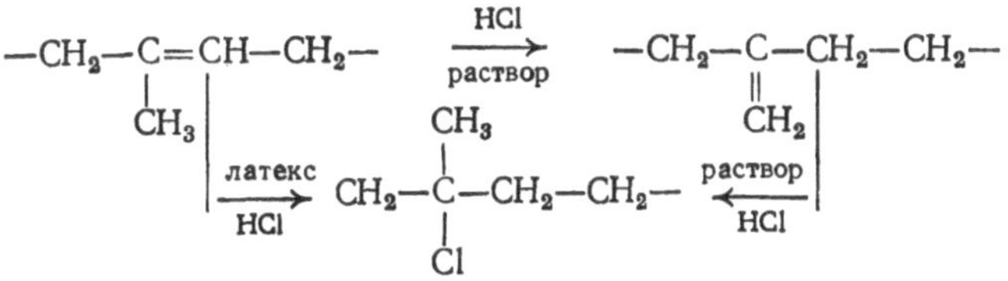

(каучук гидрохлорированный)

В спектре каучука, содержащего 51% Cl, («дихлорид каучука»)

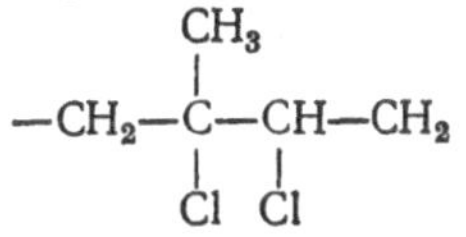

отсутствует полоса при 1660 см$^{-1}$, вместо нее появляется новая полоса при 1640 см$^{-1}$, имеющая низкую интенсивность. Интенсивность же полосы поглощения группы CH_3 при 1388 см$^{-1}$ остается почти без изменений. При увеличении степени хлорирования усиливается полоса при 1272 см$^{-1}$, а слабые полосы при 585, 530 и 515 см$^{-1}$ исчезают.

В результате взаимодействия гидрохлорированного каучука с активным хлором образуется хлорированный каучук, содержащий 39—70% Cl («хлорированный каучук гидрохлорид»). При содержании хлора ~50% вначале образуется «дихлорид», который в ходе дальнейшего превращения переходит в высокохлорированный продукт:

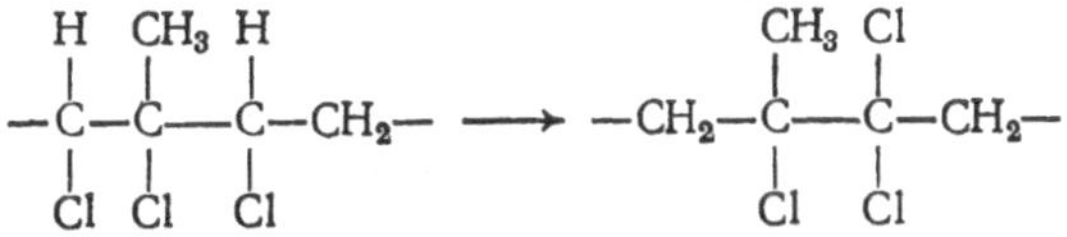

I II

В спектре этого полимера исчезает как полоса поглощения двойных связей, так и полосы CH_2-деформационного колебания при 1464 см$^{-1}$. Вместо них появляются новые полосы — при 1447 и 1430 см$^{-1}$. Такого же рода изменения происходят в спектре полиэтилена с высокой степенью хлорирования. Полоса при 1430 см$^{-1}$ относится к $CHCCl_2$-группе, которую можно найти в спектре хлоркаучука. Она отсутствует в спектре «дихлорида каучука», в котором могут проявляться только полосы поглощения CHCl-группы. Спектры указанных производных сильно отличаются от спектра гидрохлорированного каучука, кроме того, и в области CCl-валентных колебаний между 600 и 700 см$^{-1}$.

В спектрах «дихлорида» и «хлорированного каучукгидрохлорида» была найдена полоса CO-группы, которая может иметь различную интенсивность. Появление этой полосы указывает на то, что в ходе галогенирования протекают побочные окислительные реакции. Спектр хлоркаучука, получающегося в результате хлорирования натурального каучука в растворе CCl_4 или хлорирования латекса натурального каучука, очень похож на спектр «хлорированного каучукгидрохлорида». Здесь под хлоркаучуком, как и в случае остальных производных каучука, не имеют в виду какое-либо соединение определенного состава и строения, поскольку хлорирование может сопровождаться различными побочными реакциями, протекающими одновременно или относящимися к вторичным процессам.

Согласно [1442, 1443], хлоркаучук можно отличить от других типов хлорированного каучука с тем же содержанием хлора по слабой полосе поглощения группы CH_3 при 1385 $см^{-1}$. Следовательно, можно зарегистрировать хлорирование групп CH_3 хлоркаучука, осуществленное в достаточной степени. Полоса поглощения группы CH_2 при 1464 $см^{-1}$ смещается в ходе хлорирования к 1430 $см^{-1}$. Аналогичный эффект наблюдается и в спектре «хлорированного каучукгидрохлорида». Также изменяется при хлорировании и положение полос в области CCl-валентных колебаний [246, 1384].

6.10.4. СОПОЛИМЕРЫ БУТАДИЕНА

К наиболее важным сополимерам бутадиена относятся крупнотоннажные его сополимеры со стиролом (каучук холодной и горячей вулканизации) и акрилонитрилом (каучук, наполненный маслом). Наряду с ними в качестве сомономеров для получения трех- или четырехкомпонентных сополимеров берут акриловую кислоту и ее эфиры, винилпиридины, метакриловую кислоту, винилхлорид и олефины. С помощью ИК-спектроскопии можно провести качественную идентификацию компонентов сополимера и определить его брутто-состав. Кроме того, для некоторых сополимеров бутадиена удается качественно оценить распределение мономеров по блокам, для чего используют полосы поглощения, чувствительные к изменениям длины блока.

6.10.4.1. Сополимеры бутадиена со стиролом

В ИК-спектре бутадиен-стирольного каучука наряду с уже рассмотренными полосами поглощения полибутадиена есть четкие полосы поглощения бензольного кольца стирола при 1660—2000 $см^{-1}$ (полосы «пяти пальцев»), 1605, 1495, 760 и 699 $см^{-1}$ (рис. 6.59).

В технических бутадиен-стирольных каучуках преобладает структура *транс*-полибутадиена, на спектр которой лишь незначительно влияет очень слабое поглощение стирола при 962 $см^{-1}$. При

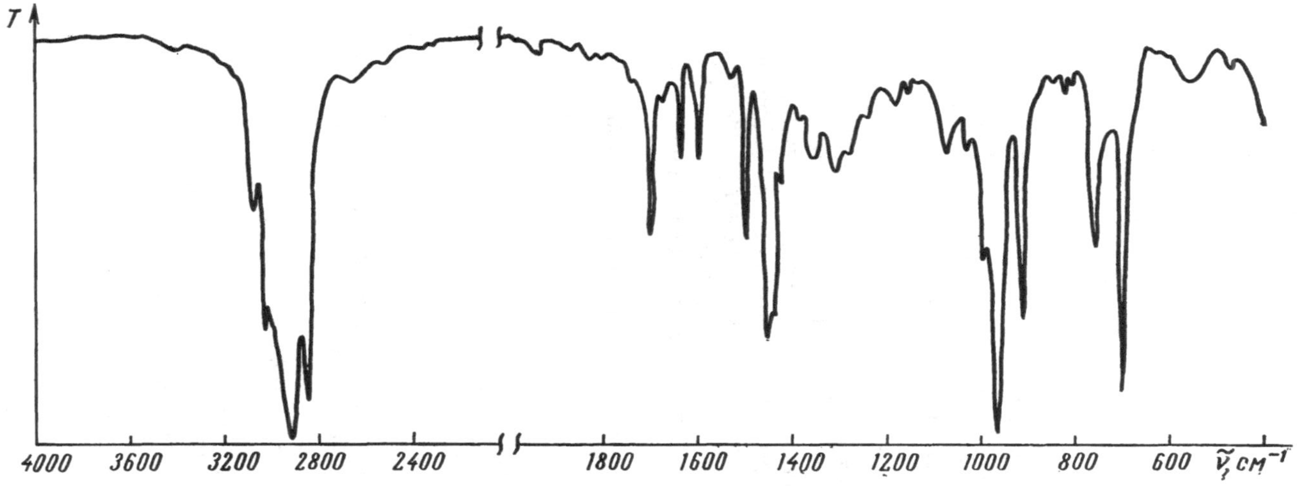

Рис. 6.59. ИК-спектр бутадиен-стирольного каучука холодной вулканизации.

малом содержании в сополимере 1,2-изомера искажения могут вызываться очень слабой полосой поглощения стирола при 906 $см^{-1}$.

Поглощение *цис*-изомера в области 680—740 $см^{-1}$ искажается γ_w-колебанием кольца стирола при 699 $см^{-1}$, поэтому качественное и количественное определение *цис*-структуры затруднено. В большинстве случаев удалось получить хорошо разрешенные спектры при записи дифференциальных спектров относительно чистого полистирола. Вследствие того что в каучуке горячей вулканизации содержится больше *цис*-изомеров, чем в каучуке холодной вулканизации, фон в этой области спектра заметно выше у первого каучука.

Спектры блок- и привитых сополимеров в основном идентичны спектрам смесей гомополимеров. В спектрах статистических сополимеров, к которым относится большинство технических каучуков холодной и горячей вулканизации, прежде всего в области ниже 600 $см^{-1}$, наблюдается смещение полос, которое зависит от длины блоков (см. разд. 5.6).

Определение содержания стирола в бутадиен-стирольных сополимерах с использованием полосы при 700 $см^{-1}$ описано в работах [122, 586, 815, 816]. Для определения содержания стирола в нерастворимых полимерах, полученных эмульсионной полимеризацией, использовали [1830] отношение оптических плотностей D_{1639}/D_{1661} [колебание $\nu(C{=}C)$ в группе $CH_2{=}CH$— полибутадиена и колебание $\nu(C{=}C)_{аром}$ в кольце стирола]. При этом предполагали, что доля 1,2-структур в сополимере постоянна.

6.10.4.2. Сополимеры бутадиена с акрилонитрилом

На рис. 6.60 изображен ИК-спектр сополимера бутадиена с акрилонитрилом. Наличие акрилонитрила до некоторой степени сказывается на полосах поглощения бутадиена. Сополимеры, выпускаемые промышленностью, содержат в основном *транс*-изомеры. Содержание 1,2-структур в них меньше, чем в сополимерах стирола с бутадиеном, и оно почти не зависит от температуры полимеризации. Полоса поглощения нитрильной группы (—$C{\equiv}N$) лежит при 2237 $см^{-1}$. В спектре чистого полиакрилонитрила полоса валентного колебания нитрильной группы проявляется при 2245 $см^{-1}$. В спектрах же сополимеров бутадиена с акрилонитрилом наблюдается смещение этой полосы на 6—7 $см^{-1}$ в зависимости от состава сополимера. Смещение полос имеет место и в спектрах сополимеров стирола с акрилонитрилом или акрилонитрила с винилтолуолом. По степени смещения можно приблизительно охарактеризовать как сам полимер, так и полимеризационный процесс.

Предложены различные методы количественного определения содержания акрилонитрила в сополимере на основании данных ИК-спектроскопии. Для этого, например, измеряют оптическую плотность полосы нитрильной группы и полосы сравнения и рас-

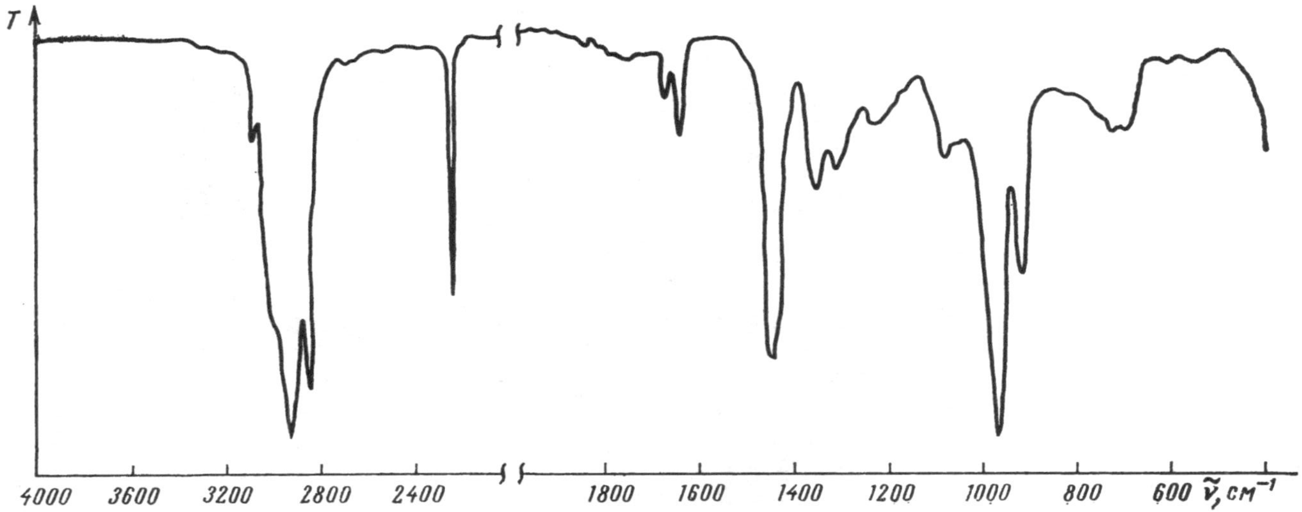

Рис. 6.60 ИК-спектр сополимера бутадиена с акрилонитрилом

считывают их отношение [361a]. При этом в качестве исследуемых образцов применяют экстракты или же их пиролизуют и анализируют продукты пиролиза полуколичественными методами. Обе методики не позволяют провести анализ всей макромолекулы как единого целого: в первом случае исследуется лишь растворимая часть, а нерастворимая — отбрасывается. Второй метод построен на полном разрушении молекулы. В работе [815] применили метод связывания и синхронный метод для определения содержания нитрильной группы. В этом случае сополимер берут для анализа или в набухшем состоянии, или в виде пленки.

6.10.5. РЕЗИНА

Исследование структуры вулканизованного и наполненного каучуков (натуральный каучук, буна N* и буна S**), полихлоропрен, бутилкаучук, полиэтиленсульфид и т. п.) — довольно трудная задача в отличие от анализа сырого каучука. Причины заложены в трудности препарирования объекта. Поэтому ИК-анализ резины разработан в меньшей степени, чем анализ сырого каучука, хотя сведения о структурных изменениях, вызванных вулканизацией, представляют практический интерес для количественного описания каучуковых смесей, а частично также и для идентификации каучука и сопутствующих соединений.

Для подготовки образцов мягкой резины к ИК-анализу применяют в основном следующие методы: 1) растворение резины в подходящем растворителе или смеси растворителей [75, 76, 361a, 435, 695]; 2) пиролиз резины; 3) получение срезов на микротоме; 4) механическое измельчение резины и набухание резинового порошка; 5) изучение срезов резины методом НПВО. Для исследования каучуковой основы эбонита используют чаще всего пиролиз.

Перед растворением резину можно подвергать деструкции методом вальцевания при повышенных температурах (значение температуры зависит от конкретного объекта) [695]. При вальцевании получаются листы, частично растворяющиеся на холоду.

Чтобы растворить вулканизат, не прибегая к механической деструкции полимерной основы, проводят длительное кипячение с обратным холодильником в присутствии *о*-дихлорбензола в атмосфере азота. Таким способом удается размягчать или растворять синтетический и натуральный каучуки, а также полихлоропрен и сополимеры бутадиена с акрилонитрилом. Пигменты и наполнители после растворения можно удалить центрифугированием. Оставшийся вязкий раствор наносят на пластину из NaCl, после чего растворитель удаляют вакуумированием. В табл. 6.50 представлены данные по растворимости в *о*-дихлорбензоле и времени кипячения

* Бутадиен-нитрильный каучук — сополимер бутадиена с нитрилом акриловой кислоты.

** Бутадиен-стирольный каучук.

Таблица 6.50. Растворимость каучуков в *о*-дихлорбензоле [695]

Основа мягкого каучука	Время кипячения, ч	Растворимость, %
Натуральный каучук (НК)	2,5	100
Бутилкаучук	8	100
НК/бутилкаучук	6	100
Бутадиен-стирол*	16	100
Бутадиен-акрилонитрил*	30	40
Полихлоропрен	26	14

* Сополимер.

для различных сортов мягкой резины. Как указано в [265], деструкция полимерных молекул идет уже на воздухе. Для полихлоропрена и некоторых каучуков типа буна N более подходящим растворителем является асимметричный дихлорэтилен. Для удаления стабилизаторов, регуляторов и других растворимых органических ингредиентов необходимо проводить предварительную экстракцию их этанолом или бутанолом.

Значительно более быстрым способом подготовки полимера к ИК-анализу является пиролитическое расщепление. Продукты пиролиза содержат, наряду с мономерами, ряд жидких и газообразных побочных продуктов, образовавшихся в результате различных вторичных процессов (циклизация, конденсация, дегидрирование и т. д.). Следовательно, в зависимости от типа каучука ИК-спектр его пиролизата будет содержать те или иные характеристические полосы поглощения, с помощью которых можно проводить идентификацию продукта. Можно регистрировать спектр растворенных продуктов пиролиза, например в CCl_4 [941, 942], или же исследовать их в конденсированном состоянии [596]. Поскольку ряд мономеров при нормальных условиях представляет собой легко летучие жидкие или газообразные соединения (бутадиен, изопрен, хлоропрен, изобутилен), то для более надежной идентификации, особенно смесей эластомеров, необходимо проводить анализ продуктов пиролиза в жидком или газообразном состоянии. Например, ИК-спектр жидкого пиролизата смесей натурального каучука и бутилкаучука очень похож на спектр пиролизованного вулканизованного натурального каучука, но в то же время в нем практически отсутствуют полосы поглощения олигомеров изобутилена. В спектре же газообразного пиролизата оба мономера хорошо различимы. То же самое имеет место для смесей натурального каучука с хлоропреновыми эластомерами и смесей буна S с хлоропреном. В обоих случаях определение хлоропрена возможно лишь в газообразном пиролизате, в то время как мономеры других составных частей каучука можно обнаружить и в жидком продукте.

Описана аппаратура, позволяющая проводить обычный пиролиз в потоке азота и в вакууме [435, 695]. В этих же работах приведено большое число ИК-спектров жидких и газообразных пиролизатов, которые можно использовать для идентификации неизвестных продуктов пиролиза, проведенного в тех же условиях.

Значительно сложнее идентифицировать пиролизат эбонита. В эбоните много серы (20—40%), что обусловливает сшивание макромолекул. Кроме того, в нем иногда содержатся наполнители, Однако, несмотря на это, пиролиз можно применять для исследования эбонита. Для того чтобы в вулканизате образовалась свободная сера или серосодержащие соединения, нужно проводить пиролиз в присутствии кальция (в виде кусочков) или цинковой пыли. Согласно данным [695], спектр жидких продуктов пиролиза эбонита на основе натурального каучука, буна S и буна N характерен для данного типа каучука.

ИК-спектры жидких продуктов пиролиза эбонита на основе натурального каучука отличаются от ИК-спектров мягкой резины. Различия проявляются в усилении полос поглощения ароматических групп (область 670—830 $см^{-1}$) и ослаблении полосы поглощения винилиденовой группы при 887 $см^{-1}$. Обычно же спектры обоих типов резины очень похожи. То же самое можно сказать и о спектрах мягкой резины и эбонита, полученных на основе буна S. В ИК-спектре эбонита на основе буна N можно заметить увеличение интенсивностей полос поглощения ароматических групп и смешение полосы колебания $\nu(C{\equiv}N)$ к 2208 $см^{-1}$.

Для анализа каучуков непосредственно без изменения их структуры нужно приготовить каучуковую фольгу, достаточно проницаемую для ИК-излучения. Очень хорошие спектры получаются при такого рода исследованиях каучуков, вулканизованных и наполненных минеральными наполнителями. Однако следует иметь в виду, что спектроскопия фольги каучуков, наполненных сажей, сопряжена с большими трудностями, связанными с сильным собственным поглощением сажи и с рассеянием света на ее частицах. При исследовании таких каучуков нужно использовать лишь ультратонкие срезы или же отделять сажу* перед регистрацией спектра с помощью специального фильтра или центрифугированием.

В работе [287] были исследованы ИК-спектры микросрезов (2—5 мкм) каучука, наполненного сажей. Каучуковые блоки нарезали в керосине, толуоле или ацетоне и полученные пленки помещали на пластину NaCl. Регистрацию спектра проводили только в области от 5 до 15 мкм, поскольку в коротковолновой области имеет место сильное рассеяние света. С помощью специальной усилительной техники можно четко регистрировать слабое поглощение двухканальным самописцем. При этом, конечно, влияние фона остается заметным. Подобным методом были сняты спектры различных каучуков, наполненных сажей; натурального каучука, буна S и N, бутилкаучука и полихлоропрена. Эти спектры использо-

---

* Удаление сажи не должно влиять на химический состав каучуковой матрицы, но может заметно изменить структурные (в основном конформационные) характеристики макромолекул. — *(Прим. ред.)*

вали для исследования технических изделий (автомобильные шины, приводные ремни и т. д.).

Некоторые исследователи предпочитают получать микросрезы каучуков, охлажденных твердой двуокисью углерода или смесью ацетона с сухим льдом. По данным [1641], наболее благоприятная температура для микротомирования буна N составляет —45 °С, для натурального каучука —55 °С. По спектру микросреза можно сделать вывод не только о природе каучука и о структурных изменениях в результате его последующей технической обработки, но и о природе использованного наполнителя (силикаты, каолин, $CaCO_3$, $MgCO_3$, CaF_2, TiO_2, синий ультрамарин и т. д.). Спектры этих минеральных веществ и их смесей с каучуками опубликованы в работах [288, 1640].

К характеристическим полосам поглощения наполнителей относятся: для кремневой кислоты — полоса при 1105 $см^{-1}$ (группа Si—O), для каолина — при 1035 $см^{-1}$, для талька — при 1020 $см^{-1}$ [ν(Si—O—Si)], 3420—3600 $см^{-1}$ [ν(CH)] и 675 $см^{-1}$. Карбонаты $MgCO_3$ и $CaCO_3$ поглощают при 1450 $см^{-1}$, тяжелый шпат — при 990, 1085, 1130 и 1190 $см^{-1}$. Если полосы поглощения наполнителя перекрывают полосы поглощения самого каучука, то иногда трудно определить природу каучука. В таких случаях следует отделить наполнитель от каучука путем растворения последнего в *о*-дихлорбензоле и исследовать оба продукта раздельно; наполнитель — в виде таблеток с KBr или суспензии в нуйоле, каучук — после набухания в CS_2.

На рис. 6.61 изображен ИК-спектр резиновой смеси, применяющейся для изоляции кабелей, которая содержит буна S4T* (каучук холодной вулканизации), пластификатор 32** и наполнители (26% каолина и 26% талька). При подготовке к анализу смесь механически измельчали и затем оставляли в CS_2 для набухания. Идентификация наполнителя не вызывает каких-либо трудностей, так как он содержится в большом количестве. Полосы при 455, 470, 672 и 1020 $см^{-1}$ принадлежат тальку, полосы при 428, 540, 910, 1035 и 1120 $см^{-1}$ — каолину. Из полос, относящихся к каучуку, отчетливо проявляется только полоса поглощения стирола при 700 $см^{-1}$. Для получения спектров лучшего качества необходимо отделить наполнитель.

Стабилизаторы и остатки ускорителей можно обнаружить с помощью УФ-спектроскопии. Для этого на микротоме готовят срезы вулканизованного каучука, наполненного сажей, в присутствии жидкости, пропускающей УФ-излучение (метилциклогексан). Полученные тонкие пленки можно ИК-спектроскопически исследовать с целью идентификации каучука и присутствующих наполнителей. Стабилизатор, а также продукты реакции, образующиеся в ходе

---

* Буна S4T — пластичный бутадиен-стирольный каучук.

** Натрийбутадиеновый полимер низкой степени полимеризации (мягчитель).

вулканизации, можно анализировать с помощью УФ-спектроскопии. Для этого указанные соединения выделяют из пленки быстрой экстракцией. Такой метод применяют при работе с натуральным каучуком, буна S, полибутадиеном и бутилкаучуком. Полихлоропрен и буна N так исследовать нельзя, поскольку они не набухают в метилциклогексане. Описанный метод неприменим также для исследования каучука, наполненного маслом [291].

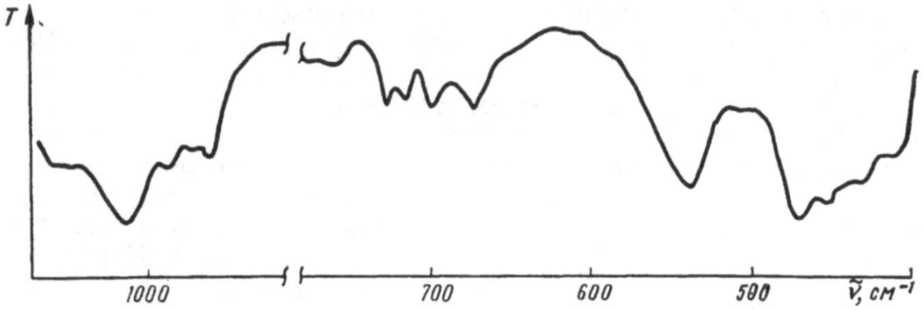

Рис. 6.61. ИК-спектр резиновой смеси, используемой для изоляции кабелей.

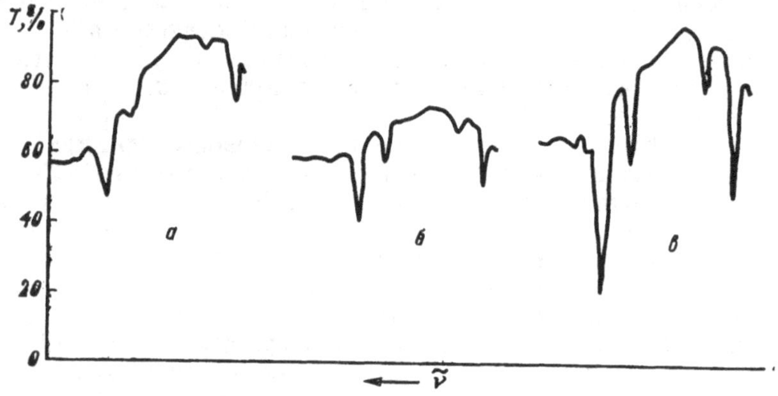

Рис. 6.62. ИК-спектр механически измельченной резины с различным содержанием сажи:
а — 75%; б — 50; в — 25%.

ИК-спектроскопия позволяет успешно изучать возможные структурные изменения в каучуке, происходящие при его вулканизации или при последующей технической обработке вулканизата. Было показано [817], что применение количественных методов для анализа вулканизатов также дает хорошие результаты. При этом предполагается, что коэффициенты экстинкции и калибровочные константы, определенные для сырого каучука, можно использовать и для вулканизатов. Кроме того, предполагается что способы препарирования резины обеспечивают получение достаточно хорошего спектра. Образцы резины измельчают с помощью мелкозернистого корундового шлифовального круга; таким образом удается избежать деструкции каучука, вызванной нагреванием. Частицы корунда, попавшие в каучук, не мешают дальнейшему исследованию. Размер частиц резины, образующихся при шлифовании, зависит от ее твердости. Для вулканизованного каучука, содержащего 50% сажи, размер частиц составляет 30—60 мкм. При работе с более мягкими материалами перед измельчением их охлаждают хлопьями твердого CO_2. Мелкораздробленный гуммигут исследуют с помощью ИК-спектроскопии в набухшем состоянии (набухание в CS_2) (рис. 6.62). Такая методика позволяет провести количественное изучение спектральных изменений, вызванных вулканизацией натурального каучука, *цис*-1,4-полибутадиена и буна N. Кроме этого можно количественно исследовать наполненные сажей вулканизованные смеси натурального каучука, каучука холодной вулканизации и *цис*-1,4-полибутадиена.

Изучали кинетику процесса изомеризации индуцированного серой *цис*-1,4-полибутадиена с высоким содержанием *цис*-изомера [129]. При этом температуру и концентрацию меняли в широких пределах. Изомеризация является реакцией первого порядка. Наряду с *цис-транс*-изомеризацией имеет место также циклизация и одновременное образование сопряженных двойных связей. Сообщается о структурных изменениях в *цис*-1,4-полибутадиене, происходящих при вулканизации с помощью перекиси дикумила [1396]. Наиболее сильные изменения в спектре при вулканизации натурального каучука, например крепа* (*цис*-1,4-полиизопрен), связаны с ослаблением полосы поглощения при 840 $см^{-1}$ (*цис*) и появлением новой полосы при 961 $см^{-1}$; помимо этого иногда можно найти полосу поглощения при 588 $см^{-1}$, которая была отнесена к C—S-валентному колебанию [334]. Полоса при 961 $см^{-1}$ в спектре мягкой резины очень слабая, а часто совсем отсутствует, а при более высоком содержании серы (твердая резина, эбонит) она проявляется четко.

Высказываются различные мнения о причинах появления полосы при 961 $см^{-1}$. Сеарс [1515], описавший ее впервые, а также ряд других исследователей [1006, 1444, 1445, 1530] объясняют появление этой полосы перемещением двойной связи под влиянием серы; при этом образуются группы *транс*-CH=CH и колебание связано с CH-группой у этой двойной связи. Появление полосы при 961 $см^{-1}$ связали также с образованием циклических структур серы [82]. В результате подробного исследования с использованием дейтерированного *цис*-полиизопрена была проведена, по-видимому, более надежная интерпретация этой полосы [1541], а именно, появление полосы поглощения при 961 $см^{-1}$ связали в основном с наличием циклических сульфидов и сопряженных двойных связей и лишь в незначительной мере — с перемещением двойных связей. Однако, согласно [1519], при содержании серы до

* Натуральный каучук гевеи. — *(Прим. перев.)*

7% в системе могут присутствовать лишь слабо сопряженные двойные связи, поскольку степени ненасыщенности, рассчитанные и экспериментально определенные, почти одинаковы. Только при более высоком содержании серы (10—20%) заметно проявляется ее влияние. Сообщается о роли окислов металлов (MgO, ZnO, CdO) в изменениях структуры натурального каучука, происходящих при вулканизации [1382].

Резины можно исследовать также и методом НПВО [411]. Для этого нужно нарезать пластинки образца и плотно прижать их к поверхности призмы. Метод НПВО позволяет исследовать только поверхностные слои толщиной до нескольких микрометров*, поэтому следует работать со свежими срезами, чтобы избежать возможных химических изменений поверхности **.

Описано применение метода НПВО для исследования натурального каучука, буна N, изобутилен-изопренового и бутадиен-стирольного каучуков (наполнение $CaCO_3$), а также полиэфир-уретана, силиконовых эластомеров и слоев воска на натуральном каучуке [603]. Методом НПВО изучали вулканизацию и изомеризацию *цис*-1,4-полибутадиена под действием серы или перекисей [487, 619, 620].

6.10.5.1. Смеси каучуков

Для практических целей представляет интерес количественное определение соотношения компонентов в смеси каучуков, в особенности для смесей буна S и натурального каучука. Полуколичественный метод анализа описан в работе [435]. Согласно этому методу анализируют жидкие пиролизаты смесей, используя для расчетов полосу поглощения при 908 $см^{-1}$ (буна S) и 890 $см^{-1}$ (натуральный каучук). При малом содержании буна S предлагают воспользоваться полосой поглощения стирола при 700 $см^{-1}$. Калибровку полос проводят по смесям известного состава.

В работе [1763] пиролизовали образцы, полученные экстракцией ацетоном с последующей вакуумной сушкой. Пиролиз проводили при 550 °C. Было выведено эмпирическое соотношение между интенсивностями полос при 908 и 890 $см^{-1}$ и содержанием натурального каучука. При проверке этого метода обнаружили [973], что смеси из вулканизованных буна S и натурального каучука после пиролиза имеют спектр, отличный от спектра продуктов пиролиза вулканизата этих каучуков. Было показано также, что пиролиз при 850—950 °C приводит к исчезновению как спектральных

---

* Глубина проникновения света в образец зависит от угла падения луча на образец, а также от длины волны излучения. — *(Прим. ред.)*

** Работа со «свежими» срезами не гарантирует химической чистоты поверхности, потому что реакции, изменяющие поверхность, наиболее активно идут при механическом воздействии на образец либо при повышении температуры образца до комнатной при его препарировании. — *(Прим. ред.)*

различий, так и влияния природы агентов и условий вулканизации.

Для количественного анализа смесей буна S с натуральным каучуком также использовали пиролиз [431]. Для построения калибровочной кривой проводили пиролиз обоих эластомеров при ~600 °C и давлении 100 торр, после чего пиролизат растворяли в циклогексане при 8 °C. Из полученных концентрированных растворов буна S и натурального каучука готовили рабочие растворы с содержанием буна S от 0 до 100%. Для анализа использовали полосу поглощения стирола при 697 $см^{-1}$; толщина слоя была постоянной (1 мм). При изучении наполненного каучука таким методом необходимо заранее определить содержание наполнителя, поскольку калибровка проводится по известному количеству вещества.

Описан полуколичественный метод анализа смесей буна N и фенольной смолы [102]. Смесь подвергают пиролизу (550 °C, 2 мм рт. ст.). Продукты пиролиза собирают в сосуде, охлаждаемом твердым CO_2, и регистрируют спектр при определенных условиях. Калибровочную кривую строят по смесям известного состава (она отражает зависимость отношения оптических плотностей полос при 3390 и 2232 $см^{-1}$ от содержания фенольной смолы или акрилонитрила). Исследованию продуктов пиролиза обрезков резиновой смеси посвящена работа [1210].

Описан метод ИК-спектроскопического определения содержания *цис*-1,4-полибутадиена в протекторах шин [1504]. Каучук, после того как из него экстрагировали вещества, препятствующие старению, растворяли в *о*-дихлорбензоле кипячением с обратным холодильником. После отделения сажи растворитель отгоняли в вакууме и регистрировали спектры полученных пленок. Калибровочную кривую строили по смесям известного состава (*цис*-полибутадиен, буна *S*); она отражала зависимость отношения D_{737}/D_{1316} от содержания цис-изомера (см. также [1037, 1148]).

6.11. ЦЕЛЛЮЛОЗА

Целлюлоза — широко распространенный натуральный полимер, давно нашедший техническое применение. Ее исследование методом ИК-спектроскопии началось также давно. Однако полная интерпретация спектра целлюлозы все еще затруднительна. Такое положение связано со сложной структурой мономерного звена макромолекул целлюлозы

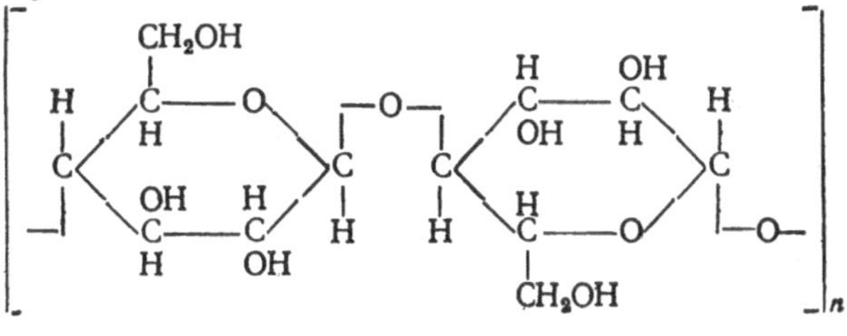

и также с сильной зависимостью спектра от надмолекулярной структуры. ИК-спектр целлюлозы в основном определяется поглощением трех различных гидроксильных групп, содержащихся в каждом глюкозидном кольце. Эти гидроксильные группы могут образовывать внутри- и межмолекулярные водородные связи как с другими гидроксильными группами, так и с атомами кислорода кольца и кислородными мостиками. Благодаря этому возможно существование стабильных надмолекулярных структур. Рентгенографически различаются по меньшей мере четыре кристаллические модификации и еще неупорядоченные области*. Лишь в исключительных случаях надмолекулярную структуру целлюлозы можно описать с помощью двухфазной модели; в общем случае имеет место большой набор упорядоченных состояний [1066]. Многообразие конфигураций молекулы целлюлозы обусловливает сильное уширение полос поглощения, что можно в первую очередь объяснить различием в энергиях водородных связей**.

Результаты первых исследований [186, 447, 1420] значительно шире, чем только качественное изучение ИК-спектра и наблюдение отдельных полос, появляющихся в результате окисления целлюлозы или ее производных. Большой вклад в изучение целлюлозы дало использование дейтерирования, введенного в практику Манном [1061] и Марринаном [1075], исследование ориентированных образцов в поляризованном свете, проведенное впервые Цубои [1765], исследование гидролизованных кристаллитов в унипланарно ориентированных слоях [986, 987, 1067]. После того как удалось провести не только дейтерирование гидроксильных групп, но и заместить водород, связанный с атомами углерода, на дейтерий [299, 300], стала возможной почти полная интерпретация ИК-спектра целлюлозы [345].

Препарирование образцов целлюлозы для ИК-анализа проводят различными методами, описанными в разд. 4. Измельчение образцов для получения таблеток с KBr или суспензий следует проводить в устройствах, принцип работы которых ближе к резанию, чем к помолу. Установлено [1292, 1296], что в мельнице Вилея можно добиться достаточного измельчения без заметных изменений надмолекулярной структуры, при помоле же в шаровой мельнице степень кристалличности заметно снижается. Отдельные волокна чаще всего слишком толсты для прохождения через них светового пучка. Прессование позволяет получить несколько более подходящие препараты. Из бактериальной целлюлозы удобно готовить пленки нужной толщины, поэтому она является самым рас-

---

* Данные об электронной дифракции целлюлозы см. A. Bourret, H. Chanzy, R. Lazaro. Biopolymers, 1972, v. 11, p. 893. — *(Прим. ред.)*

** Уширение полос поглощения вряд ли можно объяснить наличием множества упорядоченных структур. Как правило, кристаллические образования дают много хорошо разрешимых узких полос в спектрах. В то же время неупорядоченные области полимера, связывающие различные кристаллиты, могут приводить к диффузному спектру. — *(Прим. ред.)*

пространенным объектом изучения с помощью ИК-спектроскопии. В работах [63, 1329] описана методика получения целлюлозных пленок из раствора вискозы. Однако нужно заметить, что структура таких пленок отличается от структуры технических нитей, полученных высаживанием при равномерной вытяжке. Проблемы, возникающие при препарировании и интерпретации спектров целлюлозы, подробно изложены в монографии Жбанкова [1890].

6.11.1. ИК-СПЕКТР НАТИВНОЙ ЦЕЛЛЮЛОЗЫ

Обычная бактериальная целлюлоза, спектр которой приведен на рис. 6.63, проницаема для D_2O менее чем на 25%. Ее спектр содержит большое число резких полос, что связано с наличием

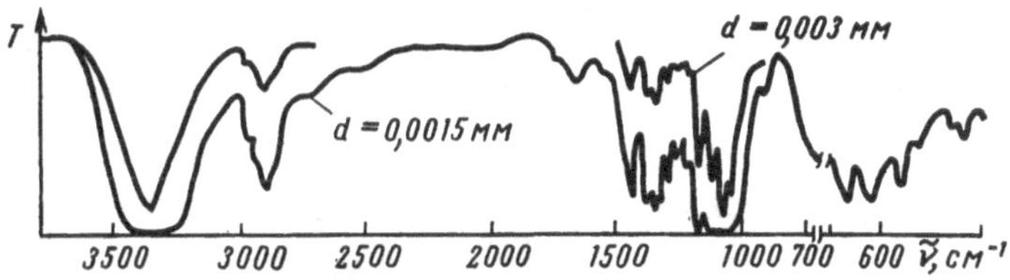

Рис 6.63. ИК-спектр бактериальной целлюлозы.

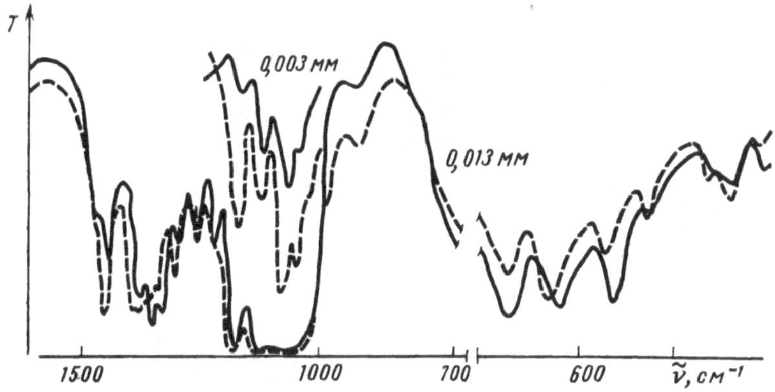

Рис. 6.64. ИК-спектры бактериальной целлюлозы, растянутой в соотношении 1 : 2.

Сплошной линией показан спектр при электрическом векторе излучения, перпендикулярном направлению вытяжки, а пунктирной линией — при векторе, параллельном направлению вытяжки.

больших областей высокой молекулярной упорядоченности. Сходные спектры с большим числом полос можно получить и для альгиновой целлюлозы (valonia ventricosa), и для гидролизованных кристаллитов рами* [987]. В спектре хлопка или древесной цел-

* Boehmeria Iacq. — (*Прим. перев.*)

люлозы полосы уширены и плохо разрешимы. На рис. 6.64 приведены спектры растянутой бактериальной целлюлозы, снятые в поляризованном свете.

Получены унипланарно ориентированные образцы из кристаллитов целлюлозы [986]. Кристаллиты ориентировали в суспензиях с помощью ультрацентрифугирования, после чего полученную суспензию наносили на пластинки из AgCl. Такой прием позволил получить спектры кристаллитов, определенным образом ориентированных относительно пучка света [993].

6.11.1.1. ОН-валентные колебания

Сильные полосы поглощения в области 3200—3500 $см^{-1}$, а также группу полос при 2900 $см^{-1}$ следует отнести к ОН- и соответственно СН-валентным колебаниям. Труднее ответить на вопрос, каким образом отдельные группы ОН и СН определяют структуру полос, лежащих в этих областях спектра. При исследовании области обертоновых колебаний установили [393], что подавляющая часть гидроксильных групп в молекуле целлюлозы связана водородными связями. По наличию незначительного поглощения в области выше 3600 $см^{-1}$ сделали вывод [1385], что доля свободных групп ОН в сухой целлюлозе составляет менее чем 1%. В кристаллических областях почти все гидроксильные группы связаны.

В спектрах дейтерированных или подвергнутых гидролитическому расщеплению аморфных областей образца наблюдается распад полос поглощения гидроксильных групп на отдельные компоненты, Наиболее отчетливо это можно увидеть в спектре, полученном в поляризованном свете (рис. 6.65).

Таблица 6.51. Полосы поглощения ОН-группы в ИК-спектре нативной целлюлозы [986, 988, 993]

Волновое число, $см^{-1}$	Интенсивность полосы	Поляризация	Колебание
3405	сл.	σ	$O_6H\cdots O_1''$ плоскость $(10\bar{1})$
3360	сл.	σ	$O_2H\cdots O_6''$ плоскость (002)
3350	о. с.	π	$O_4H\cdots O_5'$
3305	с.	σ	$O_6H\cdots O_1''$ плоскость (101)
3275	сл.	π	
3245	ср.	π	

Примечание. $OH\cdots O'$—внутримолекулярная связь с ближайшим глюкозидным остатком; $OH\cdots O''$—межмолекулярная связь с соседней молекулой.

В табл. 6.51 представлены данные о полосах поглощения ОН-групп нативной целлюлозы. В спектрах неориентированных образцов проявляются только более сильные полосы при 3405, 3350, 3305 и 3245 $см^{-1}$ [1385, 1642]. Полоса при 3245 $см^{-1}$ имеется только в спектрах бактериальной и альгиновой целлюлозы; она отсутствует в спектрах хлопка, рами и других нативных волокон [1076].

Различия в спектрах указанных соединений объяснили взаимодействием OH-валентных колебаний, которое имеет место у бактериальной и альгиновой целлюлозы и отсутствует у других типов целлюлозы [1064]. В той же работе было найдено, что полоса OD-валентного колебания, характеризующая поглощение в кристаллических областях бактериальной целлюлозы, содержащей 10% OD-групп, имеет другую структуру, чем в спектре образца с полностью дейтерированными OH-группами. Из этого был сделан вывод об ослаблении взаимодействия нормальных колебаний при неполном дейтерировании. Однако согласно данным [300] при син-

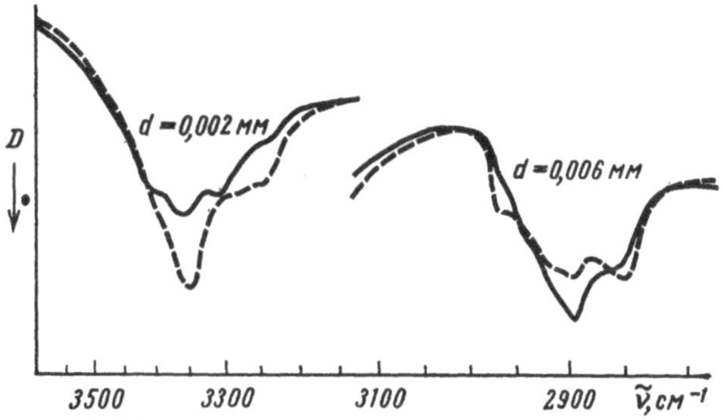

Рис. 6.65. ИК-спектры ориентированных кристаллитов бактериальной целлюлозы [986].

Сплошной линией показан спектр при электрическом векторе излучения, перпендикулярном направлению вытяжки, а пунктирной линией — при векторе, параллельном направлению вытяжки.

тезе бактериальной целлюлозы в тяжелой воде наблюдается преимущественное встраивание гидроксильных групп в кристаллические области. Этот процесс не одинаков для отдельных групп, поэтому структура полосы поглощения OD-группы зависит от концентрации OH-групп в тяжелой воде. Учитывая сказанное, более вероятным представляется объяснение наличия двух типов спектров целлюлоз, основанное на различии в степенях упорядоченности и ориентировании разных образцов [986]. Менее вероятно предположение о том, что при одной и той же структуре имеют место различия во взаимодействии колебаний.

Элементарная ячейка целлюлозы I содержит два целлюлозных звена [654]. Рентгенографически достаточно надежно определены параметры ячейки, а также винтовая ось второго порядка и указано на обращение центральной цепи. Что же касается конформации молекулы целлюлозы, то этот вопрос до конца еще не ясен, и в его решении может помочь ИК-спектроскопия [381]. Из двенадцати OH-групп, находящихся в элементарной ячейке, шесть являются независимыми с точки зрения кристаллографии. Поэтому в спектре должны проявиться шесть OH-валентных колебаний [1064]. Сильный π-дихроизм некоторых полос колебания ν(OH) указывает на внутримолекулярные водородные связи, которые образованы между O_3H-группой и атомом кислорода кольца O'_5 соседнего глюкозидного остатка. Они характеризуются полосой при 3350 $см^{-1}$ (рис. 6.66). Группа O_6H связана межмолекулярными водородными связями между угловой и центральной цепями с атомом кислорода кислородного мостика. Образование таких водородных связей возможно как в плоскости (101), так и в плоскости (10$\bar{1}$); они характеризуются полосами при 3305 и 3405 $см^{-1}$ [986, 988]. Полоса при 3360 $см^{-1}$ была отнесена к поглощению

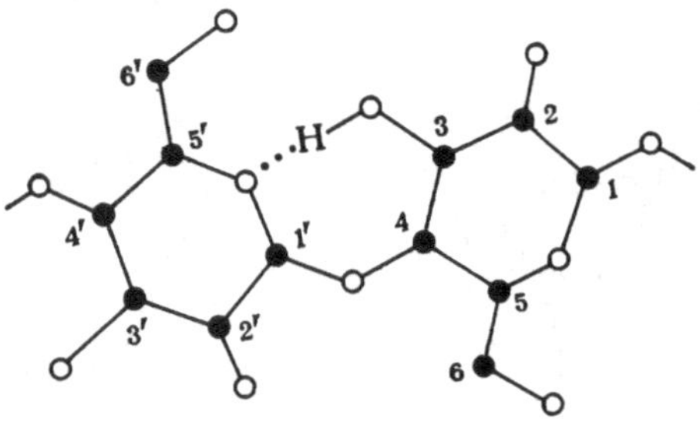

Рис. 6.66. Расположение внутримолекулярной водородной связи $O_3H \dots O'_5$.

O_2H-группы, которая может образовывать в плоскости (002) водородные связи с атомом кислорода O''_6 соседней цепи [993]. Высказано предположение о наличии внутримолекулярной водородной связи между O_6H-группой и атомом O'_2 соседнего глюкозного остатка [394, 1064]. Для этого, согласно рис. 6.66, гидроксиметиленовая группа должна быть повернута вокруг связи C_5—C_6. Однако с точки зрения Лянга [999] такая конформация не согласуется с параллельным дихроизмом симметричных CH_2-валентных и деформационных колебаний.

Однозначное отнесение полос ОН-валентных колебаний к определенным гидроксильным группам и водородным связям целлюлозы I до сих пор невозможно. При более точном анализе необходимо учитывать взаимодействие между колебаниями в соседних глюкозидных остатках, вызывающее расщепление полос на параллельно и перпендикулярно поляризованные компоненты. Однако однозначных данных, указывающих на взаимодействие колебаний, в литературе нет.

В спектрах полностью дейтерированных образцов каждой полосе поглощения ОН-группы соответствует полоса поглощения OD-группы, причем отношение частот для всех полос составляет около 1,35 [1064, 1765]. Этот факт свидетельствует против гипотезы о сильном смешении колебаний в области поглощения ОН-групп, поскольку в противном случае следовало бы предположить, что взаимодействия совершенно одинаковы, будь то в области частот, где поглощают OD-группы, будь то в области, где поглощают ОН-группы. В работе [1441] был проведен анализ нормальных колебаний ν(OH), основанный на модели изолированной цепи и статистическом распределении разности фаз между колебаниями в соседних цепях. Полученные данные дают предпосылки для учета взаимодействия колебаний.

6.11.1.2. CH-валентные колебания

Интерпретация CH- и CD-валентных колебаний, представленная в табл. 6.52, основана на результатах исследований бактериальной целлюлозы после ее избирательного дейтерирования [300,

Таблица 6.52. Полосы CH- и CD-валентных колебаний в спектре нативной целлюлозы [345]

Волновое число, см$^{-1}$	Интенсивность полосы	Поляризация	Колебание
2970	ср.	π	$\nu(C_1H)$ в фазе
2943	ср.	π	$\nu_a(CH_2)$
2920	пл.	?	ν(CH)
2897	о. с.	σ	ν(CH) в противофазе; $\nu_s(CH_2)$
2853	с	π	ν(CH) в фазе
2212	ср.	σ	$\nu_a(CD_2)$
2140	ср., широкая	σ	ν(CD)
2110	с.	σ	$\nu_s(CD_2)$

345]. Оказалось, что полосы поглощения CD-групп не могут быть получены простым смещением полос поглощения CH-групп. Различия в структурах этих полос можно объяснить или резонансным взаимодействием колебаний CD-группы с обертоновыми колебаниями, или усилением взаимодействия колебаний CH-групп. Предположение о взаимодействии колебаний позволяет также объяснить наблюдаемый дихроизм полос поглощения CH-групп,* так как при наличии изолированного глюкозного кольца все CH-полосы должны были бы быть перпендикулярно поляризованными [1441]. Происходящие в фазе колебания соседних глюкозных остатков, связанных винтовой осью второго порядка, вызывают появление полос, имеющих π-дихроизм, в то время как при колебании в противофазе полосы обладают σ-дихроизмом. Если кристаллическая решетка разрушена, то структура полос поглощения CH-группы все равно сходна со структурой полос поглощения CD- групп (рис. 6.67). Отношение частот составляет 1,325 — для антисимметричного и 1,37 — для симметричного CH_2-валентного колебания. Более сильное движение атома углерода при антисимметричном колебании объясняет меньшее значение отношения частот.

* Приводимые здесь рассуждения о «смешивании» колебаний ν (CH) и ν (OH) мало убедительны. Расчеты показывают, что эти колебания, как правило, высокохарактеристичны. — *(Прим. ред.)*

Полоса при 2853 см$^{-1}$, имеющая π-дихроизм, была отнесена к CH_2-валентному колебанию, поскольку симметричное деформационное колебание этой группы при 1430 см$^{-1}$ π-дихроично [986, 1765]. Такой вывод не является единственным, если принять во внимание, что дихроизм зависит от возможных взаимодействий колебаний. Данные исследования дейтерированных образцов указывают на связь колебания $\nu_s(CH_2)$ и σ-дихроичной полосы при 2897 см$^{-1}$; полоса при 2897 см$^{-1}$ перекрывается полосой CH-валентного колебания, которое в основном и ответственно за сильный σ-дихроизм полосы. Согласно исследованиям, проведенным на

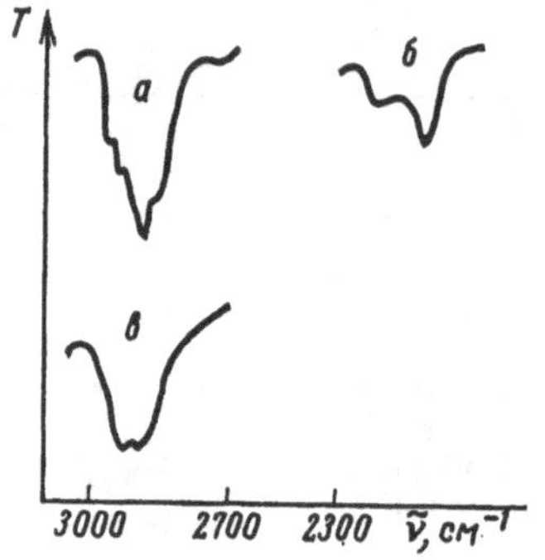

Рис. 6.67. Полосы ν (CH) и ν (CD) колебаний для нормальной бактериальной целлюлозы (*а*), дейтерированной (*б*) и нормальной целлюлозы, измельченной 30 мин в вибрационной шаровой мельнице (*в*).

пентоэритрите $C(CH_2OH)_4$, антисимметричное и симметричное валентные колебания группы CH_2OH лежат при 2950 и 2890 см$^{-1}$ [1919].

6.11.1.3. ИК-спектр в средней области от 1700 до 400 см$^{-1}$

Интерпретация полос средней области ИК-спектра нативной целлюлозы была опубликована в работах [987, 1765]. В основе этой интерпретации лежат результаты работ по определению характеристических групповых частот колебаний дейтерированных гидроксильных групп, а также измерения дихроизма. Интерпретация, представленная в табл. 6.53, значительно отличается от ранее опубликованных данных.

Уточнение данных спектра было проведено на основании результатов изучения бактериальной целлюлозы, дейтерированной избирательно по атомам углерода. Было показано, что дейтерирование CH-групп оказывает влияние почти на все полосы [345]. Сильное взаимодействие между OH-группами и атомами водорода, связанными с одним и тем же атомом углерода, приводит к тому, что большинство колебаний не может быть локализовано в какой-то группе; эти колебания следует рассматривать как взаимодействующие колебания нескольких групп.

Таблица 6.53. Полосы в средней области ИК-спектра целлюлозы [345]

Целлюлоза I			Целлюлоза II		Колебание
волновое число, $см^{-1}$	инсенсинность полосы	поляризация	волновое число, $см^{-1}$	интенсивность полосы	
1635			16[illegible]5		Колебания молекул адсорбированной воды
1455	ср., пл.	σ	1470	сл., пл.	$\delta_i(OH) + \delta(CH)$
1430	с	π	1420	сл.	$\delta_s(CH_2) + \delta(CH)$
1374	ср	π	1370	с.	$\delta_i(OH) + \delta(CH) + \gamma_w(CH_2)$
1337	с.	σ	1337	сл.	$\delta(OH) + \delta(CH)$
1318	ср.	σ	1315	сл.	$\delta(CH)$
1284	ср.	π	1280	сл.	
1250	ср		1260	сл.	$\delta_i(OH) + \delta(CH) + \gamma_w(CH_2)$
1235	ср.	π	1230	ср.	
1205	ср	σ	1200	ср.	$\delta(OH) + \delta(CH)$
1163	о. с.	π	1160	о. с.	$\delta(OH) + \delta(CH_2)$
1110	о. с.	π	1120	о. с.	ν_{ai}— 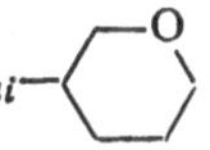
1060	о. с.	π	1070	о. с.	$\nu_a(COC)$ (мостик)
1035	о. с.	π	1030	о. с.	
1015	ср.	π			$\nu(C—C)$, $\nu(C—OH)$, $\delta(CH)$,
1000	сл., пл.	π	1000	ср.	$\delta(OH)$
			970	сл., пл.	
898	сл.	π	900	сл.	$\nu_s(COC)$ (мостик) $+ \delta(C^1H)$
			900		δ 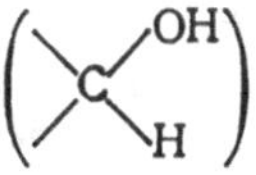
745	сл				«Дыхательное» колебание кольца
715	сл.	σ	715	о. сл	$\gamma_r(CH_2)$
667	с.	σ	670	с.	
630	о. сл.	π			
620	с.	π	615	ср	
560	с.	σ	570—580	сл., широкая	см. текст
521	ср.	π	520	сл.	
457	ср.	π	460	о. сл.	
435	ср.	π	415	о. сл.	
398	сл.	σ			

Полосы при 1455 и 1337 см$^{-1}$ имеются в спектрах только таких образцов, которые содержат группы $>C\langle^{H}_{OH}$. В спектрах полностью OD-дейтерированных образцов появляется полоса несвязанного CH-деформационного колебания при 1386 см$^{-1}$; спектры полностью CD-дейтерированных образцов содержат сильную полосу при 1400 см$^{-1}$ (целлюлоза I) или 1380 см$^{-1}$ (целлюлоза II), которую можно отнести к несвязанному OH-деформационному колебанию. Сильная полоса при 1400 см$^{-1}$ не испытывает влияния замещенных гидроксильных групп. В спектре же целлюлозы с дейтерированными CH-группами она смещается к 1416 см$^{-1}$ и отсутствует для образцов, содержащих CD_2-группы. Неискаженное CH_2-веерное колебание было отнесено к полосе при 1265 см$^{-1}$. Эта полоса имеется в спектре образцов, полностью дейтерированных по гидроксильным группам и содержащих CH_2-группы, при отсутствии CH-групп.

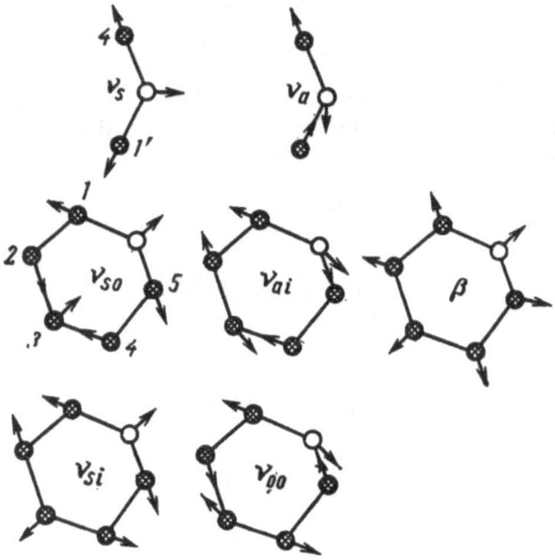

Рис 6.68. Валентные колебания глюкозидного мостика и глюкозидного кольца [987]
Кольца имеют форму кресла. Ось кресла образует угол 15° с осью волокна, если целлобиозное звено имеет конформацию, изображенную на рис. 6.66.

Есть основания предполагать, что в ИК-спектре целлюлозы полосы, лежащие между 1500 и 1150 см$^{-1}$, характеризуют связанные колебания CH-, CH_2- и OH-групп. В спектры дейтерированных полимеров дополнительный вклад вносят колебания CD-, CD_2- и OD-групп. В табл. 6.53 представлены данные, которые дают приблизительное представление о том, какие группы вносят значительный вклад в те или иные колебания.

Полосы при 1110 и 1060 см$^{-1}$ не претерпевают заметных изменений в результате дейтерирования OH- и CH-групп. В спектре целлюлозы II эти полосы сдвинуты на 10 см$^{-1}$ в область больших волновых чисел. В спектре бактериальной целлюлозы такое же положение имеет слабая диффузная полоса (плечо); более заметна эта полоса в спектре хлопка. Она отнесена к поглощению неупорядоченных областей. Поскольку обе полосы не чувствительны к дейтерированию, их появление можно связать со скелетными колебаниями, в которых участвуют атомы углерода и кислорода.

Согласно Лянгу [987], валентные колебания глюкозного и глюкозидного мостика можно представить себе, если рассмотреть группы C_1OC_5, $C_2C_3C_4$ и C_1OC_4' как нелинейные трехатомные молекулы (рис. 6.68). Появление полос с сильным параллельным дихроизмом можно ожидать для антисимметричного валентного колебания кислородного атома мостика и для антисимметричного колебания кольца, происходящего в фазе, ν_{ai}. Колебание кольца имеет более слабый дихроизм и относится к полосе при 1110 $см^{-1}$. Колебанию кислородного мостика Лянг приписал появление полосы 1163 $см^{-1}$; однако более обоснованно отнесение к полосе при 1060 $см^{-1}$, полученное из данных по дейтерированию. Это значение и приведено в табл. 6.53.

Полосы при 1035, 1015 и 1000 $см^{-1}$ следует рассматривать как проявление взаимодействия С—С- и С—О-валентных колебаний, а также СН- и ОН-деформационных колебаний; вклад вносит также часть колебаний кольца, изображенных на рис. 6.68. Подобная интерпретация следует из результатов дейтерирования.

Полоса при 898 $см^{-1}$ была отнесена к антисимметричному колебанию кольца, происходящему в противофазе, ν_{ao} [987]. В работах [662, 1596] ее отнесли к колебанию атома углерода C_1 и четырех связанных с ним атомов, что находится в хорошем соответствии с представлением о характеристичности этой полосы для β-глюкозидного связывания. В спектрах α-глюкозидных структур соответствующая полоса была обнаружена при 850 $см^{-1}$ [96, 234, 754]. В спектре целлюлозы II и аморфной целлюлозы полоса поглощения при 900 $см^{-1}$ значительно сильнее, чем для нативной целлюлозы. Зависимость интенсивности этой полосы от конформации молекулы была объяснена поворотом вокруг глюкозидной связи [660, 1257]. Дейтерирование гидроксильных групп в целлюлозе II приводит к сильному ослаблению полосы. Однако даже после полного дейтерирования остается слабое поглощение. При изучении образцов различных типов целлюлозы и модельных соединений [1273] пришли к выводу, что полоса при 900 $см^{-1}$ вызвана двумя различными колебаниями, одно из которых связано с глюкозидной связью. Это колебание было отнесено к комбинации симметричного валентного колебания глюкозидного мостика с деформационным колебанием C_1H-группы [345]. В спектре целлюлозы с дейтерированной C_1D- группой при 910 $см^{-1}$ появляется полоса колебания $\nu_s(C_1OC_4)$, дихроизм которой совпадает с ожидаемым согласно рис. 6.68. Полоса поглощения, исчезающая в спектрах целлюлозы II и аморфной целлюлозы при дейтерировании гидроксильных групп, была отнесена к группе $>C\langle^{H}_{OH}$, расположенной у второго и третьего атомов углерода глюкозного остатка.

При дейтерировании СН- и CH_2-групп очень сильно изменяется спектр в области 700—400 $см^{-1}$ (рис. 6.69). В спектре целлюлозы II эта область содержит меньшее число полос, полосы слабее и шире, но все-таки спектр немного напоминает спектр целлюлозы I. Если кристаллическую структуру разрушить, например механическим путем, то все полосы в этой области исчезают. Дейтерирование всех гидроксильных групп в целлюлозе II вызывает изменения лишь нескольких полос; спектр в целом изменяется незна-

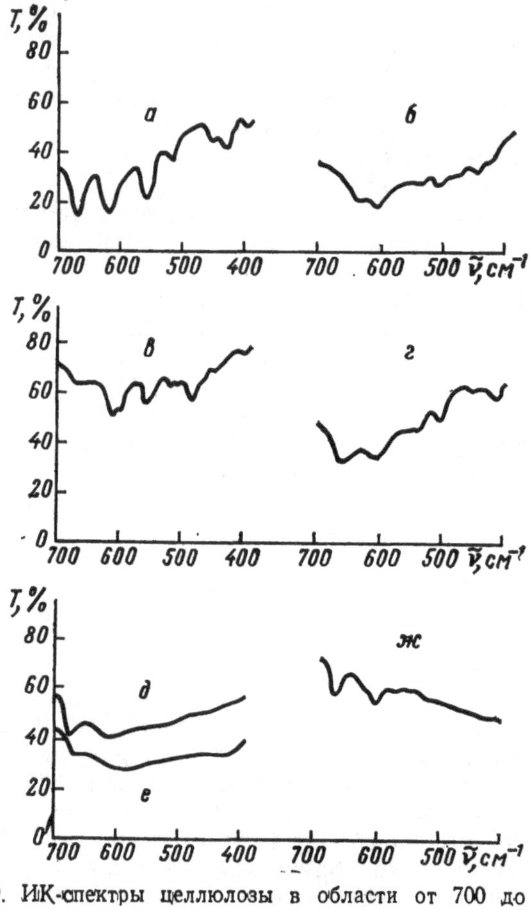

Рис. 6.69. ИК-спектры целлюлозы в области от 700 до 400 $см^{-1}$ [345].

а — нормальная бактериальная целлюлоза; *б* — образец, содержащий группы CH_2, C_1H, 4×CD; *в* — образец, содержащий группы CD_2, 5×CD; *г* — образец, содержащий группы CD_2, C_1D, 4×CH; *д* — целлюлоза II; *е* — образец, (как и *а*), измельченный 15 мин в вибрационной шаровой мельнице; *ж* — целлюлоза II, гидроксильные группы дейтерированы.

чительно. Фоновое поглощение снижается как при дейтерировании, так и замещении гидроксильных групп целлюлозы [1620].

Полоса при 667 $см^{-1}$, имеющая σ-дихроизм, была отнесена первоначально к деформационному колебанию OH-групп, которое происходит перпендикулярно к плоскости COH-групп [234, 987, 1765]. Однако подобная интерпретация вызывает сомнение, поскольку полоса отсутствует в спектрах CD-дейтерированных образцов и не ослабевает при дейтерировании OH-групп. Другие полосы, проявляющиеся в этой области, отнесли к скелетным колебаниям С—С-связей [1491] или к поглощению піранового кольца [234, 1069]. Эти колебания, как следует из рис. 6.69, сильно взаимодействуют с CH- и CH_2-маятниковыми колебаниями. В результате дейтерирования этих групп в спектре появляются новые полосы, обусловленные взаимодействием CD- и CD_2-колебаний.

Для более точного анализа колебаний недостаточно имеющихся в настоящее время данных. В силу структурной чувствительности спектров необходимо было бы учесть взаимодействие между четырьмя глюкозными остатками, содержащимися в элементарной ячейке. Полосы при 521 и 398 $см^{-1}$ проявляют очень сильный дихроизм уже при малых степенях вытяжки, поэтому они связаны с взаимодействием между звеньями кристаллического полимера*. Гидроксильные группы, по-видимому, вносят малый вклад в поглощение, проявляющееся в области 700—400 $см^{-1}$. Они вызывают появление широких полос фонового поглощения, максимум которого лежит при 570—580 $см^{-1}$.

6.11.2. СПЕКТРЫ ДРУГИХ СТРУКТУРНЫХ МОДИФИКАЦИЙ ЦЕЛЛЮЛОЗЫ

Целлюлоза I переходит в целлюлозу II в результате обработки сильными щелочами, названной мерсеризацией. Целлюлоза II, или как ее еще называют, регенерированная целлюлоза, гидратцеллю-

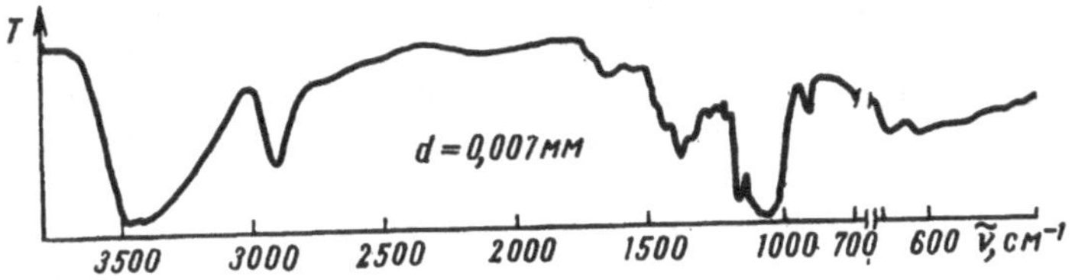

Рис. 6.70. ИК-спектр целлюлозы II (мерсеризованная целлюлоза).

лоза, образуется, кроме того, при омылении эфиров целлюлозы и при вискозном способе получения гидратцеллюлозного волокна. В результате обработки целлюлозы I или II безводным этиламином или жидким аммиаком при —50 °C образуется целлюлоза III [1076]. Целлюлоза IV — высокотемпературная модификация целлюлозы — может быть получена нагреванием целлюлозы II или III в глицерине до температуры выше 250 °C [1013]. Все указанные модификации дают хорошо разрешимые рентгенограммы [381].

* Сильный дихроизм не обязательно отражает взаимодействие мономерных звеньев в цепи. Дихроизм связан с направлением момента перехода поглощающих групп относительно оси вытяжки, со способностью групп и цепей к ориентации и, наконец, со взаимодействием колебаний различных мономерных звеньев. — *(Прим. ред.)*

Таблица 6.54. Полосы поглощения (в см$^{-1}$) ОН-группы в ИК-спектрах целлюлозы II, III и IV [1064, 1075, 1076]

Целлюлоза II	Целлюлоза III_I	Целлюлоза III_{II}	Целлюлоза IV_I	Целлюлоза IV_{II}
3484 о. с., π	3484 о. с., π	3480 ср.		3490 с.
3444 о. с., π		3440 с.		3450 о. с.
3350 ср., d*, σ			3340 о. с.	
3322 с., d, σ	3300 с., d, σ	3300 сл., d	3270 с.	3330 ср., d
3163 с., d, σ	3150 с., d, σ	3170 сл., d		3140 сл.

* d—диффузная полоса.

Превращение целлюлозы I в целлюлозу II или аморфную целлюлозу приводит к снижению четкости и разрешимости спектра [447], а также вызывает изменение интенсивности некоторых полос (рис. 6.70). В табл. 6.54 представлены результаты исследования полос поглощения гидроксильных групп в поляризованных спектрах дейтерированных кристаллических модификаций целлюлозы [1064, 1075, 1076]. Маршесольт и Лянг [1067] нашли в спектре целлюлозы II те же полосы поглощения гидроксильных групп, что указаны в таблице, правда, при незначительно отличающихся частотах. Модификации III и IV имеют различные спектры в области ОН-валентных колебаний в зависимости от того, обладает ли исходный материал структурой целлюлозы I или II [1076]. По рентгенографическим данным, элементарные ячейки у модификаций III_I и III_{II} и соответственно у IV_I и IV_{II} одинаковы*, однако их ИК-спектры различаются. Обработка водой способствует обратному переходу модификации III_I и III_{II} к исходным структурам. Спектры целлюлозы IV_I и IV_{II} очень сильно напоминают спектры исходных структур. Описана еще одна модификация, характеризующаяся собственной рентгенограммой и спектром, похожим на спектр целлюлозы II [380].

Приведенные выше данные говорят в пользу того, что молекулы целлюлозы модификации I, III_I, IV_I и II, III_{II}, IV_{II} имеют одинаковые или близкие конформации, стабилизованные внутримолекулярными водородными связями.

Природа меж- и внутримолекулярных водородных связей в целлюлозе I обсуждается в работах [1064, 1067]. Как и для целлюлозы I, были высказаны разные точки зрения относительно возможных внутримолекулярных водородных связей. Так, согласно [1064], они могут связывать O_3 и O_5', а также O_2 и O_6' (рис. 6.71 *а*). Такая трактовка дает наиболее простое объяснение появлению двух сильных π-дихроичных полос. Глюкозидный мостик, согласно рис. 6.71, входит в состав двух циклов, образованных водородны-

* Согласно номенклатуре, введенной Марринаном и Манном [1076], целлюлоза III_I — это модификация III, полученная из целлюлозы I. Целлюлоза IV_I получена превращением $I \longrightarrow III_I \longrightarrow IV_I$.

ми связями. Система сдвоенного кольца может быть ответственной за стабильность конформации цепи в аморфном состоянии [1257].

Схема, предложенная в работе [1067] (рис. 6.71), предусматривает образование внутримолекулярных водородных связей только для O_3 и O_5'. В каждом втором глюкозном остатке эта связь входит в состав системы $O_6H\cdots O_6''H\cdots O_3'H\cdots O_5$, что объясняется наличием двух различных внутримолекулярных водородных связей. В другой схеме, предложенной теми же авторами, соседние связи $O_3H\cdots O_5'$ немного различаются по длине. В качестве аргумента против наличия внутримолекулярных связей типа $O_2H\cdots O_6'$ и $O_6H\cdots O_2'$ авторы указали на несовместимость подобного рода структур с наблюдаемым дихроизмом полос поглощения CH_2-группы, т. е. ту же причину, что и в случае целлюлозы I. Правда, в спектре целлюлозы II эти полосы слабее и шире, так что относить эти полосы к определенным колебаниям CH_2-группы нельзя. Переход от структуры целлюлозы I к целлюлозе II и связанное с этим снижение интенсивностей полос поглощения CH_2-групп были объяснены поворотом группы CH_2OH вокруг C_5—C_6-связи [1619].

Для целлюлозы I более вероятна модель с только одной внутримолекулярной водородной связью $O_3H\cdots O_5'$ [986, 993] (см. рис. 6.66 и табл. 6.51), поскольку найдена лишь одна сильная полоса колебания ν(OH), имеющая параллельный дихроизм. При переводе целлюлозы I в гидратцеллюлозу с помощью мерсеризации межмолекулярные водородные связи, лежащие в плоскостях (101, $10\bar{1}$ и 002) разрываются в результате набухания полимера. При повороте группы CH_2OH могут возникнуть новые водородные связи (см. рис. 6.71 *а*). Поскольку внутримолекулярные водородные связи более стабильны, чем межмолекулярные, не удается перевести целлюлозу II в целлюлозу I. Поворот гидроксиметиленовой группы вызывает одновременно незначительное уменьшение угла между осями соседних глюкозных остатков, что приводит, в свою очередь, к удлинению связи O_3O_5' и повышению частоты соответствующей полосы колебания ν(OH). Если исходить из значений структурных параметров [773], то изменение угла на 5° было бы достаточно для объяснения наблюдаемых смещений [1067].

Для целлюлозы III_I были предложены [1064] две отличающиеся друг от друга системы водородных связей, в которых каждой OH-группе соответствовала одна водородная связь и одна полоса поглощения. Предпочтение можно отдать системе, которая содержит одну связь $O_3H\cdots O_5'$.

Спектроскопическое определение OH-валентных колебаний возможно лишь для образцов с очень высокой степенью упорядоченности или же после дейтерирования неупорядоченных областей. В спектрах дейтерированных образцов вблизи 2540 см$^{-1}$ лежит полоса OD-валентного колебания некристаллической целлюлозы. Полоса антисимметрична с резким спадом в сторону высоких частот. Она напоминает плохо разрешенные полосы поглощения OH-групп в спектре целлюлозы II. Положение и форма полосы характери-

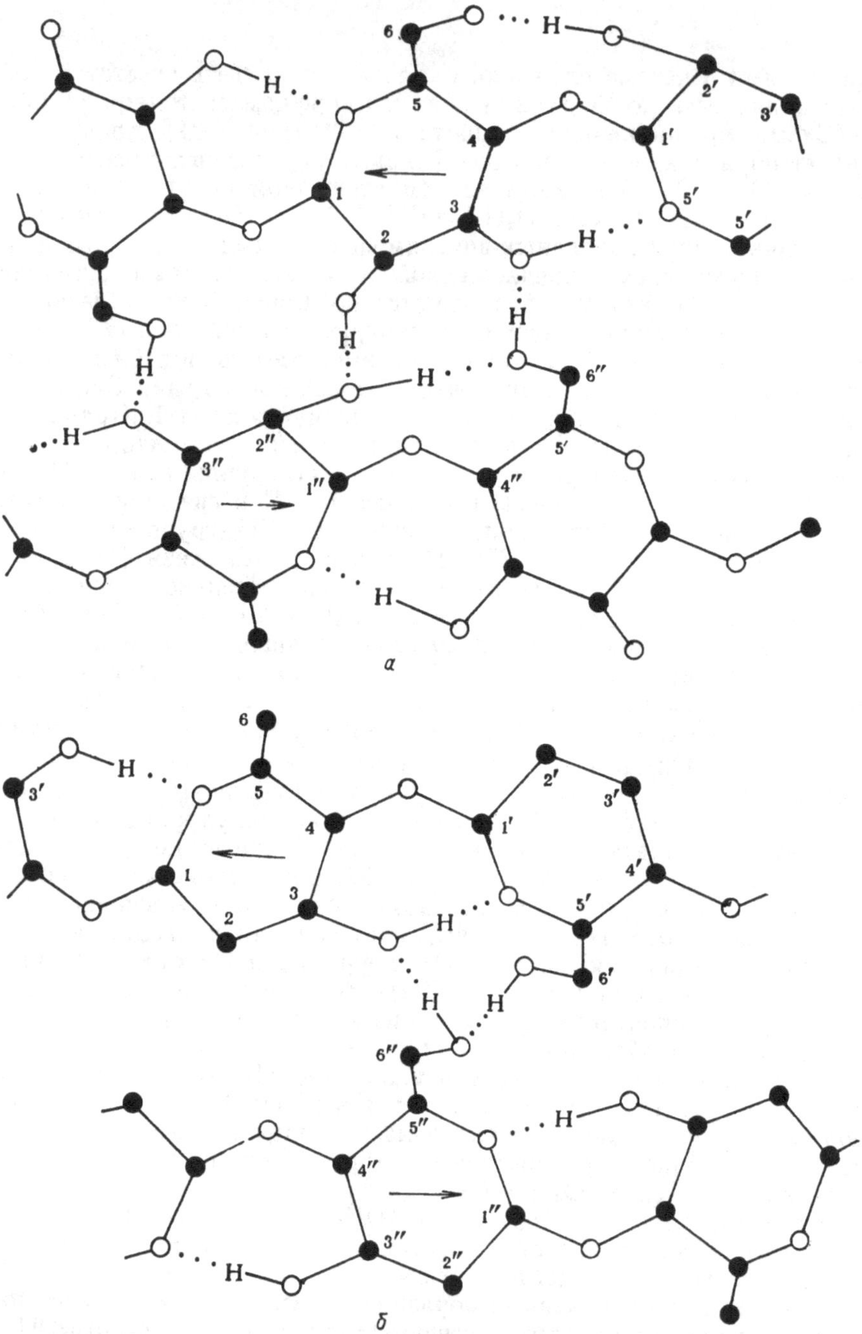

Рис. 6.71. Внутри- и межмолекулярные водородные связи в целлюлозе II:
а — π-дихроичны: $O_3H\cdots O_5'$ и $O_2'H\cdots O_6$: σ-дихроичны: $O_2H\cdots O_2''$ и $O_6''H\cdots O_3$ [1064]; *б* — π-дихроичны: $O_3H\cdots O_5'$ и $O_3'H\cdots O_5$, σ-дихроичны: $O_6''H\cdots O_3$ и $O_6'H\cdots O_6''$ [1067].

зуют плотность упаковки молекул и силу водородных связей в неупорядоченных областях.

В спектре регенерированной целлюлозы, обработанной щелочами, наблюдается небольшое смещение полос в область меньших волновых чисел [1329, 1385]. Это соответствует укорачиванию межмолекулярных водородных связей и возрастанию плотности (рис. 6.72). Для пленок метилированной и ацетилированной целлюлозы наблюдали [1597, 1816] прогрессирующее смещение максимума полосы поглощения OD-группы в сторону больших волновых чисел при увеличении степени замещения; одновременно полоса становится более четкой*. Был сделан вывод о разрыхлении структуры вследствие стерических затруднений, вызванных боковыми группами. Уменьшение полуширины полосы можно объяснить выравниванием структуры или преимущественным замещением гидроксильных групп, связанных межмолекулярными водородными связями. Следовательно, полосу поглощения OD-группы нельзя использовать для определения степени замещения, так как вместе со смещением полосы изменяется ее коэффициент экстинкции.

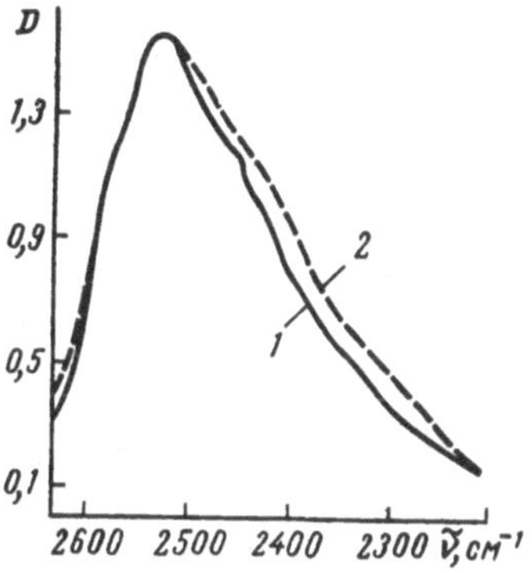

Рис. 6.72. Интенсивность полосы ν (OD) колебания регенерированной целлюлозы до обработки (*1*) и после обработки натровым щелоком (*2*) [1385].

Полоса поглощения OD-группы в спектре бактериальной целлюлозы смещена приблизительно на 20—30 $см^{-1}$ в область меньших волновых чисел по сравнению с ее положением в спектре целлюлозы II [648, 1065]. Различие показывает, что доступные для D_2O области в регенерированной целлюлозе имеют отличную от бактериальной целлюлозы структуру. В связи с этим следует отметить, что кристаллические области, образующиеся при действии D_2O на свежеприготовленную бактериальную целлюлозу, имеют структуру целлюлозы I [342], а обработка аморфной целлюлозы водой приводит к образованию структуры целлюлозы II. По-видимому, в доступных областях бактериальной целлюлозы частично реализуется конформация молекул целлюлозы I.

Изучены спектры упорядоченных кристаллических областей рами, подвергнутой мерсеризации [1067]; для работы использовали двуосно ориентированные пленки. Было показано, что область CH-валентных колебаний в спектрах высокоупорядоченных образцов содержит восемь полос поглощения. Менее упорядоченные об-

* Смещение полос спектра может быть также обусловлено изменением силового поля кристалла при переходе одной модификации в другую. — *(Прим. ред.)*

разцы имеют в спектре только одну широкую полосу, максимум которой лежит при 2900 $см^{-1}$ и плечи при 2870 и 2935 $см^{-1}$. Наиболее сильными полосами являются компоненты дублета при 2891 и 2904 $см^{-1}$; их отнесли к колебаниям CH-группы, поскольку в молекуле целлюлозы на одну CH_2- группу приходится пять CH-групп [1067]. В работе [1619] указывается на ошибочность такой аргументации, так как интегральная интенсивность полос поглощения CH_2-групп значительно превышает интенсивность полос поглощения CH-групп, и хотя наличие соседнего атома кислорода способствует повышению интенсивности поглощения CH-групп,* поглощению CH_2-групп отвечают более сильные полосы.

При исследовании CD-дейтерированной мерсеризованной целлюлозы были найдены [345] две сильные полосы при 2890 и 2930 $см^{-1}$, которые соответствуют полосам при 2897 и 2943 $см^{-1}$ в целлюлозе I; их отнесли к CH_2-валентным колебаниям. Остальные полосы можно связать с поглощением CH-групп. Они расщепляются вследствие межмолекулярных взаимодействий в кристаллических областях, а в образцах неупорядоченной целлюлозы дают широкую полосу при 2900 $см^{-1}$. В области CD-валентных колебаний, по-видимому, нет расщепленных полос. Здесь обнаружены те же самые полосы при 2212, 2140 и 2110 $см^{-1}$, которые были указаны в табл. 6.52 для целлюлозы I.

Спектральная область ν(CH) колебаний для модификации III_I, III_{II}, IV_I и IV_{II} приведена в работе [1076]. Как следует из спектров этих модификаций, структура полос у целлюлозы IV_I совпадает со структурой для целлюлозы I. Полосы колебаний CH-группы в других модификациях больше напоминают полосы спектра неупорядоченной или мерсеризованной целлюлозы.

Полосы в средней области ИК-спектра целлюлозы II указаны в табл. 6.53. В этой области проявляются в основном те же полосы, что и в спектре целлюлозы I. Различия в интенсивности и положении касаются лишь нескольких полос, связанных с колебаниями OH- или CH_2-групп. Из этого следует, что обе модификации целлюлозы различаются положением гидроксиметиленовой группы, а также структурой водородных связей. Относительно диффузный характер полос в спектрах целлюлозы II может быть объяснен тем, что эта модификация содержит больше неупорядоченных областей. Образцы с более высокой степенью кристалличности дают такие же четкие спектры, как и целлюлоза I; в них полосы при 1370 и 1030 $см^{-1}$ расщепляются на компоненты при 1375 и 1365 $см^{-1}$ и 1035 и 1020 $см^{-1}$ соответственно [1067]. Спектры мерсеризованного хлопка [698] или пленок из регенерированной вискозы содержат широкую полосу при 1120 $см^{-1}$. В спектре же кристаллической целлюлозы II вместо этой полосы появляется максимум при 1107 $см^{-1}$.

Сильная полоса при 1430 $см^{-1}$, лежащая в спектре целлюло-

---

* Следует учитывать, что интенсивность ν (CH)-полосы может возрастать из-за резонанса Ферми, характерного для кислородсодержащих макромолекул. — *(Прим. ред.)*

зы I, оказывается слабой для целлюлозы II и, кроме того, смещена к 1420 $см^{-1}$. В спектре целлюлозы III_I она имеет среднюю интенсивность и лежит при 1425 $см^{-1}$ [1257]. Наблюдения за этой областью спектра моно- и дисахаридов показали [1619], что имеется группа полос, каждая из которых может быть отнесена к одному из поворотных изомеров группы CH_2OH. Наблюдаемое для целлюлозы II снижение интенсивности было объяснено расширением области поглощения.

Согласно [1594], полосы при 1363, 1264 и 1226 $см^{-1}$, а также смещение от 1110 к 1103 $см^{-1}$ и от 1060 к 1073 $см^{-1}$ являются характеристичными для модификации III_I. Смещение полосы при 1110 $см^{-1}$ было отмечено также и в работе [1257]. Сравнивая спектры целлюлозы II и III_{II}, пришли к выводу [662], что они одинаковы, за исключением области поглощения гидроксильных групп. Очень похожи спектры целлюлозы I и IV_I, наблюдается лишь незначительное повышение интенсивности полосы поглощения при 900 $см^{-1}$ в спектре модификации IV_I [1516]. Интенсивность полосы при 900 $см^{-1}$ в спектре целлюлозы III является средней между ее значениями для целлюлозы I и II. Все указанные различия очень малы и зависят от степени упорядоченности и методики получения образца. Поэтому трудно проводить анализ кристаллических модификаций III и IV, используя для этого среднюю ИК-область.

Согласно [1491], различают только два типа спектров. К типу *A* относят модификации I и IV_I, к типу *B* — модификации II, III_I, III_{II} и IV_{II}. Спектры получали с использованием образцов, подвергнутых помолу в вибрационной шаровой мельнице. При такой методике препарирования в образцах появлялись достаточно большие неупорядоченные области, что не позволило выявить более мелкие спектральные различия.

6.11.3. ИСПОЛЬЗОВАНИЕ ИК-СПЕКТРОСКОПИИ ДЛЯ ОПРЕДЕЛЕНИЯ СТЕПЕНИ УПОРЯДОЧЕННОСТИ ЦЕЛЛЮЛОЗЫ

Как следует из сказанного в предыдущем разделе, возможности чисто спектроскопических методов для количественного определения кристаллических модификаций и неупорядоченных областей целлюлозы весьма ограниченны. Наиболее сильные различия между спектрами проявляются в области ν(OH)-колебаний после дейтерирования групп в неупорядоченных областях образца. Дейтерирование является к тому же лучшим методом количественного анализа проницаемых областей (см. разд. 5.2.4).

Спектр в средней ИК-области в большей мере определяется конформацией молекулы, чем кристаллической структурой полимера. Однако различия между спектрами целлюлозы I и II и спектрами аморфной целлюлозы оказываются достаточными, чтобы в отсутствие модификации III и IV сделать вывод о степени упорядоченности полимера. Надо только исследовать образцы в одних и тех же условиях. О'Коннор и др. [1293] наблюдали, что при механической и химической аморфизации хлопка происходит ослабление полосы при 1430 см$^{-1}$ и усиление полосы при 900 см$^{-1}$. Эти полосы были названы полосами кристалличности и аморфности, а отношение их оптических плотностей — индексом кристалличности. Изучены изменения полос при 3300, 1430, 1163 и 900 см$^{-1}$, происходящие в результате мерсеризации хлопка и древесной целлюлозы [706]. Отношение оптических плотностей D_{1430}/D_{900} возрастало как при аморфизации, так и при повышении содержания целлюлозы II, поэтому предложено назвать это отношение индексом боковой упорядоченности.

Структурные превращения, происходящие при обработке образца натронной известью, изучали с помощью полос при 1430, 1110, 1000 и 900 см$^{-1}$ [1116]. Исследовали также изменения этих полос в результате обработки целллюлозы LiOH и KOH [1318]. Подобные исследования были проведены в дальней ИК-области с тем, чтобы с помощью мерсеризации усилить полосы поглощения при 525, 460 и 425 см$^{-1}$ [1792]. Проведению точных измерений в этой области мешает фоновое поглощение. На его счет можно отнести основной рост интенсивности полос, поскольку, как показано на рис. 6.69, четкие полосы почти полностью исчезают при переходе от целлюлозы I к целлюлозе II. В качестве внутреннего стандарта была выбрана полоса при 1380 см$^{-1}$, интенсивность которой должна быть одинаковой для образцов целлюлозы I и II. Однако в работе [1257] указывают на зависимость этой полосы от степени кристалличности. Определение степени мерсеризации лучше всего проводить, используя такие пары полос: 900/1430 и 1005/1170 см$^{-1}$ [1792].

Как уже отмечалось, спектры целлюлозы II и аморфной целлюлозы сходны между собой, поэтому изучали смеси этих модификаций с целлюлозой I [1257, 1258]. Оказалось, что полосы при 1430, 1110 и 893 см$^{-1}$ в спектрах целлюлозы II или аморфной целлюлозы изменяются одинаковым образом при добавлении к исследуемому образцу целлюлозы I. Полосы же при 1370, 1335, 1315, 1277 и 1225 см$^{-1}$ ослабевают при добавлении аморфной целлюлозы и не ослабевают при добавлении кристаллической целлюлозы II. Кроме того, эти полосы больше зависят от степени кристалличности, чем от типа кристаллической решетки. Для расчетов степени кристалличности использовали отношение оптических плотностей полосы при 1370 см$^{-1}$ и полосы колебания ν(CH) при 2900 см$^{-1}$. Полученные значения сравнивали с данными, найденными другими методами. Индекс кристалличности, по О'Коннору, — D_{1430}/D_{900} по-разному зависит от степени кристалличности целлюлозы I и II: для целлюлозы I он изменяется сильно, а для целлюлозы II — лишь незначительно. В то же время отношение D_{1370}/D_{2900}, чувствительное к степени кристалличности (данные рентгенографии), плотности и количеству сорбированной воды, слабо зависит от типа кристаллической решетки.

6.11.4. АНАЛИТИЧЕСКИЕ ИССЛЕДОВАНИЯ ОКИСЛЕННОЙ ЦЕЛЛЮЛОЗЫ И СОПУТСТВУЮЩИХ ВЕЩЕСТВ

Спектр целлюлозы, окисленной NO_2, содержит полосы при 1725, 1650 и 1280 см$^{-1}$; первую из них отнесли к поглощению карбоксильной группы, а две другие — к поглощению образовавшегося нитрата целлюлозы [1420]. Полосу при 1725 см$^{-1}$ использовали для определения содержания карбоксильных групп в окисленной целлюлозе [448]. В спектре хлопка, окисленного периодатом, полоса при 1725 см$^{-1}$ имеет значительно более низкую интенсивность, чем можно было ожидать. Это было объяснено образованием полуацеталей [1293, 1421]. Была предпринята попытка разделить с помощью соединений, моделирующих окисленный полиэтилен, ν(CO)-колебания карбоксильной, альдегидной, кетонной и сложноэфирной групп, а также добиться их разрешения в спектре полиэтилена [1424]. Спектр целлюлозы, в отличие от полиэтилена, имеет только одну широкую полосу в области 1740 см$^{-1}$ [31, 403, 405], в образование которой вносят вклад как карбоксильные, так и карбонильные группы. Полосы колебания этих групп не удается разделить из-за отсутствия модельных соединений с необходимым окружением групп C=O и обычно из-за недостаточно высокого качества образцов.

Согласно [30, 32], на результаты исследований окисленной целлюлозы влияет содержание влаги. При отсутствии свободных карбонильных групп наблюдается линейная зависимость интенсивности полосы при 1740 см$^{-1}$ от содержания карбоксильных групп. Одновременное спектрографическое определение различных C=O-групп затруднено из-за больших различий между соответствующими коэффициентами экстинкции [1424]. Однако это оказывается возможным при использовании комбинированного метода [405], принцип которого заключается в переводе карбоксильных групп в карбоксилатные с помощью ионного обмена. Полосы антисимметричного и симметричного валентного колебания COO^--группы лежат в области 1610—1550 см$^{-1}$ и 1400—1300 см$^{-1}$. Они не мешают определению карбонильных групп. При определении карбоксильных групп нужно удалить из образцов примеси катионного типа, появляющиеся при образовании солей [31].

При изучении окислительной деструкции целлюлозы на воздухе при 250 °C использовали полосы поглощения C=O-и C=C-групп при 1740 и 1660 см$^{-1}$ [661]. Полоса поглощения C=O-группы пропадает при обработке окисленного полимера щелочью NaOH, что указывает на преимущественное содержание в окисленной целлюлозе карбоксильных групп по сравнению с альдегидными или кетогруппами. Появление карбонильных групп наблюдали при действии ионизирующего излучения на целлюлозу [135, 1358].

Содержание воды в целлюлозе можно определить по полосе поглощения при 1635 см$^{-1}$. Найдена линейная зависимость между оптической плотностью этой полосы и содержанием воды, определенным гравиметрически [403]. Согласно [32], максимум поглощения несколько смещается в сторону больших волновых чисел при увеличении содержания воды. Причина этого смещения заключается в том, что вода, сконденсированная в капиллярах, и вода, связанная с функциональными группами целлюлозы, находится в различных физических состояниях.

Древесная целлюлоза может содержать, помимо целлюлозы, еще лигнин и полисахариды (гемицеллюлоза). Присутствие этих соединений приводит к появлению дополнительного поглощения [989, 1792, 1888]. Лигнин можно распознать по полосам C=C-колебаний бензольных колец при 1595 и 1500 $см^{-1}$. Последняя полоса проявляется при 1495 $см^{-1}$ в спектре лигнина лиственной древесины и при 1515 $см^{-1}$ в спектре лигнина хвойной древесины [752, 883]. Характеристической полосой в спектре лигнина является полоса и CH-деформационного колебания при 1460 $см^{-1}$. При исследовании очищенных лигнинов [647, 883, 1132] полосы при 1710 и 1663 $см^{-1}$ были отнесены к поглощению кето- и альдегидных групп бензольных колец. Полоса при 1720 $см^{-1}$ смещается к 1740 $см^{-1}$ при метилировании карбоксильных групп [379]. Область C=O-валентных колебаний представляет интерес для характеристики возможных связей между лигнином и целлюлозой. По данным Болкера [154], полоса, лежащая при 1710 $см^{-1}$ в спектрах выделенных лигнинов, отсутствует в спектрах древесины и древесной целлюлозы. Автор сделал вывод, что существуют полуацетальные связи с гидроксильными группами целлюлозы.

Различные типы гемицеллюлозы можно распознать по полосам при 1730 и 890 $см^{-1}$ (ксилан) или 870 и 805 $см^{-1}$ (маннан) [752, 989]. При исследовании спектров ориентированного ксилана и сравнении их со спектрами, снятыми с поперечных срезов древесины, сделали вывод [1070], что в древесине ксилан ориентирован в направлении волокна.

6.11.5. ПРОИЗВОДНЫЕ ЦЕЛЛЮЛОЗЫ

Производные целлюлозы получают в результате замещения реакционноспособных гидроксильных групп. Возможности спектральной регистрации изменений концентрации гидроксильных групп и равномерности их замещения рассмотрены при обсуждении изменений интенсивности и формы полосы в спектрах цианэтилцеллюлозы [186, 506].

Полоса поглощения гидроксильных групп нитрата целлюлозы указывает на наличие в полимере несвязанных или слабо ассоциированных гидроксильных групп [729]. Образцы ацетата целлюлозы, полученные разными методами, отличаются состоянием межмолекулярных водородных связей [1454]. Нитрат целлюлозы можно идентифицировать по полосам поглощения нитратной группы при 1660, 1280 и 850 $см^{-1}$, а также некоторым другим полосам, лежащим в дальней ИК-области спектра [944, 1837]. Полосу при 1280 см$^{-1}$ использовали для определения степени замещения в образце, растворенном в тетрагидрофуране [978]. При такой методике достигается та же точность определения, что и при количественном химическом анализе азота [266]. Полоса при 850 см$^{-1}$ пригодна для определения содержания нитрата целлюлозы в присутствии других сложных эфиров целлюлозы [1416].

В спектре ацетата целлюлозы есть три характеристические полосы: C=O-валентного колебания при 1750 см$^{-1}$, C—CH_3-деформационного колебания при 1375 см$^{-1}$ и C—O-валентного колебания при 1240 см$^{-1}$ [659, 707]. Все эти полосы можно использовать для определения содержания ацетильных групп. Калибровочные графики для образцов ацетата целлюлозы, полученных разными методами, отличаются друг от друга, что объясняется неодинаковой степенью распределения вещества в прессованной матрице из KBr. Чтобы избавиться от этих различий, измеряют интегральную интенсивность, а не интенсивность в максимуме полосы. Ацетилирование приводит к снижению индекса боковой упорядоченности [707]. Это объясняется ослаблением водородных связей в кристаллических областях, а также наличием ацетильных групп в аморфных областях. Спектроскопические методы определения содержания ацетильных групп требуют значительно меньше времени и более избирательны, чем химические методы, в частности, на точность анализа не влияют сульфониловые группы [1292, 1299]. Сообщается об использовании ближней ИК-области для определения содержания ацетильных групп [1152].

Цианэтилцеллюлозу — продукт взаимодействия целлюлозы с акрилонитрилом можно идентифицировать по полосе $\nu(C{\equiv}N)$ колебания при 2250 см$^{-1}$. Эта полоса обычно не имеет соседних полос и поэтому очень удобна для аналитических исследований. Зависимость ее интенсивности от содержания азота выражается четкой прямой, если нет других азотсодержащих групп [1292, 1299]. В работе [245] изучали продукты, образующиеся при цианацетилировании целлюлозы до очень высоких степеней замещения. Оказалось, что полученные соединения содержат больше азота, чем должно быть при простом присоединении акрилонитрила к каждой гидроксильной группе целлюлозы. В спектре появляются характеристические полосы поглощения амино-групп.

Описаны спектры некоторых специально синтезированных сложных эфиров целлюлозы, которые содержат бензольные кольца (1600, 1525, 785, 750 см$^{-1}$), группы SO_2 (1330—1250 см$^{-1}$), группы NH_2 (1640 см$^{-1}$) и группы NCS (2160 см$^{-1}$) [59, 1889]. В спектрах фосфорсодержащих сложных эфиров целлюлозы полоса $\nu(P{=}O)$ колебания лежит при 1220 см$^{-1}$. При образовании водородных связей типа P—O···HO она смещается на 50—80 см$^{-1}$. Сложные полиэфиры целлюлозы с уксусной и сорбиновой кислотами анализировали по полосе сложноэфирной группы при 1740 см$^{-1}$ и полосе поглощения группы C=C при 1630 см$^{-1}$ [1374]. Спектры различных сложных эфиров целлюлозы с ненасыщенными и ароматическими карбоновыми кислотами, а также спектры ангидридов эфиров рассмотрены в работе [1295]. Там же обсуждаются возможности спектрального разделения этих соединений.

Мезилированная и тозилированная целлюлозы представляют интерес как исходные продукты для получения других производных целлюлозы. Эти соединения образуются при взаимодействии целлюлозы с метилсульфохлоридом и соответственно с *п*-толуолсульфохлоридом. Их ИК-спектры исследованы в работах [1292, 1294—1296]. Полосы поглощения группы —O—SO_2—R были обнаружены при 1370 и 1180 $см^{-1}$. Полосы при 834 и 811 $см^{-1}$ отсутствуют в спектрах исходных соединений, их отнесли к поглощению группы C—O—S в молекуле целлюлозы. В спектре тозилированной целлюлозы имеются характеристические полосы при 1600 и 1495 $см^{-1}$ C=C-колебания бензольного кольца. Эти полосы можно использовать для спектроскопического разделения мезилированной и тозилированной целлюлозы. Глубина реакций мезилирования или тозилирования надежнее всего может быть определена по полосам поглощения сульфатной группы при 1370 и 1180 $см^{-1}$ или по полосе при 800 $см^{-1}$.

О применении метода ИК-спектроскопии для исследования стабильных ксантогенатов целлюлозы сообщается Жбанковым [1886, 1889] и Маруковым [1080]. В спектре метилксантогената целлюлозы полосы при 1420 и 1320 $см^{-1}$ соответствуют антисимметричному и симметричному $\nu(CH_3)$ колебаниям. Полоса при 1380 $см^{-1}$ была отнесена к колебанию C=S-группы. Другие авторы [1082] отнесли к этому колебанию полосу вблизи 1200 $см^{-1}$. По данным Жбанкова, полосы при 1200 и 1060 $см^{-1}$ принадлежат колебаниям простой эфирной связи C—O—C. Бензольное кольцо нитрофенилксантогената целлюлозы поглощает при 1600, 1580 и 740 $см^{-1}$, валентные колебания нитро-группы проявляются при 1520 и 1350 $см^{-1}$. В спектре диэтилацетамидксантогената целлюлозы при 1640 $см^{-1}$ лежит полоса поглощения группы C=O (Амид I). Ее, как и полосу сложноэфирной связи при 1225 $см^{-1}$, можно исследовать для определения степени ксантогенирования. Исследовали ксантогенат натрия целлюлозы и натриевую соль ксантоуксусной кислоты целлюлозы [1297]. Полосы при 1235 и 1250 $см^{-1}$ были отнесены к ν(C=S)-колебанию, а полосы при 925, 935 и 767 $см^{-1}$ — к ν(C—S)-валентному колебанию.

Текстильные свойства целлюлозы можно улучшить, если аппретировать ее смолами, например формальдегидными или карбамидными. С помощью ИК-спектроскопии установили [63, 64], что не для всех смол происходит химическое связывание с целлюлозой, обусловливающее водостойкость материала. Реакцию между мочевиной и целлюлозой спектроскопически исследовали в работе [1517]. Изучены спектры целлюлозы, модифицированной производными диметилолмочевины и подобными им соединениями [1109, 1293, 1296].

Для анализа сшивающих агентов целесообразно применять дифференциальную спектроскопию, поскольку эти соединения присутствуют в целлюлозе обычно в малых количествах. На пути светового пучка сравнения помещают таблетку из KBr, в которую запрессована немодифицированная целлюлоза. Для идентификации и количественного определения сшивающих агентов можно использовать следующие полосы: полосы амидных групп при 1665 и 1445 $см^{-1}$ в диметилолмочевине, полосу Амид I при 1680 $см^{-1}$ и полосу ν(C—N) колебания 1480 $см^{-1}$ в диметилолэтиленмочевине или же полосы поглощения группы C=N триазинового кольца при 1560 и 1460 $см^{-1}$ в метилолмеламине. В некоторых случаях целесообразно провести спектроскопический анализ продуктов гидро-

Таблица 6.55. Характеристические полосы в спектрах некоторых производных модифицированных целлюлоз

Волновое число, $см^{-1}$	Колебание
2250	ν(—C≡N) в цианэтилцеллюлозе
2240	ν(—C≡N) в привитом полиакрилонитриле
2160	ν(SC≡N)
1760—1730	ν(C=O) в сложном эфире целлюлозы
1750	ν(C=O) в группе COOH карбоксилцеллюлозы
1660	$\nu_a(NO_2)$ в нитрате целлюлозы
1660—1640	Амид I в амидосодержащих ксантогенатах и сшитых целлюлозах
1640	$\delta(NH_2)$
1630	ν(C=C) в сложных эфирах целлюлозы и ненасыщенных кислот
1600, 1500	ν(C=C) в ароматических производных
1520	$\nu_a(NO_2)$ при бензольном кольце
1540	Амид II
1560, 1460	ν(C=N), ν(C—N) в целлюлозе, сшитой метилолмеламином
1420	$\delta_a(CH_3)$ в метилксантогенате
1380	ν(C=S) в ксантогенатах
1380	$\delta(CH_3)$ в ацетилцеллюлозе
1370	Колебание сульфатной группы O—SO_2—R в мезилированной и тозилированной целлюлозе
1320	$\delta_s(CH_3)$ в метилксантогенате
1280	$\nu_s(NO_2)$ в нитрате целлюлозы
1240—1200	ν(C—O) в сложноэфирных группах
1220	ν(P=O)
1180	Колебание сульфатной группы O—SO_2—R в мезилированной и тозилированной целлюлозе
850	В нитрате целлюлозы
700—800	Колебание бензольного кольца, NH-групп и др.

лиза модифицированного хлопка [1136]. При изучении взаимодействия целлюлозы с монометилолтиомочевиной наблюдали возрастание поглощения в области 3200—3400 $см^{-1}$ по сравнению с другими полосами целлюлозы [5]. Был сделан вывод, что в результате протекания привитой полимеризации на каждую замещенную OH-группу приходится несколько NH-групп. При использовании же диметилолтиомочевины идет сшивание, что наблюдали также в работах [1293, 1296], и полосы поглощения OH-групп становятся слабее. Методом дифференциальной спектроскопии изучали взаимодействие целлюлозы с акролеином [1372]. Было найдено, что альдегидные группы акролеина вступают в реакцию с целлюлозой; акролеины, кроме этого, гомополимеризуются.

Сообщается об использовании ИК-спектроскопии для наблюдений за реакциями целлюлозы с красителями [149, 1387].

В большом числе работ, подробный разбор которых здесь невозможен, объектом исследования были привитые полимеры на основе целлюлозы. Исследователей интересовало не только аналитическое определение привитых молекул, но и то, как эти молекулы связаны с молекулой целлюлозы [60, 327, 358, 417, 425, 577, 721, 853, 1081, 1509, 1551, 1553].

В табл. 6.55 представлены характеристические полосы некоторых производных целлюлозы. О других полосах см. работы [405, 1294]. Спектры производных целлюлозы и модифицированной целлюлозы приведены также в монографии [1890].

6.11.6. ДРУГИЕ ПОЛИСАХАРИДЫ

Данных по ИК-спектроскопии полисахаридов типа целлюлозы опубликовано очень мало. Две обзорные работы по ИК-спектроскопии углеводов [1594, 1596] содержат материал об экспериментальных методах, расшифровке полос и о влиянии конформации и конфигурации на спектры этих соединений.

Конкин [892] исследовал полосы поглощения OH-групп в спектрах некоторых моно- и полисахаридов. Он различил пять типов водородной связи и указал соответствующие области частот колебаний. Проведено сравнение спектров пирановых производных и олигосахаридов со спектрами ксилана и древесины [1069]. Для интерпретации ИК-спектра ксилана исследовали ориентированные образцы ацетилированных производных [1070]. Изучены спектры кристаллического хитина в поляризованном свете [1327]. Сравнение их со спектром целлюлозы помогает интерпретации полос. Из спектроскопических данных следует вывод о наличии в хитине межмолекулярных водородных связей типа $C{=}O\cdots H{-}N$, что согласуется с результатами рентгенографических исследований.

Аномерное связывание глюкопиранозных колец можно распознать по поглощению в области 800—900 $см^{-1}$; α-глюкозидная связь поглощает при 844 ± 8 $см^{-1}$, β-конфигурация — при 891 ± 7 $см^{-1}$ [72, 96]. Эту полосу обнаружили при 850 $см^{-1}$ в спектре амилозы и при 895 $см^{-1}$ в спектре целлюлозы [661]. Также изучали влияние на спектр изменения положения связи. Полоса при 795 $см^{-1}$ была связана с α,1-3-присоединением [71, 208].

Анализ спектра комплексного соединения, образованного амилозой и иодом, позволил сделать вывод о конформации глюкопиранозного кольца [556]. Проведено подробное спектроскопическое исследование амилозы и ее циклических олигомеров, включая и дейтерированные образцы [234]. Было показано, что спектры всех исследованных производных крахмала содержат полосу при 850 $см^{-1}$. На этом основании предположили наличие единой конформации для этих объектов. Однако по данным работы [877] полоса при 850 $см^{-1}$ отсутствует в спектре лиофильно высушенной аморфной амилозы. Полоса при 1295 $см^{-1}$ в спектре складчатых ламелей и циклических олигомеров амилозы была отнесена к особой складчатой конформации. Появление двух полос — при 790 и 1256 $см^{-1}$ — в спектре лиофильно высушенной амилозы объяснили наличием метастабильной конформации [878].

Для спектрального разделения крахмала и целлюлозы и, следовательно, для анализа крахмальных продуктов в бумаге предложили использовать полосы при 920, 850, 760 и 700 $см^{-1}$ [754]. В спектре целлюлозы эти полосы или очень слабые, или совсем отсутствуют. В то же время такие полосы поглощения целлюлозы, как 1430, 1370, 1280 и 670 $см^{-1}$, отсутствуют в спектре крахмала.

В заключение можно рекомендовать следующую дополнительную литературу по изучению целлюлозы: о структуре целлюлозы [41, 68, 164, 166, 170, 263, 705, 758, 765, 841, 893, 977, 1306, 1359, 1363, 1373, 1392, 1582, 1583, 1595, 1618, 1884, 1885, 1890, 1908]; о составе целлюлозы [193, 402, 473, 1038, 1255, 1307, 1325, 1417, 1452, 1584, 1755, 1845]; о производных целлюлозы [3, 7, 142, 232, 238, 239, 305, 404, 406, 498—500, 569, 573, 574, 576, 622, 709, 722, 774, 854, 947, 969, 976, 1012, 1129, 1274, 1317, 1319, 1337, 1375, 1410, 1440, 1507, 1555, 1604, 1756, 1771, 1892, 1893] и о других полисахаридах [155, 673, 755—757, 887, 888, 1068, 1071, 1131, 1447, 1603, 1782, 1873].

ЛИТЕРАТУРА

1. Abbot N. B., Elliott A., Proc. Roy. Soc., A **234** (1956) 247.
2. Abe K., Yanagisawa K., J. Polymer Sci., **36** (1959) 536.
3. Abramova E. A., Michailova N. V., Nikitin V. N., Cellulose Chem. Technol., **1** (1967) 545.
4. Abu-Isa I., J. Polymer Sci., A-1 **9** (1971) 199
5. Adylov A., Tašpulatov Ju. T., Nabiev A., Gafurov T. G., Usmanov Ch. U., Vysokomol. Soed. (Hochmol. Verbind.), A **9**, (1967) 1207.
6. Aggarwal S. L., Tilley G. P., Sweeting O. J., J. appl. Polymer Sci., **1** (1959) 91.
7. Akovbjan E. M, Vysokomol. Soed. (Hochmol. Verbind.), **8**, (1966) 959.
8. Allen V. R., Thompson L. F., Appl. Polymer Symposia Nr. **10** (1969) 131.
9. Allen V. R., Young R. D., J. Polymer Sci., A-1 **8** (1970) 3123.
10. Allerhand A., von Rahué Schleyer P., J. Amer. chem. Soc., **85** (1963) 1715.
11. Alfrey T., Goldfinger G., J., chem. Phys., **12** (1944) 205.
12. Almin K. E., Svensk. Papperstidn., **55** (1952) 767.
13. Alter H., Hslao H. Y., J. Polymer Sci., B **6** (1968) 363.
14. Alter H., Bit-Alkhas M., Textile Res. J., **39** (1969) 479.
15. Amagasa M., Kasuga Y., Saito Y., Yamauchi T., Kobunshi Kagaku, Tokio (Chem. High Polymers), **28** (1971) 51.
16. Ambrose E. J, Elliott A., Temple R. B., Proc. Roy. Soc, A **199** (1949) 183.
17. Ambrose E. J., Hanby W. E., Nature (London), **163** (1949a) 482.
18. Ambrose E. J., Elliott A., Proc. Roy. Soc., A **206** (1951) 206.
19. Ambrose E. J, Elliott A., Temple R. B., Proc. Roy. Soc., A **206** (1951a) 192.
20. Amrhein E. M., Müller F. H., Kolloid.-Z./Z. Polymere, **234** (1969) 1078.
21. Anderson J. A., Seyfied W. D., Analyt. Chem., **20** (1948) 998.
22. Andrašina J., Krupa C., Jenaer Rdsch., **7** (1962) 167.
23. Andrews R. D., Kimmel R. M., J. Polymer Sci., B **3** (1965) 167.
24. Ang T. L., Harwood H. J., Polymer Preprints (Amer. Chem. Soc., Div. Polymer Chem.), **5** (1964) 306.
25. Angell C. L. in Progress in Infrared Spectroscopy, Vol., **2**. Plenum Press. New York, 1964.
26. Angood A. C., Koenig J. L., J. appl. Phys., **39** (1968) 4985.
27. Angood A. C., Koenig J. L., J. macromol. Sci., B **3** (1969) 321.
28. Anton A., J. appl. Polymer Sci., **7** (1963) 1629.
29. Anton A., J. appl. Polymer Sci., **12** (1968) 2117.
30. Ant-Wuorinen O., Visapää A., Paperi ja Puu, **42** (1960) 367.
31. Ant-Wuorinen O., Visapää A., Paperi ja Puu, **45** (1963) 35.
32. Ant-Wuorinen O., Visapää A., Paperi ja Puu, **45** (1963a) 81.
33. Araki Y., J. appl. Polymer Sci., **11** (1967) 953.

34 Arimoto H., Kobunshi Kagaku, Tokio (Chem. High Polymers), **19** (1962) 205.
35. Arimoto H., Kobunshi Kagaku, Tokio (Chem. High Polymers), **19** (1962a) 456.
36. Arimoto H., Kobunshi Kagaku, Tokio (Chem. High Polymers), **19** (1962b) 212.
37. Arimoto H., J. Polymer Sci., A **2** (1964) 2283.
38. Arimoto H., Ishibashi M., Hirai M., Chatani Y., J. Polymer Sci., A **3** (1965) 317.
39. Asahina M., Enomoto S., Nippon Kagaku Zassi, **81** (1960) 1370, 1374.
40. Asai M., Tsuboi M., Shimanouchi T., Mizushima S., J. Phys. Chem., **59** (1955) 322.
41. Åsnes H., Wickman B. O., J. appl. Polymer Sci., **10** (1966) 1323.
42. Assiomo F., Marshal J., Champetier M. G., C. R. hebd. Séances Acad. Sci. Sér., C **263** (1966) 705.
43. Astbury W. T., Dalgleish C. E., Darmon S. E., Sutherland G. B. B. M,. Nature (London), **162** (1948) 596.
44. Aufdermash C. A., Pariser R., J. Polymer Sci., A **2** (1964) 4727.
45. Avtrijskaja E. E., Nelson K. W., Kaučuk i Rezina, Moskva, **27** (1968) 8.
46. Azhandzhyan E. O., Merkonyan L. G., Armjanskij chem. Z., **20** (1967) 98.
47. Azimov S. A., Usmanov Ch. U., Kordub N. V., Slepakova S. I., Vysokomol. Soed. (Hochmol. Verbind.), **2** (1960) 1459.
48. Bacanov S. S., Derbeneva S. S., Optika i Spektroskopija, Moskva, **17** (1964) 149.
49. Basanov S. S., Derbeneva S. S., Optika i Spektroskopija, Moskva, **18** (1965) 599.
50. Bacskai R., Rohl H. A., J. Polymer Sci., **42** (1960) 151.
51. Bacskai R., Lapporte S. J., J. Polymer Sci., A **1** (1963) 2225.
52. Badger R. M., Bauer S. H., J. chem. Phys., **5** (1937) 839.
53. Badger R. M., J. chem. Phys., **8** (1940) 288.
54. Badger G. M., Rev. pure appl. Chem., **7** (1957) 55.
55. Bagirov M. A., Malin V. P., Vysokomol. Soed. (Hochmol. Verbind.), A **11** (1969) 2323.
56. Baier R. E., Zisman W. A., Macromolecules, **3** (1970) 462.
57. Bailey F. E., Henry J. P., Lundberg R. D., Whelan J. M., J. Polymer Sci., B **2** (1964) 447.
58. Baker A. W., J. phys. Chem., **61** (1957) 450.
59. Balabaeva M. D., Liševskaja M. O., Žbankov R. G., Virnik A. D., Rogovin Z. A., Vysokomol. Soed. (Hochmol. Verbind.) Sonderheft Cellulose und ihre Derivate (1963) 157.
60. Balabaeva M. D., Šarkova E. F., Žbankov R. G., Virnik A. D., Rogovin Z. A., Vysokomol. Soed. (Hochmol. Verbind.), **7** (1965) 1763.
61. Bamford C. H., Elliott A., Hanby W. E., Synthetic Polypeptides. Academic Press, New York, 1956.
62. Bamford C. H., Textile Manufacturer, **82** (1956a) 184.
63. Bandel W., Melliand Textilber., **39** (1958) 204.
64. Bandel W., Melliand Textilber., **41** (1960) 1391.
65. Bank M. I., Krimm S., J. appl. Phys., **39** (1968) 4951.
66. Bank M. I., Krimm S., J. appl. Phys., **40** (1969) 4248.
67. Bank M. I, Krimm S., J. Polymer Sci., B **8** (1970) 143.
68. Barchewitz P., Henry L., Chedin J., J. Chimie Physique, **48** (1951) 590.
69. Barer R., Cole A. R. H., Trompson H. W., Nature (London), **163** (1949) 198.
70. Bargon J., Hellwege K. H., Johnsen U., Kolloid-Z./Z. Polymere, **213** (1966) 51.

71. Barker S. A., Bourne E. J., Stacey D. H., Whiffen D. H., Chem. and Ind., (1953) 196.
72. Barker S. A., Bourne E. J, Stacey M., Whiffen D H, J. chem. Soc. (London), (1954) 171.
73. Barlow A., Lehrle R. S., Robb J. C., Polymer, **2** (1961) 27.
74. Barnes W. H., Ross S., J. amer. chem. Soc., **58** (1936) 1129.
75. Barnes R. B., Williams V. Z., Davis A. R., Giesecke P., Ind. Engng. Chem., analyt. Ed. (1944) 16.
76. Barnes R. B, Williams V. Z., Davis A. R., Giesecke P, Rubber Chem. Techn, **17** (1944a) 253.
77. Barnes R. B, Gore R. C., Williams E. F, Linsley S. G., Petersen E. M., Ind. Engng. Chem, analyt. Ed., **19** (1947) 620.
78. Barnett H. A., Bartoli A., Analyt. Chem., **32** (1960) 1153.
79. Barr J K, Nature (London), **215** (1967) 844.
80. Bartenev G. M., Vališin A. A. Mechanika Polimerov (Riga) (1970) 979.
81. Bassett K. H., Liang C. Y., Marchessault R H., J. Polymer Sci., A **1** (1963) 1687
82. Bateman L. C., Glazebrook R. W, Moore C. G, Saville R. W., Rubber Chem. Technol, **30** (1957) 397
83. Bath J. D, Ellis J. W., J. phys. Chem., **45** (1941) 204
84. Baudisch J, Dechant J., Dinh van Nghi, Philipp B., Ruscher C., Faserforsch. u. Textiltechn., **19** (1968) 62.
85. Baum B., J. appl. Polymer Sci., **2**, (1959) 281.
86. Baumann U, Schreiber H., Tessmar K., Makromol Chem., **36** (1959) 81
87. Baumann R. P., Absorption Spectroscopy, John Wiley & Sons, New York — London, 1963.
88. Baxter B. H., Puttmann N A., Nature (London), **207** (1965) 288.
89. Beachell H. C., Nemphos S. P, J. Polymer Sci., **21** (1956) 113.
90. Beachell H. C., Nemphos S. P., J Polymer Sci., **25** (1957) 173.
91. Beachell H. C., Tarbet G. W., J. Polymer Sci., **45** (1960) 451.
92. Beachell H. C., Smiley L. H., J. Polymer Sci., A-1 **5** (1967) 1635.
93. Beer M., Proc. Roy. Soc., A **236** (1956) 136.
94. Beer M., Kessler H. B., Sutherland G. B. B. M., J chem. Phys., **29** (1958) 1097
95. Beevers R. B., Macromolecular Reviews, **3** (1968) 113.
96. Bellamy L. J. The Infrared Spectra of Complex Molecules. Methuen/Wiley, London/New York, 1962.
97. Belopolskaja T V, Dokl Akad. Nauk. SSR (Ber. Akad. Wiss UdSSR), **180** (1968) 1388.
98. Belopolskaja T. V., Optika i Spektroskopija, Moskva, **26** (1969) 476.
99. Bendit E. G., Nature (London), **193** (1962) 236.
100. Bendit E. G., Rose D., Z. wiss. Mikroskopie, **65** (1963) 279.
101. Benedetti E., Pucci S., Pino P, Schettino V., Califano S., Spectrochim. Acta, **23** A (1967) 2371.
102. Bentley F., Rappoport G., Analyt. Chem., **26** (1954) 1980.
103. Bentley F. F., Smithson L. D., Rozek A. L., Infrared Spectra and Characteristic Frequentcies $\sim$700—300 cm^{-1}. Interscience Publishers, New York — London — Sydney, 1968.
104. Berger M., Buckley D. J., J. Polymer Sci., A **1** (1963) 2945.
105. Berger M., Buckley D. J, Rubber Chem. Technol., **37** (1964) 169.
106. Berghmans H., Ind. Chim. Belge, **34** (1969) 727.
107. Berghmans H., Safford G. J., Leung P. S., J Polymer Sci., A-2 **9** (1971) 1219.
108. Berlin A. A., Durinskaja A. M., Moskovskij Ju. S., Vysokomol. Soed. (Hochmol. Verbind.), **6** (1964) 1938.
109. Bernas A., Bensasson R., Rossi I., Barchewitz P., J. Chim. Physique, **59** (1962) 442.
110. Berthomieu C., Sandorfy C., J. mol. Spectroscopy **15** (1965) 15, 22.

111. Bertie J. E., Whalley E., J. Chem. Phys., **41** (1964) 575.
112. Bessler E., Bier G., Makromol. Chem., **122** (1969) 30.
113. Bezzi S., Soc. Montocatini, Ital. Pat. 461, 628 (1960).
114. Bezzi S., Soc. Montacatini, Ital. Pat., 25, 502 (1962).
115. Bhatnagar V. M., Chem. Age India, 15 (1964) 184.
114. Bezzi S., Soc. Montacatini, Ital. Pat., 25, 502 (1962).
115. Bhatnagar V. M., Chem. Age India, **15** (1964) 184.
116. Biernacka T., Commun. IXth Coloquium Spectr. Internationale (1961) 113.
117. Binder J. L., Analyt. Chem., **21** (1949) 923.
118. Binder J. L., Analyt. Chem., **26** (1954) 1877.
119. Binder J. L., Ransaw H. C., Analyt. Chem., **29** (1957) 503.
120. Binder J. L., Rubber Chem. Technol., **35** (1962) 57.
121. Binder J. L., J. Polymer Sci., A **1** (1963) 37.
122. Binder J. L., J. Polymer Sci., A **1** (1963a) 47.
123. Binder J. L., J. Polymer Sci., A **3** (1965) 1587.
124. Binder J. L., J. Polymer Sci., B **4** (1966) 19.
125. Binder J. L., Appl. Spectroscopy, **23** (1969) 17.
126. Bird G. R., Blout E. R., J. chem. Phys., **25** (1956) 798.
127. Bird G. R., Parrish M., Blout E. R., Rev. Sci. Instr., **29** (1958) 305.
128. Bird G. R., Blout E. R., J. amer. chem. Soc., **81** (1959a) 2499.
129. Bishop W. A., J. Polymer Sci., **55** (1961) 827.
130. Bishop W. A., Analyt. Chem., **33** (1961a) 456.
131. Bissett F., Bluhm A. L., Long L., Analyt. Chem., **31** (1959) 1927.
132. Blackwell J., Vasko P. D., Koenig J. L., J. appl. Phys., **41** (1970) 4375.
133. Blinc R., Hadži D., in Hadži (1959).
134. Blinc R., Hadži D., Novak A., Z. Elektrochemie, **64** (1960) 567.
135. Blouin F. A., Arthur J. C., Textile Res. J., **28** (1958) 198.
136. Blout E. R., Ann. New York Acad. Sci., **69** (1957) **84.**
137. Blout E. R., DeLozê C., Bloom S. M., Fasman G. D., J. amer. chem. Soc., **82** (1960) 3787.
138. Blout E. R., DeLosê C., Asadourian A., J. amer chem. Soc., **83** (1961) 1895.
139. Blümel H., Kautschuk, Gummi, Kunststoffe, **16** (1963) 571.
140. Bly R. M., Kiener P. E., Fries B. A., Analyt. Chem., **38** (1966) 217.
141. Boccato G., Rigo A., Talamini G., Zilio-Grandi F., Makromol. Chem., **108** (1967) 218.
142. Bockman C. D., Appl. Spectroscopy, **15** (1961) 85.
143. Boenig H. v., Polyolefins, Elsevier Publ. Comp., Amsterdam — London — New York 1966.
144. Boerio F. J., Koenig J. L., J. Polymer Sci. A-2, **7** (1969) 1489.
145. Boerio F. J., Koenig J. L., J. Polymer Sci. A-2, **9** (1971) 1517.
146. Boerio F. J., Koenig J. L., J. chem. Phys., **54** (1971a) 3667.
147. Bohn C. R., Schaefgen J. R., Statton W. O., J. Polymer Sci., **55** (1961) 531.
148. Bohn C. R., bei Zbinden (1964) zitierte Mitteilung.
149. Bohnert E., Melliand Textilber., **42** (1961) 1156.
150. Bojarčuk Ju. M., Nikitin V. N., Dokl. Akad. Nauk SSSR (Ber. Akad. Wiss. UdSSR), **19** (1964) 397.
151. Bojarčuk Ju. M., Rappoport L. Ja., Nikitin V. N., Apuchtina N. P., Vysokomol. Soed. (Hochmol. Verbind.), **7** (1965) 778.
152. Bojarčuk Ju. M., Medvedeva G. I., Rappoport L. Ja., Erlich I. M., Vysokomol. Soed. (Hochmol. Verbind.), **10** B (1969) 173.
153. Bojcov V. G., Gotlib Ju. Ja., Optika i Spektroskopija, Moskva, **15** (1963) 216.
154. Bolker H. J., Nature (London), **197** (1963) 489.
155. Borchert P. J., Kunststoffe, **51** (1961) 137.
156. Borello E., Mussa C., J. Polymer Sci., **13** (1954) 402.

157. Borisova N. P., Birštejn T. M., Vysokomol. Soed. (Hochmol. Verbind.), 5 (1963) 279.
158. Born M., Oppenheimer R., Ann. Physik, 84 (1927) 457.
159. Born M., Proc. phys. Soc. (London), 54 (1942) 362.
160. Born M., Wolf E., Principles of Optics. Pergamon Press, London, 1959.
161. Bott B., Vernon F., Spectrochim. Acta, 26 A (1970) 1633.
162. Bouriot P., Bull Inst. Textile France, 11 (1957) 7.
163. Bouriot P., Bull. Inst. Textile France, 15 (1961) 93.
164. Bouriot P., Bull. Inst. Textile France, 16 (1962) 1197.
165. Bouriot P., Chailley S., Bull. Inst. Textile France, 17 (1963) 503.
166. Bouriot P., Delestang F., Bull. Inst. Textile France, 18 (1964) 757.
167. Bouriot P., Parisot A., J. Polymer Sci. C. Nr., 16 (1967) 1393.
168. Bouriot P., Bull. Inst. Textile France, 21 (1967a) 545.
169. Bouriot P., Teintex (1969) 193.
170. Bourne E. G., Angew. Chem., 66 (1954) 176.
171. Boye C. A., J. Polymer Sci., 55 (1961) 263.
172. Boye C. A., J. Polymer Sci., 55 (1961a) 275.
173. Bovey F. A., Tiers G. V. D., J. Polymer Sci., 44 (1960) 173.
174. Bradbury E. M., Elliott A., Fraser R. D. B., Trans. Farad. Soc., 56 (1960) 1117.
175. Bradbury E. M., Price W. C., Wilkinson G. R., J. molecular Biol., 4 (1962) 39.
176. Bradbury E. M., Price W. C., Wilkinson G. R., Zubay G., J. molecular Biol., 4 (1962a) 50.
177. Bradbury E. M., Elliott A., Polymer, 4 (1963) 47.
178. Bradbury E. M., Brown L., Elliott A., Parry D. A. D., Polymer, 6 (1965) 465.
179. Brader J. J., J. appl. Polymer Sci., 3 (1960) 370.
180. Brandmüller J., Moser H., Einführung in die Raman-Spektroskopie. Dr. Dietrich Steinkopff Verlag, Darmstadt, 1962.
181. Braun D., Betz W., Kern W., Naturwiss., 46 (1959) 444.
182. Braun D., Aziz El Sayed I. A., Angew. makromol. Chem., 6 (1969) 136.
183. Bro M. I., Sperati C. A., J. Polymer Sci., 38 (1959) 289.
184. Brockmeier N. F., J. appl. Polymer Sci., 12 (1968) 2129.
185. Brown J. K., Sheppard N., Simpson D. M., Discuss. Farad. Soc., 9 (1950) 261.
186. Brown L., Holliday P., Trotter I. F., J. chem. Soc. (London), 2 (1951) 1532.
187. Brown J. E., Tryon M., Mandel J., Analyt. Chem., 35 (1963) 2172.
188. Brown R. G., J. chem. Phys., 38 (1963a) 221
189. Brown R. G., J. appl. Phys., 34 (1963b) 2382.
190. Brown R. G., J. chem. Phys., 40 (1964) 2900.
191. Browning R. S., Wiberley S. E., Nachod F C., Analyt. Chem., 27 (1955) 7.
192. Brügel W., Einführung in die Ultrarotspektroskopie. Dr. Dietrich Steinkopff. Darmstadt, 1962 (vierte Auflage, 1969).
193. Bruun H., Sjöholm R., Acta Acad. Aboensis, Math. Phys., 24 (1964) 3.
194. Bryant K. C., Kennedy G. T, Tanner E. M., J. chem. Soc. (London), (1949) 2389.
195. Bryant M. D., Voter R. C., J. amer. chem. Soc., 75 (1953) 6113.
196. Bucci G., Simonazzi T., J Polymer Sci. C Nr., 7 (1964) 203.
197. Buckley G. D., Cross L. H., Ray N. H., J. chem. Soc. (London), (1950). 2714.
198. Buckley G. D., Ray N. H., J. chem. Soc. (London), (1952) 3701.
199. Bukač Z., Čefelin P., Doskočilová D., Šebenda J., Coll. czechoslov. chem. Commun., 29 (1964) 2615.
200. Bunn C. W., Trans. Farad Soc., (1939) 482.

201. Bunn C. W., Advances in Colloid Science. Vol., II. Interscience Publ., New York, 1946.
202. Bunn C. W., Garner E. V., Proc. Roy. Soc., A **189** (1947) 39.
203. Bunn C. W., Nature (London), **161** (1948) 929.
204. Bunn C. W., Howells E. R., Nature (London), **174** (1954) 549.
205. Bunn C. W., Holmes D. R., Discuss. Farad. Soc., **25** (1958) 95.
206. Buontempo V., Careri G., Fasella P., Physics Letters (Amsterdam), **31** A (1970) 543.
207. Burgess S., Spedding H., Chem. and Ind., (1961) 1166.
208. Burket S. C., Melvin E. H., Science, **115** (1952) 516.
209. Burlant W. J., Parsons J. L., J. Polymer Sci., **22** (1956) 249.
210. Burley R. A., Bennett W. J., Appl. Spectroscopy, **14** (1960) 32.
211. Burnett I. D., Miller R. G. J., Willis A. H., J. Polymer Sci., **15** (1955) 592.
212. Buswell A. M., Maycock R. L., Rodebush W. H., J. chem. Phys., **8** (1940) 362.
213. Buswell A. M., Krebs K. F., Rodebush W. H., J. phys. Chem., **44** (1940a) 1126.
214. Camer D., Martin M., Medeck E., Appl. Spectroscopy, **22** (1968) 574.
215. Campbell J. E., Rauscher W. H., J. Polymer Sci., **18** (1955) 461.
216. Cannon C. G., Mikrochim. Acta (1955) 555.
217. Cannon C. G., Chem. and Ind., (1957) 29.
218. Cannon C. G., in Meredith R., Hearle J. W. S., Physical Methods of Investigating Textiles, Interscience Publ., New York, 1959.
219. Cannon C. G., Spectrochim. Acta, **16** (1960) 302.
220. Cannon C. G., Stace B. C., Jeffries R., Nature (London), **196** (1962) 436.
221. Cannon C. G., Harris P. H., J. macromol. Sci. (Phys.), B **3** (1969) 357.
222. Cantow H. J., Ber. Bunsenges. physik. Chem., **70** (1966) 257.
223. Caraculacu A. A., J. Polymer Sci. A-1 **4** (1966) 1829.
224. Carazzolo G. A., J. Polymer Sci., A **1** (1963) 1573.
225. Carazzolo G. A., J. Polymer Sci., A **1** (1963a) 965.
226. Carbonaro A., Greco A., Chim. e Ind., Milano, **48** (1966) 363.
227. Carlsson D. J., Wiles D. M., Canad. J. Chem., **48** (1970) 2397.
228. Carlsson D. J., Wiles D. M., Macromolecules, **4** (1971) 174
229. Carlsson D J., Wiles D. M., Macromolecules, **4** (1971a) 179.
230. Caroti G., Dusenbury J. H., Nature (London), **178** (1956) 162.
231. Caroti G., Dusenbury J. H., J. Polymer Sci., **22** (1956a) 399.
232. Carter M. E., J. Polymer Sci., **51** (1961) 199.
233. Cassels J. W., Appl. Spectroscopy, 22 (1968) 477.
234. Casu B., Reggiani M., J. Polymer Sci. C Nr., **7** (1964) 171.
235. Cernia E., Mancini C., Montaudo G., J. Polymer Sci., B **1** (1963) 371.
236. Cesari M., Perigo G., Mazzei Makromol. Chem. **83** (1965) 196.
237. Chakravarty S. M., Banerjee D., Sirka A. K., Trans. Inst. Rubber Ind., **38** (1962) 226.
238. Champetier G., Clément P. L., Compt. Rend., **224** (1947) 199.
239. Champetier G., Chérubin G., Makromol. Chem., **18** (1956) 178.
240. Chang Y. I., Summerfield D. C., J. Polymer Sci., A-2 **7** (1969) 405.
241. Chapman D., J. chem. Soc. (London), (1957) 4489.
242. Chappell S. E., Sauer J. A., Woodward A. E., J. Polymer Sci., A **1** (1963) 2805.
243. Charlesby A., Proc. Roy. Soc., A **215** (1952) 263.
244. Chatani Y., Tadokoro H., Yoshihara Y., Murahashi S., Symposium on Polymer Sci., Tokio (1961) 11 B-5.
245. Chatterjee P. K., Conrad C. M., J. Polymer Sci., A-1 **4** (1966) 233.

246. Checkland P. B., Davison W. H. T., Trans. Farad. Soc., **52** (1956) 151.
247. Chen C. S. H., Colthup N., Deichert W., Webb R. L., J. Polymer Sci., **45** (1960) 247.
248. Chen-Hua P., Jen-Yuan C., Acta phys. sinica, **18** (1962) 159.
249. Chiang R., J. Polymer Sci., A **1** (1963) 2765.
250. Chinai N., Campbell R. H., Analyt. Chem., **33** (1961) 577.
251. Chorney W., Scully N. J., Crespi H. L., Katz J. J., Biochim. Biophys. Acta, **37** (1960) 280.
252. Ciampelli F., Manoviciu I., Gazz. chim. ital., **91** (1961) 1045.
253. Ciampelli F., Bucci G., Simonazzi T., Santambrogio A., Chim. e. Ind. Milano, **44** (1962) 489.
254. Ciampelli F., Morero D., Campini M., Makromol. Chem., **61** (1963) 250.
255. Ciampelli F., Cambini M., Lachi M. P., J. Polymer Sci., C Nr., **7** (1964) 213.
256. Ciampelli F., Valvassori A., J. Polymer Sci., C Nr., **16** (1967) 377.
257. Čirgadze Ju. N., Gribov L. A., Andrejeva N. S., Šuckever N. E., Ž. fizič. Chimii (Z. physik. Chemie), **37** (1961) 754.
258 Čirgadze Ju. N., Biofizika, **7** (1962) 523.
259 Čirgadze Ju. N., Biofizika, **7** (1962a) 382.
260. Čirgadze Ju. N., Vodorodnaja Svjaz (Die Wasserstoffbindung) Herausgeg. v. Akad. Wiss. UdSSR, Inst. f. physik. Chemie (1964) 310.
261 Čirgadze Ju. N., Biofizika, **14** (1969) 792.
262. Čirgadze Ju. N., Raševskaja E. P., Biofizika, **14** (1969a) 608.
263. Claesson S., Wahba M., Svensk Papperstidn., **71** (1968) 366.
264 Clark E. S., Muus L. T., Z. Kristallogr., **117** (1962) 119.
265. Clark J. K., Scott R. A., J. appl. Polymer Sci., **14** (1970) 1.
266. Clarkson A., Robertson C. M., Analyt. Chem., **38** (1966) 522.
267. Cleverley B., Herrmann R., J. appl. Chem., **11** (1961) 344.
268. Clingman W. H., J. chem. Phys., **27** (1957) 322.
269. Coakley J. E., Berry H. H., Appl. Spectroscopy, **20** (1966) 418.
270. Cobbs W. H., Burton R. L., J. Polymer Sci., **10** (1953) 275.
271 Coiro V. M., de Santis P., Liquori A. M., Ripamonti A., J. Polymer Sci., B **4** (1966) 821.
272 Coleman B. D., J. Polymer Sci., **31** (1958) 155.
273. Coleman B. D., Fox T. G., J. Polymer Sci., A **1** (1963) 3183.
274. Collier G. L., Panting A. C. M., Spectrochim. Acta, **14** (1959) 104.
275. Colthup N. B., Daly L. H., Wiberley S. E., Introduction to Infrared and Raman-Spectroscopy, Academic Press, New York — London, 1964.
276. Colthup N. B., Spectrochim. Acta, **20** (1964a) 1843.
277 Conley R. T., Bieron J. F., J. appl. Polymer Sci., **7** (1963) 1757.
278. Conley R. T., Bieron J. F., Spectroscopic Tricks (1967) 207.
279. Cook E. S., Kreke C. W., Barnes E. B., Motzel W., Nature (London), **174** (1954) 1144.
280. Cooper W., Eaves D E., Tunicliffe M. E., Vaughan G., Europ. Polymer J., **1** (1965) 121.
281. Coover H. W., McConnell R. L., Joyner F. B., Slonaker D. F., Combs R. L., J. Polymer Sci., A-1 **4** (1966) 2563.
282. Corish P. J., Davison W. H. T., J. chem. Soc. (London) (1955) 2428.
283. Corish P. J., Davison W. H. T., J. chem. Soc. (London), (1955a) 2431.
284. Corish P. J., Chapman D., J. chem. Soc. (London), (1957) 1746.
285. Corish P. J., Analyt. Chem. **31** (1959) 1298.
286. Corish P. J., Spectrochim. Acta, **15** (1959a) 598.
287. Corish P J., J. appl. Polymer Sci., **4** (1960) 86.

288. Corish P. J., J. appl. Polymer Sci., 5 (1961) 53.
289. Corish P. J., Analyt. Chem., 33 (1961a) 1798.
290. Corish P. J., Tunnicliffe M. E., J. Polymer Sci. C Nr., 7 (1963) 187.
291. Corish P. J., J. appl. Polymer Sci., 7 (1963a) 727.
292. Cornell S. W., Koenig J. L., J. appl. Phys., 39 (1968) 4883.
293. Cornell S. W., Koenig J. L., Macromolecules, 2 (1969) 540.
294. Cornell S. W., Koenig J. L., Macromolecules, 2 (1969a) 546.
295. Cornell S. W., Koenig J. L., J. Polymer Sci. A-2, 7 (1969b) 1965.
296. Cornell S. W., King J. L., J. Polymer Sci., B 8 (1970) 137.
297. Corradini P., Rubber Chem. Technol., 39 (1966) 14.
298. Corradini P., Tosi C., Europ. Polymer J., 4 (1968) 227.
299. Correns E., Dechant J., Faserforsch. u. Textiltechn., 18 (1967) 590.
300. Correns E., Dechant J., Faserforsch. u. Textiltechn., 19 (1968) 393.
301. Cortili G., Zerbi G., Spectrochim. Acta, 23 A (1967) 285.
302. Cortili G., Zerbi G., Spectrochim. Acta, 23 A (1967a) 2216.
303. Cotman J. D., J. amer. chem. Soc., 77 (1955) 1790.
304. Coulson C. A., in Hadži (1959).
305. Cremonesi P., Ricerca Doc. tessile, Milano (1966) 67.
306. Crespi H. L., Archer S. M., Katz J. J., Nature (London), 184 (1959) 729.
307. Crespi G., Valvassori A., Sartori G. in G. E. Ham, High Polymers. Vol. XVIII. Copolymerisation. John Wiley & Sons, New York, 1965.
308. Crook A., Taylor P. J., Chem. and Ind. (1958) 95.
309. Cross L. H., Richards R. B., Willis H. A., Discuss. Farad. Soc., 9 (1950) 235.
310. Cudby M. E. A., J. Polymer Sci., B 3 (1965) 73.
311. Cumberbirch R. J. E., Spedding H., J. appl. Chem., 12 (1962) 83.
312. Cumberbirch R. J. E., Jeffries R., J. appl. Polymer Sci., 11 (1967) 2083.
313. Cunneen I. J., Higgins G. M. C., Watson W. F., J. Polymer Sci., 40 (1959) 1.
314. Dainton F. S., Sutherland G. B. B. M., J. Polymer Sci., 4 (1949) 37.
315. Dainton F. S., Sisley W. D., Trans. Farad. Soc., 59 (1963) 1385.
316. D'Alagni M., De Santis P., Liquori A. M., Savino M., J. Polymer Sci., B 2 (1964) 925.
317. Daniels W. W., Kitson R. E., J. Polymer Sci., 33 (1958) 161.
318. Dancovič A., Kissin Ju. V., Vysokomol. Soed. (Hochmol. Verbind.), 12 (1970) 802.
319. Danner H. R., Safford G. J., Boutin H., Berger M., J. chem. Phys., 40, (1964) 1417.
320. Danz R., Dissertation, Merseburg, 1970.
321. Danz R., Dechant J., Ruscher C., Faserforsch. u. Textiltechn., 21 (1970a) 251.
322. Danz R., Dechant J., Ruscher C., Faserforsch. u. Textiltechn., 21 (1970b) 503.
323. Danz R., Dechant J., Faserforsch. u. Textiltechn., 23 (1972) 199.
324. Darmon S. E., Sutherland G. B. B. M., J. amer. chem. Soc., 69 (1947) 2074.
325. Darmon S. E., Sutherland G. B. B. M., Nature (London), 164 (1949) 440.
326. Daruwalla E. H., Lokhande H. T., Padhye M. R., Cellulose Chem. Technol., 4 (1970) 107.
327. DasGupta Sh., Canad. Spectroscopy, 10 (1965) 9.
328. Daubeny R. D. P., Bunn C. W., Brown C. J., Proc. Roy. Soc., A 226 (1954) 531
329. Davies M., Evans J. C., Jones R. L., Trans. Farad. Soc., 51 (1966) 761.

330. Davies T., Goldsmith P. L., Ravens D. A., Ward I. M., J. phys. Chem., 66 (1962) 175.
331. Davies M. (Herausg.) Infrared Spectroscopy and Molecular Structure Elsevier Publ. Comp., Amsterdam — London — New York, 1963.
332. Davison W. H. T., Corish J. P., J. chem. Soc. (London) (1955) 2428.
333. Davison W. H. T., J. chem. Soc. (London) (1955a) 3270.
334. Davison W. H. T., Chem. and Ind. (1957) 131.
335. Deane A. M., Richards E. W. T., Stephen L. G., Spectrochim. Acta, 22 (1966) 1253.
336. Dechant J., Faserforsch. u. Textiltechn., 6 (1955) 422.
337. Dechant J., Hoyme H., Jenaer Bdsch., 10 (1965) 210.
338. Dechant J., Z. Chem., 5 (1965a) 114.
339. Dechant J., Ruscher C., Faserforsch. u. Textiltechn., 16 (1965b) 180.
340. Dechant J., Faserforsch. u. Textiltechn., 17 (1966) 377.
341. Dechant J., unveröffentlichte Ergebnisse (1966a).
342. Dechant J., Faserforsch. u. Textiltechn., 18 (1967) 239.
343. Dechant J., Faserforsch. u. Textiltechn., 18 (1967a) 263.
344. Dechant J., Faserforsch. u. Textiltechn., 19 (1968) 365.
345. Dechant J., Faserforsch. u. Textiltechn., 19 (1968a) 491.
346. Dechant J., Frigge K., Exp. Techn. Phys., 17 (1969) 221.
347. Dechant J., Danz R., Plaste u. Kautschuk, 19 (1972) im Druck.
348. Decius J. C., Wilson E. B., J. chem. Phys., 19 (1951) 1409.
349. De Klein W. J., Z. analyt. Chem., 246 (1969) 294.
350. De Kock R. L., Hol P. A. M., Bos H., Z. analyt. Chem., 205 (1964) 371.
351. De Kock R. J., Veermans A., Makromol. Chem., 95 (1966) 179.
352. Deley J. P., Gigi R. J., Liotti A. J., Tappi, 46 (1963) 188A.
353. Dementeva L. A., Ioganson A. B., Kurskci G. A., Optika i Spektroskopija (Moskva), 29 (1970) 868.
355. Denaxas J., Hummel D. O., Makromol. Chem., 126 (1969) 296.
356. Derkosch J., Absorptionsspektralanalyse im ultravioletten, sichtbaren und infraroten Gebiet, Akad. Verl. Ges., Frankfurt/Main, 1967.
357. Desper C. R., J. appl. Polymer Sci., 18 (1969) 169.
358. Deters W., Huang D., Faserforsch. und Textiltechn., 14 (1963) 183.
359. Diačik I., Jambrich M., Chem. Zvesti, 14 (1960) 540.
360. Diačik I., Jambrich M., Chem. Zvesti, 15 (1961) 902.
361. Dinh-Nouyen N., Stenhagen E., Acta chem. scand., 20 (1966) 1423.
361a. Dinsmore H. L., Smith D. C., Analyt. Chem., 20 (1948) 11.
362. Dittmann H., Herrmann K. H., Exper. Techn. Physik, 14 (1966) 312.
363. Dodd J. W., Holliday P., Parker B. E., Polymer, 9 (1968) 54.
364. Dole M., Keeling C. D., Rose D. G., J. amer. chem. Soc., 76 (1954) 4304.
365. Doskočilová D., Schneider B., Šebenda J., Coll. czechoslov. chem. Commun., 27 (1962) 1760.
366. Doskočilová D., Schneider B., Coll. czechoslov. chem. Commun., 27, (1962a) 2605.
367. Doskočilová D., Pivcová H., Schneider B., Čefelin P., Coll. czechoslov. chem. Commun., 28 (1963) 1867.
368. Doskočilová D., Schneider B., Čefelin P., Coll. czechoslov. chem. Commun., 28 (1963a) 2556.
369. Doskočilová D., Štokr J., Schneider B., Pivcová H., Kolinsky M., Petránek J., Lim D., J. Polymer Sci. C Nr., 16 (1967) 215.
370. Drushel H. V., Iddings F. A., Analyt. Chem., 35 (1963) 28.
371. Drushel H. V., Ellerbe J. S., Cox R. C., Lane L. H., Analyt. Chem., 40 (1968) 370.
372. Dube G., Kriegsmann H., Z. Chem., 4 (1964) 430.

372a. Dube G., Kriegsmann H., Z. Chem., 5 (1965) 421.
373. Dulmage W. J., Geddes A. L., J. Polymer Sci., **31** (1958) 499.
374. Dulog L. Fortschr. chem. Forschung, **6** (1966) 427.
375. Dunken H., Fink P., Z. Chem., **3** (1963) 232.
376. Durbetaki A. J., Miles C. M., Analyt. Chem., **37** (1965) 1231.
377. Duyckaerts G., Analyst, **84** (1959) 201.
378. Eimers E., Liebigs Ann. Chem., **567** (1950) 116.
379. Ekman K. H., Lindberg J. J., Paperi ja Puu, **42** (1960) 21.
380. Ellefsen Ø., Norman N., J. Polymer Sci., **58** (1962) 769.
381. Ellefsen Ø., Kringstad K., Faserforsch. u. Textiltechn., **15** (1964) 582.
382. Elliott A., Ambrose E. J., Temple R. B., J. opt. Soc. Amer., **38** (1948) 212.
383. Elliott A., Ambrose E. J., Temple R. B., J. chem. Phys., **14** (1948a) 877.
384. Elliott A., Ambrose E. J., Temple R. B., Nature (London), **163** (1949) 567.
385. Elliott A., Ambrose E. J., Discuss. Farad. Soc. (1950) 246.
386. Elliott A., Nature (London), **172** (1953) 359.
387. Elliott A., Hanby W. E., Malcolm B. R., Brit. J. appl. Phys., **5** (1954) 377.
388. Elliott A., Proc. Roy. Soc., A **226** (1954a) 408.
389. Elliott A., Proc. Roy. Soc., A **221** (1954b) 104.
390. Elliot A., J. appl. Chem., (1956) 341.
391. Elliott A., Malcolm B. R., Trans. Farad. Soc., **52** (1956a) 528.
391a. Elliott A., J. Polymer Sci., C Nr., **7** (1964) 37.
392. Elliott J. J., Winans D. R., Appl. Spectroscopy, **19** (1965) 62.
393. Ellis J. W., Bath J., J. amer. chem. Soc., **62** (1940) 2859.
394. Ellis K. C., Warwicker J. O., J. Polymer Sci., **56** (1962) 339.
395. Enomoto S., J. Polymer Sci., **55** (1961) 95.
396. Enomoto S., Asahina M., Kolloid.-Z./Z. Polymere, **196** (1964) 36.
396a. Enomoto S., Koguro M., Asahina M., J. Polymer Sci., A 2 (1964a) 5355.
397. Enomoto S., Asahina M., Satoh S., J. Polymer Sci., A-1 **4** (1966) 1373.
398. Enomoto S., Satoh S., Kolloid.-Z./Z. Polymere, **219** (1967) 12.
399. Enomoto S., Kawai Y., Sugita M., J. Polymer Sci. A-2 **6** (1968) 861.
400. Enomoto S., J. Polymer Sci. A-1 **7** (1969) 1255.
401. Entelis S. G., Vajnštejn E. F., Kumpanenko I. V., Vysokomol. Soed. (Hochmol. Verbind.), A **11** (1969) 2615.
402. Ermolenko I. N., Žbankov R. G., Ivanov V. I., Lenšina N. Ja., Ivanova V. S., Izv. Akad. Nauk SSSR, Ser. chim. (1958) 249.
403. Ermolenko I. N., Gusev S. S., Vysocomol. Soed. (Hochmol. Verbind.), **1** (1959) 1462.
404. Ermolenko I. N., Kaputsky F. N., J. Polymer Sci., **53** (1961) 141.
405. Ermolenko I. N., Vesci Akad. Nauk BSSR (Nachr. Akad. Wiss. Beloruss. SSR, Reihe der phys.-techn. Wiss.) (1964) 63.
406. Ermolenko I. N., Gusev S. S., Ljubiner L. P., Ž. prikl. Chim. (Z. angew. Chem.), **42** (1969) 2302.
407. Erussalimsky B., Tumarkin N., Duntoff F., Lyubetzky F., Goldenberg A., Makromol. Chem., **104** (1967) 288.
408. Estes G. M., Seymour R. W., Cooper S. L., Macromolecules, **4** (1971) 452.
409. Evans J. C., in Davies (1963).
410. Fagot C. C., Appl. Spectroscopy, **19** (1965) 30.
411. Fahrenfort J., Spectrochim. Acta, **17** (1961) 698.
412. Fahrenfort J., Visser W. M., Spectrochim. Acta, **18** (1963) 1103.
413. Fahrenfort J., in Davies (1963).

414. Fajzi N. C., Kurilenko A. I., Vysokomol. Soed. (Hochmol. Verb.), B 13 (1971) 216.
415. Fales H. M., Robertson A. V., Tetrahedron Letters (1962) 111.
416. Fanconi B., Tomlinson B., Nafie L. A., Small W., Peticolas W. L., J. chem. Phys., 51 (1969) 3993.
417. Faraone G., Parasacco G., Cogrossi C., J. appl. Polymer Sci., 5 (1961) 16.
418. Farrow G., Ward I. M., Polymer, London, 1 (1960) 330.
419. Farrow G., McIntosh J., Ward I. M., Makromol. Chem., 38 (1960a) 147.
420. Fateley W. G., Witkowski G. L., Carlson G. L., Appl. Spectroscopy, 20 (1966) 190.
421. Feairheller W. R., Miller J. T., Appl. Spectroscopy, 25 (1971) 175.
422. Feazel C. E., Verchot E. A., J. Polymer Sci., 25 (1957) 351.
423. Feiler E., Geppert G., Serfas O., Mber. dt. Akad. Wiss. Berlin, 8 (1966) 525.
424. Feinberg J. G., Rapson H. D. C., Taylor M. P., Nature (London), 181 (1958) 763.
425. Feit B. A., Bar-Nun A., Lahar M., Zilkha A., J. appl. Polymer Sci., 8 (1964) 1869.
426. Feltzin J., Longenecker D. M., Petker I., SPE Transactions, 5 (1965) 111.
427. Ferguson R. C., J. Polymer Sci., A 2 (1964) 4735.
428. Ferguson R. C., Analyt. Chem., 36 (1964a) 2204.
429. Fester W., Textil-Praxis, 20 (1965) 924.
430. Fester W., Textil-Rdsch., St. Gallen, 20 (1965a) 127.
431. Feuerberg H., Gross D., Zimmer H., Kautschuk, Gummi, Kunststoffe, 16 (1963) 199.
432. Feuerberg H., GIT, Fachz. Lab., 13 (1969) 1185.
433. Fieber W., Kimmer W., Schmolke R., Z. Chem., 12 (1972) im Druck.
434. Field J. E., Woodford D. E., Gehmann S. D., J. appl. Phys., 17 (1946) 386.
435. Fiorenza A., Bonomi G., Rubber Chem. Technol., 36 (1963) 1129.
436. Fischer K. A., Brandes G., Naturwiss., 43 (1956) 223.
437. Flournoy P. A., J. chem. Phys., 39 (1963) 3156.
438. Flournoy P. A., Spectrochim. Acta, 22 (1966) 15.
439. Flournoy P. A., Schaffers W. J., Spectrochim. Acta, 22 (1966a) 5.
440. Foldes A., Sandorfy C., J. mol. Spectroscopy, 20 (1966) 262.
441. Folt V. L., Shipman J. J., Krimm S., J. Polymer Sci., 61 (1962) 17.
442. Fomina L. L., Michalceva T. V., Plast. Massy (Plast. Massen), Moskva (1970) 55.
443. Ford M. A., Wilkinson G. R., J. sci. Instr., 31 (1954) 338.
444. Ford C. G., Nature (London), 212 (1966) 72.
445. Fordham J. W. L., Burleigh P. H., Sturm C. L., J. Polymer Sci., 41 (1959) 73.
446. Forziati F. H., Stone W. K., Rowen J. W., Appel W. D., J. Res. nat. Bur. Stand., 45 (1950) 109.
447. Forziati F. H., Rowen J. W., J. Res. nat. Bur. Stand., 46 (1951) 38.
448. Forziati F. H., Rowen J. W., Plyler E. K., J. Res. nat. Bur. Stand., 46 (1951a) 288.
449. Foster G. N., Row S. B., Griskey R. G., J. appl. Polymer Sci., 8 (1964) 1357.
450. Fox J. J., Martin A. E., Proc. Roy. Soc., 162 (1937) 419.
451. Fox J. J., Martin A. E., Proc. Roy. Soc., A 175 (1940) 208.
452. Fox T. G., Goode W., Cratch S., Huggett C., Kincaid J., Speel A., Stroupe J., J. Polymer Sci., 31 (1958) 173.
453. Fox T. G., Garrett B., Goode W., Gratch S., Kincaid J., Speel A., Stroupe J., J. amer. chem. Soc., 80 (1958a) 1768.
454. Fraga D. W., J. Polymer Sci., 41 (1959) 522.
455. Franck B., Z. Naturforsch., 9b (1954) 276.

456. Fraser R. D. B., Price W. C., Nature (London), 170 (1952) 490.
457. Fraser R. D. B., J. chem. Phys., 21 (1953) 1511.
458. Fraser R. D. B., J. chem. Phys., 24 (1856) 89.
459. Fraser R. D. B., J. opt. Soc. Amer., 48 (1958) 1017.
460. Fraser R. D. B., McRae T. P., J. chem. Phys., 28 (1958a) 1120.
461. Fraser R. D. B., McRae T. P., J. chem. Phys., 29 (1958b) 1024.
462. Fraser R. D. B., J. chem. Phys., 28 (1958c) 1113.
463. Fraser R. D. B., J. chem. Phys., 29 (1958d) 1428.
464. Fraser R. D. B., Suzuki E., Analyt. Chem., 38 (1966) 1770.
465. Fraser R. D. B., McRae T. P., Parry D. A. D., Suzuki E., Polymer 10 (1969) 810.
466. Fraser R. D. B., Suzuki E., Spectrochim. Acta 26A (1970) 423.
467. Fraser R. D. B., MacRae T. P., Parry D. A. D., Suzuki E., Polymer, 12 (1971) 35.
468. Frayer P. D., Koenig J. L., Lando J. B., J. macromol. Sci. (Phys.), B 3 (1969) 329.
469. Fredriksen O., Crowo J. A., Makromol. Chem., 100 (1967) 231.
470. Frenzel A. O., Butler J. P., J. opt. Soc. Amer., 54 (1964) 1059.
471. Frenzel C. A., Bradley E. B., Mathur M. S., J. chem. Phys., 49 (1968) 3789.
472. Freymann R., Compt. Rend., 195 (1932) 39.
473. Friedlander B. I., Dutt A. S., Rapson W. H., Tappi 49 (1966) 468.
474. Friedlander H. N., Peebles L. H., Brandrup J., Kirby J. R., Macromolecules 1 (1968) 79.
475. Frigge K., Dube G., Kriegsmann H., Plaste u. Kautschuk, 15 (1968) 470.
476. Frilette V. J., Hanle J., Mark H., J. amer. chem. Soc., 70 (1948) 1107.
477. Frischkorn H., Amrhein E., Ber. Bunsenges. physik. Chemie, 74 (1970) 880.
478. Fritzsche H., Dissertation, Jena, 1963.
479. Fritzsche H., Spectrochim. Acta, 22 (1966) 1139.
480. Fuchs W., Louis D., Makromol. Chem., 22 (1957) 1.
481. Fujii K., Mochizuki T., Imoto S., Ukida J., Matsomoto M., Makromol. Chem., 51 (1962) 225.
482. Fujii K., Ukida J., Makromol. Chem., 65 (1963) 74.
483. Fujii K., Nagochi K., Ukida J., Matsomoto M., Makromol. Chem., 65 (1963a) 81.
484. Fujii K., Mochizuki T., Imoto S., Ukida J., Matsumoto M., J. Polymer Sci., A 2 (1964) 2327.
485. Fujii K., J. Polymer Sci., B 5 (1967) 551.
486. Fujimoto T., Kawabata N., Furukawa J., J. Polymer Sci., A-1 6 (1968) 1209.
487. Fujimoto K., Wataya K., J. appl. Polymer Sci., 13 (1969) 2513.
488. Fujiwara S., Narasaki H., J. Polymer Sci., B 1 (1963) 139.
489. Fukawa K., J. chem. Soc. Japan, Kogyo Kagaku Zasshi, 66 (1963) 1605.
490. Fuller C. S., Chem. Reviews, 26 (1940) 143.
491. Furedi H., Walton A. G., Appl. Spectroscopy, 22 (1968) 23.
492. Furukawa J., Tsuruta T., Makimoto T., Makromol. Chem., 42 (1960) 165.
493. Fuson N., Pineau P., Josien M. L. in Hadži (1959).
494. Gafurov U. G., Novak I. I., Mechanika Polimerov, (Riga) (1970) 170.
495. Galenko N. V., Zorina V. B., Plast. Massy, Moskva (1967) 59.
496. Gallinella E., Garbuglio C., Chim. e. Ind., Milano, 47 (1965) 1208.
497. Gampp K., Dissertation, Freiburg, 1955.
498. Garbuz N. I., Žbankov R. G., Predvoditelev D. A., Nifantez E. E., Vysokomol. Soed. (Hochmol. Verbind.), 8 (1966) 613.

499. Garbuz N. I., Žbankov R. G., Ž. prikl. Spektroskopii (Z. angew. Spektr.), 7 (1967) 854.
500. Garbuz N. I., Žbankov R. G., Ž. prikl. Spektroskopii (Z. angew. Spektr.), 8 (1968) 469.
501. Garrasi G., Chim. e. Ind., Milano, **47** (1965) 52.
502. Garrett B. S., Goode W., Gratch S., Kincaid J., Levesque C., Spell A., J. amer. chem. Soc., **81** (1959) 1007.
503. Geacintov C., Miles R. B., Schuurmans J. L., J. Polymer Sci., A-1 4 (1966) 431.
504. Gedemer T. J., Appl. Spectroscopy, **19** (1965) 141.
505. Gentilhomme C., Piguet A., Rosset J., Eyraud C., Bull. Soc. chim. France, **5** (1960) 901.
506. Gerbaux R., Bull. Soc. chim. Belg., **66** (1957) 382.
507. Germar H., Kolloid.-Z./Z. Polymere, **193** (1963) 25.
508. Germar H., Hellwege K. H., Johnsen U., Makromol. Chem., **60** (1963a) 106.
509. Germar H., Makromol. Chem., **84** (1965) 36.
510. Germar H., Makromol. Chem., **86** (1965a) 89.
511. Gesner B. D., J Polymer Sci., A **3** (1965) 3825.
512. Gilby A. C., Burr J., Crawford B., J. phys. Chem., **70** (1966) 1520.
513. Gilby A. C., Burr J., Krueger W., Crawford B., J., phys. Chem., **70** (1966a) 1525.
514. Gillis P. P., J. Polymer Sci., A-2 **7** (1969) 783.
515. Ginzburg I. M., **Abramovič** M. A., **Palevič** L. A., Vodorodnaja Svjaz (Die Wasserstoffbindung) Herausgeg. von Akad. Wiss. UdSSR, Inst. f. physik. Chemie (1964) 177.
516. Glatt L., Ellis J. W., J. chem. Phys., **16** (1948) 551.
517. Glatt L., Weber D. S., Seaman C., Ellis J. W., J. chem. Phys., **18** (1950) 413.
518. Glatt L., Ellis J. W., J. chem. Phys., **19** (1951) 449.
519. Glazkovskij Ju. V., Zgajevskij V. E., Ručinskij S. P., Bakardžiev N. M., Vysokomol. Soed. (Hochmol. Verbind.), **8** (1966) 1472.
520. Glazkovskij J. V., Zavjalov A. N., Bakardžijev N. M., Novak I. I., Vysokomol. Soed. (Hochmol. Verbind.), **12A** (1970) 2697.
521. Glenz W., Peterlin A., Amer. chem. Soc., Div. Polymer Chem., Polymer Preprints, **10** (1969) 951.
522. Glenz W., Peterlin A., J. Macromol. Sci. — Phys., B **4** (1970) 473.
523. Glenz W., Peterlin A., J. Polymer Sci., A-2 **9** (1971) 1191.
524. Glenz W., Peterlin A., Kolloid.-Z./Z. Polymere, **247** (1971a) 786.
525. Glenz W., Peterlin A., Makromol. Chemie, **150** (1971b) 163.
526. Goddu R. F., Delker D. A., Analyt. Chem., **32** (1960) 140.
527. Gojchman A. S., Nosov M. P., Tret'jakov Ju. N., Olejnik V. G., Vysokomol. Soed. (Hochmol. Verbind.), **7** (1965) 1877.
528. Goldbach G., Peitscher G., J. Polymer Sci., B **6** (1968) 783.
529. Goldenberg A. L., Zjuzina L. I., Ljureckij S. G., Vysokomol. Soed. (Hochmol. Verbind.) **9** B (1967) 542.
530. Goldenberg A. L., Litvinova M. A., Duntov F. I., Vysokomol. Soed. (Hochmol. Verbind.) **9 A** (1967a) 2553.
531. Goldenberg A. L., Ljubeckij S. G., Dokl. Akad. Nauk SSSR, **179** (1968) 900.
532. Goldfinger G., Kane T., J. Polymer Sci., 3 (1948) 462.
533. Golub M. A., J. Polymer Sci., **36** (1959) 523.
534. Golub M. A., Shipman J. J., Spectrochim. Acta, **16** (1960) 1165.
535. Golub M. A., Fuqua S. A., Bhacca N. S., J. amer. chem. Soc., **84** (1962) 4981.
536. Golub M. A., Shipman J. J., Spectrochim. Acta, **20** (1964) 701.
537. Goode W. E., Owens F. H., Fellmann R. P., Snyder W. H., Moore J. W., J. Polymer Sci., **46** (1960) 317.

538. Goodman I., J. Polymer Sci., 17 (1955) 587.
539. Goos F., Hänchen H., Ann. Physik, 1 (1947) 333.
540. Gössl T., Makromol. Chem. 42 (1960) 1.
541. Gotlib Ju. Ja., Vysokomol. Soed. (Hochmol. Verbind.), 1 (1959) 474.
542. Gotlib Ju. Ja., Kubinskaja L. V., Optika i Spektroskopija, Moskva, 13 (1962) 591.
543. Gottlieb K., Schrader B., Z. analyt. Chem., 216 (1966) 307.
544. Gottlieb K., Z. Instrumentenkde, 75 (1967) 125.
545. Gračev V. I., Bezprozvannych A. V., Šelkunov N. G., Klimenko I. B., Kirilenko Ju. K., Volf L. A., Ž. prikl. Chimii (Z. angew. Chemie), 43 (1970) 633.
546. Grafmüller F., Husemann E., Makromol. Chem., 40 (1960) 161, 172.
547. Graham R. K., Dunkelberger D. L., Panchak J. B., J. Polymer Sci., 59 (1962) 43.
548. Gramberg G., Kolloid.-Z., 175 (1961) 119.
549. Grant L. J., Ward I. M., Polymer, 6 (1965) 223.
550. Grassie N., Hay J. N., McNeill I. C., J. Polymer Sci., 31 (1958) 205.
551. Grassie N., McNeill I. C., J. Polymer Sci., 27 (1958a) 207.
552. Grassie N., McNeill I. C., J. Polymer Sci., 30 (1958b) 37.
553. Grassie N., McNeill I. C., J. Polymer Sci., 33 (1958c) 171.
554. Grassie N., Hay J. N., J. Polymer Sci., 56 (1962) 189.
555. Grassie N., Weir N. A., J. appl. Polymer Sci., 9 (1965) 975.
556. Greenwood C. T., Rossotti H., J. Polymer Sci., 27 (1958) 481.
557. Gribov L. A., Abilova T. S., Optika i Spektroskopija (Moskva), 23 (1967) 374.
558. Gribov L. A., Abilova T. S., Optika i Spektroskopija (Moskva), 23 (1967a) 535.
559. Gribov L. A., Optika i Spektroskopija (Moskva), 29 (1970) 876.
560. Grime D., Ward I. M., Trans. Farad. Soc., 54 (1958) 959.
561. Grimm W., Chem. Techn., 17 (1965) 167.
562. Grisenthwaite R. J., Hunter R. F., Chem. and Ind. (1958) 719.
563. Grisenthwaite R. J., Hunter R. F., Chem. and Ind. (1959) 433.
564. Grisenthwaite R. J., Plastics, 27 (1962) 117.
565. Gröbe V., Schmolke R., Makschin W., Herma H., Faserforsch. u. Textiltechn., 17 (1966) 525.
566. Gross E. F., in Hadzi (1959).
567. Gross D., Z. analyt. Chem., 248 (1969) 40.
568. Gubanov A. I., Kossobukin V. A., Mechanika Polimerov, Riga (1971) 205.
569. Gulina A. A., Marupov R., Žbankov R. G., Krjavez Ju. G., Rogovin Z. A., Vysokomol. Soed. (Hochmol. Verbind.), 6 (1964) 1997.
570. Günzler H., Z. analyt. Chem., 170 (1959) 152.
571. Gupta V. D., Trevino S., Boutin H., J. chem. Phys., 48 (1968) 3008.
572. Gupta V. D., Gupta A. K., Krishnan M. V., Chem. Phys. Letters (Amsterdam), 6 (1970) 317.
573. Gusev S. S., Tun S., Ermolenko I. N., Rogovin Z. A., Vysokomol. Soed. (Hochmol. Verbind.), 3 (1961) 1684.
574. Gusev S. S., Katibnikov M. A., Ermolenko I. N., Kolloid. Ž., Moskva, 23 (1961a) 140.
575. Gusev S. S., Ermolenko I. N., Zavodsk. Labor., Moskva (Betriebslabor.), 30 (1964) 181.
576. Gusev S. S., Ermolenko I. N., Ž. prikl. Spektroskopii (Z angew. Spektr.), 5 (1965) 429.
577. Guthrie F. K., Tappi, 46 (1963) 656.
578. Haas H. C., J. Polymer Sci., 26 (1957) 391.

579. H a c s k a y l o M., Analyt. Chem., 26 (1954) 1410.
580. H a d ž i D., Hydrogen Bonding, Pergamon Press, London u.a., 1959.
581. H a l l a m H. E., in D a v i e s M., (1963) 405.
582. H a l v e r s o n F., Rev. mod. Physics, 19 (1947) 87.
583. H a m G. E. High Polymers. Vol. XVIII. Copolymerisation, John Wiley & Sons, New York, 1965.
584. H a m a d a F., T a k a h a s h i G., Kobunshi Kagaku, Tokio (Chem. High Polymers), 18 (1961) 721.
585. H a m p e l B., Spectrochim. Acta, 19 (1963) 1276.
586. H a m p t o n R. R., Analyt. Chem., 21 (1949) 923.
587. H a n l e W., K l e i n p o p p e n H., S c h a r m a n n A., Z. Naturforsch., 13a (1958) 64.
588. H a n n o r M. J., K o e n i g J. L., J. Polymer Sci. A-2 7 (1969) 1085.
589. H a n n o n M. J., B o e r i o F. J., K o e n i g J. L., J. chem. Phys., 50 (1969a) 2829.
590. H a n s e l J. G., L e e S. Y., Appl. Spectroscopy, 21 (1967) 261.
591. H a n s e n W. N., H o r t o n J. A., Analyt. Chem., 36 (1964) 783.
592. H a n s e n W. N., Spectrochim. Acta 21 (1965) 815.
593. H a n s e n W. N., H o r t o n J. A., S h e n M. C., Polymer Preprints (Div. Polymer Chem., Amer. chem. Soc.), 8 (1967) 46.
594. H a r a d a S., I s h i z u k a O., S a k a b a K., J. Soc. Text. and Cell. Ind. Japan, 18 (1962) 511.
595. H a r l e n F., S i m p s o n W., W a d d i n g t o n F. B., W a l d r o n J. D., B a s k e t t A. C., J. Polymer Sci., 18 (1955) 589.
596. H a r m s D. L., Analyt. Chem., 25 (1953) 1140.
597. H a r r i c k N. J., J. chem. Phys. Solids, 8 (1959a) 106.
598. H a r r i c k N. J., Ann. N. Y. Acad. Sci., 101 (1963) 928.
599. H a r r i c k N. J., Analyt. Chem., 36 (1964) 188.
600. H a r r i c k N. J., D u P r é F. K., Appl. Optiks, 5 (1966) 1739.
601. H a r r i c k N. J., Internal Reflexion Spectroscopy. Interscience Publ., New York, 1967.
602. H a r r i s R. L., S v o b o d a G. R., Analyt. Chem., 34 (1962) 1655.
603. H a r r i s R. L., Bull. Parenteral Drug. Assoc., 17 (1963) 1.
604. H a r t E. J., M e y e r A. W., J. amer. chem. Soc., 71 (1949) 1980.
605. H a r t R., J a n s s e n R., Makromol. Chem., 43 (1961) 242.
606. H a r v e y M. R., S t e w a r t J. E., A c h h a m m e r B. G., J. Res. nat. Stand., 56 (1956) 225.
607. H a r v e y M. C., P e t e r s L. L., Analyt. Chem., 32 (1960) 1725.
608. H a r v e y M. C., K e t l e y A. D., J. appl. Polymer Sci., 5 (1961) 247.
609. H a r w o o d H. J., R i t c h e y W. M., J. Polymer Sci., B 2 (1964) 601.
610. H a r w o o d H. J., Angew. Chem., 77 (1965) 393 u. 1124.
611. H a r w o o d H. J., A n g T. L., B a u e r R. G., J o h n s t o n N. W., S h i m i z u K., Polymer Preprints (Amer. chem. Soc., Div. Polymer Chem.), 7 (1966) 980.
612. H a s l a m J., W i l l i s H. A., Identification and Analysis of Plastics. Iliffe, London, 1965.
613. H a t a n a M., K a m b a r a S., J. chem. Soc. Japan, Ind. chem. Sect., 62 (1959) 290.
614. H a t a n a M., K a m b a r a S., J. appl. Polymer Sci., 6 (1962) 232.
615. H a t h a w a y C. E., N i e l s e n J. R., J. chem. Phys., 41 (1964) 2203.
616. H a u s d o r f f H. H., Soc. appl. Spectr. Bull., 5 (1950) 8.
617. H a v r i l i a k S., R o m a n N., Polymer, 7 (1966) 387.
618. H a y a s h i J., O n o K., Kobunshi Kagaku, Tokio (Chem. High Polymers), 22 (1965) 446.
619. H a y a s h i J., F u r u k a w a J., Y a m a s h i t a S., Kobunshi Kagaku (Chem. High Polymers), 23 (1968) 527, 531.
620. H a y a s h i J., F u r u k a w a J., Y a m a s h i t a S., Rev. gén. Caoutchouk Plastiques, Paris, 47 (1970) 57.
621. H a z e b r o e k H. F., Spectrochim. Acta, 15 (1959) 1.
622. H e a t h J. E., J e f f r i e s R., J. Polymer Sci., A-1 5 (1967) 2465.

623. Heber I., Kolloid.-Z./Z. Polymere, 189 (1963) 110.
624. Hecht K. T., Wood D. L., Proc. Roy. Soc., London, 235 (1956) 174.
625. Heffelfinger C. J., Schmidt P. G., J. appl. Polymer Sci., 9 (1965) 2661.
626. Heidemann G., Zahn H., Makromol. Chem., 62 (1963) 123.
627. Heidemann G., Nettelbeck H. J., Faserforsch. u. Textiltechn., 18 (1967) 183.
628. Heidemann G., Chemiefasern, 20 (1970) 204.
629. Heil J. F., Prausnitz J. M., J. chem. Phys., 44 (1966) 737.
630. Heinen W., J. Polymer Sci., 38 (1959) 545.
631. Hellwege K. H., Kaiser R., Kuphal K., Kolloid.-Z., 147 (1956) 155.
632. Hemmer E. A., Dissertation, Aachen, 1960.
633. Hemmer E. A., Jenckel E., Angew. Chem., 75 (1963) 677.
634. Hendra P. J., McKenzie J R., Holliday P., Spectrochim., Acta 25A (1969) 1349.
635. Hendra P. J., Fortschr. Hochpolymeren-Forsch./Adv. Polymer. Sci., 6 (1969a) 151.
636. Hendra P. J., Watson D. S., Cudby M. E. A., Willis H. A., Holliday P., Chem. Commun. (1970) 1048.
637. Hendrix C., Whiting D. A., Woodward A. E., Macromolecules, 4 (1971) 571.
638. Hendus H., Erg. exakt. Naturw., 31 (1959) 339.
639. Hendus H., Schmieder K., Schnell G., Wolf K. A., Festschrift Carl Wurster (BASF), Ludwigshafen (1960) 293.
640. Hendus H., Schnell G., Kunststoffe, 51 (1961) 69.
641. Hendus H., Illers K. H., Ropte E., Kolloid-Z./Z. Polymere 216/217 (1967) 110.
642. Hengstenberg J., Ann. Physik, 84 (1927) 245.
643. Henniker J. C., Infrared Spectrometry of Industrial Polymers, Academic Press, London — New York, 1967.
644. Henniker C. J., Méthodes physiques d'analyse (1972) im Druck.
645. Henning O., Päselt G., Danowski W., Z. physik. Chem. (Leipzig), 233 (1966) 170.
646. Henry A. W., Safford G. J., J. Polymer Sci., A-2 7 (1969) 433.
647. Hergert H. L., J. org. Chem., 25 (1960) 405.
648. Heritage K. J., Mann J., Roldan-Gonzales L., J. Polymer Sci., A 1 (1963) 671.
649. Herma H., Gröbe V., Schmolke R., Faserforsch. u. Textiltechn., 17 (1966) 56.
650. Herma H., Schmolke R., Gröbe V., Faserforsch. u. Textiltechn., 17 (1966a) 373.
651. Hermann T. S., J. appl. Polymer Sci., 9 (1965) 3953.
652. Hermann T. S., Rev. Sci. Instr., 40 (1969) 1062.
653. Hermans P. H., Platzek P., Kollid.-Z., 88 (1939) 68.
654. Hermans P. H., Physics and Chemistry of Cellulose Fibres, Elsevier Publ. Co., New York, 1949.
655. Herr I., Jentzsch J., Plaste u. Kautschuk, 13 (1966) 31.
656. Herzberg G., Molecular Spectra and Molecular Structure. Bd., 2, Van Nostrand Comp., New York, 1945.
657. Herzog A., Melliand Textilber., 20 (1939) 545.
658. Heyn A. N. J., Fiber Microscopy, Interscience Publ., New York, 1954.
659. Higgins H. G., Austral. J. Chem., 10 (1957) 496.
660. Higgins H. G., Goldsmith V., McKenzie A. W., J. Polymer Sci., 32 (1958) 57.
661. Higgins H. G., J. Polymer Sci., 28 (1958a) 645.
662. Higgins H. G., Stewart C. M., Harrington K. J., J. Polymer Sci., 51 (1961) 59.
663. Higgs P. W., Proc. Roy. Soc., A 220 (1953) 472.

664. Hilbert G. E., Wulf O. R., Hendricks S. B., Liddel U., Nature (London), **135** (1935) 147.
665. Hirahara T., Nakano T., Minoura Y., J. Polymer Sci., A-1 **6** (1968) 485.
666. Hirschfeld T., Appl. Spectroscopy, **21** (1967).
667. Hodkins J. E., J. org. Chem., **23** (1958) 1369.
668. Holland V. F., Mitchell S. B., Hunter W. L., Lindenmeyer P. H., J. Polymer Sci., **62** (1962) 145.
669. Holland V. F., Miller R. L., J. appl. Phys., **35** (1964) 3241.
670. Holliday P., Nature (London), **163** (1949) 602.
671. Holmes D. R., Bunn W., Smith D. J., J. Polymer Sci., **17** (1955) 159.
672. Horbach A., Veiel U., Wunderlich H., Makromol. Chem., **88** (1965) 215.
673. Horitsu K., Bull. agric. chem. Soc. Japan, **24** (1960) 40.
674. Horne S. E., Kiehl J. P., Shipman J. J., Folt V. L., Gibbs C. F., Ind. Engng. Chem., **48** (1956) 784.
675. Hornig D. F., J. chem. Phys., **16** (1948) 1063.
676. Hornig D. F., Discuss. Farad. Soc., (1950) 115.
677. Hornuff G., Jacobasch H. J., Faserforsch. u. Textiltechn., **18** (1967) 282.
678. Houtz R. C., Textile Res. J., **20** (1950) 786.
679. Hove v. H., Naturwiss., **41** (1954) 193.
680. Hoyer H., Infrarotspektroskopie, in: Houben-Weyl, Methoden der organischen Chemie, Band III/2, Stuttgart, 1955.
681. Hoyer H., Mh. Chem., **90** (1959) 357.
682. Huang Y. S., Koenig J. L., J. appl. Polymer Sci., **15** (1971) 1237.
683. Hückel W., Hübele A., J. prakt. Chem., **7** (1958) 1.
684. Huggins M. L., J. chem. Phys., **13** (1945) 37.
685. Huggins M. L., J. Polymer Sci., **50** (1961) 65.
686. Huggins M. L., Natta G., Desreux V., Mark H., J. Polymer Sci., **56** (1962) 153.
687. Huggins S. M., Pimentel G. C., J. chem. Phys., **60** (1964) 1615.
688. Huggins M. L., Natta G., Desreux V., Mark H., Makromol. Chem., **82** (1965) 1.
689. Huggins M. L., Makromol. Chem., **92** (1966) 260.
690. Hughes R. H., Martin R. J., ASTM Special Technical Publ. Nr. 224 (1958) 127.
691. Hughes H. K., Appl. Optics, **2** (1963) 937.
692. Hughes R. H., Amer. chem. Soc., Div. Polymer Chem. Preprints, **4** (1963a) 697.
693. Hughes R. H., J. appl. Polymer Sci., **13** (1969) 417.
694. Hummel D. O., Kunststoff-, Lack- und Gummi-Analyse, Carl Hanser Verlag, München, 1958.
695. Hummel D. O., Kautschuk, Gummi, Kunststoffe, **1** (1958a) 185.
696. Hummel D. O., Schneider C., Kunststoffe, **50** (1960) 427.
697. Hummel D., Busse A., International Symposium on Far Infrared Spectroscopy, Cincinnati, Ohio (1962).
698. Hummel D. O., Melliand Textilchemie (1965) 108 u. 139.
699. Hummel D. O., Pure appl. Chem., **11** (1965a) 497.
700. Hummel D. O., Kunststoffe, **55** (1965b) 102.
701. Hummel D. O. Infrared Spectra of Polymers in the Medium and Long Wavekength Regions. Intersci. Publ. New York — London — Sydney, 1966.
702. Hummel D. O., Summer School Spectroscopy of Polymers. Prag, 1967.
703. Hummel D. O., Scholl F., Atlas der Kunststoffanalyse, Bd. I Hochpolymere und Harze, Carl Hanser Verlag, München; Verlag Chemie, Weinheim, 1968.
704. Hurley W. J., Kuntz I. D., Leroi G. E., J. amer. chem. Soc., **88** (1966) 3199.
705. Hurtubise F., Canad. Textile J., **76** (1959) 53.

706. Hurtubise F. G., Krässig H., Analyt. Chem., **32** (1960) 177.
707. Hurtubise F. G., Tappi, **45** (1962) 460.
708. Hüttenrauch R., Matthey K., Z. Chem., **6** (1966) 421.
709. Ide F., J. chem. Soc. Japan, ind. Chem. Sect., **65** (1962) 88.
710. Igarashi S., J. Polymer Sci., B **1** (1963) 359.
711. Igarashi S., Yamamoto O., Kambe H., Kolloid.-Z./Z. Polymere, **199** (1964) 97.
712. Iimura K., Takeda M., J. Polymer Sci., **51** (1961) 51.
713. Iimura K., J. appl. Polymer Sci., **6** (1962) 52.
714. Iio T., Takahashi S., Bull. chem. Soc. Japan, **43** (1970) 515.
715. Ikeda S., Yamamoto A., Tanaka H., J. Polymer Sci., A **1** (1963) 2925.
716. Ikeda S., Tsuchiya R., J. Polymer Sci., B **3** (1965) 39.
717. Imada K., Miyakawa T., Chaitani Y., Tadokoro H., Murahashi S., Makromol. Chem., **83** (1965) 113.
718. Imai K., Ukida J., Matsumoto M., Kobunshi Kagaku, Tokio (Chem. High Polymers), **16** (1959) 597.
719. Imai Y., Minomi S., Yoshihara T., Joh Y., Sato H., J. Polymer Sci., B **8** (1970) 281.
720. Immergut E. H., Kollmanan G., Malatesta A., J. Polymer Sci., **51** (1961) 57.
721. Imrišova D., Maryška S., J. appl. Polymer Sci., **11** (1967) 901.
722. Imrišova D., Maryška S., J. appl. Polymer Sci., **12** (1968) 2007.
Int. Union Pure Appl. Chem., Commission of Mol. Structure Spectroscopy, Tables of Wavenumbers for the Calibration of Infrared Spectrometers. Butterworths, Washington, 1961.
723. Ishibashi M., J. Polymer Sci., B **1** (1963) 529.
724. Ishibashi M., J. Polymer Sci., A **2** (1964) 3657.
725. Ishibashi M., J. Polymer Sci., A **2** (1964a) 3665.
726. Ishigure K., Tabata Y., Oshima K., J. Polymer Sci., B **4** (1966) 669.
727. Ishikawa S., Kurita T., Suzuki E., J. Polymer Sci., B **1** (1963) 127.
728. Ito K., Yamashita Y., J. Polymer Sci., A-1 **3** (1965) 2165.
729. Ivanova N. V., Žbankov R. G., Vodorodnaja Svjaz (Die Wasserstoffbindung) Herausgeg. v. Akad. Wiss. UdSSR, Inst. physik. Chemie (1964) 149.
730. Iwakura Y., Uno K., Imai Y., Takase Y., Makromol. Chem., **95** (1966) 261.
731. Iwamoto R., Saito Y., Ishihara H., Tadokoro H., J. Polymer Sci., A-2 **6** (1968) 1509.
732. Iwanow N., Schneider R., Bull. Inst. Textile France Nr. 77 (1958) 55.
733. Iwasaki M., Aoki M., Okuhara K., J. Polymer Sci., **26** (1957) 116.
734. Jahrnicek B. R., Stivala S. S., Reich L., J. appl. Polymer Sci., **14** (1970) 2537.
735. Jakeš J., Coll. czechoslov. chem. Commun., **30** (1965) 1523.
736. Jakeš J., Schmidt P., Schneider B., Coll. czechoslov. chem. Commun., **30** (1965a) 996.
737. Jakeš J., J. Polymer Sci. C Nr. 16 (1967) 305.
738. Jakobi H., Novak A., Kuhn H., Z. Elektrochemie, **66** (1962) 863.
739. Jakobsen R. J., Brasch J. W., Mikawa Y., Appl. Spectroscopy, **22** (1968) 641.
740. Jambrich M., Diačik I., Chem. Zvesti, **15** (1961) 197.
741. Jambrich M., Diačik I., Chemické Vlákna, **13** (1963) 99.
742. Jambrich M., Diačik I., Faserforsch. u. Textiltechn., **15** (1964) 590.
743. Janicka K., Wiecheć L., Polimery, **11** (1966) 153.
744. Janik A., Polimery, **10** (1965) 97, 101.
745. Janik A., Maciejowski F., Mitus J., Chem. analit. (Warszawa), **11** (1966) 595.

746. Janik A., Chem. analit. (Warszawa), 12 (1967) 87.
747. Janik A., Czechowicz D., Chem. analit. (Warszawa), 13 (1968) 827.
748. Jaroslavsij N. G., Zavodsk. Labor., Moskva (Betriebslabor), 28 (1962) 944.
749. Jasper B. T. Pye Unicam Spectrovision Nr. 23 (1970) 4.
750. Jayme G., Knolle H., Papier, 18 (1964) 249.
751. Jayme G., Rohmann E. M., Papier, 19 (1965) 497.
752. Jayme G., Rohmann E. M., Papier, 19 (1965a) 719.
753. Jayme G., Rohmann E. M., Papier, 20 (1966) 1.
754. Jayme G., Pek Ka Tio, Papier, 21 (1967) 883.
755. Jayme G., Rohmann E. M., Papier, 21 (1967a) 813.
756. Jayme G., Pek Ka Tio, Papier, 22 (1968) 322.
757. Jayme G., Pek Ka Tio, Papier, 22 (1968a) 811.
758. Jayme G., Roffael E., Oltus E., Papier, 23 (1969) 129.
759. Jayme G., Traser G., Angew. makromol. Chemie, 21 (1972) 87.
760. Jeffries R., Polymer, London, 4 (1963) 375.
761. Jeffries R., J. appl. Polymer Sci., 8 (1964) 1213.
762. Jeffries R., Tappi, 47 (1964a) 296.
763. Jeffries R., J. Polymer Sci., A 2 (1964b) 5161.
764. Jeffries R., Polymer, 8 (1967) 1.
765. Jeffries R., J. appl. Polymer Sci., 12 (1968) 425.
766. Joh Y., Yoshihara T., Kotake Y., Ide F., Nakatsuka K., J. Polymer Sci., B 4 (1966) 673.
767. Joh Y., Kotake Y., Yoshihara T., Ide F., Nakatsuka K., J. Polymer Sci., 5 (1967) 593.
768. Johnsen U., Lesch W., Kolloid. Z./Z. Polymere 233 (1969) 863.
769. Jokl J., Coll. czechoslov. chem. Commun., 28 (1963) 3305.
770. Jokl J., Mikulová B., Sebenda J., Coll. czechoslov. chem. Commun., 28 (1963a) 3239.
771. Jones R. N., J. amer. chem. Soc., 74 (1952a) 2081.
772. Jones E. R. S., J. sci. Instr., 30 (1953) 132.
773. Jones D. W., J. Polymer Sci., 32 (1958) 371.
774. Jones D. M., Wood N. F., Chem. and Ind. (1963) 2009.
775. Jones J. W., J. Polymer Sci. C Nr. 8 (1965) 59.
776. Kabanov V. Ja., Bachčisarajceva S. A., Zavodsk., Labor., Moskva, 33 (1967) 446.
777. Kaczaj J., Appl. Spectroscopy, 21 (1967) 180.
778. Kaiser R., Kolloid.-Z., 148 (1956) 168.
779. Kaiser R., Kolloid.-Z., 149 (1956a) 84.
780. Kaiser R., Kolloid.-Z., 152 (1957) 8.
781. Kaltwasser H., Klose W., Plaste u. Kautschuk, 13 (1966) 515.
782. Kamiyama F., Matsuda H., Inagahi H., J. phys. Chem., 71 (1967) 4153.
783. Kämmerer H., Rocaboy F., Steinfort K., Kern W., Makromol. Chem., 53 (1962) 80.
784. Karjakin A. V., Grišin G. V., Kurykin B. D., Vysokomol. Soed. (Hochmol. Verbind.), 7 (1965) 389.
785. Karlinský N., Chem. Zvesti, 8 (1954) 452.
786. Kasstorski A. B., Mednikova J. N., Kaučuk i Rezina, Moskva, 22 (1963) 55.
787. Katlapsky B., Keller R. E., Analyt. Chem., 35 (1963) 1665.
788. Kato Y., Watanabe H., Nishioka A., Bull. chem. Soc. Japan, 37 (1964) 1762.
789. Kavesh S., Schultz J. M., Polymer Engng. Sci. Manchester, 9 (1969) 331.
790. Kawabata N., Furukawa J., J. Polymer Sci., B 5 (1967) 1025.
791. Kawaguchi Y., Yoshizaki O., Nagai E., Kobunshi Kagaku, Tokio (Chem. High Polymers), 20 (1963) 337.

792. Kawai W., Tsutsumi S., Kobunshi Kagaku, Tokio (Chem. High Polymers), **18** (1961) 103.
793. Kawai W., Bull. chem. Soc. Japan, **38** (1965) 879.
794. Kawai T., Soto T., Maede H., Kolloid-Z./Z. Polymere, **223** (1968) 117.
795. Kawai T., Kolloid.-Z./Z. Polymere, **229** (1969) 116.
796. Kawasaki A., Furukawa J., Tsuruta T., Inoue S., Ito K., Makromol. Chem., **36** (1960) 260.
797. Kawasaki A., Furukawa J., Tsuruta T., Sargusa T., Kakogawa G., Sakata R., Polymer, **1** (1960a) 315.
798. Kawasaki A., Furukawa J., Tsuruta T., Shiotani S., Polymer, 2 (1961) 143.
799. Kawasaki A., Furukawa J., Tsuruta T., Wasai G., Makimoto T., Makromol. Chem., **49** (1961a) 76.
800. Kawasaki A., Furukawa J., Tsuruta T., Nakayama Y., Wasai G., Makromol. Chem., **49** (1961b) 112.
801. Kaye W., Spectrochim. Acta, **6**, (1954) 257.
802. Ke B., Newer Methods of Polymer Characterization. Interscience Publ., New York, 1964.
803. Keller A., Sandeman I., J. Polymer Sci., **15** (1955) 133.
804. Kellner L., Proc. phys. Soc., A **378** (1951) 64, 621.
805. Kelly R. J., Garner H. K., Haxo H. E., Bingham W. R., Ind. Engng. Chem. Prod. Res. Devlop., **1** (1962) 210.
806. Kenney J. F., Willcockson G. W., J. Polymer Sci., A-1 **4** (1966) 679.
807. Kern W., Achon M. A., Schulz R., Makromol. Chem., **15** (1955) 161.
808. Kessler H. K., Sutherland G. B. B. M., J. chem. Phys., **21** (1953) 570.
809. Key L. C., Trent F. M., Lewis M. E., Appl. Spectroscopy, **20** (1966) 330.
810. Khodzhaeva V. L., Mamedova B. M., Vysokomol. Soed. (Hochmol. Verbind.), **9** (1967) 447.
811. Kikuchi Y., Krimm S., J. Macromol. Sci. — Phys., B **4** (1970) 461.
812. Kilian H. G., Jenckel E., Z. Elektrochemie, **63** (1959) 308.
813. Kilian H. C., Halboth H., Jenckel E., Kolloid.-Z., **172** (1960) 166.
814. Kimmer W., Schmalz E. O., Z. analyt. Chem., **170** (1959) 132.
815. Kimmer W., Plaste u. Kautschuk, **9** (1962) 135.
816. Kimmer W., Schmalz E. O., Kautschuk, Gummi, Kunststoffe, **16** (1963) 606.
817. Kimmer W., Sehan R., Schellenberger A., Plaste u. Kautschuk, **12** (1965) 104.
818. Kimmer W., Schmolke R., Plaste u. Kautschuk, **15** (1968) 807.
819. Kimmer W., Kuzay P., Schmolke R., Plaste u. Kautschuk, **17** (1970) 261.
820. Kimmer W., Schmolke R., Röder M., unveröff. Ergebnisse (1970a).
821. Kimmer W., Schmolke R., Plaste u. Kautschuk, **19** (1972) im Druck.
822. King G. W., Hainer R. M., McMahon H. O., J. appl. Phys., **20** (1949) 559.
823. Kinoshita Y., Makromol. Chem., **33** (1959) 1.
824. Kinoshita Y., Makromol. Chem., **33** (1959a) 21.
825. Kinsinger J. B., Colton D., J. Polymer Sci. B **3** (1965) 797.
826. Kirchberg H., Melliand Textilber., **41** (1960) 1067.
827. Kissin Ju. V., Cvetkova V. I., Čirkov N. M., Dokl. Akad. Nauk SSSR (Ber. Akad. Wiss. UdSSR), **152** (1963) 1162.
828. Kissin Ju. V., Belov G. P., Jeremina I. V., Vysokomol. Soed. (Hochmol. Verbind.), **5** (1963a) 1117.
829. Kissin Ju. V., Cvetkova V. I., Čirkov N. M., Vysokomol. Soed. (Hochmol. Verbind.), **7** (1965) 1288.
830. Kissin Ju. V., Cvetkova V. I., Čirkov N. M., Vysokomol. Soed. (Hochmol. Verbind.), A **9** (1967) 1104.
831. Kissin J. V., Cvetkova V. I., Čirkov N. M., Vysokomol. Soed. (Hochmol. Verbind.), A **9** (1967a) 1374.

832. K i s s i n Ju. V., C v e t k o v a V. I., Č i r k o v N. M., Vysokomol. Soed. (Hochmol. Verbind.), A 10 (1968) 1092.
833. K i s s i n Ju. V., Č i r k o v N. M., Vysokomol. Soed. (Hochmol. Verbind.), A 10 (1968a) 2443.
834. K i t a g a w a T., M i y a z a w a T., Rep. Progress in Polymer Physics, Japan, 8 (1965) 53.
835. K i t a g a w a T., M i y a z a w a T., Internat. Symposium on Macromol. Chem., Tokoi — Kyoto (1966).
836. K i t a g a w a T., M i y a z a w a T., J. chem. Phys., 47 (1967) 337.
837. K i t a g a w a T., M i y a z a w a T., J. Polymer Sci., B 6 (1968) 83.
838. K i t a g a w a T., M i y a z a w a T., Bull. chem. Soc. Japan, 43 (1970) 372.
839. K i t a z a w a T., T a d o k o r o H., M a t s u m o t o T., I m a z u I., Kobunshi Kagaku, Tokio (Chem. High Polymers), 19 (1962) 148.
840. K l a b a n J., S m r č k a J., M l e z i v a J., Makromol. Chem., 111 (1968) 1.
841. K l e i n E., S n o w d e n J. E., Ind. Engng. Chem., 50 (1958) 80.
842. K l e m e n t J. J., G e i l P. H., J. Polymer Sci. A-2 6 (1968) 1381.
843. K l i m e n k o I. B., Vysokomol. Soed. (Hochmol. Verbind.), 5 (1963) 287.
844. K l i m e n k o I. B., S m i r n o v L. V., Vysokomol. Soed. (Hochmol. Verbind.), 5 (1963a) 1520.
845. K l i m e n k o I. B., A v e r j a n o v a V. V., J a n o v s k a j a N. B., Ž. prikl. Chimii (Z. angew. Chemie), 48 (1970) 1318.
846. K l o t z I. M., J. Colloid. Interface Sci., 27 (1968) 804.
847. K n i g h t J. A., S m o a c k M. P., P o r t e r R. A., K i r k l a n d W. E., Textile Res. J., 37 (1967) 924.
848. K n i g h t J. A., H i c k s H. L., S t e p h e n s K. W., Textile Res. J., 39 (1968) 324.
849. K o b a y a s h i M., Bull. chem. Soc. Japan 33 (1960) 1416.
850. K o b a y a s h i M., N a g a i K., N a g a i E., Bull. chem. Soc. Japan, 33 (1960a) 1421.
851. K o b a y a s h i M., Bull. chem. Soc. Japan, 34 (1961) 560.
852. K o b a y a s h i M., Bull. chem. Soc. Japan, 34 (1961a) 1045.
853. K o b a y a s h i Y., J. Polymer Sci., 51 (1961b) 359.
854. K o b a y a s h i Y., Y a m a d e r a R., J. Soc. Textile Cellulose Ind., Japan, 17 (1961c) 441.
855. K o b a y a s h i F., M a t s u y a K., J. Polymer Sci., A 1 (1963) 111.
856. K o b a y a s h i Y., O k a j i m a S., N a r i t a A., J. appl. Polymer Sci., 11 (1967) 2515.
857. K o b a y a s h i M., T s u m u k a K., T a d o k o r o H., J. Polymer Sci., A-2 6 (1968) 1493.
858. K o b a y a s h i M., A k i t a K., T a d o k o r o H., Makromol. Chem., 118 (1968a) 324.
859. K o b a y a s h i S., T a d o k o r o H., C h a t a n i Y., Makromol. Chem., 112 (1968b) 225.
860. K o č e n t A., Jenaer Rdsch., 11 (1966) 230.
861. K o e n i g J. L., Analyt. Chem., 36 (1964) 1045.
862. K o e n i g J. L., v a n R o g g e n A., J. appl. Polymer Sci., 9 (1965) 359.
863. K o e n i g J. L., Spectrochim. Acta, 22 (1966) 1223.
864. K o e n i g J. L., W o l f r a m L. E., G r a s s e l l i J. G., Spectrochim. Acta, 22 (1966a) 1233.
865. K o e n i g J. L., W i t e n h a f e r D. E., Makromol. Chem., 99 (1966b) 193.
866. K o e n i g J. L., M a n n i o n J. J., J. Polymer Sci., A-2 4 (1966c) 401.
867. K o e n i g J. L., C o r n e l l S. W., W i t e n h a f e r D. E., J. Polymer Sci., A-2 5 (1967) 301.
868. K o e n i g J. L., H a n n o n M. J., J. macromol. Sci. (Phys.), B 1 (1967a) 119.
869. K o e n i g J. L., C o r n e l l S. W., J. macromol. Sci. (Phys.), B 1 (1967b) 279.
870. K o e n i g J. L., A g b o a t w a l l a M. C., J. macromol. Sci. (Phys.), B 2 (1968) 391.

871. Koenig J. L., Druesedow D., J. Polymer Sci. A-2 7 (1969) 1075.
872. Koenig J. L., Boerio F. J., Makromol. Chem., 125 (1969a) 302.
873. Koenig J. L., Boerio F. J., J. chem. Phys., 50 (1969b) 2823.
874. Koenig J. L., Angood A. C., Semen J., Lando J. B., J. amer. chem. Soc., 91 (1969c) 7250.
875. Koenig J. L., Cornell S. W., J. Polymer Sci. C Nr. 22 (1969d) 1019.
876. Koenig J. L., Sutton P. L., Biopolymers, 8 (1969c) 167.
877. Koenig J. L., Vasko P. D., J. Macromol. Sci. — Phys., B 4 (1970) 347.
878. Koenig J. L., Vasko P. D., J. Macromol. Sci. — Phys., B 4 (1970a) 369.
879. Koenig J. L., Wolfram L. E., Grasselli J. G., J. Macromol. Sci. — Phys., B 4 (1970b) 491.
880. Koenig J. L., Angood A. C., J. Polymer Sci., A-2 8 (1970c) 1787.
881. Koenig J. L., Boerio F. J., J. chem. Phys., 52 (1970d) 4170.
882. Koenig J. L., Itoga M., Appl. Spectroscopy, 25 (1971) 355.
883. Kolboe St., Ellefsen Ø., Tappi, 45 (1962) 163.
884. Kolthoff J. M., Lee T. S., Mairs M. A., J. Polymer Sci., 2 (1947) 199.
885. Kolthoff J. M., Lee T. S., J. Polymer Sci., 2 (1947a) 206.
886. Kolthoff J. M., Lee T. S., Mairs M. A., J. Polymer Sci., 2 (1947b) 220.
887. Komar V. P., Chomjakov K. P., Virnik A. D., Žbankov R. G., Rogovin Z. A., Vysokomol. Soed. (Hochmol. Verbind.), 8 (1966) 287.
888. Komar V. P., Žbankov R. G., Prima A. M., Ž. strukt. Chim. (Z. Strukturchem.), 8 (1967) 252.
889. Komoto H., Saotome K., Kobunshi Kagaku, Tokio (Chem. High Polymers), 22 (1965) 337.
890. Konarski J., Chem. Phys. Letters (Amsterdam), 9 (1971) 54.
891. Konishi A., Bull. chem. Soc. Japan, 35 (1962) 395.
892. Konkin A. A., Šigorin D. N., Novikova L. I., Ž. fisič. Chemii (Z. physik. Chemie), 32 (1958) 894.
893. Konkin A. A., Šigorin D. N., Novikova L. I., Faserforsch. u. Textiltechn., 8 (1967) 85.
894. Kontnik B., Biernacka T., Tworzywa, Gummo, Lackiery, 5 (1960) 105.
895. Korobkov V. S., Optika i Spektroskopija, Moskva, 17 (1964) 938.
896. Korobkov V. S., Primenija molek. spektroskopij chim. nauka (Anwendung der Molekülspektroskopie in der Chemie) (1966) 159.
897. Korotkov A. A., Mitşengendler S. B., Krasulina V. N., Volkova L. A., Vysokomol. Soed. (Hochmol. Verbind.), 1 (1959) 1319.
898. Koshimo A., J. appl. Polymer Sci., 9 (1965) 55.
899. Koshimo A., J. appl. Polymer Sci., 9 (1965a) 81.
900. Koshimo A., Tagawa T., J. appl. Polymer Sci., 9 (1965b) 117.
901. Kosmina O. P., Sjutkin V. N., Skaveckaja O. P., Danilov S. N., Vysokomol. Soed. (Hochmol. Verbind.), 8 (1966) 1196.
902. Kössler I., Vodehnal J., J. Polymer Sci., B 1 (1963) 415.
903. Kössler I., Štolka M., Mach K., J. Polymer Sci. C Nr. 4 (1963a) 977.
904. Kössler I., Vodehnal J., Coll. czechoslov. chem. Commun., 29 (1964) 2419.
905. Kössler I., Vodehnal J., Štolka M., J. Polymer Sci., A 3 (1965) 2081.
906. Kössler I., Methoden der Infrarot-Spektroskopie in der chemischen Analyse. Akad. Verl. Ges., Leipzig, 1966.
907. Kössler I., Čižek J., Z. analyt. Chem., 220 (1966a) 272.
908. Kössler I., Vohdenal J., Analyt. Chem., 40 (1968) 825.
909. Kosyreva M. S., Optika i Spektroskopija (Moskva), 6 (1959) 478.

910. Kotake Y., Yoshihara T., Sato H., Yamada N., Joh Y., J. Polymer Sci., B 5 (1967) 163.
911. Kotera A., Shima M., Akiyama K., Kume M., Miyakawa M., Bull. chem. Soc. Japan, 39 (1966) 758.
912. Kotorlenko L. A., Gardenina A. P., Oleynik V. G., Ukrainskij chim. Ž., 30 (1964) 370.
913. Kotschkina A., Grell M., J. Polymer Sci. C Nr. 16 (1968) 3731.
914. Kozlova N. V., Suchov F. F., Bazoo V. P., Zavodsk. Labor., Moskva (Betriebslabor.), 31 (1965) 968.
915. Kramm D. E., Lomonte I. N., Moyer I. D., Analyt. Chem., 36 (1964) 2170.
916. Kratky O., Kolloid.-Z., 64 (1933) 213.
917. Kriegsmann H., Seifert G., Frigge K., Dube G., J. Polymer Sci. C Nr. 16 (1967a) 1843.
918. Krimm S., Tobolsky A. V., Textile Res. J., 21 (1951) 805.
919. Krimm S., J. chem. Phys., 22 (1954) 567.
920. Krimm S., Liang C. Y., Sutherland G. B. B. M., J. chem. Phys., 25 (1956) 549.
921. Krimm S., Liang C. Y., Sutherland G. B. B. M., J. Polymer Sci., 22 (1956a) 227.
922. Krimm S., Liang C. Y., J. Polymer Sci., 22 (1956b) 95.
923. Krimm S., Berens A. R., Folt V. L., Shipman J. J., Chem. and Ind. (1958) 1512.
924. Krimm S., Berens A. R., Folt V. L., Shipman J. J., Chem. and. Ind. (1959) 433.
925. Krimm S., Advances Polymer Sci./Fortschr. Hochpolymeren-Forsch., 2 (1960) 51.
926. Krimm S., J. chem. Phys., 32 (1960a) 1780.
927. Krimm S., J. chem. Phys., 32 (1960b) 313.
928. Krimm S., J. molecular Biol., 4 (1962) 528.
929. Krimm S., in Unsolved Problems in Polymer Science. National Acad. Sci., Washington, 1962. S. 64 (1962a).
930. Krimm S., J. Polymer Sci., 61 (1962b) 40.
931. Krimm S., Folt V. L., Shipman J. J., Berens A. R., J. Polymer Sci., Part, A 1 (1963) 2621.
932. Krimm S., J. Polymer Sci. C Nr. 7 (1964) 3.
933. Krimm S., Folt V. L., Shipman J. J., Berens A. R., J. Polymer Sci., B 2 (1964a) 1009.
934. Krimm S., Enomoto S., J. Polymer Sci., A 2 (1964b) 669.
935. Krimm S., Bank M. I., J. Chem. Phys., 42 (1965) 4059.
936. Krimm S., Shipman J. J., Folt V. L., Berens A. R., J. Polymer Sci., B 3 (1965a) 275.
937. Krimm S., Tasumi M., Opaskar C. G., J. Polymer Sci., B 5 (1967) 105.
938. Krimm S., Pure appl. Chem., 16 (1968) 369.
939. Krohmer P., Analysentechnische Berichte (Perkin-Elmer) Heft 14 (1968).
940. Krömer H., Dissertation, Freiburg, 1964.
941. Kruse P. F., Wallace W. B., Analyt. Chem., 24 (952) 2015.
942. Kruse P. F., Wallace W. B., Analyt. Chem., 25 (1953) 1156.
943. Kuhn W., Grün F., Kolloid.-Z., 101 (1942) 248.
944. Kuhn L. P., Analyt. Chem., 22 (1950) 276.
945. Kulicihin V. G., Vinogradov G. V., Malkin A. J.. Vysokomol. Soed. (Hochmol. Verbind.), B 10 (1968) 739.
946. Kulikova N. P., Androsova M. V., Orlov N. F., Ž. prikl. Chim. (Z. angew. Chemie), 40 (1967) 2318.
947. Kulkarni A. Y., Mehta P. C., J. appl. Polymer Sci., 12 (1968) 1321.
948. Kumata Y., Furukawa J., Saegusa T., Makromol. Chem., 105 (1967) 138.

949. Kumpanenko I. V., Kazanskij K. S., Vysokomol. Soed. (Hochmol. Verbind.), A **13** (1971) 719.
950. Kunath D., Jost H., Plaste u. Kautschuk, **17** (1970) 899.
951. Kunichika S., Katagiri G., Bull. Inst. chem. Res., Kyoto Univ., **39** (1962) 215.
952. Kuntz I., J. Polymer Sci., **54** (1962) 569.
953. Kupfer W., Z. analyt. Chem., **192** (1963) 219.
954. Kuroda Y., Kubo M., J. Polymer Sci., **26** (1957) 323.
955. Kuroda Y., Kubo M., J. Polymer Sci., **36** (1959) 453.
956. Kutzelnigg W., Nonnenmacher G., Mecke R., Chem. Ber., **93** (1960) 1279.
957 Lady J. H., Adams R E., Kesse I., J. appl. Polymer Sci., **3** (1960) 65.
958. Langbein G., Seufert W., Kolloid.-Z/Z Polymere, **193** (1963) 37.
959 Langbein G., Kolloid.-Z./Z. Polymere, **200** (1964) 10.
960 Lanzavecchia G., Chim. e Ind., Milano, **43** (1961) 376
961 Larose P., Canad J. Chem., **35** (1957) 1239
962 Lauro C, Neto N., Abstr. 9 Europ Congr Molec. Spectr., Madrid (1967) 46.
963. Lauro C., Neto N., Europ. Polymer J, **3** (1964a) 645.
964. Lauterberg W., Kimmer W., Schmolke R., Dtsch. Textiltechn., **18** (1968) 657.
965. Lawton E. J., Zemany P D, Balwit J S, J. amer chem. Soc., **76** (1954) 3437.
966. Lecomte J., Spectroscopie dans l'infrarouge in S. Flügge (Herausg.), Handbuch der Physik Band XXVI, Springer, Berlin — Göttingen — Heidelberg, 1958.
967. Lee T S., Analyt. Chem., **21** (1949) 537.
968. Lee T. S, Kolthoff J. M., Ann. New York Acad. Sci., **53** (1951) 1093.
969. Lee L. T. C., Griffith J. J., Tappi, **47** (1964) 42.
970. Lehrle R. S., Robb J. C., Nature, London, **183** (1959) 1671.
971. Lejeune R., Duyckaerts G., Spectrochim. Acta, **6** (1954) 194.
972. Leonova N. J., Tikhomirov B J., Yakubchik A. J., Polymer Sci. USSR, **4** (1963) 953.
973. Lerner M., Gilbert R. C., Analyt. Chem., **36** (1964) 1382.
974. Lesch W., Kolloid.-Z./Z. Polymere, **240** (1970) 737.
975. Levantovskaja I. I., Draljuk G. V., Vysokomol. Soed. (Hochmol Verbind.), A **10** (1968) 1633.
976. Levdik I. Ju., Nikitin V. N., Petropavlovskij G. A., Vasileva G. G., Z. prikl. Spektroskopii (Z. angew. Spektr.), 8 (1965) 362.
977. Levdik I. Ju., Nikitin V. N., Cellulose Chem. Technol., **2** (1968) 259.
978. Levitsky H., Norwitz G., Analyt. Chem., **34** (1962) 1167.
979. Liang C. Y., Krimm S., Sutherland G. B. B. M., J. chem. Phys., **25** (1956) 543.
980. Liang C. Y., Krimm S., J. chem. Phys., **25** (1956a) 563.
981. Liang C. Y., Krimm S., J. chem. Phys., **27** (1957) 327.
982. Liang C. Y., Krimm S., J. Polymer Sci., **31** (1958) 513.
983. Liang C. Y., Krimm S., J. Polymer Sci., **27** (1958a) 241.
984. Liang C. Y., Krimm S., J. mol. Spectroscopy, **3** (1959) 554.
985. Liang C. Y., Pearson F. G., J. Polymer Sci., **35** (1959a) 303.
986. Liang C. Y, Marchessault R. H., J. Polymer Sci., **37** (1959b) 385.
987 Liang C. Y., Marchessault R. H., J Polymer Sci, **39** (1959c) 269.
988. Liang C. Y., Marchessault R H., J. Polymer Sci., **35** (1959d) 529.
989. Liang C. Y., Bassett K. H., McGinnes E. A., Marchessault R. H., Tappi, **43** (1960) 1017.
990. Liang C. Y., Lytton M. R., Boone C. J., J. Polymer Sci., **47** (1960a) 139.
991. Liang C. Y, Pearson F G., J mol. Spectroscopy, **5** (1960b) 290.

992. Liang C. Y., Lytton M. R., Boone C. J., J. Polymer Sci., **44** (1960c) 549.
993. Liang C. Y., Marchessault R. H., J. Polymer Sci., **43** (1960d) 85.
994. Liang C. Y., Lytton M. R., Boone C. J., J. Polymer Sci., **54** (1961) 523.
995. Liang C. Y., Pearson F. G., Marchessault R. H., Spectrochim. Acta, **17** (1961a) 568.
996. Liang C. Y., Watt W. R., J. Polymer Sci., **51** (1961b) 14.
997. Liang C. Y., Lytton M. R., J. Polymer Sci., **61** (1962) 45.
998. Liang C. Y., Spectrochim. Acta, **18** (1962a) 876.
999. Liang C. Y., J. Polymer Sci., **62** (1962b) 5.
1000. Liang C. Y., Infrared Spectra of Polymers: Deuteration and Polarization, in Bacon Ke (Ed.), Newer Methods of Polymer Characterization, Interscience Publ., New York, 1964.
1001. Liebman S. A., Foltz C. R., Reuwer J. F., Obremski R. J., Macromolecules, **4** (1971) 134.
1002. Lin T. P., Koenig J. L., J. mol. Spectroscopy, **9** (1962) 228.
1003. Lindenmeyer P. H., Hosemann R., J. appl. Phys., **34** (1963) 42.
1004. Lindenmeyer P. H., J. Polymer Sci. C Nr. 20 (1967) 145.
1005. Lindley G., Lab. Practice, London, **14** (1965) 826.
1006. Linnig F. J., Stewart J. E., Rubber Chem. Technol., **31** (1958) 719.
1007. Linnig F. J., Parks E. J, Wood L. A., J. appl. Polymer Sci., **8** (1964) 2645.
1008. Liogonki B. I., Draljuk G. V., Vysokomol. Soed. (Hochmol. Verbind.), A **10** (1968) 2488.
1009. Lippincott E R., Schroeder R, J. chem. Phys., **23** (1955) 1099.
1010. Lisica M. P., Cjaščenko Ju. P., Optika i Spektroskopija, Moskva, **9** (1960) 188.
1011. Lisica M. P., Cjaščenko Ju. P., Optika i Spektroskopija, Moskva, **9** (1960a) 438.
1012. Livšic R. M., Sydykov T. S, Rogovin Z. A., Cellulose Chem. Technol., **2** (1968) 3.
1013. Loeb R. M., Segal L., J. Polymer Sci., **14** (1954) 121.
1014. Loeb G. I., Baier R. E., J. Coll. Interface Sci., **27** (1968) 38.
1015. Loeser E., Schütz M., Melliand Textilber., **47** (1966) 1412.
1016. Lomonte J. N., Analyt. Chem., **36** (1964) 192.
1017. Lomonte J. N., Tirpak G. A., J. Polymer Sci., A **2** (1964a) 705.
1018. Longster G. F., White J. W., J. chem. Phys., **48** (1968) 5271.
1019. Lord R. C., Merrifield R., J. chem. Phys., **21** (1953) 166.
1020. Lord R. C., Porro T. J., Z. Elektrochemie, **64** (1960) 672.
1021. Luck W., Naturwiss., **52** (1965) 25 u. 49.
1022. Luck W., Naturwiss., **54** (1967) 601.
1023. Luft K., Bericht 452 der Betriebskontrolle Oppau der BASF Ludwigshafen (1944).
1024. Lünebach E., Hummel D., Kunststoffe, **54** (1964) 210.
1025. Luongo J. P., J. Polymer Sci., **42** (1960) 139.
1026. Luongo J. P., J. appl. Polymer Sci., **3** (1960) 302.
1027. Luongo J. P., J. Polymer Sci., B **1** (1963) 141.
1028. Luongo J. P., J. Polymer Sci., B **2** (1964) 75.
1029. Luongo J. P., Salovey R, J Polymer Sci., B **3** (1965) 513.
1030. Luongo J P., Salovey R., J. Polymer Sci., A **3** (1965a) 2759.
1031 Luongo J. P., Salovey R., J. Polymer Sci., A-2 **4** (1966) 997.
1032. Luongo J. P., Appl. Polymer Symposia Nr. 10 (1969) 121.
1033. Luongo J. P., Appl. Spectroscopy, **25** (1971) 76.
1034. Luther H., Meyer H., Loew H., Z. analyt. Chem., **170** (1959) 155.
1934a. Luther H., Krüger H., Kunststoffe, **56** (1966) 74.
1035. Lutinski C., Analyt. Chem., **30** (1958) 2071.
1036. Lynch J. E., Summerfield G. C., Feldkamp L. A., King J. S., J. chem. Phys., **48** (1968) 912.

1037. Mackillop D. A., Analyt. Chem., **40** (1968) 607.
1038. Madorsky S. L., Hart V. E., Straus S., J. Res. Nat. Bur. Stand., **60** (1958) 343.
1039. Magill J. H., J. Polymer Sci., A **3** (1965) 1195.
1040. Magnasco V., Rossi M., J. Polymer Sci., **62** (1962) 172.
1041. Majer J., Coll. czechoslov. chem. Commun., **26** (1961) 1756.
1042. Majer J., Chem. Průmysl, **15** (1965) 172.
1043. Majer J., Hainova O., Kolloid.-Z./Z. Polymere, **201** (1965a) 23.
1044. Majer J., Chem. Průmysl, **16** (1966) 428.
1045. Mayer J., Chem. Průmysl, **17** (1967) 501.
1046. Majer J., Chem. Průmysl, **17** (1967a) 141.
1947. Majer J., Chem. Průmysl, **17** (1967b) 209.
1048. Majer J., Chem. Průmysl, **19** (1969) 71.
1049. Makarevič N. I., Konkin A. A., Žun Žuj U., Chim. Volokna (Chem. Fasern) (1964) 9.
1050. Makarevič N. I., Nikitin V. N., Vysokomol. Soed. (Hochmol. Verbind.), **7** (1965) 1673.
1051. Macarevič N. I., Ž. prikl. Spektroskopii (Z. angew. Spektr.), **2** (1965a) 341.
1052. Makarevič N. I., Suško N. I., Ž., prikl. Spektroskopii (Z. angew. Spektr.), **11** (1969) 917.
1053. Makino D., Kobayashi M., Tadokoro H., J. chem. Phys., **51** (1969) 3901.
1054. Maklakov L. I., Nikitin V. N., Optika i Spektroskopija, **17** (1964) 452.
1055. Malcolm B. R., J. sci. Instrum., **35** (1958) 423.
1056. Manley T. R., Williams D. A., J. Polymer Sci. C Nr. 22 (1969) 1009.
1057. Manley T. R., Williams D. A., Polymer, **10** (1969a) 339.
1058. Manley T. R., Williams D. A., Polymer, **12** (1971) 2.
1059. Manley T. R., Martin C. G., Polymer, **12** (1971a) 524.
1060. Mann J., Thompson H. W., Proc. Roy. Soc., A **211** (1952) 168.
1061. Mann J., Marrinan H. J., Trans. Farad. Soc., **52** (1956) 481.
1062. Mann J., Marrinan H. J., Trans. Farad. Soc., **52** (1956a) 487.
1063. Mann J., Marrinan H. J., Trans. Farad. Soc., **52** (1956b) 492.
1064. Mann J., Marrinan H. J., J. Polymer Sci., **32** (1958) 357.
1065. Mann J., Pure appl. Chem., **5** (1962) 61.
1066. Marchessault R. H., Howsmon J. A., Textile Res. J., **27** (1957) 30.
1067. Marchessault R. H., Liang C. Y., J. Polymer Sci., **43** (1960) 71.
1068. Marchessault R. G., Pearson F. G., Liang C. Y., Biochim. biophys. Acta, **45** (1960a) 499.
1069. Marchessault R. H., Pure appl. Chem., **5** (1962) 107.
1070. Marchessault R. H., Liang C. Y., J. Polymer Sci., **59** (1962a) 357.
1071. Marchessault R. H., Spectrochim. Acta, **18** (1962b) 876.
1072. Maréchal Y., Witkowski A., Theoret. chim. Acta (Berlin), **9** (1967) 116.
1073. Mark J. E., Wessling R. A., Hughes R. E., J. phys. Chem., **70** (1966) 1895.
1074. Markert G., Makromol. Chem., **126** (1969) 166.
1075. Marrinan H. J., Mann J., J. appl. Chem., **4** (1954) 204.
1076. Marrinan H. J., Mann J., J. Polymer Sci., **21** (1956) 301.
1077. Marrinan H. J., J. Polymer Sci., **39** (1959) 461.
1078. Martin A. E., Trans. Farad. Soc., **47** (1951) 1182.
1079. Martin D. H, Contemporary Phys., **4** (1963) 187
1080. Marupov R., Zbankov R. G., Poljakov A. I., Rogovin Z. A. Vysokomol. Soed. (Hochmol. Vernind.) (1963) Sonderheft Cellulose und ihre Derivate 196.
1081. Marupov R., Žbankov R. G., Krjažev Ju. G., Rogovin Z. A., Vysokomol. Soed. (Hochmol. Verbind.) (1963a) Sonderheft Cellulose und ihre Derivate 156.

1082. Marvel C. S., Radsitzky D. P., Brader J. J., J. amer. chem. Soc., 77 (1955) 5997.
1083. Masuda Y., Kobunshi Kagaku, Tokio (Chem. High Polymers), **20** (1963) 161, 166, 171.
1084. Masuda Y., Miyazawa T., Makromol. Chem., **103** (1967) 261.
1085. Masuda Y., Miyazawa T., Bull. chem. Soc. Japan, **42** (1969) 570.
1086. Matsubara I., Bull. chem. Soc. Japan, **33** (1960) 1624.
1087. Matsubara I., Magill J. H., Polymer, **7** (1966) 199.
1088. Matsubara I., Itoh Y., Shinomiya M., J. Polymer Sci., B **4** (1966a) 47.
1089. Matsuda T., Kurihara F., Railway techn. Res. Rep. Nr. 273 (1962) 1.
1090. Matsuda T., Yamakita H., Sakai Y., Kobunshi Kagaku, Tokio (Chem. High Polymers), **20** (1962) 614.
1091. Matsui Y., Kubota T., Tadokoro H., Yoshihara T., J. Polymer Sci., A **3** (1965) 2275.
1092. Matsuo H., J. Polymer Sci., **21** (1956) 331.
1093. Matsuo H., Bull. chem. Soc. Japan, **30** (1957) 593.
1094. Matsuo H., J. Polymer Sci., **25** (1957a) 234.
1095. Matsuura H., Miyazawa T., Rept. Progr. Polymer Phys. Japan, **9** (1966) 179.
1096. Matsuura H., Miyazawa T., Bull. chem. Soc. Japan, **40** (1967) 85.
1097. Matsuura H., Miyazawa T., Spectrochim. Acta, **23 A** (1967a) 2433.
1098. Matsuura H., Miyazawa T., Bull. chem. Soc. Japan, **41** (1968) 1798.
1099. Matsuura H., Miyazawa T., J. Polymer Sci. A-2 **7** (1969) 1735.
1100. Matsuzaki K., Okamoto T., Ishida A., Sobue H., J. Polymer Sci., A **2** (1964) 1105.
1100a. Matsuzaki K., Uryu T., Ishigure K., J. Polymer Sci., B **4** (1966) 93.
1101. Matsuzaki K., Uryu T., Okada M., Ishigure K., Ohki T., Takeuchi M., J. Polymer Sci., B **4** (1966a) 487.
1102. Matsuzaki K., Uryu T., J. Polymer Sci., **B 4** (1966b) 255.
1103. Matsuzaki K., Uryu T., Okada M., Shiroki H., J. Polymer Sci., A-1 **6** (1968) 1475.
1104. Maxim L. D., Marchessault R. H., Stanett V., Kuist C. H., Polymer, London, **5** (1964) 403.
1105. May L., Schwing K. J., Appl. Spectroscopy, **17** (1963) 166.
1106. Maynard J. T., Mochel W. E., J. Polymer Sci., **13** (1954) 235, 251.
1107. Mayo F. R., Lewis F. M., J. amer. chem. Soc., **66** (1944) 1594.
1108. Mayo F. R., Ber. Bunsenges. physik. Chemie, **70** (1966) 233.
1109. McCall E. R., Miles S. H., Tripp V. W., O'Connor R. T., Appl. Spectroscopy, **18** (1964) 81.
1110. McCall E. R., Miles S. H., O'Connor R. T., Amer. Dyestuff Rep., **55** (1966) 400.
1111. McCall E. R., Morris N. M., Tripp V. W., O'Connor R. T., Appl. Spectroscopy, **25** (1971) 196.
1112. McÇallum J. D., in Progress in Infrared Spectroscopy. Vol., **2** Plenum Press, New York, 1964.
1113. McDonald M. P., Ward I. M., Polymer, **2** (1961) 341.
1114. McDonald M. P., Ward I. M., Chem. and Ind., (1961a) 631.
1115. McGraw G. E., Amer. chem. Soc., Polymer Preprints, **11** (1970) 1122.
1116. McKenzie A. W., Higgins H. G., Svensk Papperstidn., **61** (1958) 893.
1117. McKnight R. V., Möller K. D., J. opt. Soc. Amer., **54** (1964) 132.
1118. McKnight W. J., McKenna L. W., Read B. E, Stein R. S., J. phys. Chem., **72** (1968) 1122.
1119. Meeks M., Koenig J. L., J. Polymer Sci., A-2 **9** (1971) 717.
1120. Mekonyan L. G., Armjanskij chim. Ž., **19** (1966) 951.
1121. Meloche V. W., Kalbus G. E., J. inorg. nuclear Chem., **6** (1958) 104.

1122. Mencik Z., Vysokomol. Soed. (Hochmol. Verbind.), 2 (1960) 1035
1123. Merten R., Braun G., Lauerer D., Kunststoffe, 55 (1965) 249.
1124. Merz E., Goldfinger G., Alfrey T., J. Polymer Sci., 1 (1946) 75.
1125. Michajlov N. V., Šigorin D. N., Makareva S. P., Dokl. Akad. Nauk SSSR (Ber. Akad. Wiss. UdSSR), 87 (1952) 1009.
1126. Michajlov N. V., Kljueva O. A., Gorbačeva W. O., Fajnberg E. Z., Vysokomol. Soed. (Hochmol. Verbind.), 6 (1960) 942.
1127. Michajlov N. V., Šablygin M. V., Vysokomol. Soed. (Hochmol. Verbind.), 4 (1962) 1155.
1128. Michajlov G. P., Mirkamilov D. M., Gotlib Ju. Ja., Lobanov A. M., Volček B. Z., Vysokomol. Soed. (Hochmol. Verbind.), A 9 (1967) 1967.
1129. Michajlova N. V., Nikitin V. N., Ž. prikl. Chimii (Z. angew. Chemie), 40 (1967) 1165.
1130. Michajlova N. V., Nikitin V. N., Vysokomol. Soed. (Hochmol. Verbind.), A 11 (1969) 2432.
1131. Michell A. J., Higgins H. G., Tetrahedron, 21 (1965) 1109.
1132. Michell A. J., Austral. J. Chem., 19 (1966) 2285.
1133. Mikolajewski E., Swallow J. E., Webb M. W., J. appl. Polymer Sci., 8 (1964) 2067.
1134. Milagin M. F., Gabarajeva A. D., Šiškin N. I., Vysokomol. Soed. (Hochmol. Verbind.), 12 A (1970) 513.
1135. Milan J., Smets G., Makrmol. Chem., 121 (1969) 275.
1136. Miles S. H., McCall E. R., Tripp V. W., O'Connor R. T., Amer. Dyestuff Reporter, 53 (1964) 440.
1137. Miller R. G. J., Willis H. A., Trans. Farad. Soc., 49 (1953) 433.
1138. Miller R. G. J., Willis H. A., J. Polymer Sci. 19 (1956) 485.
1139. Miller R. G. J., Willis H. A., J. appl. Chem., 6 (1956a) 385.
1140. Miller R. G. J., Chem. and Ind. (1957) 190.
1141. Miller M. L., Rauhut C. E., J. amer. chem. Soc., 80 (1958) 4115.
1142. Miller R. G. J., Mills B., Small P., Turner-Jones A., Wood D., Chem. and Ind., 11 (1958a) 1323.
1143. Miller R. L., Nielsen L. E., J. Polymer Sci., 46 (1960) 303.
1144. Miller R. L., Polymer, 1 (1960a) 135.
1145. Miller R. L., Holland V. F., J. Polymer Sci., B 2 (1964) 519.
1146. Miller R. G. J. (Herausgeg.), Laboratory Methods in Infrared Spectroscopy, Heyden & Son, London, 1965.
1147. Miller M. L. The Structure of Polymers, Reinhold Publ. Corp., New York, 1966, S. 426—492.
1148. Mills W., Jordan M. J., J. Inst. Rubber Ind., London, 4 (1970) 60.
1149. Misono A., Uchida Y., Yamada K., Bull. chem. Soc. Japan, 39 (1966) 2458.
1150. Misono A., Uchida Y., Yamada K., Bull. chem. Soc. Japan, 40 (1967) 2696.
1151. Misono A., Uchida Y., Yamada K., Bull. chem. Soc. Japan, 43 (1970) 3259.
1152. Mitchell J. A., Bockman C. D., Lee A. V., Analyt. Chem., 29 (1957) 499.
1153. Mitchell I., Perkins L. R., Mol. Plastics, 44 (1967) 158.
1154. Mitra S. S., J. chem. Phys., 36 (1962) 3286.
1155. Miyake A., J. Polymer Sci., 38 (1959) 479.
1156. Miyake A., J. Polymer Sci., 38 (1959a) 497.
1157. Miyake A., J. chem. Soc. Japan, Ind. Chem. Sect., 62 (1959b) 1443.
1158. Miyake A., Chujo R., J. Polymer Sci., 46 (1960) 163.
1159. Miyake A., J. phys. Chem., 64 (1960a) 510.
1160. Miyake A., Butt. chem. Soc. Japan, 33 (1960b) 992.
1161. Miyake A., J. Polymer Sci., 44 (1960c) 223.
1162. Miyake A., J. amer. chem. Soc., 82 (1960d) 3040.

1163. Miyanoto T., Inagaki H., J. Polymer Sci., A-2 **7** (1969) 963.
1164. Miyazawa T., Shimanouchi T., Mizushima S., J. chem. Phys., **24** (1956) 408.
1165. Miyazawa T., Shimanouchi T., Mizushima S., J. chem. Phys., **29** (1958) 611.
1166. Miyazawa T., J. chem. Phys., **32** (1960) 1647.
1167. Miyazawa T., J. mol. Spectroscopy, **4** (1960a) 168.
1168. Miyazawa T., Spectrochim. Acta, **16** (1960b) 1233.
1169. Miyazawa T., J. chem. Phys., **35** (1961) 693.
1170. Miyazawa T., J. Polymer Sci., **55** (1961a) 215.
1171. Miyazawa T., Blout E. R., amer. chem. Soc., **83** (1961b) 712.
1172. Miyazawa T., Bull. chem. Soc. Japan, **34** (1961c) 691.
1173. Miyazawa T., Fukushima K., Ideguchi I., J. chem. Phys., **37** (1962) 2764.
1174. Miyazawa T., Masuda Y., Fukushima F., J. Polymer Sci, **62** (1962a) 62.
1175. Miyazawa T., Ideguchi Y., J. Polymer Sci., B **1** (1963) 389.
1176. Miyazawa T., Ideguchi Y., Fukushima K., J. chem. Phys., **38** (1963a) 2709.
1177. Miyazawa T., Ideguchi Y., Bull. chem. Soc. Japan, **36** (1963b) 1125.
1178. Miyazawa T., Fukushima K., Ideguchi Y., J. Polymer Sci., B **1** (1963c) 385.
1179. Miyazawa T., Ideguchi Y., J. Polymer Sci., B **1** (1963d) 389.
1180. Miyazawa T., J. Polymer Sci. C Nr. 7 (1964) 59.
1181. Miyazawa T., J. Polymer Sci., B **2** (1964a) 847.
1182. Miyazawa T., Kitagawa T., J. Polymer Sci., B **2** (1964b) 395.
1183. Miyazawa T., Ideguchi Y., Bull. chem. Soc. Japan, **37** (1964c) 1065.
1184. Miyazawa T., Ideguchi Y., Makromol. Chem., **79** (1964d) 89.
1185. Miyazawa T., J. chem. Phys., **43** (1965) 4030.
1186. Miyazawa T., Ideguchi Y., Reports Progress Polymer Phys. Japan, 8 (1965a) 49.
1187. Miyazawa T., Ideguchi Y., J. Polymer Sci., 8 3 (1965b) 541.
1188. Miyazawa T., Vibrational Analysis of the Infrared Spectra of Stereoregular Polypropylene. In A. D. Ketley (Ed.), The Stereochemistry of Macromolecules. Bd., 3, Marcel Dekker, Inc., New York, 1968.
1189. Mochel W. E., Hall M. B., J. amer. chem. Soc., **71** (1949) 4082.
1190. Mochel W. E., J. Polymer Sci., **8** (1952) 583.
1191. Moenke H., Mineralspektren, Akademie-Verlag, Berlin, 1962.
1192. Morero D., Santambrogio A., Porri L., Clampelli F., Chim. e. Ind., Milano, **41** (1959) 758.
1193. Morero D., Mantica E., Porri L., Suppl. Nuovo Cimento Nr. 1 (1960) 136.
1194. Mori S., Okazaki K., J. Polymer Sci., A-1 **5** (1967) 231.
1195. Morris J., Van der Walt S. J., J. South African chem. Inst., **14** (1961) 16.
1196. Morrison R. D., Amer. Dyestuff. Rep., **52** (1963) 867.
1197. Morton A. A., Taylor L. D., J. Polymer Sci, **38** (1959) 7.
1198. Moser H., Stieler D., Z. angew Physik, **12** (1960) 280.
1199. Movsasyan H. E., Saakyan A. A., Armjanskij chem. Ž., **20** (1967) 97.
1200. Moynihan R. E., J amer. chem. Soc., **81** (1959) 1045.
1201. Mulder J. L., Analyt. chim. Acta, **38** (1967) 563.
1202. Murahashi S., Yuki H., Sano T., Yonemura U, Tadokoro H., Chatani Y., J. Polymer Sci., **62** (1962) 77.
1203. Murahashi S., Nozakura S., Sumi M., J. Polymer Sci., B **3** (1965) 245.
1204. Murahashi S., Nozakura S., Sumi M., Matsumura K., J. Polymer Sci., B **4** (1966) 59.

1205. Murahashi S., Nozakura S., Sumi M., Yuki H., Hatada K., J. Polymer Sci., B **4** (1966a) 65.
1206. Murano M., Yamadera R., J. Polymer Sci., A-1 **5** (1967) 1059, 1855.
1207. Murano M., Yamadera R., J. Polymer Sci., B **5** (1967a) 333, 483.
1208. Murano M., Makromol. Chem., **112** (1968) 281.
1209. Murayama N., Amagi Y., J. Polymer Sci., B **4** (1966) 119.
1210. Mzourek Z., Mikl O., Plaste u. Kautschuk, **8** (1961) 3.
1211. Nagai E., Sagane N., Kobunshi Kagaku, Tokio (Chem. High Polymers), **12** (1955) 199.
1212. Nagai E, Kuribayashi S., Kobunshi Kagaku, Tokio (Chem. High Polymers), **12** (1955a) 322.
1213. Nagai H., Watanabe H., Nishioka N., J. Polymer Sci., **62** (1962) 95.
1214. Nagai H., J. appl. Polymer Sci., **7** (1963) 1697.
1215. Nakajima A., Hamada H., Hayashi S., Makromol. Chem., **95** (1966) 40.
1216. Nakamoto K., Margoshes M., Rundle R. E., J. amer. chem. Soc. 77 (1955) 6480.
1217. Nakayama Y., Tsuruta T., Furukawa J., Kawasaki A., Wasai G., Makromol. Chem., **43** (1961) 76.
1218. Narita S., Ichinohe S., Enomoto S., J. Polymer Sci., **37** (1959) 281.
1219. Narita S., Ichinohe S., Enomoto S., J. Polymer Sci., **37** (1959a) 263.
1220. Narita S., Ichinohe S., Enomoto S., J. Polymer Sci., **36** (1959b) 389.
1221. Narita S., Ichinohe S., Enomoto S., J. Polymer Sci., **37** (1959c) 273.
1222. Narita S., Ichinohe S., Enomoto S., J. Polymer Sci., **37** (1959d) 251.
1223. Narita S., Okuda K., J. Polymer Sci., **38** (1959e) 270.
1224. Natta G., J. Polymer Sci., **16** (1955) 143.
1225. Natta G., Pino P., Corradini P., Danusso F., Mantica E., Mazzanti G., Moraglio G., J. amer. chem. Soc., **77** (1955a) 1708.
1226. Natta G., Corradini P., Atti Accad. naz. Lincei, Cl. Sci. fis. mat. nat., Sez. II **4** (1955b) 73.
1227. Natta G., Corradini P., Atti Accad. naz. Lincei, Rend., Sci. fis. mat. nat., **18** (1955c) 19.
1228. Natta G., Corradini P., Makromol. Chemie, **16** (1955d) 77.
1229. Natta G., Angew. Chemie, **68** (1956) 393.
1230. Natta G., Corradini P., Cesari M., Atti. Accad. naz. Lincei, Rend., Cl. Sci. fis. mat. nat., **21** (1956a) 365.
1231. Natta G., Corradini P., Porri L., Atti. Accad. naz. Lincei, Rend. Classe Sci. fis. mat. nat., (8) **26** (1956b) 728.
1232. Natta G., Corradini P., Bassi I. W., Makromol. Chem., 21 (1956c) 240.
1233. Natta G., Corradini P., J. Polymer Sci., 20 (1956d) 251.
1234. Natta G., Porri L., Corradini P., Morero D., Atti. Accad. naz. Lincei, Rend., Classe Sci. fis. mat. nat., **20** (1956e) 560.
1235. Natta G., Corradini P., Dall'Asta G., Atti. Accad. naz. Lincei, Rend., Classe Sci. fis. mat. nat., **20** (1956f) 408.
1236. Natta G., Pino P., Mazzanti G., Gazz. chim. ital., **87** (1957) 528.
1237. Natta G., Mazzanti G., Valvassori A., Pajaro G., Chim. e. Ind., Milano, **39** (1957a) 733.
1238. Natta G., Farina M., Peraldo M., Atti. Acad. naz. Lincei, Rend., Classe Sci. fis. mat. nat., (8) **25** (1958) 424.
1239. Natta G., Porri L., Corradini P., Morero D., Chim. e. Ind., Milano, **40** (1958a) 362.
1240. Natta G., Danusso F., J. Polymer Sci., **34** (1959) 3.

1241. Natta G., Slanesi D., Atti Acad. naz. Lincei, Rend., Cl. Sci. fis. mat. nat., 26 (1959a) 418.
1242. Natta G., Peraldo M., Corradini P., Atti Accad. naz. Lincei, Rend., Classe Sci. fis. mat. nat., 26 (1959b) 14.
1243. Natta G., Porri L., Mazzei A., Chim. e. Ind., Milano, 41 (1959c) 116.
1244. Natta G., Porri L., Mazzei A., Morero D., Chim. e. Ind., Milano, 41 (1959d) 398.
1245. Natta G., Makromol. Chem., 35 (1960) 94.
1246. Natta G., Mazzanti G., Valvassori A., Sartori G., Morero D., Chim. e. Ind., Milano, 42 (1960b) 125.
1247. Natta G., Corradini P., Rubber Chem. Technol., 33 (1960c) 703.
1248. Natta G., Crespi G., Guzetta S., Leghissa D., Rubber Plastics Age, 42 (1961) 402.
1249. Natta G., Dall'Asta G., Mazzanti G., Ciampelli F., Kolloid.-Z./Z. Polymere, 182 (1962) 50.
1250. Natta G., Moraglio G., Rubber Plastics Age, 44 (1963) 42.
1251. Natta G., Zambelli A., Pasquon I., Ciampelli F., Makromol. Chem., 79 (1964) 161.
1252. Natta G., Peraldo M., Allegra G., Makromol. Chem., 75 (1964a) 215.
1253. Natta G., Angew. Chem., 76 (1964b) 553.
1254. Natta G., Valvassori A., Ciampelli F., Mazzanti G., J. Polymer Sci., A 3 (1965) 1.
1255. Neimo L., Sihtola H., Paperi ja Puu, 45 (1963) 243.
1256. Nelson K. V., Skripova L. S., Kozlova N. V., Zavodsk. Labor., Moskva (Betriebslabor), 29 (1963) 704.
1257. Nelson M. L., O'Connor R. T., J. appl. Polymer Sci., 8 (1964) 1311.
1258. Nelson M. L., O'Connor R. T., J. appl. Polymer Sci., 8 (1964a) 1325.
1259. Neszmélyi A., Imre L., Spectrochim. Acta, 24 A (1968) 297.
1260. Nettelbeck H. J., Dissertation, Aachen, 1966.
1261. Newburger S. H., J. Assoc. off. agric. Chemists, 45 (1962) 792.
1262. Nichols J. B., J. appl. Phys., 25 (1954) 840.
1263. Nielsen J. R., Woolett A. H., J. chem. Phys., 26 (1957) 1391.
1264. Nielsen J. R., Holland R. F., J. mol. Spectroscopy, 4 (1960) 488.
1265. Nielsen J. R., Holland R. F., J. mol. Spectroscopy, 6 (1961) 394.
1266. Nielsen J. R., J. Polymer Sci. C Nr. 7 (1964) 19.
1267. Nikitin V. N., Pokrovskij E. J., Dokl. Akad. Nauk SSSR (Ber. Akad. Wiss. UdSSR), 95 (1954) 109.
1268. Nikitin V. N., Volček B. Z., Z. techn. Fiz. (Z. techn. Physik), 27 (1957) 1616.
1269. Nikitin V. N., Vol'kova L. A., Michajlova N. V., Baklagina Ju. G., Vysocomol. Soed. (Hochmol. Verbind.), 1 (1959) 1094.
1270. Nikitin V. N., Volček B. Z., Vysokomol. Soed. (Hochmol. Verbind.), 2 (1960) 1015.
1271. Nikitin V. N., Maklakov L. I., Optika i Spektroskopija, 13 (1962) 603.
1272. Nikitin V. N., Michajlova N. V., Dokl. Akad. Nauk SSSR (Ber. Akad. Wiss. UdSSR), 148 (1963) 624.
1273. Nikitin V. N., Levdik I. Ju., Ž. prikl. Chimii (Z. angew Chem.), 38 (1965) 2366.
1274. Nikonovič G. V., Leonteva S. A., Šutkina V. P., Usmanov Ch. U., Adilov A. A., Tašpulatov Ju. T., Vysokomol. Soed. (Hochmol. Verbind.), 7 (1965) 2132.
1275. Nishioka A., Watanabe H., Abe K., Sono Y., J. Polymer Sci., 48 (1960) 241.
1276. Nishioka A., Yanagisawa K., Kobunshi Kagaku, Tokio (Chem. High Polymers), 19 (1962) 667.

1277. Nishioka A., Yanagisawa K., Kobunshi Kagaku, Tokio (Chem. High Polymers), **19** (1962a) 671.
1278. Noh L., Yu H., J. Polymer Sci., B **4** (1966) 721.
1279. Nonnenmacher G., Mecke R., Z. analyt. Chem., **170** (1959) 127.
1280. Novak A., Whalley E., Trans. Farad. Soc, **55** (1959) 1484.
1281. Novak A., Whalley E., Trans. Farad. Soc., **55** (1959a) 1490.
1282. Novak A., Whalley E., Can. J. Chem., **37** (1959b) 1710.
1283. Novak A., Whalley E., Can. J. Chem., **37** (1959c) 1718.
1284. Novak A., Whalley E., Can. J. Chem., **37** (1959d) 1722.
1285. Novak I. I., Vysokomol. Soed. (Hochmol. Verbind.), **5** (1963) 1645.
1286. Novak I. I., Vettegren V. I., Vysokomol. Soed. (Hochmol. Verbind.), **6** (1964) 706.
1287. Novak I. I., Vettegren V. I., Vysokomol. Soed. (Hochmol. Verbind.), **7** (1965) 1027.
1288. Novak I. I., Sučkov V. A., Ivanova E. A., Vysokomol. Soed. (Hochmol. Verbind.), A **9** (1967) 2742.
1289. Novak I. I., Sachibgarejeva D. M., Kulikova N. P., Vysokomol. Soed. (Hochmol. Verbind.), **11 B** (1969) 591.
1290. Nyburg S. C., Acta crystalogr., **7** (1954) 385.
1291. Nyquist R. A., Infrared Spectra of Plastics and Resins. Dow Chemical Co., USA, 1960.

1292. O'Connor R. T., DuPré E. F., McCall E. R., Analyt. Chem., **29** (1957) 998.
1293. O'Connor R. T., DuPré E. F., Mitcham D., Textile Res. J., **28** (1958) 382.
1294. O'Connor R. T., DuPré E. F., McCall E. R., Textile Res. J., **28** (1958a) 542.
1295. O'Connor R. T., McCall E. R., Mitcham D., Amer. Dyestuff. Rep., **49** (1960) 214.
1296. O'Connor R. T., Develop. appl. Spectr., **5** (1965) 129.
1297. Ogura K., Sobue H., J. Polymer Sci., B **6** (1968) 63.
1298. Ohshika T., J. chem. Soc. Japan, Ind. Chem. Sect., **63** (1960) 1256, 1261, 1265, 1270.
1299. Okada J., J. chem. Phys., **43** (1965) 2497.
1300. Okada T., Mandelkern L., J. Polymer Sci., B **4** (1966) 1043.
1301. Okada T., Mandelkern L., J. Polymer Sci., A-2 **5** (1967) 239.
1302. Okajima S., Inoue K., J. Polymer Sci., B **1** (1963) 513.
1303. Okajima S., Inoue K., J. Polymer Sci., A **2** (1964) 461.
1304. Okamoto M., Miyamichi K., Ishizuka O., Kobunshi Kogaku, Tokio (Chem. High Polymers), **21** (1964) 218.
1305. Okamura S., Kodama T., Higashimura T., Makromol. Chem., **53** (1962) 180.
1306. Okazima S., Kaj A., J. appl. Polymer Sci., **11** (1967) 289.
1307. Oltus E., Cellulose Chem. Technol., **2** (1968) 311.
1308. Ongemach G. C., Dorman-Smith V. A., Beier W. E., Analyt. Chem., **38** (1966) 123.
1309. Onishi T., Krimm S., J. appl. Phys., **32** (1961) 2320.
1310. Opaskar C. G., Krimm S., J. Polymer Sci., A-2 **7** (1969) 57.
1311. Ovander L. N., Optika i Spektroskopija, Moskva, **11** (1961) 129.
1312. Ovander L. N., Optika i Spektroskopija, Moskva, **12** (1962) 711.

1313. Palm A., J. phys. Chem., **55** (1951) 1320.
1314. Palm K., Z. Chem., **5** (1965) 462.
1315. Palm K., Z. Chem., **9** (1969) 452.
1316. Pan H. P., Edwards G. J., Appl. Spectroscopy, **17** (1963) 74.
1317. Pande A., Singh M. M., Laboratory Practice, **15** (1966) 544.
1318. Pandey S. N., Ivengar R. L. N., Textile Res. J., **38** (1968) 675.
1319. Panov V. P., Žbankov R. G., Malachov R. A., Vysokomol. Soed. (Hochmol. Verbind.), A **11** (1969) 2254.
1320. Parisot A., Bouriot P., Bull. Inst. Textile France, **23** (1969) 789.

1321. Parker F. S., Ans R., Analyt. Biochem., **18** (1967) 414.
1322. Patterson D., Ward I. M., Trans. Farad. Soc., **53** (1957) 291.
1323. Pauling L., Corey R., Branson H., Proc. nat. Acad. Sci., US **37** (1951) 205.
1324. Pauling L., Corey R., Proc. nat. Acad. Sci., US **37** (1951a) 256.
1325. Pavjučenko M. M., Ermolenko I. M., Izv. Akad. Nauk SSSR, Serija fiz. (Nachr. Akad. Wiss. UdSSR, Physik), **20** (1956) 546.
1326. Peacock C. J., Hendra P. J., Willis H. A., Cudby M. E. A., J. chem. Soc. (London) Sect. A (1970) 2943.
1327. Pearson F. G., Marchessault R. H., Liang C. Y., J. Polymer Sci., **43** (1960) 101.
1328. Peerman D. E., Tolberg W., Wittcoff H., J. amer. chem. Soc., **76** (1954) 6085.
1329. Pennings A. J., Prins W., Hale R. D., Rånby B. G., J. appl. Polymer Sci., **5** (1961) 676.
1330. Peraldo M., Gazz. chim. ital., **89** (1959) 798.
1331. Peraldo M., Farina M., Chim. e. Ind. (Milano), **42** (1960) 1349.
1332. Peraldo M., Natta G., Ziampelli A., Makromol. Chem., **89** (1965) 273.
1333. Peraldo M., Cambini M., Spectrochim. Acta, **21** (1965a) 1509.
1334. Perkin-Elmer Instr. News, **16** (1966a) 15.
1335. Peterlin A., Olf H. G., Peticolas W. L., Hibler G. W., Lippert J. L., J. Polymer Sci., B **9** (1971) 583.
1336. Peticolas W. L., Hibler G. W., Lippert J. L., Peterlin A., Olf H., Appl. Phys. Letters, **18** (1971) 87.
1337. Petropavlovskij G. A., Krunčak M. M., Vasileva G. G., Ž. prikl Chimii (Z. angew. Chemie), **40** (1967) 2209.
1338. Pfann H. F., Van Zandt Williams, Mark H., J. Polymer Sci., **1** (1946) 14.
1339. Philpotts A. R., Evans D. O., Sheppard N., Trans. Farad. Soc., **51** (1955) 1051.
1340. Pierce R. H. H., Clark E. S., Whitney J. F., Bryant W. M. D., 130th Meeting of the American Chem. Soc., Sept. 1956.
1341. Pimentel G. C., Sederholm C. H., J. chem. Phys., **24** (1956) 639.
1342. Pimentel G. C., McClellan A. L., The Hydrogen Bond. W. H. Freeman & Co., San Francisco und London, 1960.
1343. Pirlot G., Bull. Soc. chim. belg., **58** (1949) 28.
1344. Piseri L., Zerbi G., J. chem. Phys., **48** (1968) 3561.
1345. Pivcová H., Schneider B., Chem. Listy, **57** (1963) 1068.
1346. Pivcová H., Schneider B., Štokr J., Jakeš J., Coll. czechoslov. chem. Commun., **29** (1964) 2436.
1347. Pivcová H., Schneider B., Štokr J., Coll. czechoslov. chem. Commun., **30** (1965) 2215.
1348. Pliev T. N., Dolk. Akad. Nauk SSSR (Ber. Akad. Wiss. UdSSR), **169** (1966) 626.
1349. Pohl H. U., Dissertation, Köln, 1967.
1350. Pohl H. U., Hummel D. O., Makromol. Chem., **113** (1968) 190.
1351. Pohl H. U., Hummel D. O., Makromol. Chem., **113** (1968a) 203.
1352. Pohl H. U., Hummel D. O. Makromol. Chem., **115** (1968b) 141.
1353. Pohl H. U., Denaxas J., Hummel D. O., Makromol. Chem., **115** (1968c) 125.
1354. Pokrovskij E. I., Volkenštein M. V., Dokl. Akad. Nauk SSSR (Ber. Akad. Wiss. UdSSR), **115** (1957) 552.
1355. Pokrovskij E. I., Vysokomol. Soed. (Hochmol. Verbind.), **1** (1959) 738.
1356. Pokrovskij E. I., Vysokomol. Soed. (Hochmol. Verbind.), **6** (1964) 642.
1357. Pokrovskij E. I., Fedorova E. F., Vysokomol. Soed. (Hochmol. Verbind.), **6** (1964a) 647.

1358. Polčin J., Valček F., Felcánová A., Vargová Č., Cellulose Chem. Technol., 1 (1967) 259.
1359. Poljak A. B., Tatevosjan E. L., Kupcan A. A., Meos A. I., Chim. Volokna (Chem. Fasern) (1964) 38.
1360. Popov V. P., Voropajeva R. M., Ivanova A. G., Plast. Massy (1969) 8.
1361. Porter M. R., J. Polymer Sci., 33 (1968) 443.
1362. Prati G., Ricerca Doc. Tessile, Milano, 1 (1964) 49.
1363. Prati G., Ricerca Doc. Tessile, Milano, 3 (1966) 63.
1364. Prevorsek D. C., Sibilia J. P., J. macromol. Sci. (Phys.), B 5 (1971) 617.
1365. Price W. C., Fraser R. D. B., Proc. Roy. Soc., B 141 (1953) 66.
1366. Price C. C., Osgan M., J. amer. chem. Soc., 78 (1956) 4787.
1367. Price F. P., J. Chem. Phys., 36 (1962) 209.
1368. Price F. P., Kilb R. W., J. Polymer Sci., 57 (1962a) 395.
1369. Price W. H., Maurer R. H., Appl. Spectr., 17 (1963) 106.
1370. Price C. C., Spector R., J. amer. chem. Soc., 88 (1966) 4171.
1371. Prietzschk A., Kolloid.-Z., 156 (1958) 8.
1372. Putiev Ju. P., Tašpulatov Ju. T., Gafurov T. G., Usmanov Ch. U., Vysokomol. Soed. (Hochmol. Verbind.), 6 (1964) 1415.
1373. Putiev Ju. P., Nikonovič G. V., Tašpulatov J., Usbek. chem. J., 8 (1964a) 75.
1374. Putiev Ju. P., Berenštejn E. I., Ž. prikl. Spektroskopii (Z. angew. Spektr.), 7 (1967) 371.
1375. Putiev Ju. P., Vusokomol. Soed. (Hochmol. Verbind.), 10 B (1968) 663.
1376. Puttnam N. A., Proc. Soc. analyt. Chem., 2 (1965) 158.
1377. Quynn R. G., Steele R., Nature (London), 173 (1954) 1240.
1378. Quynn R. G., Riley J. L., Young D. A., Noether H. D., J. appl. Polymer Sci., 2 (1959) 166.
1379. Raff R. A., Doak K. W., Crystalline Olefin Polymers. Intersci. Publ., New York, 1965.
1380. Ragazzini M., Carcano D., Modena M., Serboli G. C., European Polymer J., 6 (1970) 763.
1381. Rahbek H., Omar M., Nature (London), 169 (1952) 1008.
1382. Rahman M. Z., Ivanova P. E., Kaučuk i Rezina, Moskva, 29 (1970) 49.
1383. Rakus J. P., Mason C. D., J. Polymer Sci., B 4 (1966) 467.
1384. Ramakrishnan G. S., Dasgupta S., Ponde J. P., J. Polymer Sci., 19 (1956) 323.
1385. Rånby B., Papier, 18 (1964) 593.
1386. Rao S. P., Santappa M., J. Polymer Sci., A-1 6 (1968) 95.
1387. Rath H., Pässler M., Melliand Textilber., 42 (1961) 787.
1388. Rau J. H., Melliand Textilber., 44 (1963) 1098, 1197, 1317.
1389. Rau J. H., Melliand Textilber., 45 (1964) 224.
1390. Rau J. H., Schwair U. A., Melliand Textilber., 47 (1966) 1423.
1391. Ravens A. S., Ward I. M., Trans. Farad. Soc., 57 (1961) 150.
1392. Razikov Ch., Tjagai E. D., Larin P. P., Usmanov Ch. U, Vysokomol. Soed. (Hochmol. Verbind.), 9 (1967) 393.
1393. Read B. E., Stein R. S., Macromolecules, 1 (1968) 116.
1394. Reding F. P., Lovell C. M., J. Polymer Sci., 21 (1956) 157.
1395. Redlich O., Z. physik. Chemie, B 28 (1935) 371.
1396. Reichenbach D., Kautschuk, Gummi, Kunststoffe, 18 (1965) 9.
1397. Reichert K. H., Farbe u. Lack, 72 (1966) 13.
1398. Reinhardt R. C., Ind. Engng. Chem., 35 (1943) 422.
1399. Reiss C., Benoit H., J. Polymer Sci. C Nr. 16 (1968) 3079.
1400. Richards R. B., J. appl. Chem., 1 (1951) 370.
1401. Richards J. R., Dissertation Abstr., 22 (1961) 1029.
1402. Richardson W. S., J. Polymer Sci., 13 (1954) 229.
1403. Ring W., J. Polymer Sci., B 1 (1963) 323.

1404. Rippere R. E., Analyt. Chem., **25** (1963) 363.
1405. Rippon W. B., Koenig J. L., Walton A. G., J. amer. chem. Soc., **92** (1970) 7455.
1406. Robbins C., Textile Res. J., **37** (1967) 811.
1407. Robert L., Favre J., Compt. Rend., **234** (1952) 2270.
1408. Rode V. V., Gribkova P. N., Vygodskij Ja. S., Vinogradova S. V., Koršak V. V., Vysokomol. Soed. (Hochmol. Verbind.), A **10** (1968) 2550.
1409. Roedel M. J., J. amer. chem. Soc., **75** (1953) 6110.
1410. Rogovin Z. A., Sydykov T. S., Livšic R. M., Šablygin M. V., Michajlov N. V., Vysokomol. Soed. (Hochmol. Verbind.), **10 B** (1968) 46.
1411. Rohmer M., Z. analyt. Chem., **170** (1959) 147.
1412. Röpke R., Neudert W., Z. analyt. Chem., **170** (1959) 78.
1413. Ropte E., Ber. Bunsenges. physik. Chem., **70** (1966) 317.
1414. Roščupkin V. P., Andreev N. S., Goncarov T. K., Vysokomol. Soed. (Hochmol. Verbind.), **14** (1972) 477.
1415. Rosen I., Marshall W. E., J. Polymer Sci., **56** (1962) 501.
1416. Rosenberger H. M., Schoemaker C. H., Analyt. Chem., **31** (1959) 1315.
1417. Rosmarin G., Solomon B., Simionesku C., Cellulose Chem. Technol., **1** (1967) 445.
1418. Rossbach V., Nissen D., Polymer, **12** (1971) 655.
1419. Rossmann K., J. chem. Phys., **23** (1955) 1355.
1420. Rowen J. W., Plyler E. K., J. Res. nat. Bur. Stand., **44** (1950) 313.
1421. Rowen J. W., Forziati F. H., Reeves R. E., J. amer. chem. Soc., **78** (1951) 4484.
1422. Rugg F. M., Smith J. J., Atkinson J. V., J. Polymer Sci., **9** (1952) 579.
1423. Rugo F. M., Smith J. J., Wartman H., J. Polymer Sci., **11** (1953) 1.
1424. Rugg F. M., Smith J. J., Bacon R. C., J. Polymer Sci., **13** (1954) 535.
1425. Rundle R. E., Parasol M., J. chem. Phys., **20** (1952) 1487.
1426. Rupprecht A., Biochim. Biophys. Acta, **199** (1970) 277.
1427. Ruscher C., Versäumer H., Faserforsch. u. Textiltechn., **10** (1959) 245.
1428. Ruscher C., Schmolke R., Faserforsch. u. Textiltechn., **11** (1960) 383.
1429. Ruscher C., Gröbe V., Versäumer H., Faserforsch. u. Textiltechn., **12** (1961) 214.
1430. Ruscher C., Schmolke R., Faserforsch. u. Textiltechn., **14** (1963) 459.
1431. Ruscher C., Schmolke R., Faserforsch. u. Textiltechn., **14** (1963a) 340.
1432. Ruscher C., Dechant J., Faserforsch. u. Textiltechn., **15** (1964) 481.
1433. Russell A., J. appl. Polymer Sci., **4** (1960) 210.
1434. Rusell C. A., Pascale J. V., J. appl. Polymer Sci., **7** (1963) 959.
1435. Ryan F., Fleischer P. C., J. phys. Chem., **69** (1965) 3384.
1436. Šablygin M. V., Michajlov N. V., Chim. Volokna (Chem. Fasern), **5** (1963) 51.
1437. Safford G. J., LoSacco F. J., J. chem. Phys., **43** (1965) 3404.
1438. Safford G. J., Naumann A. W., Adv. Polymer Sci./Fortschr. Hochpolymeren-Forsch., **5** (1967) 1.
1439. Safford C. J., Naumann A. W., Macromolecular Reviews, **2** (1967a) 1.
1440. Sakata H., Komatsu N., J. Soc. Textile Cellulose Ind., Japan, **19** (1963) 337.
1441. Saksena B. D., Agarwal K. C., Jauhri G. S., J. Polymer Sci., **62** (1962) 347.
1442. Salomon G., van der Schee A. C., Ketelaak A. A., van Eyk B. J., Disc. Farad. Soc., **9** (1950) 291.
1443. Salomon G., van der Schee A. C., J. Polymer Sci., **14** (1954) 287.

1444. Salomon G., van der Schee A. C., J. Polymer Sci., **14** (1954a) 181.
1445. Salomon G., van der Schee A. C., Rubber Chem. Technol., **28** (1955) 213.
1446. Salomon G., Schooneveldt-van der Kloes C. J., Zwiers J. H. L., Recueil Trav. chim. Pays-Bas, **79** (1960) 313.
1447. Samec M., Stärke, **6** (1954) 87.
1448. Samuels R. J., J. Polymer Sci., A **3** (1965) 1741.
1449. Sandeman I., Proc. Roy. Soc., A **232** (1955) 105.
1450. Sandeman I., Keller A., J. Polymer Sci., **10** (1956) 401.
1451. Sandiford D. J. H., J. appl. Chem., **8** (1958) 188.
1452. Sapolski O. B., Vysokomol. Soed. (Hochmol. Verbind.), **5** (1963) 68.
1453. Sarda G., Peacock N., Nature (London), **200** (1963) 67.
1454. Sarmadjieva V., Dimov K., Cellulose Chem. Technol., **5** (1971) 443.
1455. Sartori G., Valvasorri A., Faina S., Atti Accad. naz. Lincei, Rend., Cl. Sci. fis. mat. nat., **35** (1963) 565.
1456. Sasaki T., J. Polymer Sci., B **3** (1965) 557.
1457. Saunders R. A., Smith D. C., J. appl. Phys., **20** (1949) 953.
1458. Sauter E., Z. physik. Chem. (Leipzig), B **21** (1933) 186.
1459. Sauter E., Z. physik. Chemie (Leipzig), B **21** (1933a) 161.
1460. Savickaja A. N., Klimenko I. B., Volf L. A., Androsov V. F., Vysokomol. Soed. (Hochmol. Verbind.), A **12** (1970) 790.
1461. Schachtschneider J. H., Snyder R. G., Spectrochim. Acta, **19** (1963) 117.
1462. Schachtschneider J. H., Snyder R. G., J. Polymer Sci. C Nr. **7** (1964) 99.
1463. Schachtschneider J. H., Snyder R. C., Spectrochim. Acta, **21** (1965) 1527.
1464. Schaufele R. F., J. opt. Soc. Amer., **57** (1967) 105.
1465. Schaufele R. F., Shimanouchi T., J. chem. Phys., **47** (1967a) 3605.
1466. Schaufele R. F., J. Polymer Sci. D (Macromol. Rev.), **4** (1970) 67.
1467. Schearer H. M., Vand V., Acta crystallogr. (Kopenhagen), **9** (1956) 379.
1468. Scheddel R. T., Analyt. Chem., **30** (1958) 1303.
1469. Schiedt U., Reinwein H., Z. Naturforsch., **7b** (1952) 270.
1470. Schiedt U., Z. Naturforsch., **8b** (1953) 66.
1471. Schiedt U., Appl. Spectroscopy, **7** (1953a) 75.
1472. Schiele C., Halfar K., Appl. Spectroscopy, **19** (1965) 163.
1472a. Schiele C., Meyer F. J., Spectrochim. Acta, **22** (1966) 1967.
1473. Schmalz E. O., Kimmer W., Z. analyt. Chemie, **181** (1961) 229.
1474. Schmalz E. O., Geiseler G., Z. analyt. Chem., **188** (1962) 241, 253.
1475. Schmalz E. O., Geiseler G., Z. analyt. Chem., **190** (1962a) 222, 233.
1476. Schmalz E. O., Geiseler G., Z. physik. Chem. (Leipzig), **220** (1962b) 317.
1477. Schmidt P. G., Gay F. P., Angew. Chem., **74** (1962) 638.
1478. Schmidt P. G., J. Polymer Sci., A **1** (1963) 1271.
1479. Schmidt P., Schneider B., Coll. czechoslov. chem. Commun., 28 (1963a) 2685.
1480. Schmidt P., Schneider B., Čefelin P., J. Polymer Sci. C **16** (1967) 229.
1481. Schmitz D., Plaste u. Kautschuk, **16** (1969) 936.
1482. Schmolke R., Dissertation, Leipzig 1963.
1483. Schmolke R., Faserforsch. u. Textiltechn., **15** (1964) 273.
1484. Schmolke R., Herma H., Gröbe V., Faserforsch. u. Textiltechn., **16** (1965) 589.
1485. Schmolke R., Faserforsch. u. Textiltechn., **16** (1965a) 514.
1486. Schmolke R., Walenta E., Herma H., Ruscher C., Faserforsch. u. Textiltechn., **17** (1966) 220.

1487. Schmolke R., Kimmer W., Kuzay P., Hufenreuter W., Plaste u. Kautschuk, 18 (1971) 95.
1488. Schneider W. G., Bernstein H. J., Trans. Farad. Soc., 52 (1956) 13.
1489. Schneider B., Schmidt P., Wichterle O., Coll. czechoslov. chem. Commun., 27 (1962) 1749.
1490. Schneider C., Herz J., Hummel D., Makromol. Chem., 53 (1962a) 228.
1491. Schneider B., Vodňanský J., Coll. czechoslov. chem. Commun., 28 (1963) 2080.
1492. Schneider C., Herz J., Makromol. Chem., 73 (1964) 128.
1493. Schneider B., Hořeni A., Pivcová H., Honzl J., Coll. czechoslov. chem. Commun., 30 (1965) 2196.
1494. Schneider B., Summer School Spectroscopy of Polymers, Prag, 1967.
1495. Schneider B., Štokr J., Doskočilová D., Kolinsky M., Sykora Š., Lim D., J. Polymer Sci. C Nr. 16 (1968) 3891.
1496 Schnell G., Ergeb. exakt. Naturwiss., 31 (1959) 220.
1497. Schnell H., Chemistry and Physics of Polycarbonates. Interscience Publ., New York — London — Sydney, 1964.
1498. Schnell C., Ber. Bunsenges. physik. Chemie, 70 (1966) 297.
1499. Schnell H., Bottenbruch L., Naturwiss., 54 (1967) 306.
1500. Schönherr F., Z. Chem., 9 (1969) 424.
1501. Schönherr F., Faserforsch. u. Textiltechn., 21 (1970) 246.
1502. Schonhorn H., Luongo J. P., Macromolecules, 2 (1969) 366.
1503. Schrader B., Meier W., Steigner E., Zöhrer F., Z. analyt. Chemie, 254 (1971) 257.
1504. Schult J. H., Kautschuk, Gummi, Kunststoffe, 17 (1964) 707.
1505. Schulz R. C., Cherdron H., Kern W., Makromol. Chem., 29 (1959) 190.
1506. Schulz R. C., Kaiser E., Kern W., Makromol. Chem., 76 (1964) 99.
1507. Schurz J., Kienzl E., Mh. Chem., 88 (1957) 1017.
1508. Schurz J., J. Polymer Sci., 28 (1958) 438.
1509. Schurz J., Rebek M., Dechant M., Cellulose Chem. Technol., 1 (1967) 23.
1510. Schwab O., Papier, 19 (1965) 115.
1511. Schwair U. A., Dissertation, Stuttgart, 1966.
1512. Schwochau K., Eichhoff H. J., Z. Naturforsch., 17b (1962) 582.
1513. Scism A. J., Analyt. chem. Acta, 42 (1968) 177.
1514. Scott K. W., Trick G. S., Mayor R. H., Saltman W. M., Pierson R. M., Rubber Plastics Age, 42 (1961) 175.
1515. Sears W. C., J. appl. Phys., 12 (1941) 35.
1516. Segal L., J. Polymer Sci., 55 (1961) 395.
1517. Segal L., Eggerton F. V., Textile Res. J., 31 (1961a) 460.
1518. Segre A. L., Ciampelli F., Dall'Asta G., J. Polymer Sci., B 4 (1966) 633.
1519. Sehan R., Diplomarbeit, Halle (1964).
1520. Seidel B., Ber. Bunsenges. phys. Chem., 62 (1968) 214.
1521. Šelkunov N. G., Klimenko I. B., Podlesskaja N. K., Z. prilk. Chimii (Z. angew. Chem.), 42 (1969) 2322.
1522. Semenova L. P., Klauzen N. A., Zajdes A. L., Kaučuk i Rezina, Moskva, 29 (1970) 16.
1523. Semon W. L., Craig D., Rubber Plastics Age, 40 (1959) 140.
1524. Senner P., Schwair U., Morgenstern W., Sandner B., Melliand Textilber., 48 (1967) 789.
1525. Seymour R. W., Estes G. M., Cooper S. L., Macromolecules, 3 (1970) 579.
1526. Shah R. C., Gandhi R. S., Textile Res. J., 38 (1969) 874.
1527. Shaw J. N., Marshall M. C., J. Polymer Sci., A-1 6 (1968) 449.

1528. Shen M., Hansen W. N., Romo P. C., J. chem. Phys., **51** (1969) 425.
1529. Sheppard N., Sutherland G. B. B. M., Nature (London), **159** (1947) 739.
1530. Sheppard N., Sutherland G. B. B. M., Rubber Chem. Technol., **21** (1948) 799.
1531. Sheppard N., in Hadži (1959).
1532. Sherman B., Appl. Spectroscopy, **18** (1964) 7.
1533. Shimanouchi T., Tsuchiya S., J. chem. Phys., **30** (1959) 1365.
1534. Shimanouchi T., Tasumi M., J. chem. Phys., **34** (1961) 687.
1535. Shimanouchi T., Tasumi M., Bull. chem. Soc. Japan, **34** (1961a) 359.
1536. Shimanouchi T., Tasumi M., Spectrochim. Acta, **17** (1961b) 755.
1537. Shimanouchi T., Pure appl. Chem., **7** (1963) 131.
1538. Shimanouchi T., J. Polymer Sci. C Nr. **7** (1964) 85.
1539. Shimanouchi T., Tasumi M., Abe Y., Makromol. Chem., **86** (1965) 43.
1540. Shimanouchi T., Summer School Spectroscopy of Polymers, Preprints of Lectures, Prag, 1967.
1541. Shipman J. J., Golup M. A., J. Polymer Sci., **58** (1962) 1063.
1542. Shipman J. J., Kolt V. L., Krimm S., Spectrochim. Acta, **18** (1962a) 1603.
1543. Short J. N., Thornton V., Kraus G., Rubber Chem. Technol., **30** (1957) 1118.
1544. Sibilia J. P., Wincklhofer R. C., J. appl. Polymer Sci., **6** (1962) 56.
1545. Sibilia J. P., Paterson A. R., J. Polymer Sci. C Nr. 8 (1965) 41.
1546. Sigal M. B., Šablygin M. V., Varšawskij V. Ja. Chim. Volokna (Chem. Fasern) (1965) 25.
1547. Signer R., Weiler J., Helv. Chim. Acta, **15** (1932) 649.
1547a. Šigorin D. N., Michajlow N. V., Makareva S. P., Dolk. Akad. Nauk SSSR (Ber. Akad. Wiss. UdSSR), **97** (1954) 711.
1548. Silas R. S., Yates I., Thornton V., Analyt. Chem., **31** (1959) 529.
1549. Šimàk P., Fahrbach G., Angew. Makromol. Chemie, **12** (1970) 73.
1550. Šimàk P., Fahrbach G., Angew. makromol. Chemie, **16/17** (1971) 309.
1551. Simionescu C., Ungureanu C., Cellulose Chem. Technol., **1** (1967) 33.
1552. Simon A., Mücklich M., Kunath D., Heintz G., J. Polymer Sci., **30** (1958) 201.
1553. Singh H., Thampy R. T., Chipalkatti V. B., J. Polymer Sci., A **3** (1965) 1247.
1554. Singh R. D., Gupta V. D., Chem. Phys. Letters (Amsterdam), **8** (1971) 294.
1555. Sircar A. K., Stanous D. J., Conrad C. M., J. appl. Polymer Sci., **11** (1967) 1683.
1556. Skoda W., Schurz J., Makromol. Chem., **29** (1959) 156.
1557. Skoda W., Schurz J., Bayzer H., Z. physik. Chem., **210** (1959a) 35.
1558. Slobodin Ja. M., Matusevič N. I., Vysokomol. Soed. (Hochmol. Verbind.), **5** (1963) 774.
1559. Slovochotova N. A., Dokl. Akad. Nauk SSSR (Ber. Akad. Wiss. UdSSR), **127** (1959) 831
1560. Slowinski E. J., Claver G. C., J. Polymer Sci., **17** (1955) 269.
1561. Slowinski E. J., Walter H., Miller R., J. Polymer Sci., **19** (1956) 353.
1562. Small R. M. B., Analyt. Chem., **31** (1959) 478.
1563. Small R. M. B., Analyt. Chem., **31** (1959a) 1742.
1564. Small R. M. B., Analyt. Chem., **33** (1961) 1798.
1565. Smallwood S. E. F., Hart P. B., Spectrochim. Acta, **19** (1963) 285.
1566. Smethurst B., Steele D., Spectrochim. Acta, **20** (1964) 242.

1567. Smirnov L. V., Kulikova N. P., Platonova N. V., Vysokomol. Soed. (Hochmol. Verbind.), A 9 (1967) 2515.
1568. Smith A. E., J. chem. Phys., 21 (1953) 2229.
1569. Smith D. C., Ind. Engng. Chem., 48 (1956) 1161.
1570. Smith R. H., Jones F. E., Chasmar R. P. The Detection and Measurement of Infrared Radiation, Clarendon Press, Oxford, 1957.
1571. Smith W. E., Stoffer R. C., Hannan R. B., J. Polymer Sci., 61 (1962) 39.
1572. Smith J. K., Kitchen W. J., Mutton D. B., J. Polymer Sci. C Nr. 2 (1963) 499.
1573. Smith D. A., Addition Polymers, Butterworth, London, 1968.
1574. Smith M., Walton A. G., Koenig J. L., Biopolymers, 8 (1969) 173.
1575. Snyder R. G., J. mol. Spectroscopy, 4 (1960) 411.
1576. Snyder R. G., J. mol. Spectroscopy, 7 (1961) 116.
1577. Snyder R. G., Schachtschneider J. H., Spectrochim. Acta, 19 (1963) 85.
1578. Snyder R. G., Schachtschneider J. H., Spectrochim. Acta, 20 (1964) 853.
1579. Snyder R. G., J. mol. Spectroscopy, 23 (1967) 224.
1580. Snyder R. G., J. molecular Spectroscopy, 36 (1970) 222.
1581. Sobue H., Fukuhara S., J. chem. Soc., Japan, ind. Chem. Sect., 60 (1957) 88.
1582. Sobue H., Fukuhara S., J. chem. Soc., Japan, ind. Chem. Sect., 60 (1957a) 320.
1583. Sobue H., Fukuhara S., J. chem. Soc., Japan, ind. Sect., 61 (1958) 767.
1584. Sobue H., Fukuhara S., J. chem. Soc., Japan, ind. Chem. Sect., 63 (1960) 632.
1585. Sobue H., Fukuhara S., J. Soc. Text. Cell. Ind., Japan, 18 (1962) 121.
1586 Sobue H., Uryu T., Matsuzaki K., Tabata Y., J. Polymer Sci., B 1 (1963) 409.
1587. Sobue H., Uryu T., Matsuzaki K., Tabata Y., J. Polymer Sci., A 2 (1964) 3333.
1588. Sokolov N. D., Ž. eksp. teor. Fiz., 23 (1952) 392.
1589. Sokolov N. D., Ann. Chimie, 10 (1965) 497.
1590. Solomko V. P., Nižnik V. V., Vysokomol. Soed. (Hochmol. Verbind.), B 12 (1970) 257.
1591. Spach G., Compt. Rend., 249 (1959) 667.
1592 Spedding H., Unicam-Spectrovision Nr. 8 (1960) 7.
1593. Spedding H., In Methods in Carbohydrate Chemistry, Academic Press, New York, N. Y., 1962, Bd. 1, 539.
1594. Spedding H., Polymer, 3 (1962a) 210.
1595. Spedding H., Polymer, 3 (1962b) 195.
1596. Spedding H., Advances Carbohydrate Chem., 19 (1964) 23.
1597. Spedding H., Warwicker J. O., J. Polymer Sci., A 2 (1964a) 3933.
1598. Spurr R. A., Hanking B. M., Rowen J. W., J. Polymer Sci., 37 (1959) 431.
1599. Stace B. C., in Miller (1965).
1600. Stanley E., Litt M., J. Polymer Sci., 43 (1960) 453.
1601. Starkweather H. W., Moynihan R. E., J. Polymer Sci., 22 (1956) 363.
1602. Statton W. O., Koenig J. L., Hannon M., J. appl. Phys., 41 (1970) 4290.
1603. Steele R., Pascu E., Textile Res. J., 19 (1949) 790.
1604. Steele R., Textile Res. J., 25 (1955) 545.
1605. Stefani R., Chefreton M., Garnier M., Eyraud M. C., Compt. Rend., 251 (1960) 2174.
1606. Steger E., Chem. Techn., 12 (1960) 216.

1607. Stein R. S., Sutherland G. B. B. M., J. chem. Phys., **21** (1953) 370.
1608. Stein R. S., Sutherland G. B. B. M., J. chem. Phys., **22** (1954) 1993.
1609. Stein R. S., J. chem. Phys., **23** (1955) 734.
1610. Stein R. S., Horris F. H., J. Polymer Sci., **21** (1956) 381.
1611. Stein R. S., J. Polymer Sci., **31** (1958) 327.
1612. Stein R. S., J. Polymer Sci., **31** (1958a) 335.
1613. Stein H. H., Guarnaccio J., Textile Res. J., **29** (1959) 492.
1614. Stein R. S., J. Polymer Sci., **50** (1961a) 339.
1615. Stein R. S., J. appl. Phys., **32** (1961b) 1280.
1616. Stein R. S., Read B. E., Appl. Polymer Symposia Nr. 8 (1969) 255.
1617. Stellman J. M., Woodward A. E., J. Polymer Sci., B **7** (1969) 755.
1618. Stepanov B. I., Žbankov R. G., Rosenberg A. Ja., Ž. fizič. Chimii (Z. phys. Chem.), **33** (1959) 1907.
1619. Stepanov B. I., Žbankov R. G., Marupov R., Vysokomol. Soed. (Hochmol. Verbind.), **3** (1961) 1633.
1620. Stepanov B. I., Žbankov R. G., Zavodsk. Labor., Moskva (Betriebslabor), **29** (1963) 696.
1621. Stevenson H. J., Levine S., Rev. sci. Instr., **24** (1953) 229.
1622. Stewart J. E., Interpretive Spectroscopy (Ed.: S. K. Freeman). Reinhold Publ. Corp., New York, 1965.
1623. Stimson M. M., O'Donnel M. J., J amer. chem. Soc., **74** (1952) 1805.
1624. Stivala S. S., Reich I., Kelleher P. G., Makromol. Chem., **59** (1963) 28.
1625. Stivala S. S., Jadrnicek B. R., Reich L., Macromolecules, **4** (1971) 61.
1626. Štokr J., Schneider B., Coll. czechoslov. chem. Commun., **28** (1963) 1946.
1627. Štokr J., Schneider B., Karlinsky M., Ryska M., Lim D., J. Polymer Sci., A-1 **5** (1967) 2013.
1628. Štork J., Dirlikow S., Schneider B., Coll. czechoslov. chem. Commun., **36** (1971) 1923.
1629. Štolka M., Vodehnal J., Kössler I., J. Polymer Sci., A **2** (1964) 3987.
1630. Stone N. W. B., Williams D., Appl. Optics, **5** (1966) 353.
1631. Strasheim A., Buijs K., Spectrochim. Acta, **16** (1960) 1010.
1632. Strecker R. A. H., J. appl. Polymer Sci., **13** (1969) 2439.
1633. Stroupe J. D., Hughes R. E., J. amer. chem. Soc., **80** (1958) 2341
1634. Stuart H. A., Die Physik der Hochpolymeren. Bd., **3**, Springer, Berlin — Göttingen — Heidelberg, 1955.
1635. Suchov F. F., Slovochotova N. A., Kargin V. A., Margolin D. M., Ž. prikl. Spektroskopii (Z. angew. Spektr.), **6** (1967) 338.
1636. Suchov F. F., Il'ičeva Z. F., Slovochotova N. A., Vysokomol. Soed. (Hochmol. Verbind.), B **9** (1967a) 851.
1637. Sučkov V. A., Novak I. I., Vysokomol. Soed. (Hochmol. Verbind.), **11** (1969) 2753.
1638. Sugai S., Kamashima K., Makino S., Nogushi J., J. Polymer Sci., A-2 **4** (1966) 183.
1639. Sugeta H., Miyazawa T., Kajiura T., J. Polymer Sci., B **7** (1969) 251.
1640. Suito E., Arakawa M., Rubber Chem. Technol., **38** (1965) 219.
1641. Suito E., Rubber Chem. Technol., **38** (1965a) 227.
1642. Sumi Y., Hale R. D., Rånby B. G., Tappi, **46** (1963) 126.
1643. Summerfield G. C., J. chem. Phys., **43** (1965) 1079.

1644. Sutherland G. B. B. M., Thompson H. W., Trans. Faraday Soc., **41** (1945) 174.
1645. Sutherland G. B. B. M., Disc. Farad. Soc., **9** (1950) 274.
1646. Sutherland G. B. B. M., Jones A. V., Trans. Farad. Soc., **9** (1950a) 281.
1647. Sutherland G. B. B. M., Tsuboi M., Proc. Roy. Soc. A, **239** (1957) 446.
1648. Suzuki S., Iwashita Y., Shimanouchi T., Biopolymers, **4** (1966) 337.
1649. Suzuki E., Spectrochim. Acta, **23A** (1967) 2303.
1650. Suzuki H., Ono H., Makromol. Chemie, **132** (1970) 305.
1651. Suzuki H., J. Polymer Sci., A-1 **9** (1971) 387.
1652. Svegliado G., Talamini G., Vidotto G., J. Polymer Sci., A-1 **5** (1967) 2875.
1653. Sverdlov L. M., Dokl. Akad. Nauk SSSR (Ber. Akad. Wiss. UdSSR), **78** (1951) 1115.
1654. Sverdlov L. M., Optika i Spektroskopija, Moskva, **8** (1960) 17.
1655. Swenson C. A., Formanek R., J. phys. Chem., **71** (1967) 4073.
1656. Symour R. B., Tsang H. E., Warren D., Polymer Engng. and Sci., **7** (1967) 1.
1657. Szewczyk H., Zielasko A., Polimery, **13** (1968) 415.
1958. Szewczyk H., Polimery, **14** (1969) 233.
1959. Szymanski H. A., Conley R. T., Analyt. Chem., **30** (1958) 552.
1660. Szymanski H. A., Theory and Practice of Infrared Spectroscopy. Plenum Press, New York, 1964.
1661. Tabata Y., Hasizume Y., Sobue H., J. Polymer Sci., A **2** (1964) 2647.
1662. Tabata Y., Hamanoue K., Sobue H., Kogyo Kagaku Zasshi, **67** (1964a) 482.
1663. Tabata Y., Shibano H., Sobue H., J. Polymer Sci., A **2** (1964b) 1977, 2235, 2445.
1664. Tabata Y., Ishigure K., Oshima K., Makromol. Chem., **85** (1965) 91.
1665. Tada K., Fueno T., Furukawa J., J. Polymer Sci., A-1 **4** (1966) 2981.
1666. Tadokoro H., Seki S., Nitta I., J. chem. Phys., **23** (1955) 1351.
1667. Tadokoro H., Seki S., Nitta I., J. Polymer Sci., **22** (1956) 563.
1668. Tadokoro H., Seki S., Nitta I., Osaki K., J. chem. Soc. Japan, **78** (1957) 1060.
1669. Tadokoro H., Osaki K., Seki S., Nitta I., J. chem. Soc. Japan, **78** (1957a) 1065.
1670. Tadokoro H., Kozai K., Seki S., Nitta I., J. Polymer Sci., **26** (1957b) 379.
1671. Tadokoro H., Seki S., Nitta I., Yamadera R., J. Polymer Sci., **28** (1958) 244.
1672. Tadokoro H., Nishiyama N., Nozakura S., Murahashi S., J. Polymer Sci., **36** (1959) 553.
1673. Tadokoro H., Nozakura S., Kitazawa T., Yasuhara Y., Murahashi S., Bull. chem. Soc. Japan, **32** (1959a) 313.
1674. Tadokoro H., Bull. chem. Soc. Japan, **32** (1959b) 1252.
1675. Tadokoro H., Kozai K., Seki S., Nitta I., Kobunshi Kagaku, Tokio (Chem. High Polymers), **16** (1959c) 418.
1676. Tadokoro H., Kitazawa T., Nozakura S., Murahashi S., Kobunshi Kagaku (Chem. High Polymers), **17** (1960) 231.
1677. Tadokoro H., Yasumoto T., Murahashi S., Nitta I., J. Polymer Sci., **44** (1960a) 266.
1678. Tadokoro H., Yasumoto T., Morimoto G., Murahashi S., Kobunshi Kagaku (Chem. High Polymers), **17** (1960b) 95.

1679. Tadokoro H., Kitazawa T., Nozakura S., Murahashi S., Bull. chem. Soc. Japan, **34** (1961) 1209.
1680. Tadokoro H., Nagai H., Seki S., Nitta I., Bull. chem. Soc. Japan, **34** (1961a) 1504.
1681. Tadokoro H., Kobayashi A,. Kawaguchi Y., Sobajima S., Murahashi S., Matsui Y., J. chem. Phys., **35** (1961b) 369.
1682. Tadokoro H., Nishiyama Y., Nozakura S., Murahashi S., Bull. chem. Soc. Japan, **34** (1961c) 381.
1683. Tadokoro H., Tatsuka K., Murahashi S., J. Polymer Sci., **59** (1962) 413.
1684. Tadokoro H., Murahashi S., Yamadera R., Kamei T., J. Polymer Sci., A **1** (1963) 3029.
1685. Tadokoro H., Ukita M., Kobayashi M., Murahashi S., J. Polymer Sci., B **1** (1963a) 405.
1686. Tadokoro H., Kobayashi M., Kawaguchi I., Kobayashi A., Murahashi S., J. chem. Phys., **38** (1963b) 703.
1687. Tadokoro H., Chatani Y., Yoshihara T., Tahara S., Murahashi S., Makromol Chem., **73** (1964) 109.
1688. Tadokoro H., Yoshihara T., Chatani Y., Murahashi S., J. Polymer Sci. B (1964a) 363.
1689. Tadokoro H., Yoshihara Y., Chatani Y., Murahashi S., J. Polymer Sci., B **2** (1964b) 363.
1690. Tadokoro H., Kobayashi M., Ukita M., Yasufuku K, Murahashi S, Torii T., J chem. Phys., **42** (1965) 1432.
1691. Tadokoro H., Macromol. Reviews, **1** (1967) 119.
1692. Tadokoro H., Takahashi Y., Chatani Y., Kakida H, Makromol. Chem., **109** (1967a) 96.
1693. Tadokoro H., Kobayashi M., Yoshidome H., Tai K, Daisuke M., J. chem. Phys., **49** (1968) 3359.
1694. Takahashi T., Ken-ichi Suzuki, Kobunshi Kagaku, Tokio (Chem. High Polymers), **21** (1964) 487, 494.
1695. Takahashi Y., Matsuzawa N., Kakida H., Chatani Y., Tadokoro H., Annual Meeting of the chem. Soc. Japan (1966).
1696. Takamitsu I., Ueda N., Kobunshi Kagaku, Tokio (Chem. High Polymers), **23** (1966) 593.
1697. Takata T., Taniyama M., Kobunshi Kagaku, Tokio (Chem. High Polymers), **16** (1959) 693.
1698. Takata T., Kobunshi Kagaku, Tokio (Chem. High Polymers), **19** (1962) 641, 653, 682, 690.
1699. Takata T., Hiroi I., Taniyama M., J. Polymer Sci., A **2** (1964) 1567.
1700. Takeda M., Iimura K., Yamada A., Imamura Y., Bull chem. Soc. Japan, **32** (1959) 1150.
1701. Takeda M., Iimura K., Yamada A, Imamura Y., Bull. chem. Soc. Japan, **33** (1960) 1212.
1702. Takeda M., Iimura K., J. Polymer Sci., **57** (1962) 383.
1703. Takeda M., Iimura K., Ochiai S., J. Polymer Sci., B **4** (1966) 155.
1704. Takenaka T., Shimura Y., Gotoh R., Kolloid.-Z./Z. Polymere, **237** (1970) 193.
1705. Takeuchi T., Mori S., Analyt. Chem., **37** (1965) 589.
1706. Takeuchi T., Mori S., Bull. chem. Soc. Japan, **39** (1966) 1328.
1707. Takeuchi T., Tsuge S., Sugimura Y, J. Polymer Sci., A-1 **6** (1968) 3415.
1708. Takeuchi T., Tsuge S., Ito K., Japan Analyst, **18** (1969) 383.
1709. Takeuchi T., Tsuge S., Sugimuta Y,, Analyt. Chem., **41** (1969a) 184.
1710. Tamres M., J. amer. chem. Soc., **74** (1952) 3375.
1711. Tamres M., Searles S., Leignly E. M., Mohrman D. W., J Amer. chem. Soc., **76** (1954) 3283.

1712. Tanaka S., Kurachi T., J. chem. Soc. Japan, ind. Chem. Sect., **62** (1959) 1472.
1713. Tanaka S., Kurachi T., Tsuge M., Japan Analyst, **13** (1964) 1205.
1714. Tanaka T., Yokoyama T., Yamaguchi Y., J. Polymer Sci., A-1 **6** (1968) 2137.
1715. Tarutina J. L., Ž. fisič. Chimii (Z. physik. Chem.), **29** (1955) 975.
1716. Tasumi M., Shimanouchi T., Spectrochim. Acta, **17** (1961) 731.
1717. Tasumi M., Shimanouchi T., Miyazawa T., J. mol. Spectroscopy, **9** (1962) 261.
1718. Tasumi M., Shimanouchi T., Miyazawa T., J. mol. Spectroscopy, **11** (1963) 422.
1719. Tasumi M., Shimanouchi T., Tanaka H., Ikeda S., J. Polymer Sci., A **2** (1964) 1607.
1720. Tasumi M., Shimanouchi T., J. chem. Phys., **48** (1965) 1245.
1721. Tasumi M., Shimanouchi T., Kenjo H., Ikeda S., J. Polymer Sci., A-1 **4** (1966) 1011.
1722. Tasumi M., Shimanouchi T., Ikeda S., J. Polymer Sci., A-1 **4** (1966a) 1023.
1723. Tasumi M., Zerbi G., J. Polymer Sci., B **5** (1967) 985.
1724. Tasumi M., Krimm S., J. chem. Phys., **46** (1967a) 755.
1725. Tasumi M., Zerbi G., J. chem. Phys., **48** (1968) 3813.
1726. Tasumi M., Krimm S., J. Polymer Sci., A-2 **6** (1968a) 995.
1727. Tasumi M., Shimanouchi T., Polymer J., Japan, **2** (1971) 62.
1728. Teare P. W., Acta crystallogr. (Kopenhagen), **12** (1959) 294.
1729. Teranishi K., Sugahara K., Kobunshi Kagaku, Tokio (Chem. High Polymers), **23** (1966) 512.
1730. Textile Institute Manchester, Identification of Textile Materials. 5. Ausgabe, Manchester, 1965.
1731. Thompson H. W., Torkington P., Trans. Farad. Soc., **41** (1945) 246.
1732. Thompson H. W., Torkington P., Proc. Roy. Soc., A **184** (1945a) 21.
1733. Thompson A. B., Woods D. W., Nature (London), **176** (1955) 78.
1734. Tirpak G. A., J. Polymer Sci., B **3** (1965) 371.
1735. Tirpak G. A., J. Polymer Sci., B **4** (1966) 111.
1736. Titova I. A., Bel'skaja M. G., Ž. anal. Chimii (Z. analyt. Chem.), **21** (1966) 1118.
1737. Tobin M. C., J. chem. Phys., **23** (1955) 891.
1738. Tobin M. C., Carrano M. J., J. chem. Phys., **25** (1956) 1044.
1739. Tobin M. C., Carrano M. J., J. Polymer Sci., **24** (1957) 93.
1740. Tobin M. C., J. phys. Chem., **61** (1957a) 1392.
1741. Tobin M. C., J. mol. Spectroscopy, **4** (1960) 349.
1742. Tobin M. C., J. phys. Chem., **64** (1960a) 216.
1743. Tobin M. C., J. chem. Phys., **50** (1969) 4551.
1744. Torkington P., Thompson H. W., Trans. Faraday Soc., **41** (1945) 184.
1745. Tosi C., Makromol. Chem., **108** (1967) 307.
1746. Tosi C., Advances Polymer Sci./Fortschr. Hochpolymeren-Forsch., **5** (1968) 451.
1747. Tosi C., Lachi M. P., Pinto A., Makromol. Chem., **120** (1968a) 225.
1748. Tosi C., Makromol. Chem., **112** (1968b) 303.
1749. Tosi C., Valvassori A., Ciampelli F., Europ. Polymer J., **4** (1968c) 107.
1750. Tosi C., Corradini P., Valvassori A., Ciampelli F., J. Polymer Sci. C Nr. 22 (1969) 1085.
1751. Tosi C., Ciampelli F., European Polymer J., **5** (1969a) 759.
1752. Tosi C., Valvassori A., Ciampelli F., European Polymer J., **5** (1969b) 575.
1753. Tosi C., European Polymer J., **6** (1970) 161.

1754. Trapeznikova O. N., Belopolskaja T. V., Optika i Spektroskopija, Moskva, 22 (1967) 974.
1755. Treiber E., Toplak H., Ruck M., Holzforsch., 9 (1955) 49.
1756. Treiber E., Gierer J., Rehnström J., Schurz J., Holzforsch., 10 (1956) 36.
1757. Treloar L. R. G., in Stuart Die Physik der Hochpolymeren Bd., 4 Springer, Berlin — Göttingen — Heidelberg, 1956.
1758. Trevino S., Boutin H., J. chem. Phys., 45 (1966) 2700.
1759. Trevino S., Boutin H., J. macromol. Sci., A 1 (1967) 723.
1760. Trevino S., Appl. Spectroscopy, 23 (1968) 659.
1761. Trifan D. S., Terenzi J. F., J. Polymer Sci., 28 (1958) 443.
1762. Truett W. L., Appl. Spectroscopy, 21 (1967) 400.
1763. Tryon M., Horowitz E., Mandel J., J. Res. nat. Bur. Stand., 55 (1955) 219.
1764. Tsuboi M., Spectrochim. Acta, 8 (1956) 299.
1765. Tsuboi M., J. Polymer Sci., 25 (1957) 159.
1766. Tsuboi M., J. Polymer Sci., 59 (1962) 139.
1767. Tsuboi M., J. Polymer Sci. C Nr. 7 (1964) 125.
1768. Tsuda Y., Bull. chem. Soc. Japan, 34 (1961) 7.
1769. Tsuruta M., Arimoto H., Ishibashi M., Kobunshi Kagaku, Tokio (Chem. High Polymers), 15 (1958) 619.
1770. Tsutsui N., Hayahara T., Matsumura Y., Sekiguchi H., Kobunshi Kagaku, Tokio (Chem. High Polymers), 23 (1966) 193.
1771. Tun S., Gusev S. S., Ermolenko I. N., Rogovin Z. A., Vysokomol. Soed. (Hochmol. Verbind.), 3 (1961) 1688.
1772. Twisleton J. F., White J. W., Polymer, 13 (1972) 40.
1773. Überreiter K., Krull W., Angew. Chem., 69 (1957) 557.
1774. Ueda S., Kimura T., Kobunshi Kagaku, Tokio (Chem. High Polymers), 15 (1958) 243.
1775. Ueda N., Nishiumi S., Kobunshi Kagaku (Chem. High Polymers), 23 (1960) 593.
1776. Ukita M., Bull. chem. Soc. Japan, 39 (1966) 742.
1777. Ulbricht J., Makshin W., Faserforsch. u. Textiltechn., 20 (1969) 170.
1778. Unicam-Spectrovision Nr. 13 (1965) 12.
1779. Vahldieck J., Solf I., Anton E., Schmolke R., Kimmer W., Kuzay P., Plaste u. Kautschuk, 17 (1970) 634.
1780. Vajnstejn E. F., Kumpanenko I. V., Entilis S. G., Vysokomol. Soed. (Hochmol. Verbind.), A 11 (1969) 2624.
1781. Valvassori A., Sartori G., Fortschr. Hochpolymeren-Forsch./Adv. Polymer Sci., 5 (1967) 28.
1782. Van der Bij J. R., Vogel W. F., Stärke, 14 (1962) 113.
1783. Van der Maas J. H., Tolk A., Spectrochim. Acta, 18 (1962) 235.
1784. Van Schooten J., Duck E. W., Berkenbosch R., Polymer, 2 (1961) 357.
1785. Van Schooten J., Mostert S., Polymer, 4 (1963) 135.
1786. Vasko P. D., Koenig J. L., Macromolecules, 3 (1970) 597.
1787. Veerkamp T. A., Veermans A., Makromol. Chem., 50 (1961) 147.
1788. Velijev S. I., Vettegren V. I., Novak I. I., Mechanika Polimerov, Riga (1970) 433.
1789. Vettegren V. I., Novak I. I., Optika i Spektroskopija, 14 (1963) 545.
1790. Vodehnal J., Kössler I., Coll. czechoslov. chem. Commun., 29 (1964) 2859.
1791. Vodehnal J., Kössler I., Coll. czechoslov. chem. Commun., 29 (1964a) 2428.
1792. Vodňanský J., Slabina M., Schneider B., Coll. czechoslov. chem. Commun., 28 (1963) 3245.
1793. Voigt J., Kunststoffe, 55 (1965) 458.
1794. Voigt J., Die Stabilisierung der Kunststoffe gegen Licht und Wärme. Springer, Berlin — Göttingen — Heidelberg, 1966.

1795. Volček B. Z., Nikitin V. N., Ž. techn. Fiz. (Z. techn. Physik), **27** (1957) 1836.
1796. Volček B. Z., Fizika tverdogo Tela (Festkörperphysik), **1** (1959) 803.
1797 Volček B. Z., Roberman Ž N, Vysokomol Soed (Hochmol Verbind), **2** (1960) 1157.
1798. Volček B. Z, Gotlib Ju. Ja., Roberman Ž N., Fižic. Peobl Spektroskopii, Akad. Nauk SSSR, Moskva, **1** (1962) 449.
1799 Volček B. Z., Purkina A. V., Vysokomol. Soed. (Hochmol Verbind), **9 A** (1967) 1257.
1800. Volček B. Z., Purkina A. V., Vysokomol. Soed. (Hochmol. Verbind), **10 B** (1968) 605.
1801. Volček B. Z., Purkina A. V, Molekuljarnaja Biologija, Moskva, **2** (1968a) 107.
1802. Volček B Z., Purkina A. V, Vysokomol Soed (Hochmol Verbind.), **11 A** (1969) 1563.
1803. Volkenshtein M. V, Volchek B Z., Gotlib Yu Ya, Nikitin V. N., J. appl. Polymer Sci., **8** (1964) 2923.
1804 Vratny F., Graves B, Rev sci Instr, **31** (1960) 65.
1805. Wagner H., Wuckel L., Plaste u. Kautschuk, **18** (1971) 426
1806. Waiman E. Ja., Glazkovskij Ju. V., Smirnov L. V, Fichman V D, Ź. prikl. Chim. (Z angew Chemie), **41** (1968) 362.
1807 Wall F. T., J. amer. chem. Soc, **62** (1940) 803.
1808. Wall F. T, J. amer. chem. Soc., **66** (1944) 2050.
1809. Walls F., Chem. and Ind (1962) 1833.
1810. Walter E. R., Reding F P., J Polymer Sci., **21** (1956) 561
1811 Walter E. R, Reding F P., Amer chem. Soc 133rd Meeting, Abstracts 14R (1958)
1812. Ward I. M., Chem. and Ind. (1956) 905.
1813 Ward I. M., Nature (London), **180** (1957) 141
1814 Ward I. M., Trans. Farad Soc, **53** (1957a) 1406
1815 Ward I. M., Chem. and Ind. (1957b) 1102.
1816. Warwicker J. O., Spedding H., J appl. Polymer Sci., **9** (1965) 1913.
1817 Warrier A. V R, Krimm S., Macromolecules, **3** (1970) 709
1818 Washbrooke P F., Unicam-Spectrovision, Nr 8 (1960) 8.
1819 Watanabe H., Hotta T, Okuda K., J chem. Soc. Japan, Ind. Chem. Sect, **61** (1958) 1322.
1820 Watanabe H., Kato Y, Nishioka A, J. chem. Soc. Japan, Ind Chem Sect., **65** (1962) 270.
1821 Weber H., Schleimer B, Winter H., Makromol. Chem, **101** (1967) 320.
1822. Wegemer N. J, J. appl. Polymer Sci, **14** (1970) 573.
1823. Wei P. E., Analyt. Chem., **33** (1961) 215.
1824 Wei P. E., Analyt. Chem., **33** (1961a) 1799
1825 Weidemann E. G., Zundel G., Z. Physik, **198** (1967) 288.
1826. Weis G., Fette, Seifen, Anstrichmittel, **70** (1968) 355.
1827 Wentink jun., T, Willwerth L. J., Phaneuf J. P., J Polymer Sci., **55** (1961) 551
1828. West W. (Herausg.), Chemical Applications of Spectroscopy. Interscience Publ., New York, 1956.
1829 Weston G. J, Chem. and Ind. (1954) 604
1830. Wexler A. S, Analyt. Chem., **36** (1964) 1829.
1831 Wharton M. K, Forziati F H, Amer Dyestuff Rep, **50** (1961) 515.
1832. Whiffen D. H., Spectrochim. Acta, **7** (1955) 253.
1833. Whiffen D. H., Phil. Trans. Roy Soc. Ser., A **248** (1955a) 131.
1834 Whiffen D. H., J chem. Soc. (1956) 1350.
1835. White H. F., Lovell C., J. Polymer Sci., **41** (1959) 369.
1836. White D M., J. amer chem. Soc., **82** (1960) 5678.

1837. White R. G., Handbook of Industrial Infrared Analysis, Plenum Press, New York, 1964.
1838. Wiberley S. E., Sprague J. W., Campbell J. E., Analyt. Chem., **29** (1957) 210.
1839. Wilkinson G. R., in Davies (1963).
1840. Wilks P. A., Hirschfeld T., Appl. Spectroscopy Rev., **1** (1967) 99.
1841. Willbourn A. H., J. Polymer Sci., **34** (1959) 569.
1842. Willis H. A., Miller G. J., Adams D. H., Gebbie H. A., Spectrochim. Acta, **19** (1963) 1457.
1843. Willis H. A., Zicky V. J. I., Hendra P. I., Polymer, **10** (1969) 737.
1844. Wilson E. B., Decius J. C., Cross P. C., Molecular Vibrations. McGraw-Hill, New York, 1955.
1845. Wilson W. K., Tappi, **38** (1955a) 274.
1846. Winston H., Halford R. S., J. chem. Phys., **17** (1949) 607.
1847. Witenhafer D. E., Koenig J. L., J. appl. Phys., **39** (1968) 4982.
1848. Witenhafer D. E., Koenig J. L., J. macromol. Sci. (Phys.), B **2** (1968a) 147.
1849. Witenhafer D. E., Koenig J. L., J. Polymer Sci., A-2 **7** (1969) 1279.
1850. Witenhafer D. E., J. Macromol. Sci. — Phys., B **4** (1970) 915.
1851. Wodarski G., Polimery, **9** (1964) 40.
1952. Wolff H., Horn D., Ber. Bunsenges. phys. Chem., **72** (1968) 419.
1853. Wolfram L. E., Grasselli J. G., Koenig J. L., Appl. Spectroscopy, **24** (1970) 263.
1854. Wood F., King G., J. Textile Inst., Trans., **54** (1963) T 111
1855. Woodbrey J. C., in Ketley, The Stereochemistry of Macromolecules, Vol., **3**, Marcel Dekker, Inc., New York, 1968.
1856. Wuckel L., Naturwiss., **47** (1960) 109.
1857. Wunderlich B., J. chem. Phys., **37** (1962) 1207. .

1858. Yamada H., Suzuki K., Spectrochim. Acta, **23A** (1967) 1735.
1859. Yamadera R., J. Polymer Sci., **50** (1961) 4.
1860. Yamadera R., Kobunshi Kagaku, Tokio, (Chem. High Polymers), **19** (1962) 135.
1861. Yamadera R., Tadokoro H., Murahashi S., J. chem. Phys., **41** (1964) 1233.
1862. Yamadera R., Kobunshi Kagaku, Tokio (Chem. High Polymers), **21** (1964a) 362.
1863. Yamadera R., Murano M., J. Polymer Sci., B **3** (1965) 821.
1864. Yanagisawa K., Kobunshi Kagaku, Tokio (Chem. High Polymers), **21** (1964) 312.
1865. Yanagisawa K., Ashikari N., Kanemizu T., Nishioka A., Kobunshi Kagaku, Tokio (Chem. High Polymers), **21** (1964a) 319.
1866. Yannas I. V., Lunn A. C., J. Polymer Sci., B **9** (1971) 611.
1867. Yoda N., Matsubara I., J. Polymer Sci., A **2** (1964) 253.
1868. Yokoyama M., Ishihara H., Iwamoto R., Tadokoro H., Macromolecules, **2** (1969) 184.
1869. Yoshihara T., Tadokoro H., Murahashi S., J. chem. Phys., **41** (1964) 2902.
1870. Yoshihara T., Kotake Y., Yoh Y., J. Polymer Sci., B **5** (1967) 459.
1871. Yoshinaga H., Oetjen R. A., J. opt. Soc. Amer., **45** (1955) 1085.
1872. Yoshino T., Kenjo T., Kuno K., J. Polymer Sci., B **5** (1967) 703.
1873. Yvanovitch G., Compt. Rend., **252** (1961) 2884.

1874. Zachmann H. G., Stuart H. A., Makromol. Chem., **44/46** (1961) 662.
1875. Zaderožnij B. A., Iščenko I. K., Optika i Spektroskopija, Moskva, **19** (1965) 551.
1876. Zahn H., Pieper W., Makromol. Chem., **53** (1962) 103.
1877. Zahn H., Stolper H. D., Heidemann G., Chem. Ber., **98** (1965) 3251.

1878. Zakrzewski L., Polimery, **6** (1961) 169.
1879. Zalkind G. I., Sabadas A. N., Plast. Massy (Plast. Massen), Moskva, **4** (1965) 61.
1880. Zalwert S., Szewczyk H., Nowakoska M., Polimery, **11** (1966) 65.
1881. Zamboni V., Zerbi G., J. Polymer Sci. C Nr. 7 (1964) 153.
1882. Žarkov V. V., Rudnevskij N. K., Vysokomol. Soed. (Hochmol. Verbind.), B **10** (1968) 29.
1883. Žbankov R. G., Ermolenko I. N., Vesci Akad. Nauk BSSR (Nachr. Akad. Wiss. Beloruss. SSR) (1956) 15.
1884. Žbankov R. G., Optika i Spektroskopija, Moskva, **4** (1958) 318.
1885. Žbankov R. G., Ivanova H. V., Rozenberg A. Ja., Zavodsk. Labor., Moskva (Betriebslabor.), **28** (1962) 1324.
1886. Žbankov R. G., Nepočatych V. I., Marupov R., Rogovin Z. A., Vysokomol. Soed. (Hochmol. Verbind.), **4** (1962a) 1696.
1887. Žbankov R. G., Zavodsk. Labor., Moskva (Betriebslabor.), **29** (1963) 1438.
1888. Žbankov R. G., Marupov R., Garbuz N. I., Skrygan A. I., Šyško A. M., Vesci Akad. Nauk BSSR (Nachr. Akad. Wiss. Beloruss. SSR) (1963a) 65.
1889. Žbankov R. G., Marupov R., Balabaeva M. D., Vesci Akad. Nauk BSSR (Nachr. Akad. Wiss. Beloruss. SSR) (1963b) 38.
1890. Žbankov R. G., Ultrarotspektren der Cellulose und ihrer Derivate (russ.) Minsk, 1964. Engl. Übersetzung: Infrared Spectra of Cellulose and its Derivatives, Consultants Bureau, New York, 1966.
1891. Žbankov R. G., Ivanova N. V., Komar W. P., Vysokomol. Soed. (Hochmol. Verbind.), **8** (1966) 1778.
1892. Žbankov R. G., Komar V. P., Rodionova M. I., Kozlov P. V., Vysokomol. Soed. (Hochmol. Verbind.), **8** (1966a) 157.
1893. Žbankov R. G., Komar V. P., Zueva R. V., Kozlov P. V., Vysokomol. Soed. (Hochmol. Verbind.), A **10** (1968) 671.
1894. Zbinden R., Infrared Spectroscopy of High Polymers, Academic Press, New York — London, 1964.
1895. Zerbi G., Bianchi P., Polli E. E., Nature (London), **186** (1960) 964.
1896. Zerbi G., Bianchi P., Polli E. E., Makromol. Chem., **60** (1963) 223.
1897. Zerbi G., Ciampelli F., Zamboni V., J. Polymer Sci. C Nr. 7 (1964) 141.
1898. Zerbi G., Cortili G., Chem. Commun. (1965) 295.
1899. Zerbi G., Gussoni M., Spectrochim. Acta, **22** (1966) 2111.
1900. Zerbi G., Summer School Spectroscopy of Polymers, Preprints of Lectures III, Prag, 1967.
1901. Zerbi G., Summer School Spectroscopy of Polymers, Preprints of Lectures IV, Prag, 1967a.
1902. Zerbi G., Gussoni M., Ciampelli F., Spectrochim. Acta, **23A** (1967b) 301.
1903. Zerbi G., Masetti G., J. mol. Spectroscopy, **22** (1967c) 284.
1904. Zerbi G., Piseri L., J. chem. Phys., **49** (1968) 3840.
1905. Zerbi G., Hendra P. J., J. mol. Spectroscopy, **27** (1968a) 17.
1906. Zerbi G., Cortili G., Spectrochim. Acta, **26A** (1970) 733.
1907. Ziabicki A., Kolloid.-Z./Z. Polymere, **167** (1959) 132.
1908. Ziifle H. M., Benerito R. R., Berni R. J., Cannizzaro A. M., Textile Res. J., **38** (1968) 1101.
1909. Zimmer H., Meliand Textilber., **50** (1969) 1141.
1910. Zimmermann H., Angew. Chem., **76** (1964) 1.
1911. Zjatkov I. P., Oldekop Ju. A., Bylina G. S., Burykina L. K., Subareva M. M., Ž. prikl. Spektr. (Z. angew. Spektr.), **5** (1966) 97.

1912. Zolotarev V. M., Kislovskij L. D., Optika i Spektroskopija, Moskva, **19** (1965) 623.
1913. Zolotarev V. M., Kislovskij L. D., Optika i Spektroskopija, Moskva, **19** (1965a) 809.
1914. Zundel G., Noller H., Schwab G. M., Z. Naturforsch., **16b** (1961) 716.
1915. Zundel G., Noller H., Schwab G. M., Z. Elektrochemie, **66** (1962) 122.
1916. Zundel G., Metzger H., Spectrochim. Acta, **23A** (1967) 759.
1917. Zundel G., Murr A., Z. physik. Chem. (Frankfurt), **54** (1967a) 59.
1918. Zundel G., Metzger H., Z. physik. Chem. (Frankfurt), **59** (1968) 225.
1919. Žurkov S. N., Novak I. I., Levin B. Ja., Savickij A. V., Vettegren V. I., Vysokomol. Soed. (Hochmol. Verbind.), **7** (1965) 1203.
1920. Žurkov S. N., Vettegren V. I., Korsukov V. E., Novak I. I., Tverdoe telo (Festkörperphysik) Leningrad, **11** (1969) 290.

ПРЕДМЕТНЫЙ УКАЗАТЕЛЬ

ИНФРАКРАСНАЯ СПЕКТРОСКОПИЯ ПОЛИМЕРОВ

Под ред. *И. ДЕХАНТА*

Редактор *Л. Н. Ларичева*
Технический редактор *Г. И. Косачева*
Художник *Н. В. Носов*
Корректоры *О. А. Иваницкая, М. С. Хрипунова*

Сдано в наб. 17/III 1976 г. Подп. к печ. 10/VI 1976 г. Формат бумаги 60×90[1]/16. Бумага тип. № 2. Усл. печ. л. 29,5. Уч.-изд. л. 32,57. Тираж 5400 экз. Изд. № 829. Зак. № 359. Цена 3 р. 49 к.

Издательство «Химия». Москва, 107076 ул. Стромынка, 13.

Московская типография № 11 Союзполиграфпрома при Государственном комитете Совета Министров СССР по делам издательств, полиграфии и книжной торговли. Москва, 113105, Нагатинская ул., д. 1.

FSC
www.fsc.org
MIX
Papier | Fördert gute Waldnutzung
FSC® C083411

Kolibri 360 GmbH
Ferdinand-Jühlke-Straße 7
99095 Erfurt, Deutschland
produktsicherheit@kolibri360.de